T0255935

Essener Beiträge zur Mathematikdidaktik

Reihe herausgegeben von

Bärbel Barzel, Fakultät für Mathematik, Universität Duisburg-Essen, Essen, Deutschland

Andreas Büchter, Fakultät für Mathematik, Universität Duisburg-Essen, Essen, Deutschland

Florian Schacht, Fakultät für Mathematik, Universität Duisburg-Essen, Essen, Deutschland

Petra Scherer, Fakultät für Mathematik, Universität Duisburg-Essen, Essen, Deutschland

In der Reihe werden ausgewählte exzellente Forschungsarbeiten publiziert, die das breite Spektrum der mathematikdidaktischen Forschung am Hochschulstandort Essen repräsentieren. Dieses umfasst qualitative und quantitative empirische Studien zum Lehren und Lernen von Mathematik vom Elementarbereich über die verschiedenen Schulstufen bis zur Hochschule sowie zur Lehrerbildung. Die publizierten Arbeiten sind Beiträge zur mathematikdidaktischen Grundlagen- und Entwicklungsforschung und zum Teil interdisziplinär angelegt. In der Reihe erscheinen neben Qualifikationsarbeiten auch Publikationen aus weiteren Essener Forschungsprojekten.

Weitere Bände in der Reihe https://link.springer.com/bookseries/13887

Silvia Blum-Barkmin

Diskontinuität in der Linearen Algebra und ein Höherer Standpunkt

Qualitative Untersuchungen in verschiedenen berufsbiografischen Abschnitten und Konkretisierung einer Denkfigur

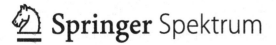 Springer Spektrum

Silvia Blum-Barkmin
Düsseldorf, Deutschland

Die vorliegende Dissertation wurde der Fakultät für Mathematik der Universität
Duisburg-Essen zur Erlangung des Doktorgrades Dr. rer. nat. (Doktor der Naturwis-
senschaften) vorgelegt.
Tag der mündlichen Prüfung: 23. August 2021
Gutachter: Prof. Dr. Andreas Büchter und Prof. Dr. Nils Buchholtz

ISSN 2509-3169   ISSN 2509-3177   (electronic)
Essener Beiträge zur Mathematikdidaktik
ISBN 978-3-658-37109-8   ISBN 978-3-658-37110-4   (eBook)
https://doi.org/10.1007/978-3-658-37110-4

Die Deutsche Nationalbibliothek verzeichnet diese Publikation in der Deutschen Nationalbiblio-
grafie; detaillierte bibliografische Daten sind im Internet über http://dnb.d-nb.de abrufbar.

Planung/Lektorat: Marija Kojic
Springer Spektrum ist ein Imprint der eingetragenen Gesellschaft Springer Fachmedien Wiesbaden
GmbH und ist ein Teil von Springer Nature.
Die Anschrift der Gesellschaft ist: Abraham-Lincoln-Str. 46, 65189 Wiesbaden, Germany

Geleitwort

Die Diskussion über eine tragfähige fachliche und fachdidaktische Bildung von Mathematiklehrkräften wird – vor allem mit Blick auf das gymnasiale Lehramt – im deutschsprachigen Raum seit über 100 Jahren vor dem Hintergrund der Idee und des Ansatzes der „Elementarmathematik vom höheren Standpunkte aus" (Felix Klein) geführt. Ein entsprechend ausgebildeter oder eingenommener Höherer Standpunkt, was auch immer dies sein mag, soll zu Abmilderung oder Bewältigung des Problems der „doppelten Diskontinuität" (Felix Klein) beitragen. Diskontinuität bedeutet dabei, dass es aus Sicht der Betroffenen häufig kaum Verbindendes zwischen Mathematik, wie sie in der Schule inszeniert und betrachtet wird, und ihrer Erscheinungsform im Studium gibt.

Ursachen für Diskontinuitätserfahrungen können u. a. in Fachlehrveranstaltungen (vor allem zu Beginn des Studiums) gesucht werden, in denen nur selten explizit an die mathematische Vorbildung angeknüpft wird. In der Folge greifen (angehende) Lehrkräfte bei der fachlichen Vorbereitung des eigenen Unterrichts zumeist ausschließlich auf Schulbücher, nicht aber bewusst auf Studieninhalte zurück. Ein Höherer Standpunkt als Lösungsansatz für dieses Problem soll ermöglichen, das Gemeinsame der Mathematik in Schule und Hochschule zu sehen, entsprechende Gemeinsamkeiten zu nutzen und produktiv mit (zunächst) wahrgenommener Diskontinuität umzugehen.

Bis heute wird die Diskussion über die Idee des Höheren Standpunkts und ihre Umsetzung nahezu ausschließlich durch universitäre Lehrende geprägt. Dabei existieren mehrere unterschiedliche Auffassungen vom Höheren Standpunkt, die allerdings überwiegend nebulös bleiben; insbesondere lassen sich kaum stoffliche Konkretisierungen finden. Empirische Arbeiten im thematischen Umfeld des Höheren Standpunkts beschränken sich bislang im Wesentlichen auf Professionswissenstests. Mit ihrer bemerkenswerten Dissertation leistet Silvia Blum-Barkmin substanzielle Beiträge zur Schließung entsprechender Forschungslücken, indem sie

- Betrachtungen zur doppelten Diskontinuität und zum Höheren Standpunkt stofflich für die Lineare Algebra konkretisiert,
- die Perspektive der (angehenden) Lehrkräfte durch eine originell gestaltete empirische Untersuchung in die Diskussion einbringt,
- die Idee des Höheren Standpunkts theoretisch und empirisch fundiert, präzise als ausdifferenziertes Kompetenzkonstrukt fasst sowie
- den Einfluss der Praxis- und Berufserfahrung auf die Ausprägung eines entsprechenden Höheren Standpunkts untersucht.

Im Theorieteil werden – ausgehend von gründlichen Betrachtungen zur (einfachen und doppelten) Diskontinuität – die wesentlichen in der Geschichte der Mathematikdidaktik bisher aufgetretenen Interpretationen der Idee des Höheren Standpunkts aus der Literatur herausgearbeitet und kontrastiert. Der wissenschaftliche Diskurs wird bereits hier durch diese systematische Synopse und eine darauf basierende Synthese der Ideen zu einem, wenn zunächst auch noch vagen, Arbeitsbegriff vom Höheren Standpunkt bereichert. Darüber hinaus wirken die stofflichen Konkretisierungen durch entsprechende Analysen zur Linearen Algebra anregend. Bei den hauptsächlich betrachteten Begriffen „Vektor" und „Skalarprodukt" zeigt sich eindrucksvoll, dass einerseits zum Teil vergleichbare Sprech- und Schreibweisen in Schule und Hochschule verwendet werden, anderseits sich die Grundlegung der Begriffe und der Umgang mit ihnen aber erheblich unterscheiden.

Für ihre empirische Untersuchung wählt Silvia Blum-Barkmin ein einfallsreiches Design, um die Perspektive von Lehramtsstudierenden, Referendar*innen und berufserfahrenen Lehrkräften in die Diskussion einbeziehen zu können. Dabei werden nicht Einstellungen und Haltungen, z. B. zum erforderlichen Umfang der mathematischen und mathematikdidaktischen Bildung im Studium, erfragt, sondern die tatsächliche Wahrnehmung und Einordnung von Diskontinuität durch die Betroffenen erfasst. Dies gelingt durch eine komplex gestaltete Interviewsituation, in der die Befragten u. a. Auszüge aus einem Schulbuch und einem Lehrbuch zu den Begriffen „Vektor" und „Skalarprodukt" aufeinander beziehen sollen. Die Erhebung und Auswertung wird durch eine stoffdidaktisch fundierte Inhaltsanalyse der verwendeten Materialien vorbereitet. Mit den Ergebnissen dieser Materialanalyse als Grundlage und hoher Sensibilität für die individuellen Motive gelingt es, die Vielschichtigkeit des Umgangs mit Diskontinuität in den Blick zu nehmen. Die Auswertung der substanzreichen Interviews liefert tiefe Einblicke in das Phänomen, wobei u. a. die Bedeutung der Wissensgrundlagen deutlich hervortritt. Darüber hinaus zeigt sich, dass die Interviewten selbst das Bedürfnis haben, über die Wahrnehmung und Einordnung von Diskontinuität hinaus auch Wertungen zum Auftreten von Diskontinuität vorzunehmen; dieses Bewerten von Diskontinuität findet ausgehend von den Interviews dann auch Eingang in das vorgeschlagene Modell vom Höheren Standpunkt.

Diese als Kompetenzkonstrukt entwickelte Zielvorstellung vom Höheren Standpunkt stellt das zentrale Ergebnis der Arbeit dar, in das die oben genannten Vorarbeiten münden. Durch die hervorragende theoretische Fundierung und die minuziöse empirische Absicherung wird ein substanzieller Beitrag zur Diskussion über die Bildung von Mathematiklehrkräften geleistet, in den durch die empirische Untersuchung auch die Perspektive von (angehenden) Lehrkräften einfließt. Auch wenn alternative Fassungen denkbar sind, ist die Modellierung als Kompetenzkonstrukt umfassend und gut nachvollziehbar begründet. Die zentrale Rolle spielt dabei die kognitive Komponente mit vielschichtigen Wissensgrundlagen und den Tätigkeitsbereichen „Wahrnehmen", „Erklären und Einordnen" und „Konstruktives Bewerten" (von Diskontinuität). Vor allem auf diese kognitive Komponente, neben die noch eine affektiv-motivationale tritt, kann im Rahmen der Lehrkräftebildung Einfluss genommen werden. Durch die in den Daten verankerten detaillierten Beschreibungen von Teiltätigkeiten lässt sich das vorgeschlagene Konstrukt direkt für anschließende Forschungsprojekte oder die Reflexion der curricularen Gestaltung von Lehramtsstudiengängen Mathematik nutzen.

Neben den inhaltlichen Beiträgen ist die vorliegende Dissertation auch hinsichtlich der Nachvollziehbarkeit des Erkenntnisgewinns vorbildlich; die hohe Darstellungsqualität führt zu einer durchweg lesenswerten Schrift.

Essen
im Januar 2022

Andreas Büchter

Inhaltsverzeichnis

Abkürzungsverzeichnis

abs. H.	absolute Häufigkeit
Anz. Int.	Anzahl von Interviews
BK	Berufskolleg
BLK	Bund-Länder-Kommission für Bildungsplanung und Forschungs-förderung
Bsp.	Beispiel
dHK	deduktive Hauptkategorien
DMV	Deutsche Mathematiker-Vereinigung
F	Forschungsfrage
G1	Gruppe der Lehramtsstudierenden nach der Studieneingangsphase
G2	Gruppe der Studierenden im fortgeschrittenen Masterstudium
G3	Gruppe der Referendar:innen
G4	Gruppe der erfahrenen Lehrkräfte
GDM	Gesellschaft für Didaktik der Mathematik
GyGe	Gymnasien und Gesamtschulen
HK	Hauptkategorie
IPN	Leibniz-Institut für die Pädagogik der Naturwissenschaften und Mathematik
Kap.	Kapitel
KMK	Kultusministerkonferenz
LGS	Lineares Gleichungssystem
MNU	Verband zur Förderung des MINT-Unterrichts
MSB NRW	Ministerium für Schule und Bildung des Landes Nordrhein-Westfalen
MT21	Mathematics Teaching in the 21st Century
MU	Mathematikunterricht

P	Proband:in
QIA	Qualitative Inhaltsanalyse
rel. H.	relative Häufigkeit
Seg.	Segment
SP	Skalarprodukt
V	Vektor
ZInf	Zusatzinformation

Abbildungsverzeichnis

Tabellenverzeichnis

Einleitung 1

Die Studieneingangsphase Mathematik hält für Lernende in den Anfängervorlesungen des Fach- und des gymnasialen Lehramtsstudiengangs einige Überraschungen bereit. Mag zunächst die Erwartung bestehen, die Hochschule knüpfe mit den Vorlesungen zur Analysis und zur Linearen Algebra an die Betrachtungen der Schule an und führe diese gewissermaßen weiter, zeigt sich alsbald, dass in den Vorlesungen vielmehr vermeintlich bekannte Inhalte in einem völlig anderen Licht erscheinen. Für einen bestimmten mathematischen Begriff können sich Unterschiede darin äußern, welche Motivation bei der Einführung zugrunde gelegt wird, welche Definition vorliegt, welche weiteren Begriffe vorausgehen bzw. sich anschließen oder welche Verwendung des Begriffs erkennbar wird. In diesem Zusammenhang kann daher von zwei verschiedenen Sichtweisen gesprochen werden: von einer schulischen Sichtweise und von einer hochschulischen Sichtweise auf Mathematik im Allgemeinen und ihre Begriffe im Speziellen.

1.1 Thematische Einstimmung

Die genauere Betrachtung dieser Unterschiede, deren Einordnung und die Frage der Implikationen für die universitäre Ausbildung von Mathematiklehrkräften bilden den Hintergrund, vor dem sich das Forschungsinteresse formiert hat, dem in dieser Arbeit nachgegangen wird.

Unterschiede in den Sichtweisen auf Begriffe aus der Linearen Algebra in Schule und Hochschule
Im Bereich der Linearen Algebra werden die Unterschiede zwischen schulischen und hochschulischen Sichtweisen sehr deutlich z. B. bei den Begriffen *Vektor*

und *Skalarprodukt* erkennbar. Während in der Schule Vektoren typischerweise als geometrische Vektoren im zwei- und dreidimensionalen Raum kennengelernt werden, ist der Vektorbegriff in der Hochschule in die Vektorraumtheorie eingebettet. In der Schule besteht ein gängiger Zugang darin, den Vektorbegriff zur Beschreibung von Bewegungen im Raum einzuführen, in der Hochschule ist der Vektorraumbegriff (und damit auch der Vektorbegriff) dagegen ein Mittel zur Beschreibung von Strukturen. Während in der Schule das Verschieben und Verbinden von Punkt und Bildpunkt auf der Grundlage einer hohen augenscheinlichen Plausibilität stattfindet, werden in der Hochschule Zusammenhänge mit axiomatisch-deduktiven Mitteln begründet. Das Skalarprodukt wird in der Schule im Zwei- und Dreidimensionalen eingeführt und findet seine Anwendung bei der Analyse von Lagebeziehungen zwischen geometrischen Objekten. Typischerweise erfolgt ein Zugang zum Standardskalarprodukt über den Satz des Pythagoras oder über Projektionen. In der Hochschule werden verschiedene Skalarprodukte dagegen als spezielle Bilinearformen thematisiert, die Vektorräume mit einer zusätzlichen Struktur für die Längen- und Winkelmessung ausstatten. Auch in der Analysis und in der Stochastik lässt sich Ähnliches feststellen: T. Bauer, Müller-Hill und Weber (2020) zeigen dies anhand des Integral-Begriffs und des Begriffs des Binomialkoeffizienten (S. 131 ff.).

Das Phänomen Diskontinuität zwischen Schule und Hochschule
In den divergenten Sichtweisen auf einzelne Begriffe spiegelt sich das vielschichtige Phänomen der Diskontinuität. Mit dieser Sprechweise wird im mathematikdidaktischen Diskurs in Anlehnung an den Mathematiker Felix Klein auf die umfassende „Kluft zwischen Schulmathematik und universitärer Mathematik" (T. Bauer & Partheil, 2009, S. 86) Bezug genommen. Zwar gibt es auch in anderen Domänen deutliche Differenzen zwischen Schulfach und Wissenschaft (Beispiele aus den Bereichen Sport, Chemie und Religion sind bei Meister, Hericks und Kreyer (2020) zu finden). In der Mathematik sind die Folgen dieser Kluft aber in besonderem Maße in Befunden zu den Schwierigkeiten von Studienanfänger:innen und in den Daten über Studienabbrüche in der Eingangsphase des Mathematikstudiums erkennbar (vgl. Dieter, 2012; Geisler, 2020).

Der Hintergrund, vor dem Diskontinuität entsteht, ist die andere Ausrichtung des Mathematiktreibens in der gymnasialen Oberstufe und in der Hochschule, die sich aus den verschiedenen gesellschaftlichen Funktionen dieser beiden Institutionen und den damit zusammenhängenden Zielen ergibt. Der schulische Mathematikunterricht in der gymnasialen Oberstufe soll eine vertiefte Allgemeinbildung, allgemeine Studierfähigkeit sowie wissenschaftspropädeutische Bildung vermitteln (Kultusministerkonferenz [KMK], 2012). Dieser umfassende

Bildungsauftrag soll durch die Ausrichtung des Mathematikunterrichts an den Grunderfahrungen nach Winter (1995) realisiert werden. Dabei ist das Ziel, Mathematik als eigenständige Wissenschaft kennenzulernen, das mit der Grunderfahrung „mathematische Gegenstände und Sachverhalte […] als eine deduktiv geordnete Welt eigener Art kennen zu lernen und zu begreifen", angesprochen wird, nur eines von mehreren Zielen. Andersherum spielt das Ziel schulischen Mathematikunterrichts, „Mathematik als Werkzeug, um Erscheinungen der Welt aus Natur, Gesellschaft, Kultur, Beruf und Arbeit in einer spezifischen Weise wahrzunehmen und zu verstehen" (ebd., S. 11), in den Grundlagenvorlesungen der Fachstudiengänge kaum erkennbar eine Rolle. Im Gegenteil – die Gegenstände mathematischer Betrachtungen in der Hochschule können ganz ohne einen Bezug zu den Erscheinungen der Umwelt entwickelt werden.

Diskontinuität als Herausforderung für die universitäre Lehrerbildung (und ihre Didaktik)
Die Diskontinuität zwischen Schule und Hochschule betrifft zwar zunächst einmal alle Studierenden in stark mathematikhaltigen Studiengängen am Übergang zwischen Schule und Hochschule, jedoch ist die Thematik für Lehramtsstudierende von besonderer Tragweite. Zum einen führt nach Meister (2020) fachübergreifend für Lehrkräfte die immer präsente künftige Berufsperspektive dazu, dass fachwissenschaftliches Wissen häufig in erster Linie hinsichtlich der späteren Verwertbarkeit für den Unterricht bewertet wird (S. 121). Dieser Reflex erschwert bereits das Einlassen auf die (hochschulische) Logik des Fachs, auf die wissenschaftlichen Perspektiven und auf andere Denkmuster und stellt so aus hochschuldidaktischer und professionalisierungstheoretischer Perspektive eine zentrale Verständnishürde dar. Darüber hinaus sehen T. Bauer et al. (2020) die Gefahr, dass die (trotz der Hürden) angeeigneten fachlichen Studieninhalte gänzlich in Vergessenheit geraten oder zu trägem Wissen werden, sodass die fachwissenschaftlichen Inhalte nicht mit den dazu im Bruch stehenden schulischen Fachinhalten verknüpft und zu deren Reflexion, Aufbereitung und Vermittlung im Unterricht genutzt werden (S. 128).

In der fachdidaktischen Forschung und Diskussion zur universitären, gymnasialen Lehramtsausbildung für das Unterrichtsfach Mathematik ist Diskontinuität auf mehreren Ebenen präsent: Auf einer normativen Ebene wird häufig unter Verwendung der Metapher vom *Höheren Standpunkt* über die Idealvorstellung von der Fachlichkeit angehender Mathematiklehrkräfte reflektiert (vgl. T. Bauer, 2017; Hefendehl-Hebeker, 2013; Danckwerts, 2013). Auf der praktischen Ebene wird eine Vielzahl von Maßnahmen entwickelt, um den angehenden Lehrkräften fachliche Bezüge zwischen Schule und Hochschule zugänglich zu machen.

Seit den 2010er-Jahren ist eine Vielzahl von Aktivitäten in dieser Richtung doku-
mentiert (vgl. Ableitinger, Kramer & Prediger, 2013; Roth, T.
Bauer, Koch und
Prediger, 2015) und es findet Entwicklungsforschung in diesem Feld statt (drei
Beispiele neben vielen weiteren sind die Ansätze von Kempen, 2018; Skutella &
Weygandt, 2019 sowie Schadl, Rachel & Ufer, 2020). Ein wichtiges Element vie-
ler Maßnahmen sind besondere Aufgaben, die als Schnittstelle zwischen Schule
und Hochschule fungieren sollen (vgl. T. Bauer, 2013; Ableitinger, 2015; Zessin,
2020). Auf Seiten der quantitativen, empirischen Professionsforschung spiegelt
sich die Diskontinuität in der Ausdifferenzierung des Fachwissens-Konstruktes
(vgl. Heinze et al., 2016). Demnach benötigen Mathematiklehrkräfte neben dem
akademischen Fachwissen auch ein spezielles Fachwissen über die fachlichen
Zusammenhänge zwischen Schule und Hochschule.

Im Blickfeld fachdidaktischer Forschung ist auch ein weiterer Aspekt professioneller Kompetenz im Zusammenhang mit Diskontinuität: die Überzeugungen
und Werthaltungen. Becher und Biehler (2017) untersuchen die Nutzenerwartun-
gen von Lehramtsstudierenden gegenüber den Fachvorlesungen und Isaev und
Eichler (2021) betrachten den Einfluss von Schnittstellen-Aufgaben auf Überzeugungen zu den inhaltlichen Verbindungen zwischen Schule und Hochschule und
zum Berufsfeldbezug fachlicher Studieninhalte.

1.2   Erkenntnisleitendes Interesse der Arbeit

Sowohl in Aufgaben zu den Schnittstellen-Themen als auch in den Tests der
Professionswissensforschung zum relevanten Fachwissen über die fachlichen
Bezüge zwischen Schule und Hochschule ist eine bestimmte Perspektive auf
Diskontinuität vorgegeben. Wenngleich das Forschungsfeld um Diskontinuität
und Lehrerbildung aktuell von einer großen Dynamik geprägt ist, lag bisher
die Frage, welche Perspektive auf Diskontinuität angehende Mathematiklehrkräfte selbst angesichts konkreter inhaltlicher Sachverhalte einnehmen, kaum im
Fokus der fachdidaktischen Forschung. In diesem Zusammenhang sind insbesondere folgende Teilfragen bisher offengeblieben: *Wo sehen Lehramtsstudierende in
konkreten fachlichen Zusammenhängen Diskontinuität zwischen Schule und Hochschule und wie sieht ihre Auseinandersetzung mit der erkannten Diskontinuität
aus?* Das heißt, *wie wird Diskontinuität eingeordnet, erklärt oder gedeutet* und
*welche Beziehungen werden zwischen den differenten Sichtweisen von Schule und
Hochschule hergestellt?* Eine Beantwortung dieser Fragen würde das Bild vom
Umgang angehender Mathematiklehrkräfte mit Diskontinuität ergänzen. Erste

empirische Untersuchungen in dieser Richtung unternimmt Schlotterer (2020) für den Bereich der Analysis. Im Bereich der Linearen Algebra fehlen bisher noch entsprechende Erkenntnisse.

Da den professionsspezifischen Praxiserfahrungen im Lehramtsstudium ein Einfluss auf die Entwicklung des professionellen Wissens zugesprochen werden kann, erscheint es bei der empirischen Beschäftigung mit den oben aufgeworfenen Fragen lohnend, verschiedene Zeitpunkte im Lehramtsstudium zu berücksichtigen (Kreis & Staub, 2010, S. 210). Darüber hinaus wären aber auch Erkenntnisse zum Umgang angehender Lehrkräfte in der zweiten Ausbildungsphase und von Lehrkräften mit substanzieller Berufserfahrung wünschenswert, um die Perspektive über das Lehramtsstudium hinaus auf die Praxis zu erweitern und den Einfluss der Unterrichtserfahrung stärker in den Blick zu nehmen. Diese Erweiterung der Perspektive trägt einem Verständnis von Professionalität als Dimension, die in Entwicklung begriffen ist, und nicht als Zuschreibung oder Eigenschaft, die einer Lehrperson mit dem Eintritt in das Berufsleben unmittelbar zukommt, Rechnung (Hericks & Meister, 2020, S. 6). Einblicke in den Umgang mit Diskontinuität während verschiedener Abschnitte einer typischen Berufsbiografie von Mathematiklehrkräften könnten neue Impulse für die Diskussionen über eine realisierbare Zielvorstellung im Rahmen der gymnasialen Lehramtsausbildung und für die Gestaltung von Maßnahmen, die auf die Diskontinuität eingehen, geben.[1] Die vorliegende Arbeit verfolgt vor diesem Hintergrund die folgenden Ziele:

Das Hauptziel der Arbeit besteht darin, anhand von Inhalten aus dem Bereich der Linearen Algebra zunächst Erkenntnisse zur Wahrnehmung von Diskontinuität seitens der Lehramtsstudierenden, der Referendar:innen sowie berufserfahrener Lehrkräfte zu gewinnen. Darauf aufbauend geht es insbesondere um den Umgang der (angehenden) Lehrkräfte mit Diskontinuität im Bereich der Linearen Algebra. Dabei soll erforscht werden, wie die wahrgenommene Diskontinuität erklärt und eingeordnet und damit analysiert wird.

Vor dem Hintergrund dieser Erkenntnisse besteht das zweite Ziel dieser Arbeit darin, die Beobachtungen aus der Empirie zu nutzen, um die normative Zielvorstellung von einem Höheren Standpunkt der Lehrkräfte angesichts der Herausforderungen durch Diskontinuität für die universitäre Mathematiklehrerbildung im Bereich der Linearen Algebra praxisnah weiterzuentwickeln. Deshalb wird bei der Beschäftigung mit den oben aufgeworfenen Fragen die Vorstellung vom Höheren Standpunkt dahingehend aufgegriffen, dass er im Rahmen

---

[1] Unter einer typischen Berufsbiografie wird in diesem Zusammenhang das Absolvieren des Lehramtsstudiengangs Mathematik für die gymnasiale Oberstufe (Sekundarstufe II) und anschließend des Referendariats sowie der Eintritt in den Lehrerberuf und dessen Ausübung verstanden.

dieser Arbeit als eine individuelle Ressource für eine differenzierte Wahrneh-
mung und einen konstruktiven Umgang mit Diskontinuität interpretiert und zum
Gegenstand empirischer Untersuchungen mit (angehenden) Lehrkräften gemacht
wird. Die Zielvorstellung wird dann – ausgehend von den empirisch gewonnenen
Erkenntnissen über Ausprägungen eines Höheren Standpunktes zu Themen der
Linearen Algebra der gymnasialen Oberstufe in verschiedenen Abschnitten der
Berufsbiografie von Lehrkräften – konkretisiert.

Eine Voraussetzung für die Umsetzung dieses Vorhabens ist ein empirischer
Zugang zum Konstrukt *Höherer Standpunkt*. Daher besteht ein Teilziel dieser Arbeit darin, eine Methode zur Erfassung eines Höheren Standpunktes bei
(angehenden) Mathematiklehrkräften zu entwickeln.

1.3   Aufbau der Arbeit

Die Arbeit ist in vier Teile gegliedert: einen Teil zu den theoretischen Grundlagen, einen Teil zur Vertiefung des Erkenntnisinteresses sowie zur Methodik, einen
empirischen Teil sowie den letzten Teil, in dem die Zusammenführung der Grundlagen und der empirischen Ergebnisse zur Weiterentwicklung der Zielvorstellung
stattfindet und ein Fazit gezogen wird.

In den theoretischen Grundlagen geht es um die Aufarbeitung der Themen
Diskontinuität und insbesondere von Diskontinuität im Kontext der Lehramtsausbildung im Fach Mathematik, um den Höheren Standpunkt und die im Rahmen
der Arbeit relevanten fachlichen Gegenstände aus der Linearen Algebra. Im
zweiten Kapitel steht die Thematik der Diskontinuität zwischen Schule und
Hochschule im Vordergrund. Dabei findet eine stufenweise Annäherung an das
Phänomen statt. Zunächst wird das grundlegende Verständnis des Begriffs geklärt
und es werden Aspekte von Diskontinuität herausgearbeitet, auf die im Anschluss
vertieft eingegangen wird. Beginnend bei den unterschiedlichen Sichtweisen auf
Mathematik in Schule und Hochschule geht es danach um Unterschiede zwischen Schule und Hochschule in den Aspekten Begriffsbildung, Begründungen
und Sprache. Nach diesen domänenübergreifenden Darstellungen wird entsprechend dem Fokus der Arbeit vertieft auf Diskontinuität im Bereich der Linearen
Algebra eingegangen. Im dritten Kapitel geht es um die besondere Problematik
der Diskontinuität in der Lehramtsausbildung und um die prominente Zielvorstellung des Höheren Standpunktes in Bezug auf die Fachlichkeit von (angehenden)
Mathematiklehrkräften. Dabei wird eine Bandbreite verschiedener Kontexte, in
denen der Höhere Standpunkt heute aufgegriffen wird, herangezogen, um Interpretationen der Zielvorstellung herauszuarbeiten. Auch der historische Ursprung
findet Berücksichtigung und wird zu den modernen Auffassungen in Beziehung

gesetzt. In der vorliegenden Arbeit werden die Diskontinuität zwischen Schule und Hochschule und die Ausprägung eines Höheren Standpunktes in Bezug auf die Lineare Algebra der gymnasialen Oberstufe anhand der Begriffe „Vektor" und „Skalarprodukt" erarbeitet. Das vierte Kapitel liefert mit Sachanalysen zu den beiden Begriffen eine stoffliche Grundlage für die inhaltlichen Betrachtungen in den empirischen Untersuchungen.

Im zweiten Teil der Arbeit geht es um die vertiefte Entfaltung der Fragestellung vor dem Hintergrund der Theorie und des Forschungsstands zum Umgang mit Diskontinuität sowie um die Beschreibung der angewendeten Methoden. Im fünften Kapitel wird dazu zunächst ein Überblick über den Stand der Forschung im Umfeld dieser Arbeit gegeben, außerdem werden die Forschungsfragen formuliert. Das sechste Kapitel beginnt mit der Beschreibung des methodischen Vorgehens bei der Erfassung der Diskontinuität anhand konkreter Lehr-Lern-Materialien aus Schule und Hochschule zu Themen der Linearen Algebra. Danach folgt die Entwicklung der Methode, mit der die Ausprägungen des Konstruktes *Höherer Standpunkt* erfasst werden können. Anschließend wird die Implementation der entwickelten Methode im Rahmen einer Studie mit (angehenden) Mathematiklehrkräften dargestellt.

Der dritte, empirische Teil umfasst die Ergebnisse der durchgeführten Untersuchungen und den konstruktiven Vorschlag zum Höheren Standpunkt. Das siebte Kapitel enthält die Ergebnisse der Analyse der Lehr-Lern-Materialien aus Schule und Hochschule zu den Begriffen „Vektor" und „Skalarprodukt". Diese werden für die Begriffe getrennt jeweils nach dem folgenden Aufbau aufbereitet: An einen einführenden Überblick über die Lehrgänge schließen sich jeweils zunächst eine fachliche Zusammenfassung und eine Charakterisierung der Materialien an, bevor die Ergebnisse bezüglich einzelner Aspekte von Diskontinuität dargestellt werden. Die Ergebnisse der Studie mit den Lehramtsstudierenden, Referendar:innen und den erfahrenen Lehrkräften sind Gegenstand des achten und neunten Kapitels. Zunächst wird im achten Kapitel die Wahrnehmung der Befragten auf Diskontinuität dargelegt, erst für den Vektorbegriff, anschließend für das Skalarprodukt. Im neunten Kapitel werden die Ergebnisse zur Auseinandersetzung mit Diskontinuität im Rahmen der Interviewstudie präsentiert. Im zehnten Kapitel findet aufbauend auf den Ergebnissen der empirischen Untersuchungen die Formulierung der konkretisierten Zielvorstellung von einem Höheren Standpunkt zur Linearen Algebra der gymnasialen Oberstufe statt.

Der vierte und letzte Teil dieser Arbeit beinhaltet das Fazit. Das zugehörige elfte Kapitel beginnt mit der Zusammenfassung der gewonnenen Ergebnisse und einer Reflexion des methodischen Vorgehens in dieser Arbeit. Anschließend findet eine Diskussion der Ergebnisse statt und es werden offene Fragen festgehalten, die sich im Anschluss an die vorliegende Arbeit stellen.

Teil I
Theoretische Grundlagen

Diskontinuität zwischen Schule und Hochschule

2

In diesem Kapitel steht der für diese Arbeit zentrale Begriff der Diskontinuität im Vordergrund. Nach der einleitenden begrifflichen Klärung im ersten Unterkapitel wird im zweiten Unterkapitel zunächst der Umfang des Phänomens Diskontinuität am Übergang zwischen Schule und Hochschule betrachtet. Anschließend wird die Diskontinuität inhaltlich genauer bestimmt. Dies geschieht zunächst in Bezug auf die Sichtweisen auf Mathematik, anschließend mit Blick auf einzelne mathematische Theorieelemente (Begriffe, Begründungen und Sprache). Das fünfte Unterkapitel fokussiert – dem Schwerpunkt der Arbeit entsprechend – auf den Bereich der Linearen Algebra, bevor im sechsten Unterkapitel eine Zusammenfassung gegeben wird.

2.1 Begriffliches

Unter Diskontinuität wird im allgemeinen Sprachgebrauch der „Ablauf von Vorgängen mit zeitlichen und räumlichen Unterbrechungen" verstanden (Dudenredaktion, o. J.). In einigen Bezugswissenschaften der Mathematikdidaktik erfährt der Begriff wiederum eine eigene, anders nuancierte Bedeutung. So wird z. B. in der Psychologie unter Diskontinuität ein „Abbruch der Interaktion durch Abwendung oder Nichtbeachtung" (Wenninger, 2000) verstanden. Im bildungswissenschaftlichen Kontext taucht der Begriff der Diskontinuität im Zusammenhang mit Übergängen zwischen Institutionen des Bildungssystems auf. Die Elementarpädagogik beschäftigt sich mit der Frage, in welchem Maße Diskontinuität zwischen Kindergarten und Schule als Entwicklungsanreiz wirken kann oder aber dieser durch Kontinuitätsbemühungen zu begegnen ist (vgl. Naumann, 2010).

S. Blum-Barkmin, *Diskontinuität in der Linearen Algebra und ein Höherer Standpunkt*, Essener Beiträge zur Mathematikdidaktik, https://doi.org/10.1007/978-3-658-37110-4_2

Im Rahmen der Schulpädagogik wird vorrangig ein Abstieg im Schulsystem als Diskontinuität referenziert und es stellt sich die Frage, inwiefern solche Diskontinuitätserfahrungen als Krise erlebt werden (vgl. Labede, 2019). Im Kontext der Mathematikdidaktik findet der Begriff der Diskontinuität auf verschiedene Weise Verwendung. Unterschiede betreffen hier die Ebene der Abstraktion (Ist Diskontinuität ein lokales Phänomen auf der Ebene didaktischer Einzelfragen bzw. bestimmter mathematischer Themen oder ein globales Phänomen?) und die Bindung des Begriffs an ganz bestimmte institutionelle Übergänge.

Tall benutzt den Begriff der „cognitive discontinuities" im Zusammenhang mit Kontextwechseln, in denen bisherige fachliche Vorstellungen der Lernenden von einem Gegenstand nicht mehr tragfähig sind. Beispiele für solche kognitiven Diskontinuitäten sind der Übergang von natürlichen zu den ganzen Zahlen („what can negative four cows mean!"), die Möglichkeit, Bruchzahlen zu multiplizieren und Grenzprozesse, wie sie z. B. im Paradoxon von Achilles und der Schildkröte von Zenon von Elea vorkommen (Tall, 2002, S. 163 ff.; Gueudet et al., 2016, S. 6).

In der deutschsprachigen Mathematikdidaktik wird von Diskontinuität zumeist gesprochen, um die Unterschiede zu beschreiben, wie Mathematik in der Schule und in der Hochschule gesehen und betrieben wird. Die „Brüche zwischen Schulmathematik und Hochschulmathematik" werden als Diskontinuitäten (vgl. T. Bauer et al., 2020) oder in ihrer Gesamtheit im Singular als Diskontinuität (vgl. T. Bauer, 2013) bezeichnet.

Das *individuelle Erfahren* von Diskontinuität an einem Übergang zwischen den Institutionen Schule und Hochschule steht im Mittelpunkt, wenn von Diskontinuitäts*erlebnissen* die Rede ist (vgl. T. Bauer et al., 2020). Am Übergang von der Schule zur Hochschule werden diese Erlebnisse von der Gesamtheit der Studierenden geteilt, die vom schulischen Mathematikunterricht in ein stark mathematikhaltiges Studium eintreten, unabhängig davon, ob es sich dabei um ein Lehramts- oder ein Fachstudium Mathematik handelt. Die spezielle Situation der Lehramtsstudierenden, die sich zu verschiedenen Zeitpunkten ihrer Ausbildung zweimal Diskontinuitätserlebnissen gegenübersehen, wird mit den Sprechweisen von der *ersten* und *zweiten* Diskontinuität berücksichtigt, die sich auf Diskontinuitätserlebnisse beim Eintritt in das Lehramtsstudium bzw. beim Eintritt in die schulpraktische Ausbildung oder Berufspraxis beziehen. Das zweimalige Diskontinuitätserleben wird mit der Sprechweise von der *doppelten* Diskontinuität in der Lehramtsausbildung referenziert (siehe 3.1).

Im Rahmen dieser Arbeit wird dem Verständnis von T. Bauer et al. (2020) gefolgt und der Begriff der Diskontinuität verwendet, um die *Gesamtheit der Brüche* zu beschreiben, *die sich an den Übergängen zwischen Schule und Hochschule in Bezug darauf zeigen, wie Mathematik gesehen und betrieben wird.*

2.2 Ansätze zur Beschreibung der Diskontinuität zwischen Schule und Hochschule

In diesem Unterkapitel werden verschiedene Dimensionen aufgezeigt, in denen die von T. Bauer et al. beschriebenen Brüche stattfinden, um wesentliche Aspekte des Phänomens in der fachdidaktischen Diskussion zu identifizieren und damit die vertiefte Charakterisierung der Diskontinuität zwischen Schule und Hochschule in 2.3 und 2.4 vorzubereiten.

Um den Umfang von Diskontinuität greifbar zu machen, wird in zwei Schritten vorgegangen: In Abschnitt 2.2.1 werden zunächst verschiedene Modellierungen des Phänomens Diskontinuität beschrieben. Solche Modellierungen richten den Blick auf die Beschreibung der „Kluft zwischen Schulmathematik und Hochschulmathematik" und losgelöst von der Fülle der übrigen, nicht fachspezifischen Herausforderungen im Übergang zwischen Schule und Hochschule bzw. vom individuellen Diskontinuität*serleben*. Um die Aspekte aus 2.2.1 anzureichern, verlagert sich die Perspektive dann in 2.2.2 zu den Beschreibungen der Diskontinuität*sproblematik* oder des Diskontinuität*serlebens*. Es werden die Herausforderungen für Fach- und Lehramtsstudierende im Übergang betrachtet und daraus Aspekte von Diskontinuität abgeleitet. Dieser weitere Ansatz, den Umfang des Phänomens Diskontinuität zu fassen, berücksichtigt, dass in der Literatur neben Modellierungen des Phänomens Diskontinuität vielfach vor allem die Herausforderungen im Übergang zwischen Schule und Hochschule beschrieben sind. Dies geschieht explizit z. B. im Rahmen der Übergangsforschung. In 2.2.3 wird eine Synthese der Beschreibungen vorgenommen und der Ansatz zur Charakterisierung von Diskontinuität in dieser Arbeit festgelegt.

2.2.1 Modellierungen der Diskontinuität

In diesem Abschnitt werden verschiedene Ansätze zur Beschreibung von Diskontinuität im Kontext des deutschen Bildungssystems vorgestellt: der praktisch geprägte Ansatz von T. Bauer und Partheil (2009), der empirisch geprägte Ansatz, der in verschiedenen Spielarten in Arbeiten vom Leibniz-Institut für die Pädagogik der Naturwissenschaften und Mathematik (IPN) in Kiel, insbesondere bei Rach (2014), bei Rach und Heinze (2013) und bei Rach, Heinze und Ufer (2014) zu finden ist sowie ein theoretisch geprägter Ansatz von Hefendehl-Hebeker (2016).

2.2.1.1 Drei Ebenen der Diskontinuität

T. Bauer und Partheil (2009) führen die „Kluft zwischen Schulmathematik und universitärer Mathematik" auf drei Ebenen der Diskontinuität zurück: eine Inhaltsebene, eine Ebene der Ziele und eine Argumentationsebene. Anhand der drei zentralen Inhaltsbereiche der gymnasialen Oberstufe werden diese konkretisiert. Dabei gibt es zwischen den Ebenen Varianz in ihrer Sichtbarkeit: Unterschiede auf der Ebene der Inhalte sind nach außen deutlich schneller zu erkennen als die subtileren Unterschiede auf der Ebene der Argumentationsweisen (T. Bauer et al., 2020, S. 131 ff.).

Die *Inhaltsebene* der Diskontinuität geht auf verschiedene thematische Fokussierungen in der Oberstufe bzw. im hochschulischen Vorlesungsangebot zurück. So werden in der Hochschule im Allgemeinen in den kanonischen Anfängervorlesungen keine elementargeometrischen Inhalte betrachtet und andersherum spielen etwa Differentialgleichungen und Numerik oder die Forschung zur Geometrie in den Bereichen Differential- oder algebraische Geometrie im schulischen Mathematikunterricht aktuell keine Rolle. Der aktuelle Entwicklungsstand mathematischer Forschungsgebiete bzw. die Ordnung der Forschungsgebiete spiegeln sich in der Schule nicht wider. Auch lokal gibt es inhaltliche Differenzen in den einzelnen Teilgebieten. So wird in der Schule (in NRW) im Inhaltsbereich Analysis der Begriff der Stetigkeit nicht eingeführt und im Inhaltsbereich Analytische Geometrie und Lineare Algebra wird das Thema Basiswechsel (und die Basis als solche) nicht angesprochen (Ministerium für Schule und Bildung NRW [MSB NRW], 2014).

Auch die Beschäftigung mit denselben Inhalten kann in Schule und Hochschule mit verschiedenem Fokus geschehen. Diskontinuität auf der *Ebene der Ziele* zeigt sich z. B. darin, wie mit dem Integral in Schule und Hochschule umgegangen wird. Während in der Analysis in der Hochschule Integrierbarkeit definiert wird sowie die Eigenschaften eines Riemann-Integrals nachgewiesen und Beispiele für nicht-integrierbare Funktionen konstruiert werden, steht in der Schule vor allem die Interpretation des Integrals als rekonstruierter Bestand in Sachzusammenhängen im Fokus (T. Bauer & Partheil, 2009, S. 2).

Diskontinuität auf der Ebene der Argumentationen sehen T. Bauer et al. zum einen darin, dass in der Schule im Allgemeinen nicht dem Dreischritt aus Definition, Satz und Beweis gefolgt wird, wie es in der Hochschule üblich ist, sondern Inhalte z. B. genetisch und anhand sachkontextbezogener Fragen entwickelt werden. Insbesondere zeigen sich Unterschiede in den Anforderungen an die Begründung eines bestimmten Sachverhalts. Anhand des Zwischenwertsatzes kann nachvollzogen werden, dass im Rahmen des schulischen Mathematikunterrichts schon anschaulich gewonnene Plausibilitätsargumente als hinreichend exakte Begründungen gelten können, während eine solche Überlegung in der Hochschule nur als hinführend zu einem noch zu erbringenden Beweis zu bewerten wäre. Das heißt, gegenüber der Hochschule ist im schulischen Mathematikunterricht eine größere Bandbreite an Exaktheitsstufen in Argumentationen zulässig.

2.2.1.2 Charakterverschiebung der Mathematik

Einige Arbeiten, die am bzw. mit Beteiligung des IPN entstanden sind, fassen Diskontinuität vorrangig als Charakterverschiebung von Mathematik mit Folgen im Bereich der mathematischen Denk- und Arbeitsweisen auf. Die wesentlichen Unterschiede zwischen Schul- und Hochschulmathematik betreffen aus dieser Perspektive die Merkmale (1) Charakter der Mathematik, (2) Darstellung der Mathematik, (3) Art der Begriffseinführung und (4) Rolle des Beweisens (Weber & Lindmeier, 2020, S. 265).

Demnach tritt Mathematik in der Schule als „instrumentelle Anwendungsdisziplin" (Rach et al., 2014, S. 209) auf, während sie in der Hochschule (wenn auch in den Anwendungsdisziplinen nur begrenzt) ihrem Wesen nach eine Geisteswissenschaft ist, da ihre Begriffe vollständig durch definierende Eigenschaften bestimmt sind (ebd., S. 208). Mit dem Charakter als Anwendungsdisziplin in der Schule gehen insbesondere andere inhaltliche Schwerpunkte einher, und zwar in dem Sinne, dass in der Schule anders als in der Hochschule alltags- bzw. lebensweltlich unmittelbar relevante Themen wie z. B. die Prozentrechnung eine „sehr viel größere Bedeutung" erfahren (Rach & Heinze, 2013, S. 125). Die Charakterverschiebung bringt Rach (2014) mit unterschiedlichen Gedankenwelten der mathematischen Denkprozesse nach Tall (2008) in Verbindung. Aus dieser Sichtweise heraus findet das mathematische Denken in der Schule in der *conceptual-embodied world* oder in der *proceptual-symbolic world* statt, während das Denken in der Hochschulmathematik in der *axiomatic-formal world* stattfindet. In der conceptual-embodied world wird mit in der Realität erfassten Objekten und deren mentalen Repräsentationen gearbeitet. In der proceptual-symbolic world werden die Objekte der conceptual-embodied world symbolisch aufgefasst und die geschaffenen Symbole werden als Prozess und andererseits als Konzept aufgefasst. In der hochschulischen axiomatic-formal world ist der Gegenstand der Betrachtungen mit den formalen axiomatischen Definitionen, daraus abgeleiteten Aussagen und deren Beweisen gegeben (Tall, 2008, S. 7). Die Charakterverschiebung der Mathematik zeigt sich auch in der Bedeutung formaler Begriffsdefinitionen und mathematischer Beweise (Rach et al., 2014, S. 209). So sehen Rach und Heinze (2013) die Begriffsbildung in der Schule eher als Formierung eines *concept images* denn als Entwicklung einer *concept definition*, wie sie in der Hochschule zu finden wäre (S. 126). Rach (2014) spricht in diesem Zusammenhang von verschiedenen Arten der Beschreibung von Begriffen und vom (unterschiedlichen) Grad der Abstraktheit (S. 84). Bezüglich der Beweise wird festgehalten, dass diese in der Hochschule eine wesentlich größere Rolle spielen (Rach et al., 2014, S. 209) bzw. dass in der Schule auch andere Autoritäten als der Beweis zur Absicherung eines Zusammenhangs herangezogen werden. Entsprechend arbeitet Rach Unterschiede in den dominierenden Funktionen der Beweise und unterschiedliche Beweistypen als Merkmale von Diskontinuität heraus. In beiden Bereichen – Beweisführung und Begriffsbildung – trägt Rach zufolge überdies ein abweichender Umgang mit mathematischer Notation zur Diskontinuität bei (S. 84).

2.2.1.3 Verschiedene Stufen der Wissensbildung

Hefendehl-Hebeker (2016) charakterisiert die Diskontinuität zwischen Schule und Hochschule mit verschiedenen Stufen, auf denen die Wissensbildung steht: „Die Mathematik in der Schule befindet sich nah an den Wurzeln, die Mathematik an der Hochschule dagegen in einem weit fortgeschrittenen Stadium dieses Prozesses" (S. 15 f.). Brüche zwischen Schule und Hochschule zeigen sich in den Inhalten mathematischer Betrachtungen und in der Art der Begriffe bzw. in deren Abstraktionsniveau. So werden in der Schule vorrangig Inhalte mit phänomenologischem Ursprung in der Realwelt thematisiert und die gebildeten Begriffe beziehen sich auf Objekte des Anschauungsraums, beantworten realweltliche Fragen und machen Beobachtungen aus dem Alltag erfassbar und handhabbar. Dagegen sind die Gegenstände mathematischer Begriffsbildung an der Hochschule Phänomene der mentalen Welt, „abstrakte Mengen mit spezifischen Struktureigenschaften" (ebd., S. 16). Unterschiede zwischen Schule und Hochschule zeigen sich insbesondere in der Tiefe der Begriffsbildungshierarchien. In der Hochschule dominieren komplexe Begriffsbildungen, bei denen durch wiederholtes Einkapseln mentaler Objekte, Umordnungs-, Hierarchisierungs- und Aggregationsprozesse neue mentale Objekte auf jeweils einer höheren Ebene entstehen. In der Schule stellen Vorgehensweisen der Einkapselung und des anders

Fassens bekannter mathematischer Objekte eher Ausnahmen dar, die sich nach Hefendehl-Hebeker auf den Bereich der Algebra mit Termumformungen sowie auf den Funktions- und den Vektorbegriff konzentrieren (ebd., S. 17). Diese gewissermaßen inneren Unterschiede im Wesen der Gegenstände mathematischer Betrachtungen und der Art der Operationen gehen mit Unterschieden auf der Ebene der Darstellungsmittel und dabei insbesondere mit unterschiedlichen Graden der Standardisierung von Darstellungen und der Bedeutung fachspezifischer Konventionen einher. Insoweit ist der Unterschied zwischen der mathematischen Fachsprache, einer Kunstsprache, und der vorrangigen Verwendung einer natürlichen Sprache mit einzelnen Fachwörtern eine weitere Seite der Diskontinuität (ebd., S. 18).

2.2.2 Beschreibung durch Herausforderungen

Eine umfassende Beschreibung der Herausforderungen im Übergang von der Schule in ein Mathematikstudium liefern de Guzmán et al. (1998), die drei Typen von Schwierigkeiten im Übergang erkennen: (i) epistemologische und kognitive Schwierigkeiten, (ii) soziologische und kulturelle Schwierigkeiten sowie (iii) didaktische Schwierigkeiten. Bei den epistemologischen und kognitiven Schwierigkeiten unterscheiden de Guzmán et al. „intrinsische" mathematikspezifische Schwierigkeiten und extrinsische Schwierigkeiten. Intrinsische mathematikspezifische Schwierigkeiten gehen auf die Andersartigkeit der Mathematik zurück: "This transition [from the secondary to the tertiary level] corresponds to a significant *shift in the kind of mathematics to be mastered* by students" (S. 753). Extrinsische Schwierigkeiten sind weniger inhaltsgebunden, sondern beziehen sich auf eine bestimmte Lern- und Arbeitshaltung: Sie betreffen die Bereitschaft zu einer aktiven Auseinandersetzung mit Mathematik, die Verantwortung gegenüber dem eigenen Lernprozess und das Denken in fachlichen Strukturen statt in Aufgabenklassen. Als soziologische und kulturelle Schwierigkeiten betrachten de Guzmán et al. die verschiedenen institutionellen Rahmenbedingungen und gewandelte Rollenbilder der Lehrenden und Lernenden (ebd., S. 754 f.). Didaktische Schwierigkeiten sehen de Guzmán et al. in einer anderen didaktisch-methodischen Inszenierung der Lehr-Lern-Prozesse und anderen Formen der Rückmeldung und Leistungsüberprüfung in Schule und Hochschule sowie in der fehlenden hochschuldidaktischen Ausbildung der Lehrenden in der Hochschule (ebd., S. 755).

Die Typologie der Schwierigkeiten von de Guzmán et al. verdeutlicht, dass *fachbezogene Brüche im Übergang Schule-Hochschule* von einer Reihe weiterer

Schwierigkeiten im Zusammenhang mit dem Wechsel der Institutionen begleitet werden. Paradigmatisch ist an dieser Stelle die Beschreibung der Lehrmethoden in der Hochschule gegenüber der Schule von Danckwerts, Prediger und Vásárhelyi (2004): „Die Methoden der Vermittlung sind einseitig fixiert auf die reine Instruktion durch die klassische Vorlesung. Die so akzentuierte, traditionelle Fachausbildung ist eher produkt- und weniger prozessorientiert und sie setzt eher auf die Instruktion durch die Lehrenden als auf die aktive Konstruktion des Wissens durch die Lernenden" (S. 76). Auch die im Folgenden aufgegriffenen Beschreibungen der Herausforderungen im Übergang Schule-Hochschule berücksichtigen neben den Herausforderungen, die darauf zurückgehen, wie die Mathematik als solche gesehen und betrieben wird, – mit verschiedener Gewichtung – unterschiedliche überfachliche Aspekte. Wie in 2.2.1 wird auch bei der Beschreibung der Herausforderungen im Übergang auf den Kontext des deutschen Bildungssystems fokussiert.

Herausforderungen im Übergang können unter verschiedenen Perspektiven bzw. auf verschiedenen Grundlagen formuliert werden. A. Fischer, Heinze und Wagner (2009) berichten empirische Befunde zu Übergangsschwierigkeiten, Roth et al. (2015) nehmen verschiedene Maßnahmen zur Gestaltung von Übergängen als Ausgangspunkt, um Ebenen der Herausforderungen festzuhalten und Hefendehl-Hebeker (2016) identifiziert Problemkreise aus der Sicht der Studierenden.

A. Fischer et al. sehen einen Schwerpunkt der Übergangsproblematik aus individueller Sicht sowohl bei „stoffdidaktische[n] Probleme[n] wie falsche[n] oder fehlende[n] Grundvorstellungen zu Inhalten der Schulmathematik" als auch bei den „allgemeinen intellektuellen Denkhaltungen" (S. 259 ff.), die zur Bewältigung eines mathematischen Studiengangs erforderlich seien. Ein maßgeblicher Indikator dafür waren die Studien in der Dissertation von A. Fischer (2006) zum Verständnis des Gruppenbegriffs bei Studienanfänger:innen. Sie stellte fest, dass die Erläuterung der Addition auf $\mathbb{Z}/5\mathbb{Z}$ für die Studierenden eine erhebliche Herausforderung darstellte – und das, obwohl die Thematik keine stofflichen Voraussetzungen jenseits der Grundschulinhalte erforderte. Zusammengefasst lassen sich bei A. Fischer et al. sechs verschiedene Herausforderungsbereiche identifizieren. Erstens ist dies der Erwerb einer „Unterscheidungsfähigkeit von Unterschiedlichem" und damit verbunden der Erwerb einer präzisen Ausdrucksweise, die insbesondere als notwendige Voraussetzung für exakte Darstellungen und logisch stimmige Argumentationen Relevanz erfährt (A. Fischer et al., 2009, S. 259). Als zweite Herausforderung wird die gedankliche Flexibilität beschrieben, die „zur Einordnung von Phänomenen und Konzepten in größere Zusammenhänge", für

Erkenntnistransfer in andere Sachzusammenhänge und Darstellungswechsel erforderlich ist. Als weitere Herausforderung wird die Notwendigkeit metakognitiver Strategien zur Selbstregulation für die Lösung mathematischer Probleme erkannt, dazu zählen Strategien zur Planung, Überwachung und Prüfung eigener Denkprozesse. Während diese ersten drei Herausforderungen jeweils mit bestimmten Fähigkeiten und Fertigkeiten identifiziert werden können, sind die drei weiteren von A. Fischer et al. benannten Herausforderungen eher als Einstellungen und motivationale Haltungen zu betrachten. Dabei handelt es sich um die erwartete Bereitschaft zur intensiven, aktiven Auseinandersetzung mit Mathematik (in Abgrenzung zu einer passiven, rezeptiven Lernhaltung), die Akzeptanz aufkommender kognitiver Konflikte sowie um das Einlassen auf eine hohe Genauigkeit beim mathematischen Arbeiten.

In den Herausforderungen, die A. Fischer et al. berichten, können Brüche zwischen Schule und Hochschule erkannt werden, die

- *die Exaktheit von Darstellungen,*
- *den Anspruch an bzw. die Ausgestaltung von Argumentationen,*
- *die Ordnung der Phänomene und Konzepte und*
- *die Reichweite von Theorieaufbau*

betreffen. Eine relativ umfassende Zusammenstellung verschiedener Herausforderungen im Übergang ist bei Roth et al. (2015) zu finden. Vor dem Hintergrund verschiedener Akzentuierungen und Zielsetzungen didaktischer Maßnahmen zur Gestaltung des Übergangs Schule-Hochschule werden drei Ebenen der Herausforderungen für Studierende am Übergang zwischen Schule und Hochschule erkannt. Dabei handelt es sich um *eine kognitive Ebene von Wissen und Fertigkeiten, eine kulturelle Ebene der Praktiken und Denkweisen sowie eine Meta-Ebene* (S. VIf.). Zu den Herausforderungen auf der kognitiven Ebene zählen neben einzelnen fehlenden Wissensbeständen auch fehlende einzelne oder implizite Fertigkeiten sowie Beweglichkeit und Tiefe des Elementarwissens und das Verständnis mathematischer Inhalte und Methoden. Herausforderungen auf kultureller Ebene betreffen spezifische mathematische Praktiken, aber auch die mathematische Fachsprache und Denkweisen, die Epistemologie der Erkenntnisgewinnung und der Blick auf das „innere Getriebe der Mathematik". Auf der Meta-Ebene verortet das Autorenteam neben Reflexionswissen, Urteilsfähigkeit, Wertschätzung und Arbeitshaltungen auch die veränderte Art des Lernens als individuelle Herausforderung. Wenngleich die Herausforderungen auf den Ebenen getrennt beschrieben werden und Strategien oder didaktische Ansätze mit bestimmten Ebenen eher

in Verbindung gebracht werden können, weisen Roth et al. darauf hin, dass im
Diskontinuitätserleben die Ebenen zusammenspielen (ebd., S. VI).
Aus den Herausforderungen, die Roth et al. auf der kognitiven sowie der kul-
turellen Ebene benennen, lassen sich Brüche zwischen Schule und Hochschule
identifizieren, die insbesondere.

- *die Praxis des Begründens (insbesondere den Umgang mit Anschauung)*
- *und dabei insbesondere die Bedeutung von Aussagenlogik,*
- *den Stellenwert von Definitionen,*
- *die verwendete mathematische Sprache,*
- *den epistemologischen Modus der Erkenntnisgewinnung sowie*
- *die Bedeutung von Standards und Konventionen*

betreffen. Weniger nach analytischen Gesichtspunkten, sondern stärker phä-
nomenologisch strukturiert ist der Ansatz von Hefendehl-Hebeker (2016) zur
Beschreibung der Herausforderungen im Übergang. Sie identifiziert drei Problemkreise, auf die sich individuelle Diskontinuitätserlebnisse zurückführen lassen.
Als ersten Problemkreis sieht sie den Umgang mit der stark verdichteten mathematischen Fachsprache. Zugehörige Herausforderungen sind die Entwicklung
einer speziellen mathematischen Lesefähigkeit, um mathematische Ausdrücke
überhaupt interpretieren zu können und um viele Ausdrücke, syntaktische Regeln
und fachinterne Konventionen gleichzeitig im Bewusstsein halten zu können
(ebd., S. 23). Der zweite Problemkreis betrifft das Verständnis für den Aufbau
mathematischer Theorie und die Funktionsweise mathematischer Theoriebildung.
Herausforderungen stellen in diesem Zusammenhang insbesondere das Umgehen mit abstrakten Begriffen ohne Anschauungshilfen, das Einlassen auf das
„Ideal der theoretischen Geschlossenheit" durch den Aufbau der Mathematik auf
Axiomen sowie das Einfinden in Definitionen, die nicht der Primärintuition entsprechen (ebd., S. 24 f.). Ein dritter Problemkreis ergibt sich Hefendehl-Hebeker
zufolge daraus, dass die Regeln einer mathematischen Praxis in hohem Maße
implizit seien. In diesem Sinne kann „richtiges Operieren" auf dem Gebiet von
„Mathematik nach dem Ideal der theoretischen Geschlossenheit" den Noviz:innen
auf diesem Gebiet nicht als eigener Lehrinhalt vermittelt werden (ebd., S. 25 f.).
Daraus ergibt sich der Regelerwerb auf diesem Gebiet als weitere eigene Herausforderung. Als zusätzliche Herausforderung neben der Diskontinuität sieht
Hefendehl-Hebeker auch das schnellere Tempo und die größere Fülle an Inhalten
in der Hochschullehre, die die Auseinandersetzung mit der Diskontinuität bzw.
die Bewältigung des Diskontinuitätserlebnisses möglicherweise erschweren.

Anhand der Problemkreise, die Hefendehl-Hebeker benennt, lassen sich folgende Facetten von Diskontinuität erkennen:

- *das Verhältnis zur Anschauung,*
- *der Aufbau mathematischer Theorie ausgehend von Axiomen,*
- *die Gestaltung und Ausrichtung von Definitionen sowie*
- *die verwendete mathematische Sprache.*

2.2.3 Synthese der Ansätze

Ausgehend von den verschiedenen Auffassungen von Diskontinuität aus 2.2.1 und den Aspekten aus 2.2.2 wird folgender Arbeitsbegriff von Diskontinuität formuliert:

Diskontinuität zwischen Schule und Hochschule lässt sich charakterisieren durch Unterschiede in der Berücksichtigung des Realweltlichen, im Umgang mit Anschauung, im Grad der Abstraktion, der Art der Systematisierung und Ordnung der Konzepte und Phänomene und in der axiomatischen Grundlage mathematischer Betrachtungen. Diese Unterschiede können als Ausdruck verschiedener Sichtweisen auf Mathematik aufgefasst werden. Mit den verschiedenen Sichtweisen verbunden, sind Unterschiede in der Praxis der Begriffsbildung, in der Praxis des Begründens und in der mathematischen Sprache.

Diskontinuität kann sich in der Betrachtung verschiedener Inhalte zeigen, aber auch in den unterschiedlichen Perspektiven auf einen fachlichen Gegenstand. Abbildung visualisiert diesen Begriff von Diskontinuität.

In den nächsten beiden Unterkapiteln werden die Brüche zwischen Schule und Hochschule, deren *Umfang* in diesem Unterkapitel ersichtlich geworden ist, inhaltlich vertieft. Zunächst werden die verschiedenen Sichtweisen auf Mathematik herausgearbeitet. Anschließend wird thematisiert, wie sich die Diskontinuität zwischen Schule und Hochschule bei den mathematischen Praktiken des Bildens von Begriffen und des Begründens von Zusammenhängen darstellt. Da sowohl bei der Begriffsbildung als auch in der Begründung eine bestimmte mathematische Sprache zum Einsatz kommt und davon auszugehen ist, dass die Wahl der sprachlichen Mittel die Wirkung von mathematischen Darstellungen entscheidend beeinflusst, wird diese eigens berücksichtigt.

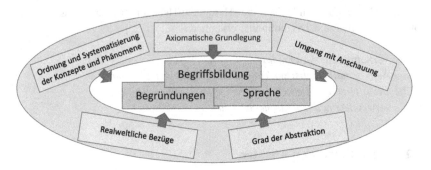

Abbildung 2.1 Aspekte und Dimensionen von Diskontinuität

Die Charakterisierung der Diskontinuität in den kommenden Unterkapiteln erfolgt dabei zunächst auf allgemeiner Ebene. Die (für diese Arbeit relevante) ausführliche Charakterisierung von Diskontinuität auf der Ebene konkreter Begriffe findet später im sechsten Kapitel statt.

2.3   Diskontinuität in den Sichtweisen auf Mathematik

Die fachwissenschaftliche Mathematik ist die Bezugswissenschaft für das Schulfach Mathematik. Insoweit liegt es zunächst nahe, davon auszugehen, dass sich eine Reihe von Eigenschaften der akademischen Disziplin auf die Mathematik in der Schule übertragen lassen (A. Fischer et al., 2009, S. 245). Bromme (1994) merkt jedoch an, dass Schulfächer ein Eigenleben besitzen und einer eigenen Logik folgen (S. 74). Entsprechend ist die Beziehung zwischen dem Schulfach Mathematik und der akademischen Bezugsdisziplin nicht offensichtlich und nicht einfach zu bestimmen (Schubring, 2019, S. 171).

In diesem Unterkapitel wird zunächst aufgezeigt, wodurch sich Mathematik, wie sie in der Hochschullehre der ersten Semester erfahren wird, auszeichnet. Anschließend wird die Perspektive, die das Schulfach Mathematik zu dieser „Hochschulischen Sicht auf Mathematik" einnimmt, beleuchtet.

2.3.1 Hochschulische Sicht auf Mathematik

Bevor der Aufbau der Mathematik auf axiomatischer Basis, gewissermaßen das Herzstück der hochschulischen Sicht auf Mathematik, erläutert wird, soll auf eine wichtige Unterscheidung innerhalb der Hochschule eingegangen werden.

2.3.1.1 Mathematik als Fachwissenschaft und aus der Anwendungsperspektive

Innerhalb der Hochschule wird Mathematik verschieden betrachtet: In den Natur-, Ingenieur-, Sozial- oder Wirtschaftswissenschaften wird eine anwendungsorientierte Sichtweise gelehrt. Im Fach- und im gymnasialen Lehramtsstudiengang wird dagegen eine fachwissenschaftliche Sichtweise eingenommen.

Mathematik ist heute eine Wissenschaft mit vielfältigen Anwendungsbezügen. In den Naturwissenschaften tritt sie seit Langem als Beschreibungs- und Problemlösungssprache auf. Mathematische Sprech- und Denkweisen halten aber auch in anderen Bereichen, z. B. den Sozialwissenschaften, der Medizin und den Wirtschaftswissenschaften Einzug und der Mathematik kommt eine gewichtige Rolle bei der Erschließung großer Wissensbereiche zu (Bund-Länder-Kommission für Bildungsplanung und Forschungsförderung [BLK], 1997, S. 34). Aus der Sicht der Anwendungsdisziplinen ist Mathematik vorrangig ein Werkzeug, mit dem fachspezifische Fragestellungen bearbeitet werden und eine Sprache zum Formalisieren von Sachzusammenhängen. Dabei sind die Bedürfnisse des Anwendungsfaches ausschlaggebend dafür, inwieweit in Begründungs- und Anwendungszusammenhängen die innermathematische Fachsystematik (axiomatisches Arbeiten, Existenz- und Eindeutigkeitsbeweise, etc.) in Erscheinung tritt (IGeMa[1], 2019, S. 10). Diese Beschreibung der anwendungsorientierten Sicht auf Mathematik in der Hochschule deckt sich mit der Einschätzung von Rach et al. (2014), dass bei der Anwendung von Mathematik in den Natur-, Ingenieur-, Sozial- oder Wirtschaftswissenschaften in vielen Fällen weniger strenge Standards angesetzt würden als in der Mathematik als eigenständiger Wissenschaft. So würden beispielsweise Begriffe bzw. Algorithmen funktional verwendet, auch wenn deren Eigenschaften bzw. Voraussetzungen nicht vollständig vorliegen bzw. erfüllt sind.[2] Als Grundlage dafür würden nicht mathematische Standards, sondern Standards der Anwendungsbereiche herangezogen (S. 208).

---

[1] Institutionalisierter Gesprächskreis Mathematik Schule-Hochschule des Niedersächsischen Kultusministeriums und des Niedersächsischen Ministeriums für Wissenschaft und Kultur.
[2] Genauer gesagt werden die Eigenschaften und Voraussetzungen nicht überprüft.

Für diese Arbeit ist jedoch vor allem die fachwissenschaftliche Sichtweise relevant und wird im Folgenden näher charakterisiert, da im gymnasialen Lehramtsstudiengang in der Regel „zumindest eine Heranführung" an den wissenschaftlichen Diskurs versucht wird und angehende Gymnasiallehrkräfte dazu zumindest in der Studieneingangsphase die Veranstaltungen des Fachstudiengangs belegen (Liebendörfer, 2018, S. 5). Wenn fortan von einer hochschulischen Sichtweise auf Mathematik oder der Mathematik der Hochschule die Rede ist, ist jeweils die *fachwissenschaftliche* Sichtweise gemeint.

2.3.1.2 Aufbau der Mathematik auf axiomatischer Grundlage

Die Mathematik der Hochschule steht auf der Grundlage formaler Axiomensysteme mit wenigen Grundbegriffen. Ein Axiom ist eine Aussage, die wegen ihres Inhalts grundlegend ist und keiner Begründung bedarf. Ein Axiomensystem ist wiederum eine überschaubare Menge solcher Grundaussagen. Axiomensysteme „fassen den Kern, aus dem die gesamte Theorie erwächst" (Hefendehl-Hebeker, 2016, S. 24) und sichern eine globale Ordnung der Mathematik (A. Fischer et al., 2009, S. 249). Formale Axiome ermöglichen den Aufbau eines selbstständigen, vom Realweltlichen unabhängigen hierarchischen Theoriegebäudes, das durch die Regeln der Logik abgesichert ist.

Der Aufbau der Mathematik auf Axiomen bedeutet, die Eigenschaften weniger Grundbegriffe mit Axiomen festzulegen, daraus weitere Begriffe zu generieren und Aussagen über mathematische Sachverhalte und Beziehungen so zu begründen, dass sie auf die Aussagen der Axiome zurückzuführen sind. Der Ansatz, Mathematik axiomatisch aufzubauen, geht auf die antike Auseinandersetzung mit Geometrie zurück. Erstmals bringt Euklid in seinem Werk „Die Elemente" das bis zu seiner Zeit vorliegende mathematische Wissen in eine axiomatisch-deduktive Struktur (Hock, 2018, S. 8). Axiome und Postulate bilden gemeinsam die Ausgangssätze für seine Geometrie.[3] Euklids Axiome kann der Status evidenter Wahrheiten zugeschrieben werden, die keines Beweises bedürfen und wissenschaftsübergreifend gültig sind (ebd., S. 10). Mit Hilberts „Grundlagen der Geometrie" hat sich zu Beginn des 20. Jahrhunderts ein neuer Axiomenbegriff und die Idee des formalen Charakters eines Axiomensystems (und damit der Mathematik) etabliert: „[D]ie Frage nach einer (wie auch immer gearteten)

---

[3] Postulate waren von Euklid als bloße Forderungen vorgesehen, die man akzeptieren kann oder auch nicht, wodurch sie sich von den als evident betrachteten Axiomen unterscheiden (Hock, 2018, S. 10). Die Unterscheidung zwischen Axiomen und Postulaten ist in der nacheuklidischen Zeit jedoch immer weniger beachtet worden, sodass mitunter auch die ursprünglich als Postulate formulierten Aussagen als unzweifelhaft wahr betrachtet wurden (ebd., S. 11).

‚Wahrheit' von Axiomen" wird bei der mathematischen Theorieentwicklung aus-geklammert. Die Axiome und ihre Grundbegriffe, auf denen die wissenschaftliche Mathematik *heute* aufbaut, können als semantisch zunächst nicht interpretierte Formeln und Symbole aufgefasst werden, die – zusammengefasst zu Syste-men – bestimmten Kriterien zu genügen haben (ebd., S. 8; Freudenthal, 1963, S. 5).

Systeme von Axiomen sollen nach Hilbert drei Anforderungen erfüllen: *Wider-spruchsfreiheit, Unabhängigkeit und Vollständigkeit.* Die Widerspruchsfreiheit eines Axiomensystems bezieht sich darauf, dass ein System nicht inkonsistent sein darf. Das heißt, es darf nicht möglich sein, aus dem System eine Aussage und gleichzeitig deren Negation abzuleiten. Das formale Konzept der Widerspruchs-freiheit ersetzt in gewisser Weise die Begriffe der Existenz und Wahrheit (Hock, 2018, S. 62). Die Unabhängigkeit eines Axiomensystems ist dann gegeben, wenn kein Axiom aus den anderen Axiomen des Systems ableitbar und damit prin-zipiell verzichtbar ist. Tapp (2013) bewertet die Unabhängigkeit vor allem als pragmatische Forderung denn als strenges Kriterium (S. 67). Ein Axiomensystem wird als vollständig bezeichnet, „wenn alle (bekannten) Sätze dieses bereits vor-liegenden Wissensgebietes aus den Axiomen hergeleitet werden können" (Hock, 2018, S. 30). Hilbert liefert in seinen Grundlagen der Geometrie ein vollstän-diges Axiomensystem im Hinblick auf die klassischen Sätze der euklidischen Geometrie (ebd., S. 31).

Hilberts Axiomensystem zur Geometrie knüpft nicht an „inhaltliche, weltwissen-bezogene Annahmen" über Grundbegriffe der Geometrie an. Die Axiome sind für sich zunächst inhaltlich uninterpretiert. Die Grundbegriffe werden vielmehr dadurch festgelegt, dass die Axiome ihre Beziehungen unter-einander klären und sie dadurch *implizit* definieren. Hock fasst dies wie folgt zusammen: „Es stellt sich nicht mehr die Frage, was beispielsweise ein Punkt ist, sondern, wie mit einem Ding namens Punkt systemkonform umzugehen ist" (a. a. O.). Der Standpunkt, dass ein mathematisches Objekt durch Axiome und Definitionen nicht etwa beschrieben, sondern überhaupt erst konstituiert wird, bedeutet, die ontologische Bindung mathematischer Objekte an die Realität auf-zugeben. Die Mathematik hat nicht mehr von vornherein ein eventuell ideales Objekt (Freudenthal, 1963, S. 5). Die Existenzberechtigung von Objekten ergibt sich in der modernen Mathematik erst durch ihre Absicherung mit mengentheo-retischen Konstruktionen (Prediger, 2002, S. 98). Jede mathematische Disziplin kann [heute] auf der Basis der Mengenlehre aufgebaut werden. Insofern bestimmt die Mengenlehre die Ontologie der modernen Mathematik, d. h. das, was „ist" (Felgner, 2001, zit. nach Prediger, 2002, a. a. O.).

Mit dem Loslösen von realweltlichen Vorstellungen und Vorwissen sind die Gegenstände mathematischer Betrachtungen in der Hochschule „formal-abstrakte Entitäten", die sich gerade dadurch auszeichnen, dass sie keinen Bezug zur Empirie brauchen (Witzke, 2012, S. 951). Liebendörfer (2018) spricht in diesem Zusammenhang von einer „formalistischen Auffassung" von Mathematik (S. 7). Hilberts Ansatz, mathematische Theorien als formale Denksysteme zu charakterisieren, wird häufig auch als Formalismus bezeichnet (Hock, 2018, S. 31). Mathematik aus formalistischer Sichtweise zu betreiben, bedeutet, abstrakte Strukturen zu erfassen. Es ist hingegen nicht primär das Ziel der Mathematik, reale Phänomene zu beschreiben oder zu erklären. Vor diesem Hintergrund hat Mathematik den Charakter einer Geisteswissenschaft und nicht etwa einer Naturwissenschaft (Rach, 2014, S. 208).

Die Mathematik als Fachwissenschaft ist darauf ausgerichtet, einen „lückenlosen und widerspruchsfreien Aufbau" der Mathematik zu erreichen. Mit den Gödelschen Unvollständigkeitssätzen wurden Grenzen aufgezeigt, die einer vollumfassenden Axiomatisierung der Mathematik im Sinne Hilberts gesetzt sind.[4] Damit steht zwar fest, dass Axiomensysteme nicht als die Methode zur zweifelsfreien Sicherung der gesamten Mathematik betrachtet werden können, jedoch stellt die Axiomatik gleichwohl ein unverzichtbares Ordnungsprinzip zur systematischen und strukturierten Darstellung von Theorien in der Mathematik dar (Hock, 2018, S. 50). Bei den Axiomensystemen nach Hilberts Grundlagen der Geometrie spricht Freudenthal (1963) von einer „abstrahierende[n] Axiomatik" als der „dritten Art der Axiomatik", die „in erster Linie nicht der Grundlagenforschung, sondern der Organisation und Vereinheitlichung der Mathematik" diene (S. 7). An der Loslösung von dem Realweltlichen hat sich indes nichts verändert. Als Beispiele für moderne Axiomensysteme nennt Freudenthal das der Gruppe, des Körpers, des Vektorraums, des topologischen Raums und des Maßes.

Als Geisteswissenschaft kann die Mathematik nicht auf empirische Experimente zur Wissenssicherung zurückgreifen. Sie hat vielmehr eine eigene spezielle Form der Wissenssicherung. Die Axiome dienen als Grundlage, um Aussagen abzuleiten und zu beweisen. Dies geschieht rein auf einer Logik deduktiver Schlussfolgerungen gestützt (Rach, 2014, S. 208). Alles mathematische Schließen kann innerhalb des mengentheoretischen Rahmens durchgeführt werden. Neben der Ontologie der Mathematik bestimmt die Mengenlehre damit auch die Epistemologie, d. h. das, was beweisbar ist (Felgner, 2001, zit. nach Prediger, 2002,

---

[4] Vereinfacht formuliert besagt der erste Unvollständigkeitssatz, dass ein formales System, das mindestens die Arithmetik umfasst, eine Formel besitzt, die sich in diesem System weder beweisen noch widerlegen lässt, und der zweite Unvollständigkeitssatz besagt, dass sich in der Peano-Arithmetik nicht deren eigene Konsistenz beweisen lässt (Kahle, 2007, S. 4).

S. 98). Nur mit logischen Schlussfolgerungen werden in einem endlichen Verfahren Einsichten über eine unendliche Menge von Einzelfällen gewonnen und eine unendliche Gesamtheit von Gegenständen begründet (Hasse, 2008, S. 8). Um einen lückenlosen und widerspruchsfreien Aufbau der Mathematik zu erreichen, sind im Rahmen des Theorieaufbaus insbesondere immer wieder Fragen nach der Existenz und Eindeutigkeit von Objekten oder der Unabhängigkeit einer Konstruktion von gewählten Vertretern zu klären (Liebendörfer, 2018, S. 27).

Auf der einen Seite kann Mathematik aus hochschulischer Sicht vor dem dargestellten Hintergrund als Wissenschaft mit vor allem systemischem Charakter angesehen werden, die mit den Attributen „ab-strakt, selbstbezüglich[5] und autonom" beschrieben werden kann (BLK, 1997, S. 34). Jedoch ist die Mathematik – trotz der ontologischen Loslösung ihrer Objekte von der sinnlich-realen Umwelt – durch ihre *Abbildfunktion* gleichfalls eng mit der Realität verbunden. Mathematische Theorien übernehmen die Funktion von Modellen für Realverhältnisse (Jahnke & Ufer, 2015, S. 332) und mathematische Begriffe, Strukturen und Algorithmen formen sich in stetem Kontakt zur empirischen oder ideellen Wirklichkeit (BLK, 1997, S. 34). Dabei wirkt diese einmal als „als kontrollierende Norm" – mathematische Methoden müssen auf die Realität passen – oder auch als treibende Kraft für kreative Weiterentwicklung" (a. a. O.). Den letztgenannten Aspekt greift auch Rach (2014) auf, indem sie den Phänomenen der außermathematischen Welt eine inspirierende Funktion für die Mathematik zuschreibt (S. 208).

2.3.1.3 Mathematik als Ergebnis langer Entwicklungsarbeit

Die in der Hochschullehre präsente Sichtweise auf Mathematik spiegelt den deutlich fortgeschrittenen Stand im Prozess der Wissenschaftsentwicklung der Disziplin Mathematik wider. Als maßgebliche Triebkräfte dieses Prozesses beschreibt Hefendehl-Hebeker das Bedürfnis nach Ausweitung und zugleich tieferer Fundierung sowie streng logischer Hierarchisierung von Wissensbeständen. In dieser Entwicklung sind durch wiederholtes, aufeinander aufbauendes Ordnen und Strukturieren von mentalen Objekten immer neue mentale Konzepte und Theorien auf einer jeweils höheren Ebene entstanden (Hefendehl-Hebeker, 2016, S. 17). Es gehört nunmehr zum „Stilempfinden der Mathematik", Aussagen und Verfahren in einer möglichst allgemeinen Form festzuhalten (ebd., S. 24).

---

[5] Selbstbezüglichkeit bedeutet, dass mathematische Theorien auf andere mathematische Theorien angewandt werden. Als bekanntestes Beispiel für diesen Sachverhalt bezeichnen Jahnke und Ufer (2015) die Anwendung der Algebra auf die Geometrie in der Analytischen Geometrie (S. 332).

Hefendehl-Hebeker (2016) betont, dass die Formalisierung von Axiomensystemen und die Schlüsselbegriffe der Mathematik aus heutiger Sicht (z. B. der Funktionsbegriff und der Vektorbegriff) ebenso wie die elaborierten Darstellungssysteme jeweils das Ergebnis eines langen Entwicklungsprozesses markieren (S. 23 f.). So gehen zum z. B. die modernen Axiomensysteme auf langes Arbeiten mit etwa speziellen Gruppen, Körpern und Maßen, das Vertrautwerden mit ihren Eigenschaften, das Erkennen von Analogien oder gar der formalen Gleichheit von allerlei Begriffsbildungen und Beweisen, das Streben nach Vereinfachung und Vereinheitlichung und die Suche nach gemeinsamen fundamentalen Eigenschaften zurück (Freudenthal, 1963, S. 7). Dennoch ist der Weg der Genese mathematischer Theorie typischerweise nicht mehr erkennbar: Das stete Suchen nach Verallgemeinerung und begrifflicher Fundierung und in der Folge nach Effektivierung gebildeter Begriffe und Verfahren führt dazu, dass im Laufe der Wissenschaftsentwicklung bestimmte Klassen von Problemen schließlich optimalen Lösungen zugeführt werden bzw. worden sind. Damit sind diese Problembereiche zunächst erledigt und erscheinen von da an gewissermaßen trivialisiert, denn „was bleibt, sind die fertigen Begriffsstrukturen und Lösungsverfahren" (BLK, 1997, S. 35). Mathematik wird im Rahmen der Hochschullehre aus der Sicht des Ergebnisses des Entwicklungsprozesses dargestellt: die Axiomensysteme werden einer Theorie vorangestellt, elaborierte Begriffe werden in axiomatischen Definitionen festgehalten, Sätze werden zunächst formuliert und anschließend bewiesen, optimale Lösungswege für Probleme in Form von Verfahren stehen bereit. Es handelt sich insoweit um „abgerundete mathematische Darstellungen" (Vollrath & Roth, 2012, S. 31).

2.3.2 Sichtweisen auf Mathematik in der Schule

An Mathematik als Schulfach werden verschiedene Anforderungen gestellt. Mathematikunterricht soll nicht nur ein authentisches Bild von Mathematik zeigen, sondern auch allgemeinbildend und qualifizierend sein (Vollrath & Roth, 2012, S. 1). Vor diesem Hintergrund ist davon auszugehen, dass sich die Schwerpunkte des Mathematikunterrichts gegenüber einem fachlichen, axiomatisch-deduktiven Ansatz im Umgang mit Mathematik in der Hochschule, der auf *Spezial*bildung abzielt, unterscheiden. Nach der Auseinandersetzung mit der Positionierung zum axiomatisch-deduktiven Theorieaufbau in der Schule wird der gängige Ansatz erläutert, mathematische Inhalte im Schulfach Mathematik genetisch zu erarbeiten.

2.3.2.1 Forderungen an den Mathematikunterricht

Nach den Vorgaben der KMK (2012) soll Mathematikunterricht in der gymnasialen Oberstufe wie der Unterricht in allen anderen Fächern zur Verwirklichung
der allgemeinen Bildungsziele „vertiefte Allgemeinbildung, allgemeine Studierfähigkeit sowie wissenschaftspropädeutische Bildung" (S. 11) beitragen und auf
diesem Wege Grundlagen für fachliches und überfachliches Handeln mit Blick
auf Anforderungen von Wissenschaft und beruflicher Bildung schaffen.

Unter Studierfähigkeit können nach Bescherer (2003) die „Kenntnisse, Fähigkeiten, Fertigkeiten, Haltungen und Einstellungen, die zur erfolgreichen Absolvierung eines bestimmten Studiengangs nötig sind" (S. 9), verstanden werden.
Zur Wissenschaftspropädeutik gehören nach Huber (2009) sowohl Techniken wissenschaftlichen Arbeitens, Lern- und Studienstrategien, als auch Grundbegriffe
und Grundmethoden in fachlicher Konkretisierung und überfachlichem relativie-
rendem Vergleich sowie die Metareflexion im philosophischen, historischen und
sozialen/politischen Bezugsrahmen (S. 45). Die Orientierung des Mathematikunterrichts an den Zielen Studierfähigkeit und Wissenschaftspropädeutik kann eher
als Indiz für Kontinuität statt als Indiz für Diskontinuität zwischen Schule und
Hochschule verstanden werden.

Der Allgemeinbildungsauftrag schafft dagegen einen überfachlichen Rahmen,
in dem zu erwarten ist, dass das Fachliche der Mathematik gegenüber der Hochschule anders zu interpretieren, zu gewichten und zu arrangieren ist. Dieser
Rahmen kann mit den grundlegenden Aufgaben von Schule abgesteckt werden:
Entfaltung der Persönlichkeit, Aneignung von Fähigkeiten und Kenntnissen zum
Leben in der Umwelt, Befähigung zur Teilhabe am Leben in der Gesellschaft,
Vermittlung von Normen und Werten (Vollrath & Roth, 2012, S. 5). Neubrand
(2015) hinterfragt die Spannweite der Kriterien kritisch und formuliert eine Reihe
offener Fragen (S. 139). Borneleit, Danckwerts, Henn und Weigand (2001) sehen
in einem solchen Allgemeinbildungskonzept mit bildungstheoretischen und pädagogischen Wurzeln die Gefahr, dass die inhaltliche Besonderheit des Faches
Mathematik so nicht zur Geltung kommt. Entsprechend sehen sie in Winters
Ausführungen dazu, was den allgemeinbildenden Auftrag speziell im Mathematikunterricht ausmacht, einen fruchtbaren Ansatz (S. 73 f.). Nach Winter (1995)
sollte der Mathematikunterricht ermöglichen:

*„(1) Erscheinungen der Welt um uns, die uns alle angehen oder angehen sollten
aus Natur, Gesellschaft und Kultur, in einer spezifischen Art wahrzunehmen und zu
verstehen,*

(2) mathematische Gegenstände und Sachverhalte, repräsentiert in Sprache, Symbolen, Bildern und Formeln, als geistige Schöpfungen, als eine deduktiv geordnete Welt eigener Art kennen zu lernen und zu begreifen,
(3) in der Auseinandersetzung mit Aufgaben Problemlösefähigkeiten, die über die Mathematik hinausgehen, (heuristische Fähigkeiten) zu erwerben" (S. 37).

Gerade das Spannungsverhältnis zwischen den Grunderfahrungen (1) und (2) ist nach Borneleit et al. (2001) charakteristisch für die Mathematik. Hierin spiegelten sich ihre Abbildfunktion und ihr systemischer Charakter wider (S. 74). Entsprechend betonen sie, dass der Mathematikunterricht der gymnasialen Oberstufe erst in der expliziten Integration der drei Grunderfahrungen seine besondere bildende Kraft entfalten könne (ebd., S. 75) und fordern, dass die drei Lernbereiche der gymnasialen Oberstufe ihre Inhalte jeweils als exemplarischen Beitrag zur Integration der Grunderfahrungen zu legitimieren hätten. Die Grunderfahrungen sind in den Curricula festgeschrieben und stellen insoweit einen Rahmen für den stattfindenden Unterricht dar. Im nächsten Abschnitt geht es um die Frage, wie mit dem axiomatisch-deduktiven Theorieaufbau der Mathematik in diesem Rahmen umgegangen wird.

2.3.2.2 Positionierung zum axiomatisch-deduktiven Theorieaufbau

In diesem Abschnitt werden die Unterschiede in den Grundlagen, im Theorieaufbau und der Ontologie der Mathematik zwischen Schule und Hochschule aus der Sicht der Schule beschrieben.

Ein wesentlicher und relativ offensichtlicher Unterschied besteht darin, dass sich die Mathematik, wie sie Lernenden in der Schule begegnet, aus bildungstheoretischen Gründen, die z. B. in der ersten Grunderfahrung von Winter zum Ausdruck kommen, ebenso wie aus entwicklungspsychologischen Gründen, in weiten Teilen auf reale Gegenstandsbereiche bezieht. Schulmathematische Begriffe finden in der Regel Entsprechungen in der Alltagswelt, sodass Mathematik aus schulischer Sicht ontologisch an die Realität gebunden ist (Hefendehl-Hebeker, 2016, S. 16). Einige Beispiele dafür sind die von Witzke (2013) genannten reale[n] Zufallsexperimente in der Wahrscheinlichkeitsrechnung, Bruchrechnung mit „Tortenmodellen", Geometrie mit Zeichenblattfiguren, Analytische Geometrie mit „Vektorpfeilen" und Analysis mit Kurven. Im Rahmen einer solchen empirisch-gegenständlichen Auffassung von Mathematik werden beim Mathematiktreiben – anders als in der Hochschule – keine neuen Objekte erschaffen, sondern Objekte mit empirischer Entsprechung beschrieben (S. 2). Ebenfalls zeigt sich eine enge Verbindung zu realen Gegenstandsbereichen darin, dass neue Begriffe häufig ausgehend von einer kontextbezogenen Fragestellung eingeführt werden (T. Bauer et al., 2020, S. 134).

Bei der Erkenntnisgewinnung drückt sich eine empirisch-gegenständliche Auffassung von Mathematik dadurch aus, dass der Wahrheitsbegriff an einer empirischen Überprüfbarkeit orientiert ist (Witzke, 2013, S. 2). Durch die Möglichkeit, Zusammenhänge empirisch nachzuprüfen, wird die Einheit von Wissenssicherung und Wissensklärung, die in der Hochschule durch den Verzicht auf empirische Bezüge erforderlich ist, aufgelöst. Das heißt, im Prozess der Erkenntnisgewinnung können die Dimensionen Wissenssicherung und Wissensklärung aus dieser Sichtweise heraus getrennt werden. Die Wissenssicherung kann anhand von Einzelfällen und durch Experimente an Objekten der Empirie geschehen. Erst bei der Wissensklärung werden logische Ableitungen im Rahmen deduktiver Beweise erforderlich (Witzke, 2012, S. 950; Witzke, 2013, S. 1099). Witzke zufolge zeigt sich in diesem Modus der Erkenntnisgewinnung in der Schule eine naturwissenschaftliche Auffassung von Mathematik, die von der modernen, formalistischen geisteswissenschaftlichen Auffassung von Mathematik, wie sie in der Hochschule erkennbar wird, grundlegend abweicht (a. a. O.).

Auch im Mathematikunterricht findet deduktives Arbeiten statt. Jedoch findet es im schulischen Rahmen nicht in dem Sinne statt, dass der axiomatisch-deduktive Theorieaufbau von Grund auf nachvollzogen wird. Die ontologische Bindung der Mathematik in der Schule steht der Idee eines modernen formal-axiomatischen Systems als Fundament mathematischer Betrachtungen entgegen. So schreibt Freudenthal (1963): „Und warum sollte man überhaupt die fundamentalen Eigenschaften in ihrer Gesamtheit formulieren, wenn man ja jeden Augenblick am Objekt nachsehen kann, wie es mit ihnen steht?". Die Idee der Vollständigkeit könne erst dann sinnvoll werden, wenn man die ontologische Bindung losließe (S. 6). Anstelle einer formalen, expliziten Axiomatik stützt sich der schulische Mathematikunterricht vielmehr auf eine Auswahl als wahr angenommener Aussagen für einen bestimmten mathematischen Bereich. Die Sätze, die als wahr angenommen werden, erhalten *implizit* den Status von Axiomen. Durch diese andere Art der Axiomatik reduziert sich der Grad der Strenge gegenüber den hochschulischen Vorgehensweisen im mathematischen Arbeiten (A. Fischer et al., 2009, S. 249 f.).[6]

Der Umfang, in dem Mathematik in der Schule deduktiv erarbeitet oder aufgearbeitet wird, erlaubt es, von einem „deduktiven Vorgehen im Kleinen" zu sprechen (Hoffkamp, Paravicini & Schnieder, 2016, S. 298). Beim deduktiven Vorgehen im kleineren Rahmen wird jeweils lokal eine Ordnung hergestellt. Die

---

[6] Freudenthal (1963) weist daraufhin, dass der Begriff der Strenge in verschiedenen Zeiten verschiedene Bedeutung hatte und es „keine absoluten und unveränderlichen Maßstäbe der Strenge" gebe. Der Begriff der Strenge wird daher hier nur relativ gebraucht und nicht in dem Sinne, dass Mathematik in der Hochschule streng betrieben werde und in der Schule nicht.

Unterscheidung zwischen globalem und lokalem Ordnen der Mathematik geht auf
Freudenthal (1973) zurück. Mit der vollständigen deduktiven Darstellung eines
mathematischen Teilgebiets findet globales Ordnen statt (S. 139 ff.). Beim lokalen Ordnen gibt es dagegen Spielraum in der Frage, bis zu welchem „Horizont
der Evidenz [...], wo man das Definieren und Begründen aufgibt" (Freudenthal,
1963, S. 6 f.) die auf einem Gebiet hergestellten Beziehungsgefüge abzusichern
sind. Dieser Horizont ist nicht genau festgelegt und recht variabel, er kann pro-
visorisch oder definitiv, zweckmäßigkeitshalber oder prinzipiell gesetzt werden
(a. a. O.).

Insgesamt kann Mathematik, wie sie sich aus schulischer Sicht dargestellt, mit
einer frühen Stufe der Wissenschaftsentwicklung in Verbindung gebracht werden
(Hefendehl-Hebeker, 2014, S. 3128). Man bleibt im schulischen Mathematikunterricht eher an den elementaren Wurzeln der Disziplin, die nach Freudenthal
darin liegen, solche Konzepte, Strukturen und Ideen zu entwickeln, die dazu
dienen, Phänomene der physikalischen, sozialen und mentalen Welt zu ordnen. Konkret spricht Hefendehl-Hebeker (2016) an anderer Stelle davon, dass
man in der Schule kaum über das begriffliche Niveau und den Wissensstand
des 19. Jahrhunderts hinausgehe (S. 16). In der Verschiedenheit der Sichtweisen
auf Mathematik in Schule und Hochschule spiegelt sich damit der Sprung zwischen Stufen der Wissenschaftsentwicklung wider, die von den einfachen hin zu
komplexen mentalen Objekten geführt haben.

2.3.2.3 Genetischer Zugang zu mathematischen Inhalten

Für den schulischen Mathematikunterricht stellen Axiomensysteme aus didaktischer Sicht keine geeignete Grundlage dar. Die Verwendung eines Axiomensystems bedeutet, sich auf den Standpunkt eines abgeschlossenen Systems zu
stellen. Dies steht jedoch der Tatsache und dem Grundverständnis von schulischem Mathematikunterricht entgegen, dass sich das Wissen bei den Lernenden
erst entwickelt (Jahnke, 1978, S. 212). Auch Vollrath und Roth (2012) benennen
Gründe gegen eine Orientierung des Mathematikunterrichts an der „mathematischen Lehrtradition der Axiomatik" (S. 116). Zum einen sei diese nicht der
kognitiven Entwicklung der Lernenden adäquat und im Hinblick auf die Mathematik nicht authentisch, da zumindest die formalen Axiomensysteme vielmehr
Endpunkt als Ausgangspunkt mathematischer Entwicklung seien.

Unterricht nach dem Ansatz, Lernenden erstens Einblicke in den Prozess der
Entstehung der Mathematik zu ermöglichen, d. h., Mathematik nicht als fertig erscheinen zu lassen und zweitens den Unterricht so zu gestalten, dass die
Lernenden ihre individuellen Erkenntnisprozesse aktiv entwickeln, häufig beginnend mit intuitiven Ansätzen, wird als *genetisch orientierter Mathematikunterricht*

bezeichnet (Käpnick & Benölken, 2020, S. 69). E. C. Wittmann hatte 1981 gefordert, dass der Mathematikunterricht nach der genetischen Methode organisiert werden solle (S. 144). Vollrath und Roth (2012, S. 118) zufolge besteht heute weitgehend Konsens darüber, dass der Mathematikunterricht genetisch sein muss. In einem genetischen Mathematikunterricht bündeln sich erkenntnistheoretische, mathematische, pädagogische und psychologische Einsichten, durch die der Mathematikunterricht eine breit fundierte Orientierung erhält. Insbesondere erscheint ihnen ein genetisch orientierter Mathematikunterricht geeignet, um alle drei Grunderfahrungen im Umgang mit Mathematik bei den Lernenden zu ermöglichen. Um das konkrete Erscheinungsbild mathematischer Inhalte, insbesondere später in den Schulbuchmaterialien einordnen und nachvollziehen zu können, wird der genetische Zugang zu mathematischen Inhalten an dieser Stelle knapp inhaltsübergreifend charakterisiert.

Die Grundlagen des genetisch orientierten Mathematikunterrichts sind durch das genetische Prinzip gegeben. Beim genetischen Prinzip handelt es sich um einen theoretischen Grundsatz bzw. um eine Grundposition einer Unterrichtstheorie, die von Wagenschein, Freudenthal und Wittenburg geprägt wurde (Käpnick & Benölken, 2020, S. 51 ff.). Der Grundgedanken des genetischen Prinzips nach Wagenschein (1999) kann wie folgt beschrieben werden: Genetisches Lehren bedeutet, „den Schüler in eine Lage versetzen, in der das noch unverstandene Problem so vor ihm steht, wie es vor der Menschheit stand, als es noch nicht gelöst war" (S. 14 f.). Charakteristisch für das genetische Prinzip ist die Art, Mathematik zu organisieren in dem Sinne wie sie motiviert, dargestellt und sequenziert wird. Die genetische Organisation von Mathematik berücksichtigt nach E. C. Wittmann (1981) „daß sich Theorien in den exakten Wissenschaften bei der ·Untersuchung von Problemen durch Verfeinerung primitiver Vorformen entwickelten und weiter entwickeln" (S. 130 f.). Eine genetische Darstellung von Mathematik zeichnet sich demnach aus durch:

- den Anschluss an das Vorverständnis der Adressaten,
- die Einbettung der Überlegungen in größere ganzheitliche Problemkontexte außerhalb oder innerhalb der Mathematik,
- die Zulässigkeit einer informellen Einführung von Begriffen aus dem Kontext heraus,
- die Hinführung zu strengen Überlegungen über intuitive und heuristische Ansätze,
- durchgehende Motivation und Kontinuität, und
- durch allmähliche Erweiterung des Gesichtskreises und entsprechende Standpunktverlagerungen während des Voranschreitens (ebd., S. 131).

Bezüge zu den anzustrebenden Grunderfahrungen im Mathematikunterricht können an dieser Stelle exemplarisch aufgezeigt werden: Wenn mathematische Überlegungen nach in größere Problemkontexte außerhalb der Mathematik eingebettet werden und dort als Lösung für Probleme auftreten, wird Mathematik als Werkzeug oder Anwendung (im Sinne von Grunderfahrung (1)) erfahrbar. Der Aspekt der Hinführung zu strengen Überlegungen bedeutet, dass auch im genetischen Rahmen die Erfahrung von Mathematik als Struktur (im Sinne von Grunderfahrung (2)) im Grundsatz angelegt ist. Der Ansatz, über intuitive und heuristische Strategien zu strengen Überlegungen vorzudringen, spricht Mathematik als Mittel zum Erwerb insbesondere heuristischer Fähigkeiten (im Sinne von Grunderfahrung (3)) an.

Leuders, Prediger, Hußmann und Barzel (2012) betonen, dass die Umsetzung des genetischen Prinzips anspruchsvoll sei (S. 1). Malle (2001) nimmt sich dieser Aufgabe an, indem er *praxisnahe* Forderungen an einen genetischen Mathematikunterricht formuliert, aus denen wiederum grundlegende Merkmale eines genetischen Zugangs abgeleitet werden können:

Bei einem genetischen Zugang zu mathematischen Inhalten

- werden Begriffe und Sätze aus Problemstellungen oder passenden Situationen gewonnen,
- werden Begriffe und Sätze erst dann eingeführt, wenn man sie braucht, und umgekehrt
- werden keine Begriffe und Sätze eingeführt, mit denen nicht wirklich gearbeitet wird,
- werden möglichst aus Problemlösungen weitere Probleme entwickelt,
- erfolgen Verallgemeinerungen schrittweise,
- wird am Vorwissen der Lernenden angeknüpft,
- enthält die Darstellung der Mathematik keine Lücken bzw. Sprünge, die das Verständnis stören oder verhindern (ebd., S. 5).

Eine genauere *theoretische* Fassung und *Abgrenzung* des facettenreichen didaktischen Prinzips gestaltet sich Leuders et al. zufolge indessen herausfordernd. So ist genetisches Lernen zwar problemorientiertes Lernen, jedoch nicht nur im problemlösenden Unterricht zu realisieren. Auch in der Frage des Anwendungsbezugs sind verschiedene Spielarten mit dem genetischen Ansatz vereinbar. So ist die genetische Begriffsbildung nicht ausschließlich an sachlich-realweltliche Anwendungskontexte gebunden, sondern kann sich auch innermathematisch vollziehen (Leuders et al., 2012, S. 1).

Für den weiteren Gang der Arbeit sind diese Aspekte allerdings weniger bedeutsam als die Feststellung von Korntreff (2018, S. 16 f.), dass entsprechend E. C. Wittmanns (1981) Einstufung des genetischen Prinzips, als dem „*oberste[n]* Unterrichtsprinzip" (S. 144) davon auszugehen ist, dass sich dieses auf *alle* Stufen der Gestaltung von Unterricht bezieht. Ein genetischer Zugriff auf Mathematik kann sich lokal darin zeigen, wie ein bestimmter Begriff definiert wird, aber z. B. auch darin, dass in einem Lehrwerk eine Motivation eines Inhalts grundsätzlich über eine (möglicherweise) realweltliche Problemsituation stattfindet. Damit gewinnt das Phänomen der Diskontinuität zwischen Schule und Hochschule an Vielschichtigkeit und Komplexität.

2.4 Diskontinuität in Begriffsbildungen, Begründungen und mathematischer Sprache

In diesem Unterkapitel werden die Erscheinungsformen von Diskontinuität in der Begriffsbildung, im Wesen der Begründungen und der verwendeten mathematischen Sprache thematisiert.

2.4.1 Begriffsbildungen in Schule und Hochschule

Begriffe können in der Mathematik Objekte bezeichnen, ebenso wie Sachverhalte, Verfahren oder Handlungen (Weigand, 2015, S. 255). Nach Aebli (2019) können mathematische Fachbegriffe gleichzeitig Inhalte und Instrumente geistigen Lebens (S. 245) sein. Damit besitzen Begriffe sowohl eine deklarative Komponente als auch eine praktisch-anwendungsorientierte Komponente. Neben Eigenschaften oder Relationen umfasst ein mathematischer Begriff also auch Verfahrensweisen oder Werkzeug-Aspekte. So kann man z. B. zum Begriff der Basis auch die Kenntnis der Konstruktion einer solchen zählen. So verstanden, bildet ein Begriff „ein ganzes Wissens- und Operationsgefüge" ab (Nagel, 2017, S. 28).

Zur Begriffsbildung gibt es Aebli (2019) zufolge klassischerweise zwei Gruppen von Theorien: die Abstraktionstheorien sowie die Verknüpfungs- und Aufbautheorien (S. 246). Aebli argumentiert jedoch, dass bei der Begriffsbildung keine Abstraktion im eigentlichen Sinne stattfinde. Vielmehr würden Begriffe dadurch gebildet, „daß wir vor einer Erscheinung die Gesichtspunkte finden, die sie uns erschließen, [und] daß wir, mit anderen Worten, in den Erscheinungen gewisse uns schon bekannte Merkmale wiederfinden, die ihnen gemeinsam sind" (ebd., S. 253). Aus dieser Perspektive führt auch die Idee der Abstraktion auf

die andere Art der Begriffsbildung, das Abrufen und Verknüpfen von Merkmalen zu neuen Strukturen. Aebli sieht daher die Abstraktion und das Verknüpfen
und Aufbauen auf Begriffen als sich gegenseitig ergänzende Tätigkeiten in der
Begriffsbildung (ebd., S. 246).

In der Mathematik werden Begriffe durch ihre Definition festgelegt. Dabei
beschreibt eine Definition den Begriffsinhalt und den Begriffsumfang. Unter dem
Begriffsinhalt werden dabei Merkmale und Eigenschaften eines Begriffs und
deren Beziehungen untereinander verstanden und unter dem Begriffsumfang die
Gesamtheit aller Objekte, die unter einem Begriff zusammengefasst werden (Weigand et al., 2014, S. 99). Definitionen sind das Ergebnis eines Prozesses der
Begriffsbildung, in dem Abstraktion und die Verknüpfung mit anderen Begriffen
wesentlich sind.

In den nachfolgenden Abschnitten werden charakteristische Merkmale von
Begriffsbildungen in Schule und Hochschule aufgezeigt, die das Gesamtbild von
Diskontinuität in der Begriffsbildung prägen. Bedeutsame Aspekte sind dabei
die „Begriffsbildungshierarchie" (Hefendehl-Hebeker, 2016, S. 17), Typen von
Definitionen und die Rolle von Definitionen für das (weitere) Mathematiktreiben.

2.4.1.1 Begriffsbildungen in der Hochschule

Die Begriffe, die den Lernenden in der Hochschullehre heute begegnen, sind
das Ergebnis komplexer *Denk*operationen: Neue mentale Objekte werden dabei
durch „Einkapselung" gewonnen, Operationen unterworfen und in Objektklassen
gebündelt. Die dabei ablaufenden Prozesse können als Objektivierung oder Ver-
dinglichung („reification") bezeichnet werden. Immer wieder durchlaufen, können
sie „bis ins Akrobatische gestaffelt werden" (Hefendehl-Hebeker, 2016, S. 17).

Als Lerngegenstand spielt der Prozess der Begriffsbildung oder -findung in der
Hochschullehre im Vergleich zur Schule jedoch eher eine untergeordnete Rolle.
Beutelspacher, Danckwerts, Nickel, Spies und Wickel (2011) führen dies darauf
zurück, dass Mathematik durch den klassischen, systematischen, axiomatisch-
deduktiven Aufbau der Fachveranstaltungen in der Regel bereits als fertiges,
in sich geschlossenes System dargestellt wird. Dies steht im Gegensatz zum
genetischen Ansatz des Mathematiklernens in der Schule (S. 11).

Nicht nur mit Blick auf den Prozess, sondern auch mit Blick auf das Ergebnis
der Begriffsbildung bzw. Begriffsfindung können Aspekte beschrieben werden,
die Begriffsbildungen auf der Ebene der Hochschule charakterisieren und bezüglich derer sich Unterschiede gegenüber der Schule zeigen. Sie betreffen die Art
und den Anspruch der Definitionen.

Bei den Definitionen der Begriffe in der Hochschule handelt es sich typischerweise um charakterisierende Definitionen. Diese Art der Definition zeichnet

sich dadurch aus, dass ein Begriff durch seine Eigenschaften beschrieben wird (Weigand et al., 2014, S. 115). Aus stärker formalistischer Sicht wird der Begriff durch seine Eigenschaften sogar erst festgelegt. Charakterisierende Definitionen sind im Rahmen der hochschulischen Sicht auf Mathematik geeignet, um Begriffe zu fassen, da sie ohne Operationen und Anschauung auskommen (Nagel, 2017, S. 33).

Bei der Formulierung von Definitionen wird in der Fachwissenschaft der „Grundsatz der Systemtauglichkeit" verfolgt (Hefendehl-Hebeker, 2016, S. 25). Das bedeutet, dass mathematische Definitionen so formuliert werden, dass mit den definierenden Eigenschaften gut operiert werden kann – auch wenn dies bedeutet, dass dadurch ihr ursprünglicher Sinn verstellt wird. Als Beispiel führt Hefendehl-Hebeker die Definition von linearer Unabhängigkeit im Hochschul-kontext an: Diese wird meist über das technische Kriterium definiert, dass der Nullvektor in einem System von Vektoren nur trivial darstellbar ist. Der anschauliche Kern, dass keiner der Vektoren im linearen Erzeugnis der anderen liegt, steht zunächst nicht im Vordergrund.

2.4.1.2 Begriffsbildungen in der Schule

Ein erster grundsätzlicher Unterschied zwischen Schule und Hochschule liegt in der pädagogischen Ausrichtung der Begriffsbildung in der Schule. Als Zielvorstellung für den Mathematikunterricht formuliert Vollrath, dass die Lernenden Begriffsbildung als schöpferisches Tun und das Bilden, Erforschen und Benutzen von Begriffen als Ausgangspunkt für Mathematik erfahren sollen (Vollrath, 1987, S. 125). Im Zuge der Einführung neuer Begriffe wird darauf Wert gelegt, dass sich der Begriff über einen längeren Zeitraum hin entwickeln kann und dass Vorwissen aktiviert und neues Wissen sinnvoll integriert wird (Vollrath, 1984, S. 202). Bei der Begriffsbildung ergeben sich in der Schule zwei „Schienen": eine kulturhistorische und eine ontogenetische (Lambert, 2003, S. 2). Einmal ist mit der Begriffsbildung die Entstehung und Fortentwicklung eines Begriffs im historischen Rahmen der mathematischen Wissenschaft gemeint, einmal sein Entstehen im Kopf der Schülerin oder des Schülers bzw. die Handlungsabsicht der Lehrkraft im Unterricht (Tietze, Klika & Wolpers, 2000, S. 56). Sowohl die Reflektion über die individuell stattfindende Begriffsbildung als auch über die kulturhistorische Begriffsbildung (die den Lernenden in inhaltlichen Zusammenhängen gegenübertreten sollte) sind Lehrziele des Mathematikunterrichts (Lambert, 2003, S. 3). Begriffsbildung hat damit einen erkennbar anderen Stellenwert als in der Hochschule – sie soll explizit und als langfristiger Prozess erkennbar werden.

Während in den Mathematikstudiengängen der Hochschule typischerweise Begriffe höherer mentaler Ordnung definiert werden, sind die Begriffsbildungen

in der Schule noch „vergleichsweise elementar", obgleich auch hier Abstu-
fungen anzutreffen sind. So erfassen geometrische Begriffe Formen, die noch
an einzelnen Gegenständen ablesbar sind oder Relationsbegriffe setzen zwei
Objekte in Beziehung, während Zahlbegriffe durch ihren Beziehungsreichtum
schon komplexer sind (Hefendehl-Hebeker, 2016, S. 17). Die meisten Ideen und
Konzepte im schulischen Mathematikunterricht können jedoch mit materiellen
physischen Aktivitäten wie Zählen, Messen, Zeichnen und Konstruieren in Verbindung gebracht werden (Freudenthal 1983, zit. nach Hefendehl-Hebeker, 2014,
S. 3128).

Diese Aktivitäten können sich in der Schule in den verwendeten Definitionen
widerspiegeln. Neben charakterisierenden Definitionen mittels der Eigenschaften
eines Begriffs sind für eine schulische Sichtweise auf Mathematik genetische
Definitionen typisch. Sie definieren und erzeugen mittels einer Konstruktion
oder Operation Begriffe mit handlungsorientiertem und dynamischem Charakter
(Weigand et al., 2014, S. 114).

Bei den charakterisierenden Definitionen, die in Schule und Hochschule formuliert werden, zeigen sich zudem Unterschiede hinsichtlich der Exaktheit.
An der Stelle exakter Definitionen stehen in der Schule häufiger Betrachtungen von Prototypen und die Diskussion ihrer Eigenschaften. Hinzu treten
teilweise noch Bedeutungsanreicherungen durch die Hinzunahme eines intuitiven
Wortverständnisses (Deiser & Reiss, 2014, S. 61).

Schließlich stellt sich auch die Rolle der Definitionen in Schule und Hochschule anders dar: Deiser und Reiss weisen darauf hin, dass in der Schule
formulierte Definitionen weniger darauf ausgerichtet sind, als Fundament für weitere theoretische Überlegungen geeignet zu sein (a. a. O.). Der Schwerpunkt liege
vielmehr auf der Anwendung von Begriffen und Methoden in Problemkontexten.
Sie erläutern diesen Aspekt am Beispiel des Begriffs „Hochpunkt": So setzt zwar
das Skizzieren von Funktionen den Begriff des Hochpunkts voraus, jedoch gehe
es im Unterricht vielmehr um die Berechnung der ersten und zweiten Ableitung
als um den Begriff des Hochpunkts an sich (a. a. O.).

2.4.2 Begründung von Zusammenhängen in Schule und Hochschule

In diesem Abschnitt werden die Formen der Begründung mathematischer Zusammenhänge in Schule und Hochschule gegenübergestellt. Die Begründungsform
der Mathematik und ihr Alleinstellungsmerkmal unter den Wissenschaften ist
das Beweisen. Beweise können zunächst einmal als Verknüpfung deduktiver

Schlüsse basierend auf einer bestimmten Wissensbasis betrachtet werden (Ufer et al., 2009, S. 32 f.). Dies ist ein offener Begriff des Beweisens, bei dem nicht auf dem axiomatischen Aufbau der Disziplin rekurriert wird. Meyer und Prediger (2009) weisen darauf hin, dass der Begriff des Beweisens jedoch häufig eng mit axiomatisch-deduktiver Erkenntnissicherung, mit formalem Charakter und mit Strenge der Schlussfolgerung verbunden sei. Im Kontext der Mathematikdidaktik würde der Begriff daher oft durch den breiteren Begriff Begründen ergänzt, wenn auch andere Begründungsformen wie das inhaltlich-anschauliche Begründen mitgedacht sind (ebd., S. 5). In diesem Abschnitt wird pragmatisch so vorgegangen, dass allgemein von Begründungen für Zusammenhänge die Rede ist.

Bedeutsame Aspekte im Zusammenhang mit Begründungen unter der Perspektive der Diskontinuität sind die Rolle, die das Beweisen im gesamten Lehr-Lern-Arrangement spielt, die Wissensbasis der Beweise sowie die vordergründige Funktion von Beweisen.

2.4.2.1 Begründungen durch Beweise in der Hochschule

Das Begründen durch Beweise wird weithin als eines der konstituierenden Momente der Wissenschaft Mathematik (Kempen, 2019, S. 26) und als zentrale Arbeitsweise der wissenschaftlichen Mathematik gesehen (Rach et al., 2014, S. 211; Bikner-Ahsbahs & Schäfer, 2013, S. 57). Die Tätigkeit des Beweisens und die Beweisprodukte bilden ein Charakteristikum, welches die Mathematik von anderen Wissenschaften unterscheidet (Kempen, 2019). In den Lehr-Lern-Prozessen in der Hochschule wird die Bedeutung des Beweisens für die Mathematik auch quantitativ erkennbar: Halverscheid (2015) schätzt, dass z. B. beim Thema Differenzialrechnung einer Veränderlichen in der Analysis 1 in der Studieneingangsphase die Beweisaufgaben rund siebzig Prozent der Übungsaufgaben in der Hochschule ausmachen (S. 169). Aufgaben zum Beweisen stellen an die Lernenden dabei größtenteils die Anforderung, eigenständig Beweise für mathematische Aussagen zu konstruieren (Rach et al., 2014, S. 211).

Charakteristische Merkmale von Beweisen im Rahmen der hochschulischen, axiomatisch-deduktiven Sicht auf Mathematik beschreiben Jahnke und Ufer (2015): „Unter einem mathematischen Beweis versteht man die deduktive Herleitung eines mathematischen Satzes aus Axiomen und zuvor bereits bewiesenen Sätzen nach spezifizierten Schlussregeln" (S. 331). Ein solcher Beweis entscheidet darüber, ob eine formulierte Behauptung, ausgedrückt in einem Satz, *theoretisch gültig* ist (a. a. O.). Die Wissensbasis, auf der Beweise in der Hochschule stehen, sind die Axiomensysteme. In der Axiomatisierung der Mathematik ist das Idealbild eines (strengen) mathematischen Beweises als formalem Beweis begründet. Beim formalen Beweisen findet das Begründen eines Zusammenhangs durch regelgeleitetes, syntaktisches Operieren mit Zeichen statt, ohne dass eine semantische Bedeutung der Zeichen zum Tragen kommt. Der formale Beweis verfährt rein logisch. In der Praxis der Wissenschaft Mathematik sprechen der Bedeutungsverlust, den eine vollständige Formalisierung mit sich bringt, die geringere Verständlichkeit solcher Strukturen und der anzunehmende Umfang der kleinschrittigsten Ausführungen gegen die Ausarbeitung formaler Beweise im eigentlichen Sinne (Kempen, 2019, S. 30 f.). Daher werden in der Praxis auch Beweise, die nicht alle Schlussweisen explizieren, in denen Zeichen noch semantische Bedeutung tragen und in denen keine Bezüge zu Axiomen, Definitionen und Sätzen expliziert werden als formale Beweise bezeichnet (ebd., S. 32). Relevant für die Akzeptanz eines Beweises ist vielmehr die prinzipielle Möglichkeit zur Annäherung an einen formalen Beweis als die Nutzung der formalen Notation an sich (Ufer et al., 2009, S. 32).

Kempen (2019) trägt eine Vielzahl von Funktionen zusammen, die Beweise erfüllen können (S. 45 ff.). Aus der Perspektive der wissenschaftlichen Mathematik sieht Rach (2014) in der Hochschule die Verifikations- und die Kommunikationsfunktion im Vordergrund (S. 84).

2.4.2.2 Beweise und Begründungen in der Schule

In der Schule kommt dem Begründen eine andere Bedeutung als in der Hochschule zu. Die Verifikationsfunktion von Beweisen in der Hochschule ist eng an die Sichtweise auf Mathematik als Wissenschaft mentaler, abstrakter Objekte geknüpft, die über eine zusammenhängende Theorie mittels Sätzen miteinander verbunden sind. Der Umgang mit Beweisen findet in der Schule unter didaktischen Gesichtspunkten mit anderen Schwerpunkten statt: Im schulischen Kontext sehen Bikner-Ahsbahs und Schäfer (2013) im mathematischen Begründen im Allgemeinen eine Entwicklungsaufgabe für die Lernenden (S. 57). Rach sieht Beweise in der Schule in der Rolle, vor allem inhaltliches Verständnis speziell für eine betrachtete Aussage zu induzieren (S. 59). Bei verschiedenen Möglichkeiten zur Begründung eines Sachverhalts kann es als Norm betrachtet werden, solche zu bevorzugen, die nicht nur begründen, sondern insbesondere erklären (Kempen, 2019, S. 464).

Ein grundlegender Unterschied für die Möglichkeiten der Begründung von Zusammenhängen in der Schule ist die fehlende axiomatische Basis im Sinne eines widerspruchsfreien und unabhängigen Axiomensystems. An die Stelle eines solchen formalen Axiomensystems als Wissensbasis tritt eine Menge von Aussagen, deren Unabhängigkeit nicht thematisiert ist und die sich auf Begriffe beziehen, die nicht axiomatisch definiert, sondern meist in der Anschauung begründet sind. Die Wissensbasis, auf der Beweise in der Schule stehen, wird im

Unterricht entweder explizit durch die Lehrkraft bestimmt oder sie wird durch implizite Kommunikations- und Aushandlungsprozesse geklärt (Ufer et al., 2009, S. 32 f.). Kriterium für die Auswahl einer Begründungsbasis soll die Lernstufe sein, auf der sich Schüler:innen befinden (T. Bauer, 2013, S. 46).

Neben einer bestimmten Menge von Aussagen kommen in schulischen Kontexten auch „induktiv erkannte Invarianzen in bestimmten konkreten Operationen" als Begründungsgrundlage für Zusammenhänge in Betracht (Rach, 2014, S. 55). Auf dieser Grundlage stehen z. B. die Ansätze des inhaltlich-anschaulichen Beweises oder des operativen Beweises nach E. C. Wittmann und Müller, die Rach auch als „präformal" bezeichnet. An einem konkreten Fall werden dabei generelle Zusammenhänge in einer Form aufgezeigt, aus der die mögliche Verallgemeinerung auf beliebige Fälle intuitiv ersichtlich wird (ebd., S. 54). Vor diesem Hintergrund besteht bei präformalen Arten des Begründens ebenso wie bei den formal-deduktiven Beweisen die Möglichkeit der Allgemein-gültigkeit, was sie grundsätzlich von einer Begründungsform unterscheidet, die Rach als „experimentellen Beweis" bezeichnet. Damit bezieht sie sich auf ein Vorgehen, bei dem Vermutungen lediglich mit plausiblen Beispielen untermauert werden (a. a. O.).

Ein weiterer Unterschied gegenüber mathematischen Darstellungen von Begründungen im Kontext Hochschule betrifft die Beziehung zwischen einem Sachverhalt und dessen Begründung. Vollrath und Roth (2012) weisen darauf hin, dass sich formelles Beweisen in der Schule meist dadurch erübrigt, dass sich Zusammenhänge in Form von Regeln oder Sätzen als Ergebnis längerer Überlegungen ergeben. Das heißt, Zusammenhänge werden hergeleitet und die Herleitungen liefern zugleich ihre Begründung (S. 109). Der Sachverhalt wird nicht vorher behauptet, sondern erst gefunden oder herausgearbeitet.

Im schulischen Rahmen bleibt das Begründen von Zusammenhängen insge-samt exemplarisch (Hoffkamp et al., 2016, S. 298). Dazu passt auch Rachs (2014) Einschätzung, dass das Begründen von Zusammenhängen in der Schule „nur" eine Aktivität unter vielen sei (S. 59). In diese Richtung können auch die Ergebnisse einer Analyse nordrhein-westfälischer Abituraufgaben von S. Bauer und Büchter (2018) interpretiert werden. Darin ergab sich das Bild, dass ins-besondere das Beweisen im engeren Sinne eine eher untergeordnete Rolle in den Anforderungen spielt (S. 200). Dies steht in deutlichem Kontrast zu den Anforderungen der Hochschule, wo Begründen durch Beweisen die zentrale mathematische Aktivität ist. Dementsprechend stellt Kempen (2019) fest, dass in der Studieneingangsphase die Vorerfahrungen in der Beweiskonstruktion aus dem schulischen Mathematikunterricht gering ausgeprägt sind. Neun von zehn

Studierenden im ersten Semester eines Lehramtsstudiengangs geben in einer
schriftlichen Erhebung an, in ihrer Schulzeit selbst maximal fünf Beweise geführt
zu haben (S. 332).

2.4.3 Mathematische Sprache

Auch in der Repräsentation von Mathematik durch Sprache spiegeln sich die bis
hierher schon aufgezeigten Unterschiede in der Fachkultur Mathematik wider. In
den folgenden Abschnitten wird aufgezeigt, wie die „Spannung [der] Sprachebenen" (Danckwerts, 2013, S. 79) zustande kommt, die zur Diskontinuität zwischen
Schule und Hochschule beiträgt.

2.4.3.1 Mathematische Sprache in der Hochschule

Die sprachlichen Darstellungsmittel in der Hochschule sind das äußere Pendant
zum Theoriegebäude abstrakter mentaler Konstrukte (Hefendehl-Hebeker, 2016,
S. 18). Die in der Hochschule verwendete Sprache im Umgang mit Mathematik
ist darauf abgestimmt, abstrakte Konzepte eindeutig zu definieren sowie formale
Argumente zu generieren und mit ihnen umzugehen (Iannone & Nardi, 2007,
S. 2307). Die in der Hochschule angestrebte Sprache kann als „hoch entwickeltes
Artefakt", als „eine Kunstsprache", angesehen werden (Hefendehl-Hebeker, 2016,
S. 18), die sich durch eine besondere Syntax und Semantik von der natürlichen
Sprache unterscheidet. Im Zusammenhang mit den Axiomensystemen spricht
Freudenthal (1963) auch davon, dass dort eine „Geheimsprache, die eventuell
mit Kunstausdrücken und sogar ungemeinen syntaktischen Strukturen erweitert
ist" zur Anwendung komme (S. 8). Ausdrücke in der mathematischen Sprache der Hochschule sind konsequent auf den Begrifflichkeiten der Mengenlehre
aufgebaut. Hinter der Semantik der Mengenstrukturen bleiben andere semantische Implikationen und phänomenologische Wurzeln zurück (Hefendehl-Hebeker,
2014, S. 3129).

Strukturell betrachtet zeichnet sich die mathematische Sprache in der Hochschule durch einen hohen Grad der Verdichtung aus – auf kleinem Raum ist eine
große Informationsdichte anzutreffen (Hefendehl-Hebeker, 2016, S. 18). Die verdichteten Ausdrücke sind zudem stark konventionalisiert. Die in der Hochschule
gebräuchliche mathematische Sprache ist nach Wille (2005) Ausdruck des Stre-
bens der Mathematiker nach Konsens und Kohärenz größtmöglichen Ausmaßes
(S. 6). Mathematische Darstellungen in der Hochschule zeichnen sich durch eine
ihnen innewohnende Ökonomie aus (Hefendehl-Hebeker, 2016, S. 22). Die Orientierung an bestimmten syntaktischen Formen hat dabei zuweilen Konsequenzen

auf semantischer Ebene: Der Umfang, in dem Symbolsprache für maximal ökonomische Darstellungen zum Einsatz kommt, sei geeignet, von den wirklichen mathematischen Inhalten bzw. der Bedeutung mathematischer Texte (Ebner, Folkers & Haase 2016, S. 155; Gueudet, 2008, S. 244) abzulenken. Außerdem könne die Ausrichtung der mathematischen Sprache am Ideal theoretischer Kohärenz dazu führen, dass eine mathematische Darstellung gegenüber der „natürliche[n] Reihenfolge von Gedanken" umgekehrt verläuft (Hefendehl-Hebeker, 2016, S. 22).

Mit der Dichtheit der mathematischen Sprache geht ein hoher Grad an Präzision einher. Schon kleine Unterschiede in syntaktischen Konstellationen können große Unterschiede für mathematische Definitionen und Zusammenhänge bedeuten – ein typisches Beispiel hierfür sind die Definitionen für Stetigkeit bzw. gleichmäßige Stetigkeit.

Die von Danckwerts et al. diagnostizierte Spannung der Sprachebenen entsteht schließlich dadurch, dass sich die in der Hochschule verwendete Sprache nicht vollständig abgrenzt von der natürlichen Sprache, sondern in einzelnen Aspekten sehr wohl auf sie zurückgreift. Dies ist z. B. bei Begriffsbezeichnungen (i) und zur Strukturierung von Begründungen (ii) der Fall.

(i) So sind in der Hochschule zwar Bezeichnungen für Begriffe anzutreffen, die „Worte der Alltagssprache [verwenden], die hier aber eine genau definierte und nicht einfach zu erschließende Bedeutung haben" (Hilgert, 2016, S. 697). Wieder können „stetig" und „gleichmäßig stetig" als Beispiele dienen.

(ii) Im Zusammenhang mit Begründungen in der Hochschule kommt natürliche Sprache als „(geteilte) Meta-Sprache" (Kempen, 2019, S. 195) zum Einsatz und vermischt sich dabei teilweise mit der „Beweissprache". Ein Beispiel dafür ist eine Formulierung wie „weil wir linear unabhängige Vektoren gewählt hatten, ...", in der ein vorangegangener Beweisschritt vergegenwärtigt werden soll (Maier & Schweiger, 1999, S. 19). In den skizzierten Verwendungszusammenhängen gelten damit auch für den Gebrauch der natürlichen Sprache bestimmte Konventionen, hier in Form soziomathematischer Normen. Diese Normierung fügt sich ein in das Gesamtbild von einer „Spannung beider Sprachebenen" (Danckwerts, 2013, S. 70) – der natürlichen Sprache und der formalisierten Fachsprache.

2.4.3.2 Mathematische Sprache in der Schule

Während in der Hochschule der Gebrauch einer formalisierten Fachsprache mit hoher symbolischer Verdichtung den Standardfall darstellt, wird diese Form der Sprache in der Schule „nur in moderaten Ansätzen" in Gebrauch genommen.

Die in der Schule üblicherweise genutzte Sprache beschreibt Hefendehl-Hebeker
(2016) als eine „mit Fachwörtern durchsetzte natürliche Sprache" (S. 18). Bei
einer Analyse von Schulbüchern der Oberstufe und Lehrbüchern stellten Vollstedt, Heinze, Gojdka und Rach (2014) fest, dass in Schulbüchern (der Oberstufe)
für die Formulierung von Zusammenhängen fast nur durchgehende Schriftspra-
che verwendet wird, während in Lehrbüchern der Hochschule eine Mischung
aus durchgehendem Text und Symbolsprache zu finden ist (S. 47). Passend
dazu stellen Ebner et al. (2016) fest, dass Symbolsprache und insbesondere die
Verwendung von logischen Symbolen Schüler:innen weitgehend unbekannt sei
(S. 155).

2.5   Diskontinuität im Bereich der Linearen Algebra

Fokussiert auf den Bereich der Linearen Algebra spiegeln sich dort zum einen
die bereichsübergreifenden Unterschiede aus 2.3 und 2.4 wider, zum anderen
wird die Diskontinuität durch domänenspezifische Themen wie den verschiedenen
Umgang mit der Analytischen Geometrie geprägt.

2.5.1   Sichtweisen auf Lineare Algebra in Schule
und Hochschule

In den beiden folgenden Abschnitten wird zunächst herausgearbeitet, welche Sichtweisen auf Lineare Algebra für die Hochschule und für die Schule
charakteristisch sind.

2.5.1.1 Sichtweise auf die Lineare Algebra in der Hochschule

Aus hochschulischer Sicht bildet die Lineare Algebra auf der Grundlage der
Vektorraumaxiome eine Theorie über Vektorräume und strukturerhaltende Abbildungen über diesen. Ihr strukturbetont-abstrakter Charakter und ein besonders
ausgeprägtes Beziehungsgeflecht verleihen ihr in der Hochschule eine weitreichende Bedeutung. Als Strukturtheorie und als Quelle mathematischer Methoden
wirkt die Lineare Algebra in verschiedene andere Bereiche hinein.

Die Lineare Algebra erfährt in der Hochschule eine grundlegende Bedeutung
für viele Bereiche der Mathematik. Zum einen kann der Linearen Algebra eine
vorbildhafte Funktion für andere Teilbereiche im Hinblick auf die wissenschaftliche Methode der Axiomatisierung zugeschrieben werden (Schmitt, 2017, S. 183).
Zum anderen ist die Lineare Algebra mit ihren universellen Begriffsbildungen

und ihren Methoden als Werkzeug in vielen anderen Teilbereichen verankert. Henn und Filler (2015) führen zahlreiche Beispiele an wie die mehrdimensionale Analysis, Hilberträume und Funktionalanalysis, Fourieranalyse, Differential- und Integralgleichungen, Quantenmechanik, Markov-Ketten und Graphentheorie, Lösungsverfahren für große lineare Gleichungssysteme (LGS), den Trägheitstensor in der Mechanik und die Faktorenanalyse in der multivarianten Statistik (S. 10). Auch A. Fischer (2006) spricht davon, dass solche Strukturen, welche die Lineare Algebra beschreibt, in beinahe allen mathematischen Disziplinen vorzufinden seien (S. 28). Sie fügt weitergehend noch als Erklärung für diese Beobachtung hinzu, dass sie Strukturen gezielt gesucht würden, weil Probleme bei erfolgreicher Rückführung auf lineare Probleme mit Hilfe der Linearen Algebra vergleichsweise leicht zu lösen seien (ebd., S. 28 f.).

Als prägende Aspekte für die hochschulische Sichtweise auf Lineare Algebra kristallisieren sich (i) die Lineare Algebra in der *Rolle einer Strukturtheorie* und (ii) die Lineare Algebra *als Quelle mathematischer Methoden* heraus. Beide Aspekte sollen konkretisiert werden.

(i) Die Lineare Algebra kann als Strukturtheorie angesehen werden, da sie Eigenschaften erfasst, die verschiedenen mathematischen Phänomenbereichen gemeinsam sind und diese in abstrakter, formaler Form übersichtlich und verbindend darstellt (A. Fischer, 2006, S. 23). Das von A. Fischer angesprochene Erfassen von Eigenschaften, die verschiedenen Phänomenbereichen gemeinsam sind, referenziert die historische Entwicklung der Linearen Algebra. Die Lineare Algebra in ihrer heutigen Form kann verstanden werden als „Zusammenfassung von bestimmten Fragestellungen und Erkenntnissen aus vielen inhaltlich verschiedenen Themenbereichen unter dem Dach einer einzigen Theorie" (ebd., S. 30). Gegenstände der Linearen Algebra sind zum einen Mengen mit linearen Strukturen, die als Vektorräume bezeichnet werden, und Abbildungen, welche lineare Strukturen erhalten, aber auch Lösungen von LGS bzw. die Optimierung und Verallgemeinerung von Rechentechniken. Das Verschmelzen der verschiedenen Themenbereiche unter einem gemeinsamen begrifflichen Überbau kann z. B. bei G. Wittmann (2003), A. Fischer (2006) und Girnat (2016) nachvollzogen werden.

Die Zusammenfassung und Verallgemeinerung von Fragestellungen und Erkenntnissen aus unterschiedlichen mathematischen Phänomenbereichen in einem Theoriegebäude der Linearen Algebra erfordert ein hohes Maß an Formalisierung. Diese Formalisierung ist zugleich aber auch das Wesensmerkmal der Linearen Algebra, das der Theorie ihre Stärke verleiht (Dorier et al., 2000, S. 86 f.).

Als weiteres Charakteristikum der Linearen Algebra in der Hochschule werden „Besonderheiten der Beziehungsstruktur" identifiziert (Henn & Filler, 2015, S. 11). Kennzeichnen für diese Struktur – und darin liegt z. B. ein deutlicher Unterschied gegenüber der Analysis – ist die Äquivalenz zwischen den Modellen, die innerhalb der Linearen Algebra Zusammenhänge herstellen. So können die gleichen Fragen sowohl aus der Perspektive der LGS, als auch aus der Perspektive der Matrizen oder alternativ aus der Perspektive der linearen Transformationen gestellt werden, obwohl die zugrundeliegenden Probleme jeweils äquivalent sind (Harel, 1997, S. 111 f.).

(ii) Die Bedeutung der Linearen Algebra in der Hochschule für andere mathematische Bereiche ergibt sich jedoch nicht nur aus den gut erforschten, stark formalisierten Strukturen und ihrem Repertoire an Darstellungsmitteln, sondern auch aus den angewendeten Methoden. Der Methoden-Begriff kann dabei sowohl auf die Methoden, die bei der Entwicklung der Linearen Algebra angewendet wurden, als auch auf typische Denkhandlungen, die Einzug in das Methodenrepertoire anderer Bereiche gefunden haben, bezogen werden.

Zu den erst genannten gehört das Isolieren der wesentlichen Eigenschaften aus einer Fülle von Begleiterscheinungen und die formale Darstellung der gewonnenen Wesensmerkmale eines Begriffs. Auch gehört dazu das Wechselspiel zwischen der Untersuchung einer begrenzten Fragestellung und der Herstellung von Verbindungen dieses Problemkreises zu Fragen, die zwar inhaltlich sehr anders sein können, aber strukturell ähnlich sind oder zu Fragen, bei denen zwar keine gleichen Strukturen vorliegen, aber ähnliche Methoden anwendbar sind. Typische Denkhandlungen in der Linearen Algebra haben Lengnink und Prediger (2000) identifiziert. Sie umfassen: das Formalisieren und Automatisieren, das Vergleichen und Zusammenfassen, das Ordnen und Klassifizieren, das Analysieren und Charakterisieren, das Erzeugen und Aussondern, sowie das Verallgemeinern und Spezialisieren (ebd., S. 113).

Die strukturbetont-abstrakte Auffassung von Linearer Algebra findet ihre curriculare Entsprechung im Hochschulstudium in der grundlegenden Rolle der Vektorraumtheorie, die die Vektorraumaxiome an den Anfang stellt. Nach den mathematischen Grundlagen werden Vektorräume eingeführt und von dort aus die weitere Theorie aufgebaut: über lineare Abbildungen, Matrizen, und LGS zu Determinanten, Eigenwerten und Eigenvektoren, euklidischen und unitären Vektorräumen sowie quadratischen Formen.

2.5.1.2 Sichtweise auf die Lineare Algebra in der Schule

Für die Beschäftigung mit Linearer Algebra in der Hochschule betont G. Fischer (2014), dass die Entwicklung der abstrakten algebraischen Begriffe – ausgehend von ihrer Funktion als Hilfsmittel der Analytischen Geometrie hin zu ihrer späteren Verselbstständigung mit der axiomatischen Methode – deutlich gemacht werden müsse (S. VI). Die Lernenden sollen also die verschiedenen Stufen der Theorienentwicklung bis hin zur höchsten nachvollziehen. Die Schule stellt sich dagegen auf den früheren Standpunkt in der Wissenschaftsentwicklung: Innerhalb der schulischen Sichtweise auf Lineare Algebra wird am Bezug zur Analytischen Geometrie festgehalten. So stellt „Analytische Geometrie und Lineare Algebra" eines der Inhaltsfelder im Mathematikunterricht der Oberstufe in NRW dar.

Dabei tritt die Lineare Algebra nicht als eigenständige axiomatisch fundierte Theorie in Erscheinung. Vielmehr gestaltet sich die Beziehung zwischen Linearer Algebra und Analytischer Geometrie so, dass bei der Untersuchung von geometrischen Strukturen die Lineare Algebra ein Beschreibungsmittel (die Vektoren) liefert und (durch das Skalarprodukt) neue strategische und rechnerische Bearbeitungsmöglichkeiten schafft. Dies lässt sich anhand der Beschreibung des Inhaltsfelds *Analytische Geometrie und Lineare Algebra* im NRW-Kernlehrplan nachvollziehen, die da lautet:

Die Geometrie umfasst den quantitativen und den qualitativen Umgang mit ebenen und räumlichen Strukturen. Die Idee der Koordinatisierung ermöglicht deren vertiefte Untersuchung mit algebraischen Mitteln im Rahmen der analytischen Geometrie. Die Beschreibung mittels Vektoren erlaubt dabei den Rückgriff auf das universelle Handwerkszeug der linearen Algebra. Aus der Idee der Parametrisierung ergeben sich Beschreibungen für geometrische Objekte sowie für geradlinige Bewegungen im Raum. Nach der Metrisierung des Raumes mit dem Skalarprodukt lassen sich nicht nur Winkel-, Längen- und Abstandsmessungen durchführen, sondern auch die strategischen und rechnerischen Bearbeitungsmöglichkeiten für geometrische Fragestellungen erweitern. (MSB NRW, 2014, S. 17)

Auch in Schulbüchern spiegelt sich diese Auffassung von Linearer Algebra wider. Betrachtet man z. B. die Kapitelüberschriften, die dem Inhaltsbereich Analytische Geometrie/Lineare Algebra zuzuordnen sind, fällt bei Durchsicht von vier gängigen Schulbuchreihen auf, dass der Aufbau der Analytischen Geometrie bestimmend ist (Tabelle 2.1).

Tabelle 2.1 Schulbuchkapitel zur Analytischen Geometrie/Linearen Algebra

EdM LK (Griesel et al., 2014, 2015)	Lambacher Schweizer LK (Baum et al., 2014, 2015)	Neue Wege LK (Körner et al., 2014, 2015)	Mathematik LK (Bigalke et al., 2014, 2015)
Kapitel in den Büchern für die Einführungsphase			
• Punkte und Vektoren im Raum	• Schlüsselkonzept Vektoren	• Orientieren und Bewegen im Raum	• Analytische Geometrie im Raum
Kapitel in den Büchern für die Qualifikationsphase			
• Vektoren, Geraden und Winkel im Raum • Analytische Geometrie mit Ebenen	• Geraden • Ebenen • Abstände und Winkel	• Orientieren und Bewegen im Raum (Wiederholung) • Geraden und Ebenen • Skalarprodukt und Messen	• LGS • Geraden • Skalarprodukt • Ebenen • Winkel und Abstände

In der Schulbuchreihe *Elemente der Mathematik* kommt als Besonderheit hinzu, dass das Lösen von LGS unter dem Kapitel „Funktionen als mathematische Modelle" verortet wird. Dort werden LGS im Zusammenhang mit Steckbrief- aufgaben zur Bestimmung ganzrationaler Funktionen eingeführt. Damit werden zum einen auch LGS vorrangig als Werkzeug präsentiert und zum anderen (aus schulischer Sicht) vom Inhaltsfeld Analytische Geometrie/Lineare Algebra „entkoppelt". Eine ähnliche Stoffverteilung ist in der Reihe *Neue Wege* festzu- stellen: Dort sind LGS (Gauß-Algorithmus) unter dem Kapitel „Modellieren mit Funktionen – Kurvenanpassung" verortet.

Henn und Filler (2015) unterstützen den Vorrang der Perspektive der Analyti- schen Geometrie vor der Linearen Algebra: „In der Schule sollte die Analytische Geometrie mit einigen Methoden der linearen Algebra (Vektorgeometrie) im Vor- dergrund stehen" (S. 11). Analytische Geometrie auf elementargeometrischer Grundlage, die Vektoren und lineare Abbildungen „ungezwungen" einbezieht, biete gegenüber einer strukturell-abstrakten, axiomatisch gefassten linearen Alge- bra unter schulischen Rahmenbedingungen den größeren Beziehungsreichtum. Lineare Algebra mit einem strukturell-abstrakten Fokus sei „zunächst sehr lange mit der Erschaffung und Absicherung ihrer eigenen Substanz beschäftigt", sodass man letztendlich aufhören müsste, „bevor es zu den ersten fruchtbaren Bezie- hungen kommt" (a. a. O.). Die Besonderheiten der Beziehungsstruktur, die die hochschulische Sicht auf die Domäne prägen, seien in der Schule kaum zu vermit- teln. Die Autoren beziehen sich dabei auf die Erfahrungen mit der an abstrakten Strukturen orientierten „Neuen Mathematik" der 1960er und 1970er Jahre (ebd., S. 10 f.).

In diesem Zusammenhang kam Profke schon 1978 zu der Einschätzung, dass der Gebrauch von Sätzen und Begriffen der Linearen Algebra kritisch zu überdenken und nur in geringem Umfang nötig sei:

Zwar ließe sich unter anderem bei der Differentiation, bei der Integration, bei Größen- systemen oder bei den komplexen Zahlen eine umfassende Einführung in Strukturen und Begriffe der linearen Algebra wie Vektorraum und lineare Abbildung wiederer- kennen [...], aber die Beispiele behandeln entweder zu spezielle Mathematik, oder die Begriffe und Sätze der Linearen Algebra leisten nicht mehr als ein direkter intuitiver Zugang. Mit den allgemeinen Begriffen wird oft nicht gearbeitet. (S. 17f.)

Auch Tietze gibt zu bedenken, dass deren Einführung so drohe, zum Selbstzweck zu werden (Tietze, 1981, S. 80). Darüber hinaus arbeitet Profke (1978) heraus, dass Anwendungen, „soweit sie für die Schule geeignet erscheinen", mit weni- gen – insbesondere begrifflichen – Grundlagen auskommen. Darunter fallen aus

seiner Sicht explizit: die Zusammenfassung geordneter n-Tupel zu neuen Rechen-
größen, ihre komponentenweise Addition und Vervielfachung, die Zerlegung von
Vektoren in andere, die Äquivalenz von Vektor- und Komponentengleichungen,
ein Lösungsalgorithmus für LGS und eine einfache, direkte Lösungstheorie sowie
geometrische Veranschaulichungen (S. 18 f.). Profke wendet sich damit insbesondere gegen die Betonung des Vektorraumbegriffs und den Aufbau einer
Theorie der Vektorräume bis hin zu Basis, Austauschsatz und Dimension in den
damaligen Curricula (S. 10).

Die Auseinandersetzung bei Profke stammt aus dem Kontext der intensiven stoffdidaktischen Diskussion zur Thematisierung der Linearen Algebra im
Mathematikunterricht in den 1970er Jahren (z. B. bei Winkelmann, 1978 und
Tietze, 1981). Die verschiedenen fachdidaktischen Positionen unterscheiden sich
nach Tietze in Art und Umfang und Stellenwert von geometrischen Fragestellungen, axiomatisch-deduktiven Elementen, algorithmischen und kalkülhaften
Aspekten, Verwendungssituationen und mathematischen Modellierungen, Objekt-
studien, mathematischen Experimenten und Rechnereinsatz (S. 93). Der Verlauf
der Diskussion kann bei Tietze et al. (2000) und G. Wittmann (2003) bis etwa
zur Jahrtausendwende und bei Girnat (2016) noch bis zu den Bildungsstandards
aus dem Jahr 2012 nachvollzogen werden.

Über das Inhaltsfeld „Analytische Geometrie und Lineare Algebra" hinausgehend spielt die Lineare Algebra (mit ihren Methoden) im Inhaltsfeld Stochastik
eine Rolle. Vektoren und Matrizen werden zur Beschreibung stochastischer Prozesse herangezogen. Bei der Untersuchung stochastischer Prozesse wird die
Matrizenmultiplikation eingeführt und bei der rechnerischen Abklärung, ob sta-
bile Zustände vorkommen, auf das Konzept des Eigenvektors zurückgegriffen.
Neben der geometrischen Auffassung im Kontext der Analytischen Geometrie
ist damit zwar im aktuellen Lehrplan auch eine arithmetische Auffassung von
Linearer Algebra vertreten. Die Einschätzung zur Rolle der Linearen Algebra als
Werkzeugkasten für rechnerisches Kalkül, die sie in der Stochastik ebenso klar
wie in der Analytischen Geometrie innehat, bleibt davon unberührt.

2.5.2   Konkretisierung: Begriffe der Linearen Algebra in der gymnasialen Oberstufe

In diesem Unterkapitel findet eine Konkretisierung zur Rolle der Linearen Algebra in der Schule statt. Die Konkretisierung bezieht sich auf die Begriffe der

Linearen Algebra, die in der Schule relevant sind, und stellt eine „Lagebeschreibung" für Nordrhein-Westfalen in dem Zeitraum dar, in dem diese Arbeit verfasst wurde.

2.5.2.1 Idee der Konkretisierung

Diese Konkretisierung erfüllt innerhalb der vorliegenden Arbeit zwei Funktionen:

- *Den Kontext der empirischen Untersuchungen aufzeigen:*
  Alle im Rahmen der Interviewstudie befragten Personen (siehe 5.4) haben Berührungspunkte mit diesem Kontext – sei es in Form der eigenen vor Kurzem beendeten Schulzeit, durch studienbegleitende Praktika, Praxisphasen, Vertretungstätigkeiten, Nachhilfesituationen oder die reguläre Unterrichtstätigkeit.

- *Die Auswahl des fachlichen Gegenstands für die empirische Untersuchung begründen:*
  Die empirische Untersuchung setzt bei Begriffen an, da Begriffsbildungen Kristallisationspunkte der Diskontinuität zwischen Schule und Hochschule sind (siehe 2.4.1). Mit der Konkretisierung wird erkennbar, an welchen Stellen es *aktuell auf der Ebene der Begriffe besonders deutliche Differenzen* zwischen der schulischen und der hochschulischen Sicht auf Lineare Algebra gibt und welche Begriffe insoweit das Potenzial für ergiebige Auseinandersetzungen mit Diskontinuität bieten. Damit wird die Wahl der Begriffe Vektor und Skalarprodukt legitimiert.

Da es im Sinne der oben genannten Zwecke der Konkretisierung darum geht, einen „Gesamteindruck" zu vermitteln, wird bei der Konkretisierung auf Schulbücher zurückgegriffen, die im Alltag des Mathematikunterrichts eine hohe Bedeutung erfahren. Für den Gesamteindruck wird unterrichtliche Komplexität reduziert und der Umstand ausgeklammert, dass der konkret erteilte Mathematikunterricht keine reine Inszenierung des schulischen Lehrgangs ist, sondern z. B. weitere Begriffe berücksichtigen oder auch Begriffe aussparen kann.

Bei der Konkretisierung wird in drei Schritten vorgegangen. Grundlage sind dieselben vier Schulbuchreihen, die im vorherigen Abschnitt schon betrachtet wurden – *Elemente der Mathematik (EdM), Lambacher Schweizer (LS), Neue Wege (NW), Mathematik (M)* – jeweils wieder mit ihren Ausgaben für Leistungskurse in NRW.

1. Zunächst wird ermittelt, welche *Begriffe der Linearen Algebra* die Schulbücher und das Lehrbuch teilen. Dazu werden die Stichwortverzeichnisse der Schulbücher, mit denen eines Lehrwerks zur Linearen Algebra abgeglichen. Begriffe werden dann berücksichtigt, wenn sie in beiden Verzeichnissen vorkommen *und* der Eintrag im Lehrbuch nicht gerade (i) auf das Anwendungskapitel „Affine Geometrie" oder (ii) auf Anwendungskontexte der Begriffe, sondern auf „Theorie" verweist. (So werden z. B. wegen (i) „Ortsvektoren" und wegen (ii) „Polynome" nicht als gemeinsame Begriffe gewertet.)

2. Auf der nächsten Stufe geht es um die *Definitionen der ermittelten „geteilten" Begriffe:* Gibt es eine explizite Definition? Wie wird der Begriffsinhalt bestimmt, wie der Begriffsumfang?

3. Schließlich wird die Reihenfolge der Einführung (relative Position im Lehrgang) betrachtet. Diese wird danach bestimmt, wann der entsprechende Begriff im Lehrgang des jeweiligen Schulbuchs definiert bzw. eingeführt wird.[7]

Die Ergebnisse des Vergleichs im Rahmen dieser Arbeit sind in Tabelle 2.2 zusammengestellt. Sie liest sich wie folgt:

Beispiel (Zeile 2): Im Schulbuch der Reihe *Elemente der Mathematik* wird der Vektor mit folgenden Worten beschrieben: „Ein Vektor mit drei Koordinaten <u>ist ein geordnetes Zahlentripel</u>, das wir als Spalte schreiben". Für den Begriffsumfang gilt, dass er mit der Menge der Koordinatenvektoren im $\mathbb{R}^3$ angegeben werden kann. Insgesamt sind im Schulbuch sechs geteilte Begriffe zu finden. Der Vektorbegriff wird als erster dieser sechs Begriffe behandelt, daher ist seine „relative Position" in der letzten Spalte mit 1/6 angegeben.

2.5.2.2 Übersicht über die Begriffe
2.5.2.3 Einordnung der Beobachtungen

Zwischen den vier Schulbuchreihen (aus drei Verlagen) gibt es eine große Schnittmenge bezüglich der thematisierten Begriffe. In allen Reihen kommen

---

[7] Im Ansatz ähnliche, vergleichende Betrachtungen anhand eines Standard-Lehrwerks und drei Schullehrwerken (sowie der Bildungsstandards der KMK) haben Schwarz und Herrmann (2015) durchgeführt, um die Breite der inhaltlichen Bezüge zwischen der Linearen Algebra in der Hochschule und dem schulischen Mathematikunterricht zu untersuchen. Eine eigene Konkretisierung speziell für die oben genannten Zwecke ist jedoch notwendig – zum einen da zwischenzeitliche Veränderungen in den neueren Auflagen der Schullehrwerke grundsätzlich nicht auszuschließen sind. Außerdem hatten Schwarz und Herrmann auch die mathematischen Inhalte der Sekundarstufe I berücksichtigt, während die Konkretisierung im Rahmen dieser Arbeit bei den Inhalten der Sekundarstufe II bleibt. Außerdem verzichteten Schwarz und Herrmann im Allgemeinen darauf, die vorgefundenen Definitionen und die Position der Begriffe im Lehrgang mitzuteilen.

Tabelle 2.2 Begriffe der Linearen Algebra in aktuellen Schulbüchern (NRW)

„Geteilte Begriffe": Begriffe in Schulbüchern und im Theorieaufbau im Lehrbuch

Begriff	Buch	Begriffsinhalt	Begriffsumfang	rel. Pos
Vektor/ Vektoren	NW	Darstellung von Änderungen in x, y und z-Richtung/3-Tupel	Koordinatenvektoren im $\mathbb{R}^3$	1/8
	EdM	„Ein Vektor mit drei Koordinaten ist ein geordnetes Zahlentripel, das wir als Spalte schreiben."		1/6
	LS	keine explizite Definition (!)		1/7
	M	Definition von „Vektor in der Ebene (im Raum)": Pfeilklasse mit Pfeilen der Ebene (des Raumes) mit der gleichen Länge und Richtung	Pfeilklassen im $\mathbb{R}^2$ und $\mathbb{R}^3$	1/9
LGS/ Gleichungssystem	NW	keine explizite Definition		2/8
	EdM	Zwei lineare Gleichungen bilden ein LGS, wenn die beiden Variablen beide Gleichungen erfüllen sollen	bei der Einführung: Systeme mit zwei Gleichungen und zwei Variablen, später drei Gleichungen und Variablen	2/6
	LS	keine explizite Definition		5/7
	M	Ein lineares Gleichungssystem besteht aus einer Anzahl linearer Gleichungen	Gleichungssysteme mit m Gleichungen und n Variablen	5/9

(Fortsetzung)

Tabelle 2.2 (Fortsetzung)

„Geteilte Begriffe": Begriffe in Schulbüchern und im Theorieaufbau im Lehrbuch

Begriff	Buch	Begriffsinhalt	Begriffsumfang	rel. Pos
Lösungsmenge eines LGS/ Lösung eines LGS[8]	EdM	keine explizite Definition		3/6
	LS	Die jeweiligen Lösungen eines LGS werden in der Lösungsmenge zusammengefasst	alle Fälle: eine Lösung eines LGS, keine Lösung, unendlich viele Lösungen	7/7
	M	keine explizite Definition		6/9
Matrix	NW	keine explizite Definition		3/8
	EdM	Eine Zahlentabelle mit m Zeilen und n Spalten mit Einträgen aus $\mathbb{R}$	$m \times n$-Matrizen über $\mathbb{R}$	6/6
	LS	Zahlenschema mit zeilenweise Koeffizienten und Zahl auf der rechten Seite und Verwendung im grafikfähigen Taschenrechner	Größe der Matrizen in Abhängigkeit von dem dazugehörigen LGS	6/7
	M	Eine Matrix ist eine rechteckige Zahlentabelle	$m \times n$-Matrizen	9/9
Linearkombination	NW	Eine Linearkombination der Vektoren a und b ist ein Vektor $x = r \cdot a + s \cdot b$ mit r, s aus $\mathbb{R}$	Linearkombinationen mit Vektoren aus dem Anschauungsraum $\mathbb{R}^3$	4/8

(Fortsetzung)

[8] Begriff/Stichwort im Lehrbuch: „Lösung eines linearen Gleichungssystems"

Tabelle 2.2 (Fortsetzung)

„Geteilte Begriffe": Begriffe in Schulbüchern und im Theorieaufbau im Lehrbuch

Begriff	Buch	Begriffsinhalt	Begriffsumfang	rel. Pos
	LS	Eine Linearkombination von Vektoren a, b, c ist ein Ausdruck wie $ra + sb + tc$ mit Zahlen (Koeffizienten) r, s und t.	aus dem Kontext: Linearkombinationen mit a, b, c aus $\mathbb{R}^3$ und r, s, t aus $\mathbb{R}$	2/7
	M	Linearkombination der Vektoren $a_1, \ldots, a_n$ ist die Summe der Form $r_1 a_1 + r_2 a_2 + \ldots + r_n a_n$ mit r_i aus $\mathbb{R}$	Linearkombinationen mit n Vektoren und Koeffizienten r_i aus $\mathbb{R}$	2/9
linear abhängig	NW	Drei Vektoren a, b, c im Raum sind linear abhängig, wenn mindestens einer der Vektoren als Linearkombination der beiden anderen darstellbar ist bzw. wenn es Zahlen r, s, t gibt, die nicht alle null sind, sodass $0 = ra + sb + tc$	lineare Abhängigkeit im Anschauungsraum $\mathbb{R}^3$	5/8
	M	Linear abhängig ist der Oberbegriff für kollinear und komplanar	beschränkt auf zwei oder drei Vektoren aus Vektorräumen mit Isomorphie zu Vektorraum der Pfeilklassen (zwei- und dreidimensional)	3/9
linear unabhängig	NW	Die Vektoren a, b, c sind linear unabhängig, wenn sie nicht linear abhängig sind	lineare Unabhängigkeit im Anschauungsraum $\mathbb{R}^3$	6/8
	M	Vektoren, die nicht linear abhängig sind, sind linear unabhängig	beschränkt auf zwei oder drei Vektoren aus Vektorräumen mit Isomorphie zu Vektorraum der Pfeilklassen (zwei- und dreidimensional)	4/9

(Fortsetzung)

Tabelle 2.2 (Fortsetzung)

„Geteilte Begriffe": Begriffe in Schulbüchern und im Theorieaufbau im Lehrbuch

Begriff	Buch	Begriffsinhalt	Begriffsumfang	rel. Pos
Skalarprodukt	NW	$a \cdot b = a_1b_1 + a_2b_2 + a_3b_3$ heißt Skalarprodukt von a und b	Term für Koordinatenvektoren des $\mathbb{R}^3$	7/8
	EdM	Unter dem Skalarprodukt zweier Vektoren $u = (u_1, u_2, u_3)$ und $v = (v_1, v_2, v_3)$ versteht man die reelle Zahl $u_1v_1 + u_2v_2 + u_3v_3$		5/6
	LS	Skalarprodukt $a \cdot b$ der Vektoren $a = (a_1, a_2, a_3)$ und $b = (b_1, b_2, b_3)$ ist der Term $a_1b_1 + a_2b_2 + a_3b_3$		4/7
	M	Kosinusform: Das Skalarprodukt ist der Ausdruck $a \cdot b = |a| \cdot |b| \cdot \cos(\gamma)$ mit zwei Vektoren a, b und dem Winkel γ zwischen den Vektoren. Auch Koordinatenform: $a \cdot b = a_1b_1 + a_2b_2$ und $a \cdot b = a_1b_1 + a_2b_2 + a_3b_3$	Definitionsbereich des Skalarproduktes ist an einen wohldefinierten Winkelbegriff geknüpft	7/9
orthogonal/ Orthogonalität/ orthogonale Vektoren[9]	NW	implizit über das Orthogonalitätskriterium für Vektoren: Zwei Vektoren a, b sind orthogonal genau dann, wenn $a \cdot b = 0$	aus dem Kontext: Eigenschaft von Koordinatenvektoren des $\mathbb{R}^3$	8/8

(Fortsetzung)

[9] Begriff/Stichwort im Lehrbuch: „orthogonale Vektoren"

Tabelle 2.2 (Fortsetzung)

„Geteilte Begriffe": Begriffe in Schulbüchern und im Theorieaufbau im Lehrbuch

Begriff	Buch	Begriffsinhalt	Begriffsumfang	rel. Pos
	EdM	Zwei Vektoren u und v, beide ungleich dem Nullvektor, sind zueinander orthogonal genau dann, wenn $u_1v_1 + u_2v_2 + u_3v_3 = 0$ ist	Eigenschaft von Koordinatenvektoren des $\mathbb{R}^3$	4/6
	LS	orthogonal: Synonym für senkrecht orthogonale Vektoren: Zwei Vektoren u, v heißen orthogonal, wenn ihre zugehörigen Pfeile mit gleichem Anfangspunkt orthogonal sind	beschränkt auf Vektorräume mit Isomorphie zum Vektorraum der Pfeilklassen (zwei- und dreidimensional)	3/7
	M	orthogonale Vektoren: Zwei Vektoren a und b, beide ungleich dem Nullvektor, werden als zueinander orthogonale Vektoren bezeichnet, wenn sie senkrecht aufeinander stehen. Orthogonalität: keine explizite Definition	beschränkt auf Vektoren, für die „senkrecht aufeinander stehen" eine Bedeutung hat (Anschauungsebene/Anschauungsraum)	8/9
Begriffe in Schul- und Lehrbuch, aber keine „geteilten Begriffe" (mit Begründung)				
Basis	NW, EdM, M	Die „Basis" wird in den Schulbüchern nur als Grundzahl einer Potenz eingeführt und gebraucht, d. h. „Basis" ist kein Begriff der Linearen Algebra im engeren Sinne		
Ortsvektor(en)	NW, EdM, LS	Ortsvektoren werden im Lehrbuch im Anwendungskapitel zur Affinen Geometrie angesprochen (siehe oben)		
Polynom	NW	Polynome treten bei der Besprechung von Beispielen für Vektorräume im Lehrbuch als Vektoren auf. Im Schulbuch sind die Polynome einem Kapitel zum Inhaltsbereich Analysis zuzuordnen		

die Begriffe Vektor, LGS, Matrix, Skalarprodukt und orthogonal/Orthogonalität vor. Beim Vektorbegriff sind deutliche Unterschiede zwischen den Definitionen erkennbar. LGS und die Lösungsmenge eines LGS werden in allen Büchern berücksichtigt, aber im Allgemeinen nicht definiert. Bei Matrizen handelt es sich um einen technischen, die Darstellung betreffenden Begriff. Die Begriffe Linearkombination, linear abhängig und linear unabhängig werden nicht in allen Schulbuchreihen aufgegriffen. (Eher werden die Begriffe kollinear und komplanar verwendet, die dagegen aus der Sicht der Hochschule keine Rolle spielen). Dort, wo die Begriffe im Schulbuch aufgegriffen werden, geschieht dies auf verschiedenen Abstraktionsniveaus bzw. mit verschiedenem Begriffsumfang. Bezüglich des Skalarproduktes gilt, dass in allen Büchern lediglich das Standardskalarprodukt betrachtet wird, dies geschieht unter der Perspektive Term/Zahl, der Abbildungsaspekt spielt in den Definitionen keine Rolle. Bezüglich des Begriffs orthogonal/Orthogonalität zeigt sich ein heterogenes Bild – alle Definitionen unterscheiden sich bezüglich des Begriffsumfangs.

Die Fokussierung auf die Begriffe Vektor und Skalarprodukt im Rahmen dieser Arbeit, insbesondere im Rahmen der empirischen Untersuchungen, lässt sich auf dieser Grundlage legitimieren:

- Die Begriffe *Vektor, Skalarprodukt und orthogonal/Orthogonalität* stellen geeignete Begriffe dar: Ihre Auffassung im schulischen Kontext unterscheidet sich jeweils deutlich von der Definition im Wissenschaftskontext.
- Die Begriffe *Linearkombination, linear abhängig* und *linear unabhängig* wären eher weniger geeignet. In ihren Definitionen spiegeln sich nicht so deutlich die typischen Differenzen zwischen Schule und Hochschule wider wie bei den oben genannten Begriffen. Zudem ist ihr Stellenwert auf Grundlage ihres Vorkommens in den Büchern (und dem Umstand, dass die Begriffe – anders als die oben genannten Begriffe – im Kernlehrplan NRW nicht explizit in den Kompetenzerwartungen stehen) gegenüber den oben genannten Begriffen als geringer einzustufen.
- Die Begriffe *Matrix, LGS, Lösungsmenge eines LGS* wären eher weniger geeignet, da sie technische Begriffe darstellen (Matrix) oder als solche eingeführt und verwendet werden. Technische Begriffe bieten weniger Ansatzpunkte, um daran verschiedene Sichtweisen auf Mathematik zu erkennen, auch findet keine Begriffsbildung im engeren Sinne statt und es gibt keine Zusammenhänge, die zu beweisen wären. *LGS* und die *Lösungsmenge eines LGS* sind zudem schon in der Sekundarstufe I oder im Zusammenhang mit der Modellierungsaufgaben in der Analysis relevant.

Die Tabelle kann aber auch vor dem Hintergrund gelesen werden, welche Begriffe im Rahmen der Linearen Algebra in der Schule *nicht* betrachtet werden. Das Lehrbuch als Vergleichsreferenz wäre sicherlich nicht angemessen, da in der Universität mehr Zeit für die Beschäftigung mit Linearer Algebra vorgesehen ist und schon daher mehr Begriffe thematisiert werden können. Passender ist vielmehr der Vergleich mit einem Schulbuch zu einer früheren Lehrplangeneration. So enthält der Band „Lineare Algebra mit analytischer Geometrie" aus der *Lambacher Schweizer*-Serie in der Ausgabe aus 2002 (Baum et al.) alle „geteilten Begriffe" der Tabelle 2.2, aber darüber hinaus die folgenden Begriffe:

- Vektorraum
- Basis (und Dimension)
- Determinante
- Eigenwerte und Eigenvektoren.

Welche Bedeutung haben jedoch diese Begriffe innerhalb der Linearen Algebra? Vektorräume sind „das zentrale Thema der Linearen Algebra", sie bilden den zentralen Untersuchungsgegenstand der Linearen Algebra. Der Vektorraumbegriff bildet die Grundlage dafür, „den Bereich der unmittelbaren Anschauung [zu] verlassen und zu Erkenntnissen [zu] gelangen, die nur der Mathematik zugänglich sind" (Filler, 2011, S. 167). Auch der Begriff der Basis ist „von fundamentaler Bedeutung" für die Lineare Algebra, da sich die meisten Zusammenhänge der Linearen Algebra als eine Folge der Tatsache ergeben, dass Vektorräume überhaupt eine Basis besitzen (Busam, Vogel & Epp, 2019, S. 47). Weiterhin ermöglicht die Auswahl einer Basis, Vektoren eines n-dimensionalen Vektorraums durch n-Tupel von Elementen aus dem zugrunde liegenden Körper und linearer Abbildungen zwischen endlich-dimensionalen Vektorräumen durch Matrizen zu beschreiben. Der Begriff der Determinante ist eine wichtige Kenngröße linearer Abbildungen und steht für eine ganze Theorie zur Lösbarkeit von LGS. Die Begriffe Eigenwert und Eigenvektor sind bedeutende Begriffe der Normalformentheorie und im Zuge der Frage nach möglichst übersichtlichen und einfachen Darstellungen von Endomorphismen, z. B. durch Diagonalisierung, relevant.

Angesichts der Bedeutung, die diese Begriffe für die Lineare Algebra jeweils besitzen, wird erkennbar, dass typische Ansätze und Perspektiven der Linearen Algebra mit dem aktuell zur Verfügung stehenden Repertoire an Begriffen schwer einzusehen oder nachvollziehbar zu machen sind.

2.6   Zusammenfassung

Unter dem Begriff der Diskontinuität wird im Rahmen dieser Arbeit die Gesamtheit der Brüche verstanden, die sich an den Übergängen zwischen Schule und Hochschule in Bezug darauf zeigen, wie Mathematik gesehen und betrieben wird. Um sich dem Umfang des Phänomens Diskontinuität zu nähern, wurden zunächst unter der Perspektive Modelle der Diskontinuität nach Strukturen gesucht: Dabei zeigte sich, dass Diskontinuität als Phänomen mit den Dimensionen Inhalte, Ziele und Argumentationen, ebenso wie als Ausdruck einer Charakterverschiebung oder als Phänomen mit mehreren Problemkreisen aufgefasst und beschrieben werden kann. Unter der Perspektive der individuellen fachlichen Herausforderungen wurden weitere Facetten des Phänomens erkennbar. Schließlich wurde folgender Begriff von Diskontinuität am Ende des Unterkapitels 2.2 festgehalten:

Diskontinuität zwischen Schule und Hochschule lässt sich charakterisieren durch Unterschiede in der Berücksichtigung des Realweltlichen, im Umgang mit Anschauung, im Grad der Abstraktion, der Art der Systematisierung und Ordnung der Konzepte und Phänomene und in der axiomatischen Grundlage mathematischer Betrachtungen. Diese Unterschiede können als Ausdruck **verschiedener Sichtweisen auf Mathematik** *aufgefasst werden. Mit den verschiedenen Sichtweisen verbunden sind Unterschiede in der* **Praxis der Begriffsbildung**, *in der* **Praxis des Begründens** *und in der* **mathematischen Sprache.**

Dieser sprachlich formulierte Zusammenhang wird für den weiteren Verlauf der Arbeit in der nächsten Grafik zusammengefasst, die in identischer Form in 2.2.3 als Abbildung 2.1 zu finden ist.

Ausgehend von diesem Begriff von Diskontinuität in der mathematischen Fachkultur zwischen Schule und Hochschule wurden in den Unterkapiteln 2.3 und 2.4 durch die gegenüberstellende Betrachtung von Sichtweisen auf Mathematik und in Bezug auf Begriffsbildungen, Begründungen und Sprache die Unterschiede, die zur Diskontinuität führen, zunächst domänenübergreifend näher bestimmt.

Domänenübergreifend können unterschiedliche Sichtweisen auf Mathematik an Unterschieden bezüglich der axiomatischen Grundlegung, des Gangs der Erkenntnisgewinnung und der Beziehung zur Realwelt festgemacht werden. In der Hochschule wird Mathematik als Theoriegebäude mentaler, abstrakter Konstrukte verstanden. Der bewusste Verzicht auf die Bindung an eine erfahrbare Realität zeugt von einer formalistischen Auffassung der Wissenschaft. Die darin grundlegende Rolle einer formalen Axiomatik und einer ausschließlichen Verwendung von Mitteln der Logik zum Aufbau des Theoriegebäudes machen den geisteswissenschaftlichen Charakter der hochschulischen Sicht auf Mathematik aus. Die schulische Sichtweise auf Mathematik ist durch ihre Nähe zu realen Gegenstandsbereichen geprägt. So werden anders als in der Hochschule zum einen keine neuen mathematischen Objekte erschaffen, sondern Objekte mit empirischer Entsprechung mathematisch beschrieben. Zum anderen ist der Wahrheitsbegriff an empirischer Überprüfbarkeit ausgerichtet, d. h. Wissenssicherung und Wissensklärung, die in der Hochschule wegen der rein mentalen Natur der Objekte zusammenfallen, können getrennt gedacht werden. Dieses Verständnis vom Prozess der Erkenntnisgewinnung rückt die schulische Sicht auf Mathematik in die Nähe der empirisch arbeitenden Naturwissenschaften.

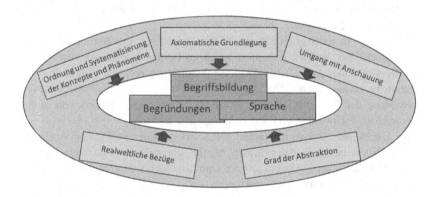

Mit den anderen Sichtweisen auf Mathematik in Schule und Hochschule gehen insbesondere Unterschiede in der Begriffsbildung und bei der Begründung von Zusammenhängen einher. Die Begriffsbildung in der Hochschule kann als Begriffsfindung aufgefasst werden, bei der durch das Reorganisieren bestehender Begriffe neue Begriffe geschaffen werden. Während *der Prozess* der Begriffsbildung in der Hochschule eher in den Hintergrund rückt, ergeben sich aus der axiomatisch-deduktiven Sicht auf Mathematik Anforderungen an die resultierenden Begriffe. Begriffe müssen aus hochschulischer Sicht systemtauglich sein für das Weiterarbeiten in dem Sinne, dass mit ihren definierenden Eigenschaften gut operiert werden kann. In der Schule werden beim Bilden von Begriffen andere

Schwerpunkte gesetzt: Zum einen steht der Prozess der Begriffsbildung stärker im Vordergrund, zum anderen unterscheiden sich die Begriffe. Die in der Schule verwendeten Begriffe sind näher an empirischen Objekten (und in diesem Sinne elementarer) und müssen nicht primär dem Anspruch genügen, als theoretisches Fundament für einen weiteren axiomatisch-deduktiven Theorieaufbau geeignet zu sein.

Das Begründen von Zusammenhängen erfährt in der Hochschule eine herausragende Bedeutung zur Verifikation und Kommunikation von Wissen. Begründungen haben dabei die Form formal-deduktiver Beweise auf axiomatischer Grundlage. Diese Form von Begründungen stellt das einzig gültige Mittel zur Sicherung von Evidenz dar, das der Sichtweise auf Mathematik als axiomatisch fundiertes Theoriegebäude abstrakter, rein mentaler Konstrukte standhält. In der Schule findet das Begründen in einem weniger strengen Rahmen statt und es gibt eine Bandbreite akzeptierter Begründungsformen. Da nicht auf eine axiomatische Grundlegung zurückgegriffen werden kann, nehmen Zusammenstellungen von Sätzen, die als gesichert vorausgesetzt werden, die Rolle impliziter Axiome ein. Begründungen klären so Beziehungsgefüge lokal auf, bleiben in der Schule aber insgesamt exemplarisch.

Die Strenge in der Begriffsbildung und der Begründung von Zusammenhängen in der Hochschule spiegelt sich nach außen im Gebrauch einer präzisen Sprache, die sich durch einen hohen Grad der Verdichtung und den Gebrauch von Symbolsprache auszeichnet. Demgegenüber steht in der schulischen Mathematikausbildung der Rückgriff auf eine natürliche, durchgehende Sprache, die sich nur punktuell Fachwörtern und der Symbolsprache bedient.

Im Unterkapitel 2.5 wurde darauf fokussiert, welche spezifischen Ausprägungen Diskontinuität in der Linearen Algebra annimmt. Aus hochschulischer Sicht bildet die Lineare Algebra auf der Grundlage der Vektorraumaxiome eine Theorie über Vektorräume und strukturerhaltende Abbildungen über diesen. Ihr strukturbetont-abstrakter Charakter und ein besonders ausgeprägtes Beziehungsgeflecht verleihen ihr in der Hochschule eine weitreichende Bedeutung. Als Strukturtheorie und als Quelle mathematischer Methoden wirkt die Lineare Algebra in andere Bereiche hinein. In der Schule ist der Wirkungsbereich der Linearen Algebra demgegenüber begrenzt. Die Lineare Algebra tritt nicht als eigenständige axiomatisch fundierte Theorie in Erscheinung. Sie ist im schulischen Rahmen an die Analytische Geometrie gekoppelt: Bei der Untersuchung von geometrischen Strukturen liefert die Lineare Algebra ein Beschreibungsmittel (die Vektoren) und schafft neue strategische und rechnerische Bearbeitungsmöglichkeiten (durch das Skalarprodukt). Um den Kontext der empirischen Untersuchung aufzuzeigen und die genauere Betrachtung der Begriffe Vektor und Skalarprodukt zu begründen, wurden in 2.5 außerdem Begriffsbildungen aus dem Bereich der Linearen Algebra in vier Schulbuchreihen betrachtet. Dabei zeigte sich zum einen, dass in den Schulbüchern wesentliche Begriffe des Theorieaufbaus aus hochschulischer Sicht nicht vorkommen bzw. nicht definiert werden. Bei der genaueren Betrachtung der vorkommenden Definitionen wird erkennbar, dass diese zumeist eng auf den Kontext Analytische Geometrie mit Geraden und Ebenen im $\mathbb{R}^2$ bzw. $\mathbb{R}^3$ abgestimmt sind. Insbesondere die Begriffe Vektor, Skalarprodukt und Orthogonalität werden in der Schule in allen betrachteten Lehrwerken anders aufgefasst als in der Hochschule. Insbesondere lässt ein Vergleich der Lehrwerke mit einer früheren Ausgabe eines der Lehrwerke vermuten, dass sich die Lücke zwischen Schule und Hochschule im Bereich der Linearen Algebra in den letzten Jahren tendenziell vergrößert haben könnte.

Doppelte Diskontinuität und der Höhere Standpunkt

3

Im letzten Kapitel wurden der Umfang und die Ausprägungen des Phänomens der Diskontinuität zwischen Schule und Hochschule beleuchtet. In diesem Kapitel wird das Phänomen nun speziell unter der Perspektive der Lehramtsausbildung betrachtet. Im ersten Unterkapitel wird die Problematik der *doppelten Diskontinuität* aufgezeigt, vor deren Hintergrund sich die Notwendigkeit abzeichnet, den Brüchen zwischen Schule und Hochschule zu begegnen. Felix Klein strebte dies im Rahmen seiner Vorlesungsreihe „Elementarmathematik vom höheren Standpunkte" für Lehramtskandidaten an. Der *Höhere Standpunkt* diente für Klein als Ansatz zur Verzahnung und damit zur Überwindung von Brüchen zwischen Schule und Hochschule. Aus heutiger Sicht stellt der Höhere Standpunkt eine übereinstimmend geforderte *Zielvorstellung* von fachlicher Lehramtsausbildung dar (Lindmeier, Krauss & Weber, 2020, S. 94). Das heißt, (angehende) Mathematiklehrkräfte sollen durch das Lehramtsstudium befähigt werden, einen Höheren Standpunkt einnehmen zu können.

Im Unterkapitel 3.2 geht es darum, unter Einbezug verschiedener Perspektiven und Kontexte schrittweise zu erschließen, wie diese Vorstellung eines Höheren Standpunktes gedeutet werden kann. Wenn heute die Metapher des Höheren Standpunktes zur Anwendung kommt, geschieht dies unter völlig anderen Rahmenbedingungen hinsichtlich der Struktur der Lehramtsausbildung sowie der Didaktik und der Inhalte des Mathematikunterrichts als zu Zeiten Kleins. Dennoch beruft man sich dabei häufig auf Felix Klein, stellt Allmendinger (2011) fest. Vor diesem Hintergrund bildet die Auseinandersetzung mit dem Höheren Standpunkt bei Klein den Ausgangspunkt des Unterkapitels.

Eine einheitliche Beschreibung des Wissens, welches (angehende) Lehrkräfte dazu befähigt, einen Höheren Standpunkt einzunehmen, gibt es aus Sicht von Lindmeier et al. (2020) bisher nicht (S. 94). Sie verweisen jedoch auf zwei

S. Blum-Barkmin, *Diskontinuität in der Linearen Algebra und ein Höherer Standpunkt*, Essener Beiträge zur Mathematikdidaktik, https://doi.org/10.1007/978-3-658-37110-4_3

Ansätze, die als Grundlage in dieser Richtung betrachtet werden können (a. a. O.). Das dritte Unterkapitel geht auf diese Ansätze als *Wissensgrundlagen für einen Höheren Standpunkt* ein, bevor im letzten Unterkapitel eine Zusammenfassung vorgenommen wird.

3.1   Problematik der doppelten Diskontinuität

Mit der Diskontinuität am Übergang von der Schule zur Hochschule gehen für Fach- wie für Lehramtsstudierende substanzielle Herausforderungen einher (siehe 2.2.2), die zu bewältigen sind, um das Studium zu absolvieren. Von der Problematik der (ersten) Diskontinuität zeugen sowohl Studienabbruch- bzw. Schwundquoten (Geisler, 2020, S. 26 f.) als auch die Vielzahl an Unterstützungsangeboten in der Studieneingangsphase, die in den letzten Jahren entstanden sind (vgl. Roth et al., 2015).[1]

Diskontinuität zwischen Schule und Hochschule kann insbesondere dazu führen, dass Schule und Hochschule als zwei getrennte Welten betrachtet werden. Im Falle der Lehramtsstudierenden kann das wiederum bedeuten, dass Inhalte der mathematischen Fachausbildung nicht als relevant wahrgenommen werden. In diese Richtung weisen auch Ergebnisse einer Fragebogenstudie unter Studierenden im ersten Semester im Lehramtsstudiengang Mathematik an den Hochschulen in Baden-Württemberg. Darin zeigte sich, dass bereits zu Studienbeginn unter allen Komponenten der fachwissenschaftlichen die geringste Wichtigkeit zuerkannt wurde (Cramer, Horn & Schweitzer, 2009, S. 772). Es kommt zur zweiten Diskontinuität, wenn infolge dieser Wahrnehmung die fachlichen Studieninhalte insoweit für unbedeutend gehalten werden, dass sie in der Gestaltung des Unterrichts keine Rolle spielen (T. Bauer & Hefendehl-Hebeker, 2019, S. 18).

Auf der anderen Seite berichtet z. B. Ableitinger (2015) davon, dass viele Junglehrkräfte sich ihrerseits wiederum – auch fachlich – unzureichend auf die Erfordernisse im Schulalltag vorbereitet fühlen (S. 80). Auch T. Bauer, Gromes und Partheil (2016) verweisen darauf, dass die Lehramtsstudierenden auf der

---

[1] Lung (2021) weist auf die Schwierigkeit hin, tatsächliche Studienabbruchquoten für den gymnasialen Lehramtsstudiengang zu ermitteln (S. 46 f.). Es gibt jedoch empirische Evidenz in die Richtung, dass die Abbruchquote in den Lehramtsstudiengängen für das Fach Mathematik höher als für andere Fächer ist und dass über alle Fächer hinweg die gymnasialen Lehramtsstudiengänge eine höhere Abbruchquote verzeichnen als Studiengänge mit anderen Schulformschwerpunkten (Herfter, Maruhn & Wachtler, 2014, S. 3; Radisch et al., 2018, S. 68).

fachinhaltlichen Seite nicht immer ausreichend für schulmathematische Erfordernisse gerüstet seien und führen in diesen Zusammenhang den Krümmungsbegriff als Beispiel an, der sich den Betrachtungen in der Hochschule scheinbar entzieht (S. 485). In einer Studie von Isaev und Eichler (2021) zu den Beliefs angehender Gymnasiallehrkräfte zur doppelten Diskontinuität wurden die inhaltlichen Verbindungen zwischen Schule und Hochschule sogar deutlich schwächer wahrgenommen als die Relevanz der universitären Mathematik für die eigene Berufstätigkeit im Allgemeinen (S. 8)[2].

Prediger (2013) betont, dass die doppelte Diskontinuität „selbst [für] sehr gute Studierende" problematisch sein könne – es handelt sich also nicht um ein Phänomen am unteren Ende des Leistungsspektrums (ebd., S. 153). Die Auswirkungen der zweiten Diskontinuität dürften sich insgesamt jedoch subtiler zeigen als die der ersten Diskontinuität. In der Gesamtschau auf die fachdidaktische Forschung und Entwicklung kam Ableitinger (2015) zu der Einschätzung, dass die zweite Diskontinuität gegenüber der ersten Diskontinuität in der gymnasialen Lehrerbildung weniger Beachtung finde (ebd., S. 80.).

Maßnahmen neueren Datums nehmen zwar auch die zweite Diskontinuität explizit in den Blick (vgl. z. B. Skutella & Weygandt, 2019 an der FU Berlin). Insgesamt halten Isaev und Eichler (2021) jedoch fest, dass es bislang kaum empirisch gesicherte Ergebnisse über die potenziellen Veränderungen in der Wahrnehmung von Studierenden zur doppelten Diskontinuität durch Maßnahmen zu deren Reduzierung gebe (S. 2). Auch Heinze et al. (2016) schätzen die bisherigen Ansätze als „zumeist pragmatisch orientiert" (S. 336) ein und sehen Bedarf für eine wissenschaftliche Grundlegung des praktischen Handelns in der Lehramtsausbildung in dieser Hinsicht.

Die erste Feststellung der Problematik der doppelten Diskontinuität wird heute dem Mathematiker Felix Klein Anfang des 20. Jahrhunderts zugeschrieben:

Der junge Student sieht sich am Beginn seines Studiums vor Probleme gestellt, die ihn in keinem Punkte mehr an die Dinge erinnern, mit denen er sich auf der Schule beschäftigt hat; [...]. Tritt er aber nach Absolvierung des Studiums ins Lehramt über, so soll er plötzlich eben diese herkömmliche Elementarmathematik schulmäßig unterrichten; da er diese Aufgabe kaum selbständig mit seiner Hochschulmathematik in Zusammenhang bringen kann, so wird er bald die althergebrachte Unterrichtstradition aufnehmen. (Klein, 1968, S. 1)

---

[2] Alle Seitenangaben zur Quelle (Isaev & Eichler, 2021) beziehen sich auf eine Vorveröffentlichung, da der Tagungsband noch im Druck ist.

Die Beständigkeit der Problematik der doppelten Diskontinuität zeigt, dass es sich dabei um ein „Grundproblem der mathematischen Fachausbildung im Lehramtsstudium" handelt (Hefendehl-Hebeker, 2013; S. 2). Weitreichende curriculare Veränderungen auf Seiten der Schule und der Hochschule hatten indes Auswirkungen auf den Gegenstand der Diskontinuität: Biermann und Jahnke (2014) sehen Diskontinuität zu Zeiten Kleins vor allem bei den Inhalten in Schule und Hochschule. Der Bruch zwischen den Institutionen habe vor allem darin bestanden, dass in der Schule die endliche, algebraische Analysis unterrichtet wurde, während in der Hochschule die Analysis des Unendlichen gelehrt wurde (S. 25). Auch Klein (1968) selbst spricht davon, dass auf dem Gebiet der Infinitesimalrechnung die Diskontinuität „am größten" sei (S. 255). Allmendinger (2014) hebt jedoch hervor, dass aus ihrer Sicht die Diskontinuität für Klein neben der inhaltlichen auch eine methodische Komponente gehabt habe. Demzufolge hätte Klein nämlich *auch* den Unterschied zwischen einem genetischen, anschaulichen Zugang zu Mathematik in der Schule gegenüber dem logischen und systematischen Vorgehen in der Hochschule im Sinn gehabt (ebd., S. 29 ff.). Allmendinger schließt dies aus den Ausführungen Kleins über die verschiedene „Art des Unterrichtsbetriebs":

> *Die **Art des Unterrichtsbetriebes**, wie er auf diesem Gebiete heute überall bei uns gehandhabt wird, kann ich vielleicht am besten durch die Stichworte **anschaulich** und **genetisch** kennzeichnen, d. h. das ganze Lehrgebäude wird auf Grund bekannter anschaulicher Dinge ganz allmählich von unten aufgebaut; hierin liegt ein scharf ausgeprägter Gegensatz gegen den meist auf Hochschulen üblichen **logischen** und **systematischen** Unterrichtsbetrieb. (Klein, 1968, S. 6, Hervorhebung im Orig.)*

Je nachdem, welcher Sichtweise man folgt, ergeben sich mehr oder weniger deutliche Parallelen gegenüber dem, wie sich Diskontinuität aus aktueller Sicht fassen lässt (siehe Kap. 2).

3.2   Der „Höhere Standpunkt"

Der Lösungsansatz von Felix Klein für das Problem der damaligen doppelten Diskontinuität bestand darin, den Lehramtskandidaten die Vorlesungsreihe „Elementarmathematik vom höheren Standpunkte aus" mit dem Ziel anzubieten, dass die angehenden Lehrer „dem großen Wissensstoff, der Ihnen hier zukommt, einst in reichem Maße lebendige Anregungen für Ihren eigenen Unterricht entnehmen können" (Klein, 1968, S. 2). In seiner Vorlesung ging es ihm daher darum,

„den gegenseitigen Zusammenhang der Fragen der Einzeldisziplinen vorzuführen" und „insbesondere ihre Beziehungen zu den Fragen der Schulmathematik zu
betonen" (a. a. O.). Die Perspektive *Höherer Standpunkt* bei Klein – und die zeitgenössische Rezeption von Toeplitz (1932) – werden im ersten Abschnitt dieses
Unterkapitels (3.2.1) thematisiert.

Im Zuge des Reformprojekts zur Mathematiklehramtsausbildung „Mathematik
Neu Denken" wurde Kleins Ansatz in einer speziellen Vorlesungsreihe aufgegriffen. In 3.2.2 wird die Interpretation des Höheren Standpunktes in diesem Kontext
analysiert. Des Weiteren wird auch in empirischen Untersuchungen des Lehrerprofessionswissens auf den Höheren Standpunkt Bezug genommen (vgl. Blömeke
et al., 2008; Krauss et al., 2011; Buchholtz & Schwarz, 2012). Das Unterkapitel
3.2.3 befasst sich mit der Interpretation und Bedeutung des Höheren Standpunktes
im Kontext dieser Untersuchungen.

Unter 3.2.4 werden weitere Zusammenhänge dargestellt, in denen auf den
Höheren Standpunkt Bezug genommen wird. T. Bauer (2017) sieht im Höheren
Standpunkt eine Argumentationsgrundlage für substanzielle fachwissenschaftliche Ausbildungsteile im Lehramtsstudiengang. Auch aus den oben angesprochenen Untersuchungen von Isaev und Eichler (2017; 2021) zu Beliefs von
angehenden Lehrkräften zur doppelten Diskontinuität kann ein Begriff des Höheren Standpunktes rekonstruiert werden. Deiser, Heinze und Reiss (2012) stellen
einen Höheren Standpunkt zu einer elementarmathematischen Frage dar und
entwickeln aus diesem Zusammenhang heraus eine Ordnung für Elemente des
Fachwissens von Mathematiklehrkräften.[3]

Schließlich werden in 3.2.5 die Interpretationen der Zielvorstellung zueinander
in Beziehung gesetzt, dabei Gemeinsamkeiten sowie Unterschiede festgehalten
und ein Zwischenfazit gezogen. Damit wird der Hintergrund aufgezeigt, vor dem
im fünften Kapitel der Arbeitsbegriff des Höheren Standpunktes für die Untersuchungen zum Umgang (angehender) Lehrkräfte mit Diskontinuität im Rahmen
dieser Arbeit formuliert werden kann.

---

[3] Auch international gibt es mit expliziter Anlehnung an Klein Überlegungen dazu, was
der Höhere Standpunkt einer Lehrkraft bedeutet (vgl. Montes et al., 2016). Es ist jedoch
davon auszugehen, dass die Interpretation des Höheren Standpunktes als Zielvorstellung an
die Inhalte und Strukturen der Lehramtsausbildung und an das Bildungssystem, in dem die
Mathematiklehrkräfte unterrichten (werden), gebunden ist. Da die vorliegende Arbeit vor
dem Hintergrund der zweiphasigen Struktur, der Inhalte der gymnasialen Lehramtsausbildung sowie des dreigliedrigen Schulsystems in Deutschland steht, werden nur Interpretation
des Höheren Standpunktes in den Blick genommen, die sich auf den deutschen Kontext
beziehen.

3.2.1 Der Höhere Standpunkt bei Klein und die Position von Toeplitz

Eine ausführliche Auseinandersetzung mit Kleins Begriff vom Höheren Standpunkt hat Allmendinger (2014) mittels einer historisch-hermeneutischen und didaktischen Auslegung von Kleins Vorlesungsreihe zur „Elementarmathematik vom höheren Standpunkt" im Rahmen ihrer Dissertation vorgenommen. Für eine kompakte Darstellung von Kleins Vorstellung wird auf diese Ergebnisse zurückgegriffen.

Nach Allmendingers Interpretation entfaltet sich Kleins Begriff eines Höheren Standpunktes in drei Perspektiven und in bestimmten Vorgehensweisen, in denen sie mit dem „aktuellen mathematikdidaktischen Instrumentarium" vier didaktische Prinzipien erkennt (2016, S. 214 ff.).

3.2.1.1 Kleins Begriff des Höheren Standpunktes

Die erste Perspektive des Höheren Standpunktes bestehe darin, einen Zusammenhang zwischen den mathematischen Betrachtungen in Schule und Hochschule herzustellen. Dazu werden mit den Mitteln der Hochschule schulrelevante Fragen präzise dargestellt und es wird eine inhaltliche Durchdringung dieser angestrebt (Allmendinger, 2016, S. 216). Schubring (2019) betont in diesem Sinne, dass das Freilegen der eigentlichen Ideen der Mathematik hinter den schulischen Darstellungen gerade Kleins Verständnis von Elementarmathematik sei und den Kern der Vorlesung ausmache (S. 172). Allmendinger sieht Kleins fachmathematische Perspektive aber auch darin, aus den Inhalten und Fragen aus dem Schulunterricht weiterführende Fragen abzuleiten, die nur mit den Mitteln der Hochschule zu klären sind. Neben dieser fachmathematischen Perspektive geht Klein in seiner Vorlesung auch auf mathematikhistorische Betrachtungen ein; zudem setzt er sich mit stoffdidaktischen Fragen im Sinne heutiger didaktisch orientierter Sachanalysen auseinander und betrachtet curriculare Fragen. Entsprechend verbindet Allmendinger Kleins Höheren Standpunkt mit der fachlichen, mit einer mathematikgeschichtlichen und einer didaktischen Perspektive. Die vereinzelten mathematikphilosophischen Betrachtungen zur Erkenntnistheorie und zur Natur der Disziplin fasst Allmendinger (2016) dagegen nicht als eigenständige, in ähnlichem Ausmaß erkennbare Perspektive auf (S. 216). Jahnke (2018) priorisiert die aufgezeigten Perspektiven, indem er im Hinblick auf Kleins Höheren Standpunkt feststellt, dass die fachwissenschaftlichen Überlegungen in seinen Auseinandersetzungen mit den Inhalten für die Schule deutlich im Vordergrund stünden

(S. 249). Wenngleich Klein auch für bestimmte pädagogisch-didaktische Leit-
vorstellungen stehe, seien es die fachwissenschaftlichen Orientierungen, die die
Argumentationen bestimmen (a. a. O.).

Die Prinzipien, mit denen Allmendinger (2016) aus heutiger mathematikdidak-
tischer Sicht Kleins Höheren Standpunkt beschreibt, sind die innermathematische
Vernetzung, die Betonung des Anschaulichen, eine hohe Anwendungsorientierung
und das in 2.3.2.3 charakterisierte genetische Prinzip (S. 217). Innermathematische Vernetzung sieht Allmendinger darin umgesetzt, dass Klein gemeinsame
Strukturen zunächst scheinbar unzusammenhängender Konzepte herausarbeite.
Die Bedeutung der Anschauung für den Höheren Standpunkt offenbare sich im
Gebrauch verschiedener Veranschaulichungen: ikonischer Darstellungen, generi-
scher Beispiele und einer metaphorischen, bildhaften Sprache (ebd., S. 218 f.).
Kleins Anwendungsorientierung sieht Allmendinger als Ausdruck seines Bestre-
bens nach Vernetzungen und gleichsam als Mittel zur Veranschaulichung der
Mathematik. Insbesondere sei die Anwendungsorientierung bei Klein auch als
Beitrag zum Aufbau eines stimmigen Gesamtbildes von Mathematik aus wissen-
schaftstheoretischer Sicht zu verstehen (ebd., S. 220 f.). Toeplitz (1932) deutet
die Orientierung an Anwendungen und der Genese von Mathematik in Kleins
Vorlesungen so, dass es Klein wohl darum gehe, dass seine Hörerschaft die
Gegenstände der Mathematik als Kunstwerke begreift (S. 14 f.).

Ausgehend von den Inhalten der von Allmendinger rekonstruierten Ausrichtung von Kleins Vorlesungsreihe „Elementarmathematik vom höheren Standpunkte aus" und Toeplitz' Deutung kann die Zielvorstellung *Höherer Standpunkt*
nach Klein wie folgt charakterisiert werden:

Der Höhere Standpunkt umfasst

- ein ausgeprägtes und breites Fachwissen zu allen unterrichtlichen Themen,
- den Überblick über Zusammenhänge zwischen den Themen des schulischen Curriculums,
- die Kenntnis von Anwendungen im Rahmen der schulrelevanten Themenbereiche,
- die Fähigkeit, Inhalte des schulischen Mathematikunterrichts genetisch
zu entwickeln,
- die Verfügbarkeit von Anschauungen zu den mathematischen Inhalten
der Schule,

- Wissen über Mathematikgeschichte,
- Orientierungswissen über einzelne mathematikphilosophische Aspekte und
- die Einstellung, Mathematik unter einem ästhetischen Aspekt zu begreifen

3.2.1.2 Toeplitz Rezeption von Kleins Begriff

Der Mathematiker Toeplitz befasste sich mit der Problematik der doppelten Diskontinuität zwischen Schule und Hochschule nach den Meraner Reformen[4] und setzte sich im Zuge dessen insbesondere mit Kleins Werk und seinem Höheren Standpunkt auseinander (1928, 1932). Toeplitz sieht die doppelte Diskontinuität vor allem dadurch hervorgerufen, dass „jeder innere Parallelismus der Zielsetzungen" zwischen den Universitäten und der Schule fehle (1928, S. 2). Die Universitäten seien aus seiner Sicht „ausgesprochenermaßen auf das Stoffliche eingestellt", während in den Schulen „das Methodische dem Stofflichen immerhin vorgeordnet" sei (ebd., S. 2 f.). Daraus ergibt sich für Toeplitz ein wesentlicher Kritikpunkt an Kleins Höherem Standpunkt: Die Vorlesungsreihe sei vor allem stofflich orientiert und sei daher nicht geeignet, dem von ihm benannten Problem zu begegnen (ebd., S. 3). Diese Auslegung von Kleins Ansatz steht anderen Interpretationen, wie der von Schubring (2019) allerdings deutlich entgegen: „In fact, Klein's work can be understood exactly as providing an epistemological, or methodological access to mathematics" (ebd., S. 174). Was Toeplitz in Kleins Arbeiten zu wenig berücksichtigt sieht, ist ein Einblick in das „Getriebe" der Theorien der Mathematik für die angehenden Lehrkräfte. Das „Getriebe einer mathematischen Theorie" zu durchschauen, bedeutet für Toeplitz „die Definitionen ihrer Grundbegriffe nicht zu memorieren, sondern in ihren Freiheitsgraden, in ihrer Austauschbarkeit zu beherrschen, die Tatsachen von ihnen klar abzuheben und untereinander und nach ihrem Wert zu staffeln, Analogien zwischen getrennten Gebieten wahrzunehmen oder […] sie durchzuführen, Gelerntes auf andere Fälle anzuwenden und anderes mehr" (1928, S. 6).

---

[4] Die Meraner Reformen beziehen sich auf Veränderungen des Mathematikunterrichts im Zusammenhang mit der Einführung des Meraner Lehrplans, demzufolge der Unterricht fortan vor allem (i) die Stärkung des räumlichen Anschauungsvermögens und (ii) die Erziehung zur Gewohnheit des funktionalen Denkens leisten sollte. In diesem Zuge wurde insbesondere die Einführung in die Differential- und Integralrechnung vorgesehen (Allmendinger, 2014, S. 11).

Bezugnehmend auf Allmendinger (2014) kann Toeplitz' Version des Höheren Standpunktes wie folgt gefasst werden (S. 167 f.):

Der Höhere Standpunkt liegt in einem erreichten *Denkniveau*, das sich in speziellen Fähigkeiten und in einer *Einstellung* zur Mathematik ausdrückt:

- Souveränität im (reproduktiven) Umgang mit Verfahren und Kalkülen: „[Eine Lehrkraft] muss den Formalismus einer Theorie, einen Kalkül einmal handhaben gelernt haben, um auch im Schulunterricht das Gefühl davon zu haben, was ein Formalismus […] zu leisten vermag und wo seine Grenzen liegen" (Toeplitz, 1932, S. 14)
- Vermögen zur (reproduktiven) lokalen Theorieentwicklung: „Er [der Lehrer] muss ferner ein kleineres mathematisches Ganzes darzustellen geübt haben " (a. a. O.)
- Vermögen, den Fehlvorstellungen in den Aussagen und Ideen von Lernenden im Unterrichtsgespräch ad hoc mit Gegenbeispielen zu begegnen (a. a. O.)
- Entwicklung eigener Aufgaben für den Unterricht abgestimmt auf die jeweilige Lerngruppe: „je nach dem Fassungsvermögen der Klasse" (a. a. O.)
- Einstellung, die Gegenstände der Mathematik als Kunst zu begreifen (ebd., S. 14 f.)

Toeplitz' Leitmotiv zur Überwindung der doppelten Diskontinuität – die Annäherung der Verhältnisse von Stoff und Methode in Schule und Hochschule – erfährt auch im aktuellen Diskurs zur zielgruppengerechten Gestaltung der Lehre für die Lehramtsstudierenden Aufmerksamkeit. T. Bauer und Hefendehl-Hebeker (2019) greifen den Ansatz in ihrem Vorschlag für eine Neuorientierung des gymnasialen Lehramtsstudiums auf Basis eines Literacy-Modells für Mathematik auf (S. 9 ff.), der in 3.3 noch näher betrachtet wird.

Betrachtet man Kleins und Toeplitz' Ansätze für den Höheren Standpunkt angehender Lehrkräfte, können diese stellvertretend für die beiden Positionen gesehen werden, ob der Höhere Standpunkt vor allem von den mathematischen Inhalten ausgehend oder von den mathematischen Denk- und Arbeitsweisen ausgehend gedacht wird. Im Laufe der nächsten Abschnitte wird zu klären sein, inwieweit sich unter den grundlegend veränderten Rahmenbedingungen in Schule und Hochschule (bezogen auf die Gestaltung der Lehramtsausbildung) diese Pole widerspiegeln und ob heute in ähnlichem Ausmaß divergente Vorstellungen vom Höheren Standpunkt erkennbar werden.

„Kleins Grundgedanken einer ‚Elementarmathematik vom höheren Standpunkte aus' auf geeignete Weise weiterzuentwickeln" (Danckwerts, 2013, S. 78), war das erklärte Ziel der Vorlesungsreihe „Schulmathematik vom höheren Standpunkt", mit deren Betrachtung die Auseinandersetzung mit modernen Auffassungen des Höheren Standpunktes ab Abschnitt 3.2.2 beginnt.

3.2.2 Der Höhere Standpunkt im Projekt „Mathematik Neu Denken"

An den Universitäten Gießen und Siegen wurde in den Studienjahren 2005 bis 2008 ein Modellvorhaben zur Neuausrichtung der universitären gymnasialen Lehramtsausbildung im Fach Mathematik umgesetzt. Als Teil der curricularen Neuausrichtung im Rahmen von „Mathematik Neu Denken" wurde auch eine Vorlesungsreihe „Schulmathematik vom höheren Standpunkt" entwickelt und angeboten. Das entstandene Lehrangebot differenzierte sich aus in eine „Schulanalysis vom höheren Standpunkt", eine „Schulische Analytische Geometrie/Lineare Algebra vom höheren Standpunkt" sowie eine „Schulstochastik vom höheren Standpunkt". Alle drei mathematischen Inhaltsbereiche der gymnasialen Oberstufe werden damit in einer jeweils eigenen Vorlesungsreihe angesprochen. Um den Begriff des Höheren Standpunktes zu rekonstruieren, wird auf die abschließend formulierten Empfehlungen und das Projektbuch (beide von Beutelspacher, Danckwerts und Nickel (2010) bzw. von Beutelspacher et al. (2011)) sowie auf einen Beitrag von Danckwerts (2013) in einem Sammelwerk zur Thematik der doppelten Diskontinuität zurückgegriffen.

Beutelspacher et al. beschreiben die Ausrichtung ihrer Vorlesung als „kritisch-konstruktive[n] Rückblick auf die Schulmathematik" (2011, S. 15). Es gehe darin um eine „vertiefte Auseinandersetzung mit der Oberstufenmathematik" (Danckwerts, 2013, S. 78). Diese kann z. B. darin bestehen, verschiedene Zugänge zu einem Begriff zu reflektieren, aber auch sie zu problematisieren (ebd., S. 80). Diese Perspektive auf Mathematik gehe nicht in der „kanonisierten hochschulmathematischen Befassung" und nicht in der „fachdidaktischen Reflexion im engeren Sinne" auf (Beutelspacher et al., 2011, S. 34). Vielmehr sollen die Betrachtungen eine Schnittstelle zwischen einer hochschulischen Sicht auf Mathematik und der Mathematikdidaktik herstellen (ebd., S. 2).

Besondere Bedeutung schreibt die Projektgruppe im Rahmen der Vorlesung den semantischen Betrachtungen von Begriffen zu. Die Anwendung vertrauter, beherrschter Kalküle solle bewusst zurücktreten hinter dem Ziel einer „verstehensorientierten begrifflichen Durchdringung" (Beutelspacher et al., 2011, S. 15) der Inhalte. Semantische Aspekte von Mathematik sollen im Rahmen der Vorlesungen *generell* Vorrang vor den logisch-syntaktischen Aspekten haben (ebd., S. 39). Die Autorengruppe betont indes, man lege Wert darauf, zwar „technisch voraussetzungsarm, aber inhaltlich nicht verfälschend" (Danckwerts, 2013, S. 79) zu arbeiten. Das heißt, die eingeführten Begriffe werden klar definiert und Sätze werden bewiesen (Beutelspacher et al., 2011, S. 112). Im Hinblick auf das Beweisen führen Beutelspacher et al. aus, dass aus der Perspektive der Vorlesung gerade nicht die formalen Beweise im Mittelpunkt stünden, dafür aber präformal-inhaltliches Beweisen – im Wortlaut „unverzichtbar" – dazugehöre (ebd., S. 39). Bezüglich der Darstellungsmittel zeichne sich die Perspektive *Höherer Standpunkt* außerdem dadurch aus, dass „natürliche Sprache als legitimes fachliches Kommunikationsmittel diesseits der formalisierten Fachsprache" (Danckwerts, 2013, S. 79) unterstützt wird.

Bezüglich der fachlichen Tiefe gilt, dass „explizit an die schulmathematischen Vorerfahrungen" angeknüpft wird und die Betrachtungen nahe an diesen bleiben. Um die Betrachtungen vom Höheren Standpunkt nachzuvollziehen, sollen nicht mehr als die in der Studieneingangsphase erreichten (elementar-)mathematischen Mittel erforderlich sein (a. a. O.).

Wie schon im vorherigen Abschnitt zu Kleins Vorlesungen vom Höheren Standpunkt kann ausgehend von der Ausrichtung, den Schwerpunkten, den Vorgehensweisen und Inhalten der Vorlesungsreihe implizit auf Aspekte der zugrundliegenden Zielvorstellung geschlossen werden. Darüber hinaus kann auf die explizit formulierten Lehrziele der Vorlesung Bezug genommen werden. So schreiben Beutelspacher et al., dass die Studierenden im Rahmen der Vorlesungen „relevantes fachliches Metawissen zur Schulmathematik" erwerben sollen (S. 34). Bei Danckwerts wird ein „umfassendes Begriffsverständnis" zu Inhalten als Lehrziel ausgewiesen (S. 78). Den Kern des umfassenden Begriffsverständnisses bildet ein „inhaltlicher Aspektreichtum" (Beutelspacher et al., 2010, S. 24) sowohl im Hinblick auf den Begriffsinhalt als auch im Hinblick auf den Begriffsumfang (Danckwerts, 2013, S. 79).

Weitere Aspekte der zugrundeliegenden Zielvorstellung *Höherer Standpunkt* ergeben sich aus den formulierten Erwartungen an die Absolvent:innen der Veranstaltung, die Beutelspacher et al. (2010) explizit formulieren. Erwartet werden...

- die Verfügbarkeit von reichhaltigen inhaltlichen Vorstellungen zu den in der Schule behandelten mathematischen Begriffen,
- die Fähigkeit, zwischen einer formalen und einer inhaltlich-interpretierenden Ebene unterscheiden und übersetzen zu können, sowie

- die Verfügbarkeit von präformalen Begründungen und Vorgehensweisen sowie die Kenntnis von Übergängen vom Intuitiven zum Präzisen (ebd., S. 29).

Weitere, zum Teil auch verfeinernde Aspekte, können zum anderen aus den didaktischen Kommentaren zu einzelnen Vorlesungsbausteinen der Vorlesung „Schulanalysis vom höheren Standpunkt" entnommen werden. Demnach zeigt sich das Innehaben eines Höheren Standpunktes insbesondere ...

- beim Herstellen fachlichen Tiefgangs, ohne im vollen Umfang auf das Instrumentarium aus einer kanonischen Fachvorlesung zurückgreifen zu müssen (Danckwerts, 2013, S. 87),
- in der Fähigkeit einschätzen zu können, „wie weit elementare Methoden tragen bzw. wann Standardkalküle chancenlos sind" oder allgemeiner gesprochen in der Fähigkeit, Lösungsmethoden vergleichen zu können (Beutelspacher et al., 2011, S. 43),
- in Metawissen darüber, welchen Standpunkt (z. B. empirisch-numerisch oder theoretisch) man benötigt, um bestimmte Fragen zu beantworten (ebd., S. 41 f.),
- darin, den „Nutzen" von mathematisch äquivalenten Fassungen einer Eigenschaft (z. B. Vollständigkeit von $\mathbb{R}$) in einem bestimmten Kontext beurteilen zu können (ebd., S. 45 ff.),
- darin, die Bedeutung bestimmter (einschränkender) Annahmen im schulischen Mathematikunterricht einzusehen (ebd., S. 47), und
- in einem guten Überblick darüber, welcher Kanon leitender Ideen das Curriculum durchzieht (ebd., S. 43).

Den Nutzen eines so gefassten Höheren Standpunktes für die angehenden Lehrkräfte sieht die Projektgruppe auf verschiedenen Ebenen. So ermögliche der Höhere Standpunkt, individuelle lernbiographische Kontinuität herzustellen (Beutelspacher et al., 2011, S. 15). Mit Blick auf die Schulpraxis sieht die Projektgruppe die Ressource *Höherer Standpunkt* als Voraussetzung für einen „fachlich souveränen Umgang mit der Schulmathematik" (ebd., S. 9). Auch wird der Höhere Standpunkt mit einem Repertoire an Anknüpfungsmöglichkeiten für Lehr-Lern-Prozesse in zunehmend heterogener werdenden Lerngruppen in Verbindung gebracht (Danckwerts, 2013, S. 78). Im Rahmen des Studiums entfalte der Höhere Standpunkt seine Wirkung zudem als „tragfähige Basis für vertiefte stoffdidaktische Studien im Rahmen der fachdidaktischen Ausbildungskomponente" (Beutelspacher et al., 2011, S. 199). Um die Ressource *Höherer Standpunkt* zu erwerben, sehen Beutelspacher et al. die Oberstufenmathematik als „tragfähige Grundlage" an (ebd., S. 15).

Führt man die Aspekte der Konzeptualisierung der Vorlesungsreihe zur Schulmathematik vom Höheren Standpunkt im Projekt „Mathematik Neu Denken"
und die Lehrziele zusammen, können viele Aspekte der Zielvorstellung *Höherer Standpunkt* benannt werden. Die nachfolgende Auflistung ist nicht als
abgeschlossen zu betrachten.

Zu einem Höheren Standpunkt gehören

- eine kritisch-konstruktive Grundhaltung bzw. die Bereitschaft zur Auseinandersetzung mit (gewohnten) schulischen Perspektiven auf Mathematik
  (siehe oben auch *problematisierende* Reflexion über Zugänge zu einem
  Begriff),
- ein umfassendes Begriffsverständnis bezüglich der in der Schule betrachteten Begriffe, insbesondere in Bezug auf Begriffsinhalt und Begriffsumfang,
- die Bereitschaft und die fachliche Souveränität, um Mathematik,
  ausgehend von den Begriffen und nicht ausgehend von Verfah-
  ren/Berechnungen zu betrachten
- Souveränität im Umgang mit verschiedenen Argumentationsgrundlagen,
- das Grundverständnis, von einer formalen und einer inhaltlich-
  interpretierenden Ebene im Umgang mit Mathematik und der Vermittlung
  zwischen den Ebenen,
- der Überblick über das Ineinandergreifen der mathematischen Betrachtungen im schulischen Rahmen (global gesehen: curriculare Leitideen
  und lokal gesehen: Zweckmäßigkeit bestimmter Definitionen),
- die Bewusstheit für die schulische Sicht auf Mathematik bzw. die
  Abgrenzung gegenüber der hochschulischen Sicht auf Mathematik (im
  Sinne von Kap. 2) und die fachliche Kompetenz, um die Bedeutung
  bestimmter, insbesondere einschränkender Annahmen im schulischen
  Mathematikunterricht nachzuvollziehen,
- die Fähigkeit zu einer fachlich sensiblen Reduktion mathematischer
  Gegenstände bzw. zur Vermittlung grundlegender Ideen des Fach (siehe
  oben Tiefgang) und
- Metawissen über Mathematik, z. B. die verschiedenen Arten von mathe-
  matischen Problemen/Fragestellungen betreffend (siehe oben welches
  Problem erfordert welchen Lösungsansatz?).

Anhand der obenstehenden Charakterisierung wird deutlich, dass der höhere Standpunkt im Kontext von „Mathematik Neu Denken" vielfältige Handlungsbereiche und Dimensionen der Professionalität von Mathematiklehrkräften betrifft. Einige Aspekte sind direkt auf konkrete Handlungen bezogen (z. B. „Souveränität im Umgang mit verschiedenen Argumentationsgrundlagen") andere beziehen sich auf die interne Repräsentation von Wissen (z. B. den Anspruch, Mathematik ausgehend von Begriffen zu sehen), wieder andere beziehen sich direkt auf Wissenselemente. Insbesondere spielen Fachwissensaspekte und motivationale Aspekte zusammen.

Eine Eingrenzung des Höheren Standpunktes nimmt die Projektgruppe dahingehend vor, dass sie „ihren" Höheren Standpunkt gegenüber einem inhaltlich weiteren „übergeordneten Standpunkt" abgrenzen. Dieser bezieht sich im Verständnis der Projektgruppe auf Reflexionen über Mathematik, worunter im Speziellen Betrachtungen zur Geschichte der Mathematik, zur Philosophie der Mathematik und zur Logik gefasst werden (Beutelspacher et al., 2011, S. 203).

3.2.3   Der Höhere Standpunkt in Studien zum Professionswissen von Lehrkräften

Der Begriff des Höheren Standpunktes tritt auch zur Bestimmung von Fachwissensfacetten im Kontext der empirischen Forschung zur professionellen Kompetenz von Mathematiklehrkräften auf:

- Im Rahmen des Forschungsprogramms „Cognitive Activation in the Classroom" (COACTIV) wird bei der Beschreibung des Fachwissens von Lehrkräften auf *Elementarmathematik vom höheren Standpunkt* und Klein Bezug genommen,
- im Rahmen von „Mathematics Teaching in the 21st Century" (MT21) wird *Schulmathematik vom höheren Standpunkt* als Komponente des Fachwissens zugrunde gelegt und
- in einer binationalen Studie der Universitäten Hamburg und Hongkong wurde professionelles Wissen von Lehramtsstudierenden im Bereich der *Elementarmathematik vom höheren Standpunkt* erhoben.

Zu jedem dieser drei Kontexte kann die Frage gestellt werden, inwiefern die Zielvorstellung *Höherer Standpunkt* interpretiert wird.

Das Projekt COACTIV war konzeptionell und technisch in die nationale Ergänzung der PISA-Vergleichsstudie 2003/04 eingebunden und wurde in Kooperation des Max-Planck-Instituts für Bildungsforschung und der Universitäten Kassel und Oldenburg durchgeführt. COACTIV zielte darauf ab, „mehr über die professionelle Kompetenz von Mathematiklehrkräften und ihr Erleben des beruflichen Alltags, den Mathematikunterricht in Deutschland [und] die Entwicklung mathematischer Kompetenz von Schülerinnen und Schülern zu erfahren" (Brunner et al., 2006, S. 54). In diesem Rahmen wurde die Kompetenz von Lehrkräften der Sekundarstufe an Haupt-, Sekundar-, Real- und Gesamtschulen und an Gymnasien in den Aspekten *Professionswissen, Motivationale Orientierungen, Selbstregulative Fähigkeiten* und *Überzeugungen* erfasst. Bei der Konzeptualisierung des Fachwissens als Teil des Professionswissens wurde davon ausgegangen, dass es vier Niveauebenen des mathematischen Fachwissens (nämlich *Mathematisches Alltagswissen, Beherrschung des Schulstoffs, Tieferes Verständnis der Fachinhalte des Curriculums der Sekundarstufe* und *Reines Universitätswissen*) geben. Die dritte Ebene wurde als „eine für Lehrkräfte adäquate ‚Niveauebene'" festgelegt (Krauss et al., 2011, S. 142). Krauss et al. spezifizieren das Fachwissen auf der dritten Ebene dahingehend, dass es ausdrücklich „auch ‚Elementarmathematik vom höheren Standpunkt aus', wie sie an der Universität gelehrt wird" umfasse (a. a. O.). Mit der Elementarmathematik vom höheren Standpunkt sollen nach Krauss et al. „bestimmte Strukturen des Schulwissens in allgemeine mathematische Betrachtungen eingeordnet werden". Dies lässt sich zwar auch so interpretieren, dass auch die Zielvorstellung eines Höheren Standpunktes darin besteht, dass Strukturen des Schulwissens in allgemeine mathematische Betrachtungen eingeordnet werden können. Jedoch sind in den veröffentlichten Items zum Fachwissen keine derartigen Anforderungen explizit erkennbar.[5] Zu den Items schreiben Krauss et al. sogar explizit, dass diese prinzipiell auch von sehr guten Schüler:innen gelöst werden könnten (ebd., S. 143). So bleibt schließlich nur festzustellen, dass es keine belastbaren Anhaltspunkte für die Interpretation der Zielvorstellung gibt.

Etwa zeitgleich zu COACTIV wurde von 2006 bis 2008 von der International Association for Evaluation of Educational Achievement die Studie MT21 durchgeführt. Sie fungierte als Vorbereitungsstudie für die international-vergleichende Untersuchung zu den Effekten der Lehrerausbildung TEDS-M (Teacher Education and Development Study: Learning to Teach Mathematics). Auch in MT21

---

[5] Zum Beispiel sollen die Lehrkräfte sich im Item „Primzahl" mit der Frage „Ist $2^{1024}-1$ eine Primzahl?" beschäftigen und im Item „Unendlicher Dezimalbruch" eine Klärung zur Frage „Gilt $0,999.999... = 1$?" formulieren (Deiser et al., 2009, S. 140).

wurde im Hinblick auf das Professionswissen zwischen Fachwissen, fachdidaktischem Wissen und allgemein-pädagogischem Wissen unterschieden und das Fachwissen in vier verschiedenen Niveaustufen differenziert. Neben der *Schulmathematik vom höheren Standpunkt* (dritte Stufe) sind dies die Stufen „Mathematik der Sekundarstufe I" (bzw. II) und die Stufe der „universitären Mathematik" (Blömeke et al., 2008, S. 106). Auf der Niveaustufe der „Schulmathematik vom höheren Standpunkt" geht es um „mathematische Überlegungen, die sich auf schulmathematische Inhalte beziehen, auf diesen aufbauen, aber auf einer Meta-Ebene angesiedelt sind und sich mit Fragen der Genese, der Bedeutung und der Verwendung mathematischer Begriffe befassen" (ebd., S. 107). Ausgehend von der Bestimmung des Wissenskonstruktes wird auf folgende Aspekte der Zielvorstellung *Höherer Standpunkt* geschlossen:

> Der Höhere Standpunkt drückt sich darin aus, dass eine Auseinandersetzung mit den schulmathematischen Inhalten auf einer Meta-Ebene möglich ist, und zwar insofern, dass die in der Schule behandelten Begriffe mittels eines Höheren Standpunktes aus der (Meta-)Perspektive ihrer Genese, ihrer Bedeutung und ihrer Verwendung betrachtet werden können

Ein so verstandener Höherer Standpunkt steht für einen Umgang mit Gegenständen der Schulmathematik, der ähnlich wie bei Beutelspacher et al. eine starke semantische Komponente hat und bei dem die Begriffe im Mittelpunkt stehen. Blömeke et al. verweisen im Rahmen ihrer Konzeptualisierung auf Kirsch (1977), der herausarbeitet, dass z. B. durch die Berücksichtigung der Genese und Verwendung von Begriffen im Unterricht den Lernenden Inhalte zugänglich werden und dadurch ihr Lernen vereinfacht wird (S. 90). Damit gehen Blömeke et al. implizit auf den Nutzen des Höheren Standpunktes ein.

Im Hinblick auf die Elementarmathematik vom höheren Standpunkt stellen Buchholz und Schwarz (2012) fest, dass der Bereich als solcher in der neueren Diskussion über hochschuldidaktische Veränderungen in der Lehramtsausbildung verstärkt wieder an Bedeutung gewonnen habe. Sie verweisen dabei z. B. auf das Projekt „Mathematik Neu Denken", sehen diesbezüglich aber noch Nachholbedarf in der empirischen Bildungsforschung (ebd., S. 240). In diesem Kontext erfolgte eine internationale Vergleichsstudie zum Wissen von Lehramtsstudierenden im Bereich der Elementarmathematik vom höheren Standpunkt unter Berücksichtigung der Eindrücke aus MT21 und TEDS-M. Dieses Wissen sehen

Buchholtz und Schwarz im Grenzbereich zwischen Fachwissen und fachdidaktischem Wissen (ebd., S. 241). Kenntnisse im Bereich der Elementarmathematik
vom höheren Standpunkt sind im Rahmen der Studie Kenntnisse und Fähigkeiten im Bearbeiten schulrelevanter mathematischer Inhalte und Fragestellungen,
für die jedoch über die Schulmathematik hinausgehende Kenntnisse universitärer
Mathematik notwendig sind (a. a. O.).

Hinweise auf den Begriff des Höheren Standpunktes liefern die Ausführungen zur Konzeptualisierung des Wissenskonstruktes. So heißt es: „Grundlegend
im Sinne Kleins ist [...] die Auseinandersetzung mit schulrelevanter Mathematik, die durch ein universitäres Studium der Fachwissenschaft Mathematik im
Lichte eines tieferen Verständnisses der zugrundliegenden Struktur erscheint"
(ebd., S. 240). So kann aus diesem Kontext heraus für die Zielvorstellung zwar
Folgendes festgehalten werden:

Der Höhere Standpunkt zeichnet sich dadurch aus, dass das im universitären Studium der Fachwissenschaft Gelernte genutzt werden kann, um im
schulischen Kontext die zugrundeliegenden mathematischen Strukturen zu
erkennen und dadurch die Mathematik tiefer zu verstehen

Eine sichere Rekonstruktion des Begriffs vom Höheren Standpunkt wird allerdings durch die metaphorische Formulierung erschwert.

3.2.4　Weitere Interpretationen des Höheren Standpunktes

In diesem Abschnitt werden drei weitere Interpretationen der Zielvorstellung vom
Höheren Standpunkt rekonstruiert. Im ersten Unterabschnitt geschieht dies ausgehend von T. Bauers Plädoyer für eine fachlich vertiefende Lehramtsausbildung
mit der Begründung des Höheren Standpunktes. Danach wird ein Fragebogen
zu den Beliefs angehender Lehrkräfte zur doppelten Diskontinuität zum Ausgangspunkt der Deutung. Schließlich wird im letzten Unterabschnitt aus den
Überlegungen zu den (langfristigen) Lehrzielen einer „Elementarmathematik vom
höheren Standpunkt" von Deiser et al. eine Interpretation der Zielvorstellung
abgeleitet.

3.2.4.1 Der Höhere Standpunkt als umfassender fachlicher Hintergrund von Lehrkräften

In diesem Unterabschnitt geht es um den Begriff des Höheren Standpunktes, den T. Bauer (2017) der Erörterung der Frage „Was leistet ein höherer Standpunkt?" zugrunde legt. Dass der Höhere Standpunkt eine starke fachliche Komponente hat, wird bereits mit der Reformulierung des Anliegens seiner Argumentation deutlich. Hier schreibt T. Bauer nämlich, es gehe (in seinem Artikel) zugespitzt darum, weshalb eine sinnvolle Ausbildungskonzeption die fachlichen Anteile benötige und es für Lehramtsstudierende lohnend sein könne, sich auf die Fachausbildung einzulassen (ebd., S. 36). Bereits an dieser Stelle kann also festgehalten werden, dass für T. Bauers Begriff des Höheren Standpunktes das im engeren Sinne Fachliche eine besondere Rolle spielen wird. Folgt man T. Bauers Argumentation dazu, was ein Höherer Standpunkt zu leisten vermag, konkretisiert sich dies:

Zunächst zeigt er anhand eines Sachverhalts aus dem Themenspektrum des schulischen Geometrieunterrichts, wie mit den fachlichen Perspektiven von Elementargeometrie, Algebra und Analysis eine Beweisidee zustande kommen kann. Der Höhere Standpunkt ermöglicht dabei, „mathematisches Potenzial im Elementaren [zu] erkennen" (ebd., S. 37 ff.). In einem zweiten Beispiel stellt T. Bauer bei der Einschätzung eines Zusammenhangs zu Grenzwerten mehrere Perspektiven dar, die durch verschiedene Fachveranstaltungen inhaltlich ermöglicht werden. Dabei geht er von der Perspektive der eindimensionalen reellen Analysis aus, fügt zunächst eine Perspektive der mehrdimensionalen reellen Analysis zum Sachverhalt hinzu, bevor er Betrachtungen desselben Sachverhalts aus der Perspektive der Funktionentheorie und zuletzt der projektiv-algebraischen Geometrie vornimmt. Neben Fachveranstaltungen, die typischerweise in der Studieneingangsphase als Grundlagenveranstaltungen verortet sind, sind dies mit der Funktionentheorie und der Algebraischen Geometrie auch Aufbauveranstaltungen. Der Höhere Standpunkt ermöglicht in diesem Zusammenhang „den reichen Kosmos an Bedeutung [zu] sehen" (ebd., S. 40 ff.).

Aus der Absichtserklärung, im Rahmen des Beitrags aufzuzeigen, „worin die Kraft fachinhaltlichen Wissens in Bezug auf Schule konkret liegen kann" (ebd., S. 37), kann gefolgert werden, dass der Höhere Standpunkt bei T. Bauer *Fachwissensbestände* aus den Fachvorlesungen umfasst. Mit den oben skizzierten Beispielen zeigt T. Bauer, was dieses Fachwissen ausmacht.

• Dieses Fachwissen zeichnet sich dadurch aus, dass es in einer *„einsatzfähigen Form"* (ebd., S. 39) vorliegt. In dem (ersten) Beispielkontext, in dem T. Bauer diese Forderung an das Fachwissen formuliert, bedeutet das, dass es für eine Lehrkraft im Mathematikunterricht, z. B. bei der Einschätzung von Schüleraussagen, möglich ist, einen Anwendungsfall für das in den Fachveranstaltungen erworbene Wissen zu erkennen. Da in schulischen Anwendungssituationen auch gleichzeitig Fachwissen aus verschiedenen Bereichen der Mathematik relevant sein kann, fällt unter eine „einsatzfähige Form" des Fachwissens auch, dass es hinreichend flexibel ist, um *vernetzt* zum Einsatz zu kommen (a. a. O.).

- Ein weiteres Strukturmerkmal der Fachwissensbestände, die den Höheren Standpunkt auszeichnen, ist die Organisation von Wissen in *fachlichen Längsschnitten*. Fachliche Längsschnitte zeigen, wie sich eine mathematische Fragestellung oder Idee auf verschiedenen fachlichen Niveaus, d. h mit verschiedenen fachlichen Ausgangsbedingungen, in unterschiedlicher Weise bearbeiten lässt.

- An dieser Stelle ist auch zu bemerken, dass T. Bauer, wenn er vom Höheren Standpunkt spricht, durchaus Fachwissen einbezieht, welches in einigen Lehramtsstudiengängen eher im Bereich des Wahlpflichtkanons denn im verbindlichen Studienkanon liegen dürfte. Dies gilt z. B. für das Fachwissen aus den Bereichen der Funktionentheorie und der projektiv-algebraischen Geometrie. Dieser Anspruch T. Bauers findet sich auch an anderer Stelle. Bei der Beschäftigung mit dem Krümmungsbegriff vom Höheren Standpunkt aus beziehen sich die Betrachtungen von T. Bauer und seinen Koautoren auf Wissen aus dem Bereich der Differentialgeometrie und gehen damit inhaltlich deutlich über die Grundlagenveranstaltungen hinaus (T. Bauer et al., 2016, S. 494 ff.).

T. Bauer (2017) weist daraufhin, dass in der Frage des Höheren Standpunktes „inhaltsbezogene und auf ‚mathematisches Denken' bezogene Aspekte" (S. 36) zu unterscheiden sind. Entsprechend lässt sich bei ihm eine zweite Dimension eines Höheren Standpunktes rekonstruieren, die dem Fachwissensaspekt bestimmte Verhaltenszüge an die Seite stellt (ebd., S. 44). In Anlehnung an das Konzept der *Mathematical Sophistication* von Seaman und Szydlik (2007) benennt T. Bauer (2017) drei solcher Verhaltenszüge. Es handelt sich dabei um ein bestimmtes Verhalten im Hinblick darauf,

(i) welche Art von Ergebnissen bzw. Erkenntnissen in der Auseinandersetzung mit mathematischen Fragen angestrebt wird (d. h. Regelmäßigkeiten und Beziehungen zwischen mathematischen Objekten verstehen und Analogien zwischen Sätzen, Beweisen und Theorien finden),

(ii) wie mit mathematischen Objekten umgegangen wird (d. h. neue mentale Modelle, symbolische Darstellungen, Beispiele und Gegenbeispiele für sie schaffen, Vermutungen aufstellen und testen) und

(iii) wie Gewissheit erlangt wird (d. h. Wertschätzung präziser und differenzierter Sprache, die Nutzung präziser Definitionen, um Bedeutung zu schaffen und Verwendung logischer Argumente und Gegenbeispiele zum Überzeugen) (ebd., S. 44).

Das Vorhandensein entsprechender Verhaltensweisen interpretiert T. Bauer in Anlehnung an Seaman und Szydlik zwar als „Ergebnis erfolgreicher Enkulturation" im Verlauf eines Mathematikstudiums (a. a. O.). Die „dazugehörende Einstellungen und Fähigkeiten" für einen Höheren Standpunkt sieht er als adressierbar im Rahmen der Lehramtsausbildung an.

Zusammenfassend lassen T. Bauers Überlegungen Folgendes zur Zielvorstellung des Höheren Standpunktes erkennen:

Der Höhere Standpunkt umfasst eine starke fachinhaltliche Dimension und eine Dimension der Denk- und Arbeitsweisen mit bereichsübergreifenden Fähigkeiten

- Zur fachinhaltlichen Dimension gehört ein *thematisch breites* und *flexibel verfügbares Hintergrundwissen* derart, dass ausgehend von Fragen im schulischen Mathematikunterricht der Beitrag einer bestimmten fachlichen Disziplin zu deren Klärung erkannt und eingeschätzt werden kann. Dies bezieht sich auch auf Disziplinen, die im Kontext des Lehramtsstudiums als fortgeschritten bezeichnet werden können, z. B. auf die Bereiche Funktionentheorie, algebraische Geometrie oder Differentialgeometrie
- Zu den Denk- und Arbeitsweisen gehören die Fähigkeit, Wissensbestände aus verschiedenen Disziplinen zusammenzubringen (Fähigkeit zur *Vernetzung*), um eine mathematische Frage zu klären, und ein Umgang mit Mathematik, in dem sich eine erfolgreiche Enkulturation in die mathematische Fachgemeinschaft ausdrückt. Zu einem Höheren Standpunkt gehört die *Bewusstheit über Ziele der Wissenschaft Mathematik* sowie ein *Repertoire an disziplin-typischen Verhaltensweisen* im Umgang

mit mathematischen Objekten, insbesondere das Beherrschen des präzisen Definierens, des logischen Argumentierens und präziser sprachlicher Ausdrucksweisen

3.2.4.2 Der Höhere Standpunkt in einer Studie zu den Beliefs von Lehramtsstudierenden

Eine inzwischen an einigen Universitätsstandorten etablierte Maßnahme zur Begegnung der Problematik der doppelten Diskontinuität sind besondere Übungsaufgaben, die je nach Standort als Schnittstellenaufgaben (Marburg), Lehramtsaufgaben (Kassel) oder Übungsaufgaben mit Berufsfeldbezug (Gießen) bezeichnet werden. Am Standort Kassel wird aktuell angestrebt, die Effekte des Einsatzes solcher Aufgaben auf die Wahrnehmungen von doppelter Diskontinuität quantitativ zu erfassen. Zur Messung der Wahrnehmungen von doppelter Diskontinuität wird auf das Konstrukt der Beliefs zurückgegriffen, denen sowohl Einfluss auf das professionelle Wissen von Lehrkräften als auch auf die Unterrichtspraxis zugeschrieben wird (Isaev & Eichler, 2021, S. 5). In einem quasiexperimentellen Treatment- und Kontrollgruppendesign wurde im Rahmen der Grundvorlesungen im gymnasialen Lehramtsstudiengang ein Fragebogen zur Erfassung der Beliefs eingesetzt.

Der Fragebogen liegt in zwei Versionen von 2017 bzw. 2020 vor. Die weiteren Ausführungen in diesem Abschnitt beziehen sich auf die erste Version.[6] Dort werden die Beliefs zur doppelten Diskontinuität in drei Dimensionen erfasst. Diese sind „Beziehung zwischen den Inhalten – Beliefs betreffend die Verbindungen zwischen Universitätsmathematik und Schulmathematik bezogen auf die Inhalte", „Relevanz für die berufliche Tätigkeit – Beliefs zur Relevanz der Universitätsmathematik für die spätere Berufstätigkeit als Lehrkraft" und „Höherer Standpunkt – Beliefs zur Nützlichkeit von Universitätsmathematik im Sinne eines Höheren Standpunktes zur Elementarmathematik" (Isaev & Eichler, 2017, S. 2920 f.; Bezeichnung der Dimensionen nach eigener Übersetzung).

---

[6] In der neueren Version wurden in den beiden ersten Dimensionen zusätzliche Items aufgenommen, die die Operationalisierung der ersten beiden Dimensionen weiter verfeinern, dafür entfällt die Dimension zum Höheren Standpunkt. Für das Ziel, Interpretationen des Höheren Standpunktes in der aktuellen fachdidaktischen Diskussion aus möglichst vielfältigen Blickrichtungen zu erfassen, ist die Entscheidung für den Einsatz der überarbeiteten Version in der Evaluation der Maßnahme jedoch unerheblich.

Die Items (1 bis 6), mit denen die Dimension zum Höheren Standpunkt operationalisiert wurde, sind der Anhaltspunkt für den zugrunde gelegten Interpretationsansatz des Höheren Standpunktes. Die Items lauteten in der englischen Version wie folgt (ebd., S. 2921):

1. *University mathematics helps me to get deeper into school mathematics.*
2. *By the use of university mathematics, gaps are filled in the mathematical knowledge that is required in school.*
3. *By the use of university mathematics, I gain a deeper understanding of concepts in school.*
4. *By the use of university mathematics, I understand relationships within school mathematics much better.*
5. *Learning mathematics at university promotes me to be in thinking "one step ahead" of the students.*
6. *As a mathematics teacher, an in-depth mathematical content knowledge is required.*

Ausgehend von den Items steht der Höhere Standpunkt hier für die (i) Tiefe mathematischer Betrachtungen im Allgemeinen, und insbesondere des Begriffsverständnisses und des Wissens (Items 1, 3 und 6), für ein (ii) Verständnis von Beziehungen zwischen schulischen Themen (Item 4) und für das (iii) Schließen von Lücken im Fachwissen (Item 2). Item 5 lässt verschiedene Interpretationen zu, je nachdem wie „der eine Schritt voraus" verstanden wird. So könnte der Höhere Standpunkt damit verbunden sein, besonders versiert und sicher im Umgang mit Mathematik zu sein und damit den Lernenden voraus zu sein, die noch an Sicherheit gewinnen müssen. Eine andere Interpretation wäre die, dass der höhere Standpunkt darin liegt, unmittelbar von konkreten Beispielen oder Spezialfällen abstrahieren zu können, während die Schüler:innen erst später zu allgemeineren Strukturen vordringen. Im Hinblick auf die Zielvorstellung ergibt sich daraus:

Der Höhere Standpunkt einer Lehrkraft liegt darin,

- zu den Tiefen der in der Schule betrachteten Ausschnitte von Mathematik vorgedrungen zu sein und insbesondere die in der Schule thematisierten Begriffe vollumfänglich verstanden zu haben,

- ein Verständnis von den fachlichen Beziehungen im Rahmen des Schulfachs Mathematik entwickelt zu haben,
- in Bezug auf die schulrelevanten Themen über ein lückenloses mathematisches Fachwissen zu verfügen und
- besonders versiert und sicher im Umgang mit Mathematik zu sein/von konkreten Beispielen oder Spezialfällen abstrahieren zu können (unsichere Deutung)

3.2.4.3 Betrachtungen und Ziele einer heutigen „Elementarmathematik vom höheren Standpunkt"

Um die Breite der verschiedenen Interpretationen vom Höheren Standpunkt noch weitergehend zu erfassen, wird in diesem Abschnitt der Blick auf Überlegungen von Deiser, Heinze und Reiss (2012) zu der Frage, „Was macht nun eine ‚Elementarmathematik vom höheren Standpunkte' aus?" gerichtet. Als grundlegenden Anspruch halten Deiser et al. zu dieser Frage fest, es müsse „eine gewisse mathematische Tiefe in Bezug auf grundsätzliche Problemstellungen und Arbeitsweisen" geben (S. 260).

Den Aspekt der „gewissen mathematischen Tiefe" arbeiten Deiser et al. im Folgenden weiter aus. Ausgehend von der auch aus schulischer Sicht interessanten und relevanten Frage, ob $0,\overline{9} = 1$ gelte, zeigen sie auf, dass ein erhebliches fachliches Repertoire notwendig werden kann, um ein elementarmathematisches Phänomen fachlich zufriedenstellend zu klären. So arbeiten sie für die Klärung der von ihnen fokussierten Frage folgende Wissenselemente rund um die Zweideutigkeit der Darstellung reeller Zahlen heraus: den Umgang mit rationalen und reellen Zahlen, das Arbeiten in einem angeordneten Körper, die Kenntnis des Grenzwertes einer Folge reeller Zahlen und des Supremums einer Menge reeller Zahlen, den Umgang mit unendlichen Summen reeller Zahlen, b-adischen Darstellungen und Kettenbrüchen, die Kenntnis des Stetigkeitsbegriff und topologischer Grundbegriffe sowie des mengentheoretischen Rahmens der Begriffe (a. a. O.). Deiser et al. fordern vor diesem Hintergrund, „auch zu überlegen, wie tiefgehend die als notwendig angesehenen Kenntnisse sein sollten" und schlagen unterschiedliche Ebenen von mathematischem Wissen vor, die sich in ihrem Grad der Detailliertheit unterscheiden und nachstehend zusammenfassend paraphrasiert sind (ebd., S. 261):

- *Mikroebene:* recht präzises, unmittelbar abrufbares und für Erklärungen nutzbares Wissen über Definitionen, Sätze, Beweise, typische Beispiele und Gegenbeispiele in einem bestimmten Kontext
- *Mesoebene:* gegenüber der Mikroebene etwas weniger detailreiches, im Lehramtsstudium nicht direkt vermitteltes Wissen über Strukturen und Ideen eines begrenzten Teilgebiets mit qualitativen Kenntnissen der zentralen Begriffe, Aussagen und Argumentationen, wobei es sein kann, dass Sätze, Beweise oder Beispiele nicht „in ihren Einzelheiten" abrufbar sind
- *Makroebene:* auf der Basis von grundlegenden übergeordneten mathematischen Begriffen erlernbares Überblickswissen/Orientierungswissen über zentrale Ideen, Begriffe und Vorgehensweisen in einem Bereich
- *Metaebene:* Wissen über den Charakter der Wissenschaft Mathematik, insbesondere über ihre Systematik, Erkenntnissicherung, wissenschaftstheoretische Positionen und Geschichtliches

Mit diesen vier Ebenen konkretisieren Deiser et al. für die Thematik „Gilt $0,\overline{9} = 1$" beispielhaft, über welches Wissen Lehrkräfte aus ihrer Sicht verfügen sollten (ebd., S. 261 f.) (Tabelle 3.1):

Tabelle 3.1 Ebenen mathematischen Wissens nach Deiser et al

Mikroebene	Detailwissen – dass auf der linken Seite der Identität ein bestimmter Grenzwert steht – dass mit dem Grenzwertbegriff „eine sehr genaue Erklärung" gegeben werden kann, dass dieser Grenzwert gleich 1 ist
Mesoebene	Qualitatives Wissen – über den Grundbegriff Grenzwert – über die Darstellung von Zahlen mit Grenzwerten und zusätzlich aus dem analytischen Beweis des Sachverhalts: – Wissen, dass es bei Annahme der Eindeutigkeit der Darstellung reeller Zahlen zu unerwünschten Problemen im Umfeld des Grenzwertbetrachtung kommt
Makroebene	Überblicks-/Orientierungswissen – über den Grundbegriff Grenzwert – über die Darstellung von Zahlen mit Grenzwerten
Metaebene	– Wissen um den Unterschied zwischen mathematischen Objekten und ihren unterschiedlichen Darstellungen – Wissen, dass Fragen der eindeutigen Darstellung typische Fragen in der Mathematik sind

Im Rahmen der Auseinandersetzung mit der Frage „$0,\overline{9} = 1$?" haben Deiser et al. auch die weiterführende Begründung aufgezeigt, weshalb es im Falle der reellen Zahlen keine Darstellung ohne Zweideutigkeiten geben kann. Sie betonen schließlich, dass solche Betrachtungen Inhalt des Lehramtsstudiums sein müssten. Im Rahmen der späteren Berufstätigkeit sei es dann entscheidend, eine hinreichende Basis für eine erneute Auseinandersetzung mit solchen Inhalten auf der Mikroebene ausgebildet zu haben. (Der Aspekt „Wissen, dass es bei Annahme der Eindeutigkeit der Darstellung reeller Zahlen zu unerwünschten Problemen im Umfeld der Grenzwertbetrachtung kommt" ist auf der Mesoebene zu verorten.)

Deiser et al. selbst sehen ihre Überlegungen vor dem Hintergrund, dass die Vermittlung von Kleins Idee eines Höheren Standpunktes gegenüber Kleins Schaffensphase „allerdings nicht leichter geworden" sei (ebd., S. 262). Ihre Interpretation der grundlegenden Ideen von Klein sei daher vor allem davon geprägt, „übergreifende Ziele und Zusammenhänge und damit die Grundlagen der Disziplin" und nicht jeden Bereich und jedes Teilgebiet mit Detailwissen zu berücksichtigen.

Schließt man von diesen Überlegungen und den beispielbezogenen Zielsetzungen auf die Zielvorstellung des Höheren Standpunktes, lassen sich folgende Aspekte festhalten:

> Ein Höherer Standpunkt besteht zum einen darin, zu den direkten fachlichen Hintergründen der Schulmathematik Wissen auf der Mikroebene, auf der Mesoebene, auf der Makroebene und auch Wissenselemente der Metaebene verfügbar zu haben und es insbesondere auch gezielt auf einer Ebene abrufen zu können. Er erfordert, dass in Bezug auf weiterführende Klärungen, z. B. für umfassendere Argumentationen zu Sachverhalten, Wissen auf der Mesoebene verfügbar ist, welches bei Bedarf auf der Mikroebene (wieder) vertieft werden kann. Wesentlicher als Detailwissen ist das Wissen über die Grundlagen der Disziplin in Bezug auf ihre übergreifenden Ziele und Zusammenhänge

Die Ausbildung eines Höheren Standpunktes sehen Deiser et al. vom Studienbeginn an als Aufgabe der Lehrerbildung (a. a. O.).

3.2.5 Vergleich der Interpretationen und Zwischenfazit

Nachdem in den zurückliegenden Abschnitten verschiedene Kontexte, in denen auf den Höheren Standpunkt Bezug genommen wurde, dargestellt und Interpretationen bezüglich der zugrundeliegenden Zielvorstellung herausgearbeitet wurden, geht es nun um Gemeinsamkeiten und Unterschiede – oder um die Fragen: Inwieweit gibt es überhaupt ein geteiltes Verständnis vom Höheren Standpunkt? Was ist das Gemeinsame in den verschiedenen Interpretationen?

Betrachtet man zunächst Kleins Begriff des Höheren Standpunktes und die Alternative von Toeplitz, der sich bewusst von Kleins Ansatz abgrenzt, so zeichnet sich dort zunächst ein Unterschied in der Frage der Gewichtung zwischen Inhalten (Stoff) und Methoden ab. Die Abgrenzung geht wesentlich auf Toeplitz selbst zurück. Beim Vergleich der beiden konträren Ansätze mit den weiteren Interpretationen ist auch der Zeithorizont zu berücksichtigen. In den vergangenen siebzig bzw. mehr Jahren haben sich sowohl der Mathematikunterricht als auch die Rahmenbedingungen der Lehramtsausbildung stark verändert.

Bezogen auf den Mathematikunterricht wird dies z. B. am Verhältnis von Mathematikunterricht und realitätsnahen Problemen erkennbar. Mit den Meraner Reformvorschlägen war „in Deutschland ein erster Schritt zur Öffnung des ‚höheren Mathematikunterrichts‘ für realitätsnahe Probleme gemacht" (Büchter & Henn, 2015, S. 24). Nach dem Zweiten Weltkrieg wurde die Bedeutung des Kalküls, der Fachsystematik und der Anwendung in mehreren Phasen der Neuorientierung des Mathematikunterrichts noch mehrmals neu gewichtet (a. a. O.). Ein anderes Beispiel für gravierende Umbrüche stellt die nahezu flächendeckende Verbreitung von graphikfähigen Taschenrechnern oder Geräten mit Computer-Algebra-Systemen in der gymnasialen Oberstufe dar. Dadurch ergeben sich mitunter Veränderungen gegenüber traditionellen Zugängen und Erarbeitungswegen, wie etwa dem vormaligen Einstieg in die Differenzialrechnung an „einfachen" Funktionen. Nach Einschätzung von S. Bauer, Büchter und Gerstner (2019) nimmt hier das numerische Approximieren mit sogenannten Testeinsetzungen zunehmend größeren Raum ein (S. 133).

Im Hinblick auf die Lehramtsausbildung haben zwei untereinander gegenläufige Entwicklungen dazu geführt, dass die Ausgangslage gegenüber der Zeit von Klein deutlich verschieden ist. Zum einen machen die fachwissenschaftlichen Studienanteile in den aktuellen Studiengangstrukturen typischerweise nur etwa ein Viertel des Ausbildungsvolumens aus. Zum anderen entfernt sich die moderne Mathematik tendenziell durch fortschreitende Abstraktion von konkreten Interpretationen (Büchter & Henn, 2015, S. 23) und das Nachvollziehen des aktuellen Forschungsstandes in einem Bereich erfordert immer mehr Vorarbeit bzw. Vorwissen.

Auf der anderen Seite sind grundlegende Ideen, die Allmendinger in Kleins Höherem Standpunkt erkennt und die sie als Prinzipien bezeichnet, im Rahmen der Fachdidaktik durchgearbeitet worden. Sie werden heute den Studierenden sowohl als „konstruktive Regeln für die Gestaltung von Unterricht als auch [als] Kriterien für die Analyse und Beurteilung von Unterricht" (Scherer & Weigand, 2017, S. 28) nahegebracht und im Rahmen der Fachdidaktik explizit angesprochen. Auch von Toeplitz genannte Aspekte wie das Aufgreifen von Schülervorstellungen mit (Gegen-)Beispielen oder die Entwicklung von Aufgaben sind aus heutiger Sicht Lehrziele und Gegenstand der fachdidaktischen Ausbildungsanteile.

T. Bauer und Hefendehl-Hebeker (2019) weisen auf aktuelle gesellschaftliche Herausforderungen hin, die Einfluss darauf haben könnten, welche Ausbildungsergebnisse im Mathematiklehramtsstudium erreicht oder anvisiert werden. Als wesentliche Herausforderungen benennen sie ein sinkendes Eingangsniveau bei Studienbeginn bei gleichzeitig großer Streuung des Leistungsspektrums sowie eine „Akzentverschiebung des Selbstverständnisses vom Wissenschaftler zum Erzieher" (S. 5 f.).

Nimmt man diese vielfältigen Faktoren zusammen, kann man zu der Hypothese gelangen, dass sich die Zielvorstellungen für die Lehramtsausbildung damals und heute unterscheiden dürften. Die Bemerkung von Deiser et al. (2012), dass die Vermittlung des Höheren Standpunktes nicht leichter geworden sei, kann indes aber auch so verstanden werden, dass man (trotz der veränderten Rahmenbedingungen) an der „ursprünglichen" Idee bzw. dem, wie sie heute wahrgenommen wird, festhält. Diese Frage wird später aufgegriffen.

Das Aufeinanderbeziehen der heutigen Zielvorstellungen wird durch zwei Umstände verkompliziert: zum einen durch Charakterisierungen, die ihrerseits ähnlich viel Interpretationsspielraum bieten wie die Metapher des *Höheren Standpunktes* selbst, z. B. „tieferes Begriffsverständnis" oder „einen Schritt voraus sein", zum anderen durch den Umstand, dass Beispiele eine wichtige Rolle bei der Bestimmung des Höheren Standpunktes spielen. Diese Umstände machen es erforderlich, durch eine Synthese der Vorstellungen eine gemeinsame Sprach- und Abstraktionsebene herzustellen.

Synthese der Interpretationen.
Bezogen auf die Interpretationen in den Abschnitten 3.2.2 bis 3.2.4 liefert eine *Synthese der Interpretationen das folgende Ergebnis* als gemeinsamen inhaltlichen Kern für die normative Bestimmung der Zielvorstellung:

> *Die Zielvorstellung „Höherer Standpunkt" beschreibt eine individuelle Ressource von Lehramtsstudierenden, um mathematische Betrachtungen der Schule in den wissenschaftlichen Theorieaufbau, der in der Hochschule dargestellt wird, einordnen zu können und mit der eine tiefergehende Klärung von mathematischen Fragen, die im Rahmen der Schule betrachtet werden, stattfinden kann. Sie basiert auf einer begrifflichen Durchdringung der schulcurricularen Inhalte.*

Das Ergebnis der Synthese zeigt: Die Ebene, auf der von einem geteilten Verständnis der Zielvorstellung die Rede sein kann, ist relativ hoch anzusetzen. Die Notwendigkeit dazu kann exemplarisch an Unterschieden zwischen rekonstruierten Bedeutungen aufgezeigt werden:

Anhand der Inhalte von Tabelle 3.2 wird erkennbar, dass nicht für alle betrachteten Interpretationen allgemeingültig bestimmt werden kann, wie weit eine Einordnung in den Theorieaufbau der Mathematik möglich sein soll, wie genau die tiefergehende Klärung vor dem Hintergrund der Erfahrungen mit wissenschaftlicher Mathematik aussehen soll oder wie die begriffliche Durchdringung weiter zu spezifizieren ist. Ein *erstes Zwischenfazit* des Vergleichs lautet daher: Es sind verschiedene Ausprägungen der Zielvorstellung *Höherer Standpunkt* erkennbar.[7]

Tabelle 3.2 Unterschiedliche Interpretationen der Aspekte eines Höheren Standpunktes

Aspekt der Zielvorstellung	Ausprägung in den Interpretationen in 3.2.2 bis 3.2.4
mathematische Betrachtungen der Schule in den wissenschaftlichen Theorieaufbau, der in der Hochschule dargestellt wird, einordnen	• Im Projekt „Mathematik Neu Denken" wird direkt an den Unterricht in der Oberstufe angeschlossen, Adressierung des Höheren Standpunktes in der Studieneingangsphase (3.2.2) • T. Bauers Höherer Standpunkt setzt fachliches Wissen zu fortgeschrittenen Theoriebereichen voraus (3.2.4.1)

(Fortsetzung)

---

[7] Dies gibt auch den Anstoß dazu, im Folgenden von *einem* statt von *dem* Höheren Standpunkt zu sprechen, wenn keine bestimmte Interpretation gemeint ist.

Tabelle 3.2 (Fortsetzung)

Aspekt der Zielvorstellung	Ausprägung in den Interpretationen in 3.2.2 bis 3.2.4
tiefergehende Klärung von mathematischen Fragen, die im Rahmen der Schule betrachtet werden	• T. Bauer setzt für eine tiefergehende Klärung auf die Erörterung verschiedener disziplinärer Perspektiven auf einen Sachverhalt (3.2.4.1) • Der Höhere Standpunkt schafft ein tieferes Verständnis der Schulmathematik (3.2.4.2) • Deiser et al.: Abrufbarkeit von Wissen jedenfalls bis zur Mesoebene und Detailwissen auf der Mikroebene, das potenziell abrufbar ist (3.2.4.3)
begriffliche Durchdringung der schulcurricularen Inhalte	• Im Rahmen von COACTIV steht der Höhere Standpunkt in Verbindung mit Wissen über die Genese, Verwendung und Bedeutung von Begriffen (3.2.3) • Im Projekt „Mathematik Neu Denken" ging es um eine Ausrichtung des mathematischen Denkens an Begriffen, statt an Verfahren und um den Aufbau eines umfassenden Begriffsverständnisses (3.2.2) • Der Höhere Standpunkt schafft ein tieferes Verständnis der schulcurricular relevanten Begriffe (3.2.4.2)

Abgrenzung der Interpretationen.
Während die Synthese darauf abzielt, gemeinsame Aspekte der Zielvorstellungen zu bündeln, gilt für die einzelnen Interpretationen, dass sie im Verhältnis zu der „geteilten" Zielvorstellung nicht nur spezifische Ausprägungen darstellen, sondern darüber hinaus auch *mehr Aspekte* als die Synthese umfassen können. Betrachtet man die rekonstruierten Interpretationen aus 3.2.2 bis 3.2.4 unter dieser Perspektive, konkretisiert sich die Situation in dieser Hinsicht wie folgt:

Die Interpretation des Höheren Standpunktes im Projekt „Mathematik Neu Denken" erweist sich als vergleichsweise umfassend und ist wegen der Beispielkontexte und Beispielaufgaben recht konkret nachvollziehbar, weshalb die zusätzlichen Aspekte gut herausgearbeitet werden können. Sie hebt sich dadurch ab, dass sie über die Aspekte der Synthese hinaus z. B. (i) den Aspekt des Problematisierens und des Kritisch-Seins (bezüglich bestimmter Zugänge zu Begriffen und eigener Schulerfahrungen) umfasst, ebenso wie (ii) die Fähigkeiten und die Flexibilität der Lehrkräfte im Umgang mit verschiedenen Begründungsniveaus und dem Wechsel zwischen einer formalen und einer inhaltlich-interpretierenden

Ebene. Außerdem umfasst der Höhere Standpunkt (iii) Metawissen über Mathematik und zeichnet sich durch (iv) eine Bewusstheit für die epistemologischen Aspekte im Umgang mit mathematischen Fragen aus. Zum Höheren Standpunkt gehört außerdem, (v) auf der einen Seite die fachliche Reichweite mathematischer Fragen und auf der anderen Seite (vi) die Reichweite der in der Schule verfügbaren mathematischen Mittel einschätzen zu können. Auch die Vertrautheit mit den curricularen Strukturen bzw. mit curricularen Leitideen, aus denen eine andere Sichtweise auf Mathematik als entlang der Fachsystematik resultieren kann, gehören zum Höheren Standpunkt.

Auf den Begriff des Höheren Standpunktes in den Studien zum Professionswissen zu schließen ist nur unter großer Unsicherheit möglich. Über die Synthese hinausgehend können keine weiteren Aspekte explizit benannt werden.

T. Bauers Begriff des Höheren Standpunktes betont den Aspekt der Vertrautheit mit den Denk- und Arbeitsweisen in der Wissenschaft Mathematik, insbesondere mit den impliziten Regeln, nach denen die Wissenschaft als solche funktioniert. Man kann darin eine moderne Interpretation von Toeplitz' Anspruch vom Einblick in das „innere Getriebe" der Mathematik erkennen. Die Beispielsituationen, anhand derer T. Bauer aufzeigt, was der Höhere Standpunkt zu leisten vermag, setzen außerdem als Grundhaltung voraus, dass das in der Hochschule Gelernte, die weiterführenden Theorien und die zusätzlich zur Verfügung stehenden Werkzeuge, nützlich sein werden. Insofern ist auch eine bestimmte Einstellung oder Bereitschaft Teil des Höheren Standpunktes.

Die Überlegungen von Deiser et al. können so interpretiert werden, dass als weitere Dimension zur Bestimmung des Höheren Standpunktes die Detailliertheit des Wissens zu berücksichtigen sein könnte. So sehen Deiser et al. für einen Höheren Standpunkt zwar grundsätzlich präzises Detailwissen als erforderlich an, jedoch kann es punktuell z. B. bei weiterführenden Begründungen genügen, wenn eine Lehrkraft über ein qualitatives Wissen verfügt, welches ggf. aufgestockt werden kann durch reaktiviertes präzises Detailwissen.

Der Kontext, aus dem die Interpretation von Isaev und Eichler stammt – sechs Items eines Fragebogens – liefert zwar wie die Kontexte um die Professionswissensstudien nur wenige Anhaltspunkte für eine genauere Bestimmung der Zielvorstellung. Jedoch wird erkennbar, dass der Höhere Standpunkt auch mit dem Herstellen von Verbindungen innerhalb des schulischen Rahmens verbunden wird. Dies könnten z. B. curriculare Leitideen sein, die Beutelspacher et al. ansprechen. Als zusätzlicher Aspekt ist außerdem zu erwähnen, dass der Höhere Standpunkt auch mit der Lückenlosigkeit des Fachwissens von Lehrkräften für den schulischen Kontext verbunden wird.

Ein *zweites Zwischenfazit* an dieser Stelle lautet: Der Höhere Standpunkt wird verschieden umfassend ausgelegt und es können verschiedene kognitive Konstrukte hinzuzählen: Wissen (fachinhaltlich oder auf der Metaebene), Bereitschaft/Einstellung, Vertrautheit im Umgang mit mathematischen Objekten ebenso wie die Vertrautheit mit Normen und Gepflogenheiten (ein gewisser Habitus).

Zuletzt soll die Vermutung bezüglich der Differenz zwischen den frühen Vorstellungen von Klein und Toeplitz vom Höheren Standpunkt und heutigen Auffassungen noch einmal aufgegriffen werden. Folgendes lässt sich dazu feststellen:

- Fachdidaktische Fähigkeiten und Fertigkeiten wie sie z. B. Toeplitz direkt anspricht (Aufgaben selbst entwickeln und auf ungünstige Schülervorstellungen eingehen können) oder wie sie bei Klein gesehen werden können (wenn man die Prinzipien der Vorlesung in Lehrziele „übersetzt") sind im Allgemeinen mit der heutigen Vorstellung vom Höheren Standpunkt nicht direkt verbunden.
- Der Aspekt der Mathematikgeschichte (den Allmendinger bei Klein als eine von drei prägenden Perspektiven seiner Vorlesungsreihe sieht) scheint in den heutigen Interpretationen keine Rolle zu spielen. (Im Projekt „Mathematik Neu Denken" wurde von einem Höheren Standpunkt eigens ein übergeordneter Standpunkt unterschieden, dem mathematikgeschichtliche Betrachtungen zugeordnet werden.)
- Die Einstellung, Mathematik unter einem ästhetischen Aspekt zu begreifen, die Toeplitz als Element seines und Kleins Höheren Standpunktes benennt, wird in den heutigen Auslegungen nicht explizit mit dem Höheren Standpunkt in Verbindung gebracht. Eine solche Einstellung würde aus heutiger Sicht vermutlich als Teil des Mathematikbilds einer Lehrkraft verstanden.
- Der wesentliche Aspekt von Toeplitz, der Einblick in das „innere Getriebe", spiegelt sich dagegen auch in modernen Interpretationen wider: im Kontext von „Mathematik Neu Denken" konkret in einigen der unter 3.2.2 benannten Komponenten des Höheren Standpunktes, aber auch, wenn Deiser et al. die Ziele ihrer Elementarmathematik vom höheren Standpunkt darin sehen, „übergreifende Ziele und Zusammenhänge" zu vermitteln.

Als *drittes Zwischenfazit* aus dem Vergleich lässt sich daher festhalten, dass die Zielvorstellung *Höherer Standpunkt* eine historische Dimension hat. Diese Einschätzung bezieht sich zum einen darauf, dass bestimmte Aspekte benannt werden konnten, die dem früheren Verständnis des Höheren Standpunktes zugerechnet werden konnten, heute aber in der universitären Lehramtsausbildung anders behandelt werden. Außerdem zeigt sich, dass es bestimmte „epochentypische" Fragen sind, die verschiedene Interpretationen voneinander unterscheiden: Um die Meraner Reformen herum war es die Frage, ob „Stoff" oder Methoden, den Höheren Standpunkt bestimmen sollten, heute deuten sich Fragen nach der Tiefe und der Detailliertheit des fachinhaltlichen Wissens an.

Eine Leerstelle in der oben formulierten Synthese stellt die Grundlagen-Thematik dar, d. h. die Frage, was die Basis des Höheren Standpunktes ist. Auch Lindmeier et al. (2020) sehen die Voraussetzungen des Höheren Standpunktes noch als weitgehend ungeklärt an (S. 94). Sie sehen jedoch, um benötigtes Wissen für einen Höheren Standpunkt zu beschreiben, zwei Ansatzpunkte, die im nächsten Unterkapitel vorgestellt werden.

3.3   Wissensgrundlagen für einen Höheren Standpunkt

In diesem Unterkapitel wird zunächst auf das Konstrukt *Schulbezogenes Fachwissen* von Dreher et al. (2018) eingegangen, welches das professionsspezifische Fachwissen als Konstrukt dahingehend ausdifferenzieren soll, dass es der fachspezifischen Besonderheit von Diskontinuität zwischen Schule und Hochschule Rechnung trägt. Der zweite Abschnitt berücksichtigt ein von T. Bauer und Hefendehl-Hebeker (2019) vorgeschlagenes, mathematikbezogenes Literacy-Modell, welches sie als Ansatz für eine Neuorientierung des gymnasialen Lehramtsstudiums in Richtung einer „stärkeren ‚Parallelität der Zielsetzungen' zwischen Schule und Hochschule" vorschlagen.

3.3.1   Schulbezogenes Fachwissen

Mit den Arbeiten der COACTIV-Gruppe hat sich in der Lehrerbildungsforschung ein Kompetenzmodell etabliert, das vier Aspekte professioneller Kompetenz unterscheidet: „Überzeugungen/Werthaltungen/Ziele", „Selbstregulation", „Motivationale Orientierungen" und „Professionswissen". Das Professionswissen setzt sich aus fünf Kompetenzbereichen zusammen, dies sind fachspezifisch das Fachwissen und das fachdidaktische Wissen, sowie fachübergreifend das pädagogisch-psychologische Wissen, das Organisationswissen und das Beratungs-wissen (Baumert & Kunter, 2011, S. 32). Im Hinblick auf das Fachwissen stellen Heinze, Lindmeier und Dreher (2017) auf der einen Seite fest, dass es innerhalb der Mathematikdidaktik keine einheitliche Antwort auf die Frage gebe, welche Art von berufsspezifischem Fachwissen Mathematiklehrkräfte der Sekundarstufe brauchen und im Laufe ihres Lehramtsstudiums erwerben sollten (S. 22). Denk-bar sei sowohl eine Orientierung, die stärker einer schulischen Perspektive im Umgang mit Mathematik folgt, als auch eine Orientierung daran, wie Mathe-matik in der Hochschule aufgefasst wird. In theoretischen Konzeptualisierungen und empirischen Studien der Lehrerprofessionsforschung werden ihrer Auffas-sung nach verschiedene Positionen auf diesem Spektrum erkennbar (a. a. O.). Meistens werde Fachwissen dabei mehr als Schulfachwissen denn als akademi-sches Fachwissen definiert (Heinze et al., 2016, S. 331). Auf der anderen Seite bringe Diskontinuität zwischen Schule und Hochschule das Verständnis der nicht-trivialen fachlichen Beziehung als zusätzliche Anforderung an Lehrkräfte mit sich und es könne nicht ohne Weiteres angenommen werden, dass sich akademisches Wissen über die Zeit zu praxistauglichem Wissen wandelt, das der Erfüllung dieser Anforderungen genügt (Dreher et al., 2018, S. 326).

Dreher et al. (2018) haben vor diesem Hintergrund vorgeschlagen, eine Unter-scheidung zwischen zwei Facetten des Fachwissens von Mathematiklehrkräften zu treffen: dem akademischen Fachwissen und dem *schulbezogenen Fachwissen*. Beim schulbezogenen Fachwissen handelt es sich um konzeptionelles Wissen über fachliche Zusammenhänge zwischen Schule und Hochschule (S. 330).

Schulbezogenes Fachwissen soll als eigenes Konstrukt eine verbindende Funk-tion zwischen schulischem und akademischem Fachwissen erfüllen (Dreher, Lindmeier & Heinze, 2016, S. 222). Es umfasst dazu Wissenselemente aus beiden Institutionen sowie ihre Beziehung zueinander. Vom akademischen Fachwissen, welches (angehende) Lehrkräfte mit den Fachstudierenden teilen, grenzt sich das Konstrukt durch den notwendigen Bezug zur Schule ab. Gegenüber dem mathematikdidaktischen Wissen findet die Abgrenzung dadurch statt, dass keine Überlappung mit pädagogischen Aspekten besteht. So betrifft schulbezogenes Fachwissen z. B. nicht die Frage nach typischen Fehlvorstellungen von Lernenden (Dreher et al., 2018, S. 331).

Die nachstehende Abbildung 3.1 ordnet das entwickelte Konstrukt in das Gesamtkonstrukt Professionelle Handlungskompetenz von Mathematiklehrkräften ein:

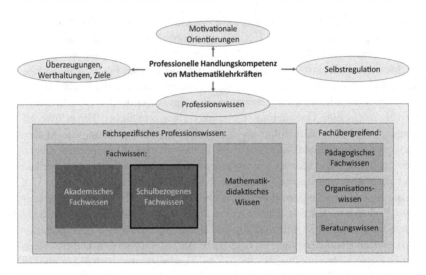

Abbildung 3.1 Schulbezogenes Fachwissen als Teilfacette professioneller Kompetenz von Mathematiklehrkräften

Das Konstrukt „schulbezogenes Fachwissen" umfasst (i) curriculares Wissen über die Struktur der Schulmathematik mit zugehörigen Begründungen des Aufbaus und der inhaltlichen Auswahl sowie das Wissen über Zusammenhänge zwischen akademischer und schulischer Mathematik sowohl (ii) in top-down-Richtung als auch (iii) in bottom-up-Richtung (Heinze et al., 2016, S. 333). In dieser Struktur werden Ansätze aus der fachdidaktischen Diskussion der letzten Jahrzehnte, die darauf abzielen, die Lücke zwischen Schule und Hochschule zu überbrücken und bisher weitgehend unverbunden nebeneinander existierten, aufgegriffen und in ein Gesamtkonstrukt integriert (Dreher et al., 2018, S. 326). Zu jeder der drei Teilfacetten formulieren Dreher et al. (2018) Leitfragen (S. 331 f.).

Die erste Teilfacette, das curriculare Wissen, betrifft die Struktur der in der Schule betrachteten mathematischen Gegenstände, insbesondere ihre Reihenfolge und ihre Zusammenhänge. Grundlegend für diesen Aspekt ist das Konzept der fundamentalen Ideen, da sich aus ihnen in der Regel die zugehörigen Begründungen dieses Aufbaus und der inhaltlichen Auswahl speisen (ebd., S. 327 f.). So verstanden, handelt es sich bei dem curricularen Wissen nicht um mathematisches Wissen im engeren Sinne, sondern um ein globales Meta-Wissen zur Mathematik, wie sie sich in der Schule darstellt (Dreher et al., 2016, S. 223). Die Facette umfasst Wissen zu den folgenden Fragen:

- Welche fachlichen oder überfachlichen Gründe gibt es, weshalb ein bestimmtes Thema im schulischen Mathematikunterricht aufgegriffen wird?
- Welche mathematischen Ideen und Konzepte können in einer bestimmten Jahrgangsstufe auf Basis des Curriculums vorausgesetzt werden?[8]
- Welche mathematischen Ideen und Konzepte sind curricular im Laufe der gesamten Schulzeit vorgesehen?

Außerdem gehört zum schulbezogenen Fachwissen jenes Wissen, von dem Dreher, Lindmeier und Heinze (2017) annehmen, dass es Lehrkräfte benötigen, „um Inhalte der akademischen Mathematik so zu transformieren, dass sie im schulischen Kontext anschlussfähig gelehrt werden können" (S. 1112). Dieses Wissen zielt auf die lokalen Zusammenhänge zwischen Hochschule und Schule in top-down-Richtung ab. Um diese Zusammenhänge zu erkennen, ist es nach Dreher et al. (2018) erforderlich, dass Lehrkräfte ihr eigenes Wissen aktiv dekonstruieren (S. 328). Das Wissen zu dieser Teilfacette des schulbezogenen Fachwissens lässt sich mit diesen Fragen in Verbindung bringen:

- Welche mathematischen Ideen und Konzepte sind curricular im Laufe der gesamten Schulzeit vorgesehen?
- Wie kann eine bestimmte mathematische Idee/ein bestimmter Begriff für den schulischen Kontext reduziert werden?
- Wie kann ein bestimmter mathematischer Begriff dekonstruiert/entfaltet werden? Welche Repräsentationen hat der Begriff, welche Prozesse laufen in der Begriffsbildung zusammen?
- Welche mathematischen Fragen haben das Potenzial, zu einem bestimmten Zusammenhang oder Begriff zu führen?

Komplementär dazu bildet das inhaltsspezifische Wissen über Zusammenhänge in bottom-up-Richtung den dritten Aspekt des schulbezogenen Fachwissens. Es umfasst das Wissen darüber, „welche akademische Mathematik hinter konkreten Begriffen und Aussagen der Schulmathematik, wie sie Lehrkräfte in Schulbüchern, Lernmaterialien und im Unterricht antreffen, steht" (Dreher et al., 2017, S. 1112). Das Wissen, welches zu dieser Facette gehört, beschreiben Dreher et al. mit diesen drei Leitfragen:

---

[8] Die Leitfragen zu den Facetten des schulbezogenen Fachwissens enthalten mehrmals den Ausdruck „mathematical idea". Es ist nicht ganz klar, wie er übersetzt werden soll, ob als mathematische Idee oder als Begriff. In Abgrenzung dazu ist manchmal auch vom „mathematical concept" die Rede. Auch hier stellt sich die Frage, ob der mathematische Begriff gemeint sein könnte.

- Auf welche mathematische Idee könnte eine bestimmte Wortmeldung im Unterricht verweisen?
- Ist eine bestimmte Einführung eines mathematischen Konzepts, eine Definition, ein Satz oder ein Beweis gegenüber dem fachlichen Hintergrund nicht verfälschend?[9]
- Wie können (häufig implizite) Behauptungen und Annahmen aus dem schulischen Mathematikunterricht gerechtfertigt werden?

Abbildung 3.2 illustriert die Struktur des Konstruktes (Darstellung in Anlehnung an Dreher et al., 2018).

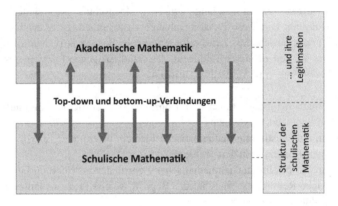

Abbildung 3.2 Inhalte des schulbezogenen Fachwissens

Aus empirischer Sicht stellt sich nach der Herleitung und Formulierung des Konstruktes „schulbezogenes Fachwissen" zunächst die Frage, ob es valide und reliabel gemessen werden kann, und inwieweit es sowohl von der zweiten Facette des Fachwissens, dem akademischen Fachwissen, als auch vom fachdidaktischen Wissen trennbar ist. Zu diesem Zweck wurde eine Operationalisierung der drei Konstrukte „akademisches Fachwissen", „schulbezogenes Fachwissen" und „fachdidaktisches Wissen" vorgenommen und eine quantitative empirische Studie mit $n = 505$ angehenden Sekundarstufen-Lehrkräften durchgeführt. Die Ergebnisse aus der Studie unterstützen die Annahme, dass das fachspezifische Professionswissen unter Lehramtsstudierenden dreidimensional

---

[9] Dreher et al. verwenden die Formulierung „intellektuell ehrlich" und lehnen sich dabei an Bruner an.

mit den Konstrukten „schulbezogenes Fachwissen", „akademisches Fachwissen" und „fachdidaktisches Wissen" modelliert werden kann. Das methodische Vorgehen, die leitenden Forschungsfragen, eine ausführliche Ergebnisdarstellung und -interpretation sind bei Heinze et al. (2016) zu finden.

3.3.2 Wissensaspekte eines Literacy-Modells für Mathematiklehrkräfte

Die doppelte Diskontinuität als Grundproblem der gymnasialen Lehramtsausbildung im Fach Mathematik wird heute verschärft durch aktuelle gesellschaftliche Herausforderungen, die zu widerstreitenden Anforderungen an das Studium beitragen. Aus dieser Wahrnehmung heraus schlagen T. Bauer und Hefendehl-Hebeker (2019) eine Neuorientierung des Studiengangs vor, die der Leitidee folgt, die „Parallelität der Zielsetzungen" zwischen Schule und Hochschule „neu zu beleben" (S. 7 f.). Entsprechende Zielsetzungen für den Studiengang formulieren T. Bauer und Hefendehl-Hebeker auf Basis eines gestuften Literacy-Modells aus der Sprachwissenschaft, welches sie auf die Mathematik beziehen.

Mit jeder der vier Stufen des Literacy-Modells – *(i) Everyday Literacy, (ii) Applied Literacy, (iii) Theoretical Literacy* und *(iv) Reflexive Literacy* – ist ein bestimmter Wissenstypus verbunden:

(i) Wissen aus der Alltagserfahrung: „Mathematik, die im Alltag sichtbar vorkomm[t] und deren Beherrschung für eine gesellschaftliche Teilhabe wichtig ist" (S. °9 f.)

(ii) Wissen für einen speziellen Verwendungszweck: „Wissen, mit dem sich die Mathematik gegenüber anderen Disziplinen (z. B. den Ingenieurwissenschaften) darstellt und ihnen Werkzeuge zur Lösung bestimmter Aufgaben liefert" (S. 10)

(iii) Disziplinäres Wissen in Definitionen, Sätzen und Beweisen: „die Mathematik etwa in publizierten Arbeiten und Monografien", die die Verfahren unter (ii) legitimiert (S. 11)

(iv) „(oft implizite[s]) Wissen über die Arbeitsweisen und Gepflogenheiten in der Disziplin", insbesondere über genuine Fragestellungen des Fachs, Werte und Ästhetik des Fachs und Heuristiken (S. 12 ff.)

T. Bauer und Hefendehl-Hebeker gehen davon aus, dass die vier Stufen des Wissens linear und progressiv aufeinander aufbauen, dass man also auf der Stufe

der Everyday Literacy mit dem Wissensaufbau beginnt und sich dieser über die
Stufen der Applied Literacy und der Theoretical Literacy zum Erreichen von
Reflexive Literacy fortsetzen muss.

3.4   Zusammenfassung

Die Diskontinuität zwischen Schule und Hochschule ist für die Ausbildung von
Lehrkräften gleich doppelt problematisch: zu Studienbeginn und während des
Studiums vor allem aus Motivationsgründen, beim Übergang in die Schule aus
dem Grund, dass die Nutzung des in der Hochschule Gelernten infrage steht.
Die Problematik der doppelten Diskontinuität wurde zuerst von Felix Klein
beschrieben, der darauf mit einer in seiner Zeit neuartigen Maßnahme, einer Vor-
lesungsreihe für Lehramtsstudierende, reagierte und damit die Idee eines Höheren
Standpunktes prägte.

Das Unterkapitel 3.2 befasste sich mit der Frage, wie diese Idee im Zuge der
Mathematiklehrerausbildung gedeutet wird. Aus der heutigen Perspektive heraus,
den Höheren Standpunkt als *Zielvorstellung* zu begreifen, wurde in 3.2 der Ansatz
gewählt, aus der Bandbreite der Verwendungskontexte des Höheren Standpunktes
jeweils Aspekte einer solchen Zielvorstellung zu rekonstruieren.

Zunächst wurden die Positionen von Klein und Toeplitz dargestellt. Toeplitz
greift Kleins Vorstellung direkt auf und betont besonders die Notwendigkeit einer
„methodischen“ Komponente des Höheren Standpunktes. Sowohl für Klein als
auch für Toeplitz ist der Höhere Standpunkt mit Fähigkeiten und Fertigkeiten
verknüpft, die aus heutiger Sicht fester Bestandteil der Erwartungen über die
fachdidaktische Kompetenz von Lehrkräften sind. Der Höhere Standpunkt hat
insoweit eine historische Dimension.

Um nachzuvollziehen, wie die Zielvorstellung *Höherer Standpunkt* aus heutiger Sicht beschrieben werden kann, wurden verschiedene Perspektiven berücksichtigt: (i) die konzeptionellen Überlegungen und konkreten Lehrziele zur
Vorlesungsreihe Schulmathematik vom höheren Standpunkt (in „Mathematik Neu
Denken“), (ii) Überlegungen zu den Lehrzielen einer Elementarmathematik vom
höheren Standpunkt von Deiser et al., (iii) Professionswissensstudien, in denen
auf den Höheren Standpunkt Bezug genommen wird, (iv) der Höhere Standpunkt als Argumentationsgrundlage von T. Bauer für einen fachlich geprägten
Studiengang und (v) eine Konzeptualisierung im Rahmen der Beliefs-Forschung.

Es stellte sich heraus, dass die verschiedenen Perspektiven unterschiedlich
viel Substanz bieten, um auf Aspekte der Zielvorstellung zu schließen. Die
Vorstellung des Höheren Standpunktes im Projekt „Mathematik Neu Denken“

konnte sehr detailliert herausgearbeitet werden – anhand allgemeiner Überlegungen *und* konkreter Beispiele. Deiser et al. verdeutlichen am Beispiel einer elementarmathematischen Frage ihre Vorstellung eines Höheren Standpunktes, sodass ein zusätzlicher Abstraktionsschritt vorzunehmen war. T. Bauer näherte sich der Vorstellung, ausgehend von den Potenzialen für das Lehrerhandeln, auch teilweise mit Rückgriff auf konkrete Beispiele. Im Kontext der Belief-Forschung bildete eine überschaubare Anzahl von Items die Grundlage der Interpretation. Insbesondere der Kontext der Professionswissensstudien bietet wenig Ansatzpunkte für eine tiefgehende inhaltliche Rekonstruktion von Aspekten des Höheren Standpunktes.

Vor dem Hintergrund dieser Ausgangslage bestand beim Vergleich der Interpretationen in 3.2.5 ein Anliegen darin, eine Synthese als gemeinsame begriffliche Ausgangsbasis festzuhalten – mit folgendem Ergebnis:

> *Die Zielvorstellung „Höherer Standpunkt" beschreibt eine individuelle Ressource von Lehramtsstudierenden, um mathematische Betrachtungen der Schule in den wissenschaftlichen Theorieaufbau, der in der Hochschule dargestellt wird, einordnen zu können und mit der eine tiefergehende Klärung von mathematischen Fragen, die im Rahmen der Schule betrachtet werden, stattfinden kann. Sie basiert auf einer begrifflichen Durchdringung der schulcurricularen Inhalte.*

In Anbetracht der Zwischenergebnisse in den (Unter-)Abschnitten von 3.2.2 bis 3.2.4 ist außerdem festzuhalten:

- Es sind verschiedene Ausprägungen der Zielvorstellung *Höherer Standpunkt* erkennbar.
- Der höhere Standpunkt wird verschieden umfassend ausgelegt und es können verschiedene kognitive Konstrukte hinzuzählen: Es gibt Anzeichen dafür, dass neben dem Wissen (fachinhaltlich oder auf einer Metaebene) auch eine Bereitschaft/Einstellung, Vertrautheit im Umgang mit mathematischen Objekten ebenso wie die Vertrautheit mit Normen und Gepflogenheiten (ein gewisser Habitus) mitgedacht werden.

Um das als grundlegend erachtete Wissen genauer zu bestimmen, wurde schließlich in 3.3 auf das Konstrukt „schulbezogenes Fachwissen" und auf das professionsspezifische Fachwissen in Bezug zu einem Literacy-Ansatz eingegangen, die beide von Lindmeier et al. (2020) als geeignete Ansatzpunkte gesehen werden. Das schulbezogene Fachwissen untergliedert sich in Wissen über curriculare Beziehungen sowie das Wissen über inhaltliche top-down- und bottom-up-Verbindungen zwischen Schule und Hochschule. Es wird als eigenständige Facette des Fachwissens neben einem rein akademischen Fachwissen (ohne Schulbezug) modelliert und konnte als solche empirisch bestätigt werden. Mathematisches Fachwissen mit Bezug zu den aufeinander aufbauenden Stufen eines Literacy-Modells lässt sich unterteilen in Wissen aus der Alltagserfahrung, Wissen für einen speziellen Verwendungszweck, disziplinäres Wissen in Definitionen, Sätzen und Beweisen und das (oft implizite) Wissen über die fachspezifischen Arbeitsweisen und Gepflogenheiten.

So lässt sich schließlich zusammenfassen, dass zwar die Strukturen des Professionswissens von Lehrkräften zunehmend ausdifferenziert und geklärt werden (z. B. mit den Arbeiten des IPN) und dass es eine Reihe von praktischen Ansätzen in methodisch-didaktisch ausgearbeiteten Lehr-Lern-Szenarien gibt, um Lehramtsstudierende auf die oberen beiden Literacy-Stufen zu führen (z. B. Schnittstellenaufgaben und Peer Instruction-Formate). Eine einheitliche Antwort, wie die Zielvorstellung *Höherer Standpunkt* bestimmt ist, gibt es indes nicht. Der Ansatz, den diese Arbeit wählt, um mit dieser Situation umzugehen, wird darin bestehen, dem normativen einen empirischen Begriff an die Seite zu stellen.

Sachanalysen zu den Begriffen Vektor und Skalarprodukt

4

Mit den Sachanalysen zu Vektor und Skalarprodukt als zwei zentralen Begriffen der Linearen Algebra werden in diesem Kapitel weitere theoretische Grundlagen gelegt. Die fachlich-inhaltliche Auseinandersetzung mit dem Vektor in Unterkapitel 4.1 und mit dem Skalarprodukt in 4.2 dient als Basis, um an späterer Stelle in dieser Arbeit Diskontinuität zwischen Schule und Hochschule im Bereich der Linearen Algebra anhand dieser beiden Begriffen (bzw. der Einführung dieser Begriffe) herauszuarbeiten. Das Begriffspaar aus Vektor und Skalarprodukt steht dabei gewissermaßen stellvertretend für den Bereich der Linearen Algebra. Sie repräsentieren aus curricularer Sicht einen grundlegenden und einen weiter fortgeschrittenen Begriff.

4.1 Sachanalyse zum Begriff „Vektor"

Aus Sicht der modernen Mathematik sind Vektoren die Elemente eines axiomatisch-definierten Vektorraums. Die Sachanalyse zum Vektorbegriff setzt daher beim Begriff des Vektorraums an.

Beutelspacher (2014) sieht in ihm „eine der allerwichtigste[n] mathematischen Strukturen", die „in praktisch jeder mathematischen Disziplin eine grundlegende Rolle spiel[e]" (S. 59). Dabei ist der axiomatische Vektorraumbegriff ein noch relativ junger mathematischer Begriff. Erst am Übergang vom 19. zum 20. Jahrhundert hat er sich herausgebildet – im Wesentlichen motiviert durch die konkreten Anforderungen des Lösens von LGS und der rechnerischen Beschreibung geometrischer Objekte im Raum (vgl. zur Geschichte G. Wittmann, 2003, S. 36 ff. oder Dorier, 2000, S. 1 ff.). Henn und Filler (2015) sehen in diesem Zusammenhang wesentliche Beiträge bei Grassmann, Peano und Weyl (S. 123). Der

S. Blum-Barkmin, *Diskontinuität in der Linearen Algebra und ein Höherer Standpunkt*, Essener Beiträge zur Mathematikdidaktik, https://doi.org/10.1007/978-3-658-37110-4_4

Vektorraumbegriff wurde auf der Grundlage vielfältiger, bereits gut beschriebener konkreter „Vektormodelle" gewonnen, indem er von diesen abstrahiert. Heute repräsentiert die Verwendung eines abstrakten Vektorraumbegriffs einen „modernen strukturellen Standpunkt" der Mathematik (Jänich, 2008, S. 24). Mit dem axiomatisch definierten Vektorraum steht eine weitreichende Struktur zur Verfügung, die es ermöglicht, mit zunächst ganz verschieden wirkenden Objekten aus unterschiedlichen mathematischen Bereichen auf dieselbe Weise zu operieren.

Das Unterkapitel beginnt in Abschnitt 4.1.1 mit den Grundlagen zum Begriff des Vektorraums. Mit der Menge der Pfeilklassen wird in Abschnitt 4.1.2 ein Beispiel für einen Vektorraum mit geometrischen Objekten explizit betrachtet, der in der gymnasialen Oberstufe im Zusammenhang mit der Betrachtung von Verschiebungen steht (Baum et al., 2017, S. 116 ff.).[1] Motiviert durch die besondere Bedeutung der Vektorräume in der Linearen Algebra und in der Mathematik insgesamt, werden in 4.1.3 Wege bei der Einführung von Vektorräumen thematisiert.

4.1.1 Vektorräume

Am Beginn der Auseinandersetzung mit Vektorräumen steht in diesem Abschnitt zunächst die axiomatische Definition des Begriffs. Auf dieser Grundlage schließen sich dann grundlegende Elemente der Theorie der Vektorräume an, bevor im Anschluss Beispiele für Vektorräume betrachtet werden.

4.1.1.1 Definition des Begriffs Vektorraum

Eine nicht leere Menge V zusammen mit einer inneren Verknüpfung, genannt Addition,

$$+ : V \times V \to V, (u, v) \mapsto u + v$$

und einer äußeren Verknüpfung, genannt skalare Multiplikation,

---

[1] Die Abschnitte 4.1.1 und 4.1.2 sind so konzipiert, dass sie das Feld um den Begriff „Vektor" bzw. „Vektorraum" aus einer Überblicksperspektive klären. Dazu werden Definitionen und Zusammenhänge ohne Begründungen angegeben. Beweise zu den (paraphrasierten) Sätzen in Abschnitt 4.1.1 sind in den einschlägigen Lehrwerken zu finden – für den Abschnitt 4.1.2 kann auf Filler (2011, S. 89 f.) verwiesen werden.

$$\cdot : K \times V \to V, (\lambda, v) \mapsto \lambda \cdot v$$

bilden einen Vektorraum über einem Körper K, wenn folgende Bedingungen erfüllt sind:

A1 (Kommutativität der Addition). Für beliebige $u, v \in V$ gilt $u+v = v+u$.
A2 (Assoziativität der Addition). Für beliebige $u, v, w \in V$ gilt $(u+v)+w = u + (v + w)$.
A3 (Existenz eines Nullvektors). Es existiert $o \in V$, sodass für alle $u \in V$ gilt: $u + o = u$.
A4 (Existenz der Gegenvektoren). Zu jedem $u \in V$ existiert ein $-u \in V$ mit $u + (-u) = o$.

S1 Für beliebige $u \in V$ gilt $1 \cdot u = u$.
S2 (Assoziativität der Multiplikation von Vektoren mit Skalaren). Für beliebige $u \in V$ und beliebige $\lambda, \mu \in K$ gilt $(\lambda \cdot \mu) \cdot u = \lambda \cdot (\mu \cdot u)$.
S3 (Erstes Distributivgesetz). Für beliebige $u, v \in V$ und beliebige $\lambda \in K$ gilt $\lambda \cdot (u + v) = \lambda \cdot u + \lambda \cdot v$.
S4 (Zweites Distributivgesetz). Für beliebige $u \in V$ und beliebige $\lambda, \mu \in K$ gilt $(\lambda + \mu) \cdot u = \lambda \cdot u + \mu \cdot u$.

Die Elemente der Menge V heißen Vektoren des Vektorraums $(V, +, \cdot)$.

Strukturell betrachtet ist ein Vektorraum damit ein Tripel $(V, +, \cdot)$. Im Umgang mit Vektorräumen werden jedoch die verkürzten Sprechweisen „Vektorraum über einem Körper K" oder „K-Vektorraum" genutzt (G. Fischer, 2019, S. 178).

Die gegebene Definition orientiert sich eng an der Fassung bei Filler (2011, S. 168), ist jedoch für einen beliebigen Körper K formuliert. Andere Fassungen der Definition können gegenüber der obigen Definition in verschiedener Hinsicht variieren:

Teilweise greifen alternative Definitionen auf den Begriff der Gruppe zurück. Dabei werden die Axiome A1 bis A4 aus der oben angegebenen Definition dahingehend zusammengefasst, dass das Tupel $(V, +)$, d. h. die Menge V mit der oben beschriebenen Verknüpfung „+", eine kommutative Gruppe bildet. Beispiele für solche Definitionen sind bei Bosch (2014, S. 26) und G. Fischer (2019, S. 178) zu finden. Eine andere Akzentuierung der Vektorraum-Definition ergibt sich, wenn nicht die Menge und zwei Verknüpfungen festgesetzt und vorangestellt werden, sondern erst *die Existenz von Verknüpfungen* „+" *bzw.* „$\cdot$", die mit den Axiomen

A1 bis S4 kompatibel sind, als charakteristisches Merkmal eines Vektorraums erscheint. Eine Formulierung dieser Art ist bei Beutelspacher (2014, S. 59 f.) zu finden.

Bei einem wie oben definierten Vektorraum handelt es sich um einen *Linksvektorraum*; bei der Definition eines Rechtsvektorraums ist der Definitionsbereich von „·" gegeben durch $V \times K$.

4.1.1.2 Grundlagen der Theorie der Vektorräume

Die Menge V ist gegenüber $+$ und $\cdot$ abgeschlossen, d. h., dass für beliebige u, v aus V das Bild $u + v$ und für beliebige λ aus K und für beliebige u aus V das Bild $\lambda \cdot v$ wieder in V. liegt. So können ausgehend von einer Folge v_1, $\ldots, v_n$ von Vektoren aus einem K-Vektorraum V, weitere Vektoren aus V durch skalare Multiplikation mit Elementen aus K und anschließende Addition, gebildet werden.

Definition (Linearkombination). Ein Vektor v ist eine Linearkombination einer Teilmenge $v_1, v_2, \ldots, v_n$ von V, falls es endlich viele Vektoren $v_1, v_2, \ldots, v_n$ aus $\{v_1, v_2, \ldots\}$ und $\lambda_1, \lambda_2, \ldots, \lambda_n \in K$ gibt mit $v = \lambda_1 v_1 + \lambda_2 v_2 + \ldots + \lambda_n v_n$.

Für den Nullvektor o gilt, dass er immer als (triviale) Linearkombination einer Menge $\{v_1, v_2, \ldots\}$ von Vektoren dargestellt werden kann, in der alle Koeffizienten 0 sind. Die Frage, ob sich der Nullvektor o aber auch als nicht-triviale Linearkombination einer endlichen Teilmenge von $\{v_1, v_2, \ldots\}$ darstellen lässt, führt zum Begriff der linearen Unabhängigkeit.

Definition (Lineare Unabhängigkeit). Die Vektoren $v_1, v_2, \ldots, v_n$ heißen linear unabhängig, falls gilt: $\lambda_1 v_1 + \lambda_2 v_2 + \ldots + \lambda_n v_n = o \Rightarrow \lambda_1, \lambda_2, \ldots, \lambda_n = 0$.

Alternativ ist auch diese Charakterisierung möglich: Die Vektoren v_1, v_2, $\ldots, v_n$ sind genau dann linear unabhängig, wenn sich keiner der Vektoren als Linearkombination der anderen darstellen lässt.

Eine Folge $v_1, v_2, \ldots, v_n$ von Vektoren, die diese Eigenschaft nicht aufweist, ist linear abhängig. Das bedeutet, dass die Vektoren $v_1, v_2, \ldots, v_n$ genau dann linear abhängig sind, falls es Koeffizienten $\lambda_1, \lambda_2, \ldots, \lambda_n$ aus K ungleich 0 gibt, sodass $\lambda_1 v_1 + \lambda_2 v_2 + \ldots + \lambda_n v_n = o$ erfüllt ist bzw. falls sich mindestens einer der Vektoren als Linearkombination der anderen darstellen lässt.

Im Folgenden richtet sich der Blick nun ausgehend von der Darstellung einzelner Elemente auf den Aufbau der Vektorräume. Dazu wird die Menge aller Linearkombination von $v_1, v_2, \ldots$ betrachtet, die im endlichen Fall beschrieben werden kann mit $\mathrm{span}(v_1, \ldots, v_n) = \{\lambda_1 v_1 + \ldots + \lambda_n v_n \mid \lambda_i \in K\}$.

Die Menge $\mathrm{span}(v_1, \ldots v_n)$ bildet mit den Verknüpfungen des ursprünglichen Vektorraums wieder einen (Unter-)Vektorraum $\mathrm{span}(v_1, \ldots v_n) \subseteq V$. Eine besondere Bedeutung hat span($v_1, \ldots v_n$), wenn Gleichheit gilt. Diese beschreibt die folgende Definition:

Definition (Erzeugendensystem). Wenn span($v_1, \ldots v_n$) $= V$ gilt, so nennt man die Menge $\{v_1, v_2, \ldots v_n\}$ ein Erzeugendensystem von V.

Mit den Elementen eines Erzeugendensystems von V ist jedes Element des Vektorraums als (nicht unbedingt eindeutige) Linearkombination darstellbar. Ein Erzeugendensystem muss nicht endlich sein. So ist beispielsweise die Menge $K[X]$ aller Polynome über K von beliebigem Grad mit der üblichen Addition und skalaren Multiplikation nicht endlich erzeugbar. Ein unendliches Erzeugendensystem ist durch $\{x^k \mid k \in \mathbb{N}_0\}$ gegeben. An ein Erzeugendensystem werden zunächst keine Forderungen bezüglich der linearen Abhängigkeit bzw. Unabhängigkeit der enthaltenen Vektoren gestellt. Der Begriff der Basis verschärft den Begriff des Erzeugendensystems in dieser Hinsicht.

Definition (Basis). Eine Menge von Vektoren aus V heißt Basis von V, falls sie ein *linear unabhängiges* Erzeugendensystem ist.

Eine Basis $\mathcal{B}$ eines Vektorraums besitzt die *Eindeutigkeitseigenschaft*, d. h., dass sich jeder Vektor von V eindeutig als Linearkombination mit den Elementen von $\mathcal{B}$ darstellen lässt (Beutelspacher, 2014, S. 71). Zwei äquivalente Beschreibungen der Basis sind, dass eine Basis (i) ein minimales Erzeugendensystem bzw. (ii) eine maximale Teilmenge linear unabhängiger Vektoren ist (G. Fischer, 2019, S. 200 f.).

Wenn es für einen Vektorraum V ein Erzeugendensystem mit endlich vielen Elementen gibt, so besitzt V auch eine Basis mit endlich vielen Elementen. Der oben als Beispiel angeführte nicht endlich erzeugbare Vektorraum der Polynome von beliebigem Grad hat dagegen eine unendliche Basis. Insbesondere haben zwei verschiedene Basen $(a_i)_{i \in I}$ und $(b_j)_{j \in J}$ eines Vektorraums V stets die gleiche Mächtigkeit. Für den Fall unendlich-dimensionaler Vektorräume bedeutet gleichmächtig, dass es zwischen I und J eine bijektive Abbildung gibt. Im endlichen Fall, in dem zwei Basen gleich viele Elemente haben, liefert die Zahl der Basiselemente eine charakterisierende Eigenschaft von V bzw. „dessen wichtigsten Parameter" (Beutelspacher, 2014, S. 78).

Definition (Dimension). Die Zahl der Elemente einer Basis eines Vektorraums V nennt man die Dimension von V. Nicht endlich erzeugbare Vektorräume haben die Dimension ∞.

Es sei bemerkt, dass der Körper, über dem ein Vektorraum V definiert wird, bei Fragen der Dimension eine entscheidende Rolle spielen kann. So hat $\mathbb{C}$ über dem Körper $\mathbb{C}$ die Dimension 1 – eine Basis ist $\{1\}$. Über $\mathbb{R}$ hat $\mathbb{C}$ dagegen die Dimension 2 – eine Basis ist $\{1, i\}$.

Wenn es Basen $\mathcal{A}$ von einem K-Vektorraum V und $\mathcal{B}$ von einem K-Vektorraum W gibt, die die gleiche Mächtigkeit haben, so sind V und W isomorph. Insbesondere ist damit jeder endlich-dimensionale K-Vektorraum V mit der Dimension n isomorph zum Vektorraum $(K^n, +, \cdot)$ über K mit $K^n = \{x = (x_1, x_2, \ldots x_n) | x_i$ aus K für alle $i = 1, \ldots, n$ mit den üblichen Verknüpfungen

$$+ : K^n \times K^n \to K^n; ((x_1, x_2, \ldots, x_n), (y_1, y_2, \ldots, y_n)) \mapsto (x_1 + y_1, x_2 + y_2, \ldots, x_n + y_n) \text{ und}$$
$$\cdot : K \times K^n \to K^n; (\lambda, (x_1, x_2, \ldots, x_n)) \mapsto (\lambda \cdot x_1, \lambda \cdot x_2, \ldots, \lambda \cdot x_n)$$

4.1.1.3 Beispiele

Ein erstes Beispiel für einen Vektorraum wurde bereits am Ende des letzten Abschnitts gegeben; Spezialisierungen von $(K^n, +, \cdot)$ über K sind z. B. $\mathbb{R}^n$ über $\mathbb{R}$ oder $\mathbb{C}^n$ über $\mathbb{C}$.

Auch $\mathbb{C}^n$ über $\mathbb{R}$ oder $\mathbb{R}^n$ oder $\mathbb{Q}$ bilden mit den obigen Standard-Verknüpfungen $+$ und $\cdot$ Vektorräume. Eine Basis des Vektorraums $\mathbb{C}^n$ über $\mathbb{R}$ ist durch die $2n$-elementige Menge $\{(1, 0, \ldots, 0), (0, 1, \ldots, 0), \ldots, (0, 0, \ldots, 1), (i, 0, \ldots, 0), (0, i, \ldots, 0), (0, 0, \ldots, i)\}$ gegeben, insbesondere ist $\mathbb{C}^n$ damit isomorph zu $\mathbb{R}^{2n}$. Dagegen besitzt der Vektorraum $\mathbb{R}^n$ über $\mathbb{Q}$, da er nicht endlich erzeugbar ist, keine abzählbare Basis, die Dimension von $\mathbb{R}^n$ über $\mathbb{Q}$ ist ∞.

In der Funktionalanalysis spielen Funktionenräume eine wichtige Rolle. Ein Funktionenraum ist ein Vektorraum $(\mathrm{Abb}(X, V), +, \cdot)$, wobei V bzw. $(V, +, \cdot)$ ein K-Vektorraum und X eine beliebige Menge ist. $\mathrm{Abb}(X, V)$ bezeichnet die Menge aller Abbildungen von X nach V, d. h. $\mathrm{Abb}(X, V) = \{f \mid f : X \to V\}$. Die Vektorraumverknüpfungen auf $\mathrm{Abb}(X, V)$ sind definiert durch:

$$\mathrm{Abb}(X, V) \times \mathrm{Abb}(X, V) \to \mathrm{Abb}(X, V), (f, g) \mapsto f + g \text{ mit} (f + g)(x) := f(x) + g(x) \text{ und}$$
$$K \times \mathrm{Abb}(X, V) \to \mathrm{Abb}(X, V), \qquad (\lambda, f) \mapsto \lambda \cdot f \text{ mit} (\lambda \cdot f)(x) := \lambda \cdot f(x)$$

Der Vektorraum $\mathrm{Abb}(X, V)$ ist unendlich dimensional. Ein Beispiel für eine ebenfalls unendlich dimensionale Teilmenge von $(\mathrm{Abb}(X, V), +, \cdot)$ ist der Vektorraum $(U_a, +, \cdot)$ mit $U_a = \{f \mid f : \mathbb{R} \to \mathbb{R}$ und $f(a) = 0\}$, der alle reellwertigen Funktionen mit Nullstelle a enthält. Wird die Menge U_a jedoch so eingeschränkt, dass sie nur noch Polynomfunktionen $\mathcal{P}_a$ vom Grad $\leq n$ enthält, die bei a eine Nullstelle haben, ist der resultierende Vektorraum $(\mathcal{P}_a, +, \cdot)$ endlich dimensional mit der Dimension n. Eine Basis ist z. B. mit $\left\{x - a, (x - a)^2, \ldots, (x - a)^n\right\}$ gegeben. Werden weiter die Polynomfunktionen betrachtet, die zwei verschiedene Nullstelle a und b haben, verringert sich die Dimension des Vektorraums $(\mathcal{P}_{ab}, +, \cdot)$ um 1 und die $(n - 1)$-elementige Menge $\left\{(x - a)(x - b), (x - a)(x - b)^2, \ldots, (x - a)(x - b)^{n-1}\right\}$ ist eine Basis von $\mathcal{P}_{ab}$.

Auch die Lösungen eines homogenen LGS über K^n bilden mit den oben allgemein für K^n definierten Verknüpfungen + und · einen Vektorraum $(\mathcal{L}, +, \cdot)$. Die Vektorraum-Eigenschaft der Lösungsmenge bedeutet, dass aus konkreten Lösungsvektoren eines homogenen LGS alle weiteren Lösungsvektoren als Linearkombinationen gewonnen werden können. Die Reichweite der Vektorraum-Eigenschaft betrifft auch die Lösungsmenge eines inhomogenen LGS. Wenn x' eine spezielle Lösung von $Ax = b$ ist, ist mit $\{x'+x \mid x \text{ in } (\mathcal{L}, +, \cdot)\}$ die gesamte Lösungsmenge des inhomogenen Systems beschrieben (Beutelspacher, 2014, S. 112).

4.1.2 Vektorraum von Pfeilklassen

Verschiebungen der Ebene oder des Raumes können durch Pfeilklassen beschrieben werden. In diesem Abschnitt wird zunächst nachvollzogen, dass die Menge aller Pfeilklassen der Ebene bzw. des Raumes mit passenden Verknüpfungen einen zwei- bzw. dreidimensionalen Vektorraum bildet. Anschließend wird auf die in Abschnitt 4.1.1.2 beschriebene Isomorphie-Eigenschaft von Vektorräumen in Bezug auf den Vektorraum der Pfeilklassen und $\mathbb{R}^2$ bzw. $\mathbb{R}^3$ eingegangen.

4.1.2.1 Pfeilklassen

Ausgangspunkt für die Begriffsbildung um Pfeilklassen ist die Relation „parallelgleich" auf der Menge aller Pfeile der Ebene bzw. des Raumes.

Definition (parallelgleich). Zwei Pfeile $\overrightarrow{AB}$ und $\overrightarrow{CD}$ heißen „parallelgleich", falls sie gleich lang und gleichsinnig parallel sind, d. h. wenn gilt: (i) Die Abstände zwischen Anfangs- und Endpunkt sind bei beiden Pfeilen gleich. (ii) Die Geraden, denen die beiden Pfeile angehören, sind parallel. (iii) Die Pfeile sind gleich orientiert.

Da die Relation „parallelgleich" die Eigenschaften Reflexivität, Symmetrie und Transitivität erfüllt, ist sie eine Äquivalenzrelation. Pfeile, die bezüglich der Relation „parallelgleich" zueinander in Relation stehen, also parallelgleich sind, bilden eine Äquivalenzklasse.

Definition (Pfeilklasse). Eine Pfeilklasse ist eine Äquivalenzklasse bezüglich der Äquivalenzrelation „parallelgleich".

Das heißt, dass eine Pfeilklasse u die Menge aller zu dem Pfeil u parallelgleichen Pfeile der Ebene bzw. des Raumes enthält – in symbolischer Schreibweise ausgedrückt: $u = \{x \mid x$ ist parallelgleich zu $u\}$. Jeder Pfeil aus u ist ein Repräsentant der Pfeilklasse u. Insbesondere besteht zwischen Pfeil und Pfeilklasse folgende Beziehung: Zu jedem Pfeil kann seine Pfeilklasse eindeutig benannt werden. Umkehrt enthält eine Pfeilklasse unendlich viele Pfeile, da an jedem beliebigen der unendlich vielen Punkte in der Ebene oder im Raum genau ein Repräsentant der Pfeilklasse ansetzen kann.

Die elementaren Rechenoperationen mit Pfeilklassen werden über geometrische Konstruktionen definiert.

Definition (Addition von Pfeilklassen). Es seien u und v Pfeilklassen sowie $\vec{u} = \overrightarrow{AB}$ und $\vec{v} = \overrightarrow{BC}$ Repräsentanten dieser Pfeilklassen. Die Repräsentanten sind dabei so gewählt, dass der Endpunkt von $\vec{u}$ der Anfangspunkt von $\vec{v}$ ist. Die Summe der Pfeilklassen u und v ist diejenige Pfeilklasse, welche den Pfeil $\overrightarrow{AC}$ als einen Repräsentanten besitzt bzw. $u + v = \{x | x$ ist parallelgleich zu $\overrightarrow{AC}\}$ in symbolischer Schreibweise.

Damit ist die Addition von Pfeilklassen bisher nur anhand von zwei ausgewählten Repräsentanten $\vec{u}$ und $\vec{v}$ definiert. Damit die Operation wohldefiniert ist, muss jedoch noch ihre Unabhängigkeit von konkreten Repräsentanten gesichert werden. Dies geschieht mit folgendem Satz: Seien $\overrightarrow{AB}$ und $\overrightarrow{PQ}$ zwei Repräsentanten einer Pfeilklasse u und $\overrightarrow{BC}$ und $\overrightarrow{QR}$ zwei Repräsentanten einer Pfeilklasse v, so sind $\overrightarrow{AC}$ und $\overrightarrow{PR}$ Repräsentanten derselben Pfeilklasse.

Definition (Skalare Multiplikation von Pfeilklassen). Es seien $\overrightarrow{AB}$ ein Repräsentant einer Pfeilklasse u aus der Ebene oder dem Raum und λ eine reelle Zahl. Das Produkt $\lambda \cdot u$ ist die Pfeilklasse, die durch den Pfeil $\overrightarrow{AC}$ repräsentiert wird, für den die folgenden Eigenschaften gelten:

$|AC| = |\lambda| \cdot |AB|$, in Abhängigkeit von λ: Für $\lambda < 0$ liegt C in dem Strahl, der dem Strahl AB entgegengesetzt ist. Falls $\lambda = 0$, ist $\lambda \cdot u$ die Nullpfeilklasse o (für die bezüglich jeder Pfeilklasse m gilt: $m + o = m$). Falls $\lambda > 0$ liegt C im Strahl AB.

Wie schon bei der Addition ist auch für die so anhand von konkreten Repräsentanten definierte skalare Multiplikation abzusichern, dass sie *repräsentantenunabhängig* ist. Dies leistet der folgende Satz: Sind $\overrightarrow{AB}$ und $\overrightarrow{A'B'}$ Repräsentanten einer Pfeilklasse, so sind die durch die vorangegangenen Definition bestimmten Pfeile $\overrightarrow{AC}$ bzw. $\overrightarrow{A'C'}$ Repräsentanten derselben Pfeilklasse.

4.1.2.2 Isomorphie zwischen der Menge der Pfeilklassen und $\mathbb{R}^2$ bzw. $\mathbb{R}^3$

Die Isomorphie zwischen der Menge der Pfeilklassen und $\mathbb{R}^2$ bzw. $\mathbb{R}^3$ bildet das Fundament für die Analytische Geometrie. $\mathbb{R}^2$ bzw. $\mathbb{R}^3$ sind dabei die Spezialisierungen des oben beschriebenen Vektorraums $V = K^n$ durch $K = \mathbb{R}$ und $n = 2$ bzw. $n = 3$. Wegen der Isomorphie ist es möglich, geometrische Objekte algebraisch zu erfassen und andersherum algebraische Strukturen geometrisch zu deuten. Um die Isomorphie nachzuvollziehen, wird zunächst dargestellt, (i) dass die beiden Vektorräume bezüglich eines kartesischen Koordinatensystems bijektiv aufeinander abbildbar sind und anschließend, (ii) dass die elementaren Rechenoperationen übertragbar sind.

In einem kartesischen Koordinatensystem können dem Anfangs- und dem Endpunkt eines bestimmten Pfeils eindeutige Koordinaten zugeordnet werden. Die parallelgleichen Pfeile in einer Pfeilklasse, die sich lediglich durch ihre Platzierung im Koordinatensystem voneinander unterscheiden, haben dieselben Differenzen der End- und Anfangskoordinaten – die Koordinatendifferenzen sind repräsentantenunabhängig (*).

Zu (i): Einerseits kann der Pfeilklasse p eindeutig ein Element aus $\mathbb{R}^2$ oder $\mathbb{R}^3$ zugeordnet werden:

$$p \mapsto \begin{pmatrix} x_B - x_A \\ y_B - y_A \end{pmatrix} \text{bzw. } p \mapsto \begin{pmatrix} x_B - x_A \\ y_B - y_A \\ z_B - z_A \end{pmatrix}.$$

Dabei sind (x_B, y_B) bzw. (x_B, y_B, z_B) die Koordinaten des Endpunktes B und (x_A, y_A) bzw. (x_A, y_A, z_A) die Koordinaten des Anfangspunkts A eines wegen (*) beliebigen Repräsentanten $\overrightarrow{AB}$ von p. Für den speziellen Repräsentanten, dessen Anfangspunkt im Koordinatenursprung O liegt, ergibt sich

$$p \mapsto \begin{pmatrix} x_P \\ y_P \end{pmatrix} \text{ bzw. } p \mapsto \begin{pmatrix} x_P \\ y_P \\ z_P \end{pmatrix}.$$

Andererseits kann jedem Element (x, y) aus $\mathbb{R}^2$ bzw. (x, y, z) aus $\mathbb{R}^3$ eindeutig die Pfeilklasse zugeordnet werden, die der Pfeil $\overrightarrow{OP}$ mit Endpunkt in $P(x, y)$ bzw. $P(x, y, z)$ repräsentiert. Eine Abbildungsvorschrift der bijektiven Abbildung zwischen den Vektorräumen ist gegeben durch $\phi\left(\overrightarrow{OP}\right) := \begin{pmatrix} x_P \\ y_P \end{pmatrix}$ wobei x_P, y_P die Koordinaten von P bezüglich eines kartesischen Koordinatensystems sind.

<u>Zu (ii):</u> Ausgehend von der bijektiven Abbildung in (i) werden die Addition und die skalare Multiplikation wie folgt auf die unter 4.1.1.2 angegebenen Verknüpfungen $\mathbb{R}^n$ zurückgeführt.

Zwei Pfeilklassen u und v sind bezüglich eines Koordinatensystems – wegen des unter (i) beschriebenen Zusammenhangs – die Tupel $\begin{pmatrix} x_u \\ y_u \end{pmatrix}$ und $\begin{pmatrix} x_v \\ y_v \end{pmatrix}$ bzw.

die Tripel $\begin{pmatrix} x_u \\ y_u \\ z_u \end{pmatrix}$ und $\begin{pmatrix} x_v \\ y_v \\ z_v \end{pmatrix}$ zugeordnet.

Aus der geometrisch erklärten Addition von u und v (siehe 4.1.1.1) resultiert eine Pfeilklasse $u + v$, der dasselbe Tupel bzw. Tripel entspricht, das sich durch die in $\mathbb{R}^2$ bzw. $\mathbb{R}^3$ definierte Addition der u und v zugeordneten Tupel bzw. Tripel ergibt:

$$u + v \mapsto \begin{pmatrix} x_u \\ y_u \end{pmatrix} + \begin{pmatrix} x_v \\ y_v \end{pmatrix} \text{ bzw. } u + v \mapsto \begin{pmatrix} x_u \\ y_u \\ z_u \end{pmatrix} + \begin{pmatrix} x_v \\ y_v \\ z_v \end{pmatrix}$$

Bei der Multiplikation von u mit einem Skalar aus $\mathbb{R}$ (siehe 4.1.1.1) ergibt sich eine Pfeilklasse $\lambda \cdot u$, der dasselbe Tupel bzw. Tripel entspricht, das sich bei der in $\mathbb{R}^2$ bzw. $\mathbb{R}^3$ definierten skalaren Multiplikation des u zugeordneten Tupels bzw. Tripels mit λ ergibt:

$$\lambda \cdot u \mapsto \lambda \cdot \begin{pmatrix} x_u \\ y_u \end{pmatrix} \text{ bzw. } \lambda \cdot u \mapsto \lambda \cdot \begin{pmatrix} x_u \\ y_u \\ z_u \end{pmatrix}$$

4.1.3 Übliche Einführung von Vektorräumen

In den hochschulischen Lehrveranstaltungen zur Linearen Algebra werden zwei unterschiedliche Wege bei der Einführung des Vektorraumbegriffs beschritten, die nachfolgend beschrieben werden.

Der erste Weg geht von konkreten Beispielen für Vektorräume aus. Dabei werden zunächst gemeinsame Strukturen von (bis dahin noch nicht erkennbar verbundenen) mathematischen Objekten herausgearbeitet. Dann wird die erkannte Strukturgleichheit mit der Definition des Vektorraums begrifflich festgehalten. Dieser Zugang kann kurz als „*Beispielgestützter Zugang mit der Herausarbeitung*

einer gemeinsamen Struktur ‚Vektorraum'" charakterisiert werden. Beispiele für
dieses Vorgehen sind in den Lehrwerken von Filler (2011) und Jänich (2008) zu
finden.

Bei dem alternativen Ansatz wird die axiomatische Definition des Vektorraums am Anfang eines Lehrgangs präsentiert. Typischerweise werden bei
diesem Vorgehen nach der Definition Beispiele angegeben und diskutiert, auf
die die angegebene Struktur zutrifft. Dieser Zugang kann kurz als *„Axiomatisch-
deduktiver Zugang mit illustrierenden Beispielen"* charakterisiert werden. Bei
Beutelspacher (2014) findet sich dieser Zugang „in Reinform". Bei Bosch (2014)
und G. Fischer (2019), die ebenfalls diesen Zugang wählen, geht der Einführung
jeweils „eine Vorgeschichte" voraus: Bosch (2014) deutet den Vektorraumbegriff
vorher mit der Diskussion der Modellen $\mathbb{R}^n$ mit $n = 1, 2, 3$ in den Vorbemer-
kungen an. Bei G. Fischer wurde in eigenem Kapitel zur Motivation bereits der
n-dimensionale Standardraum eingeführt und als Vektorraum bezeichnet.

Beiden Zugängen ist gemeinsam, dass sie als Spielarten des Theorieaufbaus
im Rahmen axiomatisch-deduktiver Mathematik interpretiert werden können, ihr
Unterschied liegt in der Rolle der Beispiele.

4.2 Sachanalyse zum Begriff „Skalarprodukt"

Ein Skalarprodukt ist aus Sicht der modernen, axiomatisch-deduktiv aufgebauten
Mathematik eine Verknüpfung, die zwei Vektoren aus einem Vektorraum über
einem Körper K ein Skalar aus K zuordnet.[2] In der Geometrie wird durch das
Skalarprodukt der Schritt von der affinen Geometrie zur metrischen Geometrie
ermöglicht: Während in der affinen Geometrie geometrische Objekte beschrieben
und ihre Lage untersucht wird, werden geometrische Objekte mit einem Skalarprodukt der Vermessung zugänglich. So können mittels des Skalarproduktes im
Anschauungsraum Längen, Winkel und im zugehörigen metrischen affinen Raum
Abstände zwischen Punkten ermittelt werden. Beide Sichtweisen auf das Skalarprodukt werden in diesem Unterkapitel aufgegriffen. Zunächst werden in 4.2.1
allgemeine Skalarprodukte in beliebigen Vektorräumen betrachtet, anschließend
wird in 4.2.2 auf ein Skalarprodukt im $\mathbb{R}^2$ und $\mathbb{R}^3$ mit geometrischer Definition
näher eingegangen.

---

[2] In der Physik wird manchmal vom Skalarprodukt von Vektoren verschiedener Vektorräume
gesprochen. So kann nach der Festlegung geeigneter Basen Arbeit als Skalarprodukt eines
Weges mit einer Kraft beschrieben werden (Pauer & Stampfer, 2016, S. 103 f.).

4.2.1 Skalarprodukte

Aus der Perspektive der Linearen Algebra sind Skalarprodukte in reellen Vektorräumen besondere Bilinearformen und in komplexen Vektorräumen besondere Sesquilinearformen. Da die im späteren Verlauf der Arbeit vorgestellten Lehr-Lern-Materialien für die Lineare Algebra in der Hochschule für ihre Darstellung des Themas „Skalarprodukte" bei der ersten Perspektive bleiben, werden fortan auch in diesem Abschnitt ausschließlich Skalarprodukte im Kontext reeller Vektorräume fokussiert.[3] Zunächst wird im kommenden Unterabschnitt die Definition angegeben, bevor im Anschluss Strukturen betrachtet werden, die Skalarprodukte auf reellen Vektorräumen schaffen.

4.2.1.1 Definition von Skalarprodukten als positiv definite symmetrische Bilinearformen

Kurz gefasst ist ein Skalarprodukt auf einem reellen Vektorraum V eine positiv definite, symmetrische Bilinearform; in der Definition von Jänich (2008, S. 178 f.) sind die Eigenschaften wie folgt aufgeschlüsselt:

Sei V ein reeller Vektorraum. Ein Skalarprodukt in V ist eine Abbildung

$$V \times V \to \mathbb{R}, \quad (x, y) \mapsto \langle x, y \rangle$$

mit den folgenden Eigenschaften:

(i) (Bilinearität).	*Für jedes $x \in V$ sind die Abbildungen* $\langle \cdot, x \rangle : V \to \mathbb{R}, v \mapsto \langle v, x \rangle$ *und* $\langle x, \cdot \rangle : V \to \mathbb{R}, v \mapsto \langle x, v \rangle$ *linear.*
(ii) (Symmetrie).	$\langle x, y \rangle = \langle y, x \rangle$ *für alle $x, y \in V$.*
(ii) (Positive Definitheit).	$\langle x, x \rangle > 0$ *für alle $x \neq o$.*

Die erste Eigenschaft des Skalarproduktes könnte in der Definition noch verkürzt werden, da aufgrund der Symmetrie die Linearität im ersten Argument aus der Linearität im zweiten Argument (und umgekehrt) folgt. Andere Definitionen führen anstelle von Bilinearität unter (i) die Additivität und die Homogenität als einzelne Eigenschaften der Abbildung auf (z. B. Filler, 2011, S. 219).

---

[3] Eine Darstellung der Theorie zu Sesquilinearformen bzw. Ausführungen zu Skalarprodukten in komplexen Vektorräumen sind z. B. bei G. Fischer (2019, S. 435 f.) zu finden.

Für beliebige Vektoren u, v aus einem n-dimensionalen Vektorraum V mit Linearkombinationen $u = \sum_{i=1}^{k} \lambda_i u_i$ und $v = \sum_{j=1}^{k} \mu_j v_j$ mit λ_i, μ_j aus $\mathbb{R}$ und k Vektoren aus V folgt aus den definierenden Eigenschaften des Skalarproduktes $\langle , \rangle$:

$$\langle u, v \rangle = \left\langle \sum_{i=1}^{k} \lambda_i u_i, \sum_{j=1}^{k} \mu_j v_j \right\rangle = \sum_{i=1}^{k} \lambda_i \sum_{j=1}^{k} \mu_j \langle u_i, v_j \rangle = \sum_{i,j=1}^{k} \lambda_i \mu_j \langle u_i, v_j \rangle.$$

Sind u und v bezüglich einer Basis $\mathcal{B} = (b_1, \ldots, b_n)$ von V gegeben mit $u = \sum_{i=1}^{n} \lambda_i b_i$ und $v = \sum_{j=1}^{n} \mu_j b_j$ gilt entsprechend:

$$\langle u, v \rangle = \sum_{i,j=1}^{n} \lambda_i \mu_j \langle b_i, b_j \rangle.$$

Bezüglich einer bestimmten Basis $\mathcal{B}$ kann eine eindeutige darstellende Matrix A von $\langle , \rangle$ konstruiert werden. Die Matrix $A = (\langle b_i, b_j \rangle)_{1 \leq i,j \leq n}$ heißt die zu $\langle , \rangle$ gehörige *Gramsche Matrix* (oder auch *Strukturmatrix* von$\langle , \rangle$). Unter Verwendung der Matrixdarstellung können die Werte von $\langle u, v \rangle$ über $\langle u, v \rangle = (\lambda_1, \ldots, \lambda_n) \cdot A \cdot (\mu_1, \ldots, \mu_n)^T$ bestimmt werden. Andersherum wird durch eine symmetrische, positiv definite Matrix A auch ein Skalarprodukt bestimmt (Beutelspacher, 2014, S. 308 f.). Zum Ende dieses Abschnitts werden drei Beispiele für Skalarprodukte in verschiedenen Vektorräumen angeführt:

I) Ein klassisches Beispiel für ein Skalarprodukt ist das *Standardskalarprodukt* (oder kanonische Skalarprodukt) im $\mathbb{R}^n$ mit zugrundeliegender Basis aus Einheitsvektoren, welches für zwei beliebige Vektoren x, y aus $\mathbb{R}^n$ die folgende Form hat:

$$\langle , \rangle : \mathbb{R}^n \times \mathbb{R}^n \to \mathbb{R} \quad \left(\begin{pmatrix} x_1 \\ \vdots \\ x_n \end{pmatrix}, \begin{pmatrix} y_1 \\ \vdots \\ y_n \end{pmatrix} \right) \mapsto \sum_{i=1}^{n} x_i y_i.$$

Die Gramsche Matrix des Standardskalarprodukts ist die Einheitsmatrix E_n.

II) Über dem Vektorraum der reellen Polynome $(\mathcal{P}_n, +, \cdot)$ höchstens $n-$ten Grades kann analog für zwei beliebige Polynome $p(x) = a_n x^n + \ldots + a_1 x^1 + a_0$ und $q(x) = b_n x^n + \ldots + b_1 x^1 + b_0$ durch $\langle , \rangle : \mathcal{P}_n \times \mathcal{P}_n \to \mathbb{R}$, $(p, q) \mapsto \sum_{i=1}^{n} a_i b_i$ ein Skalarprodukt definiert werden.

III) Ein anderes Skalarprodukt über $(\mathcal{P}_n, +, \cdot)$ ist gegeben durch $\langle,\rangle : \mathcal{P}_n \times \mathcal{P}_n \rightarrow$ $\mathbb{R}$, $(p, q) \mapsto \int_0^1 f(x)g(x)dx$. Für $n = 3$ erhält man bezüglich der Basis $\{1, x^1, x^2\}$ die Gramsche Matrix:

$$A = \begin{pmatrix} 1 & {}^1\!/\!_2 & {}^1\!/\!_3 \\ {}^1\!/\!_2 & {}^1\!/\!_3 & {}^1\!/\!_4 \\ {}^1\!/\!_3 & {}^1\!/\!_4 & {}^1\!/\!_5 \end{pmatrix}.$$

4.2.1.2 *Euklidische* Vektorräume

Ein Vektorraum und ein Skalarprodukt bilden zusammen eine neue Struktur, die im Fall eines $\mathbb{R}$-Vektorraums als euklidischer Vektorraum und im Fall eines $\mathbb{C}$-Vektorraums als unitärer Vektorraum bezeichnet wird.

Definition (Euklidischer Vektorraum). Unter einem euklidischen Vektorraum versteht man ein Paar $(V, \langle, \rangle)$, bestehend aus einem reellen Vektorraum V und einem Skalarprodukt $\langle, \rangle$ auf V.

Skalarprodukte ergänzen Vektorräume um metrische Aspekte, d. h., dass Längen und Winkel beschrieben werden können. Dabei handelt es sich gegenüber den Längen und Winkeln der Anschauungsebene bzw. des Anschauungsraums um verallgemeinerte Begriffe.

Auf jedem euklidischen Vektorraum $(V, \langle, \rangle)$ ist durch das Skalarprodukt eine Norm gegeben:

$$\|v\| := \sqrt{\langle v, v \rangle} \text{ für alle } v \text{ aus } V.$$

Der Begriff der Norm stellt für einen allgemeinen reellen (oder komplexen) Vektorraum V einen verallgemeinerten Längenbegriff dar.

Definition (Norm). Eine Norm $\|v\|$ ist eine Abbildung

$$\|\cdot\| : V \rightarrow \mathbb{R}^+, \ v \mapsto \|v\|$$

mit den Eigenschaften, dass für alle u, v aus V und λ aus $\mathbb{R}$ (oder $\mathbb{C}$) gilt:

$$\|v\| \geq 0 \text{ und } \|v\| = 0 \Leftrightarrow v = o.$$
$$\|u + v\| \leq \|u\| + \|v\|. \text{ (Dreiecksungleichung)}$$
$$\|\lambda \cdot v\| = |\lambda| \cdot \|v\|.$$

Die kanonische Norm $\|\cdot\|_2$, die durch das Standardskalarprodukt für $\mathbb{R}^n$ induziert ist, liefert für $\mathbb{R}^2$ bzw. $\mathbb{R}^3$ den Längenbegriff im gewohnten elementargeometrischen Sinne.

Mit einem Skalarprodukt $\langle , \rangle$ und der induzierten Norm kann weiter der Winkel $\alpha(u, v)$ zwischen zwei beliebigen Vektoren u, v ungleich o aus V definiert werden.

Definition (Winkel). Für von Null verschiedene Elemente u, v eines euklidischen Vektorraums definiert man den Öffnungswinkel $\alpha(u, v)$ zwischen u und v durch

$$\cos\alpha(u, v) = \tfrac{\langle u,v \rangle}{\|u\|\|v\|} \quad 0 \leq \alpha(u, v) \leq \pi .$$

Dass der Winkel damit wohldefiniert ist, ergibt sich aus der Ungleichung von Cauchy-Schwarz und daraus, dass der Kosinus eine bijektive Abbildung zwischen $[0, \pi]$ und $[-1, 1]$ herstellt.

Eine Folge der Loslösung der Begriffe Norm bzw. Länge und Winkel aus dem Kontext des Anschauungsraums bzw. der Anschauungsebene durch ihre Definition für allgemeine euklidische Vektorräume ist dabei, dass die unmittelbare geometrische Interpretation von Funktionswerten der Norm oder Winkeln wegfällt. So können für $(\mathcal{P}_n, \langle u, v \rangle)$ mit $\langle , \rangle$ aus Beispiel (III) in 4.2.2.1 die Norm für f aus $\mathcal{P}_n$ für $f(x) = 3x^2+2x$ ausgewertet und der Winkel zwischen f und g mit $g(x) = x^3$ berechnet werden. Eine inhaltliche Deutung der Resultate $\|f\| = \sqrt{6,1\overline{3}}$ bzw. $\alpha(f, g) \approx 68,69°$ ist mit der Übertragung der Sprechweisen aus $\mathbb{R}^2$ und $\mathbb{R}^3$ nach $\mathbb{R}^n$ nicht gegeben – Längen und Winkel haben keine ontologische Bindung mehr im elementargeometrischen Sinn (Henn & Filler, 2015, S. 199).

Schließlich wird der Begriff der Orthogonalität eingeführt.

Definition (Orthogonalität). Sei $\langle , \rangle$ ein Skalarprodukt auf V. Zwei Vektoren v_1, v_2 aus V sind orthogonal zueinander, wenn $\langle v_1, v_2 \rangle = 0$ ist. Eine Menge $\{v_1, v_2, \ldots, v_m\}$ von Vektoren aus V heißt paarweise orthogonal, wenn $\langle v_i, v_j \rangle = 0$ für alle i ungleich j ist.

Mit diesem Begriff kann nun auch der Begriff der Orthonormalbasis eingeführt werden, der es wiederum erlaubt, zwischen der Fülle der Skalarprodukte und dem Standardskalarprodukt eines Vektorraums einen starken Zusammenhang zu formulieren.

Definition (Orthonormalbasis). Eine Orthonormalbasis eines n-dimensionalen Vektorraums V ist eine Basis, deren Elemente paarweise orthogonal sind und die Norm 1 haben.

Ist $\mathcal{B} = \{v_1, v_2, \ldots, v_n\}$ eine Basis von V aus paarweise orthogonalen Vektoren, ist durch $\mathcal{B}' = \{w_1, w_2, \ldots, w_n\}$ mit $w_i := 1/\|v_i\| \cdot v_i$ für $i = 1, \ldots, n$ eine Orthonormalbasis gegeben.

Der Orthonormalisierungssatz von Gram und Schmidt besagt, dass es, wenn es für eine Teilmenge W eines endlich dimensionalen euklidischen Vektorraums V, die selbst einen Vektorraum bildet, d. h. für einen Untervektorraum von V, eine Orthonormalbasis gibt, diese zu einer Orthonormalbasis von V ergänzt werden kann. Da $W = \{o\}$ sein kann, folgt aus dem Satz, dass jeder endlich-dimensionale euklidische Vektorraum eine Orthonormalbasis besitzt.

4.2.2 Das Skalarprodukt im $\mathbb{R}^2$ und $\mathbb{R}^3$ aus geometrischer Sicht

Die geometrische Definition des Skalarproduktes schließt an einen geometrischen Vektorbegriff an. Im Pfeilklassenmodell kann ein Vektor im dreidimensionalen euklidischen Raum oder in der zweidimensionalen euklidischen Ebene mit einem Pfeil dargestellt werden, der seine Äquivalenzklasse paralleler, gleich langer und gleich orientierter Pfeile repräsentiert (siehe 4.1.2.1). Diese Pfeile sind aus elementargeometrischer Sicht Strecken mit einer bestimmten Länge. Die koordinatenfreie Analytische Geometrie führt das Skalarprodukt über die Begriffe „Strecke" und „Orientierung" aus der euklidischen Geometrie ein und setzt ein geometrisches Verfahren zur Messung von Streckenlängen und der Größe eines Winkels voraus.

4.2.2.1 Geometrische Definition

Auf Grundlage elementargeometrischer Begriffe wird das Skalarprodukt für Pfeilklassen koordinatenfrei, d. h. ohne Bindung an ein Koordinatensystem, wie folgt definiert (Definition nach G. Wittmann, 2003, S. 74):

Erste Definition (Skalarprodukt). Das Skalarprodukt $u \circ v$ von zwei (geometrischen) Vektoren u, v ist definiert als: $u \circ v = |u| \cdot |v| \cdot \cos \phi(u, v)$. Dabei ist $\phi(u, v)$ der kleinere der von u und v eingeschlossenen Winkel und $|u|$ und $|v|$ sind die elementargeometrischen Längen der zu u und v gehörenden Pfeile.

Der Winkel zwischen zwei Vektoren ist dabei gegeben durch den Winkel zwischen zwei Pfeilen, die jeweils einen der beiden Vektoren repräsentieren und denselben Anfangspunkt haben.

Aus dieser (ersten) Definition folgt unmittelbar, dass das Skalarprodukt von u und v genau dann positiv ist, wenn $\phi < 90°$ gilt. Das Skalarprodukt ist negativ genau dann, wenn $\phi > 90°$ ist. Ist das Skalarprodukt 0, so sind u oder v oder beide der Nullvektor oder u und v stehen senkrecht aufeinander, d. h. es gilt $\phi = 90°$. Sind u und v parallel, aber gleich orientiert, entspricht das Skalarprodukt dem Produkt der Längen von u und v. Insbesondere gilt für das Skalarprodukt $u \circ u = \|u\|^2$ und für die induzierte Norm $\|u\|^2 = \sqrt{(u \circ u)}$. Sind u und v parallel und entgegengesetzt orientiert, hat das Produkt ein negatives Vorzeichen.

Wird der Vektor v in seine Projektion v_u auf u und einen zu u orthogonalen Vektoren $v_\perp$ zerlegt, gilt: $u \circ v = u \circ (v_u + v_\perp) = u \circ v_u$. Das heißt, dass bei konstant gehaltenem Vektor u der Wert des Skalarproduktes $u \circ v$ nur vom Projektionsvektor v_u auf u abhängt. Gemäß der obigen Eigenschaften gilt außerdem: $u \circ v_u = \pm |u| \cdot |v_u|$. Dementsprechend kann das Skalarprodukt unter Rückgriff auf Projektionen auch wie folgt definiert werden:

Zweite Definition (Skalarprodukt). Das Skalarprodukt $u \circ v$ von zwei (geometrischen) Vektoren u, v ist definiert als: $u \circ v = \pm |u| \cdot |v_u|$ mit positivem Vorzeichen, wenn die orthogonale Projektion v_u von v auf u wie u orientiert ist, sonst mit negativem Vorzeichen.

In dieser (zweiten) geometrischen Definition ist das Skalarprodukt ein Produkt von Längen. Dieses Produkt lässt sich geometrisch deuten als der Flächeninhalt eines Rechtecks, dessen Seiten durch u und v_u bzw. durch v und u_v gegeben sind. Mit den Seitenmaßzahlen $|u|$ und $|v_u|$ gilt: $A = u \circ v = |u| \cdot |v_u|$, falls $\phi \in \left[0°, 90°\right]$ und $A = u \circ v = (-1) \cdot |u| \cdot |v_u|$, falls $\phi \in (90°, 180°]$ (Abbildung 4.1).

Abbildung 4.1 Das Skalarprodukt aus geometrischer Sicht

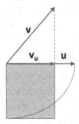 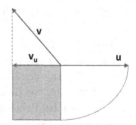

Die in der axiomatischen Definition geforderten Eigenschaften eines Skalarproduktes können für das geometrisch definierte Skalarprodukt mit elementargeometrischen Argumenten hergeleitet werden (vgl. z. B. Baum et al., 2001, S. 124 zum Assoziativgesetz).

4.2.2.2 Äquivalenz kanonisches Skalarprodukt und geometrische Definition

Bezüglich eines kartesischen Koordinatensystems sind die Beschreibungen des kanonischen Skalarproduktes zweier Vektoren u und v aus $\mathbb{R}^2$ bzw. $\mathbb{R}^3$ mit dem Koordinatenterm $u_1 v_1 + u_2 v_2$ bzw. $u_1 v_1 + u_2 v_2 + u_3 v_3$ und der geometrische Ausdruck $|u| \cdot |v| \cdot \cos \phi$ äquivalent.

Die beiden Vektoren u und v können mit der Standardbasis aus e_1, e_2 für den $\mathbb{R}^2$ bzw. e_1, e_2, e_3 für den $\mathbb{R}^3$ dargestellt werden als $u = \sum_i a_i e_i$ und $v = \sum_i b_i e_i$ mit $i = 2$ bzw. $i = 3$. Die Einheitsvektoren bilden jeweils eine Orthonormalbasis des $\mathbb{R}^2$ bzw. $\mathbb{R}^3$, insbesondere gilt $\langle e_i, e_i \rangle = 1$ und $\langle e_i, e_j \rangle = 0$ für $i \neq j$ (siehe 4.2.1.2). Von geometrischer Seite gilt für jeden der Basisvektoren und jeden der beiden Vektoren – hier am Beispiel von u – folgender Zusammenhang: $u \circ e_i = ||u|| \cdot ||e_i|| \cdot \cos(\phi) = ||u|| \cdot \cos(\phi) = u_i$. (*) Dabei ist $\phi = \angle(u, e_i)$ und u_i die i-te Komponente von u bzw. die Koordinate bzgl. des Basisvektors e_i.

Mit (*) und der Distributivität der geometrischen Fassung des Skalarproduktes folgt: $u \circ v = u \circ \sum_i v_i e_i = \sum_i v_i \cdot (u \circ e_i) = \sum_i v_i u_i = \sum_i u_i v_i$. Dies ist gerade die Koordinatendarstellung des kanonischen Skalarproduktes in $\mathbb{R}^2$ bzw. $\mathbb{R}^3$.

4.2.3 Übliche Einführung von Skalarprodukten

In 4.1.3 wurden zwei Zugänge zum Vektorraumbegriff charakterisiert, die sich zwar in der Rolle der Beispiele unterscheiden, aber beide zu einer Definition im Sinne eines axiomatisch-deduktiven Theorieaufbaus der Linearen Algebra führen. Die axiomatische Definition von Skalarprodukten als Abbildungen mit bestimmten geforderten Eigenschaften (siehe 4.2.2.1) führt diesen Aufbau fort. Durch sie wird ein strukturorientierter, axiomatischer Zugang zum Skalarprodukt bestimmt (Henn & Filler, 2015, S. 196).

Unter diesem Zugang stellt sich die geometrische Definition als *elementargeometrische Deutung* des kanonischen Skalarproduktes über $\mathbb{R}^2$ oder $\mathbb{R}^3$ dar. Die Herangehensweise von Bosch (2014) ist für diesen Zugang ein idealtypisches Beispiel, aber auch bei Beutelspacher (2014) ist dieser Zugang erkennbar. Bei Bosch (2014) wird das kanonische Skalarprodukt auf dem $\mathbb{R}^n$ nach der axiomatischen Definition des Skalarproduktes über allgemeinen Vektorräumen „mittels geometrischer Anschauung" interpretiert (S. 248). Ausgangspunkt des Kapitels über Skalarprodukte ist bei Beutelspacher (2014) die Frage nach den „möglichen (und sinnvollen) Verhältnissen, die zwei Vektoren miteinander haben können". Die geometrische Definition des Skalarproduktes dient hierfür zunächst als Beispiel, da sie den Winkel als ein solches Verhältnis beinhaltet. So wird die geometrische Definition zwar noch vor der allgemeinen Theorie der Bilinearformen als Beispiel präsentiert. Beutelspacher zeigt jedoch sofort, dass sich in der kartesischen Ebene die geometrische Definition und der Term, der später als Zuordnungsvorschrift für eine bestimmte positiv definitive symmetrische Bilinearform interpretiert werden kann, entsprechen. So erfährt die geometrische Definition auch hier rückwirkend nach der allgemeinen Einführung des Skalarproduktes den Charakter einer elementargeometrischen Interpretation eines einzelnen, speziellen Skalarproduktes über $\mathbb{R}^2$.

Von der axiomatischen Einführung unterscheiden Henn und Filler (2015) und Tietze et al. (2000) zum einen geometrisch orientierte Ansätze, die von der geometrischen Definition ausgehen, und zum anderen eine arithmetische Einführung, bei der das Skalarprodukt zweier Vektoren u, v des $\mathbb{R}^n$ zunächst (arithmetisch) als „Summe von Produkten der einander entsprechenden Komponenten" von u und v eingeführt wird. Daneben beschreiben sie „gemischte" (d. h. arithmetische und geometrische Aspekte umfassende) Ansätze zur Einführung des Skalarproduktes. Dabei dienen im $\mathbb{R}^2$ und $\mathbb{R}^3$ Fragen nach der Orthogonalität und der Berechnung von Winkeln als Ausgangspunkt, um den Term $u_1 v_1 + u_2 v_2$ bzw. $u_1 v_1 + u_2 v_2 + u_3 v_3$ näher zu betrachten, geometrisch zu interpretieren und damit ein Skalarprodukt einzuführen.

Den geometrischen, dem arithmetischen und den gemischten Zugängen ist gemeinsam, dass die in der axiomatischen Definition enthaltenen Eigenschaften Zusammenhänge (Sätze oder Rechenregeln) darstellen, die jeweils bewiesen werden müssen. Für den Fall eines arithmetischen Zugangs kann ein entsprechendes Vorgehen z. B. bei Filler (2011) nachvollzogen werden (vgl. S. 122 f.). Begründungen mit geometrischen Argumenten sind z. B. in der *Lambacher Schweizer*-Ausgabe aus 2001 oder im Schulbuch „Analytische Geometrie mit Linearer Algebra" des Cornelsen-Verlags von Kuypers und Lauter (1990).

Teil II
Fragestellung und Methodik

Forschungsfragen   5

Ausgehend von der beobachtbaren Diskontinuität zwischen Schule und Hochschule und den in der Einleitung bereits angesprochenen Herausforderungen für
Lehrkräfte und die Lehramtsausbildung sind im zweiten Kapitel Grundlagen zur
Diskontinuität und im dritten Kapitel die Problematik der doppelten Diskontinuität speziell für Lehramtsstudierende der Mathematik sowie der höhere Standpunkt
als Zielvorstellung der Lehramtsausbildung dargestellt und systematisiert worden. Das vierte Kapitel beinhaltet die fachlichen Grundlagen zu zwei zentralen
Begriffen der Linearen Algebra, die geeignet sind, um an ihnen den Umgang von
(angehenden) Lehrkräften mit Diskontinuität zu untersuchen. In diesem Kapitel
wird das Forschungsanliegen der vorliegenden Arbeit vor dem Hintergrund der
Theorie weiter konkretisiert. Im Unterkapitel 5.1 wird dazu zunächst das For-
schungsumfeld aufgezeigt, in dem sich die Arbeit verortet. Daran anknüpfend
werden in 5.2 die Forschungsziele aus der Einleitung rekapituliert, konkretisiert
und die Forschungsfragen für den weiteren Gang der Arbeit formuliert.

5.1 Forschungsumfeld: Der Umgang von (angehenden) Lehrkräften mit Diskontinuität

Im theoretischen Teil der Arbeit wurde zunächst die Diskontinuität zwischen
Schule und Hochschule in Bezug auf die Sichtweisen auf Mathematik, Prozesse
der Begriffsbildung und des Begründens und die Sprache dargestellt. Die daraus erwachsende Problematik der doppelten Diskontinuität (siehe 3.1) spiegelt
sich auf verschiedene Weise im Rahmen der fachdidaktischen Diskussion und
Forschung wider:

© Der/die Autor(en), exklusiv lizenziert durch Springer Fachmedien   127
Wiesbaden GmbH, ein Teil von Springer Nature 2022
S. Blum-Barkmin, *Diskontinuität in der Linearen Algebra und ein
Höherer Standpunkt*, Essener Beiträge zur Mathematikdidaktik,
https://doi.org/10.1007/978-3-658-37110-4_5

Sie wirft zum einen die normative Frage auf, welche Ziele die fachliche Ausbildung von Lehramtsstudierenden verfolgen sollte. In diesem Zusammenhang
hat sich als Zielvorstellung der Höhere Standpunkt etabliert, der im dritten Kapitel ab dem Unterkapitel 3.2 ausführlich besprochen wurde. Fortdauernd seit dem
Problemaufriss von Felix Klein steht die Hochschuldidaktik auch vor der Frage,
wie eine entsprechende Zielvorstellung in der Lehramtsausbildung umzusetzen
ist. Sowohl Änderungen in der Binnenstruktur bestehender Fachveranstaltungen
als auch spezielle Lehramtsveranstaltungen stellen in dieser Hinsicht Antworten
dar. Besonders Aufgaben wird immer wieder ein großes Potenzial zugeschrieben, davon zeugen die vielfältigen Ansätze in dieser Richtung (siehe 3.2.4.2).
Wegweisende konzeptionelle Überlegungen zur Gestaltung verbindender Aufgaben stammen von T. Bauer (2013). Zudem haben Weber und Lindmeier (2020)
basierend auf einem Korpus von 86 Aufgaben von acht Hochschulstandorten eine
Typisierung der Breite der Aufgaben zur Verbindung zwischen akademischem
und schulischem Fachwissen vorgenommen und streben Gestaltungsempfeh-
lungen für solche Aufgaben an. Konzeptionelle Überlegungen zur Gestaltung
spezieller Fachveranstaltungen, in der die inhaltlichen Bezüge zwischen Schule
und Hochschule explizit berücksichtigt werden, formulieren z. B. Schwarz und
Herrmann (2015) für den Bereich der Linearen Algebra. Komplementär dazu
können die Untersuchungen von Ableitinger, Kittinger und Steinbauer (2020)
gesehen werden, die sich mit den Kriterien von Lehrenden zur adressatenspe-
zifischen Gestaltung von Fachvorlesungen im Lehramt beschäftigt haben. Im
Bereich der empirisch-quantitativ orientierten Professionsforschung spiegelt indes
die Ausdifferenzierung des Kompetenzbereichs Fachwissen die Diskontinuität
zwischen Schule und Hochschule wider.

Ausgehend vom Stand der Professionsforschung und im Zusammenhang mit
der Entwicklung geeigneter Maßnahmen zur Bewältigung der Diskontinuitäts-
Problematik wird aus verschiedenen Richtungen empirisch auf den Umgang
von (angehenden) Lehrkräften mit Diskontinuität geschaut. Dabei können drei
Perspektiven unterschieden werden:

- Inwieweit verfügen (angehende) Mathematiklehrkräfte über spezifisches Professionswissen für den Umgang mit Diskontinuität? Insbesondere:

  ○ Welche Zusammenhänge gibt es mit anderen Wissenskonstrukten (akade-
    mischem Fachwissen und fachdidaktischem Wissen)?
  ○ Wie entwickelt sich dieses Wissen im Studienverlauf, d. h. mit fortschrei-
    tender fachlicher und fachdidaktischer Ausbildung?

- Welche Überzeugungen (*Beliefs*) bestehen unter (angehenden) Mathematiklehrkräften im Zusammenhang mit Diskontinuität?
- Welche Maßnahmen sind geeignet, um der Problematik der doppelten Diskontinuität zu begegnen? Insbesondere:

  ○ Sind die Beliefs angehender Mathematiklehrkräfte in Bezug auf Diskontinuität durch bestimmte Lernangebote veränderbar?
  ○ Inwieweit gelingt es (angehenden) Mathematiklehrkräften, die Perspektiven der Hochschule und der Schule auf einen mathematischen Gegenstand in konkreten Anforderungssituationen fachlich stimmig zueinander in Beziehung zu setzen?

Die Beschäftigung mit diesen Fragen ist vor allem in den letzten Jahren in den Fokus der Fachdidaktik gerückt und ist in den genannten Aspekten verschieden weit vorangeschritten.

Im Bereich der Professionsforschung hat sich das IPN intensiv damit befasst, wie ausgeprägt das schulbezogene Fachwissen (zum Konstrukt siehe 3.3.1) bei Lehramtsstudierenden ist, insbesondere (i) welche Zusammenhänge es mit dem akademischen Fachwissen und fachdidaktischem Wissen gibt und (ii) wie es sich in den ersten Studiensemestern entwickelt. Auf Basis von Daten von 505 Lehramtsstudierenden stellten Heinze et al. (2016) zunächst enge Zusammenhänge zwischen dem schulbezogenen Fachwissen und dem akademischen Fachwissen ($r = .83$) sowie zwischen dem schulbezogenen Fachwissen und dem fachdidaktischen Wissen ($r = .85$) fest (S. 342). In Bezug auf die Entwicklung zwischen dem ersten und dritten Studiensemester verhalten sich die Fachwissenskonstrukte jedoch unterschiedlich: Während es beim akademischen Fachwissen auf Gruppenebene substanzielle Zuwächse gab, waren beim schulbezogenen Fachwissen auf Gruppenebene keine signifikanten Unterschiede messbar (Hoth et al., 2019, S. 349).[1] Weitergehende Analysen der intraindividuellen Leistungsunterschiede zu den beiden Zeitpunkten zeigten insbesondere, dass es keine signifikanten Zusammenhänge zwischen dem Fachwissen im ersten Semester bzw. im dritten Semester und dem Niveau des schulbezogenen Fachwissens im dritten Semester gab. Diese Ergebnisse sprechen dafür, dass nicht davon auszugehen ist, dass mit dem akademischen Fachwissen gleichzeitig Wissen über fachliche Bezüge zwischen Schule und Hochschule erworben wird (ebd., S. 350).

---

[1] Dieser Befund gilt gleichermaßen für den echten und den Quasi-Längsschnitt. Zu den beiden Messzeitpunkten nahmen jeweils 167 bzw. 118 Studierende teil. Der echte Längsschnitt umfasst 72 Studierende.

Als signifikante Prädiktoren für die Veränderung des schulbezogenen Fachwissens wurden schulbezogene Praxiserfahrungen zum zweiten Messzeitpunkt und kognitive Grundfähigkeiten erkannt (ebd., S. 351).[2] Offen ist noch die Frage, wie sich das schulbezogene Fachwissen in der weiteren Ausbildungszeit und Berufstätigkeit entwickelt. Außerdem benennen Hoth et al. die Klärung der Zusammenhänge mit den Lernerfolgen der Schüler:innen und mit der Unterrichtsqualität als weitere Forschungsdesiderate bzw. als Perspektiven künftiger Forschung (ebd., S. 353).

Mit den Beliefs angehender Lehrkräfte im Zusammenhang mit Diskontinuität haben sich Becher und Biehler (2017) sowie Isaev und Eichler (2017; 2021) unter verschiedenen Fragestellungen beschäftigt: Becher und Biehler haben in einer Studie mit Lehramtsstudierenden im fortgeschrittenen Bachelorstudium untersucht, welchen Nutzen diese mit fachmathematischen Ausbildungsinhalten verbinden. Die Studierenden wurden dazu gebeten, einen Essay zu verfassen, in dem sie entlang einiger Leitfragen die Bedeutung der Analysisvorlesung für ihre eigene Beziehung zum Inhaltsbereich und für ihre spätere Berufstätigkeit darlegen sollen (ebd., S. 256). Die von den Studierenden ($n = 30$) genannten Nutzenaspekte wurden auf Grundlage eines Grounded Theory-Ansatzes herausgearbeitet und den oberen drei Wissensstufen aus COACTIV zugeordnet (Krauss et al., 2011, siehe 3.2.3). Zur zweiten Stufe (Schulwissen) wurde z. B. der Aspekt gezählt, dass in der Vorlesung die in der Schule benötigten technischen Fähigkeiten trainiert werden. Zur dritten Stufe (Vertieftes schulisches Wissen, insbesondere vom Höheren Standpunkt) zählt z. B. der Aspekt, dass durch die Vorlesung erkennbar wird, weshalb im Mathematikunterricht angewendete Algorithmen gültige Ergebnisse liefern. Aspekte, die Becher und Biehler der vierten Stufe zuordnen, sind z. B. tiefere Einblicke, um im eigenen Unterricht die Vielfalt der Mathematik zeigen zu können oder die Erfahrung des Herausgefordert-Seins und der Schwierigkeit des Stoffs. Insgesamt stellen Becher und Biehler (aus ihrer Sicht überraschend) zwar fest, dass die Studierenden den Nutzen der Fachvorlesung meist positiv beurteilen. Sie sehen jedoch eine Lücke zwischen der Perspektive der Studierenden und normativen Positionen in der Lehramtsausbildung. In einer weiterführenden Interviewstudie von Becher (2018) sollten die Ergebnisse diskursiv und mit Bezug zu den Essays vertieft werden. Dabei war festzustellen, dass den befragten Studierenden bezüglich der Nutzen-Thematik

---

[2] Praxiserfahrungen wurden dichotom erhoben. Die kognitiven Grundfähigkeiten wurden mit Items zu figuralen Zusammenhängen aus einem Test zu kognitiven Fähigkeiten auf Sekundarstufen-Niveau erhoben.

gerade die Beispielgenerierung schwerfällt. Becher sieht die Ursache dafür in der geringen Praxiserfahrung und in Problemen bei der spontanen Verfügbarkeit des schulmathematischen und fachmathematischen Wissens (S. 220).

Isaev und Eichler (2017) sehen ihre Forschungsarbeiten aufbauend auf denen von Becher und Biehler (ebd., S. 2917). Sie erfassen die Beliefs von Lehramtsstudierenden im Zusammenhang mit der Integration von lehramtsbezogenen Aufgaben in Fachveranstaltungen, um zu klären, ob die Aufgaben Einfluss auf die Beliefs haben. Genauer geht es um Beliefs bezüglich der Kohärenz zwischen Schulmathematik und der universitären Mathematik sowie um Beliefs bezüglich der Nützlichkeit der universitären Mathematik für die spätere Tätigkeit als Lehrkraft in der Schule (Isaev & Eichler, 2021). Dafür verwenden sie einen Fragebogen mit geschlossenen Items und mit einer Likert-Skala als Antwortformat (siehe 3.2.4.2). Unter den Items waren einige sachbezogene wie „Schulmathematik und universitäre Mathematik sind inhaltlich zwei verschiedene Welten." und einzelne personenbezogene wie „Ohne die universitäre Mathematik könnte ich das Schulfach Mathematik kaum unterrichten.", die auf eine stärkere Identifikation mit den Aussagen abzielen. Beim Einsatz des Instruments zu zwei Veranstaltungen mit $n = 118$ zeigte sich, dass die Beurteilungen der Studierenden (mehrheitlich im ersten oder dritten Semester) zur doppelten Diskontinuität insgesamt im mittleren Bereich lagen. Dabei fielen die Beurteilungen zu den Aussagen in der Dimension „Inhaltliche Verbindungen" weniger positiv aus als in der Dimension „Relevanz für den Beruf". Getrennt nach den Veranstaltungen zeigt sich das Bild, dass die Beurteilungen im Kontext der Vorlesung zur Linearen Algebra besser ausfielen als im Kontext der Analysis-Vorlesung (ebd.). Isaev und Eichler (2021) weisen auf die Notwendigkeit einer inhaltlichen, aber nicht ausschließlich theoretischen Validierung des Instruments hin. Im Rahmen einer qualitativen Teilstudie wird z. B. noch untersucht, welches Begriffsverständnis die Lehramtsstudierenden von „universitärer Mathematik" haben (a. a. O.). Die Ergebnisse zu den quantitativen Effekten der Lehramts-Aufgaben auf die Beliefs sind noch nicht veröffentlicht.

Weitere Ergebnisse zur Auseinandersetzung mit der Diskontinuität zwischen Schule und Hochschule im Kontext von Schnittstellenaufgaben berichten Schadl, Rachel und Ufer (2020) von der LMU München. Sie berichten davon, dass es zwar im Zusammenhang mit dem Aufgabeneinsatz einzelne Zuwächse in der wahrgenommenen Relevanz der Studieninhalte der Analysis und der Linearen Algebra gibt. Auf der anderen Seite sei die Nutzung des Lernangebots verhalten. Als möglicher Einflussfaktor für das Interesse am aktiven Herstellen von Bezügen zwischen Schule und Hochschule wird der Fortschritt im Studienverlauf angebracht. Bezogen auf die inhaltliche Auseinandersetzung mit den Aufgaben wird die Notwendigkeit von Fachwissen besonders betont. Die Ergebnisse eines ebenfalls durchgeführten Fachwissens-Tests würden die Frage aufwerfen, „ob das wesentliche Problem der Studiengestaltung vielleicht weniger die Klärung der Bedeutung der fachlichen Studieninhalte für den Schulbereich ist, sondern der Aufbau von Fachwissen, das die Studierenden überhaupt sinnvoll auf den schulischen Kontext übertragen können" (Schadl et al., 2020, S. 50). Dass andererseits aber auch die Inhalte der Schule Schwierigkeiten darstellen können, berichtet Zessin (2020) nach dem Einsatz von Schnittstellenaufgaben zu Themen der Linearen Algebra im ersten Studienjahr an der Universität Gießen (S. 35 ff.).

Losgelöst von Schnittstellenaufgaben untersucht Schlotterer (2020) den Umgang von Realschul-Lehramtsstudierenden mit Diskontinuität anhand der Begriffe „Äquivalenz" und „Iteration" aus der Analysis. Dies geschieht auf Grundlage von Wissens-Maps[3], die im Rahmen eines Seminars zur Erhöhung des Berufsfeldbezugs im Lehramtsstudium an der Universität Augsburg entstanden sind. Konkret soll geklärt werden, inwieweit sich Facetten des schulbezogenen Fachwissens (siehe 3.3.1 bzw. s. o) in den Wissens-Maps zeigen und in welche Richtung die Bezüge zwischen Schule und Hochschule vorrangig hergestellt werden. Das Vorkommen verschiedener Typen von Wissens-Maps (verschiedene Kombinationen von Strukturmerkmalen[4] und Denkrichtungen) deutet darauf hin, dass es unter den Studierenden eine Vielfalt von Perspektiven auf die inhaltlichen Bezüge zwischen Schule und Hochschule gibt, die mit qualitativen Forschungsansätzen erschlossen werden können (S. 823 f.).

Zusammengefasst liegen damit Erkenntnisse dazu vor,

- wie sich das Fachwissen über Bezüge zwischen Schule und Hochschule (auch im Vergleich zu anderen Fachwissenskomponenten) bei Lehramtsstudierenden entwickelt,
- welchen Nutzen sie in fachlichen Ausbildungsteilen sehen,
- wie sich Schnittstellenangebote auf das Relevanzerleben der fachlichen Ausbildung auswirken,
- welche Hürden der positiven Wirksamkeit von Schnittstellenaufgaben entgegenstehen sowie
- dazu, wie schulische und hochschulische Sichtweisen auf Themen der Analysis im Begriffsverständnis von Studierenden zusammenfinden.

---

[3] Dabei handelt es sich um hierarchisch strukturierte graphische Darstellung mathematischen Wissens in Anlehnung an Concept Maps.

[4] Strukturmerkmale, die Schlotterer in den Wissens-Maps erkennt, sind „Zentrum", „Hierarchie" und „Netz".

Im nächsten Abschnitt wird dargelegt, welche Erkenntnisse im Rahmen dieser Arbeit gewonnen werden sollen. Dazu werden (nun vor dem Hintergrund des Forschungsstands) die in der Einleitung dargestellten Ziele rekapituliert und im Anschluss die Forschungsfragen formuliert.

5.2 Entwicklung der Forschungsfragen

Bislang nicht im Blickfeld der empirischen Untersuchungen zum Umgang mit Diskontinuität lagen die Fragen (i) wie Lehramtsstudierende selbst in konkreten fachlichen Zusammenhängen Diskontinuität zwischen Schule und Hochschule wahrnehmen und (ii) wie sie die verschiedenen Sichtweisen von Schule und Hochschule auf mathematische Sachverhalte einordnen und erklären, d. h., wie sie wahrgenommene Unterschiede interpretieren. Der im Rahmen dieser Arbeit verfolgte Ansatz stellt gegenüber den Tests zum Professionswissen und zu den Schnittstellenaufgaben, in denen Diskontinuität aus einer bestimmten Sicht heraus schon interpretiert wird und bestimmte Bezüge vorgesehen sind, die die Studierenden kennen, nachvollziehen oder herstellen sollen, eine Umkehr dar.

Der Unterschied in der Perspektive kann mit Bezug auf den Höheren Standpunkt verdeutlicht werden. In 3.2.5 wurde der Höhere Standpunkt wie folgt gefasst:

Die Zielvorstellung „Höherer Standpunkt" beschreibt eine individuelle Ressource, um mathematische Betrachtungen der Schule in den wissenschaftlichen Theorieaufbau, der in der Hochschule dargestellt wird, einzuordnen und mit der eine tiefergehende Klärung von mathematischen Fragen, die im Rahmen der Schule betrachtet werden, stattfinden kann. Sie beruht auf einer begrifflichen Durchdringung der schulcurricularen Inhalte.

So könnte man auch sagen, dass die Items in den Tests zum Professionswissen und die Schnittstellenaufgaben implizit jeweils vor dem Hintergrund einer bestimmten *idealen* Ausprägung eines Höheren Standpunktes stehen. In dieser Arbeit wird der Blick darauf gerichtet, welche *tatsächlichen Ausprägungen* der Höhere Standpunkt als individuelle Ressource von angehenden Lehrkräften haben kann.

Bei der Betrachtung des Forschungsstands zum Umgang mit Diskontinuität fällt zudem auf, dass sich einerseits alle vorgestellten Untersuchungen auf den universitären Teil der Lehramtsausbildung beschränken und dabei der Schwerpunkt wiederum auf dem Bachelorstudium bzw. auf den ersten Semestern liegt. Andererseits liefern die bisherigen Erkenntnisse aus den empirischen Untersuchungen zum Umgang von Lehramtsstudierenden mit Diskontinuität Argumente dafür, dass es bei den Ausprägungen eines Höheren Standpunktes Unterschiede in Verbindung mit bestimmten *berufsbiografischen Abschnitten* geben könnte: Hoth et al. (2019) konnten zumindest für die Zeitspanne der ersten beiden Semester feststellen, dass *Praxiserfahrungen* die Ausprägung des schulbezogenen Fachwissens positiv beeinflussen. Schadl et al. (2019) stellten fest, dass *höhere Semester* dem Herstellen von Bezügen zwischen Schule und Hochschule eine größere Relevanz zuzuschreiben scheinen. Auch Isaev und Eichler (2021) berichten von unterschiedlich ausgeprägten Beliefs zwischen *verschiedenen Semestern* (wenngleich hier nicht sicher zu klären ist, ob die Unterschiede wirklich auf dem Studiensemester oder der anderen Veranstaltung, in der die Beliefs erhoben wurden, beruht). Bei Zessin zeigte sich die *Souveränität im Umgang mit den schulischen Inhalten* als relevanter Faktor für den erfolgreichen Zugriff auf Schnittstellenaufgaben. Und Becher (2018) schließt ausgehend von Interviewsituationen, dass die *Nähe zur Praxis* einen Einfluss darauf haben könnte, inwieweit es gelingt, auf konkreter inhaltlicher Ebene die Relevanz der fachlichen Vorlesungen für die eigene Unterrichtstätigkeit zu erkennen.

So erscheint es lohnend, die Ausprägung des Höheren Standpunktes in verschiedenen Abschnitten des Lehramtsstudiums und außerdem unter Referendar:innen (mit Nähe zur Praxis und zur hochschulischen Ausbildung) sowie unter Lehrkräften mit einiger Praxiserfahrung (und weiter zurückliegendem Studium) zu untersuchen.

Diskontinuität in der Linearen Algebra der gymnasialen Oberstufe ist im Rahmen dieser Arbeit zugleich Motivation und Ansatzpunkt für die Beschäftigung mit den Ausprägungen eines Höheren Standpunktes. Einerseits erfordert der kompetente Umgang mit Diskontinuität einen Höheren Standpunkt, andererseits kann ein Höherer Standpunkt in der Auseinandersetzung mit Diskontinuität erkennbar werden. Vor diesem Hintergrund lautet das erste Ziel der vorliegenden Arbeit:

*Das **erste Ziel** der Arbeit besteht darin, ausgehend von der Wahrnehmung von Diskontinuität im Bereich der Linearen Algebra und vom Umgang von Lehramtsstudierenden, Referendar:innen sowie berufserfahrenen Lehrkräften mit der Diskontinuität, Erkenntnisse zu den empirischen Ausprägungen eines Höheren Standpunktes für den Bereich der Linearen Algebra zu gewinnen.*

Das zweite Ziel der Arbeit baut auf dem ersten auf.

*Das **zweite Ziel** der Arbeit besteht darin, die empirisch gewonnenen Erkenntnisse zu nutzen, um die normative Zielvorstellung vom Höheren Standpunkt von Mathematiklehrkräften im Sinne einer praxisnahen, da partizipativ gewonnenen, Zielvorstellung für den Bereich der Linearen Algebra für die universitäre Mathematiklehrerbildung weiterzuentwickeln und damit die normative Zielvorstellung des Höheren Standpunktes empirisch anzureichern.*

Der Beschreibung der Ausprägungen eines Höheren Standpunktes geht eine inhaltsbezogene Konkretisierung der Diskontinuität zwischen Schule und Hochschule im Bereich der Linearen Algebra auf Grundlage der Aspekte von Diskontinuität aus Kapitel 2 voraus. In Kapitel 2 wurde aufgezeigt, dass sich Begriffsbildungen in Schule und Hochschule deutlich unterscheiden, daher stellen zwei Begriffe aus dem Bereich der Linearen Algebra den Ansatzpunkt dar für die Konkretisierung der Diskontinuität in diesem Bereich. In Abschnitt 2.5.2 wurde schon festgehalten, dass die Begriffe *Vektor und Skalarprodukt* geeignete Begriffe sind, da sie semantisch reichhaltige „gemeinsame Begriffe" von Schule und Hochschule darstellen. Die Konkretisierung geschieht anhand von Lehr-Lern-Materialien bzw. Ausschnitten aus Lehrwerken zu den Begriffen Vektor und Skalarprodukt. Sowohl in der Schule als auch in der Hochschule spielen Lehrwerke eine entscheidende Rolle im Lernprozess und es ist anzunehmen, dass die Lehr-Lern-Materialien typische Perspektiven von Schule und Hochschule abbilden (Vollstedt et al., 2014, S. 33 f.). Daher ist für die Beschreibung der Diskontinuität folgende Forschungsfrage leitend:

1. **Wie zeigt sich Diskontinuität im Bereich der Linearen Algebra anhand von Lehr-Lern-Materialien für Schule und Hochschule zu den Begriffen Vektor und Skalarprodukt?**

Um die Ausprägungen eines Höheren Standpunktes erfassen zu können, ist vorab zu klären, wie das Konstrukt empirisch zugänglich gemacht werden kann. Die Entwicklung einer entsprechenden Methode stellt insoweit ein weiteres (Teil-) Ziel dieser Arbeit dar. Dieses Ziel wird mit der folgenden Forschungsfrage angesprochen:

2. **Wie kann die Ausprägung eines Höheren Standpunktes bei (angehenden) Mathematiklehrkräften erfasst werden?**

Mit der Klärung dieser Frage sind sodann wesentliche Grundlagen gelegt, um in den beiden nächsten Forschungsfragen auf die oben formulierten Hauptziele zu fokussieren. Zum ersten Hauptziel wird folgende Forschungsfrage als Leitfrage formuliert:

3. **Wie ist bei (angehenden) Mathematiklehrkräften ein Höherer Standpunkt im Umgang mit Diskontinuität im Bereich der Linearen Algebra der gymnasialen Oberstufe ausgeprägt?**

In drei Teilfragen werden einzelne Aspekte dieser Frage fokussiert. Der erste Aspekt ist die *Wahrnehmung von Diskontinuität*. Diskontinuität wahrzunehmen, ist eine notwendige Voraussetzung dafür, dass ein Höherer Standpunkt im Umgang mit Diskontinuität zum Tragen kommen kann. Daher bildet die Wahrnehmung von Diskontinuität seitens der (angehenden) Lehrkräfte den Startpunkt für die Frage nach der Ausprägung eines Höheren Standpunktes. Die dazugehörige Forschungsfrage, die erste der drei Teilfragen zur Forschungsfrage 3, lautet vorläufig: Wie nehmen (angehende) Mathematiklehrkräfte Diskontinuität im Bereich der Linearen Algebra der gymnasialen Oberstufe wahr? Mit den Ergebnissen der Forschungsfrage 2 (siehe Unterkapitel 6.2) kann diese erste Version der Forschungsfrage 3a weiter konkretisiert werden zu:

a. Welche Aspekte von Diskontinuität im Bereich der Linearen Algebra der gymnasialen Oberstufe nehmen (angehende) Mathematiklehrkräfte im konkreten Fall wahr, d. h. welche Gemeinsamkeiten und Unterschiede sehen sie bei der Einführung von Vektoren und dem Skalarprodukt in Lehr-Lern-Materialien?

In dieser Fassung wird die Methode zur Erfassung des Höheren Standpunktes bereits berücksichtigt.

Der zweite Aspekt zur Forschungsfrage 3, auf den mit einer Teilfrage eingegangen wird, ist die *Auseinandersetzung mit Diskontinuität in Erklärungen und Begründungen*.

Im Rahmen der Teilfrage 3b wird betrachtet, wie die (angehenden) Lehrkräften die von ihnen wahrgenommene Diskontinuität erklären bzw. einordnen.

b. Welche Erklärungen und Gründe für die wahrgenommenen Unterschiede vor dem Hintergrund verschiedener Sichtweisen auf Mathematik und verschiedener Rahmenbedingungen des Lehrens und Lernens in Schule und Hochschule werden von den (angehenden) Lehrkräften zum Ausdruck gebracht?

Der dritte Aspekt, auf den im Rahmen der Teilfragen fokussiert wird, ist die *vergleichende Betrachtung verschiedener berufsbiografischer Etappen*. Im Hinblick auf die Aspekte von Diskontinuität, die wahrgenommen werden und im Hinblick auf die vorgebrachten Deutungszusammenhänge wird gefragt:

c. Inwieweit zeigen sich in verschiedenen berufsbiografischen Abschnitten Unterschiede in den Ausprägungen eines Höheren Standpunktes im Umgang mit Diskontinuität?

Die abschließende Forschungsfrage nimmt das zweite Ziel der Arbeit in den Blick:

4. **Wie kann unter Einbezug der Perspektive der (angehenden) Lehrkräfte die Zielvorstellung eines Höheren Standpunktes für den Bereich der Linearen Algebra konkretisiert werden?**

Sie zielt darauf ab, eine fachinhaltlich und auf empirischer Grundlage konkretisierte Zielvorstellung eines „Höheren Standpunktes für den Bereich der Linearen Algebra" für die erste Phase der Lehrerbildung zu erarbeiten. Das angestrebte Ergebnis kann als *normativ-deskriptive Zielvorstellung* charakterisiert werden.

Das nachstehende Diagramm stellt die vorangehend beschriebenen Beziehungen zwischen den Forschungsfragen (und den Zielen der Arbeit) zusammenfassend gebündelt dar. Außerdem ist die Ausrichtung der Forschungsfragen angegeben (Abbildung 5.1):

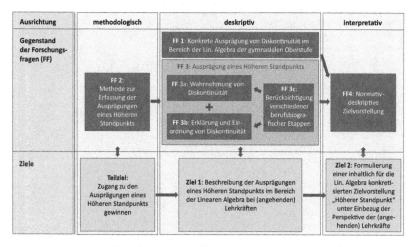

Abbildung 5.1 Zusammenhang der Forschungsfragen und Forschungsziele

Forschungsmethoden 6

Im sechsten Kapitel dieser Arbeit liegt der Schwerpunkt auf den Methoden. Zunächst geht es in 6.1 um das Vorgehen bei der Analyse der Lehr-Lern-Materialien im Zusammenhang mit der ersten Forschungsfrage. Im Unterkapitel 6.2 wird entsprechend der zweiten Forschungsfrage die Methode zur Erfassung eines Höheren Standpunktes unter (angehenden) Lehrkräften entwickelt. Deren Anwendung zur Beantwortung der dritten Forschungsfrage wird im Unterkapitel 6.3 näher beschrieben. Schließlich geht es in 6.4 um das Vorgehen bei der Auswertung der Interviews, die im Rahmen der empirischen Untersuchungen geführt wurden.

6.1 Analyse der Lehr-Lern-Materialien

Innerhalb dieses Unterkapitels werden zunächst Anforderungen an die Methodik bei der Materialanalyse formuliert, die sich aus deren Funktion innerhalb der Arbeit ergeben. Vor diesem Hintergrund wird ein existierender Ansatz im Hinblick auf seine Eignung bewertet. Im zweiten Abschnitt des Unterkapitels werden dann das angewendete Verfahren und – da es sich um ein kategorienbasiertes Verfahren handelt – insbesondere das zugrunde gelegte Kategoriensystem erläutert.

Ergänzende Information Die elektronische Version dieses Kapitels enthält Zusatzmaterial, auf das über folgenden Link zugegriffen werden kann https://doi.org/10.1007/978-3-658-37110-4_6.

6.1.1 Ansätze für eine Materialanalyse zur Explikation von Diskontinuität

Im Kontext der Arbeit soll die Analyse der Lehr-Lern-Materialien für Schule und Hochschule eine Doppelfunktion erfüllen: eine *Belegfunktion* und eine *Orientierungs- bzw. Referenzfunktion*. Nachstehend werden die einzelnen Funktionen erläutert und potenzielle Analyseansätze diskutiert.

In ihrer **ersten Funktion** soll die Materialanalyse einen Beleg dafür liefern, dass sich die im zweiten Kapitel allgemein beschriebene Diskontinuität zwischen Schule und Hochschule anhand konkreter mathematischer Gegenstände aus einem für den Übergang relevanten Themenbereich tatsächlich nachweisen lässt. Gegenstand und Themenbereich werden die Begriffe Vektor und Skalarprodukt aus der Linearen Algebra sein.

Die **zweite Funktion** der Materialanalyse soll darin bestehen, einen normativen Referenzrahmen für die empirische Untersuchung zur Ausprägung eines Höheren Standpunktes bei (angehenden) Lehrkräften aufzuzeigen. In diesem Sinne geht es bei der Beantwortung der ersten Forschungsfrage um das Ausloten, auf welche Aspekte von Diskontinuität (angehende) Lehrkräfte potenziell in dem im nächsten Unterkapitel entwickelten Setting eingehen könnten. Praktisch werden die Ergebnisse der Materialanalyse in der Arbeit als Zwischenergebnis insofern genutzt, dass sie zur Ableitung eines deduktiven Kategoriensystems zur Beantwortung der Forschungsfrage 3a genutzt werden.

Inhaltlich nahe an der Thematik (Diskontinuität) und an der Richtung (vergleichend) der geplanten Materialanalyse sind die Arbeiten von Vollstedt et al. (2014), die daher genauer betrachtet und dann in Bezug auf ihre Anwendbarkeit für den geschilderten Zweck reflektiert werden: Vollstedt et al. haben zur Untersuchung und Beschreibung von Diskontinuität und von Unterschieden beim Lernen von Mathematik in Schule und Hochschule ein Framework zur Analyse von Schulbüchern und Lehrbüchern entworfen. Darauf aufbauend haben sie ein Verfahren zur Anwendung des Frameworks entwickelt und erprobt.

Das Framework unterscheidet zwischen inhaltsspezifischen Aspekten („Content-specific criteria") und allgemeinen Aspekten („General criteria") und bildet eine didaktische und eine psychologische Perspektive ab (ebd., S. 34 f.). Unter den inhaltsspezifischen Aspekten werden solche Aspekte gefasst, die Begriffe, Sätze, Beweise und Aufgaben betreffen. Die generellen Aspekte erstrecken sich auf die Motivation der Lernenden und gestalterische Aspekte in den Büchern. Mit der Formulierung des Frameworks sollte eine Grundlage für den Vergleich von Schul- und Lehrbüchern anhand einer aus quantitativ-psychologischer Sicht reliablen Rating-Skala geschaffen werden. Entsprechend wurden zu den einzelnen Aspekten des Modells jeweils Aussagen formuliert, die mit verschiedenen Ausprägungen in der Kategorie korrespondieren. So wurde z. B. der Aspekt der Einführung eines Begriffs (unter der Hauptkategorie „Concepts (development and understanding)") durch die folgenden drei Aussagen in drei Stufen operationalisiert (ebd., S. 43 f.; eigene Übersetzung):

1. *Es gehört zur Konzeption des Buchs, dass ein neuer Begriff mit einem außer- oder innermathematischen Beispiel oder einem Problem eingeführt wird.*
2. *Außer- oder innermathematische Beispiele oder Probleme werden sporadisch zur Einführung genutzt.*
3. *Es gibt keine Einführung.*

Beim Rating wird dann jeweils für ein Lehrbuch entschieden, ob ihm insgesamt in dieser Kategorie der Wert 1, 2 oder 3 zugewiesen wird. Bei der Erprobung des Rating-Verfahrens mit zwei Masterstudierenden als Ratern wurden nach diesem Vorgehen in einigen, aber nicht in allen Kategorien zufriedenstellende Werte für Cohens Kappa (als Maß für die Interkoderreliabilität) erreicht. Aus den Ergebnissen wurde die Notwendigkeit einer Nachbesserung bei den Stufenbeschreibungen zu den Kategorien abgeleitet (ebd., S. 44).

Die Nutzung des Frameworks mit der oben beschriebenen, evaluativen Vorgehensweise liefert ein Verfahren, das Stärken quantitativer Analysemethoden bietet. Jedoch erscheint im Hinblick auf die Erfüllung der zweiten Funktion der Materialanalyse ein quantifizierender Ansatz im Umgang mit dem Framework ungeeignet.

Das anzuwendende Analyseverfahren muss es im Hinblick auf die zweite der oben aufgezeigten Funktionen jedoch möglich machen, Ausprägungen von Diskontinuität vertieft und inhaltlich-differenziert auf der Ebene der Begriffe zu erfassen und zu explizieren. Quantitative Ergebnisse, wie sie das Ratingverfahren von Vollstedt et al. liefert, können hierfür nicht genutzt werden. Daher rücken für die Materialanalyse qualitative Methoden in den Blick, deren wesentliches Merkmal ist, „dass man mit ihnen interpretierend und rekonstruierend arbeitet" (Schreiber, Schütte & Krummheuer, 2015, S. 592).

Grundsätzlich geeignet für eine vergleichende, tiefergehende Auseinandersetzung mit der inhaltlichen Erarbeitung der fokussierten Begriffe in den Lehr-Lern-Materialien scheint die qualitative Inhaltsanalyse zu sein. Sie stellt ein kategorienbasiertes Verfahren dar, das „an der Struktur und Bedeutung des zu analysierenden Materials" (Mayring, 2015, S. 28) ansetzt. Bei der qualitativen

Inhaltsanalyse wird das zu analysierende Material in Analyseeinheiten segmentiert und dann unter bestimmten Gesichtspunkten (den Kategorien) betrachtet, um es zu ordnen oder zu strukturieren.

Allerdings ist hierbei zu beachten, dass Mayring bei dem „zu analysierenden Material" allgemein von Texten spricht (a. a. O.). Gemeint sein dürften damit aber vor allem die in den sozialwissenschaftlichen Anwendungskontexten der qualitativen Inhaltsanalyse anzutreffenden linearen Texte. Das Material, das Schul- bzw. Lehrbücher für Mathematik beinhalten, ist dagegen im Allgemeinen nicht linear strukturiert. Mit dem für Schulbücher typischen Nebeneinander von Lehrtext und anderen Mikro-Strukturelementen (im Sinne von Rezat (2009)) oder der Nutzung ikonischer Darstellungen, z. B. in Form von Diagrammen oder Koordinatensystemen, ergibt sich eine (mindestens) zweidimensionale Struktur. Bei einer einfachen Segmentierung des Materials entlang formaler Kriterien bzw. nach Strukturelementen gingen Referenzen innerhalb des Materials verloren. Bei dem gewählten Vorgehen wird dies in der Entscheidung über die Analyseeinheit in der Untersuchung der Materialien berücksichtigt.

6.1.2 Beschreibung des gewählten Vorgehens

Die Analyse der Lehr-Lern-Materialien zur Begriffseinführung von Vektoren und dem Skalarprodukt in Schule und Hochschule findet im Rahmen dieser Arbeit nach einem kategorienbasierten, inhaltsanalytischen Vorgehen statt. Dabei wird ein Kategoriensystem an die Lehr-Lern-Materialien herangetragen, das das „Gesamtphänomen" der Diskontinuität zwischen Schule und Hochschule vor dem Hintergrund der theoretischen Grundlagen zur Diskontinuität im zweiten Kapitel der Arbeit inhaltlich in Teilaspekte segmentiert.

Um der Problematik der im Allgemeinen nicht-linearen Struktur von Mathematikschulbüchern bei der Durchführung der Analyse zu begegnen, wird auf eine kleinschrittige Segmentierung der Lehr-Lern-Materialien in Analyseeinheiten verzichtet. Stattdessen wird jeweils *der ganze betrachtete Materialausschnitt* zu einem Begriff aus dem jeweiligen Lehrwerk für die Schule oder die Hochschule als Analyseeinheit zugrunde gelegt. Die Ausschnitte umfassen zwischen zweieinhalb und sechseinhalb Seiten und sind damit hinreichend überschaubar, um sie auch als Gesamteinheit daraufhin zu begutachten, welchen inhaltlichen Gehalt sie bezüglich einer Kategorie aufweisen.

Das Kategoriensystem zur *Ausprägung von Diskontinuität zwischen Schule und Hochschule in Lehr-Lern-Materialien mit Schwerpunkt Begriffseinführung* besteht aus drei Hauptkategorien: *Ausgestaltung des Theorieaufbaus, „Der Vektorbegriff"* bzw. *„Der Begriff Skalarprodukt"* und *Mathematikbezogene Darstellungen.*

Zur Hauptkategorie *Ausgestaltung des Theorieaufbaus* gehören die folgenden Subkategorien: *Systematisierung und Ordnung der Konzepte, Realweltliche Bezüge, Umgang mit Begründungen* und außerdem die Subkategorie *Axiomatische Grundlegung.* Unter der Subkategorie *Ordnung und Systematisierung der Konzepte* wird der Aufbau der Theorie betrachtet in dem Sinne, welche Theorieelemente in den mathematischen Texten vorkommen (Definitionen, Sätze, Beweise) und welche inhaltliche Struktur den Materialeinheiten zugrunde liegt. Die Subkategorie *Realweltliche Bezüge* betrifft die Frage, inwieweit die mathematische Theorie zur Realwelt in Beziehung gesetzt wird oder in der Nähe zu dieser entwickelt wird. Die Subkategorie *Umgang mit Begründungen* bezieht sich auf die Dimension „Begründung von Zusammenhängen" im theoretischen Teil (siehe 2.4.2) und umfasst das Vorkommen und die Gestaltung von Begründungen, z. B. die Frage nach dem Rückgriff auf anschauliche Argumente. Unter der Subkategorie *Axiomatische Grundlegung* wird darauf eingegangen, inwieweit sich Unterschiede im Hinblick auf eine axiomatische Herangehensweise gegenüber einer genetischen Herangehensweise zeigen.

Mit der zweiten Hauptkategorie *„Der Vektorbegriff"* bzw. *„Der Begriff Skalarprodukt"* wird auf begriffliche Aspekte von Vektor und Skalarprodukt fokussiert, in denen sich potenziell die Folgen von Diskontinuität zwischen Schule und Hochschule auf der Ebene der Begriffsbildung niederschlagen können (siehe 2.4.1). Bei der Übersetzung in Subkategorien wird auf die begrifflichen Aspekte aus der Theorie zum Begriffsverständnis nach Weigand (2015) bzw. Vollrath (1984) zurückgegriffen. Im Einzelnen lauten die Subkategorien entsprechend wie folgt: *Begriffsinhalt, Begriffsumfang, Begriffsnetz* und *Anwendung des Begriffs/Umgang mit dem Begriff.* Unter der Subkategorie *Begriffsinhalt* werden die Merkmale oder Eigenschaften des Vektorbegriffs bzw. des Begriffs Skalarprodukt und deren Beziehungen untereinander verstanden (Weigand, 2015, S. 264). Mit der Subkategorie *Begriffsumfang* wird die Gesamtheit der Objekte angesprochen, die unter dem jeweiligen Begriff zusammengefasst werden (ebd., S. 265). Unter der Subkategorie *Begriffsnetz* wird die Einbindung des Begriffs in ein größeres System von Begriffen gefasst. Begriffsnetze können bei der Hinzunahme eines Begriffs in zwei Richtungen wachsen, sowohl durch Spezialisierung des Begriffs als auch durch Bezüge zu anderen Begriffen (ebd., S. 266). Die Subkategorie *Anwendung des Begriffs/Umgang mit dem Begriff* bezieht sich auf die Rolle des Begriffs in Bezug auf mathematische Probleme: „[Ein Begriff] kann etwa die Lösung eines Problems sein, er kann ein Hilfsmittel zur Lösung eines Problems oder eine Quelle für neue Problemstellungen sein" (ebd., S. 268).

Die dritte Hauptkategorie *Mathematikbezogene Darstellungen* umfasst zwei Subkategorien: *Ikonische Darstellungen* und *Sprache*. Die Subkategorie *Ikonische Darstellungen* bezieht sich zunächst grundsätzlich auf den Gebrauch und weitergehend auf die Funktion der Darstellung. „*Sprache*" als Subkategorie geht direkt auf die Dimension *Sprache* in 2.4.3 zurück. Zu betrachtende Teilaspekte sind hierbei z. B. das Sprachregister oder die Ökonomie der Sprache (Einsatz von Formelschreibweisen).

Das beschriebene Kategoriensystem bildet die Aspekte und Dimensionen von Diskontinuität ab, die im Unterkapitel 2.6 vor dem Hintergrund der Darstellung in Kapitel 2 zusammenfassend fixiert wurden (Abbildung 6.1).

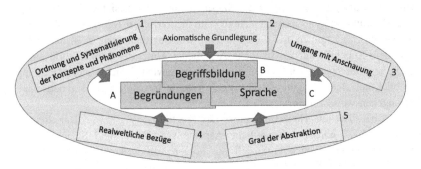

Abbildung 6.1 Aspekte und Dimensionen von Diskontinuität. (Darstellung aus 2.6 mit Bezügen)

Die Zusammenhänge werden in der folgenden Visualisierung des Kategoriensystems (Abbildung 6.2) explizit gemacht. Dabei zeigen die Ziffern und Buchstaben an den Blättern der Baumstruktur die Bezüge zu den Aspekten (hellerer Farbton) und Dimensionen (dunklerer Farbton) von Diskontinuität auf.

Der Ablauf bei der Anwendung des Kategoriensystems ist dann so, dass das Kategoriensystem sukzessive durchlaufen wird und dabei jeweils der Schulbuch- und der Lehrbuchausschnitt aus der durch die Haupt- bzw. Subkategorie vorgegebenen Perspektive betrachtet und gegenübergestellt werden.

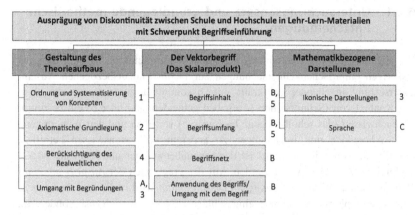

Abbildung 6.2 Deduktives Kategoriensystem zur Analyse der Lehr-Lern-Materialien

6.2 Entwicklung einer Methode zur Erfassung eines Höheren Standpunktes

In diesem Unterkapitel wird eine Erhebungsmethode für einen Höheren Standpunkt im Sinne der gemeinsamen begrifflichen Ausgangsbasis, die am Ende von Kapitel 3 formuliert wurde, entwickelt. Damit dient das Unterkapitel der Beantwortung der methodologischen Forschungsfrage 2:

> **Wie kann die Ausprägung eines Höheren Standpunktes bei (angehenden) Mathematiklehrkräften erfasst werden?**

Das methodische Vorgehen steht auf der Grundlage von theoretischen Überlegungen und den Erkenntnissen aus einer Pilotstudie, auf deren Basis die Methode weiterentwickelt werden konnte. In diesem Unterkapitel werden in 6.2.1 die Überlegungen zur Gestaltung der Methode aufgezeigt und Merkmale der Erhebungsmethode abgeleitet, in 6.2.2 wird das Ergebnis der Entwicklungsarbeit im Sinne einer methodischen Anleitung beschrieben. Abschließend werden in 6.2.3 Grenzen der Erhebungsmethode diskutiert.

6.2.1 Untersuchungsansatz und grundlegende methodische Entscheidungen

Ein Ergebnis aus der Betrachtung des Forschungsumfelds in 5.1 war, dass die bisherigen empirischen Untersuchungen zur fachlich-inhaltsbezogenen Auseinandersetzung angehender Lehrkräfte mit Diskontinuität zumeist entweder a) an den Kontext von (Schnittstellen-)Aufgaben gebunden sind oder b) ein bestimmtes Fachwissen (das schulbezogene Fachwissen) vorsehen und den Wissensstand bei Studierenden und Beziehungen zu anderem Professionswissen betreffen. Der Einsatz von Wissens-Maps ist demgegenüber offener und kann als stärker explorativer Ansatz gewertet werden. Mit der Frage nach der *Ausprägung eines Höheren Standpunktes im Umgang mit Diskontinuität* wird in dieser Arbeit (ebenfalls) eine explorative Richtung eingeschlagen. Dies zeigt sich insbesondere im Charakter der Teil-Forschungsfragen, die abzielen auf

- die *Rekonstruktion* von Diskontinuität aus der Sicht von (angehenden) Lehrkräften und damit auf das Erfassen von *Vorstellungen* zur Diskontinuität (Forschungsfrage 3a zur Wahrnehmung von Diskontinuität) und
- die *qualitative Beschaffenheit* des Umgangs mit Diskontinuität (Forschungsfrage 3b zu den Erklärungen und Einordnungen wahrgenommener Diskontinuität),

beides insbesondere unter Berücksichtigung der spezifischen Perspektiven in verschiedenen berufsbiografischen Abschnitten (Forschungsfrage 3c).

Zur Erreichung dieser Ziele ist die Wahl eines **qualitativen Forschungsansatzes** geboten. In der qualitativen Forschung geht es allgemein um die Interpretation sozialer Phänomene sowie um die Rekonstruktion von Fällen und bestimmten Zusammenhängen (Rosenthal, 2014, S. 14). Nach Strauss und Corbin ist qualitative Forschung die Betrachtung von Daten aus Beobachtungen und Interviews, die Anwendung analytischer und interpretativer Verfahren zur Erlangung von Befunden oder Theorien aufgrund des Vorliegens schriftlicher und verbaler Berichte, letztlich also alles, was nicht auf quantifizierenden und statistischen Verfahren beruht. Wenn Individuen über persönliche Erfahrungen mit spezifischen Phänomenen berichten sollen, deren Verständnis im Unklaren liegt und über die wenig Wissen existiert, ist der Ansatz der Wahl qualitativ (Strauss & Corbin, 1996, S. 5). Qualitative Forschung kann dann bei der Erhellung unerforschter Gegenstandsbereiche und der Formulierung von Theorien helfen (ebd., S. 9). Wesentliche Merkmale qualitativer Forschung können nach Lamnek und Krell (2016) in sechs Prinzipien zusammengefasst werden (S. 33 ff.):

1. Offenheit der Forschung, d. h., eine explorative Haltung der Forschenden gegenüber Neuem zur Hypothesengenerierung anstatt Hypothesenprüfung,
2. Forschung als bewusste Interaktion zwischen den Beforschten und den Forschenden,
3. Prozesscharakter der Forschung,
4. Reflexivität der Forschung, d. h., Bedeutungen sind kontextgebunden und werden lediglich durch die Reflexion des Forschungszusammenhangs wirklich verständlich,
5. Explikation der Einzelschritte im Forschungsprozess und
6. Flexibilität der Forschung vor dem Hintergrund, dass das beforschte Problem im sozialen Leben entsteht und darin verwurzelt bleibt und dass die zunächst breite Sichtweise auf ein Phänomen im Verlaufe qualitativer Untersuchungen immer weiter zuzuspitzen und zu präzisieren ist.

Grundlegend für das Selbstverständnis qualitativer Forschung ist nach Lamnek außerdem, die Proband:innen einer Studie als kompetente Interaktionspartner:innen zu sehen, welche über die eigentliche Expertise für die beforschte Problematik verfügen (ebd., S. 27).

Als Forschungsmethode für die Erhebung eines Höheren Standpunktes stellt das **Interview** einen geeigneten Ansatzpunkt dar. Interviews werden im Rahmen qualitativer Forschung vor allem dann gewählt, wenn die Erfassung subjektiver Sichtweisen und Sinnkonstruktionen im Zentrum des Erkenntnisinteresses steht (Reinders, 2011, S. 86 f.). Dies ist insoweit der Fall, als mit der Forschungsfrage 3a die Sichtweise (angehender) Lehrkräfte auf Diskontinuität rekonstruiert wird und mit der Forschungsfrage 3b Sinnkonstruktionen in Form von Erklärungen und Gründen für Diskontinuität betrachtet werden. Bei den qualitativen Interviews lassen sich verschiedene Arten von Interviews unterscheiden, die von teil-strukturiert bis unstrukturiert reichen und mit denen verschiedene Grade der Offenheit verbunden sind (ebd., S. 88).

Ein sehr offener Ansatz bestünde darin, die (angehenden) Lehrkräfte zum Thema Diskontinuität in der Linearen Algebra vollkommen offen zu fragen, wie sie Diskontinuität im Bereich der Linearen Algebra wahrnehmen und wie diese aus ihrer Sicht zustande kommt. Ein solcher Ansatz wäre jedoch aus mehreren Gründen als problematisch anzusehen.

Der erste Grund liegt darin, dass die Verwendung des Begriffs „Diskontinuität" voraussetzt, dass dieser unter allen (angehenden) Lehrkräften bekannt ist. Trotz vermutlich weit verbreiteter Diskontinuitäts*erlebnisse* kann von der Verfügbarkeit des spezifischen fachdidaktischen Vokabulars über diesen Zusammenhang nicht zwingend ausgegangen werden. Dies gilt insbesondere vor dem Hintergrund, dass eine der Personengruppen in der Studie, nämlich die Lehramtsstudierenden in einer frühen Phase ihres Studiums, noch über keine fachdidaktische Ausbildung verfügt. Außerdem erfährt die Diskontinuitätsthematik aktuell zwar eine große Aufmerksamkeit in der fachdidaktischen Diskussion über die Lehramtsausbildung, jedoch ist nicht ohne Weiteres anzunehmen, dass dies auch in früheren Jahren – mit ohnehin geringerem fachdidaktischen Ausbildungsanteil – in gleichem Maße der Fall war.

Die explizite Verwendung des Begriffs Diskontinuität ist auch aus einem weiteren Grund problematisch: Sie betont die Unterschiedlichkeit zwischen Schule und Hochschule im Umgang mit der Linearen Algebra und mit der obigen Formulierung wird Diskontinuität als Tatsache angenommen. Im Sinne der Prinzipien der Offenheit und der Flexibilität qualitativer Forschung ist dies allerdings eher ungünstig denn auch das Nicht-Wahrnehmen von Diskontinuität durch eine Probandin oder einen Probanden sollte im Blickfeld der Erhebungssituation sein.

Ein anderer, bedeutender Grund gegen einen solchen Untersuchungsansatz in den Interviews liegt darin, dass es im Rahmen dieser Arbeit um die fachlich-inhaltliche Auseinandersetzung mit Diskontinuität geht. Bei der Beantwortung einer weitgehend offenen Frage wie der obigen wäre jedoch zu erwarten, dass die (angehenden) Lehrkräfte auf ihre persönlichen Vorerfahrungen mit Linearer Algebra in Schule und Hochschule zurückgreifen und sich dabei motivationale und emotionale Aspekte oder Beliefs mit fachlich-inhaltlichen Aspekten stark vermischen. Konkret könnte es dazu kommen, dass vor allem die eigenen Diskontinuitätserlebnisse im Vordergrund stehen.

Die Bezugnahme auf den Bereich der Linearen Algebra in der Fragestellung ist zwar offen für viele Richtungen der Beantwortung, was grundsätzlich im Sinne einer qualitativen Herangehensweise ist. Sie kann z. B. ausgehend von einem bestimmten Begriff beantwortet werden, ebenso wie ausgehend vom Umgang mit bestimmten grundsätzlichen Fragen. Problematisch ist jedoch, dass die Fragestellung selbst noch keinen Ansatzpunkt anbietet. Vielmehr setzt sie auf der anderen Seite sogar einen Überblick über das Feld der Linearen Algebra sowohl in der Schule als auch in der Hochschule voraus. Dabei dürften Betrachtungen über Mathematik auf dieser Abstraktionsebene, die auf einer Metaebene angesiedelt sind, nicht nur ungewohnt sein, sondern könnten auch als überfordernd wahrgenommen werden.

Im Umkehrschluss ergeben sich aus den beschriebenen Problemlagen vier Anforderungen für die Gestaltung der Interviews: Der Begriff der Diskontinuität ist zu vermeiden, um Verständnishürden vorzubeugen. Die Erhebungssituation sollte nicht nur für die Wahrnehmung und Beschreibung von Unterschieden, sondern auch von Gemeinsamkeiten Raum bieten. Der Fokus sollte erkennbar auf das

Fachlich-Inhaltliche gelegt werden und den Befragten sollten möglichst konkrete Ansatzpunkte zur Auseinandersetzung mit Diskontinuität angeboten werden.

Um diesen Anforderungen gerecht zu werden, liegen dem methodischen Vorgehen bei den Interviews folgende Designentscheidungen zugrunde:

Während der gesamten Interviewsituation bleibt die **Diskontinuität als Thematik des Interviews implizit.** So steht als Interviewthematik nicht die Diskontinuität in einem bestimmten Bereich der Mathematik, z. B. „Diskontinuität in der Linearen Algebra", im Vordergrund, sondern die Thematik „Lineare Algebra in Schule und Hochschule".

Zur Erhebung des Höheren Standpunktes werden aus der Breite des Bereichs Lineare Algebra solche Themen betrachtet, die sowohl aus Sicht der Schule als auch aus Sicht der Hochschule relevant sind. Hierbei werden **zwei zentrale Begriffe** ausgewählt, auf die in der Erhebung Bezug genommen wird. Auf der einen Seite werden damit konkrete inhaltliche Ansatzpunkte gesetzt. Auf der anderen Seite wird dadurch, dass nicht nur einer, sondern *zwei* Begriffe einen mathematischen Bereich repräsentieren, verhindert, dass eine Übergeneralisierung der Erkenntnisse ausgehend von nur einem Begriff stattfindet. Bei zwei Begriffen können außerdem die Ergebnisse zu den beiden Begriffen gegenübergestellt, abgeglichen und aufeinander bezogen werden, wodurch eine höhere theoretische Ebene erreicht werden kann.

Um möglichst unvoreingenommene Äußerungen zu ermöglichen und das Spektrum der im Interview angeschnittenen thematischen Aspekte nicht vorab zu begrenzen, wird zu jedem der Begriffe jeweils **zunächst eine unstrukturierte (offene) Frage** gestellt. Die Frage „Wie wird < Begriff A > (bzw. < Begriff B >) in der Schule und in der Hochschule betrachtet?" wird von der **Aufforderung zum Vergleich** und **zum Herausarbeiten von Gemeinsamkeiten und Unterschieden** begleitet. Die offene Frage und die Handlungsaufforderungen dienen als Redeimpuls und sollen die Befragten veranlassen, möglichst freie Antworten zu formulieren. Mit dieser Frage wäre es denkbar, dass eine Person A sehr umfassend antwortet und viele verschiedene Gemeinsamkeiten und Unterschiede benennt, während sich eine andere Person B bei ihrer Beantwortung der Frage im Wesentlichen nur auf einen einzigen thematischen Aspekt beschränkt, z. B. nur auf den Umgang mit Beispielen oder einzelne Eigenschaften des Begriffs. Diese Reaktionen könnten grundsätzlich als verschiedene Wahrnehmungen von Diskontinuität im Sinne von Forschungsfrage 3a aufgefasst werden.

Entscheidend dafür, wie viele oder welche Aspekte jemand benennt, kann aber auch das individuell unterschiedlich ausgeprägte Bedürfnis sein, sich zu bestimmten Aspekten zu äußern. So kann für die befragte Person B ein Unterschied zwischen Schule und Hochschule in der Art, den Vektorbegriff zu betrachten, nicht erwähnenswert erscheinen, während die andere Person A diesen Aspekt ausführlich in ihren Darstellungen berücksichtigt. Für die Beschreibung der Ausprägungen eines Höheren Standpunktes ist es jedoch wünschenswert, dass sich die Befragten innerhalb der Erhebungssituation möglichst umfassend bzw. in thematischer Breite äußern. Wenn die Befragten sich thematisch in ähnlicher Breite äußern, „erleichtert [dies] die Vergleichbarkeit der Interviews untereinander die Auswertung, die vor der Herausforderung steht, verallgemeinernde Ergebnisse aus der unreduzierten Vielfalt der individuellen Aussagen zu gewinnen." (Helfferich, 2019, S. 676). Um die Einschätzung der beiden fiktiven Personen zu bestimmten Aspekten zu erfassen, und zwar auch dann, wenn der Fokus für sie selbst nicht relevant ist und sie bei einer ganz offenen Erzählaufforderung das Thema nicht von sich aus angesprochen hätten, ist ein höheres Maß an Strukturierung erforderlich (a. a. O.).

Daher werden in einer zweiten Phase des Interviews **halbstrukturierte Fragen** gestellt, mit denen Äußerungen zur Diskontinuitätsthematik angeregt werden sollen. Die Reaktionen der interviewten Personen können weiter frei erfolgen, um den Grundsatz der Offenheit zu wahren. Die Formulierungen der Fragen lauten dabei „Was sagen Sie zu < Aspekt X > ?", „Wie verhält es sich mit < Aspekt Y > ?" oder ähnlich. Das Interview erhält in dieser Phase den Charakter eines **Leitfaden-Interviews**. Ein Interviewleitfaden bietet in formaler und inhaltlicher Hinsicht Strukturierung und ermöglicht, dass Interviewergebnisse trotz des grundsätzlich offenen Charakters der Erhebungsmethode vergleichbar werden (Döring & Bortz, 2016, S. 372). Der Leitfaden übernimmt in den Interviews eine orientierende Funktion, mit ihm wird jedoch dynamisch umgegangen, wie es Reinders (2011) für qualitative Interviews empfiehlt (S. 94 f.). So wird der Gesprächsablauf nicht durch den Leitfaden bestimmt, sondern der Leitfaden dient vielmehr „als Gedächtnisstütze während des Interviews, um Fragen nicht zu übersehen oder aber passend zum Gesprächsverlauf stellen zu können" (a. a. O.). Die angesprochenen Aspekte sind an das Kategoriensystem aus 6.1.2 angelehnt, das wesentliche Aspekte von Diskontinuität aus theoretischer Sicht erfasst und der Materialanalyse im Rahmen von Forschungsfrage 1 zugrunde gelegt wird. Die Subkategorien werden jedoch im Allgemeinen nicht wörtlich übernommen, da einige der Subkategorien vergleichsweise abstrakt sind. Dies würde ausführlichere Erläuterungen erforderlich machen, und sich außerdem eher negativ auf die Bereitschaft, sich zu äußern, auswirken könnte. Folgende Aspekte (kursiv) bzw. Leitfragen sind vorgesehen:

- „Was sagen Sie zur *Motivation des Begriffs* Vektor (bzw. Skalarprodukt) im Schulbuch bzw. im Lehrbuch?"
- „Was sagen Sie zu den *Definitionen* des Begriffs Vektor (bzw. Skalarprodukt) im Schulbuch bzw. im Lehrbuch?"
- „Wie verhält es sich mit dem *Begriffsumfang* des Vektors (bzw. des Skalarproduktes)?/Was fällt unter den Begriff des Vektors (bzw. den des Skalarproduktes)?"[1]
- „Was sagen Sie zum *Umgang mit dem Begriff* bzw. zur *Verwendung des Begriffs* Vektor (bzw. Skalarprodukt) aus einer vergleichenden Perspektive?"
- „Was sagen Sie zu dem Aspekt der *Darstellungen*? Berücksichtigen Sie dabei gerne verschiedene Formen der Darstellungen – symbolische und ikonische Darstellungen."
- „Wie stellt sich aus Ihrer Sicht – ausgehend von den Materialien – die *Bedeutung des Begriffs* Vektor (bzw. Skalarprodukt) in Schule und Hochschule im Vergleich dar?"

Der Aspekt „Motivation des Begriffs" soll den Blick in Richtung der Gestaltung des Theorieaufbaus lenken. Die übrigen Aspekte betreffen den gerade fokussierten Begriff selbst (Definition, Begriffsumfang, Umgang mit dem Begriff) bzw. die Thematik der Darstellungen. Die letzte Leitfrage soll ein Gesamtfazit der Befragten anregen, in dem noch einmal besonders bedeutsame Beobachtungen betont werden und die Beobachtungen interpretiert werden.

Bei dem obigen Katalog an Leitfragen in der zweiten Interviewphase handelt es sich um eine Maximalauswahl. Die Auswahl der Leitfragen, die tatsächlich gestellt werden, richtet sich nach der ersten Phase des Interviews, in dem die Interviewten selbst gesteuert antworten. Mit den Leitfragen sollen nur solche Aspekte angesprochen werden, die noch nicht thematisiert wurden, um Redundanzen im Interview zu vermeiden und die Kooperationsbereitschaft der Interviewten nicht zu gefährden (wie es vermutlich der Fall wäre, wenn sie den Eindruck hätten, sich wiederholen zu müssen, weil ihre Äußerungen nicht beachtet wurden). Dazu muss in der ersten Interviewphase das Gesagte laufend dahingehend überprüft werden, ob es mit Aspekten aus der obenstehenden Tabelle in Verbindung gebracht werden kann. Wenn dies der Fall ist, kann die Frage nach diesem Aspekt eventuell entfallen. Dies wird in der zweiten Interviewphase davon abhängig gemacht, *wie ausführlich* derjenige Aspekt vorher angesprochen wurde

[1] Bei der Erprobung des Designs im Rahmen der Pilotierung hat sich gezeigt, dass unter der vorherigen Frage zur Definition des Begriffs vor allem der Begriffs*inhalt* angesprochen wurde. Daher wird der Begriffsumfang bewusst noch einmal in einer eigenen Frage angesprochen.

oder *wie deutlich* er adressiert wurde. Da beiden Kriterien eine subjektive Komponente innewohnt, werden zur Validierung der Einschätzung die Interviewten darum gebeten, selbst die Aspekte zu benennen, hinsichtlich derer der Vergleich zwischen Schule und Hochschule erfolgt ist („Unter welchen Aspekten stand Ihr Vergleich?"). Wird in der Antwort ein Aspekt des obigen Leitfragenkatalogs benannt, kann dieser in dem jeweiligen Interview aus dem Leitfaden gestrichen werden. Mit der Frage nach den Aspekten wird außerdem eine Kontrollinstanz für die Interpretation des Gesagten im Zuge der Beantwortung von Forschungsfrage 3a geschaffen.

Ein wesentliches Charakteristikum der Erhebungsmethode ist der Einsatz von Lehr-Lern-Materialien aus Schule und Hochschule als **Stimulus in der Interviewsituation**. Hiermit wird ein enger Bezug zu konkreten fachlichen Fragen hergestellt. Den Materialien kommen weitere Funktionen zu: Zum einen soll die Präsentation von Materialien ausgleichen, dass die Beschäftigung der interviewten Personen mit den Themen aus hochschulischer und aus schulischer Sicht verschieden weit zurückliegt. Ohne diese konkreten Anhaltspunkte bestünde zum einen das Risiko, dass die Aussagen von Masterstudenten im Hinblick auf die Perspektive der Schule oder die Aussagen einer Lehrkraft, deren Studium Jahrzehnte zurückliegt, im Hinblick auf die Perspektive der Hochschule auf stark verblassten Erinnerungen beruhen und so ungewollt vage bleiben. Zum anderen bieten Lehr-Lern-Materialien auch Ansatzpunkte für niederschwellige Einstiege in den Vergleich der Einheiten. Zum Beispiel könnte zunächst der Umfang der Materialien oder ihr Layout vergleichend thematisiert werden. Insofern dienen die Materialien auch dazu, die Gesprächssituation positiv zu beeinflussen und angenehm zu gestalten – angesichts einer anspruchsvollen Fragestellung in der generell ungewohnten Situation der Erhebung.

Bei den Lehr-Lern-Materialien handelt es sich um **Ausschnitte aus Schulbüchern und Lehrbüchern für die Hochschule**. Da diese potenzielle Curricula[2] darstellen, ist zu erwarten, dass sich in ihnen die Diskontinuität zwischen Schule und Hochschule widerspiegelt (Vollstedt et al., 2014, S. 34). Die zentrale Bedeutung von Schulbüchern für den Mathematikunterricht fassen Vollstedt et al. (2014) mit folgender Einschätzung zusammen: „A mathematics textbook in school is a focal point for the interaction between the teacher and mathematics, between the student and the teacher, as well as between the students and mathematics" (a. a. O.). Auf Seiten der Hochschule kommen als vergleichbare Artefakte Vorlesungsskripte oder Lehrbücher für das Studium infrage. Für den Rückgriff auf Lehrbücher spricht, dass sie wie Schulbücher eine größere Leserschaft erreichen

---

[2] Zur Beschreibung der verschiedenen curricularen Ebenen siehe Büchter (2014, S. 42).

als dies bei einem Skript im Allgemeinen der Fall ist. Im Rahmen dieses Interviews sollen die Ausschnitte aus Schulbüchern bzw. Lehrbüchern *stellvertretend* für Sichtweisen auf Begriffe der Linearen Algebra in Schule und Hochschule stehen. Dementsprechend werden solche Schulbücher bzw. Lehrwerke gewählt, die mit einem typischen Zugang zum Begriff möglichst **repräsentativ** sind.

Innerhalb der Lehrwerke können die Darstellungen, in denen die beiden ausgewählten Begriffe eine Rolle spielen, umfangreich ausfallen. Zum Beispiel umfasst das Thema „Vektoren" in einem weit verbreiteten Schulbuch[3] einen Umfang von über dreißig Seiten. In einem gängigen Lehrwerk für die Hochschule[4] umfasst das entsprechende Kapitel („Vektorräume") sogar über vierzig Seiten. Zur Einhaltung eines angemessenen Zeitrahmens für die Erhebungssituation erfolgt deshalb eine **Einschränkung der Materialmenge.** Als Stimulus in den Interviewsituationen werden aus den Kapiteln eines Schul- bzw. Lehrbuchs daher nur diejenigen Unterkapitel gewählt, in denen der interessierende Begriff eingeführt wird und/oder in denen der Begriff in der Überschrift vorkommt und dadurch eine besondere Auszeichnung oder Hervorhebung erfährt. Gegebenenfalls sind auch diese Materialauszüge noch zu verkleinern, da sich in der Pilotierung gezeigt hat, dass schon mehr als sechs Seiten pro Lehrwerk kaum zu erfassen sind.[5] Insbesondere werden die Übungsaufgaben zu einem Kapitel/einer Lehreinheit ausgeklammert. Auch diese Einschränkung geht auf die Pilotierung zurück, in der sich zeigte, dass Übungsaufgaben im Material dazu verleiten, diese besonders zu betrachten und dabei vor allem auf die eigenen Erfahrungen mit Übungsaufgaben (sowohl aus Lehrer- als auch aus Lerner-Perspektive) einzugehen. Der inhaltliche Fokus auf den mathematischen Begriff rückte dabei (zumindest in der Pilotierung) in den Hintergrund. Eingeschlossen in das dargebotene Lehr-Lern-Material werden dagegen die **Inhaltsverzeichnisse** der Lehrwerke. Sie ermöglichen eine Orientierung in den Lehrgängen und zeigen den Kontext auf, in dem die Einführung der interessierenden Begriffe stattfindet.

Mit der Verwendung von Lehr-Lern-Materialien als Stimulus in der Interviewsituation kann die Erhebungsmethode für den Höheren Standpunkt nun genauer als „**fokussiertes Interview**" bestimmt werden. Das Fokusinterview ist definiert als „ein Interviewverfahren, vor dessen Beginn eine von allen Befragten erlebte Stimulussituation (Film, Radiosendung, gelesener Text, erlebtes Ereignis,

---

[3] Lambacher Schweizer für die Einführungsphase in NRW (Ausgabe 2014) von Baum et al.

[4] Lineare Algebra von Beutelspacher (2014)

[5] Zudem könnte ein großer Materialumfang abschreckend wirken, wodurch die Motivation zur Beschäftigung mit den Materialien sinken und die Erhebungssituation negativ beeinflusst werden würde.

Experiment) steht. Das Interview ist darauf fokussiert, auszuleuchten, wie diese Situation subjektiv empfunden wurde und was davon wie wahrgenommen wurde" (Przyborski & Wohlrab-Sahr, 2014, S. 135).

Der Einsatz von Lehrwerken als Stimulus in der Interviewsituation kann jedoch auch eine Tendenz im Antwortverhalten der befragten Personen verstärken, die der angestrebten Explikation entgegenläuft. Es könnte dazu kommen, dass zunächst ein „stiller Vergleich" vorgenommen wird, bei dem das In-Beziehung-Setzen der Materialien rein innerlich und nach außen hin unkommentiert abläuft und die Ergebnisse später eher zusammenfassend vorgetragen werden. Für die Beantwortung der Forschungsfragen würden damit wertvolle Erkenntnisse verloren gehen. Um einen möglichst großen Grad an Ausführlichkeit in den Antworten zu erreichen und möglichst viele der Gedanken der befragten Personen mitgeteilt zu bekommen, sollen die Teilnehmer:innen während der gesamten Interviewsituation laut denken. Unter der **Methode „Lautes Denken"** wird nach Knoblich und Öllinger (2006) das gleichzeitige Aussprechen von Gedanken bei der Bearbeitung einer Aufgabe verstanden (S. 692). Die Methode ermöglicht es, „Einblicke in die Gedanken, Gefühle und Absichten einer lernenden und/oder denkenden Person zu erhalten" (Konrad, 2010, S. 476). Die Protokolle der Interviewsituation mit Lautem Denken liefern eine „differenzierte Beschreibung der individuellen Informationsverarbeitung" (ebd., S. 485). In der fachdidaktischen Lehr-Lern-Forschung stellt das Laute Denken eine gängige Methode im Zusammenhang mit Analysen von Denk-, Lern- und Problemlöseprozessen dar (Sandmann, 2014, S. 181).

Abbildung 6.3 fasst die Merkmale und die Zwei-Phasen-Struktur der Interviews zusammen:

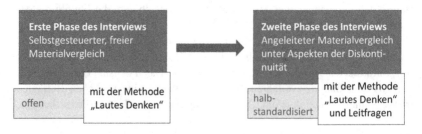

Abbildung 6.3 Phasen des Interviews

Neben der Frage nach der Gestaltung der Erhebungsmethode ist die Frage nach der Einbettung der Methode in eine Erhebungs*situation* relevant. Diese betrifft z. B. den gedanklichen Einstieg in das Thema in einer Aufwärmphase

(Reinders, 2011, S. 91). Konkret für die Erhebung eines Höheren Standpunktes ist die Phase des **gedanklichen Einstiegs** so zu gestalten, dass damit die vergleichende, intensive Beschäftigung mit den mathematischen Begriffen vorbereitet wird. Da bewegliches, fachliches Wissen zu den ausgewählten Begriffen als konstitutiv für einen Höheren Standpunkt betrachtet wird (siehe 3.3), soll dieses in der Aufwärmphase gezielt angesprochen bzw. aktiviert werden. Dazu wird auf die **Concept-Mapping-Methode** zurückgegriffen. Concept Maps sind als Netzwerke aus Begriffen zu verstehen, die im Bezug zu einem Thema stehen und die Verbindungen zu weiteren Begriffen abbilden (Zendler et al., 2018, S. 37). Sie betonen den Aspekt der Vernetzung (a. a. O.). Für Concept Maps – im Vergleich zu Mind Maps – spricht außerdem, dass sie durch den Fokus auf das Herstellen von Beziehungen auch auf prozessbezogener Ebene die anschließende Interviewsituation vorbereiten. Da auch das Erstellen von Concept Maps eine komplexe Tätigkeit ist, wurde dem Aufbau der Concept Maps das Sammeln spontaner Assoziationen zu den interessierenden Begriffen vorangestellt. Die dabei entstehenden Notizen liefern einen Fundus an Begriffen, die als Knoten oder Beziehungen in den Concept Maps aufgegriffen werden können.

Die Concept Maps werden in der Ausstiegsphase der Erhebungssituation erneut genutzt. In dieser Phase „sollen Befragte gedanklich wieder aus der Interviewsituation geführt werden." (Reinders, 2011, S. 92). Da die Concept Maps in der Pilotierung auch im Verlauf der Interviews wiederholt thematisiert wurden, wurde daraus gefolgert, dass es ein Bedürfnis gibt, die Concept Maps und die Interviewsituation zusammenzuführen. Aus diesem Grund folgt in der Erhebungssituation auf das Interview der Impuls bzw. die Möglichkeit, die zuvor erstellte Concept Map abschließend zu überarbeiten. Dabei bestimmen die Teilnehmenden selbst, ob und wie lange sie sich der Überarbeitung zuwenden und steuern insoweit selbst die Ausdehnung der Ausstiegsphase aus der Erhebung mit. Für Eindrücke von den Ergebnissen dieser Aufwärm- bzw. Ausstiegsaktivität siehe Anhang A5 im elektronischen Zusatzmaterial (zwei Concept Maps nach ihrer Überarbeitung).

6.2.2 Vorgehen bei der Anwendung der Erhebungsmethode

In diesem Abschnitt wird *im Sinne einer methodischen Anleitung* festgehalten, wie ein Höherer Standpunkt zu einem bestimmten Bereich der Mathematik, in dem sich Diskontinuität zwischen Schule und Hochschule zeigt, erhoben werden kann. Auch das Vorgehen in der Einstiegs- und in der Ausstiegsphase wird dargestellt. Bei der Beschreibung wird zur Verdeutlichung immer wieder auf die durchgeführte Interviewstudie Bezug genommen.

Vorbereitung der Erhebung

Ausgehend von einem bestimmten Bereich, bezüglich dessen die Ausprägung eines Höheren Standpunktes bei (angehenden) Mathematiklehrkräften untersucht werden soll, sind zunächst zwei für den Bereich zentrale und bezüglich der Thematik ergiebige **Begriffe auszuwählen**. Dazu sind im ersten Schritt durch die Sichtung von Curricula, z. B. von Lehrplänen und Modulhandbüchern, gemeinsame Themen und Kandidaten für solche Begriffe zu identifizieren. Im zweiten Schritt ist zu prüfen, ob die Kandidaten über ausreichendes Potenzial verfügen, um einen Höheren Standpunkt erkennbar werden zu lassen, d. h. ob bei ihnen Diskontinuität aus theoretischer Sicht im Sinne von Kap. 2 deutlich ausgeprägt ist. Die Sichtung von Lehrwerken für die Schule bzw. für die Hochschule gibt hinsichtlich dieser Frage Aufschluss. Bei der Auswahl der Begriffe sollte darauf geachtet werden, dass die Begriffe in den Lehrgängen der Schule und der Hochschule nicht direkt aufeinander folgen, sondern den Bereich in einer gewissen Breite und inhaltlichen Tiefe abdecken.[6] Für die Erhebung eines Höheren Standpunktes im Bereich der Linearen Algebra erfüllten „Vektor" und „Skalarprodukt" diese Ansprüche.

Nachdem die Begriffe festgelegt wurden, sind **Lehr-Lern-Materialien zu bestimmen**, die die Einführung der Begriffe vornehmen und die in der Interviewsituation als Stimulus dienen sollen. Dabei sind drei Aspekte zu beachten: Zum einen sollten die Materialien für beide Begriffe jeweils **aus demselben Schulbuch bzw. demselben Lehrbuch für die Hochschule** stammen. So gibt es z. B. keine Irritationen durch abweichende Darstellungs-bzw. Schreibweisen. Die Interviewten können sich besser auf die für das jeweilige Lehrwerk typische Art der Darstellung und das Layout einstellen. Zum anderen ist darauf zu achten, dass das gesamte Material zu einem Begriff **nicht zu umfangreich** ist. Ein maximaler Umfang von sechs Seiten pro Lehrwerk hat sich in der Pilotierung als praktikable Zielgröße erwiesen. Falls eine Kürzung der Darstellungen zu einem Begriff notwendig wird, ist darauf zu achten, dass der Einstieg in das Thema oder der Ausstieg aus dem Thema an einer Stelle stattfinden, an der dadurch keine inhaltlichen Zusammenhänge aufgebrochen werden. Neben den beiden formalen Kriterien besteht ein wichtiges inhaltliches Kriterium für die Materialauswahl darin, dass die Materialien einen (jeweils für die Schule oder die Hochschule) **typischen Zugang** zu dem Begriff repräsentieren. Im Falle eines außergewöhnlichen·Zugangs wäre die Aussagekraft der Ergebnisse, insbesondere im Hinblick

---

[6] Im Bereich der Analysis könnten dies z. B. die Begriffe „Funktion" und „Differenzierbarkeit" sein. Im Bereich der Stochastik könnten „Erwartungswert" oder „Wahrscheinlichkeitsverteilung" geeignete Begriffe sein.

auf die Möglichkeit zur Verallgemeinerung, entsprechend geringer einzuschätzen. Die Materialauswahl für die durchgeführte Studie zu den Begriffen „Vektor" und „Skalarprodukt" wird in 6.3.1 beschrieben.

Im nächsten Schritt ist der **Leitfaden zu überprüfen**, da er ggf. in Anbetracht der ausgewählten Ausschnitte aus den Lehrwerken anzupassen ist. Dazu ist anhand des Kategoriensystems aus 6.1.2 eine Analyse der Materialien durchzuführen. Falls sich dabei z. B. herausstellt, dass zu bestimmten Subkategorien keine Einschätzungen getroffen werden können, sind die entsprechenden Aspekte aus dem Leitfaden herauszunehmen bzw. die Fragen dazu zu streichen.

Vor der praktischen Durchführung der Erhebung wird ein **Erhebungsbogen erstellt**, auf dem in der Erhebungssituation die Concept Maps angefertigt werden und in dem die Impulse für die erste Phase des Interviews sowie für die Ausstiegsphase schriftlich festgehalten sind. Der im Anhang im elektronischen Zusatzmaterial in Ausschnitten beigefügte Erhebungsbogen zu der Untersuchung im Rahmen dieser Arbeit kann als Beispiel für einen Erhebungsbogen betrachtet werden.

Durchführung der Erhebung
Die Erhebung beginnt mit einer Einstiegsphase. Auf die Einstiegsphase folgen zwei Erhebungs*runden* – zunächst eine zu Vektoren, dann eine zum Skalarprodukt. Eine Runde besteht jeweils aus einer Aufwärmphase, einer Hauptphase (mit zwei Teilen) und einer Ausstiegsphase. So ergibt sich folgender Ablauf:

Abbildung 6.4 Phasen der Erhebung

Die Gestaltung der ersten und zweiten Aufwärm-, Interview- und Ausstiegsphasen unterscheidet sich nicht voneinander. Die einzelnen Phasen verlaufen wie nachfolgend dargestellt:

In der **Einstiegsphase** stehen zum einen das Kennenlernen und die Etablierung einer vertrauensvollen Atmosphäre im Mittelpunkt. Zum anderen wird die teilnehmende Person (i) über den Inhalt und Sinn der Erhebung, (ii) über die Verwendung der erhobenen Daten und (iii) über den groben Ablauf der Erhebung aufgeklärt. Diese Informationen werden den Teilnehmer:innen auch in schriftlicher Form zur Verfügung gestellt. Im Rahmen der durchgeführten Studie wurde den Teilnehmer:innen in der Einstiegsphase mitgeteilt, dass es in der Studie inhaltlich um den Themenbereich „Schnittstelle zwischen Schule und Hochschule im Bereich der Linearen Algebra" geht. Zudem wurde ausdrücklich darauf hingewiesen, dass es bei der Studie nicht um eine Leistungsmessung und/oder einen Leistungsvergleich zwischen den Teilnehmer:innen geht. Anschließend wurden Aspekte des Datenschutzes im Rahmen der Studie besprochen und der weitere Ablauf der Studie erläutert.

Insgesamt dauert diese Phase rund fünf bis zehn Minuten bzw. bis alle Fragen der teilnehmenden Personen erkennbar zufriedenstellend geklärt sind.

Die **Aufwärmphase** dient der thematischen Einstimmung. Sie beginnt damit, dass die Studienteilnehmer:innen Begriffe sammeln, die sie mit dem aktuellen thematischen Schwerpunkt des Interviews (z. B. „Vektor" oder „Skalarprodukt") verbinden. Der entsprechende Impuls in der Interviewstudie lautete in der ersten Aufwärmphase: „Welche Begriffe fallen Ihnen zum Konzept ‚Vektor' ein?" bzw. in der zweiten Aufwärmphase „Welche Begriffe fallen Ihnen zum Konzept ‚Skalarprodukt' ein?". Diese Aktivität ist auf eine Dauer von anderthalb Minuten begrenzt.

Es folgt eine Einführung in die Methode des Concept-Mappings. Die Einführung stellt sicher, dass unter den Teilnehmenden ein gemeinsames Verständnis der Methode bzw. des Produkts Concept Map zugrunde liegt. Sie sollte anhand eines fachfremden Kontextes stattfinden, um die weitere Erhebungssituation inhaltlich nicht zu beeinflussen. In der durchgeführten Interviewstudie wurde der Begriff „Diamant" gewählt, der im naturwissenschaftlichen Unterricht der Mittelstufe zu verorten ist. Schließlich werden die Teilnehmenden aufgefordert, selbst eine Concept Map zu dem gerade fokussierten Begriff zu entwickeln. So lautete der entsprechende Impuls in der durchgeführten Studie „Erstellen Sie eine Concept Map zum Begriff ‚Vektor'." bzw. in der zweiten Aufwärmphase entsprechend „Erstellen Sie eine Concept Map zum Begriff ‚Skalarprodukt'".

Für diese Aktivität wird eine zeitliche Obergrenze von zehn Minuten angesetzt. Falls es in dieser Phase Rückfragen methodischer Art gibt, sollten diese nach Möglichkeit beantwortet werden. Bei inhaltlichen Rückfragen hält sich die interviewende Person dagegen weitestgehend zurück.

Die beiden **Interviewphasen**, in der die Ausprägung des Höheren Standpunktes erfasst wird, bilden den zeitlichen und inhaltlichen Schwerpunkt der Erhebung. Der ersten Interviewphase vorangestellt wird eine Einführung in die Methode des Lauten Denkens, die während der gesamten Dauer der Beschäftigung mit den Materialien von den interviewten Personen angewendet werden soll.

Bei der Einführung wird der Zweck der Methode erläutert und betont, dass keine Erklärung oder Strukturierung der eigenen Gedanken von Seiten der Befragten erforderlich ist. Insbesondere wird die Möglichkeit dazu gegeben, die Methode an einer alltagsnahen Situation, die eine Analyse erfordert, auszuprobieren und es wird eine audio-gestützte Demonstration angeboten. Zudem wird darauf hingewiesen, dass sich die interviewende Person in dieser Phase der Erhebung stark zurückhalten wird.

Der **erste Abschnitt der Interviewphase** beginnt mit der Aushändigung des Materials zu dem fokussierten Begriff, das aus der ggf. gekürzten Lehreinheit des Schulbuchs, dem ggf. gekürzten (Unter-)Kapitel des Lehrbuchs für die Hochschule und den Inhaltsverzeichnissen der Lehrwerke, aus denen die Materialien stammen, besteht. Die Probandin oder der Proband erhält zugleich den Impuls für diesen Abschnitt des Interviews in schriftlicher Form. In der durchgeführten Studie war er für den Vektorbegriff wie folgt formuliert:

„Wie werden Vektoren in der Schule und in der Hochschule betrachtet?

- Vergleichen Sie anhand des Materials.
- Arbeiten Sie Gemeinsamkeiten und Unterschiede heraus.
- Unter welchen Aspekten steht Ihr Vergleich?

Bitte verwenden Sie die Methode *Lautes Denken*".

Die Formulierung für das Skalarprodukt war anlog gehalten. Für die Beantwortung der Impulsfragen wird keine zeitliche Obergrenze vorgegeben. Die Erfahrungen aus der Erhebung im Rahmen dieser Arbeit legen nahe, von einer Bearbeitungszeit zwischen 10 und 20 Minuten auszugehen. Interviewer:innen greifen in dieser Phase möglichst wenig steuernd in den Interviewverlauf ein. Das bedeutet insbesondere, dass auf Rückfragen inhaltlicher Art möglichst nicht oder allenfalls dann eingegangen wird, wenn die Darstellung ansonsten abzubrechen droht bzw. die Interviewsituation sonst stark beeinträchtigt würde. Die Äußerungen der interviewenden Person beschränken sich in dieser Phase auf Nachfragen zur Explikation bestimmter ihr im jeweiligen Moment unklarer Äußerungen und auf Signale des aktiven Zuhörens.

Sobald die interviewte Person signalisiert, dass ihre Darstellung zur Impulsfrage (inklusive der Reflexion über die verfolgten Vergleichsaspekte) abgeschlossen ist, kann **der zweite Abschnitt der Interviewphase** beginnen. Der zeitliche Umfang dieser Phase beträgt erfahrungsgemäß ebenfalls 10 bis 20 Minuten, wobei die Dauer der zweiten Phase von der Dauer der ersten Phase beeinflusst sein kann. Insgesamt erstreckt sich eine Interviewphase insgesamt erfahrungsgemäß auf rund 25 Minuten. Bei der Organisation der Interviews sollte jedoch berücksichtigt werden, dass die Interviewphasen bei besonders ausführlicher Äußerung zu den Interviewfragen auch deutlich länger ausfallen könnten.

Der zweite Abschnitt beginnt mit einer Überleitung, in der die interviewende Person das Fokussieren auf einzelne bisher wenig oder noch gar nicht betrachtete Aspekte ankündigt. Anschließend wird die interviewte Person gezielt nach Ihrer Einschätzung zu diesen Aspekten befragt. Dabei sind in jedem Interview, abgestimmt auf den bisherigen Verlauf des Interviews, die passenden, noch wenig oder gar nicht thematisierten Aspekte von der interviewenden Person zu bestimmen und in Fragen derart „Was sagen Sie zu dem Aspekt < konkreter Vergleichsaspekt > ?" zu überführen. Angesichts der theoretisch immer gleichen Fragestruktur sollten die Formulierungen dabei leicht variiert werden, um einer zu starken Monotonie in der Gesprächsführung vorzubeugen. Potenziell handelt es sich um folgende Aspekte: *Motivation des Begriffs, Definition, Begriffsumfang, Umgang mit dem Begriff, Darstellungen* und *Bedeutung des Begriffs*. Prinzipiell sollte im Sinne der Vergleichbarkeit der Interviews das Beibehalten der Reihenfolge der Aspekte angestrebt werden. Wenn sich jedoch im Verlaufe der Gesprächssituation einer der Aspekte, die ursprünglich erst zu einem späteren Zeitpunkt angesprochen worden wären, relativ natürlich ergibt, kann dieser vorgezogen werden. An dieser Stelle sollten Interviewer:innen die Gesprächssituation im Interview als Ganzes im Blick halten. Bezüglich des Gesprächsverhaltens während der Stellungnahmen der interviewten Person zu einem Aspekt gelten dieselben Verhaltensmaßstäbe wie in der ersten Phase des Interviews: Interviewer:innen sollten jetzt möglichst zurückhaltend agieren. Die Phase endet, wenn aus Sicht der interviewenden Person zu allen oben genannten Aspekten Äußerungen vorliegen.

In der letzten Phase der Erhebungsrunde, der **Ausstiegsphase**, wird der Bezug zu den konkreten Materialien wieder gelöst. Dies sollte dadurch unterstützt werden, dass die Materialien wieder eingesammelt werden. Die Teilnehmenden erhalten dann zu ihren Concept Maps aus der Aufwärmphase mündlich den Impuls zur Weiterentwicklung. Dieser war in der durchgeführten Studie in der Erhebungsrunde zum Vektorbegriff wie folgt formuliert: „Betrachten Sie erneut Ihre Concept Map zum Konzept *Vektor*. Sie können diese nun noch einmal verändern, anpassen oder erweitern." Das Ende dieser Phase – angezeigt durch ein entsprechendes Signal der interviewten Person– wird erfahrungsgemäß nach weniger als fünf Minuten erreicht. Eine Zeitvorgabe wird hierbei aber nicht festgesetzt. Bei der Anwendung der Erhebungsmethode ist darauf zu achten, dass

zwischen der ersten Ausstiegsphase und dem Einstieg in die zweite Erhebungsrunde mit der zweiten Aufwärmphase – z. B. durch eine kurze Pause – genügend
Möglichkeit besteht, vom ersten Gegenstand Abstand zu nehmen.

Über alle Phasen der Erhebung hinweg (siehe Abbildung 6.4) ist für die
Durchführung der Studie pro Proband:in mit einem zeitlichen Umfang von 70
bis 120 Minuten zzgl. eventueller Pausen zu rechnen.[7]

6.2.3 Limitationen der Erhebungsmethode

Nachdem bisher allgemeine Designprinzipien der Erhebungsmethode zur Erfassung eines Höheren Standpunktes und das praktische Vorgehen beschrieben
wurden, werden in diesem Abschnitt abschließend die Grenzen der entwickelten
Methode aufgezeigt. Die Grenzen der Methode liegen auf verschiedenen Ebenen.
Es sind Limitationen,

(i) die aus der Entscheidung für eine Interviewvariante resultieren,
(ii) die auf die Einbindung von Lehrwerken zurückgehen und solche,
(iii) die daraus entstehen, dass die Erhebungsmethode und die gesamte Erhebungssituation keine Erhebung des Fachwissens vorsehen.

Zu (i): Die Entscheidung für Interviews bringt es mit sich, dass die Ausprägung eines Höheren Standpunktes in einer konstruierten Situation und nicht
in einer natürlichen, alltäglichen Situation erfasst wird. Die Erhebungssituation
stellt in gewisser Weise besonders günstige Bedingungen für das Anwenden und
Sichtbarwerden eines Höheren Standpunktes dar insofern, dass Fragen der fachdidaktischen und pädagogischen Unterrichtsgestaltung in der Interviewsituation
zurücktreten können. Andersherum formuliert: Es kann eine Fokussierung auf den
fachlichen Gegenstand erfolgen. Die mit der Erhebungsmethode erfasste Ausprägung eines Höheren Standpunktes ist als Potenzial für die Planung, Durchführung

---

[7] Bsp. 1 (kurz): Einstiegsphase (5 min) + 1. Aufwärmphase (1,5 min + 8 min) + 1. Interviewphase (10 min + 12 min) + 1. Ausstiegsphase (3 min) + 2. Aufwärmphase (1,5 min +
10 min) + 2. Interviewphase (12 min + 12 min) + 2. Ausstiegphase (3 min) ergeben eine
Gesamtdauer von 78 Minuten + Pausen.
  Bsp. 2 (ausführlich): Einstiegsphase (10 min) + 1. Aufwärmphase (1,5 min + 10 min)
+ 1. Interviewphase (22 min + 14 min) + 1. Ausstiegsphase (5 min) + 2. Aufwärmphase
(1,5 min + 10 min) + 2. Interviewphase (15 min + 17 min) + 2. Ausstiegphase (4 min)
ergeben eine Gesamtdauer von 110 Minuten + Pausen.

und Reflexion von eigenem Unterricht zu verstehen. Die mit der Methode gewonnenen Aussagen liefern jedoch keine Erkenntnisse zur tatsächlichen Nutzung oder Anwendung eines Höheren Standpunktes im Zusammenhang mit der konkreten Planung, Durchführung und Reflexion von eigenem Unterricht – wenn gleichzeitig gegenstandsbezogene, fachdidaktische und pädagogische Überlegungen auszutarieren sind.

Zu (ii): Mit der Entscheidung, Lehrwerke als Gesprächsgrundlage in der Erhebungssituation zu verwenden, treten zwei Arten von Limitationen auf. Zum einen sind die Ergebnisse aus den Interviews jeweils an die konkret betrachteten Materialien gebunden. Das bedeutet, dass das Zusammenführen von Ergebnissen aus Interviews mit verschiedenen Materialien nicht ohne Weiteres möglich ist. Auch die Durchführung längsschnittlicher Untersuchungen ist vor diesem Hintergrund schwierig, wenn einerseits jeweils aktuelle Materialien zugrunde gelegt werden sollen, sich aber andererseits zwischen verschiedenen Ausgaben eines Lehrwerks teilweise deutliche Unterschiede zeigen. Zum anderen ergeben sich Limitationen daraus, dass mit dem Einbezug von Schulbüchern eine Reihe potenzieller Mediatoren für die Ausprägung eines Höheren Standpunktes hinzukommt, die jedoch angesichts beschränkter zeitlicher Ressourcen kaum zu erfassen sein dürften. Dabei handelt es sich um Variablen, die die Einstellung der interviewten Person zu Lehrwerken sowie ihre generellen Routinen im Umgang mit Lehrwerken betreffen aber auch um die Frage, ob die Lehrwerke, aus denen die Materialien stammen, bekannt sind bzw. genutzt werden oder genutzt wurden.

Zu (iii): Die vorgeschlagene Erhebungssituation sieht keine Erhebung von Fachwissen zur Linearen Algebra bzw. zu den ausgewählten Begriffen vor. Bei einem dem Interview vorausgehenden Wissenstest wäre zum einen zu erwarten, dass der Verlauf des Interviews durch die Fragen von außen verändert werden würde. Wenn z. B. nach der Definition eines Begriffs gefragt würde, wäre zu erwarten, dass dieser Aspekt in den Interviews mit größerer Wahrscheinlichkeit ebenso eine Rolle spielt. Ein weiterer Nachteil eines Wissenstests zum Einstieg liegt in der Wirkung auf die Gesprächssituation – diese soll gerade nicht als Test-Situation erlebt werden. Bei einem nachgelagerten Wissenstest wäre im Nachhinein nicht mehr festzustellen, welches Fachwissen möglicherweise erst durch die Beschäftigung mit den Materialien reaktiviert oder sogar erworben wurde. Die Nicht-Erhebung des Fachwissens hat zur Folge, dass keine Hypothesen über Zusammenhänge zwischen Fachwissen und der Ausprägung eines Höheren Standpunktes gebildet oder untersucht werden können. So kann z. B. nicht geklärt werden, inwiefern das Niveau des Fachwissens einer interviewten Person darüber bestimmt, welche Themen angesprochen werden. Eine entsprechende Hypothese in diesem Zusammenhang könnte sein, dass bestimmte Aspekte im Materialvergleich nicht angesprochen werden, da die interviewte Person sich aufgrund fachlicher Unsicherheiten zurückhält.

6.3 Realisierung der Interviewstudie

In diesem Unterkapitel wird dargestellt, wie die in 6.2 entwickelte Methode zur Erfassung der Ausprägungen eines Höheren Standpunktes in einem bestimmten mathematischen Bereich im Rahmen dieser Arbeit angewendet wird. Die methodische Anleitung in 6.2.2 beschreibt das Vorgehen, ausgehend von dem Interesse am Höheren Standpunkt, in einem bestimmten Bereich der Mathematik und beginnt entsprechend mit der Auswahl von geeigneten Begriffen, zu denen im Interview Materialien präsentiert werden.

Der Ausgangspunkt dieser Arbeit war die Beobachtung, dass Vektoren und Skalarprodukte in der Schule und in der Hochschule unterschiedlich betrachtet werden. Mit der Materialanalyse im nachfolgenden Kapitel 7 wird später noch ausführlich dargestellt, inwiefern sich Diskontinuität zwischen Schule und Hochschule im Bereich der Linearen Algebra in (den Unterschieden zwischen) den Begriffen widerspiegelt. Das Begriffspaar „Vektor" und „Skalarprodukt" enthält mit dem Vektorbegriff einen elementaren, absolut grundlegenden Begriff der Linearen Algebra und mit dem Skalarprodukt einen weiter fortgeschrittenen Begriff. Beide Begriffe sind von zentraler Bedeutung in der Linearen Algebra: der Vektorbegriff, da Vektorräume die Grundlage der Linearen Algebra sind, und das Skalarprodukt, da es eine ganze Klasse von Abbildungen über Vektorräumen liefert und den Anschluss an die Geometrie herstellen kann, indem es die Möglichkeit schafft, in Vektorräumen zu messen. Damit eignen sich Vektor und Skalarprodukt auch zur Erhebung eines Höheren Standpunktes im Bereich der Linearen Algebra.

Dieses Unterkapitel beginnt daher in 6.3.1 mit der Frage der Materialauswahl zu den Begriffen „Vektor" und „Skalarprodukt" für die empirische Untersuchung. In 6.3.2 werden Aspekte der Durchführung der Datenerhebung näher beschrieben.

6.3.1 Materialauswahl

In diesem Abschnitt wird zunächst die Materialauswahl zum Vektorbegriff und anschließend zum Skalarprodukt begründet.

6.3.1.1 Materialauswahl zum Vektorbegriff

Um in der Erhebung eine typische schulische Perspektive auf den Vektorbegriff zu repräsentieren, wurden Materialien aus der Schulbuchreihe *Lambacher Schweizer* vom Klett-Verlag ausgewählt. Im Auswahlprozess wurde zum einen aus einer inhaltlichen Perspektive berücksichtigt, (i) welcher Zugang zum Vektorbegriff gewählt wird (Verschiebungen, Pfeilklassen, n-Tupel, ...) und (ii) welche Aspekte des Vektorbegriffs in der Einheit, in der die Einführung von Vektoren stattfindet, schon besprochen werden. Außerdem spielte eine Rolle, (iii) wie umfangreich die jeweiligen Materialien im Schulbuch sind.

Im Schulbuch *Lambacher Schweizer* werden Vektoren im Kontext von Verschiebungen eingeführt. Dieser Zugang wird auch in anderen Lehrwerken gewählt: z. B. in *Neue Wege* und in *Elemente der Mathematik* und ist insofern typisch für aktuelle Schulbücher. In der Lehreinheit „Vektoren" des Schulbuchs *Lambacher Schweizer* sind neben der Einführung von Vektoren als Beschreibungsmittel für Verschiebungen (siehe Kap. 7 zur Materialanalyse), Gegenvektoren und der Ortsvektor weitere thematische Aspekte. Ein ähnlicher thematischer Zuschnitt ist auch in *Elemente der Mathematik* zu finden, dort wird außerdem noch die Länge von Vektoren berücksichtigt. Ortsvektoren sind auch in *Mathematik* und in *Neue Wege* ein inhaltlicher Teilaspekt bei der Einführung von Vektoren. Die Einführung des Vektorbegriffs im Schulbuch *Lambacher Schweizer* hat (ohne Berücksichtigung von Übungsaufgaben) einen überschaubaren Umfang von einer Doppelseite. Andere Einführungen, z. B. in *Neue Wege* und in *Elemente der Mathematik* haben einen ähnlichen Umfang oder sind etwas länger (dies gilt insbesondere für die Einführung in *Mathematik*, da dort bereits geometrische Anwendungen thematisiert werden). Insgesamt ist das Lehrwerk *Lambacher Schweizer* damit repräsentativ.

Um eine typische hochschulische Perspektive auf den Vektorbegriff zu repräsentieren, wurden Materialien aus dem Buch *Lineare Algebra* von Albrecht Beutelspacher gewählt. Im Auswahlprozess wurde auch hier darauf geachtet, dass es eine hohe inhaltliche Übereinstimmung mit anderen Lehrwerken gibt. Der von Beutelspacher gewählte Zugang zum Begriff, der die axiomatische Definition der Betrachtung von Beispielen voranstellt, ist auch in den Lehrwerken von Bosch (2014) und G. Fischer (2019) erkennbar. Zwar betrachtet Beutelspacher – anders als Bosch und G. Fischer – die Beispiele in einem eigenen Unterkapitel. Da aus der Hinzunahme des Inhaltsverzeichnisses jedoch ersichtlich wird, dass auch in Beutelspachers Lehrbuch eine Fülle von Beispielen betrachtet wird, ist diese Abweichung für die Untersuchung nicht relevant. Ausschlaggebend für die Wahl des Lehrwerks war aber auch die besondere Zugänglichkeit der Materialien dadurch, dass der Autor sich um erklärende Darstellungen bemüht. Diese

Eigenschaft des Lehrbuchs ist dem erforderlichen schnellen Erfassen des Inhalts in der Interviewsituation zuträglich. Dieser Aspekt gewinnt für die Studie insbesondere durch den Einbezug von Lehrkräften und Masterstudierenden mit einiger zeitlicher Entfernung zu den Vorlesungsinhalten an Relevanz.

Folgende Ausschnitte aus den Lehrwerken wurden in der Erhebungssituation verwendet:

- Aus *Lambacher Schweizer* (Band für die Einführungsphase) von Baum et al. (2014): Einführungsseiten in das vierte Kapitel „Schlüsselkonzept Vektoren" (S. 110 f.), Lehreinheit 4.2 „Vektoren" (S. 116 f.; ohne Aufgaben), Teil des Inhaltsverzeichnisses (nur der Teil zum Inhaltsbereich Analytische Geometrie und Lineare Algebra)
- Aus *Lineare Algebra* von Beutelspacher (2014): kurzer Einführungstext unter der Überschrift des dritten Kapitels „Vektorräume" (S. 59 oben), Unterkapitel 3.1 „Die Definition" (S. 59–61), Inhaltsverzeichnis des Lehrbuchs

6.3.1.2 Materialauswahl zum Skalarprodukt

Auch für den Begriff des Skalarproduktes wurde auf Materialien aus der Schulbuchreihe *Lambacher Schweizer* vom Klett-Verlag zurückgegriffen, um die typische schulische Perspektive zu repräsentieren. Im Auswahlprozess wurde berücksichtigt, (i) welcher Zugang zum Skalarprodukt (geometrisch, arithmetisch, gemischt) in den Materialien gewählt wird und (ii) wie umfangreich die jeweiligen Materialien im Schulbuch sind.

Im Schulbuch *Lambacher Schweizer* wird das Skalarprodukt im Zusammenhang mit einem auf dem Satz des Pythagoras basierenden Verfahren zur Bestimmung der Orthogonalität von Vektoren eingeführt. Anschließend wird die Größe von Winkeln im allgemeinen Fall angesprochen. Die Koordinatenform des Skalarproduktes geht der geometrischen Deutung voraus. Nach dem gleichen Ansatz wird auch in *Elemente der Mathematik* bei der Einführung des Skalarproduktes vorgegangen. Ansonsten stellen sich die Zugänge zum Skalarprodukt im Vergleich eher heterogen dar. In *Mathematik* wird mit der geometrischen Definition des Skalarproduktes im physikalischen Kontext eingestiegen, in *Neue Wege* wird zusätzlich der Längenbegriff eingeführt und im Schulbuch der Reihe *Fokus* werden von vornherein Winkel im allgemeinen Fall betrachtet, Orthogonalität wird erst im zweiten Schritt angesprochen. Angesichts dieser Bandbreite relativiert sich das Kriterium der inhaltlichen Repräsentativität. Die Einführung des Skalarproduktes im Schulbuch *Lambacher Schweizer* hat (ohne Berücksichtigung

von Übungsaufgaben) einen Umfang von etwas mehr als vier Seiten. Andere Einführungen, z. B. in *Neue Wege*, in *Mathematik* oder in *Elemente der Mathematik*
haben einen ähnlichen Umfang. In dieser Hinsicht ist das Lehrwerk *Lambacher
Schweizer* damit repräsentativ.

Die Perspektive der Hochschule wird – wie schon beim Vektorbegriff – durch
Materialien aus dem Lehrbuch *Lineare Algebra* von Beutelspacher vertreten.
Dort werden Skalarprodukte in einem eigenen Kapitel „Skalarprodukte" aus den
Bilinearformen entwickelt. Dieses Vorgehen bei Beutelspacher ist ein typischer
Zugang. Auch Bosch (2014) und G. Fischer (2019) gehen zunächst von allgemei-
neren Abbildungstypen aus – G. Fischer betrachtet wie Beutelspacher zunächst
Bilinearformen, Bosch setzt noch allgemeiner bei den Sesquilinearformen an.
Bezüglich weiterer inhaltlicher Aspekte waren im Zuge der Materialauswahl deut-
liche Unterschiede festzustellen. So unterscheiden sich die Lehrwerke in der
Frage, ob Beispiele für Skalarprodukte aufgegriffen werden, ob der Winkelbe-
griff angesprochen und inwieweit auf die Beziehungen zwischen Skalarprodukten
eingegangen wird. Da es in dieser Hinsicht keinen „typischen" Weg in den
Materialien zu geben scheint, erübrigt sich das Kriterium der Repräsentativität.
Dagegen wurde der Körper, der den Vektorräumen zugrunde liegt, auf denen die
Skalarprodukte operieren, als Auswahlkriterium angesetzt. So wurde bewusst ein
Lehrbuch ausgewählt, welches Bilinearformen und Skalarprodukte lediglich über
$\mathbb{R}$ betrachtet, da nicht davon ausgegangen werden kann, dass der Umgang mit
komplexen Zahlen im Hochschulstudium aller Befragten üblich war (oder ist)
bzw. eingeübt wurde (oder wird). Sofern bisher nur wenige Berührungspunkte
mit den komplexen Zahlen bestanden, besteht bei der Verwendung von Materialien, in denen mit komplexen statt reellen Vektorräumen agiert wird, das Risiko,
dass der eigentliche Vergleich dadurch gestört wird.

Folgende Ausschnitte aus den Lehrwerken wurden in der Erhebungssituation
verwendet:

- Aus *Lambacher Schweizer* (Band für die Qualifikationsphase) von Baum et al.
  (2015): Lehreinheit 5.4 „Zueinander orthogonale Vektoren – Skalarprodukt"
  (S. 189 f., ohne Aufgaben), Lehreinheit 5.5 „Winkel zwischen Vektoren –
  Skalarprodukt" (S. 192 f., ohne Aufgaben), Teil des Inhaltsverzeichnisses (nur
  der Teil zum Inhaltsbereich Analytische Geometrie und Lineare Algebra)
- Aus *Lineare Algebra* von Beutelspacher (2014): Teil des Unterkapitels 10.3
  „Skalarprodukte" (S. 307–313) bis einschließlich des Beweises des Satzes
  „Aus orthogonal mach orthonormal", Inhaltsverzeichnis des Lehrbuchs

6.3.2 Datenerhebung

In diesem Abschnitt werden die Stichprobenkonstruktion und die Stichprobenzusammensetzung sowie die Erhebungssituation näher beschrieben.

6.3.2.1 Stichprobenkonstruktion

Die Grundgesamtheit für die Frage nach der Ausprägung eines Höheren Standpunktes im Bereich der Linearen Algebra umfasst alle Studierenden für das gymnasiale Lehramt mit dem Fach Mathematik, die an Veranstaltungen zur Linearen Algebra teilgenommen haben, sowie Referendar:innen mit dem Unterrichtsfach Mathematik und Mathematiklehrkräfte, die in der gymnasialen Oberstufe unterrichten. Dieser Festlegung liegt die Annahme zugrunde, dass sich ein Höherer Standpunkt ab dem Zeitpunkt ausprägt bzw. sich ausprägen kann, an dem sowohl eine Beschäftigung mit den schulischen als auch mit den hochschulischen Sichtweisen auf die Lineare Algebra stattgefunden hat.

Aus der Grundgesamtheit wurde eine Stichprobenbildung anhand eines einfachen (eindimensionalen) qualitativen Stichprobenplans angestrebt. Qualitative Stichprobenpläne stellen ein Top-down-Äquivalent zur theoretischen Stichprobenziehung dar. Sie zielen auf eine heterogene Stichprobe ab, die eine möglichst große Variabilität im Gegenstandsbereich repräsentiert. Ein qualitativer Stichprobenplan berücksichtigt relevante Einflussfaktoren für den untersuchten Sachverhalt im Voraus (Schreier, 2010, S. 245). Da im Rahmen dieser Arbeit der Einfluss des berufsbiografischen Zeitpunktes, an dem sich eine (angehende) Mathematiklehrkraft befindet, auf die Ausprägung eines Höheren Standpunktes im Bereich des Erkenntnisinteresses liegt, wird für die Untersuchung die aktuelle berufsbiografische Phase als relevanter Einflussfaktor angenommen. Das Merkmal „berufsbiographischer Abschnitt" wird im Stichprobenplan mit vier Merkmalsausprägungen berücksichtigt. Es handelt sich dabei um die folgenden vier Abschnitte: 1) Anfang des Lehramtsstudiums, d. h. nach dem Absolvieren einer Prüfung zur Linearen Algebra im Studium, 2) Ende des Lehramtsstudiums, d. h. in den letzten beiden Semestern des Masterstudiums, 3) nach dem Absolvieren von mindestens der Hälfte des Referendariats oder unmittelbar nach dem zweiten Staatsexamen, 4) nach mindestens fünfjähriger Berufstätigkeit.

Die Auswahl der berufsbiografischen Abschnitte beruht auf folgenden Überlegungen: Im ersten Abschnitt sind in aller Regel beide Sichtweisen auf Lineare Algebra, die schulische und die hochschulische Sichtweise, als präsent und gut verfügbar anzunehmen. Es fand im Allgemeinen noch keine Befassung mit fachdidaktischen Ausbildungsinhalten statt, die die Vermittlung zwischen den beiden Sichtweisen beeinflussen könnte. Als zweiter Abschnitt wurde die Endphase des

Masterstudiums festgelegt, da dann zum einen die akademische Ausbildung weitestgehend abgeschlossen ist und eine hohe Ausprägung des fachdidaktischen
und des fachlichen Wissens angenommen werden kann. Zum anderen wurden zwar schon schulpraktische Erfahrungen gesammelt, jedoch hat noch keine
eigenverantwortliche Unterrichtstätigkeit stattgefunden. Der dritte Abschnitt liegt
zwar zeitlich vergleichsweise nah am zweiten Abschnitt. Allerdings hat sich die
Situation bezüglich der Praxiserfahrung grundlegend verändert. Im Referendariat
wird Unterricht geplant und auch eigenverantwortlich erteilt, gleichzeitig liegt
der Erwerb des fachlichen und fachdidaktischen Wissens dabei noch nicht weit
zurück. Auf der anderen Seite zeigen sich gerade beim Einstieg in den Beruf Probleme hinsichtlich der Bewältigung der Anforderungen, die durch den beruflichen
Alltag und damit verbundene praktische Erfahrung entstehen, und der Aufrechter-
haltung der im Studium gewonnenen Überzeugungen und Kenntnisse (Lazarevic,
2017, S. 82). Dass das Referendariat insofern eine Phase des Umbruchs darstellt, könnte auch den Umgang mit dem Spannungsfeld zwischen Schule und
Hochschule beeinflussen. Daher wird diese Phase, obwohl sie zeitlich nahe am
zweiten Abschnitt liegt, eigens in den Stichprobenplan aufgenommen. Die vierte
Phase nach mindestens fünfjähriger Berufstätigkeit berücksichtigt, dass typischerweise das vierte bis sechste Berufsjahr in der beruflichen Entwicklung von
Lehrkräften eine Stabilisierungsphase darstellt. In dieser Phase sind die Anfänger-
probleme überwunden, man beherrscht die grundlegenden Unterrichtstechniken
und identifiziert sich mit dem Lehrersein (Huberman, 1991, S. 249 ff.). Mit der
allgemeinen Stabilisierung der eigenen Rolle und unterrichtlichen Vorgehensweisen ist auch davon auszugehen, dass sich die Positionierung zum Spannungsfeld
zwischen Schule und Hochschule in Form eines bestimmten Umgangs mit Diskontinuität festigt. Aus diesem Grund wird die zeitlich gesehen lange Phase der
Berufstätigkeit nach dem fünften Berufsjahr im Rahmen der Studie als nur ein
berufsbiografischer Abschnitt behandelt.

Weitere Merkmale werden im Stichprobenplan nicht berücksichtigt. Zum
einen würde die Stichprobe schon durch die Hinzunahme nur eines weiteren
Merkmals mit dann acht Merkmalskombinationen stark fragmentiert werden, weil
die Besetzung der Gruppen angesichts der typischen Fallzahlen qualitativer Untersuchungen nur sehr gering ausfallen könnte. Zum anderen gibt es, da im Rahmen
dieser Arbeit explorativ an der Konkretisierung und Untersuchung der qualitativen
Ausprägungen eines Höheren Standpunktes gearbeitet wird, keine Hypothesen zu
weiteren Einflussfaktoren, die kontrolliert werden sollten.

Für die Größe des Samples wurde pro berufsbiografischem Abschnitt ein Minimum von fünf Interviewteilnehmer:innen festgelegt. Dabei spielten der ausgehend
von der Pilotierung anzunehmende Umfang des Interviews und der erwartete

schwierige Zugang zum Feld bezüglich der Gruppe der erfahrenen Lehrkräfte und der Gruppe der Studierenden in einer frühen Phase des Studiums eine Rolle. Werden für einzelne Abschnitte mehr als fünf Personen befragt, stellt dies für die Studie keine Einschränkung dar. Vielmehr ermöglicht eine insgesamt größere Zahl an Interviewteilnehmer:innen ein noch breiteres Bild und die Möglichkeit, weitere Erkenntnisse zu Forschungsgesichtspunkten, die im Vorhinein nicht antizipiert wurden, zu sammeln, was grundsätzlich dem Erkenntnisinteresse der Arbeit dient.

6.3.2.2 Stichprobe in der Erhebung

Die Teilnehmer:innen der Studie wurden je nach Gruppe[8] auf verschiedenen Wegen zur Teilnahme an der Interviewstudie eingeladen. Die Probanden in der Gruppe 1 wurden durch eine Ankündigung zu Semesteranfang im ersten Termin der (nach dem Studienplan) ersten fachdidaktischen Vorlesung erreicht. Die Kontaktaufnahme erfolgte hierbei durch persönliche Ansprache. Bei den Teilnehmer:innen aus den Gruppen 2 und 3 erfolgte die Einladung zur Studie entweder ebenfalls durch persönliche Ansprache oder durch schriftliche Kontaktaufnahme per E-Mail. Die Kontaktaufnahme mit Lehrkräften zum Aufbau der Gruppe 4 fand auf verschiedenen Wegen statt: durch persönliche Ansprache, telefonisch oder per Mail, teilweise mit der Unterstützung ehemaliger Kommiliton:innen und Kolleg:innen mit „direktem" Zugang zum Feld. Alle Teilnehmer:innen haben freiwillig an der Studie teilgenommen.

Die erreichte Stichprobe der Erhebung umfasst insgesamt dreißig Personen, die sich wie folgt auf die Abschnitte verteilen: Die Gruppe der Studierenden unmittelbar nach der Studieneingangsphase (G1) besteht aus fünf Personen, die Gruppe der Studierenden gegen Ende des Studiums (G2) aus neun Personen, die Gruppe der Referendar:innen (G3) aus neun Personen und die Gruppe der erfahrenen Lehrkräfte (G4) aus sieben Personen. In allen Gruppen waren Männer und Frauen sowie verschiedene Zweitfächer vertreten. Tabelle 6.1 gibt einen Überblick über die Zusammensetzung der Stichprobe mit den Proband:innen P01 bis P32. Zu den Abschnitten 1 bis 3 sind die Studiengänge angegeben (GyGe steht für den Studiengang für das „Lehramt an Gymnasien und Gesamtschulen", BK für den Studiengang „Lehramt an Berufskollegs"). In Bezug auf Gruppe 4 bedeuten die Abkürzungen Gy, Ge und BK, dass eine Person zum Zeitpunkt der Erhebung an einem Gymnasium, an einer Gesamtschule bzw. an einem Berufskolleg unterrichtete.

---

[8] Lehramtsstudierende nach der Linearen Algebra (Gruppe 1), Lehramtsstudierende im Masterstudiengang (Gruppe 2), Referendar:innen (Gruppe 3), erfahrene Lehrkräfte (Gruppe 4).

Tabelle 6.1
Zusammensetzung der
Stichprobe in der
durchgeführten
Interviewstudie

Gruppe		m/w	Studiengang/Schulform
1	P15	w	GyGe
	P18	w	GyGe
	P17	w	GyGe
	P20	m	GyGe
	P28	w	GyGe
2	P04	w	GyGe
	P03	m	GyGe
	P12	w	GyGe
	P02	m	GyGe
	P08	m	GyGe
	P24	m	GyGe
	P25	m	GyGe
	P29	m	GyGe
	P26	m	GyGe
3	P01	m	GyGe
	P10	w	BK
	P16	w	GyGe
	P13	w	GyGe
	P11	m	GyGe
	P05	w	GyGe
	P23	w	GyGe
	P31	w	GyGe
	P14	w	GyGe
4	P22	m	Ge
	P06	w	Gy
	P09	w	Gy
	P21	w	BK
	P27	m	Gy
	P30	w	Gy
	P32	w	Gy

Aus den Gruppen 1 bis 3 haben (bis auf P03) alle Proband:innen ihr bisheriges Lehramtsstudium ausschließlich an der Universität Duisburg-Essen absolviert. Die Lehrkräfte in der Gruppe 4 haben ihr Studium an verschiedenen Universitäten abgeschlossen.

Drei Lehrkräfte aus der Stichprobe konnten aufgrund anderer terminlicher Verpflichtungen (teilweise spontan) nur an einer der beiden Erhebungsrunden in der Studie teilnehmen. Dies betrifft P21, P30 und P32. Diese Lehrkräfte haben jeweils nur an der Erhebungsrunde zum Vektorbegriff teilgenommen. Auch P03 konnte aus zeitlichen Gründen nur am ersten Teil der Erhebung teilnehmen.

6.3.2.3 Erhebungssituation

In der Einladung zur Studie wurde die Erhebung als Interviewstudie zur „Schnittstelle zwischen Schule und Hochschule im Fach Mathematik" angekündigt. Eine inhaltliche Eingrenzung auf den Bereich der Linearen Algebra oder die Themen Vektor und Skalarprodukt wurde nicht vorgenommen, da eine eventuelle inhaltliche Vorbereitung auf das Interview die Ergebnisse verändern könnte und die Ausprägung eines Höheren Standpunktes möglichst unverfälscht untersucht werden soll. Die potenziellen Proband:innen wurden außerdem im Vorfeld über den ungefähren zeitlichen Umgang und darüber, welche Daten in welcher Form erhoben werden, informiert. Insbesondere wurde bereits in der Einladung darauf hingewiesen, dass aus der Darstellung der Studienergebnisse keine Rückschlüsse auf einzelne Personen möglich sein werden.

Die Interviews mit den Proband:innen aus den Gruppen 1 bis 3 wurden in Räumlichkeiten der Universität Duisburg-Essen durchgeführt. Die Interviews mit den Lehrkräften fanden im häuslichen Umfeld der Lehrkräfte, in Räumlichkeiten der Universität Duisburg-Essen oder in der Schule der Lehrkraft statt. Der Zeitraum, in dem die Interviews geführt wurden, erstreckte sich von Mitte September 2018 bis Anfang Juli 2019.

Alle Arbeitsaufträge bzw. Impulse lagen den Teilnehmer:innen in der Studie schriftlich in Form eines Erhebungsbogens vor, der in Ausschnitten als Anhang im elektronischen Zusatzmaterial beigefügt ist. Im Rahmen der Studie wurden während der Interviewphase und der Ausstiegsphase Tonaufnahmen angefertigt. Außerdem liegen die Concept Maps einschließlich der Modifikationen aus der Ausstiegsphase als schriftliche Produkte aus der Erhebungssituation vor.

6.4 Auswertung der Interviews

In diesem Unterkapitel wird das Vorgehen bei der Auswertung der Interviews zur Beantwortung der Forschungsfrage 3 dargestellt. Für die Analysen in diesem

Unterkapitel sind zunächst die in den Interviews gesammelten Daten aufzuberei-
ten. Dieser Prozess wird in 6.4.1 dargelegt, bevor in 6.4.2 auf das Verfahren zur
Auswertung, die Qualitative Inhaltsanalyse, eingegangen wird. Die Thematik der
Gütekriterien bei der Durchführung der Auswertung der Interviews wird in 6.4.3
aufgegriffen.

6.4.1 Datenaufbereitung und Vorbereitung der Analysen

Die Aufbereitung der gesammelten Daten stellt notwendigerweise die erste
Etappe der Interviewauswertung dar. Da in den Interviewsituationen das gespro-
chene Wort aufgezeichnet wurde, umfasst die Aufbereitung als Teilschritte vor
dem Redigieren auch das initiale Erstellen der Verschriftlichungen. Zudem werden die Analysen zu den wahrgenommenen Aspekten von Diskontinuität und
der Bewertung und Einschätzung von Diskontinuität durch das Extrahieren bzw.
Markieren der Interviewstellen, in denen Unterschiede zwischen Schule und
Hochschule angesprochen werden, vorbereitet.

6.4.1.1 Transkription der Interviews

Im Rahmen der vorliegenden Arbeit wurden die Interviews vollständig transkribiert. Dazu wurde ein schlichtes Set von Transkriptionsregeln von Kuckartz et al.
(2007) verwendet, welches die spätere Auswertungsarbeit am Computer berücksichtigt (S. 27 f.). Ein schlichtes Regelset ist angesichts des Forschungsinteresses
ausreichend, da dieses nicht auf der Ebene sprachlich-lexikalischer Phänomene
verortet ist und das Transkriptionssystem bezogen auf den Forschungszweck
grundsätzlich eher sparsam gehalten sein sollte (Kuckartz, 2010, S. 46). Konkret
sieht das gewählte Regelset eine wörtliche Transkription in originaler Ausdrucksweise vor, bei der lediglich eine Annäherung an das Schriftdeutsch vorgenommen
wird. Der individuelle Sprachstil der interviewten Person wird jedoch nicht
geglättet, auch werden Satzbaufehler zunächst beibehalten. Die grammatikali-
schen Korrekturen wurden in den Prozess des Redigierens verschoben, da dort
die Kontrolle aus dem Kontext heraus besser möglich ist. Längere Pausen wurden in den Transkripten vermerkt, reine Pausenfüller jedoch nicht transkribiert.
Auch nicht-sprachliche Vorgänge wie Lachen und technische Hinweise wurden
in den Transkripten berücksichtigt. Auffällige Betonungen wurden, soweit sie
aus Sicht der Autorin sinntragend sind, in den Transkripten durch Unterstreichen
gekennzeichnet. Angaben, die einen Rückschluss auf die Identität der Person, von
Lehrenden oder anderen Personen zulassen, wurden anonymisiert.

6.4.1.2 Redigieren der Interviews

Beim Redigieren wird ein Transkript ausgehend von der Fragestellung redaktionell bearbeitet, um die Aussagen klarer werden zu lassen. Das Redigieren stellt den ersten interpretativen Akt in der Gesamtauswertung der Daten dar, da mit der Bearbeitung schon eine erste Deutung der Originalaussagen einhergeht (Krüger & Riemeier, 2014, S. 138). Beim Redigieren werden vier Operationen am Transkript vorgenommen: das Paraphrasieren, das Selegieren, das Auslassen und das Transformieren (ebd., S. 138 f.): Das Paraphrasieren umfasst das leichte Glätten sprachlicher Aussagen, da Aussagen in Interviewsituationen häufig nicht in grammatikalisch akzeptabler Form formuliert werden. Zum Beispiel werden unter Beibehaltung des Sprachstils der befragten Person ganze Sätze formuliert. Das Selegieren zielt auf die Identifikation relevanter und bedeutungstragender Aussagen, indem inhaltsgleiche bzw. ähnliche Aussagen unter Beibehaltung der Reihenfolge der Originalaussagen zusammengestellt werden. Beim Selegieren werden Füllwörter und Redundanzen aus dem Transkript genommen, außerdem werden Nebensächlichkeiten oder Äußerungen, die deutlich an der Fragestellung vorbeigehen, gestrichen. Durch das Selegieren und Auslassen verkürzt sich das Transkript meist deutlich. Schließlich findet eine Transformation der Dialogstruktur in eine Quasi-Monologstruktur statt. Die Äußerungen der interviewten Person werden so aufbereitet, dass sie eigenständig verständlich sind. Beim Redigieren der Interviews im Rahmen dieser Arbeit wurden diese allgemeinen Verfahrenshinweise wie folgt umgesetzt:

- Passagen, in denen (fast) ausschließlich **Teile der Lehr-Lern-Materialien vorgelesen** werden, wurden gestrichen.
- **Ausführliche, nicht-vergleichende Beschreibungen der Sichtstruktur** der Materialien werden gestrichen. Es wird aber darauf verwiesen, dass diese Beschreibung stattgefunden hat (z. B. so: „[beschreibt die Herleitung der Formel für den Winkel zwischen zwei Vektoren]").
- Äußerungen zum weiteren Vorgehen beim Materialvergleich werden gestrichen (z. B.: „Jetzt gucke ich mir einmal die Materialien aus dem Hochschulbuch an.").
- Äußerungen **über die eigene Schulzeit bzw. Studienzeit** mit dem Fokus auf dem eigenen Lernerleben, den eigenen Lernerfolgen und Lernschwierigkeiten wurden gestrichen.
- **Nicht-inhaltstragende Ergänzungen einer Äußerung** derart: „würde ich sagen", „denke ich mal", „meiner Meinung nach" wurden gestrichen.
- **Angefangene Sätze** wurden möglichst neutral beendet, sofern aus Sicht der Autorin die inhaltliche Aussage schon erkennbar war. Anderenfalls wurden die Satzanfänge gestrichen.

- **Alternative Formulierungen der Interviewten** wurden, sofern sie inhalt-lich relevant sind, wie folgt mit Klammern an den entsprechenden Stellen eingefügt: „(/ < alternativer Ausdruck >)".
- Zur besseren Lesbarkeit der Transkripte wird ggf. angegeben, auf welchen Begriff oder welches Material mit einer Aussage **Bezug** genommen wurde (z. B.: „[im Schulbuch]" statt „hier" oder „[der Vektor] " statt „er").

6.4.2 Auswertung der Interviews mit qualitativen Inhaltsanalysen

Zur Beantwortung der Forschungsfrage 3 „Wie ist bei (angehenden) Mathematik-lehrkräften ein Höherer Standpunkt im Umgang mit Diskontinuität im Bereich der Linearen Algebra der gymnasialen Oberstufe ausgeprägt?" werden auf Grundlage der gemäß 6.4.1 vorbereiteten Interviewtranskripte qualitative Inhaltsanalysen durchgeführt.

6.4.2.1 Grundlegendes zur Qualitativen Inhaltsanalyse und Begründung der Methodenwahl

Die Qualitative Inhaltsanalyse (QIA) stellt ein theoriegeleitetes und systemati-sches Auswertungsverfahren dar, „das unter Berücksichtigung wissenschaftlicher Gütekriterien die Nachvollziehbarkeit, Wiederholbarkeit und auch Kritik einer empirischen Untersuchung ermöglicht und verlässliche Rückschlüsse auf Vor-stellungen von Menschen erlaubt, die in Vermittlungssituationen von Bedeutung sind" (Krüger & Riemeier, 2014, S. 145). Insbesondere eignet sich die QIA „im-mer dann, wenn es um größere Materialmengen geht und eine systematische, generalisierende Auswertung im Vordergrund steht" (Mayring, 2010, S. 611). Für die Untersuchung der Vorstellungen von (angehenden) Lehrkräften von Diskon-tinuität und deren Auseinandersetzung mit Diskontinuität auf der Basis von 56 Einzelinterviews – 30 zu Vektoren + 26 zum Skalarprodukt – erscheint die QIA daher ausgesprochen passend.

Die theoriegeleitete Durchführung der QIA bedeutet, dass die untersuchte Kommunikation vor einem spezifischen Theoriehintergrund und einer explizi-ten Fragestellung analysiert und interpretiert wird (Mayring, 2015, S. 13). Die Auswertung, Analyse und Interpretation sind somit immer im Kontext einer spezifischen Theorie und Fragestellung zu sehen. Sie knüpft auch an den Ent-stehungshorizont des Materials und den Erfahrungshorizont der Analysierenden an bzw. bezieht diese in die Auswertung des Materials ein. Im vorliegenden Anwendungsfall ist der Analysehintergrund somit zum einen durch die in

Kap. 2 beschriebenen Ansätze zur Beschreibung von Diskontinuität gegeben, zum anderen durch die in Kap. 7 stattfindende Materialanalyse.

Die Systematik der QIA äußert sich besonders darin, dass die Analyseschritte im Vorfeld definiert und in ihrer Reihenfolge festgelegt werden (ebd., S. 12 f.). Dies sichert die Nachvollziehbarkeit der Vorgehensweise bei der Analyse. Das regelgeleitete, systematische Vorgehen teilt die QIA mit quantitativen Auswertungsansätzen. Gleichwohl können inhaltsanalytische Verfahren als sehr offene explorative Verfahren konzipiert werden – beispielsweise in Form einer themenorientierten QIA mit induktiver Kategorienbildung (Kuckartz, 2016, S. 224). Dieses Potenzial ist ein gewichtiges Argument für die Verwendung der QIA im Rahmen dieser Arbeit, die mit der Betrachtung des Umgangs von (angehenden) Lehrkräften mit Diskontinuität auf der Ebene konkreter fachlicher Inhalte der Linearen Algebra einen explorativen Ansatz verfolgt.

Die QIA ist ein kodierendes Auswertungsverfahren. Die zugrundeliegenden Auswertungsaspekte liegen in Form von Kategorien vor.[9] Durch die Kategorienbildung und die anschließende Kategorisierung von Datenmaterial (Zuordnen von Kategorien zum Datenmaterial) im Prozess der Kodierung wird eine Systematisierung und Komprimierung von Textstellen erreicht (Kuckartz, 2016, S. 52). Die Definition einer Kategorie erfolgt dabei durch Umschreibung ihres Inhalts, durch Angabe einiger Indikatoren sowie in der Regel auch durch konkrete Beispiele (z. B. Zitate aus Interviewtranskripten) und bewegt sich mit Kuckartz' Worten „irgendwo im Spannungsfeld zwischen Nominaldefinition und operationaler Definition" (ebd., S. 37). Auf der Kategorienkonstruktion und -begründung liegt ein besonderes Augenmerk, insofern als sowohl eine beschreibende als auch eine Theorie generierende Analyse, bei der die Kategorien die Bausteine der angestrebten Theorie sind, mit den Kategorien „steht und fällt" (ebd., S. 83). Allgemein kommt den Kategorien bei der QIA eine doppelte Funktion zu: Sie sind gleichzeitig Instrument und Ergebnis der Analyse. Die Gesamtheit von Kategorien kann als lineare Liste, als Hierarchie (mit Haupt- und Subkategorien) oder als Netzwerk organisiert sein. Sie wird als Kategoriensystem bezeichnet und stellt das zentrale Instrument der QIA dar (Kuckartz, 2016, S. 39).

Obwohl es sich bei der QIA um eine systematische Analysetechnik handelt, merkt Mayring an, dass sie kein einheitliches Standardinstrument ist, sondern immer an den konkreten Gegenstand, d. h. an das Material, angepasst sein und auf spezifische Fragestellungen hin konstruiert werden muss (Mayring, 2015,

---

[9] Kuckartz (2016, S. 39) weist daraufhin, dass neben dem Begriff „Kategorie" auch der Begriff „Code" verwendet wird. Entsprechend wird die Zuordnung von Kategorien zum Material als Kodierung bzw. Codierung bezeichnet und bei den an der Auswertung beteiligten Personen wird von Kodierern gesprochen.

S. 51). Bei der Durchführung einer QIA ist grundsätzlich eine Adaption an den
Forschungsbereich bzw. die Forschungsthematik erforderlich. Diese Abstimmung
umfasst insbesondere Entscheidungen über die Wahl einer Analysemethode, die
Art der Kategorien und die Art und Weise der Kategorienbildung.

In Tabelle 6.2 werden die verschiedenen Ausprägungen der genannten Aspekte
zusammenfassend dargestellt. Sie bezieht sich auf Kuckartz' (2016) Sichtweisen
auf die QIA.[10]

Tabelle 6.2 Ausprägungen der QIA

Aspekt	Ausprägungen
Basismethoden der Analyse	• *Inhaltlich strukturierende QIA:* Identifikation und Konzeptualisierung inhaltlicher Aspekte und Beschreibung des Materials nach den inhaltlichen Aspekten
	• *Evaluative QIA:* Einschätzung, Klassifizierung und Bewertung von Inhalten; gebildete Kategorien haben meist eine ordinale Ausprägung; Möglichkeit der aufbauenden Zusammenhangsanalysen
	• *Typenbildende QIA:* Suche nach mehrdimensionalen Mustern, die das Verständnis eines komplexen Gegenstandsbereichs oder eines Handlungsfeldes ermöglichen
Art der Kategorien	• *Thematische Kategorien:* Themen, Argumente, Denkfigur, etc.; Grenzen der kodierten Segmente sind eher sekundär
	• *Fakten-Kategorien:* basierend auf (vermeintlich) objektiven Gegebenheiten
	• *Evaluative Kategorien:* auf externe Bewertungsmaßstäbe bezogen; definierte Anzahl von Ausprägungen bzgl. derer das Material eingeschätzt wird
	• *Analytische Kategorien:* Ergebnis theoretisierender Überlegungen, höheres Abstraktionsniveau gegenüber thematischen Kategorien

(Fortsetzung)

[10] Diese Anmerkung hat den Hintergrund, dass z. B. Mayring (2015, S. 65 ff.) für die QIA
zwischen verschiedenen „speziellen qualitativen Techniken" unterscheidet. Die „induktive
Kategorienbildung" ist dabei eine eigene Technik. Die „deduktive Kategorienanwendung"
ist andererseits ein Oberbegriff für verschiedene Techniken (wie. z. B. die formale Strukturierung oder die inhaltliche Strukturierung). Für einen Überblick über die Varianten der QIA
sei an dieser Stelle auf Schreier (2014) verwiesen.

Tabelle 6.2 (Fortsetzung)

Aspekt	Ausprägungen
	• *Natürliche Kategorien:* Terminologie und Begriffe durch die Befragten geprägt, „quasi-analytische Kategorien" der Befragten
	• *Formale Kategorien:* Daten und Informationen über die zu analysierende Einheit
Art und Weise der Kategorienbildung	• *A priori Kategorienbildung:* deduktives Vorgehen; Kategorien unabhängig vom erhobenen Datenmaterial auf der Basis einer bereits vorhandenen inhaltlichen Systematisierung (Theorie oder Hypothese, aber z. B. auch Interviewleitfaden)
	• *Materialgeleitete Kategorienbildung:* induktives Vorgehen; aktiver Konstruktionsprozess auf Grundlage theoretischer Sensibilität und Kreativität mit zirkulären Arbeitsweisen: wiederholte Anpassung
	• *Kombination der Ansätze,* z. B. als deduktiv-induktive Kategorienbildung: Beginn mit gesetzten Kategorien und anschließendes Bilden von Kategorien und Subkategorien am Material

Im Hinblick auf den Prozess der Kodierung ist zudem zu entscheiden, welches Material Teil der Inhaltsanalyse wird und wie lang die jeweiligen Textabschnitte sind, die kodiert werden, d. h, welche **Einheiten** der Analyse zugrunde gelegt werden. Zu unterscheiden sind dabei die Auswahleinheit, die Analyseeinheit, die Kodiereinheit und die Kontexteinheit. Die **Auswahleinheit** ist die Grundeinheit der Inhaltsanalyse und geht aus der Struktur des Samples hervor. Sie gibt an, welche Fälle für die Inhaltsanalyse ausgewählt werden. Eine Auswahleinheit kann mehrere **Analyseeinheiten** beinhalten. Dies sind die Einheiten, die gezielt für eine Analyse betrachtet werden. **Kodiereinheiten** sind die Teile einer Analyseeinheit, die im Prozess der Kodierung einer Kategorie zugeordnet werden können. Eine valide Kodiereinheit liegt dann vor, wenn die entsprechende Textstelle für sich allein ausreichend verständlich ist (Kuckartz, 2016, S. 104). Die **Kontexteinheit** gibt die größte Einheit an, die hinzugezogen werden darf, um eine Kodiereinheit zu verstehen und richtig zu kategorisieren (ebd., S. 44).

Die bei der Auswertung der Interviews tatsächlich getroffenen Entscheidungen im Hinblick auf die Art der Kategorien, die Art und Weise der Kategorienbildung, die Analysemethode und die Einheiten im Prozess der Kodierung werden

im nächsten Abschnitt dargestellt, der sich mit der konkreten Anwendung der
Methode befasst.

6.4.2.2 Anwendung der Qualitativen Inhaltsanalyse

Im vorherigen Unterabschnitt wurden Grundzüge der QIA dargelegt. In diesem
Unterabschnitt wird nun deren Umsetzung im Rahmen dieser Arbeit erläutert.

Zur Auswertung der Interviews wurde als Analysevariante die inhaltlich strukturierende QIA gewählt. Für die Frage nach den Aspekten von Diskontinuität und
für die Frage nach den Deutungszusammenhängen ist sie die passendste Variante
der QIA, denn der Kern der inhaltlich-strukturierenden Vorgehensweise ist es
gerade, am Material ausgewählte inhaltliche Aspekte zu identifizieren, zu kon-
zeptualisieren und das Material im Hinblick auf solche Aspekte systematisch zu
beschreiben (Schreier, 2014, S. 5).

Die durchgeführten Analysen erfolgen nach einem Ablaufschema, das in
Abbildung 6.5 visualisiert ist. Das Ablaufschema basiert auf der Darstellung
der Phasen einer inhaltlich strukturierenden Inhaltsanalyse von Kuckartz (2016,
S. 100).

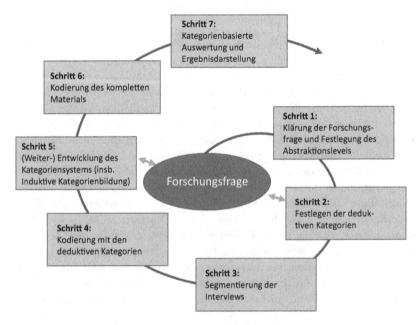

Abbildung 6.5 Ablaufschema der Inhaltsanalyse in Anlehnung an Kuckartz (2016)

Der gesamte Verlauf der Analyse ist von der Forschungsfrage geprägt. An bestimmten Stellen im Forschungsprozess ist der Bezug zur Forschungsfrage besonders explizit (Schritt 1, Schritt 2 und Schritt 5), an anderen Stellen wird vorrangig am Material gearbeitet.

Schritt 1: Klärung der Forschungsfrage und Festlegung des Abstraktionslevels
Zu Beginn der Analysen steht die Frage nach den Anforderungen an die Analyse und die Beschaffenheit des Kategoriensystems im Vordergrund. Für welche Teilfragen werden Kategoriensysteme gebildet und mit welchen Zielen? Für die (Teil-) Forschungsfrage 3a, in der gefragt wird, wie (angehende) Mathematiklehrkräfte Diskontinuität im Bereich der Linearen Algebra im konkreten Fall wahrnehmen bzw. welche Gemeinsamkeiten und Unterschiede sie bei der Einführung von Vektoren bzw. dem Skalarprodukt sehen, liegt die Entwicklung von zwei Kategoriensystemen nahe, deren Kategorien für jeweils einen der Begriffe Gemeinsamkeiten und Unterschiede bei der Einführung abbilden.

Auch für die (Teil-)Forschungsfrage 3b, in der gefragt wird, welche Erklärungen und Einordnungen für die wahrgenommenen Unterschiede vorgebracht werden, werden wieder begriffsabhängig zwei Kategoriensysteme entwickelt.

Zur (Teil-)Forschungsfrage 3c zur Spezifität der Ausprägungen eines Höheren Standpunktes in verschiedenen berufsbiografischen Abschnitten gibt es kein eigenes Kategoriensystem. Die Beantwortung dieser Frage schließt sich jeweils an diejenige für die Fragen 3a und 3b an und es werden die bestehenden Kategoriensysteme für die Auswertungen genutzt.

Den explorativen, deskriptiven Fragestellungen zu den wahrgenommenen Gemeinsamkeiten und Unterschieden bzw. zu der Einordnung der Unterschiede ist es angemessen, thematische Kategorien zu bilden.

Schritt 2: Festlegen der deduktiven Kategorien
Die Interviews mit den (angehenden) Lehrkräften werden deduktiv-induktiv ausgewertet. Bei beiden Analysen (zur Wahrnehmung von Diskontinuität und zu den Erklärungen und zur Einordnung der Diskontinuität) werden zunächst deduktive Kategorien an das Material herangetragen, die dann induktiv ausgehend vom Material ergänzt werden. Die deduktiven Kategorien für die Analyse zu den wahrgenommenen Gemeinsamkeiten und Unterschieden bei der Einführung der Begriffe Vektor und Skalarprodukt zur 3a basieren auf der Untersuchung der Lehr-Lern-Materialien in Kapitel 7. Für die Analyse zu den Erklärungen und Einordnungen der Diskontinuität zur Forschungsfrage 3b werden vorab deduktive Hauptkategorien entwickelt. Die deduktiven Kategorien sind für die erste Analyse in 7.1.5

bzw. 7.2.5 dargestellt und für die zweite Analyse im Unterkapitel 9.1 vor der
Ergebnisdarstellung.

Schritt 3: Segmentierung der Transkripte
Der dritte Schritt bei der Durchführung der Inhaltsanalysen besteht darin, die für
die Analysen relevanten Segmente in den Transkripten zu identifizieren. Durch
die Aufforderung zum lauten Denken im Rahmen der Interviewsituation entfällt
ein substanzieller Teil des Datenmaterials auf Beschreibungen des Materials oder
narrative Passagen, die nicht unter die Fragestellung der Analysen fallen. Die Segmentierung leistet insofern eine Reduktion und Vorstrukturierung des Materials vor
der eigentlichen Kodierung. Die Menge der identifizierten Textstellen liefert zudem
eine Grundlage für eine Zweitkodierung im Rahmen der Inhaltsanalyse, insofern
als für jede Textstelle die Zuordnung zu einer Subkategorie, die Kodierung, direkt
verglichen werden kann.

Die Transkripte müssen für die beiden Analysen nach verschiedenen Gesichtspunkten segmentiert werden. Für die erste Analyse, die Analyse zur Teilfrage 3a,
werden die Segmente danach gebildet, wann Unterschiede und Gemeinsamkeiten
zwischen den Materialien angesprochen werden. Der Bezug zum Material ist hierbei
entscheidend.

Bei der Sichtung der Transkripte stellte sich heraus, dass in der Frage, wann eine
Äußerung im Interview als Unterschied oder Gemeinsamkeit identifiziert werden
kann, verschiedene Grade der Strenge denkbar sind, bei denen potenziell verschieden viel relevanter Inhalt eines Interviews verloren gehen kann. Im Rahmen dieser
Arbeit wurde in folgenden Typen von Situationen ein Unterschied oder eine Gemeinsamkeit vermerkt: beim Vorliegen eines Unterschieds oder einer Gemeinsamkeit
(i) nach strengen kontextfreien Kriterien oder (ii) nach weichen kontextfreien Kriterien. Bei den Unterschieden wurden zudem auch (iii) kontextsensitive Gesichtspunkte berücksichtigt.[11] Eine Entsprechung zu (iii) für die Gemeinsamkeiten gibt
es nicht. Die Kriterien werden nachfolgend erläutert und mit Beispielsegmenten zur
Teilfrage 3a zum Vektorbegriff verdeutlicht. Die Hervorhebungen weisen auf die
Stellen hin, die die Kodierung als Segment auslösen.

i) Erläuterung zu den strengen kontextfreien Kriterien: In diesem Fall lösen
Schlüsselwörter, die mit Unterschiedlichkeit oder Gemeinsamkeiten in Verbindung gebracht werden, eine Markierung aus. So wird ein Unterschied z. B. dann
kodiert, wenn explizit von „Unterschieden", „Brüchen" oder „vom Gegenteil" die

---

[11] Die gewählte Variante kann so eingeschätzt werden, dass sie viele Aussagen berücksichtigt, insbesondere wegen Kriterium (iii).

Rede ist oder davon, dass etwas „anders" ist. Entsprechende Schlüsselwörter für Gemeinsamkeiten sind „Gemeinsamkeit" oder „ähnlich".

Beispiel 1:[12]   „Ja, **Unterschiede** sind: hier wird **mehr** veranschaulicht, hier sind **mehr** Beispiele darin". (P04, Z. 50f.)

Beispiel 2:   „Ja, in der Schule **gehen wir eben aus vom Koordinatensystem** auf der Geometrieebene, [...]. Wir **gehen dann** eben über die Pfeile, die unsere Verschiebung von Punkt zu Punkt darstellen. In der Uni **ist es aber anders**. Wir **haben Körper vorher gemacht** und **nehmen jetzt** einfach nur einen Vektorraum, den wir über den Körper drüber definieren." (P32, Z. 80ff.)

Beispiel 3:   „**Gemeinsam ist den Lehrwerken**, dass sie auf jeden Fall versuchen, eine fachliche Richtigkeit darzustellen". (P01, Z. 108 f.)

ii) Erläuterung zu den weichen kontextfreien Kriterien: In diesem Fall lösen bestimmte grammatikalische Strukturen, die mit Unterschiedlichkeit oder Gemeinsamkeiten in Verbindung gebracht werden können, eine Markierung aus. Beispiele für solche Strukturen im Hinblick auf Unterschiedlichkeit sind die Verwendung des Komparativs oder Satzkonstruktionen mit Konjunktionen wie „während" oder Verneinungen. Gemeinsamkeiten sind typischerweise am Gebrauch des Partikels „auch" zu erkennen, denkbar wären auch Formulierungen wie „wie im Schulbuch" oder „wie im Lehrbuch".

Beispiel 1:   „**Typisch für die Uni ist es**, bei der Definition erst einmal zu sagen, was für Gesetze, also was für Regeln überhaupt für so Vektoren gelten. Das ist die Grundlage, die geschaffen wird, um damit weiterarbeiten zu können. **So etwas findet im Schulbuch gar nicht statt**. [Im Schulbuch] geht es erst einmal darum, überhaupt irgendwie eine Darstellung nur für einen Vektor zu finden. Welche Axiome da gelten, **steht da** auf jeden Fall in der Schule gar nicht da." (P01, Z. 23ff.)

Beispiel 2:   „Und, was ich sehr bezeichnend finde ist, dass **hier** aber trotzdem erst einmal von der Definition des Vektors oder bzw. der Vektorräume geredet wird, **während** der Begriff Definition überhaupt nicht auftaucht **bei den Schulmaterialien**, sondern nur eben Vektor." (P13, Z. 6ff.)

Beispiel 3:   „Ein Ausblick ist **auch hier** vorhanden, am Ende." (P30, Z. 83 f.)

---

[12] Alle Beispiele aus diesem Unterabschnitt stammen aus den Interviews zum Vektorbegriff.

iii) Erläuterung zu den kontextsensitiven Kriterien: In diesem Fall findet eine Kontrastierung der schulischen und der hochschulischen Betrachtung in nahe beieinander liegenden Äußerungen und typischerweise mit ähnlicher Wortwahl oder Satzstruktur statt.

Beispiel: „**Im Schulbuch** wird ein Vektor eigentlich nur für den Vektorraum des R3, den wir in der Schule für Analytische Geometrie brauchen, genutzt **und im Skript** geht es um einen allgemeinen Vektorraum, der von der Vorstellung her abstrakter zu fassen ist. **Nachher** werden ja auch unterschiedliche Vektorräume vorgestellt. **Im Schulbuch** schauen wir uns **nur** diesen einen relevanten Vektorraum, den R3, an." (P01, Z. 114ff.)

Im Rahmen der zweiten Analyse zur Teilfrage 3b liegt der Fokus auf Erklärungen und Begründungen und damit auf Äußerungen, die über das Material hinausgehen und auf einer theoretisch-abstrakteren Ebene liegen. Erklärungen und Gründe für Diskontinuität können im Zusammenhang mit Unterschieden und Gemeinsamkeiten im Material, d. h. im Zusammenhang mit Segmenten, die zur Teilfrage 3a kodiert werden, ausgedrückt werden oder aber frei im Transkript stehen – auch hierzu zwei Beispiele zum Vektorbegriff:

(i) Beispiel für ein Segment im Zusammenhang mit einem beobachteten Unterschied/Segment zu Forschungsfrage 3a (erste Analyse, kursiv hervorgehoben):

„In der Schule hat man das alles vorher nicht gemacht und fängt dann mit einem Beispiel an und muss dann eben auch ziemlich auf einer Beispielebene argumentieren, denn ansonsten müsste man sozusagen bei Adam und Eva anfangen, weil das eben nichts ist, was ansonsten Stoff der Oberstufe ist." (P32, Z. 54ff.)

(ii) Beispiel für ein „Unabhängiges Segment":

„In der Regel fällt es Schülern sehr schwer, von dem wegzugehen, was sie sich vorstellen können. Es ist ja immer eher schwierig und das wird in der Schule dann auch wenig gemacht." (P32, Z. 38ff.)

Da durch die beschriebene Segmentierung die innere Struktur der Daten herausgestellt wird, handelt es sich bei diesem dritten Analyseschritt zur Beantwortung der Forschungsfrage 3 selbst um eine Inhaltsanalyse – genauer gesagt um eine deduktive inhaltlich strukturierende Inhaltsanalyse mit formalen Kategorien. Um die Qualität der Gesamtanalyse zur Forschungsfrage 3 zu untermauern (siehe 6.4.3), wird auch der Schritt der Segmentierung durch eine Zweitkodierung abgesichert. Dies wurde im Rahmen der Auswertung so realisiert, dass die Segmente für den Zweitkodierer zwar grundsätzlich vorgegeben waren, er jedoch einen Prüfauftrag erhielt. Er wurde über die Regeln der Segmentierung aufgeklärt und war neben der Anwendung des Kategoriensystems auf die vordefinierten Segmente auch dazu aufgefordert, die Segmentierung zu prüfen. So sollte er ggf. zusätzliche Segmente benennen und gleichfalls diejenigen vorgesehenen Segmente markieren, die aus seiner Sicht keine Segmente im obigen Sinne darstellen.

Der Mindestumfang eines Segments ist ein Satz, da davon auszugehen ist, dass mindestens dieser Rahmen erforderlich ist, um den Kontext einer Äußerung nicht zu verlieren. Insgesamt wurden für die Analysen zur Wahrnehmung von Diskontinuität zum Begriff Vektor 440 Segmente ermittelt, zum Begriff des Skalarproduktes waren es 267 Segmente. Für die Analysen zu den Erklärungen und Gründen waren es beim Vektorbegriff 206 Segmente und beim Begriff des Skalarproduktes 169 Segmente.

Schritte 4 bis 6: Kodieren mit den deduktiven Kategorien, Entwicklung des Kategoriensystems, Überarbeitung und Kodieren des kompletten Materials
Nach dem Herausfiltern der relevanten Textsegmente aus den Transkripten für die weiteren Analysen beginnt der eigentliche thematisch-inhaltliche Kodierprozess. Dieser ist davon geprägt, dass die Interviewtranskripte mehrmals entweder teilweise oder auch komplett durchlaufen werden, bis die finale Zuordnung zwischen Segmenten und Subkategorien erreicht ist. In diesen Rückkopplungsschleifen bei der Festlegung des Kategoriensystems kommt zum Ausdruck, dass es sich bei der QIA um ein zirkuläres Verfahren handelt (Mayring, 2010, S. 603).

Der erste Kodierprozess (Schritt 4) ist, den Empfehlungen von Kuckartz (2016, S. 102 f.) folgend, so gestaltet, dass die Transkripte sequenziell, d. h. Segment für Segment, vom Beginn bis zum Ende durchgegangen und die Textabschnitte den deduktiven Kategorien zugewiesen werden. Es wird also jeweils entschieden, welche der Subkategorien in dem betreffenden Textabschnitt angesprochen wird und diese Kategorie wird dann zugeordnet. In Zweifelsfällen wird die Zuordnung aufgrund der Gesamteinschätzung umliegender Textpassagen des Transkripts vorgenommen. Da in einem Segment mehrere Unterschiede oder Gemeinsamkeiten (F3a) angesprochen oder Erklärungen bzw. Einordnungen (F3b) vorgenommen werden können, ist folglich auch die Kodierung eines Segments mit mehreren Kategorien möglich.

Bei der Analyse zu den wahrgenommenen Unterschieden und Gemeinsamkeiten (F3a) wurden im *ersten* Kodierprozess die deduktiven Hauptkategorien (*Gestaltung des Theorieaufbaus; Begriffsinhalt und Begriffsumfang; Nutzung und Verwendung des Vektorbegriffs; Darstellungen und Veranschaulichungen; Sprachliche Gestaltung* und die generische Hauptkategorie *Gemeinsamkeiten*) vergeben. Außerdem

wurden die Segmente, sofern dies inhaltlich passend war, innerhalb der Hauptkategorien den ebenfalls deduktiven Subkategorien zugeordnet. Anderenfalls blieben
die Segmente zunächst nur auf der Ebene der Hauptkategorien kodiert. Die Weiterentwicklung des Kategoriensystems mit der induktiven Kategorienentwicklung
(Schritt 5) setzt auf zwei Ebenen an. Zum einen ist ausgehend von den Segmenten, die keiner Hauptkategorie zugeordnet werden konnten, zu prüfen, ob weitere
Hauptkategorien zu bilden sind. Dazu werden die infrage kommenden Segmente
paraphrasiert und thematisch geordnet. Zum anderen werden die Hauptkategorien
einzeln durchgegangen und auch dort die Segmente, die noch keiner Subkategorie
zugeordnet werden konnten, paraphrasiert und geordnet. Neue Haupt- oder Subkategorien werden dann schrittweise am Material gewonnen, d. h., dass mehrmals jeweils
nach teilweisen Materialdurchgängen Paraphrasen neu gruppiert, Kategorien anders
gefasst oder unter alten Kategorien subsummiert werden. Der Pool nicht kodierter
Segmente wird sukzessive kleiner, bis nur noch Segmente übrig sind, die inhaltlich
nicht zuordenbar sind.[13] Sie werden, um der Forderung nach Vollständigkeit des
Kategoriensystems Genüge zu tun, einer Restkategorie zugeordnet (Kuckartz, 2016,
S. 108).

Für die Thematik der Erklärungen und Einordnungen von Diskontinuität (F3b)
sind vorab nur Hauptkategorien formuliert worden. Entsprechend werden im ersten
Kodierprozess auch nur auf dieser Ebene Kategorien vergeben. Die Bildung der
Subkategorien findet in diesem Fall vollständig am Material statt. Für den Prozess
der Entwicklung des Kategoriensystems (Schritt 5) bedeutet das Folgendes: Ähnlich wie bei der ersten Auswertung sind zunächst die Hauptkategorien daraufhin zu
überprüfen, inwieweit sie inhaltlich zum Material passen bzw. dieses weitgehend
abdecken und ggf. induktive Ergänzungen vorzunehmen. Anschließend werden
zu den angepassten Hauptkategorien mit wiederholter Rückkopplung am Material die Subkategorien gebildet, die den inhaltlichen Aspekt der Hauptkategorie
ausdifferenzieren.

Nachdem jeweils die Kategoriensysteme festgelegt sind, wird auch der vorläufige
Kodierleitfaden mit den Kategorienbezeichnungen, den Kategorienbeschreibungen
und Ankerbeispielen formuliert. Mit der Erstellung eines Kategorienleitfadens wird
der Grundsatz der Regelgeleitetheit in der QIA praktisch implementiert. Dann setzt
der sechste Schritt der Auswertung an, bei dem in einem zweiten vollständigen

---

[13] Dies ist z. B. der Fall, wenn die Aussagen inhaltlich sehr vage bleiben, wenn die Bezüge in
einer Aussage nicht rekonstruiert werden können oder wenn es sich um einen Einzelaspekt
handelt, der nur von einer Person angesprochen wird. Haupt- bzw. Subkategorien wurden
grundsätzlich erst eingerichtet, wenn ein Aspekt von mehr als einer Person thematisiert
wurde.

Materialdurchlauf nun alle Segmente mit dem deduktiv-induktiven Kategoriensystem kodiert werden. An dieser Stelle sei der „technische" Hinweis angebracht, dass in dieser endgültigen Kodierung grundsätzlich keine Hauptkategorien mehr an den Interviews kodiert werden. Es wird nur auf der Ebene der Subkategorien kodiert, d. h. es werden nur noch Subkategorien vergeben. Dies gilt für die Analysen zur Forschungsfrage 3a und 3b und kann dazu führen, dass es zu einer Hauptkategorie eine namensgleiche Subkategorie gibt.

In diesem Arbeitsschritt werden auch die Namen und die Beschreibungen der induktiven Haupt- oder Subkategorien geschärft und überarbeitet. Zu diesem Zeitpunkt kann eine Zweitkodierung vorgenommen werden, um die Qualität der Kodierungen und des Analyseinstruments zu prüfen (siehe 6.4.3).

Schritt 7: Kategorienbasierte Auswertung und Ergebnisdarstellung
Im letzten Schritt werden die Ergebnisse des endgültigen Kodierungsprozesses vorgestellt. Dabei werden die einzelnen Haupt- bzw. Subkategorien umfassend und in ihrer Vielfalt vorgestellt und diskutiert, um dem Anspruch, die *Ausprägungen* eines Höheren Standpunktes zu untersuchen, gerecht zu werden.

6.4.2.3 Übersicht zu zentralen Merkmalen der Analysen
Abschließend werden zentrale Merkmale des Auswertungsprozesses mittels der QIA zu den Forschungsfragen 3a und 3b noch einmal tabellarisch zusammengefasst (Tabelle 6.3).

6.4.3 Güte der Analysen

Die Thematik der Güte des Forschungsprozesses wird an zwei Stellen in dieser Arbeit diskutiert. Eine Bewertung des Forschungsprozesses als Ganzes wird im letzten Kapitel dieser Arbeit vorgenommen. Jedoch ist für die QIA der systematische Einsatz von speziellen Kriterien zur Güteprüfung besonders wichtig und auch ein bedeutsames Unterscheidungsmerkmal zu anderen, offeneren textanalytischen Verfahrensweisen (Mayring, 2010, S. 603). Mayring legt bei der Reflexion über die Güte einer QIA die Berücksichtigung der Interkoderreliabilität nahe.

6.4.3.1 Ermittlung der Interkoderreliabilität
Die Inter-Koderreliabilität bezieht sich auf die Reproduzierbarkeit der Analyseergebnisse durch andere Kodierer (Mayring, 2015, S. 127). Die Reproduzierbarkeit

Tabelle 6.3 Merkmale der Qualitativen Inhaltsanalysen zur Ausprägung des Höheren
Standpunktes

	Analysen zur Wahrnehmung von Diskontinuität: Gemeinsamkeiten und Unterschiede (F3a)	Analysen zur Einordnung von Diskontinuität: Erklärungen und Begründungen (F3b)
Teilanalysen	jeweils zwei: eine zu Vektoren, eine zum Skalarprodukt	
Basismethode	inhaltlich strukturierende QIA	
Art der Kategorien	thematische Kategorien	
Kategorienbildung	deduktiv-induktiv mit ausgeprägter deduktiver Komponente	deduktiv-induktiv mit ausgeprägter induktiver Komponente
Deduktive Komponente	Ergebnisse der Materialanalyse	Hintergründe der Diskontinuität (Theoretische Grundlagen in Kap. 2)
Kategoriensystem	hierarchisch mit Hauptkategorien und Subkategorien bis zur zweiten Ebene	hierarchisch mit Hauptkategorien und einer Ebene von Subkategorien
Auswahleinheit	Gesamtheit aus Interviews mit 30 angehenden und erfahrenen Lehrkräften (insg. 56 Interviews: 30 zum Vektorbegriff und 26 zum Begriff des Skalarproduktes)	
Analyseeinheit	jeweils ein Interview	
Kodiereinheit	Textsegment: Stelle, an der ein Unterschied/eine Gemeinsamkeit angesprochen wird; mindestens ein Satz	Textsegment: Stelle, an der eine Auseinandersetzung mit Diskontinuität stattfindet (Einordnung/Erklärung/Begründung); mindestens ein Satz
Kontexteinheit	die jeweilige Analyseeinheit zur Fundstelle	

der Ergebnisse wird daran gemessen, "inwieweit zwei Personen die gleichen Themen, Aspekte und Phänomene im Datenmaterial identifizieren und den gleichen
Kategorien zuweisen" (Rädiker & Kuckartz, 2019, S. 287). Im Rahmen dieser
Arbeit wurde zur Überprüfung der Inter-Koderreliabilität eine Zweitkodierung
der Interviewtranskripte durch einen Studenten im Fachstudiengang und im gymnasialen Lehramtsstudiengang Mathematik im fortgeschrittenen Bachelorstudium
vorgenommen. Der Zweitkodierer wurde ausführlich in das Regelwerk einge-
arbeitet, er kannte die Fragestellung der Arbeit und damit die Analyserichtung

und arbeitete mit einem Kodierleitfaden. Der Prozess der Zweitkodierung verlief als „gleichzeitiges unabhängiges Kodieren" (ebd., S. 289) in zwei Runden. Zunächst kodierte der Zweitkodierer etwa 20 % des Materials, dies entspricht sechs Interviews zum Vektorbegriff bzw. fünf Interviews zum Skalarprodukt mit den vorläufig fixierten Kategoriensystemen zu den wahrgenommenen Aspekten von Diskontinuität und zu den Erklärungen und Gründen für Diskontinuität. Die Kodierungen wurden mit den Kodierungen der Autorin verglichen und in einer Kodierkonferenz wurden die Abweichungen mit dem Ziel der Weiterentwicklung des Kategoriensystems und der Kodieranweisungen in Form des Kodierleitfadens diskutiert. Nach der anschließenden Überarbeitung nahm der Zweitkodierer eine Kodierung des gesamten Materials vor. Wieder wurden Abweichungen diskutiert und geklärt, ob eine Fehlkodierung durch die Autorin oder den Zweitkodierer vorlag, die dann ggf. revidiert wurde. Die übrigen Abweichungen sind als Nicht-Übereinstimmung in die Berechnung des Reliabilitätskoeffizienten eingegangen (s. u.), jedoch wurde die Kodierung der Autorin beibehalten. Damit wurde das von Mayring vorgeschlagene Vorgehen übernommen, welches berücksichtigt, dass „Erstkodierer/innen […] in der Regel über mehr Hintergrundwissen zum Material oder der interviewten Person verfügen" (Mayring, 2010, S. 604) und dass die QIA nicht ganz so strengen Regeln wie eine quantitative Inhaltsanalyse unterliegt.

Die Überprüfung der Übereinstimmung mit dem Zweitkodierer erfolgte auf der höchsten Niveaustufe, der Ebene der Kodiereinheit „Segment". Um die Übereinstimmung von Kodierungen auf Segmentebene (sowohl der eigenen als auch derjenigen einer anderen Person) zu quantifizieren, kann die reine prozentuale Übereinstimmung oder ein zufallskorrigierter Koeffizient herangezogen werden. Die reine prozentuale Übereinstimmung berücksichtigt nicht, inwieweit Übereinstimmungen durch Zufall entstanden sein können. Im Rahmen dieser Arbeit wird mit Kappa nach Brennan und Prediger (1981) ein zufallskorrigierter Koeffizient zugrunde gelegt, der die Zufallsübereinstimmung in Abhängigkeit von der Anzahl der Kategorien einbezieht und dessen Berechnung in der verwendeten Software (MAXQDA) in zwei Varianten implementiert ist. Beide Varianten liefern Werte zwischen 0 und 1, wobei höhere Werte mehr identische Kodierungen bedeuten. Es wurde die Variante verwendet, die berücksichtigt, dass sich die Kodierungen in der Anzahl vergebener Kategorien pro Segment unterscheiden durften. Die erwartete Zufallsübereinstimmung ist damit geringer als bei der anderen Variante und der ermittelte Wert für Kappa daher etwas höher.

6.4.3.2 Ergebnisse der rechnerischen Überprüfung der Übereinstimmung

Die Ergebnisse der Inter-Koderreliabilität beziehen sich auf den vollständigen Kodierdurchlauf des Zweitkodierers und den dritten Kodierdurchlauf der Autorin im Anschluss an die Kodierkonferenz nach der Probekodierung des Zweitkodierers.[14] Der Kappa-Wert zur Kodierung der Unterschiede und Gemeinsamkeiten beläuft sich für die Interviews zum Vektorbegriff ($n = 30$) dabei auf $\kappa = .71$. Bei der Kodierung der wahrgenommenen Unterschiede und Gemeinsamkeiten im Zusammenhang mit dem Skalarprodukt ($n = 26$) ist $\kappa = .81$. Zu der Thematik der Einordnung der Diskontinuität liegt Kappa beim Vektorbegriff bei $\kappa = .68$ und beim Skalarprodukt bei $\kappa = .77$. Alle vier Ergebnisse deuten auf eine gute Übereinstimmung bei der Anwendung der Kategoriensysteme hin.

---

[14] Dieser dritte Kodierdurchlauf berücksichtigt, dass sich im Austausch mit dem Zweitkodierer noch geringfügige Veränderungen am Kategoriensystem ergeben haben und insbesondere die Beschreibung der Kategorien ausgeweitet wurde, sodass eine erneute Prüfung der zugeordneten Subkategorien geboten war.

Teil III
Ergebnisse der Materialanalyse und der Interviewstudie

Analysen von Lehr-Lern-Materialien für Schule und Hochschule

7

In diesem Kapitel wird die Diskontinuität zwischen Schule und Hochschule im Bereich der Linearen Algebra anhand von Lehr-Lern-Materialien herausgearbeitet. Dabei handelt es sich um die Lehr-Lern-Materialien, die auch den (angehenden) Lehrkräften in der Interviewstudie zur Verfügung gestellt wurden (siehe 6.3): Auszüge aus dem Lehrbuch[1] *Lineare Algebra* von Beutelspacher (2014) und Auszüge aus dem Schulbuch *Lambacher Schweizer* für die Einführungsphase (2014) bzw. für die Qualifikationsphase (2015). Die in diesem Kapitel dargestellten Analysen mit ihren Ergebnissen dienen der Beantwortung von Forschungsfrage 1:

> **„Wie zeigt sich Diskontinuität im Bereich der Linearen Algebra anhand von Lehr-Lern-Materialien für Schule und Hochschule zu den Begriffen Vektor und Skalarprodukt?"**

Die Analysen finden entlang des im Methodenkapitel (siehe 6.1.2) aufgezeigten Kategoriensystems statt. Im Unterkapitel 7.1 erfolgt die Beantwortung der Forschungsfrage F1 zunächst für den Vektorbegriff, anschließend im Unterkapitel 7.2 für das Skalarprodukt. Da beide Unterkapitel dieselbe Struktur haben, wird diese einleitend gebündelt erläutert:

---

[1] Wenn fortan vom „Lehrbuch" die Rede ist, ist immer Beutelspacher (2014) gemeint. Wenn vom „Schulbuch" die Rede ist, ist im Unterkapitel 7.1 immer der Band für die Einführungsphase der gymnasialen Oberstufe aus der Reihe Lambacher Schweizer von Baum et al. (2014) gemeint. Im Unterkapitel 7.2 ist aus dieser Reihe der Band für die Qualifikationsphase gemeint. Zur besseren Lesbarkeit werden Textstellen aus dem Schulbuch und aus dem Lehrbuch jeweils nur mit der Angabe der jeweiligen Seitenzahl zitiert.

© Der/die Autor(en), exklusiv lizenziert durch Springer Fachmedien Wiesbaden GmbH, ein Teil von Springer Nature 2022
S. Blum-Barkmin, *Diskontinuität in der Linearen Algebra und ein Höherer Standpunkt*, Essener Beiträge zur Mathematikdidaktik,
https://doi.org/10.1007/978-3-658-37110-4_7

Vorbereitet werden die kategorienbasierten Analysen durch mehrschrittige, zunächst isolierte Betrachtungen der Lehr-Lern-Materialien für die Hochschule (in 7.1.1 bzw. 7.2.1) bzw. für die Schule (in 7.1.2 bzw. 7.2.2). Im ersten Schritt wird jeweils der Materialaufbau beschrieben. Dabei wird auf die Arbeiten von Rezat (2009) zurückgegriffen, der inhaltsübergreifend Strukturelemente in Mathematikschulbüchern auf Makro-, Meso- und Mikroebene identifiziert hat (S. 92 ff.).[2] Anschließend folgt eine kompakte Darstellung des inhaltlichen Gehalts der Materialien im Sinne einer fachlich orientierten Zusammenfassung. Schließlich wird das Material darüberhinausgehend zwar vor dem Hintergrund des Kategoriensystems, aber noch aus einer eher holistischen Sicht heraus, charakterisiert. Diese Charakterisierungen der Ausschnitte des Schulbuchs und des Lehrbuchs dienen dazu, einen Gesamteindruck von den Materialien zu erhalten. In 7.1.3 bzw. 7.2.3 wird dann die Diskontinuität anhand des in Abschnitt 6.1.2 beschriebenen Kategoriensystems aufgezeigt. Auf diesem Wege ergibt sich ein (materialspezifisches) *Profil der Diskontinuität zwischen Schule und Hochschule* bei Begriffseinführungen im Bereich der Linearen Algebra, aus dem in 7.1.4 bzw. 7.2.4 die deduktiven Kategorien für die Auswertung der Interviews zur Forschungsfrage 3a gewonnen werden.

7.1   Analyse von Lehr-Lern-Materialien zum Vektorbegriff

In diesem Unterkapitel wird die Teilfrage „Wie zeigt sich Diskontinuität im Bereich der Linearen Algebra anhand von Lehr-Lern-Materialien für Schule und Hochschule zum Vektorbegriff?" der ersten Forschungsfrage nach dem gerade beschriebenen Vorgehen beantwortet.

---

[2] Im Folgenden werden für die Beschreibung des Materials aus der Hochschule die Klassifikationen für Schulbücher übernommen. Es ist davon auszugehen, dass die von Rezat (2009) gelieferten Beschreibungen der didaktischen Funktionen und situativen Bedingungen der Strukturelemente aufgrund der Unterschiede in den Lehr-Lernstrukturen zwischen Schule und Hochschule (siehe 2.3) im Allgemeinen nicht übertragen werden können. Diese Einschränkung kann an dieser Stelle ausgeklammert werden, da auf Rezats Klassifikation vor allem in der Absicht zurückgegriffen wird, eine Struktur zur besseren Orientierung und zum Referenzieren im späteren Verlauf des Kapitels zu schaffen.

7.1.1 Lehr-Lern-Materialien für die Hochschule zum Vektorbegriff

7.1.1.1 Aufbau der Lehr-Lern-Materialien

Auf der Ebene der Makrostruktur handelt es sich bei den Materialien der Hochschule um Teile des Kapitels „Vektorräume". Auf der Ebene der Mesostruktur besteht der Korpus aus einer Lehreinheit bzw. einem Unterkapitel mit der Überschrift „Die Definition". Nach der Kapitelüberschrift folgt eine kurze lehreinheitenübergreifende Einleitung. Dieser Abschnitt beschreibt die Mikrostruktur der Lehreinheit bzw. des Unterkapitels.

Das Unterkapitel „Die Definition" erstreckt sich über drei Lehrbuchseiten und weist im Wesentlichen zwei Strukturelemente auf: Lehrtext und Kästen mit Merkwissen (siehe Abbildung 7.1). Zu Beginn des Unterkapitels steht ein erster Textblock, der sich insgesamt über etwa eine Seite erstreckt. Es folgt ein Kasten mit Merkwissen, an den sich ein weiterer kürzerer Textblock anschließt. Darauf folgt wieder ein Merkkasten mit anschließendem Lehrtext. Den Abschluss des Unterkapitels bildet ein weiteres Textelement, das als Advance Organizer für die kommenden Unterkapitel des Kapitels Vektorräume fungiert. Die Strukturelemente sind linear angeordnet und erstrecken sich jeweils über die komplette Seitenbreite. Insgesamt ergibt sich folgendes Arrangement:

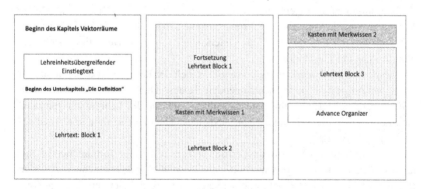

Abbildung 7.1 Schematische Darstellung zu den Strukturelementen der betrachteten Lehreinheit zu Vektoren (Hochschullehrbuch)

7.1.1.2 Zusammenfassung der Lehr-Lern-Materialien

Die Lehreinheit beginnt mit Erläuterungen zu der in der Überschrift angekündigten Definition des Vektorraums. Zunächst wird begründet, weshalb bei der anschließenden Definition eines Vektorraums keine Festlegung auf einen spezifischen Körper stattfindet, Skalare werden eingeführt. Dann folgt die eigentliche Definition eines Vektorraums. Darin wird ein Vektorraum als Menge von Elementen beschrieben, die bestimmten „*Gesetzen*" genügen. Dabei handelt es sich um die Existenz einer „*Verknüpfung von Vektoren*" ‚+' und einer „*Verknüpfung von Skalaren und Vektoren*" ‚·',die für beliebige Elemente eines Vektorraums bestimmte „*Eigenschaften*" erfüllen müssen. Bei den Eigenschaften handelt es sich um die Vektorraumaxiome. Diese Bezeichnung wird jedoch in der Definition nicht verwendet. Die Axiome werden (angelehnt an die Bezeichnungen in 4.1.1.1) in folgender Reihenfolge aufgeführt: Assoziativität der Addition, Existenz eines Nullvektors, Existenz eines Gegenvektors/negativen Vektors zu jedem Vektor sowie Kommutativität der Addition für die Verknüpfung von Vektoren und zweites Distributivgesetz, Assoziativität der Multiplikation von Vektoren mit Skalaren, Existenz eines Eins-Elements/neutralen Elements aus K sowie erstes Distributivgesetz für die Verknüpfung von Skalaren und Vektoren. Im Anschluss an die Definition eines Vektorraums wird unter Verwendung der anderen Axiome (i) die Eindeutigkeit des Nullvektors bzgl. der Addition und (ii) die Eindeutigkeit der negativen Vektoren bzgl. der Addition gefolgert.

7.1.1.3 Charakterisierung der Lehr-Lern-Materialien

Die Einführung von Vektorräumen im Lehrwerk erfolgt in zwei Etappen mit (i) der Definition und Folgerungen sowie (ii) der Angabe von Beispielen. Dieses Vorgehen entspricht dem in 4.1.3 beschriebenen *axiomatisch-deduktiven Zugang mit illustrierenden Beispielen*. Das Unterkapitel „3.1 Die Definition" stellt die erste Etappe der Einführung dar.

Die Inhalte des Unterkapitels präsentieren sich der Leserschaft dabei in Gestalt eines weitestgehend zusammenhängenden Textes. Dieser Eindruck wird maßgeblich durch die Einbettung und Gestaltung der für die Lehreinheit zentralen Definition sowie die Verbindung von Text- bzw. Theorieelementen untereinander im Lehrtext geprägt.

Die Definition des Vektorraums erfolgt integriert in einen fortlaufenden Lehrtext. Weder ihr Beginn noch ihr Ende sind besonders gekennzeichnet. Auf den Beginn der Definition des Vektorraums kann allenfalls anhand der Hervorhebung des Begriffs im Text durch Fettdruck geschlossen werden. Dass das Ende der Definition erreicht ist, ist aus dem Perspektivwechsel im Text zu folgern, der mit dem folgenden Satz über die Bedeutung der Vektorraumaxiome stattfindet: „Mit diesen Eigenschaften werden wir im Laufe dieses Kurses unübertrieben tausendfach umgehen; [...]" (S. 60).

Auch innerhalb der Definition wird der Textfluss des umgebenden Lehrtextes aufgenommen. Dies geschieht dadurch, dass an den Stellen, an denen zur

Formulierung der definierenden Eigenschaften der Gebrauch von Symbolsprache und natürlichsprachlichen Formulierungen von Eigenschaften denkbar ist, fast immer auf letztere zurückgegriffen wird. Insbesondere werden keine Quantoren verwendet und die Abbildungsvorschriften der Verknüpfungen des Vektorraums werden umschrieben.

Der Eindruck eines starken Zusammenhangs im Lehrtext wird auch – über die Definition hinaus – durch die Wahl von Verbindungen zwischen Text- bzw. Theorieelementen unterstützt, die den Textfluss aufrechterhalten. So werden die Folgerungen aus dem Fließtext heraus mit „Wir überlegen uns zunächst zwei einfache Folgerungen aus den Axiomen." (ebd.) angekündigt und damit ihre Beziehung zu der vorangegangenen Definition geklärt. Der Einstieg in Beweise wird mit eindeutigen Schlüsselformulierungen („Angenommen, [...]" bzw. „Um das zu beweisen...") markiert. Auf die explizite Benennung von Theorieelementen (als „Beweis", „Folgerung", „Definition", „Bemerkung") wird dagegen grundsätzlich verzichtet.

Die Darbietung eines zusammenhängen Lehrtextes mit der Ausformulierung der darin enthaltenen zentralen Definition erinnert an die übliche Präsentation von Inhalten in Schulbuch-Lehrtexten. In Anbetracht der Zielgruppe des Lehr-Lern-Materials, die mehrheitlich aus Absolvent:innen der Oberstufe, die gerade die Schule verlassen haben, bestehen dürfte, kann diese Art der Gestaltung der Lehr-Lern-Materialien als Bestreben aufgefasst werden, die Texte – zumindest in der Darstellung – an den Gewohnheiten dieser Leserschaft zu orientieren. Für die vermutete Adressatenorientierung sprechen auch weitere Beobachtungen am Material:

An einzelnen Stellen des Lehrtextes wird die Leserschaft direkt in ihrer Rolle als Lernende adressiert. So wird an mehreren Stellen im Lehrtext erkennbar versucht, die Leserschaft zur Auseinandersetzung mit dem Lerngegenstand *zu motivieren* und diese *zu unterstützen*. Noch in der Hinführung auf die Lehreinheit wird die Bedeutung der kommenden Inhalte festgehalten. Einmal wird auch dabei ein bestimmter Aufmerksamkeitsschwerpunkt beim Lernen nahegelegt: „[...]; es lohnt also, sich diese [die Vektorraumaxiome, Anm. der Autorin] einzuprägen" (ebd.). Später im Text wird die Leserschaft mit der Formulierung „Glauben Sie mir: Bisher hat jeder Mathematiker diese Hürde überwunden; Sie werden es also auch schaffen!" (S. 61) motiviert, die Konventionen im Umgang mit mathematischen Symbolen anzunehmen. Aus sprachlicher Sicht fällt auf, dass im Lehrtext an einigen Stellen alltagssprachliche, teilweise auch saloppe Formulierungen gewählt werden. Beispiele hierfür sind: „Das scheint zunächst eine völlig unbillige Schikane zu sein – [...]" (ebd.) oder „[...] lassen wir die beiden [Elemente, Anm. der Autorin] gegeneinander antreten" (S. 60).

Genauer betrachtet handelt es sich bei den Fundorten solcher Stellen jedoch um solche Passagen, die für den Theorieaufbau keine Auswirkungen haben und in denen Unschärfen oder Mehrdeutigkeiten insofern „unkritisch" sind. Die angegebenen Kommentare stammen aus einer ergänzenden Bemerkung zur Verwendung von Symbolen, also aus einem Meta-Kommentar bzw. aus den Erläuterungen zu einem Beweis, nicht jedoch aus dem Argumentationsgang des Beweises selbst.

Allgemeiner lässt sich sagen, dass trotz der in mehrfacher Hinsicht erkennbar werdenden Orientierung an den Lernenden der Vorrang der fachlichen Präzision vor den Bemühungen um eine niederschwellige Darstellung ein grundlegendes Charakteristikum des Lehr-Lern-Materials ist. Dieses wird an keiner Stelle im Material aufgegeben. Entsprechend lässt sich auch für die Definition feststellen, dass diese auch in ihrer ausformulierten Form fachlich-inhaltlich präzise ist und im Gehalt einer streng formalisierten axiomatischen Definition entspricht.

Charakteristisch für das Material ist ferner die Berücksichtigung fachlicher Aspekte, die zwar nicht zur Begriffsbildung im engeren Sinne beitragen, sondern die Definition, die Folgerungen und ihre Beweise einrahmen. Dies geschieht z. B. in Form der lehreinheitsübergreifenden Einführung, die auf die Bedeutung des Vektorraum-Begriffs eingeht. In der Lehreinheit selbst wird einmal eine Begründung für die Bezeichnung „Skalar" gegeben: „Diese [Skalare] werden so bezeichnet, weil man sich die Körperelemente, insbesondere die reellen Zahlen, als Elemente einer ‚Skala' vorstellen kann" (S. 59). Außerdem wird am Ende der Lehreinheit eine Begründung für die Konventionen im Umgang mit den Rechenzeichen „+" und „·" gegeben. Neben ihrer Funktion, eine Grundlage für den Theorieaufbau der Linearen Algebra zu schaffen, präsentiert sich die Lehreinheit damit gleichzeitig auch als eine Quelle für Meta-Wissen zur Mathematik.

7.1.2 Lehr-Lern-Materialien für die Schule zum Vektorbegriff

7.1.2.1 Aufbau der Lehr-Lern-Materialien

Auf der Ebene der Makrostruktur handelt es sich bei den Materialien für die Schule um Teile des Kapitels „Schlüsselkonzept: Vektoren". Auf der Ebene der Mesostruktur bestehen sie aus zwei Einführungsseiten und einer Lehreinheit „Vektoren". In diesem Abschnitt werden die Mikrostruktur der Einführungsseiten und der Lehreinheit beschrieben, die durch eine Vielfalt an Strukturelementen gekennzeichnet sind.

Auf den Einführungsseiten ist die Zuordnung zu den von Rezat (2009) beschriebenen Elementen nicht eindeutig möglich. Die Doppelseite wird dominiert von Bildern, die mit Fragen untertitelt sind bzw. mit kurzen Erläuterungen ergänzt werden. Ausgehend von dem jeweiligen Kontext der Bilder kann eine Einteilung in drei „Cluster" vorgenommen werden: Im unteren Drittel der Doppelseite wird mit Stichworten formuliert, welche Inhalte bei den Lernenden vorausgesetzt werden und wo diese überprüft werden können. Außerdem wird angekündigt, worum es in dem folgenden Kapitel gehen soll und welche Inhalts – bzw. Kompetenzbereiche angesprochen werden. Die Ankündigungen können zusammengenommen als Advance Organizer aufgefasst werden.

Die Lehreinheit beginnt mit einer Einstiegsaufgabe. Anschließend folgt insgesamt etwas mehr als eine Seite Lehrtext. In den Lehrtext sind drei Abbildungen integriert, die jeweils einzelnen Abschnitten des Textes zugeordnet werden können. Auf den Lehrtext folgt ein Kasten mit Merkwissen. Danach schließt sich ein Musterbeispiel an, ebenfalls mit einer Abbildung. Neben dem Lehrtext stehen an drei Stellen Zusatzinformationen (ZInf). Die Strukturelemente auf den Einführungsseiten weisen keine feste Ordnung auf. In der Lehreinheit ist die Grobstruktur, sieht man von den Zusatzinformationen ab, als linear einzuordnen. Innerhalb der Lehrtexte liegt dagegen jeweils eine Parallelität von Text und Bild vor. Insgesamt ergibt sich folgendes Arrangement (Abbildung 7.2) (Abbildung 7.3):

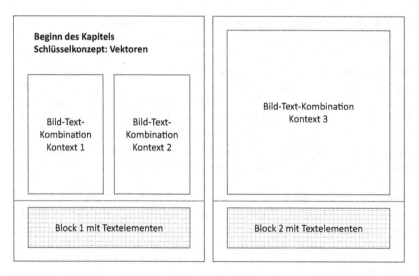

Abbildung 7.2 Schematische Darstellung zu den Strukturelementen der betrachteten Einführungsseiten zu Vektoren (Schulbuch)

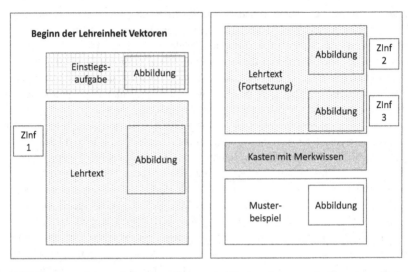

Abbildung 7.3 Schematische Darstellung zu den Strukturelementen der betrachteten Lehreinheit zu Vektoren (Schulbuch)

7.1.2.2 Zusammenfassung der Lehr-Lern-Materialien

Die Betrachtungen zum Vektorbegriff in den Schulmaterialien beginnen mit der Ankündigung, welche Rolle Vektoren in der Geometrie spielen: „Geometrie mit Vektoren betreiben bedeutet, geometrische Objekte mit Gleichungen beschreiben." Die Bild-Text-Kombinationen sind inhaltlich den Bereichen „Optische Täuschungen", „Trickfotografie" und „Schifffahrt" zuzuordnen. Die Bezüge zum Thema des Kapitels werden nicht expliziert (und können daher nicht zusammengefasst werden). Unter der Überschrift „In diesem Kapitel" wird ausgeführt, dass Vektoren zur Lösung geometrischer Fragestellungen, insbesondere zur Vermessung von Längen und zum Nachweis der Eigenschaften von Figuren verwendet werden.

Die Einstiegsaufgabe in der Lehreinheit spricht die Verschiebung von Figuren auf einem Schachbrett an.[3] Dabei sollen die Lernenden zum einen in der Abbildung angedeutete Zugmöglichkeiten eines Springers verbalisieren, zum anderen

---

[3] Im Lehrbuch ist von der Verschiebung *von Positionen* die Rede: „Welche Zugmöglichkeiten (Verschiebungen der Position auf dem Schachbrett) ergeben sich für einen Springer, der auf dem Feld a8 steht?" (S. 116).

selbst die Menge der Zugmöglichkeiten bestimmen, die sich von einem bestimmten Feld aus für einen Springer ergeben. Nominal eingeführt werden „Vektoren" in dieser Lehreinheit im Lehrtext: Dieser beginnt mit der Ankündigung, dass nach der Beschreibung von Punkten mit Koordinaten nun auch Verschiebungen sowohl in der Ebene als auch im Raum mathematisch beschreibbar gemacht werden.

Im zweiten Abschnitt des Lehrtextes werden zunächst mehrere in einem zweidimensionalen Koordinatensystem eingetragene Pfeile mit der gleichen Verschiebung identifiziert. Diese Verschiebung wird erst durch Wege entlang der Achsen im Koordinatensystem charakterisiert, bevor Vektoren als Möglichkeit zur Beschreibung von Verschiebungen erwähnt werden und der konkrete Vektor zu den Pfeilen im Koordinatensystem in Form eines 2-Tupels mit den Koordinaten in Spaltenform angegeben wird. Anschließend wird gefolgert, dass die Pfeile alle zu dem gleichen Vektor gehören, da sie die gleiche Verschiebung beschreiben.

Der dritte Abschnitt betrifft die Bezeichnung von Vektoren. Die Pfeilschreibweise wird eingeführt und es werden drei Möglichkeiten zur Bezeichnung gleichgesetzt: Kleinbuchstaben, die Angabe von Ausgangs- und Zielpunkt und das Tupel der Koordinaten in Spaltenform. Im nachfolgenden Abschnitt werden die Äquivalenzrelation *parallelgleich* und das Klassenkonzept umschrieben: Dazu wird ausgeführt, dass zur Festlegung einer Menge zueinander paralleler, gleich langer und gleich orientierter Pfeile schon die Kenntnis eines Repräsentanten hinreichend ist. Damit wird für die weiteren Ausführungen gerechtfertigt, weshalb Betrachtungen nur noch anhand *eines* Pfeils stattfinden.

Im weiteren Verlauf wird das Verfahren zur rechnerischen Bestimmung der Koordinaten eines Vektors beschrieben und an einem Beispiel durchgeführt. Bei diesem Vorgehen wird die eine Richtung des Isomorphismus zwischen der Menge der Pfeilklassen und $\mathbb{R}^2$ genutzt (siehe 4.1.2.2).[4] Die beiden Beispiel-Vektoren zur Einführung der Koordinatenbestimmung werden auch genutzt, um Gegenvektoren einzuführen. Der Gegenvektor wird dabei erst arithmetisch-algebraisch durch seine bzgl. des „Referenzvektors" negativen Koordinaten charakterisiert, dann werden die Eigenschaften eines zugehörigen Pfeils angegeben. Im letzten Abschnitt findet an einem Beispiel die Einführung von Ortsvektoren statt. Sie werden eingeführt als Vektoren, die im Ursprung ansetzen und einen Punkt eindeutig festlegen. Der Lehrtext schließt mit dem Hinweis auf die Übertragbarkeit der für das Zweidimensionale gewonnenen Erkenntnisse auf den dreidimensionalen Raum.

---

[4] Die andere Richtung des Isomorphismus wird im Lehrtext nicht explizit thematisiert. Die Beispielaufgabe 1a) baut jedoch auf ihr auf.

Der Kasten mit Merkwissen enthält das verallgemeinerte rechnerische Vorgehen zur Bestimmung der Koordinaten eines Vektors im Dreidimensionalen und die Definition des Ortsvektors allgemein für einen beliebigen Punkt im Raum. Das Musterbeispiel geht von einem bestimmten in Koordinatenschreibweise gegebenen Vektor aus und greift die Äquivalenzklassen-Beziehung zwischen Vektoren und Pfeilen (Vektoren als Pfeilklassen und Pfeil als Repräsentant dieser) auf. Dies geschieht insofern, als in Teilaufgabe a) zu dem Vektor verschiedene Repräsentanten in Form von Pfeilen in einem Koordinatensystem anzugeben bzw. zu zeichnen sind. In Teilaufgabe b) soll der Zielpunkt, in Teilaufgabe c) der Ausgangspunkt ausgewählter Pfeile berechnet werden, die den Vektor repräsentieren.

7.1.2.3 Charakterisierung der Lehr-Lern-Materialien

Die nachfolgende Charakterisierung des Materials erfolgt im Wesentlichen auf der Grundlage der Lehreinheit „Vektoren". Die Inhalte der Einführungsseiten und ihre Darbietung werden nur am Rande Berücksichtigung finden. Diese Entscheidung ist durch Äußerungen in den empirischen Untersuchungen begründet. Dort wurde mehrfach bemerkt, dass die Einführungsseiten in der Unterrichtspraxis wenig genutzt werden.

Im Schulbuch werden Vektoren ohne Vektorräume eingeführt. Dieses Vorgehen könnte ein erster Teil eines *„Beispielgestützten Zugangs mit der Herausarbeitung einer gemeinsamen Struktur ‚Vektorraum'"* sein. Tatsächlich verbleibt der schulische Lehrgang jedoch, auch wenn der Blickwinkel über das Unterkapitel hinaus vergrößert wird, auf der Ebene der Beispiele. An die (hier betrachtete) einführende Lehreinheit schließen sich im Kapitel „Schlüsselkonzept: Vektoren" noch drei weitere Lehreinheiten zum Rechnen mit Vektoren, dem Betrag eines Vektors und zur Untersuchung von Figuren und Körpern mit Vektoren an. Das Feststellen einer gemeinsamen Struktur mehrerer Beispiele und deren Festhalten im Vektorraumbegriff finden nicht statt.

Die Lehreinheit „Vektoren" führt Vektoren unter Verwendung eines üblichen Vektormodells ein (vgl. Tietze et al., 2000, S. 134). Es handelt sich dabei um das Pfeilklassenmodell, in dem Vektoren als Klassen gleich langer, paralleler und gleich gerichteter Pfeile auftreten (siehe 4.1.2.1). Dass es sich bei den eingeführten Vektoren um Pfeilklassen handelt, wird aber nicht benannt, sondern nur umschrieben. So sind zwar die im Koordinatensystem auf Seite 116 abgetragenen Pfeile derselben Pfeilklasse zuzuordnen. Im Lehrtext wird stattdessen jedoch davon gesprochen, dass die einzelnen Pfeile zu einer *gleichen Verschiebung* gehören. Vektoren werden somit als *Beschreibungsmittel für Verschiebungen* eingeführt:[5] „Verschiebungen können auch durch Vektoren beschrieben werden" (S. 116).

Was ein Vektor jedoch *ist*, wird damit anders als bei einer Nominaldefinition nicht eindeutig geklärt. Die Antwort darauf, um welche Art von mathematischen Objekten es sich bei den Vektoren handelt und welche Eigenschaften sie haben, muss vielmehr aus den weiteren Ausführungen im Lehrtext rekonstruiert werden:

Darin haben Vektoren die Form von geordneten Paaren (2-Tupeln) mit x_1- und x_2-Koordinaten (vgl. ZInf 1). In diesem Sinne verwendet die Lehreinheit neben den Pfeilklassen auch ein zweites Vektormodell, die geordneten Paare. Die Modelle werden unmittelbar zusammengeführt. Dies geschieht mit der ersten Abbildung im Lehrtext, in der mehrere Pfeile einer Pfeilklasse in einem kartesischen Koordinatensystem eingezeichnet sind. Dort ist an einem der Pfeile der Weg von dessen Ausgangs- zu dessen Zielpunkt in Wege entlang der Koordinatenachsen aufgeteilt und die Länge der Wege ist angegeben (vgl. Fig. 1 auf S. 116). In Bezug auf den bestehenden Isomorphismus (siehe 4.1.2.2) wird damit zunächst die Zuordnung von Pfeilklassen zu geordneten Paaren/Elementen des $\mathbb{R}^2$ etabliert. Die andere Richtung der Zuordnung wird in Teilaufgabe a) des ersten Beispiels auf S. 118 aufgegriffen. Zwar deutet der letzte Abschnitt auf der ersten Seite des Lehrtextes an, dass Vektoren auch losgelöst von Koordinaten im Zusammenhang mit Pfeilen mit bestimmten elementargeometrischen Eigenschaften betrachtet werden können. Die Formulierung „[i]n der Geometrie" dürfte dabei angesichts der curricularen Voraussetzungen noch ausschließlich mit euklidischer Geometrie in Verbindung gebracht werden. Im Rahmen des Lehrtextes werden Pfeile jedoch ausschließlich in Koordinatensystemen betrachtet.

Inhaltlich wird in diesem Abschnitt das Konzept der Pfeilklassen erläutert, das jedoch nicht als solches benannt wird. Lediglich die zugehörige Äquivalenzrelation wird angegeben und der Begriff des Repräsentanten wird eingeführt. Damit tritt auch noch einmal besonders deutlich hervor, was als Zwischenfazit im Hinblick auf den ersten Teil des Lehrtextes bis zum Ende der ersten Seite festgehalten werden kann: Anstelle einer Definition von Vektoren findet in diesem Ausschnitt des Lehrtextes vorrangig ein Ringen um die Grenzen zwischen den Konzepten Pfeile, Pfeilklassen, Verschiebungen (siehe Anm. in der Fußnote), Vektoren und Repräsentanten bzw. um ihre Beziehungen untereinander statt. Dies ist auch

---

[5] Zu den „Verschiebungen" ist dabei jedoch anzumerken, dass diese in der betrachteten Lehreinheit als Handlungen in Erscheinung treten. Das Bewegen einer Schachfigur in der Einstiegsaufgabe ist eine solche Verschiebung. Das Konzept der mathematischen Verschiebung (Translationen) im Sinne von speziellen Kongruenzabbildungen wird hingegen nicht entfaltet.

insofern bemerkenswert, als im weiteren Verlauf der Lehreinheit die Verschiebungen nicht wieder aufgegriffen werden. Ihre Funktion beschränkt sich darauf, den Begriff der Pfeilklasse zu umgehen. Die über Umwege etablierte Differenzierung zwischen Vektoren und Pfeilen bzw. zwischen Pfeilklassen/Äquivalenzklassen und ihren Repräsentanten wird aufgegeben. So wird davon gesprochen, dass der Gegenvektor $-a$ zu einem Vektor a, zu diesem parallel und gleich lang aber entgegengesetzt orientiert sei. Eigentlich werden damit jedoch die Eigenschaften eines Pfeils angesprochen, der den Vektor $-a$ repräsentiert. Bei der beobachteten Unschärfe handelt es sich um ein in der fachdidaktischen Literatur bekanntes Problem. Tietze et al. (2000) erklärt einen solchen gelockerten Umgang mit den Begriffen damit, dass sich die strikte Differenzierung zwischen Vektoren und ihren Repräsentanten als bedeutungslos beim weiteren Vorgehen in der Analytischen Geometrie erweise. Für das Lösen geometrischer Probleme genüge die intuitive Vorstellung eines Vektors als frei verschiebbarer Pfeil. Situationen, in denen man mit Äquivalenzklassen und Repräsentanten argumentieren müsste (z. B. Wohldefiniertheitsprobleme bei Beweisen [siehe 4.1.2.1]), träten im Mathematikunterricht eben überhaupt nicht auf (ebd., S. 136).[6]

Während um den Begriff des Vektors ausführlich gerungen wird, spielen die Gesetze, die für Vektoren gelten, zunächst gar keine Rolle. Die Einführung von Gegenvektoren auf Seite 117 findet nicht im Sinne des Vektorraumaxioms (A4) „Existenz der Gegenvektoren" (siehe 4.1.1.1) statt. Stattdessen wird ausgehend von zwei Beispielen zur rechnerischen Bestimmung von Koordinaten zunächst die Bezeichnung „Gegenvektor" für einen Vektor eingeführt, der sich gegenüber einem gegebenen Vektor nur durch die Vorzeichen in den Koordinateneinträgen unterscheidet. Anschließend werden seine geometrischen Eigenschaften bzw. die eines repräsentierenden Pfeils benannt. Die im axiomatisch-deduktiven Sinne wichtigen Fragen nach der Existenz, aber auch nach der Eindeutigkeit eines Gegenvektors spielen bei den angestellten Betrachtungen keine Rolle. Nach der Betrachtung des Beispiels auf Seite 117 sind die Existenz und die Eindeutigkeit von Gegenvektoren vermeintlich klar. Weitere Axiome werden in dieser Lehreinheit inhaltlich nicht explizit aufgegriffen. Angesichts der nachfolgenden Lehreinheit „Rechnen mit Vektoren" bedeutet das zwar nicht, dass die Gesetze in den Lehr-Lern-Materialien überhaupt nicht thematisiert werden. Es kann jedoch festgestellt werden, dass die Gesetze nicht als definierende Eigenschaften von

---

[6] Bei einem Vergleich der betrachteten Ausgabe des Schulbuchs mit einer älteren Ausgabe aus 2002 war festzustellen, dass dieser Abschnitt übernommen wurde, sich der umgebende Kontext allerdings verändert hat.

Vektoren in Erscheinung treten. Die inhaltliche Deutung von Vektoren als Verschiebungen lässt die Rechengesetze nicht mehr als Axiome, sondern als Sätze erscheinen. Die Aussagen werden zudem auch nicht gebündelt präsentiert.

Der mathematische Inhalt der zweiten Seite lässt sich relativ klar in drei Aspekte einteilen: 1) das Verfahren zur Koordinatenbestimmung eines Vektors, 2) der Gegenvektor und 3) der Ortsvektor zu einem Punkt. Dadurch, dass die Ausführungen zum Gegenvektor auch in der Struktur des Lehrtextes nicht besonders hervorgehoben sind, sondern sich in den Lehrtext einfügen, wird auch strukturell-visuell eher der Eindruck unterstützt, dass es sich bei Gegenvektoren um eine Spezialform von Vektoren handelt (ähnlich den nachfolgenden Ortsvektoren), als dass es sich im Kern um ein eigenes Theorieelement „Axiom" handelt. Die geringe Relevanz der Axiome im Rahmen der Begriffseinführung des Vektors im Schulbuch zeigt sich auch in der Gestaltung des Kastens mit Merkwissen. Dieser enthält nach Rezat (2009) den wesentlichen mathematischen Inhalt der Lehreinheit (S. 99). Der Gegenvektor wird hier jedoch nicht thematisiert.

Mittels der Inhalte des Kastens setzt die Lehreinheit Prioritäten für den (weiteren) Umgang mit Vektoren: Insbesondere spiegelt sich in der Berücksichtigung des Verfahrens zur Koordinatenbestimmung bei gleichzeitiger Ausklammerung des Vektorbegriffs (und auch des Gegenvektors) die geringe Bedeutung von scharfer Begriffsbildung in der Lehreinheit wider.[7] Ein präzise gefasster Vektorbegriff stellt kein wesentliches Resultat der Lehreinheit dar. Im Vordergrund steht vielmehr eine Orientierung der Lehreinheit hin auf das Ziel, mit Koordinaten zu operieren und Vektoren als Beschreibungsmittel zu nutzen – in dieser Lehreinheit noch für Pfeile, später für Geraden und Ebenen.

7.1.3 Charakterisierung der Diskontinuität: Ergebnisse der vergleichenden Inhaltsanalyse

In diesem Abschnitt werden die Ergebnisse der kategorienbasierten vergleichenden Untersuchungen der Materialien dargestellt. Der Aufbau des Abschnitts folgt der Struktur des Kategoriensystems aus 6.1.2.

[7] Die Ausklammerung des Vektorbegriffs bezieht sich darauf, dass im Merkkasten keine Definition eines Vektors bzw. nicht noch einmal die Charakterisierung, dass Vektoren Verschiebungen beschreiben, aufgeführt ist.

7.1.3.1 Gestaltung des Theorieaufbaus

Zunächst wird die Ausprägung von Diskontinuität hinsichtlich der Gestaltung des Theorieaufbaus aufgezeigt. Die berücksichtigten Gesichtspunkte sind die Ordnung und Systematisierung von Konzepten, die Frage der axiomatischen Grundlegung, die Berücksichtigung des Realweltlichen und der Umgang mit Begründungen.

Ordnung und Systematisierung von Konzepten

Unterschiede in der Ordnung und Systematisierung von Konzepten in den Lehr-Lern-Materialien für die Schule und für die Hochschule werden beim Vergleich der (i) vorkommenden Theorieelemente (Definitionen, Sätze und Begründungen/Beweise) und beim Vergleich der (ii) Richtung und des Fortgangs der Erkenntnisgewinnung deutlich.

Zu (i): In der betrachteten Einheit des Lehrbuchs werden die Begriffe Vektorraum, Vektor, komplexer Vektorraum und reeller Vektorraum definiert. Auf den Seiten des Schulbuchs findet sich zu keinem dieser Begriffe eine explizite Definition. Der Begriff des Vektorraums kommt nicht vor und Vektoren werden eher indirekt charakterisiert anstatt eindeutig bestimmt. Jedoch werden im Schulbuch die Begriffe Repräsentant, Gegenvektor und Ortsvektor definiert und dabei wird jeweils auf den Begriff des Vektors zurückgegriffen. Aus Sicht der Hochschule wäre ein solches Vorgehen vermutlich nicht akzeptabel – es widerspricht dem Ideal des strengen Theorieaufbaus, nach dem nur mit solchen Begriffen gearbeitet werden kann, die definiert wurden.

Im Lehrbuch werden im Nachgang der Definition des Vektorraums zwei Sätze gefolgert, die die Eindeutigkeit des Nullvektors und der negativen Vektoren umfassen. Zu beiden Sätzen ist ein Beweis angegeben. Auf den Seiten des Schulbuchs werden Fragen der Eindeutigkeit nicht auf diese Weise explizit behandelt und auch keine sonstigen Zusammenhänge in der Form wie im Lehrbuch eindeutig erkennbar als mathematische Sätze formuliert (siehe „Umgang mit Begründungen").

Zu (ii): Die Darstellungen im Lehrbuch und im Schulbuch sind auf verschiedenen Abstraktionsebenen angesiedelt. Während das Lehrbuch mit einer allgemeinen Definition des Vektorraums beginnt, wird beim Vorgehen im Schulbuch an zwei bestimmten Vektorräumen, dem $\mathbb{R}^2$ und dem $\mathbb{R}^3$, festgehalten. Die Einheit des Lehrbuchs spiegelt ein deduktives Vorgehen wider, bei dem erst im Anschluss an die allgemeine Klärung der Begriffe und Zusammenhänge Beispiele betrachtet werden. Die betrachteten Ausschnitte des Schulbuchs könnten dagegen der

Startpunkt für ein induktives Vorgehen sein, bei dem Beispiele für Vektor-räume betrachtet und die Überlegungen schließlich zusammengeführt werden. Solche verallgemeinernden, systematisierenden Betrachtungen zum Vektor- bzw. Vektorraumbegriff finden im Schulbuch jedoch nicht statt.

Ein weiterer Unterschied in den Materialien betrifft die Anbahnung weiterer (aufbauender) Begriffsbildungen im Anschluss an die Lehreinheit. Beide Materialien geben einen Ausblick darauf, welche Inhalte auf die Einführung des Vektorbegriffs bzw. des Vektorraumbegriffs folgen. Im Lehrbuch wird angekündigt, dass auf den Vektorraumbegriff ein besonders ausgezeichneter Theoriekomplex aufsetzt: „[U]nd dann [werden wir, Anm. der Autorin] in einem relativ langen Abschnitt die elementare Theorie der Vektorräume entwickeln" (S. 61). Dieser nächste Schritt des Theorieaufbaus setzt das bisher erkennbare deduktive Vorgehen fort. Im Schulbuch finden sich in den Ankündigungen „In diesem Kapitel" dagegen keine Hinweise auf eine folgende Theorie der Vektorräume. Vielmehr wird dort bereits deutlich eine Anwendungsorientierung eingeschlagen. Dieser Aspekt wird in 7.1.3.2 zur Anwendung des Begriffs bzw. zum Umgang mit dem Begriff vertieft.

Axiomatische Grundlegung
In Bezug auf die axiomatische Grundlegung zeigt sich die Diskontinuität in den Lehr-Lern-Materialien darin, (i) inwieweit der Vektor- bzw. der Vektorraum-Begriff entwickelt oder fertig präsentiert wird und in dem damit verbundenen (ii) Umgang mit den Vektorraumaxiomen.

Zu (i): Im Lehrbuch wird der Vektorraum als vollendete Struktur direkt zu Beginn der Lehreinheit präsentiert. Der Weg zu der vorliegenden Begriffsbildung wird nicht thematisiert. Zwar heißt es im kurzen Einleitungstext, dass sich Vektorräume als eine der wichtigsten Strukturen in der Mathematik herausgestellt hätten, die Genese des Begriffs ist jedoch an dieser Stelle kein Thema. Im Schulbuch wird anstelle eines axiomatischen Vorgehens ein problemorientiertes, genetisches Vorgehen verfolgt. Der Begriff des Vektors stellt die Lösung für ein zuvor aufgeworfenes Problem dar. Ein solches Problem zur Motivation des Begriffs (bzw. des Vektorraumbegriffs) ist im Lehrbuch nicht angesprochen.

Zu (ii): Im Schulbuch werden Vektoren zunächst losgelöst von den Vektorraumaxiomen eingeführt. Der genetische Ansatz des Schulbuchs, Vektoren zur Beschreibung von Verschiebungen von Punkten einzuführen, gibt Vektoren eine Bedeutung, ohne dass gleich zu Beginn Verknüpfungen thematisiert werden. Die Eigenschaften von Vektoren und ihr Verhalten untereinander sind bei der Einführung zunächst noch vollkommen ungeklärt. Im Lehrwerk der Hochschule sind die Vektorraumaxiome dagegen Teil der Definition eines Vektorraums. Sie stehen dort gebündelt und spezifizieren die geforderten Verknüpfungen durch bestimmte Eigenschaften. Die einleitenden Textstellen sind „Es gibt eine Verknüpfung + auf V, [...], sodass für alle $u, v, w \in V$ die folgenden Eigenschaften erfüllt sind: [...]" (S. 59) bzw. „Diese Bildung des skalaren Vielfachen ist so, dass für alle $h, k \in K$ und für alle Vektoren $v, w \in V$ die folgenden Eigenschaften gelten: [...]" (S. 60). Aus Sicht des Lehrbuchs gehen die Axiome den Vektoren logisch voraus. Sie geben die Bedingungen vor, die eine Menge von Elementen und die Verknüpfungen erfüllen müssen, um überhaupt als Vektorraum zu gelten. Oder anders ausgedrückt: Sobald von Vektoren die Rede ist, impliziert dies, dass diese im zugehörigen Vektorraum den durch die Axiome formulierten Eigenschaften genügen.

Das Wesen der unterschiedlichen Vorgehensweisen (axiomatisch oder genetisch) kristallisiert sich am Begriff des Gegenvektors besonders deutlich heraus: Auf Seiten der Hochschule wird die Existenz eines Gegenvektors bezüglich der additiven Verknüpfung *gefordert*. Im Unterschied zum Vorgehen im Lehrbuch wird auf Seiten des Schulbuchs zu einem gegebenen Vektor ein anderer Vektor, zu dem ein bestimmtes charakteristisches Verhältnis besteht, als Gegenvektor ausgezeichnet. Eine bestimmte Beziehung zweier Vektoren wird *begrifflich erfasst*. Der Begriff des Gegenvektors wird definiert, bevor eine additive Verknüpfung von Vektoren eingeführt ist. Vektoren zwischen Punkten P und Q bzw. R und S, deren Koordinaten sich in allen Komponenten nur im Vorzeichen unterscheiden, bilden dabei den Ausgangspunkt. Ausgehend von der Festlegung $(5, 2)^T = \vec{a}$ für den ersten Vektor wird der zweite Vektor $(-5, -2)^T$ zunächst mit $-\vec{a}$ bezeichnet.[8] Danach wird $-\vec{a}$ als Gegenvektor zum Vektor $\vec{a}$ eingeführt: „$-\vec{a}$ ist der Gegenvektor zum Vektor $\vec{a}$" (S. 117). Die Eindeutigkeit des Gegenvektors ist dabei in der Formulierung direkt eingeschlossen. Die Charakterisierung des Gegenvektors findet anschließend anhand der geometrisch-anschaulichen Eigenschaften eines Pfeils in der Pfeilklasse von $-\vec{a}$ statt: „Er ist parallel und gleich lang, aber entgegengesetzt orientiert" (a. a. O.). Vor diesem Hintergrund erscheint dann auch die Einschränkung auf *den* Gegenvektor begründet; auf der Ebene der Pfeile ist *anschaulich* nachvollziehbar, dass für eine bestimmte Pfeilklasse (einen Vektor a) durch die Anforderungen an die Richtung, die Länge und die Orientierung der Pfeile nur genau eine andere Pfeilklasse als Gegenvektor in Betracht kommen kann.

---

[8] Die Darstellung als transponierte Vektoren wird hier und an späterer Stelle der Lesbarkeit wegen gewählt. Im Originaltext des Schulbuchs wird diese Darstellung aber nicht verwendet.

Berücksichtigung des Realweltlichen

Die für die Diskontinuität typischen Unterschiede in der Berücksichtigung des Realweltlichen zeigen sich bei der Einführung von Vektoren bzw. Vektorräumen in mehrfacher Hinsicht, nämlich durch (i) einen *erfahrungsweltlichen Startpunkt* bei der genetischen Begriffsentwicklung, (ii) den Rückgriff auf Pfeilklassen und *bekannte Eigenschaften von Pfeilen*, und (iii) die in Aussicht gestellten *Anwendungsmöglichkeiten* des Vektorbegriffs in alltäglichen Erfahrungsräumen auf Seiten der Schule – bzw. durch das Fehlen solcher Bezüge zur Realwelt auf Seiten der Hochschule.

Zu (i): Die Berücksichtigung des Realweltlichen auf Seiten der Schule zeigt sich bei der Einführung des Vektorbegriffs deutlich darin, dass eine Situation aus der Realwelt, eine Figurenkonstellation auf einem Schachbrett, die Einführung des Vektorbegriffs motiviert.

Zu (ii): Die im schulischen Material prominenten Pfeile sind als Objekte der realweltlichen Umwelt – auch abseits von mathematischen Zusammenhängen – bekannt. Die Pfeile zu den Vektoren weisen eine ontologische Bindung an die Realität auf. Insbesondere ist die Bedeutung der Eigenschaften Länge, Parallelität und Orientierung, die im Zusammenhang mit Vektoren in der Lehreinheit eine Rolle spielen (siehe oben zum Gegenvektor), in der realen Welt geklärt und erfahrbar.

Zu (iii): Die realweltliche Umgebung wird im Schulbuch außerdem aufgegriffen, indem den Lernenden mehrere Kontexte aus ihrem alltäglichen Erfahrungsraum dargeboten werden: Dabei handelt es sich um die Kontexte (i) optische Täuschungen (in Bild-Text-Kombination Kontext 1), (ii) Trickfotografie (in Bild-Text-Kombination Kontext 2), (iii) Schiffsverkehr (in Bild-Text-Kombination Kontext 3) und (iv) Schachspiel (in der Einstiegsaufgabe mit Abbildung). Teilweise deuten dabei Fragen zu den Kontexten an, auf welchen Bezug zwischen Vektoren und dem Kontext abgezielt wird.[9]

Umgang mit Begründungen

Diskontinuität im Zusammenhang mit Begründungen zeigt sich bei der Einführung des Vektorbegriffs in den Lehr-Lern-Materialien in einer unterschiedlichen Beweisnotwendigkeit und anderen Argumentationsgrundlagen und -mitteln.

Im Lehrbuch werden zwei Sätze formuliert und begründet: Dabei handelt es sich um den Satz zur Eindeutigkeit des Nullvektors bzgl. der Addition („Es gibt

---

[9] Die Fragen führen auf unterschiedlichen Wegen zu Vektoren; z. B. bei der Trickfotografie über den Ansatz, Vektoren zur Beschreibung von Perspektive zu benutzen.

genau einen Vektor o mit $v + o = v = o + v$ für alle $v \in V$.") (S. 60) und
den Satz zur Eindeutigkeit der negativen Vektoren ("Zu jedem Vektor $v \in V$ gibt
es genau einen Vektor $-v$ mit $v + (-v) = o$.") (S. 61). Beide Sätze werden
auf Grundlage der formulierten Vektorraumaxiome formal bewiesen. Die Eindeutigkeit wird dabei indirekt bewiesen. Es wird davon ausgegangen, es gäbe
ein weiteres Nullelement neben o bzw. zu einem beliebigen Vektor v noch
einen weiteren negativen Vektor als $-v$. Durch logische Schlüsse wird dann ein
Widerspruch herbeigeführt, woraus die behaupteten Zusammenhänge folgen.

Anders als im Lehrbuch werden im Schulbuch keine zu begründenden
Sätze ausgewiesen. Über den ganzen Lehrtext hinweg können keine Passagen
identifiziert werden, in denen losgelöst von Beispielen ein Argumentationszu-
sammenhang entwickelt wird. Es werden keine Fragen oder Anlässe für die
Entwicklung logisch-deduktiver Argumentation herausgearbeitet. Die Identifikation von Pfeilen mit einzelnen Vektoren über die Äquivalenzklassenbildung
und die anschauliche Plausibilität von Zusammenhängen auf der Ebene dieser
Pfeile gemeinsam mit der Bezugnahme auf generische Beispiele spielen hier
eine entscheidende Rolle. Dies kann an zwei Stellen im Lehrtext des Schulbuchs
verdeutlicht werden:

- "In der Geometrie kann ein Vektor zeichnerisch durch eine Menge zueinander
  gleich langer und gleich orientierter Pfeile beschrieben werden. Eine solche
  Menge von Pfeilen ist bereits festgelegt, wenn man einen ihrer Pfeile, einen
  Repräsentanten kennt." (S. 116, unten). Es wird nicht genauer darauf eingegangen, worauf diese Festlegung beruht. Insbesondere wird nicht gezeigt, dass
  die Relation "parallelgleich", die zwischen den Pfeilen beschrieben wird, eine
  Äquivalenzrelation auf der Menge aller Pfeile der Ebene ist.
- Am Beispiel der Verschiebung zwischen dem Ausgangspunkt (1 | 3) und dem
  Zielpunkt (6 | 5) wird auf Seite 117 (oben) aufgezeigt, wie die Koordinaten
  des Vektors zu der Verschiebung bestimmt werden. Für das konkrete Beispiel
  in Figur 1 (S. 117) wird im Koordinatensystem eine anschauliche Plausibilisierung gegeben, indem die Verschiebung in einen Teil entlang der x-Achse und
  einen Teil entlang der y-Achse zerlegt wird und die Wege jeweils mit den x-
  bzw. y-Koordinaten der Punkte beschrieben werden. Von einem anschaulichen
  Standpunkt aus entstehen keine Zweifel daran, dass für zwei beliebige Punkte
  im Koordinatensystem und für eine beliebige andere Verschiebung auf entsprechende Weise die Koordinaten bestimmt werden können. Da ausgehend
  von dem einen Beispiel der Verschiebung, zwischen (1 | 3) und (6 | 5) die
  allgemeine Formel im Kasten unten auf der Seite ohne weitere Erläuterung
  festgehalten wird, übernimmt augenscheinlich ein generisches Beispiel eine
  begründende Funktion für das Verfahren zur Koordinatenbestimmung.

7.1.3.2 Begriffliche Merkmale des Vektors

In diesem Abschnitt wird thematisiert, inwieweit sich Diskontinuität in den begrifflichen Merkmalen niederschlägt, zunächst im Hinblick auf den Begriffsinhalt, dann im Hinblick auf den Begriffsumfang, das Begriffsnetz und die Anwendung des Begriffs bzw. den Umgang mit dem Begriff.

Begriffsinhalt

Im Lehrbuch steht der Begriff des Vektorraums und nicht der des Vektors im Mittelpunkt. Mit der für die Lehreinheit zentralen Definition „Ein Vektorraum über dem Körper K (auch K-Vektorraum genannt) besteht aus einer Menge V von Elementen, die wir Vektoren nennen, die den folgenden Gesetzen genügt: [...]" (S. 59), wird der Begriffsinhalt des Vektorraums dargelegt. Da es in dieser Materialanalyse jedoch um die Vektoren geht und die Materialien unter dieser Kategorie im Hinblick auf den Begriffsinhalt *des Vektors* verglichen werden sollen, geht damit ein Perspektivwechsel einher. So wird auf Seiten der Hochschule der Begriffsinhalt des Vektors dadurch bestimmt, dass ein Vektor ein Element eines Vektorraums ist („Die Hauptsache eines Vektorraums sind aber seine Elemente, die Vektoren." (a. a. O.)). Darüber hinaus ist der Begriffsinhalt durch das Verhalten der Vektoren in Bezug auf andere Vektoren desselben Vektorraums und das Verhalten in Bezug auf die Elemente des Körpers, der dem Vektorraum zugrunde liegt, bestimmt. Dieses Verhalten ist mit den Vektorraumaxiomen und Folgerungen aus den Axiomen festgelegt.

Anders als in der Hochschule kann der Begriffsinhalt des Vektorbegriffs im Schulbuch nicht gebündelt aus einer Definition extrahiert werden, da weder Vektoren noch Vektorräume definiert werden. Die Merkmale und Eigenschaften von Vektoren bzw. ihr Verhalten sind über den Text verteilt und teilweise aus den textlichen Zusammenhängen zu rekonstruieren, in denen von Vektoren die Rede ist. Als erste Eigenschaft von Vektoren ist dem Satz „Die in Fig. 1 dargestellte Verschiebung wird durch den Vektor (2,3) angegeben." (S. 116) zu entnehmen, dass es sich bei einem Vektor aus der Sicht des Schulbuchs um ein geordnetes Paar (ein 2-Tupel) handelt. Die Zusatzinformation 1 fügt als zweite Eigenschaft von Vektoren die Interpretation der Einträge des Tupels als Koordinaten hinzu: „Der Vektor (2,3) hat die x_1-Koordinate 2 und die x_2-Koordinate 3" (a. a. O.). Im Verlauf des Lehrtextes wird der Begriffsinhalt weiter aufgebaut über die Zusammenhänge zwischen Vektoren, Verschiebungen, Punkten und Pfeilen. So wird z. B. als nächste Eigenschaft im Lehrtext angeführt, dass Vektoren Verschiebungen beschreiben *können* („Verschiebungen können auch durch

Vektoren beschrieben werden" (a. a. O.)). Später wird die Aussage dahingehend verschärft, dass durch jeden Vektor eine Verschiebung beschrieben *wird*:
"[E]in Vektor beschreibt, wie man von einem Ausgangspunkt einen Zielpunkt
erreicht[...]" (a. a. O.). Da diese Zusammenhänge schon in 7.1.2.2 und 7.1.2.3
ausführlicher thematisiert wurden, bleibt es an dieser Stelle bei diesem einen
Beispiel. Für die Frage der Diskontinuität ist hier vielmehr entscheidend, dass
solche Zusammenhänge zwischen Vektoren, Verschiebungen und Punkten und
Pfeilen bei der Konstituierung des Begriffsinhalts im Lehrbuch überhaupt keine
Rolle spielen. Die starke Bedeutung der Pfeile für die inhaltliche Bestimmung
von Vektoren im Schulbuch drückt sich über die Pfeil-Notation auch auf symbolischer Ebene aus. Zwar wird der Gebrauch von Pfeilen in der Notation mit dem
Satz „Vektoren werden häufig durch kleine Buchstaben mit einem Pfeil bezeichnet." (a. a. O.) nicht absolut festgeschrieben, jedoch werden im weiteren Verlauf
des Lehrtextes Vektoren nie mit Buchstaben *ohne* Pfeil bezeichnet.

Bei der Einführung von Vektoren wird im Schulbuch mehrfach zwischen
der Ebene der Beispiele und einer Ebene allgemeiner Inhaltsdarstellungen
gewechselt. Daraus ergeben sich Konsequenzen bezüglich der Klarheit über den
Begriffsinhalt: Zum Beispiel bleibt durch den Bezug auf das Beispiel des Vektors
$(2, 3)^T$ zunächst offen, welche weiteren Werte als Einträge des Tupels zugelassen wären, sodass es sich (weiterhin) um einen Vektor handelt. Geklärt wird diese
Frage erst dadurch, dass in dem Kasten mit Merkwissen keine Einschränkungen
bezüglich der Koordinaten der Punkte A und B formuliert werden, aus denen
dort der Vektor $\overrightarrow{AB}$ gebildet wird. Auch im Zusammenhang mit dem Gegenvektor stellt sich die Frage, inwieweit dadurch, dass $(-5, -2)^T$ als Gegenvektor
zum Vektor $(5, 2)^T$ bezeichnet wird, schon auf die Existenz eines Gegenvektors
für beliebige Vektoren $(a, b)^T$ aus $\mathbb{R}^3$ geschlossen werden darf. Im Schulbuch
bleibt an solchen Stellen eine Lücke. Sie betrifft die Frage, inwieweit von den
Merkmalen eines Beispielvektors auf Merkmale im Sinne des Begriffsinhalts von
Vektoren allgemein geschlossen werden kann. Das Lehrbuch greift in den Passagen, in denen der Begriffsinhalt angesprochen wird, dagegen nicht auf Beispiele
zurück. Es bewegt sich hier auf einem abstrakten allgemeingültigen Niveau.

Begriffsumfang
Im Lehrbuch wird der maximale Begriffsumfang des Vektorbegriffs zugelassen.
Es gibt keine Einschränkungen bezüglich der Art der mathematischen Objekte,
die mit zwei geeigneten Verknüpfungen einen Vektorraum bilden können, und es
wird angekündigt, „eine ganze Reihe von Beispielen" (S. 61) für Vektorräume zu

betrachten. Dabei handelt es sich unter anderem um Vektorräume, deren Elemente $m \times n$ Matrizen, unendliche Folgen, Lösungen von LGS oder Körperelemente sind. Der Begriffsumfang im Schulbuch ist dagegen deutlich kleiner. Die betrachteten Vektoren sind entweder Pfeilklassen der Ebene oder Elemente des $\mathbb{R}^2$. Mit dem Satz „Diese Überlegungen zu Punkten und Vektoren in der Ebene kann man auf Vektoren im Raum übertragen." (S. 117) vergrößert sich der Begriffsumfang noch um die Elemente des $\mathbb{R}^3$.

Begriffsnetz

Das Begriffsnetz um Vektoren ist auf Seiten der Hochschule durch die Beziehung zum Vektorraum geprägt. Neben dem Vektorraum können mit „Skalaren" und „Verknüpfungen" zwei (weitere) strukturtheoretische Begriffe zum Begriffsnetz gezählt werden. Vektoren sind mit Skalaren in einem Vektorraum über eine spezielle Verknüpfung, die skalare Multiplikation, verbunden. Mit zwei Verknüpfungen, der skalaren Multiplikation und der Addition, bilden Vektoren einen Vektorraum. Hinzu kommt im Begriffsnetz der Nullvektor als Spezialfall eines Vektors: Er ist der eindeutige Vektor, der die axiomatische Forderung „Es gibt einen Vektor, den wir mit o bezeichnen, mit folgender Eigenschaft $v + o = v$" beantwortet. Im so aufgebauten Begriffsnetz um Vektoren spiegelt sich der axiomatisch-deduktive Theorieaufbau wider, der in der Hochschule im Umfeld der Vektoren verfolgt wird (siehe 7.1.3.1). Das Begriffsnetz auf Seiten der Schule enthält zum einen mit „Pfeil" und „Repräsentant" solche Begriffe, die mit dem Pfeilklassenmodell für Vektoren zusammenhängen. Auch „Punkte" sind Teil des Begriffsnetzes, „[d]a ein Vektor beschreibt, wie man von einem Ausgangspunkt einen Zielpunkt erreicht" (S. 116). Andersherum wird darauf verwiesen, dass „[man] um die Koordinaten eines Vektors rechnerisch zu bestimmen, [...] von den Koordinaten des Zielpunktes die Koordinaten des Ausgangspunktes [subtrahiert]" (S. 117). Das Begriffsnetz um Vektoren wird auf der zweiten Seite des Lehrtextes außerdem noch um den Begriff des Gegenvektors und den des Ortsvektors erweitert. Dabei handelt es sich jeweils um Begriffe, die sich auf die Rolle eines Vektors bzw. seine Konstellationen mit anderen Vektoren (im Falle des Gegenvektors) oder Punkten (im Falle des Ortsvektors) beziehen. Als Gegenvektor tritt ein Vektor aus Sicht des Schulbuchs dann in Erscheinung, wenn er bzgl. eines Vektors a von der Form $-a$ ist. Der Ortsvektor ist ein Vektor, der ausgehend von einem festgelegten Koordinatenursprung einen bestimmten Punkt in einem Koordinatensystem eindeutig festlegt. Der Nullvektor als Spezialfall eines Vektors wird dagegen in dieser Lehreinheit nicht thematisiert.

Anwendung des Begriffs/Umgang mit dem Begriff

Im Lehrbuch geht die Frage nach der Anwendung des Vektorbegriffs oder nach dem Umgang mit dem Vektorbegriff in der Frage nach Anwendungen des Vektorraumbegriffs bzw. dem Umgang mit dem Vektorraumbegriff auf, da Vektoren immer einen Bezug zu einem Vektorraum haben. Im Hinblick auf den *Vektorraum* lässt sich zunächst aus der Ankündigung von Beispielen im advance organizer erkennen, dass es sich beim Vektorraum um ein tragfähiges Konstrukt zur Identifikation einer Struktur in unterschiedlichen Bereichen der Mathematik handelt. Mittelbar ist daraus zu schließen, dass in diesen Bereichen potenzielle Anwendungssituationen liegen. Weiterhin wird angekündigt, dass in den folgenden Lehreinheiten um den Begriff des Vektorraums eine eigene Theorie entwickelt wird und dabei die Beschreibung von Vektorräumen eine zentrale Frage darstellt, im Zuge derer die Einführung der „nützlichen" Begriffe Basis und Dimension stattfindet.[10] Insgesamt steht im Lehrbuch die Frage nach der Anwendung des Begriffs nicht im Fokus. Darin spiegeln sich die Abgeschlossenheit des Theorieaufbaus und der Zweck des Theorieaufbaus an sich in der Hochschule wider.

Demgegenüber können für das Schulbuch vergleichsweise klar die dort aufgegriffenen Anwendungen des Begriffs benannt werden. So wird bereits auf der einführenden Doppelseite mit dem Satz: „Geometrie mit Vektoren betreiben bedeutet, geometrische Objekte mit Gleichungen beschreiben" (S. 114) ein ganzes Anwendungsfeld für Vektoren aufgespannt. Darüber hinaus können die Ankündigungen „In diesem Kapitel" als Auflistung von Anwendungen des Vektorbegriffs interpretiert werden. Alle dort ausgewiesenen Anwendungen sind ebenfalls auf die Geometrie bezogen. Sie fügen dem Aspekt der Beschreibung mit Vektoren auch den Aspekt des Begründens mit Vektoren hinzu: „In diesem Kapitel werden Eigenschaften von Figuren mithilfe von Vektoren nachgewiesen" (S. 115, eigene Hervorhebung). Mit dem Aspekt der Längenmessung („In diesem Kapitel werden Längen mithilfe von Vektoren vermessen" (a. a. O., eigene Hervorhebung)) wird ein Teilbereich der metrischen Geometrie als Anwendungsbereich für Vektoren angesprochen. Für alle im Schulbuch genannten Anwendungen des Vektors gilt, dass Vektoren in der Rolle von Hilfsmitteln zur Lösung eines Problems auftreten (Weigand, 2015, S. 267).

---

[10] Zwar spielen beim Basis-Begriff die einzelnen Vektoren, die zueinander in einem bestimmten Verhältnis stehen, die entscheidende Rolle. Der Begriff der Basis wird an dieser Stelle im Lehrbuch aber noch nicht konkretisiert, sodass er hier nicht als „Anwendung" des Vektorbegriffs erkennbar wird.

7.1.3.3 Mathematikbezogene Darstellungen

In diesem Unterabschnitt wird auf den Gebrauch ikonischer Darstellungen und die sprachliche Gestaltung der Lehrtexte in den Materialien eingegangen.

Ikonische Darstellungen
Im Schulbuch werden ikonische Darstellungen intensiv genutzt.[11] Neben einer Abbildung zur Visualisierung der Situation auf dem Schachbrett im Einstiegsbeispiel gibt es drei Darstellungen mit Koordinatensystemen im Rahmen des Lehrtextes. Die Darstellung im Lehrbuch verbleibt dagegen ausschließlich auf symbolischer Ebene. Vor dem Hintergrund des bisher Gesagten ist dies wenig verwunderlich. Die bildhafte Darstellung von Vektoren eines bestimmten Vektorraums würde dem Abstraktionsgrad der Lehreinheit 3.1 im Gesamten widersprechen, in der an keiner Stelle auf konkrete Vektorräume eingegangen wird. Solche Darstellungen wären eher im Unterkapitel speziell zu den Beispielen zu erwarten.

Mathematische Sprache
In Bezug auf die Sprache ist der Blick bei der Frage nach der Ausprägung von Diskontinuität besonders auf den Grad der Verdichtung der Sprache und den Gebrauch von Symbolsprache gerichtet.

Durch den besonderen Charakter des Lehrbuchs im Hinblick auf die mathematische Sprache (siehe 7.1.1.3) stellt sich die Diskontinuität in diesen Aspekten als wenig ausgeprägt dar. Sowohl auf Seiten der Schule als auch fast immer auf Seiten der Hochschule sind mathematische Ausdrücke in den Text eingebettet. In der Hochschule gilt dies insbesondere auch für die Begründungen der Folgerungen. So werden in der Begründung zur Eindeutigkeit des Nullvektors zwei Argumente in den Satz „Zusammen ergibt sich $o' = o + o' = o$, also $o' = o$." (S. 60) eingefasst. Insgesamt enthält der Lehrtext für den Hochschulkontext zwar deutlich mehr Formeln als der betrachtete Schulbuchausschnitt, jedoch ist dies auf die unterschiedlichen Inhalte der Materialien zurückzuführen. Im Schulbuch werden nicht nur die Axiome ausgespart, sondern dementsprechend auch Folgerungen und deren Begründungen. Insofern ist dieser Unterschied nicht als Ausdruck von Diskontinuität in der gebrauchten mathematischen Sprache zu werten, sondern der inhaltlichen Ebene zuzuordnen.

Unterschiede zwischen den Materialien zeigen sich eher im Umgang mit verschiedenen Sprachregistern: Die sprachliche Gestaltung des Lehrtextes im

---

[11] Im Folgenden wird nur auf die Darstellungen in der Lehreinheit eingegangen, nicht auf die in den Einführungsseiten.

Schulbuch ist kontinuierlich eher neutral. Er verwendet eine gehobene Alltags-
sprache ohne umgangssprachliche Formulierungen und es dominieren Passiv-
Konstruktionen. Dagegen wird im Lehrbuch für die Hochschule zwar die Theorie
aus fachlicher Sicht durchweg präzise formuliert und es gibt keine fachlichen
Interpretationsspielräume, jedoch wird an Stellen, an denen dies keine fachliche
Verzerrung mit sich bringt, auch auf informellere Sprachregister zurückgegriffen.

7.1.4   Ableitung von Kategorien für die Interviewauswertung

In diesem Abschnitt werden die getrennten Charakterisierungen der Materialien
(in 7.1.1 bzw. 7.1.2) und die vergleichenden Betrachtungen bezüglich bestimmter
Einzelaspekte im Rahmen der Materialanalyse (in 7.1.3) zusammengeführt und in
Kategorien für ein deduktives Kategoriensystem für die Analyse der Interviews
zur Forschungsfrage 3a (siehe Kap. 8) überführt. Die Darstellung ist in die Themen Gestaltung des Theorieaufbaus, Begriffsinhalt und Begriffsumfang, Nutzung
und Verwendung des Vektorbegriffs, Veranschaulichungen und Darstellungen
sowie Sprache unterteilt. Dies sind zugleich die Hauptkategorien des Kategoriensystems, das für die Beschreibung der Wahrnehmung von Diskontinuität im
achten Kapitel herangezogen wird.

Die Kategorien werden in tabellarischer Form vorgestellt und, in Anlehnung an die Forderungen aus der einschlägigen Methodenliteratur (siehe z. B.
Kuckartz, 2016 und Mayring, 2015), mit einer Definition und Beschreibung
operationalisiert.[12]

7.1.4.1 Gestaltung des Theorieaufbaus
Unter den gebildeten Hauptkategorien umfasst die „Gestaltung des Theorieaufbaus" die meisten Subkategorien. In neun Subkategorien werden Unterschiede
abgebildet, die insbesondere den Ansatz bei der Begriffsbildung (axiomatischer
Ansatz oder genetischer Aufbau), die Berücksichtigung der Vektorraumaxiome,
die Absicherung des Theorieaufbaus (Umgang mit und Wege der Erkenntnissicherung) und die Bezugnahme auf Realweltliches betreffen.

---

[12] Die ebenfalls in der Literatur geforderten Ankerbeispiele werden im Zuge der Ergebnisdarstellung aufgezeigt.

Kategorien	Definition und Beschreibung
Fokus der Lehreinheit	*Definition:* Innerhalb der Lehreinheiten werden verschiedene Schwerpunkte gesetzt. *Beschreibung:* Im Lehrbuch ist der Vektorraum vordergründig, nicht die Vektoren. Die Bildung von Vektoren spielt keine Rolle. Im Schulbuch findet eine Einführung des Vektorbegriffs statt. Konkrete Vektoren werden betrachtet und die Darstellung eines Vektors ist Gegenstand der Lehreinheit.
Deduktives Vorgehen/Theorieentwicklung	*Definition:* Die Lehreinheiten unterscheiden sich darin, inwieweit deduktive oder induktive Theorieentwicklung stattfindet. *Beschreibung:* Im Lehrbuch ist das Vorgehen klassisch deduktiv. Auf die Definition des Vektorraum-Begriffs folgen Beispiele. Die Lehreinheit im Schulbuch *könnte* Startpunkt eines induktiven Ansatzes sein, bei dem nach der Betrachtung verschiedener Vektorräume der Begriff allgemein festgehalten wird, da mit dem $\mathbb{R}^2$ bzw. $\mathbb{R}^3$ zunächst nur ein Beispiel eines Vektorraums betrachtet wird.
Größerer Theorierahmen	*Definition:* In den Materialien wird in unterschiedlichem Maße die Verortung in der Fachsystematik aufgegriffen bzw. auf die sich anschließenden Begriffsbildungen eingegangen. *Beschreibung:* Im Lehrbuch wird über die betrachtete Lehreinheit hinaus das weitere Vorgehen im Sinne eines fortschreitenden deduktiven Theorieaufbaus erkennbar bzw. es wird angekündigt. An die Einführung des Vektorraumbegriffs schließt sich die Einführung in die Theorie der Vektorräume an. Im Schulbuch findet kein Ausblick auf weitere Begriffsbildungen statt.
Genetischer oder axiomatischer Ansatz	*Definition:* Die Lehreinheiten unterscheiden sich darin, inwieweit ein axiomatisches Vorgehen stattfindet. *Beschreibung:* Im Lehrbuch wird der Vektorraum aufbauend auf den Begriffen Körper, Menge und Verknüpfung axiomatisch eingeführt. Der Vektorraum-Begriff wird nicht als Lösung eines Problems präsentiert. Die Einführung des Vektorraum-Begriffs setzt vielmehr den begonnenen Theorieaufbau auf dem Gebiet der Linearen Algebra fort. Sie stellt eine neue Struktur bereit. Dagegen ist die Einführung von Vektoren im Schulbuch durch ein Problem motiviert und der Vektorbegriff wird in der Lehreinheit aus einer alltagsweltlichen Situation heraus entwickelt.

Kategorien	Definition und Beschreibung
Axiomatisches Fundament/Vektorraumaxiome	*Definition:* Die Materialien unterscheiden sich in Bezug auf den Umgang mit den Vektorraumaxiomen. *Beschreibung:* Im Lehrbuch sind Vektoren per Definition untrennbar mit den Axiomen verbunden. Es ist von vornherein bekannt, dass es bestimmte besondere Vektoren gibt (Nullvektor eines VR) und dass die Vektoren sich auf eine bestimmte Art „verhalten" (Kommutativität, Assoziativität, Distributivität, Gegenvektoren). Die Axiome sind gebündelt in der Definition des Vektorraumbegriffs. Im Schulbuch haben die Axiome den Charakter von Regeln für den Umgang mit Vektoren und werden bis zum Ende der Lehreinheit nicht vollständig abgedeckt. Es ist noch nicht bekannt, wie sich Vektoren in Verknüpfungen verhalten. Der Nullvektor ist noch nicht bekannt. Der Gegenvektor wird nicht axiomatisch gefordert, sondern seine Existenz festgestellt.
Umgang mit Existenz- und Eindeutigkeitsfragen	*Definition:* Die Fragen nach Existenz und Eindeutigkeit des Nullvektors bzw. des Gegenvektors besitzen eine unterschiedliche Relevanz. *Beschreibung:* Im Lehrbuch werden Existenz- und Eindeutigkeitsfragen mit den Axiomen und Folgerungen geklärt. Nach dem Vorgehen im Schulbuch stellen sich Existenz- und Eindeutigkeitsfragen nicht bzw. sie werden nicht aufgeworfen.
Berücksichtigung des Realweltlichen	*Definition:* Das Realweltliche findet in den Lehr-Lern-Materialien unterschiedliche Berücksichtigung: Im Lehrbuch wird komplett auf realweltliche Bezüge verzichtet. *Beschreibung:* Vektoren werden im Lehrbuch rein innermathematisch motiviert und bleiben ein innermathematisches Konstrukt. Dagegen greift das Schulbuch auf eine realweltliche Situation (Verschiebung der Figuren im Schachspiel) bei der Motivation des Begriffs und in den eingangs aufgezeigten Anwendungsfeldern zurück.

Kategorien	Definition und Beschreibung
Begründung von Zusammenhängen	*Definition:* Das Begründen von Zusammenhängen wird in den betrachteten Lehr-Lern-Materialien verschieden gehandhabt. *Beschreibung:* Im Lehrbuch werden die verschiedenen Theorieelemente klar voneinander getrennt (Definitionen, Sätze, Begründungen). Entsprechend sind die zu beweisenden Zusammenhänge klar erkennbar. Die Eindeutigkeit des Gegenvektors wird wie auch die Eindeutigkeit des Nullvektors mit logischen Schlussregeln begründet. Im Schulbuch werden keine zusammenhängenden Argumentationen zum Beweis von Vermutungen oder Behauptungen dargeboten. Zusammenhänge werden mit generischen Beispielen und unter Rückgriff auf anschauliche Evidenz plausibilisiert. Das betrifft insbesondere die Eindeutigkeit des Gegenvektors.
Ebene der Verallgemeinerung	*Definition:* In den Darstellungen gibt es einen Unterschied, inwieweit von konkreten Vektoren (und Skalaren) Gebrauch gemacht wird bzw. inwieweit Beispiele für Vektoren berücksichtigt werden. *Beschreibung:* In der betrachteten Lehreinheit des Lehrbuchs gibt es kein Beispiel für einen Vektorraum bzw. für einen Vektor. Zusammenhänge werden grundsätzlich allgemeingültig begründet. Im Schulbuch werden der Vektorbegriff und die weiteren Begriffe jeweils am Beispiel entwickelt und es wird konkret mit Vektoren des $\mathbb{R}^2$ operiert.

7.1.4.2 Begriffsinhalt und Begriffsumfang

Während die erste Hauptkategorie vor allem das Umfeld beschreibt, in dem der Vektorbegriff thematisiert wird, fokussiert die zweite Hauptkategorie auf den Vektorbegriff im engeren Sinne. Die zugehörigen (Sub-)Kategorien betreffen die Frage, was nach den Darstellungen in den betrachteten Materialien jeweils unter einem Vektor zu verstehen ist.

Kategorien	Definition und Beschreibung
Charakterisierung des Vektors	*Definition:* Im Rahmen des axiomatischen bzw. genetischen Vorgehens unterscheiden sich die Charakterisierungen von Vektoren in den Lehr-Lern-Materialien deutlich. *Beschreibung:* Im Lehrbuch werden Vektoren als Elemente eines Vektorraums eingeführt. Im Schulbuch treten Vektoren als Beschreibungsmittel auf. Es gibt (jedoch) an keiner Stelle eine explizite Definition des Begriffs.

Kategorien	Definition und Beschreibung
Geometrische Interpretation von Vektoren	*Definition:* Die bereichsspezifische Diskontinuität im Feld der Linearen Algebra zeigt sich im Fehlen oder Vorhandensein einer geometrischen Interpretation von Vektoren in den Materialien. *Beschreibung:* Im Lehrbuch werden Vektoren unabhängig vom geometrischen Kontext eingeführt. Das Pfeilklassenmodell spielt keine Rolle und entsprechende Begriffe aus dem Zusammenhang um Pfeilklassen kommen im Lehrbuch für die Hochschule nicht vor. Im Schulbuch werden Vektoren dagegen geometrisch interpretiert. Es liegt das Konzept von Vektoren als Pfeilklassen zugrunde, d. h. Vektoren werden als Pfeilklassen eingeführt.
Begriffsumfang	*Definition:* Der Umfang des Begriffs, der aus dem axiomatischen bzw. dem gewählten genetischen, geometriebezogenen Vorgehen resultiert, fällt deutlich verschieden aus. *Beschreibung:* So gibt es im Lehrbuch keine Einschränkung bezüglich der Dimension des Vektorraums. Vektorräume können mathematische Objekte verschiedenster Art bündeln. Es wird kein konkreter Vektorraum (Beispiel) betrachtet. Im Schulbuch sind dagegen alle betrachteten Vektoren aus der Anschauungsebene $\mathbb{R}^2$ bzw. aus dem Anschauungsraum $\mathbb{R}^3$.

7.1.4.3 Nutzung und Verwendung des Vektorbegriffs

Die dritte Hauptkategorie umfasst drei Kategorien, die den unterschiedlichen Umgang mit Vektoren beschreiben in Bezug auf die Thematisierung von Anwendungen, die Rolle der Geometrie und das Ausmaß operativer Tätigkeiten.

Kategorien	Definition und Beschreibung
Thematisierung von Anwendungen	*Definition:* Die Lehr-Lern-Materialien gehen in verschiedenem Maße auf inner- und außermathematische Anwendungen ein. *Beschreibung:* Im Lehrbuch ist nicht erkennbar, in welchen Anwendungen Vektoren gebraucht werden. Im Schulbuch wird eine Vielzahl von Anwendungsbereichen aufgezeigt.
Orientierung an geometrischen Fragen	*Definition:* Bei der Einführung des Vektorbegriffs spielt das Ziel, geometrische Objekte mit diesem zu beschreiben eine verschiedene Rolle. *Beschreibung:* Im Lehrbuch steht der Strukturaspekt im Vordergrund, im Schulbuch werden mit Vektoren geometrische Objekte beschrieben.

Kategorien	Definition und Beschreibung
Manipulativ-operatives Arbeiten	*Definition:* In den Lehr-Lern-Materialien zeigt sich, dass das manipulativ-operative Arbeiten mit Vektoren einen verschiedenen Stellenwert besitzt. *Beschreibung:* Auf den betrachteten Seiten des Lehrbuchs spielt das manipulativ-operative Arbeiten keine Rolle. Im Schulbuch wird dagegen auf vielfältige Weise mit Vektoren operiert: Zu Vektoren werden Gegenvektoren gefunden, zu gegebenen Pfeilen werden Vektoren angegeben und im weiteren Verlauf wird mit Vektoren des $\mathbb{R}^2$ bzw. $\mathbb{R}^3$ gerechnet.

7.1.4.4 Darstellungen und Veranschaulichungen

Die vierte Hauptkategorie geht auf die Thematik der Darstellungen und Veranschaulichungen ein.

Kategorien	Definition und Beschreibung
Vektoren als Gegenstände der Anschauung	*Definition:* In den verglichenen Materialien zeigt sich ein verschiedener Umgang mit Anschauung. *Beschreibung:* Im Lehrbuch wird nicht auf die Anschauung Bezug genommen. Vektoren bleiben abstrakte Objekte. Auf den Seiten des Schulbuchs nimmt dagegen die Anschauung zu Vektoren bzw. zum Umgang mit Vektoren breiten Raum ein. Vektoren des $\mathbb{R}^2$ werden veranschaulicht.
Darstellungsebenen	*Definition:* Die Materialien unterscheiden sich dahingehend, inwieweit verschiedene Darstellungsebenen bzw. Repräsentationsformen vorkommen. *Beschreibung:* Im Lehrbuch wird ausschließlich auf symbolischer Ebene gearbeitet. Im Schulbuch gibt es neben symbolischen auch ikonische Darstellungen, insbesondere Koordinatensysteme zur Visualisierung.

7.1.4.5 Sprache

Die fünfte Hauptkategorie bildet fachsprachliche Aspekte mit zwei Kategorien ab.

Kategorien	Definition und Beschreibung
Umgang mit Sprachregistern	*Definition:* Im Vergleich der Lehr-Lern-Materialien zeigt sich ein verschiedener Gebrauch von Sprachregistern.[13] *Beschreibung:* Die Texte im Lehrbuch sind in den Theorieelementen stark fachsprachlich geprägt, in den übrigen Textbausteinen weniger förmlich bis salopp. Die Sprache im Schulbuch ist insgesamt alltagsnah und neutral.
Benennung und Symbolik	*Definition:* In den Lehr-Lern-Materialien werden verschiedene Schreibweisen und Bezeichnungen zur Darstellung und Beschreibung von Vektoren verwendet. *Beschreibung:* Zum Beispiel werden Vektoren im Lehrbuch nicht durch Pfeile besonders gekennzeichnet, im Schulbuch dagegen schon.

7.2   Analyse von Lehr-Lern-Materialien zum Begriff Skalarprodukt

In diesem Unterkapitel wird die Teilfrage „Wie zeigt sich Diskontinuität im Bereich der Linearen Algebra anhand von Lehr-Lern-Materialien für Schule und Hochschule zum Begriff ‚Skalarprodukt‘?" der ersten Forschungsfrage nach dem in der Kapiteleinleitung dargestellten Ablauf beantwortet.

7.2.1   Lehr-Lern-Materialien für die Hochschule zum Begriff Skalarprodukt

7.2.1.1 Aufbau der Lehr-Lern-Materialien

Auf der Ebene der Makrostruktur handelt es sich bei den Materialien der Hochschule um Teile des Kapitels „Skalarprodukte". Auf der Ebene der Mesostruktur besteht der Korpus aus einem Teil der gleichnamigen Lehreinheit. Dieser Abschnitt beschreibt die Mikrostruktur des untersuchten Ausschnitts. Die Lehreinheit „Skalarprodukt" umfasst insgesamt rund acht Lehrbuchseiten, von denen in diesem Unterkapitel rund sechs für die Materialanalyse berücksichtigt werden (siehe 5.4.3 zur Begründung des gewählten Ausschnitts). Die einzigen Strukturelemente in dem betrachteten Ausschnitt sind nach der Klassifikation von Rezat (2009) ein Lehrtext und insgesamt sieben Kästen mit Merkwissen. Dabei sind

---

[13] Unter einem Sprachregister wird eine funktionsspezifische sprachliche Ausdrucksweise verstanden.

die Merkkästen über den Lehrtext verteilt, wodurch sich mehrere Lehrtext-Blöcke ergeben. Die Lehrtext-Blöcke und die Kästen sind linear angeordnet und erstrecken sich jeweils über die komplette Seitenbreite. Insgesamt ergibt sich folgendes Arrangement (Abbildung 7.4):

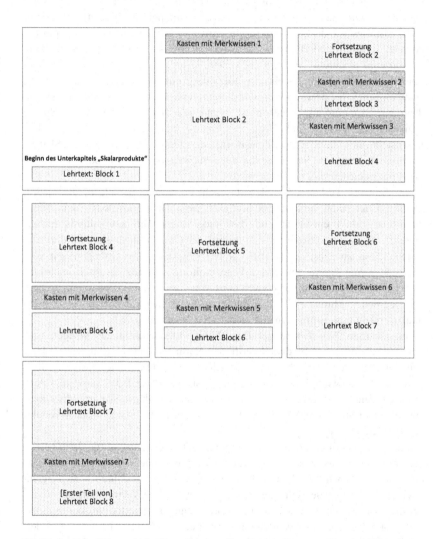

Abbildung 7.4 Schematische Darstellung zu den Strukturelementen des gewählten Ausschnitts der Lehreinheit zu Skalarprodukten (Hochschullehrbuch)

7.2.1.2 Zusammenfassung der Lehr-Lern-Materialien

Die (ausschnittsweise) betrachtete Lehreinheit schließt an eine Lehreinheit zu Bilinearformen an und setzt diesen Begriff voraus. Sie beginnt selbst mit der Definition der Symmetrie von Bilinearformen. Es schließt sich ein Satz zur Konstruktion von symmetrischen Bilinearformen durch symmetrische Gram-Matrizen an. Danach wird die Eigenschaft der positiven Definitheit für Bilinearformen definiert. Mit diesen beiden Eigenschaften wird das Skalarprodukt als eine positiv definite, symmetrische Bilinearform festgelegt und der Begriff des euklidischen Vektorraums eingeführt. Es folgt ein konstruktiver Teil zur Gewinnung von Skalarprodukten. Zu Beginn steht der Satz, dass mit einer Strukturmatrix einer symmetrischen Bilinearform eines n-dimensionalen reellen Vektorraums genau dann ein Skalarprodukt gegeben ist, wenn alle Hauptminoren dieser Strukturmatrix echt positiv sind. Nach der Angabe von Beispielen wird zunächst festgestellt, dass die Standardbilinearform eines reellen Vektorraums ein Skalarprodukt ist, bevor der Satz über die Konstruktion von Skalarprodukten für den zweidimensionalen Fall bewiesen wird.

Im weiteren Verlauf des Lehrtextes geht es darum, zu zeigen, dass jedes Skalarprodukt eines Vektorraums bezüglich einer Orthonormalbasis dem Standardskalarprodukt entspricht und dass eine solche Orthonormalbasis immer existiert. Als Voraussetzung für den Begriff der Orthonormalbasis wird dazu im ersten Schritt zunächst der Begriff der Norm geklärt. (Die Orthogonalität von Vektoren wurde bereits im letzten Unterkapitel des Lehrbuchs zu Bilinearformen geklärt.) Dann wird die Ungleichung von Cauchy und Schwarz angegeben und begründet. Mittels der Ungleichung wird anschließend gezeigt, dass jedes Skalarprodukt eine Norm, genannt euklidische Norm, induziert.

Im nächsten Schritt wird der Begriff der Orthogonalität auf Mengen von Vektoren übertragen. Mit dem Begriff der Norm wird über orthogonale Mengen von Vektoren auch die Orthonormalbasis eingeführt. Die Basis aus den Einheitsvektoren wird als eine Orthonormalbasis des $\mathbb{R}^n$ bzgl. des Standardskalarprodukts identifiziert. Dann wird gefolgert, dass ein beliebiges Skalarprodukt über einem Vektorraum bezüglich einer Orthonormalbasis das Standardskalarprodukt des Vektorraums ist.

Der letzte Schritt auf dem Weg zum gewünschten Resultat würde darin bestehen, zu zeigen, dass jeder euklidische Vektorraum eine Orthonormalbasis hat oder auch – so wird im Lehrbuch für die Hochschule verfahren – zu zeigen, dass jede orthonormale Teilmenge eines n-dimensionalen Vektorraums mit weniger als n Elementen (bzw. schon mit einem einzigen normierten Vektor) zu einer Orthonormalbasis ergänzt werden kann. Eine entsprechende Aussage liefert der Orthonormalisierungssatz von E. Schmidt. Im Vorfeld des Satzes werden in einem zweiteiligen Hilfssatz der Übergang von orthogonalen zu orthonormalen Mengen und die lineare Unabhängigkeit orthogonaler Mengen festgehalten. Der für die Analyse relevante Ausschnitt der Lehreinheit endet mit der Begründung des Hilfssatzes.

7.2.1.3 Charakterisierung der Lehr-Lern-Materialien

Bei der Einführung der Skalarprodukte geht das Lehrbuch in zwei Etappen vor. Bevor Skalarprodukte als Klasse von Abbildungen betrachtet werden, wird zunächst die größere Klasse der Bilinearformen betrachtet. Anschließend werden Skalarprodukte als spezielle Bilinearformen definiert. Dieses Vorgehen entspricht dem in 4.2.3 beschriebenen strukturorientierten axiomatischen Zugang. Das hier in Ausschnitten betrachtete Unterkapitel (10.3) stellt die zweite Etappe der Einführung dar.

Wie schon bei der Einführung des Vektorraums präsentieren sich die Inhalte des Unterkapitels der Leserschaft in Gestalt eines weitestgehend zusammenhängenden Textes. Dieser Eindruck wird zum einen dadurch geprägt, dass der Lehrtext einen Schwerpunkt auf Erklärungen legt. Zwischen den Elementen des Theorieaufbaus, d. h. zwischen den Sätzen und deren Beweisen, sind immer wieder überleitende und ergänzende Anmerkungen zu finden. Beispiele für solche Übergänge sind: „Auch Skalarprodukte gibt es in Hülle und Fülle. Dies kommt im folgenden Satz zum Ausdruck." (S. 309) oder „Das Hauptergebnis dieses Abschnitts wird die Konstruktion einer Basis sein, [...]" (S. 311). Zum anderen wird auch in der Darbietung der Theorieelemente deren Inhalt – unter der Prämisse fachlicher Korrektheit und fachlicher Präzision im Besonderen – ausformuliert.

Der Lehrtext lässt sich inhaltlich grob in vier Abschnitte einteilen. Der erste Abschnitt umfasst die Vorbereitung der Definition des Skalarproduktes. Dazu werden die Eigenschaften Symmetrie und positive Definitheit für Bilinearformen erklärt. Der Einstieg in die Lehreinheit mit dem ersten Abschnitt geschieht dabei unvermittelt. Eigentlich untypisch für den Stil des Lehrwerks findet die Leserschaft unter der Überschrift der Lehreinheit zunächst keine Einleitung vor. Die Begründung des gewählten Einstiegs findet indirekt erst nachgelagert mittels der Definition des Skalarproduktes statt. Die Definition leitet den zweiten Abschnitt des Lehrtextes ein, in dem die zentrale Begrifflichkeit der Lehreinheit, das Skalarprodukt, erstmals vorkommt. Sie selbst ist optisch äußerst schlicht und auch aus sprachlicher Sicht mit nur einem Satz kompakt gehalten. Ihre Stellung im Lehrtext scheint zunächst nicht prominent, wenngleich sie Ergebnis von über zehn Seiten „Vorarbeit" und der Kern der Lehreinheit ist. Bisher ist im Text jedoch noch keine Abbildung bekannt, die den Anforderungen an ein Skalarprodukt genügt. Dies ändert sich mit dem dritten Abschnitt, in dem eine konstruktive Perspektive eingenommen wird. Mit dem Satz über die Konstruktion von Skalarprodukten wird der Leserschaft eine Anleitung an die Hand gegeben, um Skalarprodukte anzugeben. Skalarprodukte werden an dieser Stelle konkreter erfassbar. Jeder Leser oder jede Leserin kann sich ein eigenes Skalarprodukt überlegen. Gleichwohl ergibt sich durch die Vielzahl möglicher Skalarprodukte potenziell Komplexität. Der vierte Abschnitt verspricht in diesem Sinne „o. B. d. A." eine Vereinfachung zu leisten. Es geht dabei darum, zu zeigen, dass es in einem fest gehaltenen Vektorraum zu jedem Skalarprodukt eine Basis gibt, bezüglich derer dieses Skalarprodukt das Standardskalarprodukt ist. Die Begründung dieses Zusammenhangs erfordert mehrere Teilschritte. Das Vorgehen in diesem vierten Textabschnitt steht stellvertretend für den Gesamtcharakter des Lehrtextes.

Der gesamte Lehrtext betont die Perspektive „Mathematik als Prozess". Immer wieder wird die Leserschaft informiert, worum es an einer Stelle im Begründungsprozess gerade geht. Sie wird in diesem Sinne durch den Prozess begleitet. So heißt es z. B. (im Vorgriff auf den Begriff der Orthonormalbasis) am Anfang des vierten Abschnitts: „Was ‚senkrecht' bedeutet, wissen wir, wir wissen aber noch nicht, was die Länge eines Vektors sein soll. Das müssen wir zunächst erklären." (S. 311). An späteren Stellen wird der rote Faden immer wieder aufgezeigt mit Kommentierungen wie: „Unser Ziel ist zu zeigen, dass dadurch tatsächlich eine Norm erklärt wird." (ebd.) oder „Nun können wir beweisen, dass jedes Skalarprodukt zu einer Norm führt." (S. 312). Mit diesem Vorgehen, bei dem die Beziehung zwischen den einzelnen Theorieelementen explizit angesprochen ist, wird die Leserschaft für deren Ineinandergreifen und den Aufbau der Theorie sensibilisiert. In diesem Sinne ist der Text auch als Einführung in den Aufbau umfangreicher mathematischer Argumentationen zu lesen. Die wiederholten Verweise auf die Gesamtstruktur einer umfangreicheren Argumentation können auch als ein Ansatz zur Aktivierung der Leserschaft interpretiert werden. Andere Ansätze, die erkennbar werden, sind der Gebrauch von Fragen wie „Wie kommt man von einem Skalarprodukt (was wir haben) zu einer Norm?" (S. 311) oder „Warum sind Orthonormalbasen wichtig?" (S. 313) sowie direkte und indirekte Aufforderungen zur Beteiligung: „Jetzt sind Sie wieder dran: Sie müssen das Skalarprodukt $\langle w, w \rangle$ ausrechnen." bzw. „Ein Beispiel einer Orthonormalbasis fällt jedem sofort ein." (S. 313). Markant ist in diesem Zusammenhang auch ein angedeuteter fiktiver Dialog: „Sie haben recht: Nichts leichter als das: [...]" (S. 310). Aus diesem erdachten Dialog spricht auch das Bemühen darum, dem Text eine gewisse Leichtigkeit zu verleihen, die möglicherweise die Distanz zum strengen

Theorieaufbau verringern soll. Auch an anderer Stelle, wenn es darum geht, von einem Skalarprodukt zu einer Norm zu gelangen, wird vorab angekündigt: „Das ist ganz einfach; [...]" (S. 311).

Charakteristisch für das betrachtete Material ist auch die Gestaltung des Lehrtextes in Bezug auf den Sprachstil. Hier lässt sich wiederholen, was bereits zur Lehreinheit über Vektoren festgestellt wurde: In den Passagen des Textes, in denen ohne Verlust an fachlicher Präzision frei formuliert werden kann, wählt der Autor eine alltagsnahe Sprache mit teilweise saloppen Formulierungen. So ist im Text davon die Rede, dass es Skalarprodukte „in Hülle und Fülle" (S. 309) gibt und bei der Einführung des Begriffs Orthonormalbasis wird diese gegenüber „einer gewöhnlichen Ottonormalbasis" (S. 313) abgegrenzt. Gerade durch solche konzeptionell mündlichen sprachlichen Mittel erscheint das betrachtete Material – im Gegensatz etwa zu den konzentrierten „klassischen" Skripten oder knapp gehaltenen Tafelanschrieben – wie eine *Verschriftlichung des ganzen gesprochenen Wortes* einer Vorlesung.

7.2.2 Lehr-Lern-Materialien für die Schule zum Begriff Skalarprodukt

7.2.2.1 Aufbau der Lehr-Lern-Materialien

Auf der Ebene der Makrostruktur handelt es sich bei den Materialien für die Schule um Teile des Kapitels „Geraden". Auf der Ebene der Mesostruktur bestehen die Materialien aus Ausschnitten der zwei Lehreinheiten „Zueinander orthogonale Vektoren – Skalarprodukt" und „Winkel zwischen Vektoren – Skalarprodukt". In diesem Abschnitt wird die Mikrostruktur der Ausschnitte beschrieben, die jeweils eine Vielfalt von Strukturelementen umfassen. Der Ausschnitt aus der Lehreinheit „Zueinander orthogonale Vektoren – Skalarprodukt" beginnt mit einer Einstiegsaufgabe mit Abbildung. An diese schließt sich der erste Block des Lehrtextes an, in den eine Abbildung eingebettet ist. Der Lehrtext-Block wird begleitet von einer Zusatzinformation und einer Abbildung in der Randspalte. Es folgt ein Kasten mit Merkwissen und einer dazugehörigen Zusatzinformation. Der zweite Block des Lehrtextes wird ebenfalls ergänzt durch eine Zusatzinformation. Auf ihn folgen zwei Musterbeispiele mit zugehörigen eingebetteten Abbildungen sowie einer weiteren Abbildung und einer ergänzenden Zusatzinformation in der Randspalte. Insgesamt ergibt sich für die erste Lehreinheit folgendes Arrangement (Abbildung 7.5):

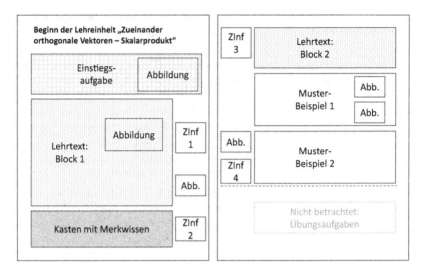

Abbildung 7.5 Schematische Darstellung zu den Strukturelementen des gewählten Ausschnitts der Lehreinheit zu Skalarprodukten (Hochschullehrbuch)

Der Ausschnitt aus der Lehreinheit „Winkel zwischen Vektoren – Skalarprodukt" beginnt ebenfalls mit einer Einstiegsaufgabe mit Abbildung. Darauf folgt der Lehrtext mit zwei eingebetteten Abbildungen. Der Lehrtext wird außerdem durch eine weitere Abbildung und Zusatzinformationen in der Randspalte ergänzt. Nach dem Lehrtext steht ein Kasten mit Merkwissen. Auf diesen folgt ein Musterbeispiel mit dazugehöriger Abbildung. So ergibt sich für die zweite Lehreinheit folgendes Arrangement (Abbildung 7.6):

7.2.2.2 Zusammenfassung der Lehr-Lern-Materialien

In der ersten Lehreinheit steht die Frage nach der Orthogonalität von zwei Vektoren im Mittelpunkt. Die Beschäftigung mit der Orthogonalität von Vektoren wird dabei mit der Frage nach der Orthogonalität von Geraden begründet. Zunächst wird die Orthogonalität von zwei Vektoren, von denen keiner der Nullvektor ist, über die zu den Vektoren gehörenden Pfeile definiert. Demnach sind zwei Vektoren orthogonal, wenn die Pfeile zu den Vektoren mit gleichem Anfangspunkt zueinander orthogonal bzw. senkrecht sind. Die Orthogonalität von Vektoren wird damit auf die Orthogonalität von (gerichteten) Strecken zurückgeführt. Im Verlauf des Lehrtextes wird weiterhin mit den Pfeilen operiert, um ein Kriterium zu erarbeiten, wie die Orthogonalität von Vektoren des $\mathbb{R}^2$ mit deren Koordinaten überprüft werden kann.

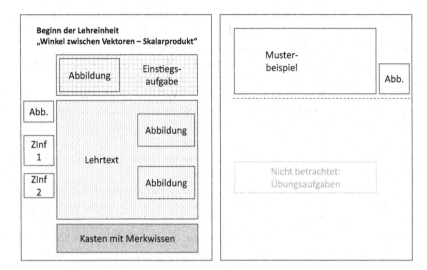

Abbildung 7.6 Schematische Darstellung zu den Strukturelementen der gewählten Ausschnitte aus der zweiten Lehreinheit (Schulbuch)

Der Ausgangspunkt für die Überprüfung der Orthogonalität von Vektoren ist der Satz des Pythagoras, wonach zwei Pfeile $\vec{a}$ und $\vec{b}$ mit dem gleichen Anfangspunkt genau dann orthogonal sind, wenn die Gleichung $\left|\vec{a} - \vec{b}\right|^2 = |\vec{a}|^2 + \left|\vec{b}\right|^2$ erfüllt ist. Mit der euklidischen Norm $|v| = \sqrt{v_1^2 + v_2^2}$ für ein beliebiges v aus $\mathbb{R}^2$ wird nach einigen Umformungsschritten gefolgert, dass die Orthogonalität der Pfeile von $\vec{a}$ und $\vec{b}$ mit demselben Anfangspunkt – und damit der Vektoren $\vec{a}$ und $\vec{b}$ – genau dann gegeben ist, wenn mit den Koordinaten von $\vec{a}$ und $\vec{b}$ die Gleichung $a_1 b_1 + a_2 b_2 = 0$ erfüllt ist.

Im Kasten mit Merkwissen wird für beliebige Vektoren $\vec{a}, \vec{b}$ aus $\mathbb{R}^3$ mit Koordinaten $(a_1, a_2, a_3)^T$ bzw. $(b_1, b_2, b_3)^T$ der Term $a_1 b_1 + a_2 b_2 + a_3 b_3$ als Skalarprodukt bezeichnet. Auch wird in dem Kasten das Kriterium für Orthogonalität $a_1 b_1 + a_2 b_2 + a_3 b_3 = 0$ für Vektoren des $\mathbb{R}^3$ angegeben. Anschließend sind das Kommutativgesetz, das Assoziativgesetz, das Distributivgesetz und der Zusammenhang $\vec{a} \cdot \vec{a} = |\vec{a}|^2$ zwischen dem Skalarprodukt und der Länge von Vektoren als Rechenregeln für den Umgang mit dem Skalarprodukt festgehalten.

Im ersten Musterbeispiel wird demonstriert, wie die Orthogonalität von Geraden durch die Berechnung des Skalarproduktes der Richtungsvektoren händisch oder mit dem Taschenrechner festgestellt werden kann. Das zweite Musterbeispiel zeigt, wie durch das Lösen eines LGS die Menge der Vektoren, die zu zwei gegebenen Vektoren orthogonal sind, bestimmt werden kann.

In der zweiten Lehreinheit geht es um (den) Winkel zwischen zwei Vektoren. Wie schon bei der Orthogonalität wird der Winkelbegriff zunächst an Pfeilen festgemacht. So wird der Winkel zwischen zwei Vektoren $\vec{a}$ und $\vec{b}$ festgelegt als der kleinere der beiden Winkel, den zwei Pfeile zu den Vektoren $\vec{a}$ und $\vec{b}$, die den gleichen Anfangspunkt haben, bilden. Der Zusammenhang zwischen Skalarprodukt und Orthogonalität von zwei Vektoren aus der vorigen Lehreinheit (siehe oben) wird noch einmal angegeben, bevor ein Ansatz zur Berechnung des Winkels zwischen zwei Vektoren hergeleitet wird.

Dabei werden die Fälle unterschieden, dass der Winkel zwischen den Vektoren spitz oder stumpf sein kann. Für den spitzen Winkel wird der Ansatz vollständig hergeleitet. Dabei wird vom Skalarprodukt der Vektoren ausgegangen und dann so vorgegangen, dass einer der beiden Vektoren, die den Winkel einschließen, in einen zum anderen Vektor parallelen Teil $\overrightarrow{OB'}$ und in einen orthogonalen Teil zerlegt wird. Mit dem Distributivgesetz wird ein zu $\vec{a} \cdot \vec{b}$ äquivalenter Term bestimmt, dessen Summanden einzeln betrachtet werden können. Aus dem Zusammenhang zwischen dem Skalarprodukt und der Orthogonalität von Vektoren folgt, dass ein Summand 0 ist. Der zweite Summand kann mit dem Zusammenhang zwischen Skalarprodukt und der Länge von Vektoren umgeformt werden, sodass $\vec{a} \cdot \vec{b} = \vec{a} \cdot |\overrightarrow{OB'}|$ gilt. Die Konstellation zwischen $\vec{b}$ und der Zerlegung von $\vec{b}$ wird als rechtwinkliges Dreieck aufgefasst, sodass die Kosinus-Funktion eingesetzt werden kann, womit sich insgesamt der Zusammenhang $\vec{a} \cdot \vec{b} = |\vec{a}| \cdot |\vec{b}| \cdot \cos(\alpha)$ ergibt. Für den stumpfen Winkel wird bzgl. der Zerlegung auf analoge Überlegungen verwiesen und begründet, weshalb auch in diesem Fall der gleiche Zusammenhang wie für den Fall eines spitzen Winkels zwischen $\vec{a}$ und $\vec{b}$ gilt.

Nach der Herleitung wird geklärt, welcher Winkel unter dem Schnittwinkel zwischen Geraden verstanden wird. Die Feststellung des Winkels zwischen Geraden wird dabei an die Richtungsvektoren gebunden. Der Kasten mit Merkwissen wiederholt den Zusammenhang und reformuliert ihn für den Winkel α zwischen $\vec{a}$ und $\vec{b}$, indem er die nach $\cos(\alpha)$ umgestellte Gleichung enthält. Das Musterbeispiel demonstriert die Anwendung der Formel für den Winkel zwischen zwei Vektoren. Zu drei gegebenen Punkten werden die Winkel zwischen den Vektoren bestimmt, die mit den Koordinaten der Punkte gebildet werden können.

7.2.2.3 Charakterisierung der Lehr-Lern-Materialien

Wesentlich für die Charakterisierung der schulischen Lehr-Lern-Materialien ist die Beachtung der eigentlichen Zielstellungen der Lehreinheiten: In der ersten Lehreinheit ist „von Interesse, ob zwei Geraden orthogonal (d. h. senkrecht) zueinander sind." (S. 189). Daraus ergibt sich als Leitfrage, wie herauszufinden ist, ob zwei Vektoren orthogonal zueinander sind. Entsprechend der bei Einführung der Vektoren dargestellten Beziehung zwischen Vektoren und Pfeilen im Lehrwerk (siehe 7.1.2.3) wird auch die Frage nach der Orthogonalität auf der Ebene der Pfeile beantwortet. Da Pfeile als Strecken behandelt werden, kann dabei der Satz des Pythagoras zum Einsatz kommen. Dieser wurde schon im Einstiegsbeispiel mit einer einfachen Sachaufgabe angesprochen, wobei zu Beginn der Lehreinheit aus der Sicht von Schüler:innen noch unklar bleiben muss, inwiefern sich die Aufgabe in den Kontext des Kapitels um Geraden einfügen wird. Die Leitfrage der Orthogonalität ist mit dem Satz „Die Vektoren $\vec{a}$ und $\vec{b}$ sind also genau dann zueinander orthogonal, wenn für ihre Koordinaten gilt: $2 \cdot (a_1 b_1 + a_2 b_2) = 0$, also $(a_1 b_1 + a_2 b_2) = 0$" (S. 189) beantwortet – das erklärte Ziel des Lehrtextes ist eigentlich schon erreicht. Das Skalarprodukt wurde zu diesem Zeitpunkt noch gar nicht erwähnt.

Zum ersten Mal findet es Erwähnung bei der Sicherung des zentralen Ergebnisses der Lehreinheit, welches besagt, dass im Hinblick auf Orthogonalität entscheidend ist, ob $a_1 b_1 + a_2 b_2 + a_3 b_3$ gleich 0 ist. Das Skalarprodukt ist dabei die Bezeichnung für den entscheidenden Term. Es ist eine „mnemotechnisch einfache Formel" für Fragen der Orthogonalität (Henn & Filler, 2015, S. 197).

Aus der Reduzierung der Abbildung „Skalarprodukt über einem Vektorraum" auf einen Term „Skalarprodukt" ergibt sich eine Spannung, die den Umgang mit den Eigenschaften des Skalarproduktes betrifft. Diese kommt dadurch zustande, dass sich aus der Perspektive „Skalarprodukt als Term mit Entscheidungsfunktion" die Frage nach Eigenschaften des Skalarproduktes zunächst gar nicht ergibt, oder zumindest ungewöhnlich ist. Das Material lässt offen, weshalb die Eigenschaften thematisiert werden. Insbesondere wird mit den Eigenschaften keine Bedeutung in Bezug auf die Orthogonalitätsthematik verbunden. Erst in der nächsten Lehreinheit werden die Eigenschaften als Rechenregeln gebraucht. Bei der Formulierung der Rechenregeln selbst steht eindeutig das Resultat im Mittelpunkt. Die Begründungen dieser Regeln sind schon nicht mehr Teil des Lehrtextes, sondern Teil einer Aufgabe.

In der zweiten Lehreinheit bilden Winkel zwischen Vektoren den Ausgangspunkt der Betrachtungen. Das zentrale Resultat der Lehreinheit stellt eine Formel zur Winkelberechnung zwischen Vektoren dar. Bei der Motivation der Frage nach dem Winkel zwischen Vektoren stehen diesmal nicht die Geraden zuvorderst.

Der Bezug zu Geraden wird, anders als in der ersten betrachteten Lehreinheit, hier eher beiläufig hergestellt mit den zwei Sätzen: „Als Schnittwinkel zwischen Geraden wählt man den kleineren Winkel. Man berechnet den Winkel zwischen den Richtungsvektoren" (S. 192).

Das Skalarprodukt wird in dieser Lehreinheit zur Erarbeitung der Berechnungsformel für Winkel zwischen Vektoren genutzt. Dabei wird auf das Resultat der vorherigen Lehreinheit, dass senkrecht stehende Vektoren das Skalarprodukt 0 haben und auf Eigenschaften des Skalarproduktes zurückgegriffen, die als Rechenregeln fungieren. Die koordinatenfreie Fassung des Skalarproduktes als $|\vec{a}| \cdot |\vec{b}| \cdot \cos(\alpha)$ bildet einen Zwischenschritt auf dem Weg zu der angestrebten Berechnungsformel für Winkel. Der Kasten mit Merkwissen berücksichtigt den Zusammenhang $\vec{a} \cdot \vec{b} = |\vec{a}| \cdot |\vec{b}| \cdot \cos(\alpha)$ als Teilergebnis.

Insgesamt lässt sich für beide Lehreinheiten des Schulbuchs feststellen, dass zwar jeweils die Entwicklung von Zusammenhängen durch formales Begründen den Kern des Lehrtextes bildet. Die umgebenden Ausführungen um die deduktiven Begründungen dienen entweder dazu, eine Rückkopplung an den Kontext des Kapitels „Geraden" herzustellen oder die Begriffe für die Argumentationen zurechtzulegen, indem die Ausgangslage mit Vektoren jeweils in eine Ausgangslage mit Pfeilen überführt wird.

7.2.3 Charakterisierung der Diskontinuität: Ergebnisse der vergleichenden Inhaltsanalyse

In diesem Abschnitt werden die Materialien zum Skalarprodukt für die Hochschule und für die Schule kontrastierend unter bestimmten Gesichtspunkten betrachtet. Durch das Aufzeigen der Unterschiede bezüglich der Kategorien und Subkategorien wird der Aufbau eines Gesamtbilds der Diskontinuität zwischen Schule und Hochschule in den betrachteten Materialien verfolgt. Der Abschnitt folgt der Struktur, die durch das Kategoriensystem im Abschnitt 6.1.2 gegeben ist.

7.2.3.1 Gestaltung des Theorieaufbaus
In diesem Abschnitt wird die Ausprägung von Diskontinuität hinsichtlich der Gestaltung des Theorieaufbaus beschrieben. Dabei werden die Themen *Ordnung und Systematisierung der Konzepte, axiomatische Grundlegung*, die *Bezüge zur realweltlichen Umgebung* und der *Umgang mit Begründungen* betrachtet.

Ordnung und Systematisierung der Konzepte

Unterschiede in der Ordnung und Systematisierung von Konzepten in den Lehr-Lern-Materialien für die Schule und für die Hochschule werden beim Vergleich der (i) Verortung der Lehreinheiten und der (ii) Reichweite der Lehreinheiten sowie (iii) im Umgang mit dem Längen- bzw. Normbegriff deutlich.

Zu (i): Während im Lehrbuch dem Skalarprodukt ein eigenes Kapitel gewidmet ist, wird das Skalarprodukt im Schulbuch in einem Kapitel zu Geraden verortet. Darin kommt das Gewicht der geometrischen Perspektive auf Seiten der Schule zum Ausdruck. Es wird signalisiert, dass nicht das Skalarprodukt, sondern die Funktion des Skalarproduktes im Zusammenhang mit der Beschäftigung mit Geraden im Vordergrund steht.

Zu (ii): In dem betrachteten Auszug des Lehrbuchs tritt der systematische, deduktive Theorieaufbau, der die moderne Mathematik als Wissenschaft auszeichnet, deutlich in einer Vielzahl von Theorieelementen und der Darstellung ihres Ineinandergreifens hervor. So werden neben dem Skalarprodukt selbst in der gleichen Lehreinheit 10.3 außerdem die symmetrische Bilinearform, das orthogonale Komplement, orthogonale Mengen und orthonormale Mengen von Vektoren, die Orthonormalbasis und der allgemeine Begriff der Norm und der Begriff der euklidischen Norm definiert. Zusammenhänge werden in insgesamt sieben mathematischen Sätzen hergestellt, an die sich jeweils deren Begründung anschließt. Mit der Auszeichnung einzelner Sätze als Folgerung bzw. Hilfssatz wird die Ordnung der Theorieelemente weiter verschärft. Diskontinuität liegt insoweit vor, dass auf Seiten des Schulbuchs kein vergleichbarer Theorieaufbau um den Begriff des Skalarproduktes herum stattfindet. Dort bleibt es bzgl. der Definitionen bei dem Begriff des Skalarproduktes.

Zu (iii): Diskontinuität durch eine verschiedene Ordnung und Systematisierung der Konzepte in Schule und Hochschule drückt sich auch im Umgang mit dem Norm- bzw. Längenbegriff aus. So wird Im Lehrbuch erst im Anschluss an die Einführung des Skalarproduktes der verallgemeinerte Längenbegriff, die Norm, eingeführt. Angesichts der anstehenden Einführung der Orthonormalbasis zur Transformation von Skalarprodukten heißt es im Lehrbuch: „[W]ir wissen aber noch nicht, was die Länge eines Vektors sein soll" (S. 311). Der Zugang zu den Normen ist dabei ein axiomatischer. Abbildungen, die bestimmte Eigenschaften erfüllen, sollen als Normen bezeichnet werden. Aus der Perspektive des Lehrbuchs sind es dann die Skalarprodukte, mit denen Normen gefunden werden können: „Nun können wir beweisen, dass jedes Skalarprodukt zu einer Norm führt". So wird im Lehrbuch die Länge eines Vektors bzw. allgemein die euklidische Norm eines Vektors erst auf Grundlage des Skalarproduktes erklärt. Auf Seiten der Schule wird dagegen schon im Zuge der Verwendung des Satzes des Pythagoras bei der Frage nach der Feststellung von Orthogonalität ein Längenbegriff vorausgesetzt.[14]

Axiomatische Grundlegung
Diskontinuität im Zusammenhang mit der Frage der axiomatischen Grundlegung der Mathematik zeigt sich in den Lehr-Lern-Materialien darin, (i) welche Begriffsbildungsprozesse der Definition des Skalarproduktes vorausgehen und in dem damit verbundenen (ii) Umgang mit den Eigenschaften des Skalarproduktes, sowie im Hinblick auf (iii) die zentralen Resultate der Lehreinheiten.

Zu (i): Auf Seiten der Hochschule vollzieht sich die Einführung des Skalarproduktes erkennbar im Sinne eines axiomatisch-deduktiven Theorieaufbaus. Die Betrachtung von Skalarprodukten schließt sich an die Untersuchung von Bilinearformen an. Bilinearformen können als Vorformen der Skalarprodukte aufgefasst werden. Der Begriff der Bilinearform ist allgemeiner als der des Skalarproduktes. Der Übergang zu den Skalarprodukten geschieht, indem von den Bilinearformen schrittweise weitere Eigenschaften eingefordert werden. Dies ist zunächst die Symmetrie, dann die positive Definitheit, bevor beide Eigenschaften in der Definition des Skalarproduktes („Ein Skalarprodukt eines reellen Vektorraums V ist eine symmetrische Bilinearform, die positiv definit ist.") zusammengebracht werden. Im Schulbuch wird das Skalarprodukt dagegen nicht axiomatisch gefasst. Anstatt das Skalarprodukt *als Abbildung mit bestimmten Eigenschaften festzulegen*, wird vielmehr ein vorgefundener Term, der nachweislich geeignet ist, um die Frage nach der Orthogonalität von Vektoren zu beantworten, *als Skalarprodukt bezeichnet*. (Aus fachlicher Sicht handelt es sich bei dem Term hier um das Standardskalarprodukt über dem $\mathbb{R}^2$.) Dieser Weg zum Skalarprodukt, bei dem das Skalarprodukt aus einer passenden Situation heraus entwickelt wird, kann als genetisches Vorgehen betrachtet werden.

Zu (ii): Aus der Perspektive des Lehrbuchs und des Schulbuchs stellt sich die Frage nach den Eigenschaften des Skalarproduktes grundsätzlich anders dar. Im Rahmen des axiomatischen Vorgehens werden im Lehrbuch dem Skalarprodukt seine Eigenschaften unmittelbar zugeschrieben. Dort ist die Situation dann aber vielmehr so, dass mit der Definition der Skalarprodukte noch kein Nachweis über die Existenz einer Abbildung mit den geforderten Eigenschaften erbracht wurde.

---

[14] Die Länge eines Vektors bzw. der Betrag eines Vektors wird in dem Band für die Einführungsphase durch die einmalige Anwendung des Satz des Pythagoras in der Ebene bzw. die zweimalige Anwendung im Raum erklärt.

Diesem Umstand wird im Lehrbuch konstruktiv Rechnung getragen mit einem Satz („Konstruktion von Skalarprodukten") und der Angabe konkreter Matrizen, durch die Skalarprodukte gegeben sind. Im Schulbuch sind dagegen die Eigenschaften des Terms „Skalarprodukt" zunächst noch nicht thematisiert. Die Rechenregeln werden erst nachträglich festgestellt.

Zu (iii): Diskontinuität im Zusammenhang mit der Frage nach dem axiomatischen Aufbau der Mathematik zeigt sich auch darin, inwieweit es in der gesamten Lehreinheit darum geht, zu einer bestimmten Problemstellung eine Lösungsformel zu erarbeiten. Im Schulbuch ist von vornherein klar, dass ein rechnerisches Vorgehen gesucht wird, um die Lage von zwei Vektoren zueinander zu bestimmen (zunächst, ob zwei Vektoren orthogonal sind, dann, in welchem Winkel sie zueinanderstehen). Das Skalarprodukt liefert die entsprechende Berechnungsformel für dieses Anliegen. Im Lehrbuch gibt es keine Problemstellung, die als Zielrichtung der Lehreinheit die Entwicklung eines rechnerischen Verfahrens vorgibt. Das Skalarprodukt wird nicht aus einer (geometrischen) Problemstellung heraus entwickelt, sondern wird vor allem unter der Perspektive eingeführt, eine neue Struktur auf Vektorräumen zu schaffen.

Berücksichtigung des Realweltlichen

Beim Skalarprodukt handelt es sich um einen im Theorieaufbau fortgeschrittenen Begriff und insbesondere um eine „sekundäre Begriffsbildung" (Henn & Filler, 2015, S. 150). Dies spiegelt sich in der Frage der Bezüge zur realweltlichen Umgebung wider: Im Lehrbuch besteht schon durch den allgemeinen, von Anschaulichkeit losgelösten Vektorraumbegriff keine Grundlage, um Beziehungen zwischen dem Skalarprodukt, das als Abbildung *über* einem Vektorraum gefasst wird, und der realweltlichen Umgebung aufzubauen. Doch auch die Begriffsbildung im Schulbuch, in dem zumindest der Vektor als Objekt noch mittelbar über Pfeile ontologisch an die Realität gebunden werden kann (siehe 6.1.3.1), findet ohne ontologische Bindung an die Realität statt. Dem gesamten Term $a_1b_1 + a_2b_2 + a_3b_3$, aber auch schon den Produkten a_1b_1, a_2b_2, a_3b_3 ist keine realweltliche Bedeutung zugewiesen. So spielt die Frage der ontologischen Bindung in Bezug auf die Ausprägung von Diskontinuität in den betrachteten Materialien keine Rolle.

Anders als beim Vektorbegriff wird außerdem auch kein realweltlicher Anlass zur Begriffsbildung präsentiert, bei dem z. B. Situationen durch orthogonale Vektoren modelliert werden.

Unterschiede in der Bezugnahme auf das Realweltliche zeigen sich dennoch. So werden im Lehrbuch an keiner Stelle in den betrachteten Auszügen Phänomene der Alltagswelt aufgegriffen. Dagegen werden im Schulbuch der Satz des

Pythagoras und die trigonometrischen Beziehungen im Dreieck (jeweils in den Einstiegsaufgaben) unter Bezugnahme auf Kontexte der realen Lebenswelt thematisiert. Auf den Satz des Pythagoras verweist die Frage nach den Abmessungen eines dreieckigen Blumenbeets. Die trigonometrischen Beziehungen werden über die Frage nach den Bewegungen eines Brückenkrans zum Transport einer Last an eine bestimmte Position angesprochen.

Umgang mit Begründungen

Auf den ausgewählten Seiten des Lehrbuchs werden an mehreren Stellen begründungsbedürftige Zusammenhänge behauptet. Dies ist zunächst ein Satz über die Konstruktion von symmetrischen Bilinearformen im Vorfeld der Definition des Skalarproduktes. Danach folgen Sätze zur Konstruktion von Skalarprodukten, zur Skalarprodukt-Eigenschaft der Standardbilinearform eines Vektorraums und zum orthogonalen Komplement. Weitere zu beweisende Zusammenhänge ergeben sich auf dem Weg zum Begriff der Norm und zur Gewinnung von Orthonormalbasen von Vektorräumen. Wie schon beim Vektorbegriff, werden die behaupteten Zusammenhänge formal mit logischen Schlussfolgerungen streng deduktiv begründet. Dabei wird das Vorgehen im Beweis selbst auch immer wieder erläutert und Symbolsprache durch inhaltlich gleichsinnige natürliche Sprache ersetzt. Das Lehrbuch unterstützt die klare Trennung zwischen einer Behauptung und deren Begründung auch visuell mit farblichen Akzenten.

Auf Seiten des Schulbuchs werden zweimal Zusammenhänge in längeren argumentativen Sequenzen abgesichert. In der Lehreinheit zur Orthogonalität, in der das Skalarprodukt definiert wird, wird zunächst gezeigt, dass zwei Vektoren des $\mathbb{R}^2$ genau dann zueinander orthogonal sind, wenn für ihre Koordinaten die Gleichung $a_1 b_1 + a_2 b_2 = 0$ erfüllt ist. Der Zusammenhang steht nicht von Beginn an als zu beweisende Behauptung im Raum, sondern wird hergeleitet. Den Ausgangspunkt der Begründung stellt der Satz dar, dass die Pfeile zweier Vektoren genau dann orthogonal sind, wenn die Längen der Pfeile und des Pfeils zwischen den beiden Pfeilspitzen den Satz des Pythagoras erfüllen. Davon ausgehend wird der Zusammenhang mit den Koordinaten entwickelt. Dabei werden die Längen durch die Beträge der Vektoren in Koordinatenform ersetzt und algebraische Umformungen vorgenommen. In der Lehreinheit zu Winkeln wird die koordinatenfreie Form des Skalarproduktes bzw. die Formel zur Winkelberechnung zwischen Vektoren ebenfalls hergeleitet. Die Herleitungen sind im Schulbuch jeweils nicht besonders abgesetzt, sondern schließen sich an den umgebenden Lehrtext an. Die begründeten Zusammenhänge werden als Resultate dagegen durch das Einfassen in einen Rahmen auch optisch hervorgehoben.

In Bezug auf den Umgang mit Begründungen zeigt sich Diskontinuität damit vor allem im Unterschied zwischen der Herleitung von Zusammenhängen und dem Beweis zuvor formulierter Behauptungen, jedoch nicht auf der Ebene der Argumentation an sich. Betrachtet man den Satz des Pythagoras im Schulbuch als hinreichend abgesichert, so werden in beiden Materialien jeweils schlüssige Argumentationsketten aufgebaut.

7.2.3.2 Begriffliche Merkmale des Skalarproduktes

Dieser Abschnitt thematisiert, inwieweit sich Diskontinuität im Hinblick auf den Begriffsinhalt, den Begriffsumfang, das Begriffsnetz und die Anwendung des Begriffs bzw. den Umgang mit dem Begriff niederschlägt.

Begriffsinhalt

Auf Seiten der Hochschule wird eine Bilinearform mit den zusätzlichen Eigenschaften Symmetrie und positive Definitheit als Skalarprodukt definiert: „Ein **Skalarprodukt** eines reellen Vektorraums V ist eine symmetrische Bilinearform, die positiv definit ist" (S. 308). Bilinearformen sind Abbildungen $V \times U \to K$ auf dem Produkt zweier Vektorräume U und V, die in beiden Argumenten linear sind. Skalarprodukte sind Bilinearformen über V, d. h. es gilt $U = V$. Aus der positiven Definitheit ergibt sich als weiteres Merkmal, dass ein Skalarprodukt eine nicht ausgeartete Bilinearform ist. Eine weitere Eigenschaft von Skalarprodukten, die im Lehrbuch angesprochen wird, betrifft die Beziehung zu Normen: „Jedes Skalarprodukt [führt] zu einer Norm" (S. 312). Die Frage, „[w]ie […] man von einem Skalarprodukt (was wir haben) zu einer Norm [kommt]" (S. 311) wird konstruktiv mit der Einführung der euklidischen Norm beantwortet. Ein deutlicher Unterschied zwischen den Materialien liegt darin, dass das Skalarprodukt im Schulbuch nicht als Abbildung, sondern als ein bestimmter Term definiert wird: „Zu den Vektoren $(a_1, a_2, a_3)^T$ und $(b_1, b_2, b_3)^T$ heißt der Term $a_1 b_1 + a_2 b_2 + a_3 b_3$ Skalarprodukt $\vec{a} \cdot \vec{b}$ der Vektoren $\vec{a}$ und $\vec{b}$" (S. 190). Ein Term ist zunächst einmal nur eine „aus Konstanten, Variablen, Operations- und Funktionssymbolen nach den üblichen Regeln des ‚Formelbaus' zusammengesetzte Zeichenreihe" (Walz, 2017, S. 197). Die Auffassung des Skalarproduktes als ein bestimmter Term ist überhaupt nur möglich, da in der Lehreinheit nur *ein* Skalarprodukt über dem $\mathbb{R}^3$(bzw. $\mathbb{R}^2$) mit der Standardbasis betrachtet wird. So konkretisiert sich die allgemeine Gleichung $\langle a, b \rangle = a \cdot A \cdot b^T$ mit den Koordinatenvektoren a, b bezüglich einer Basis des n-dimensionalen reellen Vektorraums von V und einer symmetrischen positiv definiten Gram-Matrix A für den $\mathbb{R}^3$ mit Einheitsbasis zu der isomorphen Gleichung $\langle a, b \rangle = a \cdot E_3 \cdot b^T$. Das Auflösen der Vektor-Matrix-Multiplikation liefert für die rechte Seite den im Kasten angegebenen Term. Die Eigenschaften Symmetrie und Bilinearität des Skalarproduktes werden als Regeln (vgl. ZInf 3) eingeführt. Dabei geht die Symmetrie im Kommutativgesetz auf, das Assoziativ- und das Distributivgesetz entsprechen den beiden Teilaspekten von Linearität: Homogenität und Additivität. Für die positive Definitheit gibt es keine entsprechende Interpretation als Rechenregel, sie wird auch nicht eigens als Eigenschaft des Skalarproduktes erwähnt. Sie ist implizit insofern in der vierten Rechenregel enthalten, als dass aus $\vec{a} \cdot \vec{a} = |\vec{a}|^2$ insbesondere $\vec{a} \cdot \vec{a} \geq 0$ folgt. Mit der angesprochenen vierten Rechenregel wird dem Skalarprodukt eine Eigenschaft zugesprochen, die einen Längenbegriff voraussetzt. Darin drückt sich noch einmal die Diskontinuität im Umgang mit dem Längenbegriff bzw. der Norm aus (vgl. 7.2.3.1). Im Schulbuch ist außerdem die geometrische Deutung, die durch $\vec{a} \cdot \vec{b} = |\vec{a}| \cdot |\vec{b}| \cdot \cos(\alpha)$ gegeben ist, ein bedeutsamer Aspekt des Begriffsinhalts. Aus dieser Deutung werden auch weitere algebraische Eigenschaften des Skalarproduktes wie $\vec{a} \cdot \vec{b} \leq |\vec{a}| \cdot |\vec{b}|$ schnell ersichtlich. Im Lehrbuch findet die geometrische Deutung keine Berücksichtigung.

Begriffsumfang

Der Begriffsumfang des Skalarproduktes unterscheidet sich in den Materialien für die Schule und für die Hochschule deutlich. Zum einen können auf Seiten der Hochschule bei der Definition eines Skalarproduktes *beliebige* reelle Vektorräume zugrunde liegen. Zum anderen können durch die Wahl verschiedener Basen eines Vektorraums verschiedene Gram-Matrizen konstruiert werden, die zu verschiedenen Skalarprodukten gehören. Daraus ergibt sich aus Sicht der Hochschule für den Begriffsumfang die Einschätzung: „[…] Skalarprodukte gibt es in Hülle und Fülle" (S. 309). Auf Seiten der Schule stehen – bedingt durch die Einschränkung der Betrachtungen auf den $\mathbb{R}^2$ bzw. $\mathbb{R}^3$ (siehe 7.1.3.2) – nur zwei Vektorräume zur Verfügung, auf denen überhaupt ein Skalarprodukt definiert werden kann. Über diesen beiden Vektorräumen wird dabei jeweils nur die Standardbilinearform betrachtet. Die Standardbilinearform des $\mathbb{R}^3$ wird als *das* Skalarprodukt bezeichnet. Für die Lernenden ist dadurch jedoch nicht erkennbar, dass weitere Skalarprodukte definiert werden können. Dieser eingeschränkte Blickwinkel hängt wiederum mit dem Kontext um das Skalarprodukt zusammen (siehe 7.2.3.1). Angesichts der Anwendungsfragen (Sind zwei Geraden im Anschauungsraum/in der Anschauungsebene zueinander orthogonal? bzw. Welchen Winkel schließen Geraden im Anschauungsraum/in der Anschauungsebene ein?), in deren Kontext das Skalarprodukt eingeführt wird, genügt aus Sicht des Schulbuchs schon die Verfügbarkeit nur *eines* Skalarproduktes. Unabhängig davon, dass auf Seiten der Schule und in dem gegebenen Kontext um Geraden die Frage nach der Motivation für weitere Skalarprodukte schwer beantwortet werden könnte, stehen in der Schule auch die Mittel zur Konstruktion weiterer Skalarprodukte nicht zur Verfügung, da der Begriff der Basis nicht bekannt ist.

Begriffsnetz
Im Lehrbuch wird um das Skalarprodukt ein reichhaltiges Begriffsnetz erkennbar, das auf die Verankerung des Begriffs im schon fortgeschrittenen Theorieaufbau der Linearen Algebra zurückgeht. Zum Begriffsnetz in der Hochschule zählt zentral die „Bilinearform", denn jedes Skalarprodukt ist eine Bilinearform mit den zusätzlichen Eigenschaften der Symmetrie und der positiven Definitheit. Als Begriff, der wiederum das Skalarprodukt weiter spezialisiert, zählt auch das „Standardskalarprodukt" zum Begriffsnetz. Des Weiteren gehören die Begriffe „Euklidischer Vektorraum", „Norm" und „Orthonormalbasis" zum Begriffsnetz. Der Euklidische Vektorraum ist enthalten, weil er die Struktur bezeichnet, die entsteht, wenn auf einem reellen Vektorraum ein Skalarprodukt definiert wird: „Ein reeller Vektorraum mit Skalarprodukt wird ein euklidischer Vektorraum genannt" (S. 308). Skalarprodukte und Normen sind im Begriffsnetz dadurch verbunden, „dass jedes Skalarprodukt zu einer Norm führt" (S. 312). Über den Begriff der Orthonormalbasis wird das Verhältnis zwischen dem Standardskalarprodukt eines Vektorraums und anderen Skalarprodukten bestimmt: „Wenn eine Orthonormalbasis zu einem Skalarprodukt existiert, können wir dieses Skalarprodukt o. B. d. A. [ohne Beschränkung der Allgemeinheit, Anm. der Autorin] als Standardskalarprodukt voraussetzen" (S. 313). Der Vollständigkeit halber sei darauf hingewiesen, dass auch der Begriff „orthogonal" bzw. „Orthogonalität" zum Begriffsnetz im Lehrbuch um das Skalarprodukt gehört. Der Begriff wird jedoch in den betrachteten Ausschnitten nicht explizit thematisiert.[15] Im Vergleich zur Hochschule ist das auf Seiten der Schule aufgebaute Begriffsnetz deutlich begrenzter. Hierin spiegelt sich die enge Bindung des Skalarproduktes an die eher prozeduralen Betrachtungen zur Orthogonalität und die ebenfalls prozedurale Frage der Winkelbestimmung wider. Zum Begriffsnetz auf Seiten der Schule zählen auf den untersuchten Seiten nur die Begriffe „Orthogonalität" und „Winkel". Die Verbindung zwischen den Begriffen Skalarprodukt und Orthogonalität stellt der Satz: „Zwei Vektoren $\vec{a} = (a_1, a_2, a_3)^T$ und $\vec{b} = (b_1, b_2, b_3)^T$ sind genau dann zueinander orthogonal, wenn gilt: $\vec{a} \cdot \vec{b} = a_1 b_1 + a_2 b_2 + a_3 b_3 = 0$." (S. 189) her. Die Beziehung zwischen Skalarprodukt und Winkel beschreibt die Gleichung

---

[15] Die Einführung des Begriffs „orthogonal" fand für Vektoren bereits in der vorausgegangen Einheit statt. Das liegt wiederum daran, dass der Begriff „orthogonal" aus der Perspektive der Hochschule die Beziehung zweier Vektoren bezeichnet, wenn diese unter einer (nicht notwendig symmetrischen und positiv definiten) Bilinearform auf Null abgebildet werden.

$\vec{a} \cdot \vec{b} = |\vec{a}| \cdot |\vec{b}| \cdot \cos(\alpha)$. Insgesamt zeigt sich, dass die Begriffsnetze, die um den Begriff des Skalarproduktes rekonstruiert werden können – als Folge der Diskontinuität bei der Einbettung des Skalarproduktes – teilweise disjunkt sind. Überschneidungen gibt es zwar bei den Begriffen orthogonal bzw. Orthogonalität und Länge bzw. Norm, jedoch sind diese Begriffe in Schule und Hochschule jeweils verschieden mit dem Skalarprodukt verbunden.

Anwendung des Begriffs/Umgang mit dem Begriff
Diskontinuität zeigt sich auch in der verschiedenen Bedeutung des Begriffs in den Lehr-Lern-Materialien: Auf Seiten der Schule wird das Skalarprodukt klar als *Hilfsmittel zur Lösung eines Problems* bzw. mehrerer Probleme präsentiert. Es hilft zunächst bei der Frage, ob Orthogonalität zwischen zwei Vektoren vorliegt, als „mnemotechnisch einfache Formel" (Henn & Filler, 2015, S. 197) und anschließend bei der Winkelberechnung. In der Lehreinheit zu Winkeln wird das Skalarprodukt auch explizit als Hilfsmittel benannt: „Die Größe des Winkels zwischen zwei Vektoren kann man mithilfe des Skalarproduktes bestimmen" (S. 192). Dieser Charakter wird noch einmal dadurch unterstrichen, dass das Skalarprodukt in dieser Einheit sogar durch den Kosinussatz austauschbar ist. Wird die Möglichkeit zur Längenberechnung bereits vorausgesetzt (was bei der Einführung des Skalarproduktes im Lehrbuch der Fall ist), könnte auch der Kosinussatz zur Berechnung der Winkel herangezogen werden. Jedoch ermöglicht der Rückgriff auf das Skalarprodukt, Winkel algorithmisch deutlich einfacher als mit dem Kosinussatz zu berechnen. Im Lehrbuch treten die Skalarprodukte dagegen in einer anderen Rolle auf.

Auf der einen Seite ist die Betrachtung im Lehrbuch anders als auf Seiten des Schulbuchs nicht explizit durch ein Problem motiviert. Dem gesamten Kapitel wohnt vielmehr der Charakter inne, den bis dahin erfolgten Theorieaufbau fortzuführen und gewissermaßen die Theorie von innen heraus weiterzuentwickeln. Zu dieser Einschätzung berechtigt zumindest der einleitende Satz am Kapitelanfang (S. 295): „In diesem Kapitel beschäftigen wir uns mit den möglichen (und sinnvollen) Verhältnissen, die zwei Vektoren miteinander haben können". Auf der anderen Seite stellt sich der Begriff in den Ausführungen des Lehrbuchs als *Quelle neuer Problemstellungen* dar. So geht es ab Seite 311 darum, zu zeigen, „dass es im Wesentlichen nur ein Skalarprodukt gibt". Eine solche weitergehende Befassung mit dem Skalarprodukt findet im Rahmen des Schulbuchs dagegen nicht statt. Das Skalarprodukt wird dort vor allem zweckmäßig eingesetzt.

Entsprechend stellt sich die Bedeutung rechnerischen Arbeitens mit dem Skalarprodukt in Schule und Hochschule verschieden dar. Im Schulbuch werden rechnerische Anwendungsmöglichkeiten des Skalarproduktes im Zusammenhang mit Geraden aufgezeigt und die zugehörigen Rechenwege demonstriert. Im Lehrbuch wird dagegen nicht aufgezeigt, wie z. B. Winkel mit dem Skalarprodukt bestimmt werden können. Es wird ebenfalls nicht für konkrete Vektoren überprüft, ob diese orthogonal zueinander sind. Anwendungen des Skalarproduktes sind im Rahmen der Lehreinheit kein relevanter Aspekt.

7.2.3.3 Mathematikbezogene Darstellungen

In diesem Unterabschnitt wird auf die Nutzung ikonischer Darstellungen und auf die sprachliche Gestaltung der Lehrtexte in den betrachteten Passagen der Bücher eingegangen.

Ikonische Darstellungen

Wie beim Vektorbegriff zeigt sich auch beim Skalarprodukt, dass die Nutzung ikonischer Darstellungen einen wesentlichen Unterschied zwischen den Materialien darstellt. Im Schulbuch wird anhand ikonischer Darstellungen aufgezeigt, was im Anschauungsraum bzw. in der Anschauungsebene unter der Orthogonalität von Vektoren und dem Winkel zwischen Vektoren zu verstehen ist. Dazu werden die Fragen nach der Orthogonalität und den Winkeln zwischen Vektoren mit den anschaulichen Beziehungen zwischen Pfeilen verbunden (Fig. 1 auf S. 189 und Fig. 1 auf S. 192). Bei der Entwicklung der Formel zur Feststellung von Orthogonalität und bei der Herleitung der Berechnungsformel für Winkel kann auf ikonische Darstellungen der jeweiligen Konfigurationen mit generischen Repräsentanten der vorkommenden Vektoren zurückgegriffen werden (Fig. 2 auf S. 189 bzw. Fig. 2 und 3 auf S. 192). Das Lehrbuch bleibt in der betrachteten Lehreinheit mit seinen Darstellungen durchgehend auf einer Ebene, auf der sowohl Vektorräume, die uns als Anschauungsraum oder Anschauungsebene bekannt sind, als auch Vektorräume, die sich der Anschauung entziehen, eingeschlossen sind. Da keine Interpretation des Skalarproduktes speziell in anschaulichen Zusammenhängen vorgenommen wird, gibt es entsprechend auch keine Darstellungen zur Orthogonalität oder zu Winkeln. Die Darstellung findet vollständig auf einer symbolischen Ebene statt.

Mathematische Sprache

Die untersuchten Materialien unterscheiden sich kaum im Hinblick auf die verwendete mathematische Sprache. Beide Materialien weisen längere überwiegend natürlichsprachliche Passagen zwar mit mathematischen Fachbegriffen, aber nur einzelnen Symbolen auf. Dies trifft für Erläuterungen, Erklärungen und Informationen zu. Für die Herleitungen der Resultate auf Seiten der Schule und die Begründungen der Sätze auf Seiten der Hochschule lässt sich festhalten, dass sich das quantitative Verhältnis von Formelsprache zu natürlichsprachlichen Anteilen optisch ähnlich darstellt. Gemeinsam ist den Materialien außerdem, dass in den deduktiven Passagen natürlichsprachliche Anteile und Formelsprache miteinander verwoben sind: Im Schulbuch werden Übergänge zwischen einzelnen Argumentationsschritten ausformuliert: „Es ist $\left|\vec{a} - \vec{b}\right|^2 = [\ldots]$. Und somit $\left|\vec{a} - \vec{b}\right|^2 = [\ldots]$ Weiterhin ist $|\vec{a}|^2 + \left|\vec{b}\right|^2 = [\ldots].$" (S. 189). Auch im Lehrbuch von Beutelspacher wird auf sprachliche Verbindungen anstelle logischer Symbole zurückgegriffen: „Wenn man mit $\langle w, w \rangle$ multipliziert, ergibt sich $0 \leq \langle v, v \rangle \langle w, w \rangle - (\langle v, w \rangle)^2$, d. h. $|\langle v, w \rangle|^2 \leq [\ldots]$" (S. 312). Im Lehrbuch fällt zudem auf, dass auch an Stellen, an denen sprachliche Verkürzungen möglich wären (z. B. hier: „Wenn Sie jetzt noch w mit $1/a$ multiplizieren, erhalten Sie einen Vektor v mit $\langle v, v \rangle = ac - b^2$. Mit $\langle v, v \rangle$ muss auch $ac - b^2$ positiv sein." (S. 310)), diese Option nicht genutzt wird. Es wird grundsätzlich ausführlich formuliert. Insgesamt ist in Bezug auf die mathematische Sprache in den vorliegenden Materialien Diskontinuität zwischen Schule und Hochschule nicht festzustellen.

7.2.4   Ableitung von Kategorien für die Interviewauswertung

In diesem Abschnitt werden die Ergebnisse der Materialanalyse nach demselben Vorgehen wie für die Vektoren in 7.1.4 zusammengetragen und in Kategorien für ein deduktives Kategoriensystem für die Analyse der Interviews zur Forschungsfrage 3a überführt. Die Themen und zugleich die resultierenden Hauptkategorien für die Interviewanalyse sind hierbei die Gestaltung des Theorieaufbaus, Begriffsinhalt und Begriffsumfang, die Anwendung des Begriffs Skalarprodukt, der Umgang mit ikonischen Darstellungen und die verwendete Sprache.

7.2.4.1 Gestaltung des Theorieaufbaus
Die sechs Kategorien zur „Gestaltung des Theorieaufbaus" bilden Unterschiede ab, die insbesondere den Aufbau der Lehreinheit, das um den Begriff erkennbar werdende Theoriegebäude, den Kontext um das Kapitel und den Bezug zur Geometrie betreffen.

Kategorien	Definition und Beschreibung
Verortung der Lehreinheit	*Definition:* Die Lehreinheit zum Skalarprodukt ist in den Lehr-Lern-Materialien an verschiedener Stelle verortet. *Beschreibung:* Im Lehrbuch ist das Skalarprodukt ein eigenes Thema mit eigenem Kapitel. Im Schulbuch stehen die Geraden im Vordergrund und das Skalarprodukt ist dem Thema Geraden untergeordnet.
Umfassender Theorieaufbau	*Definition:* In den Lehr-Lern-Materialien zeigt sich verschieden stark die typische fachwissenschaftliche Systematik der Mathematik. *Beschreibung:* Im Lehrbuch wird insgesamt auf mehr mathematische Begriffe eingegangen, der inhaltliche Umfang des Kapitels ist deutlich größer. Außer der Definition des Skalarproduktes findet in der Lehreinheit weitergehender Theorieaufbau in mehreren Sätzen und den dazugehörigen Beweisen statt. Das Schulbuch enthält weniger Definitionen und stellt weniger Zusammenhänge zwischen Begriffen her.
Axiomatisch-deduktives versus genetisches Vorgehen	*Definition:* Die Darstellungen um die Einführung des Skalarproduktes unterscheiden sich in Bezug darauf, ob axiomatisch-deduktiv oder genetisch kontextorientiert vorgegangen wird. *Beschreibung:* Im Lehrbuch drückt sich das axiomatisch-deduktive Vorgehen dadurch aus, dass das Skalarprodukt auf der Basis des Begriffs Bilinearform als Spezialisierung definiert wird und die Eigenschaften des Skalarproduktes axiomatisch gefordert sind. Konkrete Skalarprodukte sind erst nach der Definition zu konstruieren. Im Schulbuch wird das Skalarprodukt demgegenüber aus dem Satz des Pythagoras hergeleitet. Bei der Herleitung eines Orthogonalitätskriteriums für Vektoren wird der dabei gefundene Term als Skalarprodukt bezeichnet. Der gefundene Term genügt bestimmten Rechenregeln.
Begründung von Zusammenhängen	*Definition:* Das Vorgehen in den Materialien bei der Begründung von Zusammenhängen ist entgegengesetzt. *Beschreibung:* Im Lehrbuch werden Zusammenhänge als mathematische Sätze formuliert und im Anschluss bewiesen (Satz-Beweis-Schema). Dagegen werden im Schulbuch keine Sätze vorab formuliert, sondern Zusammenhänge hergeleitet.

Kategorien	Definition und Beschreibung
Keine geometrische Sichtweise (insb. Winkel)	*Definition:* Die Ausrichtung auf geometrische Fragen ist ein Unterschied zwischen den Materialien. *Beschreibung:* Im Lehrbuch wird (in der betrachteten Lehreinheit) gar nicht auf Winkel und auf die Orthogonalität nicht im Sinne des geometrischen Senkrechtstehens im Anschauungsraum eingegangen. Im Schulbuch ist die geometrische Sichtweise dagegen leitend: die Fragen nach dem Senkrechtstehen von Geraden und nach dem Winkel zwischen zwei Geraden in der Ebene oder im Raum bestimmen den inhaltlichen Verlauf der Lehreinheit.
Norm- und Längenbegriff	*Definition:* Mit dem mathematischen Begriff der Norm wird in den Materialien im Vergleich verschieden umgegangen. *Beschreibung:* Im Lehrbuch wird der Begriff der Norm erst nach dem Skalarprodukt eingeführt. Es wird dargestellt, dass Skalarprodukte Normen induzieren. Dagegen wird im Schulbuch schon bei der Herleitung des Skalarproduktes der bekannte Längenbegriff genutzt. Eine explizite Bezugnahme auf den Begriff der Norm findet nicht statt.

7.2.4.2 Begriffsinhalt und Begriffsumfang

Während die erste Hauptkategorie wieder vor allem das Umfeld beschreibt, in dem das Skalarprodukt thematisiert wird, fokussiert die zweite Hauptkategorie auf die Definition des Skalarproduktes. Die vier zugehörigen Kategorien betreffen die Frage, was nach den Darstellungen in den betrachteten Materialien jeweils unter einem Skalarprodukt zu verstehen ist.

Kategorien	Definition und Beschreibung
Charakterisierung: Abbildung oder Term	*Definition:* In den Definitionen des Skalarproduktes in den Lehr-Lern-Materialien wird in unterschiedlichem Maße erkennbar, dass es sich bei einem Skalarprodukt um eine Abbildung handelt. *Beschreibung:* Im Lehrbuch wird das Skalarprodukt als Abbildung eingeführt. Es handelt sich um eine positiv definite, symmetrische Bilinearform. Im Schulbuch ist das Skalarprodukt dagegen definiert als ein Term bzw. eine Rechenvorschrift.

Kategorien	Definition und Beschreibung
Eigenschaften oder Rechenregeln	*Definition:* Die Darstellungen in den Materialien unterscheiden sich darin, ob das Skalarprodukt (als Abbildung) bestimmte Eigenschaften besitzt oder ob bestimmte Rechenregeln festgestellt werden. *Beschreibung:* Im Lehrbuch wird nicht von Rechenregeln des Skalarproduktes gesprochen. Man bleibt auf der Ebene der Eigenschaften positive Definitheit, Symmetrie und Bilinearität. Im Schulbuch wird dagegen festgestellt, dass das Skalarprodukt dem Kommutativgesetz, dem Assoziativgesetz und dem Distributivgesetz genügt. Diese Gesetze können als Rechenregeln genutzt werden.
Begriffsumfang: verschiedene Skalarprodukte	*Definition:* Der Begriffsumgang in den Lehr-Lern-Materialien unterscheidet sich – je nachdem, ob nur das Standardskalarprodukt oder weitere Skalarprodukte unter die Darstellung fallen. *Beschreibung:* Mit der Definition im Lehrbuch kann eine Fülle von Skalarprodukten konstruiert werden. Der Begriff Skalarprodukt umfasst eine ganze Menge von Abbildungen mit bestimmten Eigenschaften. Im Schulbuch gibt es dagegen nur ein Skalarprodukt, das Standardskalarprodukt über dem $\mathbb{R}^3$ bzw. $\mathbb{R}^2$. Es wird nicht erkennbar, dass es andere Skalarprodukte geben könnte.
Begriffsumfang: Vektorräume mit Skalarprodukt	*Definition:* Der Begriffsumfang in den Lehr-Lern-Materialien unterscheidet sich dadurch, für welche Vektorräume das Skalarprodukt definiert wird. *Beschreibung:* Im Lehrbuch für die Hochschule wird das Skalarprodukt für beliebige Vektorräume definiert. Die Definition im Schulbuch beschreibt nur das (Standard-) Skalarprodukt für den zwei- und dreidimensionalen Fall bzw. für $\mathbb{R}^2$ und $\mathbb{R}^3$

7.2.4.3 Anwendung des Begriffs Skalarprodukt

Unter diese Hauptkategorie fallen Aussagen, in denen die Bedeutung des Begriffs in der Hochschule und der Umfang des rechnerischen Umgangs mit dem eingeführten Skalarprodukt (bzw. den Skalarprodukt*en*) in den betrachteten Lehr-Lern-Materialien angesprochen wird. Die Hauptkategorie wird mit zwei Kategorien realisiert.

Kategorien	Definition und Beschreibung
Quelle für eine neue Problemstellung	*Definition:* Der Begriff des Skalarproduktes erfährt im Lehrbuch Bedeutung als Quelle für eine neue Problemstellung. *Beschreibung:* Im Lehrtext des Lehrbuchs wird nach der Definition des Skalarproduktes und der Konstruktion von Skalarprodukten die Frage behandelt, wie die Fülle der Skalarprodukte systematisiert bzw. die Komplexität reduziert werden kann. Das Problem besteht nun darin, im Verlaufe der Lehreinheit zu zeigen, dass tatsächlich zu jedem Skalarprodukt eine Basis zu finden ist, sodass das Skalarprodukt bezüglich dieser Basis das Standardskalarprodukt ist. Im Schulbuch ergeben sich keine neuen Problemstellungen ausgehend vom Begriff Skalarprodukt.
Rechnerischer Umgang mit dem Skalarprodukt	*Definition:* Die Lehr-Lern-Materialien zeigen in unterschiedlichem Umfang inner- und außermathematische Anwendungsmöglichkeiten des Skalarproduktes auf. *Beschreibung:* Im Lehrbuch wird nicht gezeigt, wie Winkel mit dem Skalarprodukt bestimmt werden können. Es wird ebenfalls nicht für zwei konkrete Vektoren überprüft, ob diese orthogonal zueinander sind. Generell wird mit dem Skalarprodukt nicht rechnerisch umgegangen. Das Schulbuch enthält Anwendungsbeispiele zur Verwendung des Skalarproduktes. Neben der Prüfung der Orthogonalität von Vektoren zählt dazu die Bestimmung von Winkelgrößen. Generell wird das Skalarprodukt für Berechnungen benutzt.

7.2.4.4 Ikonische Darstellungen

Die vierte Hauptkategorie betrifft den Umgang mit ikonischen Darstellungen in den Lehr-Lern-Materialien. Sie beinhaltet die Kategorie „Rückgriff auf ikonische Darstellungen".

Kategorie	Definition und Beschreibung
Rückgriff auf ikonische Darstellungen	*Definition:* Die Materialien unterscheiden sich dahingehend, ob ikonische Darstellungen zu den Inhalten zu finden sind. *Beschreibung:* Im Lehrbuch wird nur auf der symbolischen Ebene gearbeitet. Es gibt keine Visualisierungen zu beschriebenen mathematischen Sachverhalten. Im Schulbuch wird dagegen neben der symbolischen auch auf die ikonische Darstellungsebene zurückgegriffen. Aus dem Lehrtext heraus wird immer wieder auf ikonische Darstellungen der Sachverhalte Bezug genommen.

7.2.4.5 Sprache

Unter die fünfte Hauptkategorie fallen sprachliche Aspekte der Diskontinuität in den betrachteten Materialien. Sie umfasst im Fall des Begriffs Skalarprodukt nur eine Kategorie dazu, dass das Skalarprodukt in den Lehr-Lern-Materialien mit einer unterschiedlichen Symbolik verbunden ist.

Kategorie	Definition und Beschreibung
Symbolik	*Definition:* In den Lehr-Lern-Materialien gibt es Unterschiede betreffend die Notation des Skalarproduktes. *Beschreibung:* Im Lehrbuch wird das Skalarprodukt mit eckigen Klammern dargestellt. Im Schulbuch wird das Skalarprodukt durch ein Multiplikationssymbol angezeigt.

Ergebnisse der Interviewstudie: Wahrnehmung von Diskontinuität

In diesem Kapitel wird dargestellt, wie die Lehramtsstudierenden, die Referendar:innen sowie die Mathematiklehrkräfte im Rahmen der Interviewstudie Diskontinuität am Beispiel der Begriffe Vektor und Skalarprodukt wahrgenommen haben. Dieses Kapitel trägt gemeinsam mit dem nächsten Kapitel bei zur Beantwortung der Forschungsfrage 3:

> „Wie ist bei (angehenden) Mathematiklehrkräften ein Höherer Standpunkt im Umgang mit Diskontinuität im Bereich der Linearen Algebra der gymnasialen Oberstufe ausgeprägt?"

Die Leitfragen, die in diesem Kapitel zugrunde liegen, sind die Teilfragen 3a und 3c (siehe 5.2).

> „Welche Aspekte von Diskontinuität im Bereich der Linearen Algebra der gymnasialen Oberstufe nehmen (angehende) Mathematiklehrkräfte im konkreten Fall wahr, d. h. welche Gemeinsamkeiten und Unterschiede sehen sie bei der Einführung von Vektoren und dem Skalarprodukt in Lehr-Lern-Materialien?"
> sowie
> „Inwieweit zeigen sich in verschiedenen berufsbiografischen Abschnitten Unterschiede in den Ausprägungen eines Höheren Standpunktes im Umgang mit Diskontinuität?"

In Kapitel 8 wird der Blick damit bewusst zunächst eingeschränkt auf die Konturen, die das Phänomen Diskontinuität aus Sicht der (angehenden) Lehrkräfte

---

Ergänzende Information Die elektronische Version dieses Kapitels enthält Zusatzmaterial, auf das über folgenden Link zugegriffen werden kann https://doi.org/10.1007/978-3-658-37110-4_8.

S. Blum-Barkmin, *Diskontinuität in der Linearen Algebra und ein Höherer Standpunkt*, Essener Beiträge zur Mathematikdidaktik, https://doi.org/10.1007/978-3-658-37110-4_8

hat („*Was* wird an Diskontinuität wahrgenommen?"). Die Analysen zur Auseinandersetzung mit der Diskontinuität – über die bloße Wahrnehmung oder Benennung hinaus – stellen den zweiten Untersuchungsschritt dar und finden eigens im Rahmen von Kapitel 9 statt (Teile von „*Wie* wird Diskontinuität wahrgenommen?").

Das Kapitel ist so aufgebaut, dass in den Unterkapiteln 8.1 und 8.2 zunächst übergreifend auf wahrgenommene Unterschiede und Gemeinsamkeiten bei der Einführung von Vektoren bzw. des Skalarproduktes eingegangen wird. Das Unterkapitel 8.3 beinhaltet vergleichende Betrachtungen zwischen den Interviews zu Vektoren und zum Skalarprodukt. Im abschließenden Unterkapitel 8.4 werden dann Abweichungen in der Wahrnehmung der Diskontinuität in den verschiedenen berufsbiografischen Abschnitten analysiert.

8.1 Wahrgenommene Diskontinuität bei der Einführung von Vektoren

In diesem Unterkapitel wird aufgezeigt, welche Unterschiede und Gemeinsamkeiten bei der Einführung von Vektoren im Schulbuch und im Lehrbuch von den Lehramtsstudierenden und den angehenden Lehrkräften in den Interviews angesprochen wurden. Der Abschnitt 8.1.1 beginnt mit der Erläuterung des finalen Kategoriensystems, welches an die Interviews herangetragen wurde, um die Wahrnehmung der Diskontinuität zu erfassen. Im Abschnitt 8.1.2 wird die Anwendung des finalen Kategoriensystems anhand von zwei Interviews aufgezeigt. Anschließend werden die Ergebnisse des vollständigen Kodierdurchlaufs dargestellt, in 8.1.3 im Hinblick auf die wahrgenommenen Unterschiede und in 8.1.4 im Hinblick auf die Gemeinsamkeiten.

8.1.1 Aufbau des finalen Kategoriensystems

Das finale Kategoriensystem entstand ausgehend von den deduktiven Kategorien, die in 7.1.4 als Ergebnis der Materialanalyse zur Beschreibung der Unterschiede bei der Einführung von Vektoren im Schulbuch und im Lehrbuch festgehalten wurden, durch (i) induktive Anpassungen im Rahmen der deduktiven Hauptkategorien und (ii) das Ergänzen weiterer Hauptkategorien, die erst im Rahmen des Interviewkontextes Bedeutung gewinnen. In diesem Abschnitt wird dieser Aufbau des Systems schrittweise nachvollzogen und schließlich das finale Kategoriensystem aufgezeigt.

8.1.1.1 Induktive Anpassungen unter den deduktiven Hauptkategorien

Bei der Kodierung der Interviews mit den deduktiven Kategorien aus 7.1.4 hat sich an verschiedenen Stellen gezeigt, dass Aspekte inhaltlich anders zu fassen oder zusätzliche Kategorien hinzuzufügen sind, um die Bandbreite der angesprochenen Unterschiede mit Kategorien abbilden zu können.

In der Hauptkategorie „Begriffsinhalt und Begriffsumfang" sind zwei induktive Subkategorien neu hinzugekommen: „Fehlen einer Definition" und „Pfeilklassen und Repräsentanten".

Subkategorie „Fehlen einer Definition"

Definition:	Unter diese Subkategorie fallen Aussagen darüber, dass auf Seiten des Schulbuchs keine Nominaldefinition des Begriffs Vektor gegeben ist.
Beschreibung:	Die Subkategorie differenziert die deduktive Subkategorie „Charakterisierung des Vektors" dahingehend aus, dass bezüglich der Frage der Charakterisierung des Vektors gesondert erfasst werden kann, ob das Fehlen einer Nominaldefinition des Begriffs dezidiert angesprochen wird. Entsprechend ist sie in der Hierarchie des Kategoriensystems eine Subkategorie von „Charakterisierung des Vektors".

Subkategorie „Pfeilklassen und Repräsentanten"

Definition:	Unter diese Subkategorie fallen Aussagen, die darauf Bezug nehmen, welche Rolle das Pfeilklassenmodell bei der Einführung von Vektoren in den Lehr-Lern-Materialien jeweils spielt.
Beschreibung:	Die Subkategorie differenziert die deduktive Subkategorie „Geometrische Interpretation von Vektoren" dahingehend aus, dass neben dem geometrischen Bezug im Allgemeinen der Rückgriff auf das Pfeilklassenmodell im Speziellen erfasst werden kann. Entsprechend ist sie in der Hierarchie des Kategoriensystems eine Subkategorie von „Geometrische Interpretation von Vektoren".

In der Hauptkategorie „Nutzung und Verwendung des Vektorbegriffs" ist die Subkategorie „Ortsvektoren" neu in das Kategoriensystem aufgenommen worden.

Subkategorie „Ortsvektoren"

Definition:	Unter diese Subkategorie fallen Aussagen, die darauf Bezug nehmen, welche Rolle das Konzept des Ortsvektors als innermathematische Anwendung des Vektorbegriffs in den Lehr-Lern-Materialien jeweils spielt

Subkategorie „Ortsvektoren"	
Beschreibung:	Im Schulbuch werden Ortsvektoren als Möglichkeit eingeführt, die Lage von Punkten im kartesischen Koordinatensystem vektoriell zu beschreiben. Auf Seiten des Lehrbuchs werden Ortsvektoren dagegen nicht thematisiert.

Bezüglich der Hauptkategorie „Sprache" hat sich am Material gezeigt, dass der inhaltliche Aspekt der Subkategorie „Umgang mit Sprachregistern" in den Interviews in der angedachten Form keine Rolle gespielt hat. Unter der Hauptkategorie „Sprache" wurde die Subkategorie „Umgang mit Sprachregistern" durch die am Material gebildeten Subkategorien „Vokabular und Sprachregister" sowie „Knappheit der sprachlichen Darstellung" ersetzt. Außerdem wurde die Subkategorie „Koordinaten" in das Kategoriensystem aufgenommen.

Subkategorie „Vokabular und Sprachregister"	
Definition:	Unter diese Subkategorie fallen Aussagen über Merkmale der verwendeten sprachlichen Ausdrucksweisen.
Beschreibung:	In den Interviews wurde in dieser Hinsicht angesprochen, dass die Sprache im Lehrbuch ein reiches Fachvokabular enthält. Die Sprache auf Seiten des Schulbuchs wird als alltagsnäher wahrgenommen.

Subkategorie „Knappheit der sprachlichen Darstellung"	
Definition:	Unter diese Subkategorie fallen Aussagen, die die äußere Struktur des Lehrtextes und den Grad der Verdichtung in den sprachlichen Ausführungen betreffen.
Beschreibung:	In den Interviews wurde in dieser Hinsicht angesprochen, dass die Sprache im Lehrbuch knapp und komprimiert wirkt. Dagegen wird die sprachliche Darstellung im Schulbuch als ausführlich beschrieben.

Subkategorie „Koordinaten"	
Definition:	Unter diese Subkategorie fallen Aussagen zur unterschiedlichen Rolle der Koordinatendarstellung von Vektoren in den Lehr-Lern-Materialien.

Subkategorie „Koordinaten"

Beschreibung:	Während im Schulbuch die Vektoren in kartesischen Koordinaten in Spaltenform dargestellt werden, sind im Lehrbuch auf den betrachteten Seiten keine Koordinatendarstellungen von Vektoren zu finden. Die Subkategorie differenziert die deduktive Subkategorie „Benennung und Symbolik" dahingehend aus, dass der Aspekt der Koordinatendarstellung, der inhaltlich mit dem Vorhandensein des Basis-Begriffs zusammenhängt, von den oberflächlicheren Bezeichnungs- und Notationsfragen getrennt wird. In der Hierarchie des Kategoriensystems wird „Koordinaten" als Subkategorie von „Benennung und Symbolik" geführt.

8.1.1.2 Ergänzung weiterer Hauptkategorien

Zusätzlich zu den fünf Hauptkategorien aus der Materialanalyse werden in das Kategoriensystem zur Auswertung der Interviews im Hinblick auf die Wahrnehmung von Diskontinuität drei weitere Hauptkategorien aufgenommen. Diese Hauptkategorien haben keine weiteren außer den generischen Subkategorien.

Methodische und didaktische Aspekte: Während in Kapitel 7 bei der Materialanalyse ausschließlich auf fachliche Unterschiede fokussiert wurde, wurden in den Interviews bei der Frage nach den Gemeinsamkeiten und Unterschieden in der Betrachtung von Vektoren in Schule und Hochschule auch Unterschiede in didaktischer oder methodischer Hinsicht angesprochen. Für die Frage des Höheren Standpunktes ist auch die Frage relevant, welche Themen rund um den Übergang die Befragten jenseits der fachlichen Diskontinuität beachten: Stehen überhaupt die fachlichen Themen im Vordergrund oder wird z. B. vorrangig aus einer didaktisch-methodischen Sicht eine Kluft wahrgenommen? Die Bildung von Subkategorien ist jedoch aufgrund des vordergründigen Interesses am quantitativen Umfang der didaktischen Aspekte unter allen Aspekten in den Interviews nicht erforderlich.[1]

Ohne Zuordnung: Die Methodenliteratur sieht bei der QIA den Rückgriff auf Restkategorien vor. Auch in der durchgeführten Analyse gab es Segmente, in denen zwar von Unterschieden in den Einführungen die Rede ist, die jedoch keiner der bisher eingeführten (Haupt-)Kategorien inhaltlich zuzuordnen wären.

---

[1] Es war auch zu erwarten, dass Unterschiede im Layout der Materialien angesprochen werden. Tatsächlich geschah dies jedoch nur äußerst selten. Daher wurde auf das Hinzufügen einer weiteren Kategorie betreffend die Layout-Aspekte verzichtet.

Gemeinsamkeiten: Im Rahmen der Interviews wurde neben den Unterschieden auch nach den Gemeinsamkeiten bei der Einführung von Vektoren gefragt. Die Äußerungen in dieser Hinsicht werden in einer eigenen Hauptkategorie erfasst. Die Auseinandersetzung mit den genannten Gemeinsamkeiten vermag das Bild zur Wahrnehmung der Unterschiede durch die Befragten zu ergänzen, z. B. durch den Vergleich der Gewichtung von Unterschieden und Gemeinsamkeiten in den Interviews.

8.1.1.3 Übersicht über das finale Kategoriensystem

Tabelle 8.1 gibt eine Übersicht über das finale Kategoriensystem.[2]

Tabelle 8.1 Übersicht über die Haupt- und Subkategorien zur Wahrnehmung der Diskontinuität bei der Einführung von Vektoren

Hauptkategorien mit Subkategorien	
Gestaltung des Theorieaufbaus [TH]	• Fokus der Lehreinheit [TH-FL] • Deduktives Vorgehen/Theorieentwicklung [TH-DED] • Größerer Theorierahmen [TH-GR] • Genetischer oder axiomatischer Ansatz [TH-GA] • Axiomatisches Fundament/Vektorraumaxiome [TH-AX] • Umgang mit Existenz- und Eindeutigkeitsfragen [TH-EE] • Berücksichtigung des Realweltlichen [TH-RW] • Begründung von Zusammenhängen [TH-ZS] • Ebene der Verallgemeinerung [TH-ALL]
Begriffsinhalt und Begriffsumfang [IU]	• Charakterisierung des Vektors [IU-CH] • Fehlen einer Definition [IU-DEF] • Begriffsumfang [IU-BU] • Geometrische Interpretation von Vektoren [IU-GEO] • Pfeilklassen und Repräsentanten [IU-PR]
Nutzung und Verwendung des Vektorbegriffs [NV]	• Thematisierung der Anwendungen [NV-AW] • Manipulativ-operatives Arbeiten [NV-MO] • Geometrisch interpretierte Vektoren in Anwendungen [NV-GEO] • Ortsvektoren [NV-ORT]
Darstellungen und Veranschaulichungen [DV]	• Vektoren als Gegenstand der Anschauung [DV-ANS] • Darstellungsebenen [DV-EB]

(Fortsetzung)

---

[2] Neben der Bezeichnung der Hauptkategorien stehen die Kurzbezeichnungen, die in späteren tabellarischen Darstellungen verwendet werden.

Tabelle 8.1 (Fortsetzung)

Hauptkategorien mit Subkategorien	
Sprachliche Gestaltung [SP]	• Vokabular und Sprachregister [SP-VOK] • Knappheit der sprachlichen Darstellung [SP-KN] • Benennung und Symbolik [SP-SYM] • Koordinaten [SP-KO]
Didaktische und methodische Aspekte [DM]	• Didaktische und methodische Aspekte [DM]
Ohne Zuordnung [OZ]	• Ohne Zuordnung [OZ]
Gemeinsamkeiten [GEM]	• Gemeinsamkeiten [GEM]

8.1.2 Beispiele für segmentierte und kodierte Interviews

In diesem Abschnitt werden die Segmentierung und die Kodierung von zwei Interviewtranskripten dargestellt. Damit wird ein Einblick in die (i) Art des Datenmaterials und gleichzeitig (ii) in den Umgang mit den Subkategorien im Kodierungsprozess gegeben. In 8.1.2.1 wird ein Interview mit einem Masterstudenten als Beispiel herangezogen, in 8.1.2.2 ein Interview mit einer Referendarin. Die Interviews wurden mit Blick darauf ausgewählt, dass sie (zusammen) eine möglichst große Bandbreite verschiedener Subkategorien abbilden.

Die Transkripte werden jeweils chronologisch und in Tabellenform durchgegangen. Die Text-Segmente, die kodiert wurden (zur Segmentierung siehe 6.4.2.2), sind durch farbliches Unterlegen hervorgehoben und nummeriert. Die Zeilen der Tabelle richten sich nach der Segmentierung. Jedes Segment steht (außer bei Überschneidungen) in einer eigenen Zeile. Die Spalten der Tabelle geben von links nach rechts jeweils die Zeile(n) im Transkript, ggf. die Nummer des Segments, die Textstelle und ggf. den vergebenen Code an.[3]

8.1.2.1 Erstes Beispiel: Interview mit einem Masterstudenten
Das erste betrachtete Interview beinhaltet 27 Segmente und 31 Kodierungen in 17 Subkategorien. Bis auf eine Passage, in der die Einstiegsseiten des Schulbuchs ausführlich beschrieben werden, werden die Redeanteile des Interviewten in diesem Abschnitt vollständig dargestellt.

Der Student setzt sich zu Beginn des Interviews zunächst mit den Inhaltsverzeichnissen auseinander (vgl. Z. 2–16). Er beginnt sofort mit dem Herausarbeiten von Unterschieden. Seine erste Äußerung (Z. 2–4) beinhaltet zwei inhaltliche

---

[3] Die Bedeutung der Kürzel zu den Kategorien sind in der Tabelle in 8.1.1.3 angegeben.

Aspekte: Zum einen ist dies die ausschließlich geometrische Interpretation von Vektoren im Schulbuch, bei der es sich um nur eine von vielen möglichen Anwendungen des Vektor(raum)begriffs handelt, gegenüber der allgemeinen Definition, die für verschiedenste Anwendungen offen ist. Das erste Segment von Zeile 2 bis 4 wird entsprechend mit dem Code „Geometrische Interpretation von Vektoren" [IU-GEO] kodiert. Der zweite inhaltliche Aspekt ist die Rolle der Anwendung bei der Hinführung zum Begriff. Die Gegenüberstellung des „Anfangs über eine Anwendung" und eines „Anfangs über eine Definition" spricht den Unterschied zwischen dem gewählten genetischen Zugang (mit der Anwendung „Verschiebungen beschreiben") und dem hochschultypischen axiomatischen Zugang zum Begriff an. Das kürzere zweite Segment über die Zeilen 3 und 4 wird daher der Subkategorie „Genetischer oder axiomatischer Ansatz" [TH-GA] zugeordnet.

Z.[4]	Seg.	Transkript	Code
2–4	1; 2	Im Schulbuch ist schon beim Teil „Erkunden und Punkten im Raum" eine geometrische Bedeutung dahinter. Im Lehrbuch fängt es erst einmal über eine Definition an, also nicht über eine Anwendung.	1: IU-GEO; 2: TH-GA

Ausgehend von der Beobachtung, dass im Lehrbuch nach der betrachteten Lehreinheit Beispiele für Vektorräume präsentiert werden, spricht der Student das jeweilige „Thema" beider betrachteter Einheiten im Schulbuch bzw. im Lehrbuch an. Er stellt diesbezüglich fest, dass im Lehrbuch Vektorräume inhaltlich im Mittelpunkt stehen, während der Vektorraum-Begriff im Schulbuch (zumindest soweit dies auf der Ebene des Inhaltsverzeichnisses ersichtlich ist) keine relevante Perspektive zu sein scheint. Das dritte Segment wurde daher der Subkategorie „Fokus der Lehreinheit" [TH-FL] zugewiesen.

| 4–7 | 3 | Beispiele von Vektorräumen sind dann der zweite Punkt, was wahrscheinlich daher kommt, dass es um Vektorräume und nicht um Vektoren geht. Der Begriff Vektorraum kommt in dem anderen Inhaltsverzeichnis gar nicht vor. | TH-FL |

Die nachfolgende Äußerung betrifft zwar einen Unterschied zwischen den Materialien, nämlich den Aspekt, inwieweit Vorwissen in beiden Büchern explizit gemacht wird (Schulbuch) oder implizit bleibt (Hochschule). Dabei handelt

---

[4] Alle nachfolgenden Tabellen für den Durchgang durch das Interview sind nach diesem Schema aufgebaut: Z. (Zeile) – Seg. (Segment) – Transkript (jeweiligen Sequenzen aus dem Transkript) – Code. Fortan wird auf die Kopfzeile verzichtet.

es sich jedoch nicht um einen Aspekt von Diskontinuität im engeren Sinne von Kapitel 2, sondern eher um einen didaktischen Aspekt, weshalb das Segment der Subkategorie „Didaktische und methodische Aspekte" [DM] zugeordnet wurde.

| 7–11 | 4 | Hier [im Schulbuch] ist dann noch ein nächster Abschnitt „Wiederholen – Vertiefen – Vernetzen". In dem Lehrbuch sind das dann Übungen, wahrscheinlich wird dann immer implizit das Vorwissen vorausgesetzt, während es hier [im Schulbuch] dann explizit heißt: „Okay, das Wissen aus den vorherigen Kapiteln wird vernetzt.". | DM |

Der Student greift schließlich noch auf, dass das Schulbuch am Ende des Kapitels über Vektoren eine Exkursion zu einer Anwendung von Vektoren in einem lebensweltlichen Kontext vorschlägt und deutet dies als „spielerischen Ansatz". Die Frage, inwieweit die Lehrgänge in den Lehr-Lern-Materialien jeweils spielerische Elemente integrieren, stellt eher eine didaktisch-methodische Frage als eine fachliche Frage dar. Auch das Segment 5 wurde daher der Subkategorie „Didaktische und methodische Aspekte" zugeordnet. Es folgt ein Segment (6), in dem zwar ein Unterschied zwischen den Materialien angesprochen wird (das Adverb „mehr" ist hier Auslöser für die Markierung als Segment), das jedoch nicht einer der Subkategorien zuzuordnen ist. Das „Mehr" an Begriffen im Lehrbuch würde zwar am ehesten zu der Hauptkategorie „Gestaltung des Theorieaufbaus" und darunter zu der Subkategorie „Größerer Theorierahmen" passen. Allerdings bleibt die Aussage dahingehend unspezifisch, welche Begriffe gemeint sind. Da der Student zu dem Zeitpunkt im Interview gerade das Inhaltsverzeichnis betrachtet, könnte sich die Äußerung auch darauf beziehen, dass im Lehrbuch insgesamt (und nicht nur im Kapitel zu den Vektorräumen) mehr Begriffe eingeführt werden als im Schulbuch. Insbesondere da auch der Beginn der nachfolgenden Äußerung (Z. 13–16) darauf hindeutet, dass der Student bei seiner Aussage nicht nur das Kapitel Vektorräume im Blick hat, wird die Aussage mit dem Code „Ohne Zuordnung" [OZ] versehen.

11–12	5	Dann ist hier [im Schulbuch] noch eine Exkursion „mit dem Auto in die Kurve". Diesen spielerischen Ansatz hat das Hochschullehrbuch nicht.	DM
12–13	6	Dafür hat es viel mehr Begriffe insgesamt.	OZ
13–16		Da geht es einfach nur vorwärts und einen wirklichen Rückblick gibt es immer am Ende eins Kapitels mit den Verständnisfragen, aber nicht irgendetwas Abschließendes. Ich habe gerade mehr die Reihenfolge verglichen. Erst einmal sind dort viele Bilder.	

An dieser Stelle folgt eine ausführliche Beschreibung der Einstiegsseiten des Schulbuchs in das Kapitel zu Vektoren. Die Einstiegsseiten zeigen eine Reihe von Kontexten, in denen Vektoren zur Beschreibung der Sachverhalte eingesetzt werden können (siehe 7.1.2.2). Daraufhin stellt der Student fest, dass es einen Unterschied zwischen den Materialien im Umgang mit der Frage, „wofür das jetzt gemacht wird", gebe. Da es zum einen für einen genetischen Ansatz typisch ist, zu sagen oder aufzuzeigen, aus welchen Beweggründen und Fragen heraus ein Begriff entwickelt wird, und der Student zum anderen das axiomatische Vorgehen („erst einmal die Vektorraumaxiome nennen") anspricht, wird Segment 7 der Subkategorie „Axiomatischer oder genetischer Ansatz" zugeordnet. Von Zeile 21 bis 24 wird ausschließlich auf das Lehrbuch eingegangen, folglich wurde(n) kein(e) Segment(e) kodiert.

| 18–21 | 7 | Im Lehrbuch fängt es an mit der Definition eines Vektorraums, dem ein Körper zugrunde liegt. Es werden erst einmal die Vektorraumaxiome genannt, ohne zu sagen, wofür das jetzt gemacht wird, also eine Definition, wie man sie aus der Uni kennt. | TH-GA |
| 21–24 | | Dann wird hier aber auch schon gesagt, dass ganz viele $\mathbb{R}$-Vektorräume in dem Buch betrachtet werden, was dann ja stimmt. Von dem Dimensionsbegriff ist hier jetzt auch erst einmal nicht die Rede. Dafür bräuchte man erst noch andere Begriffe. | |

Der Student geht dann ab Zeile 24 darauf ein, inwieweit die Verknüpfungen von zwei Vektoren und in diesem Zusammenhang auch das in einem Vektorraum geltende Assoziativgesetz in den Materialien thematisiert werden. Dabei stellt er insbesondere fest, dass im Schulbuch zwar Vektoren dargestellt werden, jedoch die additive Verknüpfung noch nicht eingeführt wurde. Wenngleich der Student nur eines der Vektorraumaxiome explizit anspricht bzw. wie mit diesem umgegangen wird, ist die Beobachtung (keine Addition zur Verfügung und insbesondere auch kein Assoziativgesetz) symptomatisch für das fehlende axiomatische Fundament im Schulbuch für den Umgang mit den Vektoren gegenüber einer klassisch-strengen axiomatischen Einführung des Vektorraumbegriffs mit den zugrundliegenden Gesetzen. Entsprechend wurde der Code „Axiomatisches Fundament/Vektorraumaxiome" [TH-AX] an Segment 8 vergeben. Ab Zeile 29 geht der Student dann zunächst bis Zeile 35 nur noch weiter auf das Schulbuch ein, folglich wurde(n) kein(e) Segment(e) kodiert. Die nächsten beiden Segmente 9 und 10 sind ebenfalls der Subkategorie „Axiomatisches Fundament/Vektorraumaxiome" zuzuordnen: Im Segment 9 wird der Aspekt aus Segment 8 – der Zeitpunkt, zu dem die Addition in den Materialien eingeführt wird – wieder aufgenommen. Im Segment 10 stellt der Student den Unterschied im Hinblick auf das axiomatische Fundament der Lehreinheiten im Zusammenhang mit dem Nullvektor (bzw. dem neutralen Element bzgl. der additiven Verknüpfung) fest.

24–29	8	Bei der Verknüpfung von Vektoren geht es darum, wie Vektoren addiert werden können, dass die Assoziativität gilt. Ich weiß jetzt nicht, ob das hier in dem Schulbuch auch irgendwie zu finden ist. Da sind erst einmal generell so ein paar Vektoren eingezeichnet in dem zweidimensionalen Raum und zur Addition von Vektoren sehe ich da jetzt erst einmal nichts.	TH-AX
29–35		Da ist erst einmal nur, wie zu zwei gegebenen Punkten ein Vektor gefunden werden kann, der diese Punkte über Subtraktion von Komponenten verbindet, wobei das hier im Zwei- und Dreidimensionalen ist. Da steht auch „es werden geometrische Fragestellungen mit Vektoren gelöst". Das passt zu dem, was ich vorhin schon zu dem Schulbuch gesagt hatte, dass man die Konzepte, die man eigentlich schon so ein bisschen aus der Schule kennt, jetzt allerdings mit der Hilfe von Vektoren darstellen und interpretieren möchte.	
35–37	9	In dem Hochschulbuch, da haben wir schon die Addition von Vektoren, das wird dann vielleicht später in dem Schulbuch irgendwann kommen.	TH-AX
38–40	10	Von einem Nullvektor ist in dem Hochschulbuch die Rede. In dem anderen Buch kommt der Nullvektor gar nicht vor, zumindest in den Beispielen hier, steht jetzt nicht, dass ein Punkt mit sich selbst verbunden werden soll.	TH-AX
40–42		Gut, das macht vielleicht in der Schule auch erst einmal keinen Sinn dann vor der Anwendung.	

In der nachfolgenden Sequenz bleibt der Student inhaltlich beim Umgang mit den Vektorraumaxiomen und geht genauer auf den negativen Vektor ein. Im Segment 11 spricht er erst als Gemeinsamkeit davon, dass es im Schulbuch und im Lehrbuch um negative Vektoren geht. Dann spricht er als Unterschied zwischen den Materialien an, dass der Gegenvektor auf der einen Seite im Schulbuch mit der Abbildung, „wo zwei Punkte in eine Richtung und in die andere Richtung miteinander verbunden werden", geometrisch interpretiert werde, dass auf der anderen Seite im Lehrbuch jedoch auf eine Interpretation derart, „dass die geometrisch jetzt irgendwie gegeneinanderstehen" verzichtet werde.

Ab Zeile 49 scheint der Student zunächst seine vorherige Äußerung einschränken zu wollen: Implizit stehe „es" – vermutlich ist die geometrische Interpretation gemeint – doch auch im Lehrbuch schon drin. Er bezieht sich dabei wahrscheinlich auf eine Stelle im Lehrbuch, an der es heißt, dass, „wenn man den Vektor mit seinem Gegenvektor addiert, dass da eben der Nullvektor herauskommt". Allerdings erläutert er nicht weiter, worin genau er die geometrische Interpretation an der besagten Textstelle (es kommt eigentlich nur die Definition infrage) sieht. Auf die Bitte der Interviewerin, die Wortwahl „implizit" noch einmal zu erläutern („Was meinst du mit ‚implizit'?"), reagiert der Student damit, noch einmal zu betonen, inwiefern im Schulbuch eine explizit geometrische Deutung der Situation stattfindet.

Im Segment 12 stellt der Student dann noch einmal die Ansätze des Lehrbuchs und des Schulbuchs gezielt einander gegenüber. Die geometrische Interpretation für negative Vektoren, „dass das [Anm.: es dürften die im Koordinatensystem eingezeichneten gegenläufigen Pfeile gemeint sein] eine Strecke ist, die man geht und die man zurückgeht", die man im Schulbuch findet, werde im Lehrbuch nicht angeboten. Dort stelle man den Sachverhalt um die negativen Vektoren algebraisch in einer Gleichung dar.

So werden in den Segmenten 11 und 12 zwei geometrische Deutungen im Zusammenhang mit Vektoren und dem Pfeilklassenmodell im Schulbuch rekonstruiert, die im Lehrbuch nicht aufgegriffen werden: Im Segment 11 ist es das „Gegeneinanderstehen" von zwei Pfeilen, in Segment 12 sind es die Bewegungen entlang einer Strecke. Beide Segmente fallen inhaltlich aber unter dieselbe Subkategorie, „Geometrische Interpretation von Vektoren"

Der Beginn der Äußerung in Zeile 56 „Es ist ja auch zu erwarten, dass ..." lässt zunächst vermuten, dass bis dahin beobachtete Unterschiede zwischen den Materialien noch einmal rekapituliert werden. In Bezug auf das Fehlen einer (geometrischen) Interpretation, das in den Segmenten 11 und 12 beschrieben wurde, ist dies auch der Fall. Außerdem bezieht sich der Student darauf, „dass in dem Lehrbuch für die Hochschule mehr drinsteht", und damit auf einen Aspekt, den er zuvor noch nicht explizit angesprochen hatte. Da aus dem Kontext heraus nicht sicher gesagt werden kann, wie das angesprochene „Mehr" im Lehrbuch zu verstehen ist – es könnten ja mehr Begriffe, mehr Text, aber auch ein im Vergleich zum Schulbuch vertieftes Eingehen auf negative Vektoren gemeint sein –, wäre die Vergabe des Codes „Ohne Zuordnung" angezeigt. Da die Interviewerin an dieser Stelle vertiefend nachgefragt hat („Und inwiefern steht mehr darin?") und Segment 13 eine Klärung stattfindet, wird an dieser Stelle auf eine Interpretation der Äußerung als Segment und Kodierung verzichtet.

43–49	11	Hier steht noch etwas von negativen Vektoren. Da habe ich aber auch etwas im Schulbuch zu gesehen, genau, und zwar ist das direkt eine der ersten Abbildungen, wo zwei Punkte in eine Richtung und in die andere Richtung miteinander verbunden werden und dann festgestellt wird, dass ein Gegenvektor herauskommt, also genau mit den umgekehrten (/mit den negativen) (Einträgen?), wobei das in dem Hochschulbuch jetzt nicht irgendwie interpretiert wird. Da heißt es nicht, dass die geometrisch jetzt irgendwie gegeneinanderstehen.	GEM, IU-GEO
49–54		Also implizit (/eigentlich) steht es da [im Lehrbuch] schon drin, wenn man den Vektor mit seinem Gegenvektor addiert, dass da eben der Nullvektor herauskommt, der vorher benannt wurde. Implizit ist es insofern: Hier ist es in dem Schulbuch von dem Punkt P zu Q ist der Vektor PQ, das ist dann R zu S, aber einfach nur ein bisschen verschoben, geht es halt zurück und dann a und $-a$, das ist der Gegenvektor.	
54–56	12	Und hier, im Lehrbuch, steht jetzt nicht, dass das eine Strecke ist, die man geht und die man zurückgeht. Da [im Lehrbuch] steht, dass der Nullvektor herauskommt.	IU-GEO
56–59		Es ist ja auch zu erwarten, dass in dem Lehrbuch für die Hochschule mehr drinsteht, aber die Interpretation dann später in den Aufgaben kommt. Das ist ja typisch, dass dann Definition-Satz-Beweis und dann vielleicht ein Beispiel kommt.	

Im Segment 13 geht es um den Umgang mit dem Nullvektor in den Lehr-Lern-Materialien. Der Student geht zum einen darauf ein, dass auf Seiten des Lehrbuchs gleich zu Beginn der Lehreinheit axiomatisch festgelegt ist, dass ein Nullvektor ein Merkmal eines jeden Vektorraums ist, dagegen im Schulbuch der Nullvektor jedoch nicht explizit genannt wird. Die Nennung dieses Unterschieds fällt in den Bereich der Subkategorie „Axiomatisches Fundament/Vektorraumaxiome". Auch der Aspekt der geometrischen Interpretation der Vektoren im Schulbuch wird in diesem Segment insofern wieder aufgegriffen, als nicht nur „Nullvektor vorhanden" versus „Nullvektor nicht explizit angesprochen" festgestellt wird, sondern zusätzlich dem *strukturbetonten* algebraischen Ansatz des Lehrbuchs (Existenz eines neutralen Elements) die *geometrische* Perspektive des Schulbuchs (Punkte mit sich selbst verbinden) gegenübergestellt wird. Daher wird das Segment außerdem mit dem Code „Geometrische Interpretation von Vektoren" versehen.

Auch im nächsten Segment (14) wird die Thematik angesprochen, wie in den Lehr-Lern-Materialien mit den axiomatischen Grundlagen des Vektorraumbegriffs umgegangen wird. Es geht hier speziell um die Kommutativität der additiven Verknüpfung. Der Student bemerkt, dass diese im Lehrbuch aufgegriffen wird, im Schulbuch allerdings in den betrachteten Auszügen noch nicht thematisiert wird. Die Äußerung zu diesem Sachverhalt stellt eine weitere Realisierung der Subkategorie „Axiomatisches Fundament/Vektorraumaxiome" dar.

| 60–65 | 13 | Im Hochschulbuch steht mehr drin zu dem Nullvektor. Es wird hier schon relativ am Anfang erwähnt, dass es so ein neutrales Element geben muss und im Schulbuch kommt man gar nicht auf die Idee, dass man einen Punkt mit sich selbst verbinden möchte, was dann aber auch irgendwie passiert, wenn der Begriff des Gegenvektors kommt, dann muss einem ja schon klar sein, dass irgendwie auch eine Null da sein muss. Weggelassen wird es nicht, aber es wird eben nur nicht explizit genannt. | TH-AX, IU-GEO |
| 66–68 | 14 | Gut, und dann wird die Kommutativität in dem Hochschulbuch benannt. Da wird sich sicher in dem Schulbuch zu späteren Zeiten auch noch etwas zu finden [führt die Vermutung weiter aus]. | TH-AX |

Im Interview folgte an dieser Stelle bis zum nächsten Segment eine längere Passage (bis Z. 82 im Transkript), in der der Student einzelne Aspekte des Vorgehens im Schulbuch aufgreift und kommentiert. Zwar gibt es eine Stelle in dieser Passage, an der der Student auch auf das Lehrbuch Bezug nimmt, jedoch fungiert es hier nur als „Themengeber". Da im Lehrbuch auf die skalare Verknüpfung von Vektoren eingegangen wird, betrachtet der Student das Schulbuch ebenfalls darauf hin, inwieweit diese auch im Schulbuch thematisiert wird.

Mit Zeile 82 wechselt der Student thematisch von den Verknüpfungen der Vektoren zu der Frage, wie überhaupt mit dem Konzept des Vektorraums auf einer allgemeineren Ebene umgegangen wird. In diesem Zusammenhang stellt er fest, dass auf Seiten des Schulbuchs der Vektorraum als übergeordnete Struktur überhaupt nicht vorkommt und Vektoren entsprechend nicht als Elemente eines Vektorraums aufgefasst werden. Seine Äußerung, dass Vektoren „nur irgendwie über Koordinaten bestimmt", „quasi nur Verschiebungen" seien, führt zu einer Kodierung von Segment 15 mit der Subkategorie „Charakterisierung des Vektors".

| 69–82 | | Interessant ist auch, es fängt hier [im Schulbuch] mit den Beispielen an und dann wird quasi gesagt, wie so eine Art Definitionskasten, wie zwischen zwei Punkten der Verbindungsvektor bestimmt werden kann und erst danach wird dann noch gesagt, dass diese Punkte oder irgendwie Vektoren von 0 zu einem Punkt P sind, das ist dann der Ortsvektor zum Punkt P. Aber irgendwie ist das so verrückt. Dann ist hier [im Lehrbuch] noch etwas zum Verknüpfen von Skalaren und Vektoren. Im Schulbuch kommt in gewisser Weise mit dem Gegenvektor schon ein Skalar vor, also die Verknüpfung ist da irgendwie schon drin und dann ist hier noch ein Beispiel, hier ist ein Vektor gegeben. Ich dachte, da stünde auch schon etwas zu Skalaren. In gewisser Weise steht hier etwas zur Addition, wenn dann ein Punkt gegeben ist und ein Vektor, dann soll der Punkt berechnet werden, der erreicht wird von dem Ausgangspunkt aus von P zu P', dann soll P' berechnet werden. Und dafür müssen dann ja auch die Komponenten subtrahiert werden. | |
| 82–85 | 15 | Dann geht es [im Lehrbuch] darum, dass es verschiedene Vektorräume gibt. Es ist vielleicht auch ganz interessant, dass der Begriff des Vektorraums in dem Schulbuch gar nicht vorkommt. Da werden Vektoren nur irgendwie über Koordinaten bestimmt. Vektoren sind hier quasi nur Verschiebungen. | IU-CH |

Das nächste Segment (16) wird der Subkategorie „Umgang mit Existenz- und Eindeutigkeitsfragen" zugeordnet. Der Student nimmt den Beweis zur Eindeutigkeit des Nullvektors aus dem Lehrbuch als Ausgangspunkt und stellt für das Schulbuch fest, dass dort die Eindeutigkeit des Nullvektors gar keine Erwähnung findet. Ab Zeile 89 sucht der Student zunächst noch nach einer Begründung für seine Beobachtungen im Zusammenhang mit dem Nullvektor. Ab Zeile 96 geht es dann um den (verschiedenen) Umgang mit der Eindeutigkeit der negativen Vektoren. Entsprechend wird auch das Segment 17 der Subkategorie „Umgang mit Existenz- und Eindeutigkeitsfragen" zugeordnet. Zusätzlich wird dem Segment der Code „Begründung von Zusammenhängen" zugewiesen, da der Student anspricht, dass im Schulbuch nicht darauf eingegangen wird, dass es die „gegensätzliche Verschiebung" ist, die „genau da landet, wo man vorher war". Durch die anschauliche Interpretation der Vektoren mit Pfeilen und das Bild des gegensätzlichen Pfeils ist der Zusammenhang schon anschaulich geklärt bzw. mit den Worten des Studenten: „In dem Schulbuch muss man das vielleicht nicht extra erwähnen".

Ab Zeile 103 werden zunächst die Beobachtungen zum Umgang mit dem Nullvektor und den negativen Vektoren konsolidiert und eingeordnet (siehe

Kap. 9). Da der Student gegenüberstellt, dass im Schulbuch „alles an Beispielen gemacht wird", man im Lehrbuch „dagegen so eine abstrakte Definition" hat, wird die Passage von Zeile 106 bis 110 als weiteres Analysesegment aufgefasst und mit der Subkategorie „Ebene der Verallgemeinerung" [TH-ALL] kodiert.

86–89	16	Die Eindeutigkeit des Nullvektors wird in dem Schulbuch nicht benannt bzw. da geht man einfach davon aus bzw. wenn das eben die geometrische Veranschaulichung im Koordinatensystem ist, dann ist klar, dass es da irgendwie nur einen Nullpunkt gibt, also ist es irgendwie nicht nötig, da etwas zu beweisen.	TH-EE
89–96		Wenn man einem Schüler ein Koordinatensystem gibt, dann wird der wahrscheinlich einsehen, dass es nur einen Nullpunkt gibt, nämlich den Schnittpunkt von den zwei oder drei Achsen. Wenn man [im Lehrbuch] die Definitionen hat, ist das nicht unbedingt einzusehen. Da kann man sich fragen, ob es da vielleicht einen zweiten gibt. Und ich glaube, das wird hier auch angenommen und dann sieht man, der muss dann gleich dem ersten sein.	
96–103	17	Das ist dann die Eindeutigkeit der negativen Vektoren. Eigentlich genau die gleiche Geschichte: es wird irgendwie erwähnt, es gibt irgendwie negative Vektoren in dem Hochschulbuch und wenn der Vektor v ist, dann wird der negative Vektor als -v bezeichnet und der erfüllt eben die Eigenschaft, dass in Summe mit dem Vektor selbst 0 herauskommt. In dem Schulbuch muss man das vielleicht nicht extra erwähnen, dass man, wenn man einen Vektor, d. h. eine Verschiebung, heißt es ja hier, anwendet, dass dann die gegensätzliche Verschiebung genau da landet, wo man vorher war.	TH-EE, TH-SZ
103–106		Das wird wahrscheinlich auch sofort einzusehen sein. Wenn man hier im Hochschulbuch einfach nur die Definition hat, dann muss man sich die Frage stellen, ob da nicht vielleicht mehrere existieren. Insgesamt gilt also:	
106–110	18	Dadurch, dass hier alles an Beispielen gemacht wird, ist das alles irgendwie einzusehen, also bzw. stellt man sich diese Fragen gar nicht erst. Wenn man [im Lehrbuch] dagegen so eine abstrakte Definition hat, muss man sich davon erst einmal ein Bild machen und hinterfragen, wie das überhaupt aufgebaut ist.	TH-ALL

Anschließend geht der Student auf die abschließende Bemerkung im Lehrbuch zum Umgang mit dem $+ -$ Operator ein und setzt sich damit auseinander, weshalb diese auf Seiten des Lehrbuchs angezeigt sein könnte. Dabei nimmt er Bezug auf die (verschiedenen) Vektorräume, die in den beiden Lehrwerken jeweils mitgedacht werden. Für das Lehrbuch stellt er fest, dass man dort alles für „vielfältige Vektorräume" formuliert, während man im Schulbuch „allerdings irgendeinen Vektor hat mit zwei oder Komponenten". Dieser angesprochene Unterschied wird mit der Kodierung der Subkategorie „Begriffsumfang" [IU-BU] erfasst.

111–115		Es wurde ja schon erwähnt in dem Hochschulbuch, dass Vektoren miteinander addiert werden können. Es wurde auch gesagt, dass ein Vektorraum einen zugrundeliegenden Körper hat und dann wird hier noch einmal explizit darauf hingewiesen, dass die Additionen verschieden sind. Also die Addition im Körper ist nicht die gleiche wie die Addition im Vektorraum.	
115–119	19	Gut, das hier [im Lehrbuch] zu erwähnen ist sinnvoll, denn man weiß nicht, was man da für Körper hat oder Vektorräume mit Funktionen. Vielfältige Vektorräume sind denkbar. Wenn man hier [im Schulbuch] jetzt allerdings irgendeinen Vektor hat mit zwei oder drei Komponenten, dann wird man hier nicht auf die Idee kommen, eine Zahl dazu zu addieren.	IU-BU
119–121		Hier steht sonst einfach nur, dass man darauf achtet, dass die Verknüpfungen nicht miteinander verwechselt werden, welche Elemente man tatsächlich wie miteinander verknüpfen kann.	

Der Chronologie des Lehrbuchs folgend bezieht sich der Student mit seiner nächsten Äußerung auf den abschließenden Ausblick auf die elementare Theorie der Vektorräume. Dazu merkt er an, dass im Schulbuch, die Begriffe „Basis" und „Dimension" nicht genannt werden. Zwar relativiert er die Aussagekraft dieser Beobachtung damit, dass er sagt, dass wahrscheinlich beim Einstieg mit einem zwei- bzw. dreidimensionalen Koordinatensystem häufig von zwei oder drei Dimensionen die Rede sein dürfte. Jedoch handelt es sich dabei zum einen lediglich um eine Vermutung über die Praxis und zum anderen würde eine solche eher beiläufige Erwähnung des Dimensionsbegriffs zwar eine schon vorhandene propädeutisch-alltagsweltliche Vorstellung von Dimensionalität ansprechen. Diese Art des Umgangs mit dem Begriff wäre jedoch grundsätzlich verschieden von der Art, wie der Dimensionsbegriff im Rahmen des Lehrbuchs (vermutlich) eingeführt wird – nämlich klar definiert und aufbauend auf dem (ebenfalls klar definierten) Begriff der Basis. Trotz der einschränkenden Bemerkung des Studenten passt daher der Code „Größerer Theorierahmen", der beschreibt, „dass in unterschiedlichem Maße die Verortung in der Fachsystematik aufgegriffen bzw. auf die sich anschließenden Begriffsbildungen eingegangen [wird]", zu dem Segment und Segment 20 wurde entsprechend kodiert.

In der sich anschließenden Passage ab Zeile 125 erörtert der Student dann noch ausführlicher, wieso der Begriff der Basis auf Seiten des Schulbuchs nicht eingeführt wird bzw. an welchen Stellen es (doch) Anknüpfungspunkte im Zusammenhang mit Richtungen und Flächen im dreidimensionalen Raum geben könnte. Damit bleibt der Student jedoch ausschließlich innerhalb der „Gedankenwelt" des Lehrbuchs, sodass sich hier keine neuen Segmente ergeben.

| 121–125 | 20 | Von Basis und Dimension steht im Schulbuch jetzt erst einmal nichts, aber wenn es da mit einem zweidimensionalen Koordinatensystem anfängt, dann wird wahrscheinlich auch jeder sagen, dass wir da jetzt zwei Dimensionen haben und im Dreidimensionalen vielleicht auch drei. | TH-GR |
| 125–133 | | Über eine Basis werden sich [im Schulbuch] keine Gedanken gemacht. Es stellt sich ja dann auch die Frage wozu. Vielleicht stellt sie sich irgendwie, wenn es um Flächen in einem dreidimensionalen Raum geht. Da könnte das sinnvoll sein, sich zumindest Gedanken darüber zu machen, dass, wenn man nur in zwei Richtungen gehen kann, dass man dann im Dreidimensionalen eine Ebene beschreibt und wenn man (...) in drei verschiedene Richtungen gehen kann. Und vielleicht, dass man da Basis und Dimension so ein bisschen ersetzt durch Richtungen, aber, keine Ahnung, da müsste man gucken wie das Buch weiter aufgebaut ist. | |

Ab Zeile 134 beginnt die zweite Interviewphase, in der die Interviewerin mit Leitfragen weitere Impulse zur Auseinandersetzung mit den Materialien bezüglich ihrer Gemeinsamkeiten und Unterschiede setzt. Im Fall dieses Studenten waren es insgesamt vier Leitfragen.

Die erste Frage betraf die **Motivation des Begriffs** in den Materialien. Der Student geht in seiner Antwort dazu darauf ein, dass der Begriff im Lehrbuch „innermathematisch" motiviert werde, im Schulbuch dagegen „durch Anwendungsfälle" derart, dass man (i) „irgendwie irgendwo Positionen bestimmen" oder (ii) „die Lage von Objekten zueinander klassifizieren" möchte. Damit umschreibt er einen wesentlichen Unterschied zwischen dem klassischen axiomatischen Vorgehen und einem problemorientierten genetischen Vorgehen bei der Einführung von Begriffen. Segment 21 wurde daher der Subkategorie „Genetischer oder axiomatischer Ansatz" zugeordnet. Es folgt außerhalb der Segmentgrenze noch eine Vermutung des Studenten zu den Hintergründen dieser unterschiedlichen Vorgehensweisen (Z. 141–143).

| 134–141 | 21 | In dem Hochschulbuch ist es keine Frage. Hier steht nur, dass in der Mathematik die Vektorräume ein wichtiges Thema geworden sind und beinahe überall eine grundlegende Rolle spielen und man das deswegen braucht – also irgendwie motiviert durch die Mathematik. Und in dem Schulbuch da ist das eben nicht irgendwie mathematisch motiviert, sondern dadurch, dass man irgendwie irgendwo Positionen bestimmen will oder die Lage von Objekten zueinander klassifizieren möchte. Vielleicht ist „innermathematisch" ein besseres Wort als einfach „mathematisch", also motiviert durch Anwendungsfälle. | TH-GA |
| 141–143 | | Es gibt vielleicht so diese Einstellung, dass die Mathematik nicht in der Schuld steht, sich ihre Anwendungsfälle zu suchen. Das ist eine philosophische Frage. | |

Die nächste Leitfrage bezog sich auf die **Definition des Begriffs** in den Materialien. Der Student geht zunächst darauf ein, wie der Vektor im Schulbuch beschrieben wird. Er arbeitet deutlich heraus, dass im Schulbuch die Charakterisierung des Vektors innerhalb des „eigentlich schon [...] sehr spezielle[n] Anwendungsfall[es]" stattfindet, d. h., dass den Vektoren auf diesen Seiten nur im Zusammenhang mit Verschiebungen eine Bedeutung zugeschrieben wird, während im Lehrbuch die Charakterisierung von Vektoren als den Elementen eines Vektorraums vorgenommen wird. Seine Äußerung in Segment 22 ist daher der Subkategorie „Charakterisierung des Vektors" [IU-CH] zuzuordnen.

Segment 23 wird der Subkategorie „Begriffsumfang" zugeordnet, da der Student darin anspricht, dass im Lehrbuch dadurch, „dass wir ganz verschiedene Körper haben", die potenziell einem Vektorraum zugrunde liegen können, die Vektorräume „vielseitiger" seien als auf Seiten des Schulbuchs. Er ordnet diese Beobachtung zunächst ein, bevor er die unterschiedliche Rolle des Pfeilklassenmodells in beiden Lehrwerken aufgreift, was die Codierung „Pfeilklassen und Repräsentanten" [IU-PR] von Segment 24 veranlasst. Auch nach Segment 24 folgt zunächst eine Sequenz, in der der Student über die Hintergründe des von ihm beobachteten Unterschieds reflektiert. Auf die beschreibende Ebene kehrt er dann mit Segment 25 wieder zurück.

Hatte der Student in Segment 22 noch von einer „laschen Definition" des Vektors im Schulbuch gesprochen, geht er nun darauf ein, dass im Schulbuch an keiner Stelle explizit eine Definition angekündigt wird. Den nächsten Satz, „Da wird nur nach und nach ein bisschen beschrieben, was da jetzt passieren kann", kann man in diesem Zusammenhang außerdem so verstehen, dass nicht nur die Bezeichnung „Definition" fehlt, sondern dass die „klassische" Definition aus dem

Lehrbuch gewissermaßen durch ein Vorgehen ersetzt wird, bei dem „nur nach und nach ein bisschen beschrieben [wird], was da jetzt passieren kann". Daher wird das Segment 25 mit der Subkategorie „Fehlen einer Definition" [IU-DEF] kodiert.

144–149	22	In dem Schulbuch {ist die Definition} relativ lasch. Hier steht einfach nur „Verschiebungen können durch Vektoren beschrieben werden.", also Verschiebungen von Punkten. Das ist eigentlich schon ein sehr spezieller Anwendungsfall, während hier dann als Definition dieses klassische „Vektor ist ein Element eines Vektorraums." steht. Und dann muss man sich erst einmal Gedanken machen, was ein Vektorraum ist. Also der Ansatz ist irgendwie ein anderer.	IU-CH
149–151	23	Und dann ist er [der Ansatz] eben auch viel vielseitiger, weil eben direkt gesagt wird, dass wir ganz verschiedene Körper haben.	IU-BU
151–152		Gut, in der Schule kennt man jetzt noch nicht einmal den Körperbegriff. Deswegen hat sich das damit wahrscheinlich erledigt.	
152–155	24	Davon, dass ein Vektor durch eine Menge paralleler Pfeile beschrieben werden kann und diese Pfeile Repräsentanten sind, ist im Lehrbuch erst einmal gar nicht die Rede.	IU-PR
155–162		Im Hochschulbuch wird auch schon immer davon ausgegangen, dass man sich etwas darunter vorstellen kann, oder? Vektoren kennt man irgendwie aus der Schule als diese Pfeile und in dem Hochschulbuch wird nicht auf Pfeile oder Einzeichnungen eingegangen, weil das eben vielleicht nicht die nötige Exaktheit hat, dass so zu benennen. Im Lehrbuch werden ein Vektorraum und die Rechenregeln benannt und dann kann man, wenn man das wirklich zeichnen möchte, einsehen, dass diese Regeln das gut beschreiben, also dass die das gut definieren.	
162–164	25	Ansonsten steht in dem Schulbuch nie mal ‚Definition:'. Da wird nur nach und nach ein bisschen beschrieben, was da jetzt passieren kann	IU-DEF
165–168		Ich dachte erst, der Kasten wäre so ein Definitionskasten und dann sind da tatsächlich ein paar Begriffe fett, und zwar „Koordinaten eines Vektors" und „Ortsvektor", wo dann doch der Nullpunkt irgendwie implizit auch vorkam, der Nullvektor.	

Nachdem der Student bis zu diesem Zeitpunkt besonders auf Aspekte des Theorieaufbaus, insbesondere auf den Umgang mit den Axiomen sowie auf Begriffsinhalt und Begriffsumfang eingegangen ist, wird mit der nächsten Leitfrage ein Impuls in Richtung des Themas **„Darstellungen"** gegeben. Der Student geht daraufhin auf die verschiedenen Schreibweisen und Bezeichnungen zur Darstellung und Beschreibung von Vektoren ein. Er spricht die Pfeildarstellung im Schulbuch sowie die Darstellung mit Koordinaten im Schulbuch an, die beide im Lehrbuch nicht vorkommen. Beide Aspekte werden in der Kodierung mit der Vergabe der Codes „Benennung und Symbolik [SP-SYM]" und „Koordinaten [SP-KO]" abgebildet.

169–174	26	[Im Lehrbuch] ist ein Vektor einfach nur ein Element eines Vektorraums und bekommt einen Buchstaben. Und in dem Schulbuch wurden Großbuchstaben verwendet, um da irgendwelche Punkte zu bezeichnen, kleine Buchstaben mit einem Pfeil darüber, um die Vektoren zu bezeichnen und einfach nur so kleine Buchstaben, dann a_1, a_2, a_3 als die Zahlen, also die Komponenten oder Koordinaten.	SP-SYM, SP-KO
174–180		Koordinaten oder Zahlen bekommen einfach kleine Buchstaben, die Vektoren bekommen einen Pfeil darüber und Großbuchstaben für Punkte und Großbuchstaben hintereinander mit einem Pfeil darüber, um auch Vektoren wieder als Verbindung zwischen zwei Punkten zu sehen oder Verschiebung eines Punkts. Und im anderen [im Lehrbuch] sind es einfach nur Buchstaben. Und da wird (schon) am Anfang jeder Definition gesagt „v und w sind Elemente des Vektorraums V", „h und k sind in dem Körper", also da wird eigentlich nicht wirklich unterschieden.	

Den Abschluss des Interviews zum Vektorbegriff bildete die folgende Äußerung des Studenten auf die Frage nach **dem Stellenwert bzw. der Bedeutung des Begriffs**. Darin schreibt der Student dem Thema aus prüfungsstrategischer Sicht eine große Rolle in der Schule zu. Ansonsten wiederholt er seine Einschätzung aus Segment 3, dass nur im Schulbuch der Fokus auf dem einzelnen Vektor liegt, während aus Sicht des Lehrbuchs der Vektorraum als Gesamtkonstrukt studiert wird. Segment 27 wird wie Segment 3 kodiert, nämlich mit dem Code „Fokus der Lehreinheit".

181–185	27	Vektor und Vektorgeometrie, das ist ja eins der großen Abi-Themen, also generell hat das Konzept Vektoren einen großen Stellenwert und auch die Anwendungsfälle. Allerdings wird hier der Begriff Vektoren immer großgeschrieben, während in dem Hochschulbuch, eigentlich vielleicht der Vektorraum (/die Beschreibung des Vektorraums) das Wichtigere ist.	TH-FL

8.1.2.2 Zweites Beispiel: Interview mit einer Referendarin

Das zweite betrachtete Interview beinhaltet 16 Segmente und 21 Kodierungen mit 15 Subkategorien. Abweichend von der Darstellung im letzten Unterabschnitt wird mit den Interviewsequenzen zwischen den Segmenten in diesem Unterabschnitt so verfahren, dass ausschließlich für die längeren solcher Sequenzen eine knappe Paraphrasierung in die Darstellung eingeschlossen wird.

Anders als der Student im letzten Unterabschnitt, geht die Referendarin nicht auf die Inhaltsverzeichnisse der Bücher ein, sondern beginnt direkt mit dem Vergleich der Lehreinheiten. Als erstes geht sie dabei darauf ein, dass Vektoren im Schulbuch als eine Menge von Pfeilen mit bestimmten Eigenschaften eingeführt werden, während Vektoren im Lehrbuch als Bestandteile eines Vektorraums „übergeordneter gefasst" werden. Segment 1 wird der Kategorie „Charakterisierung des Vektors" zugeschrieben. In Segment 2 arbeitet die Referendarin heraus, dass im Lehrbuch „relativ zügig auch schon Rechengesetze für die Vektoren vorgestellt werden", was einem axiomatischen Vorgehen entspricht, während das Schulbuch zunächst auf das Verhältnis von Vektoren und Punkten eingeht und die Axiome dort auch erst einmal keine Rolle spielen. Dazu passt die Subkategorie „Axiomatische Grundlegung/Vektorraumaxiome".

Z.	Seg.	Transkript	Code
5–12	1	Und hier [im Schulbuch] wird erst einmal, also in diesem Beispiel, gar nicht deutlich – oder auch nicht in den folgenden Beispielen – was überhaupt ein Vektorraum ist. Der Begriff wird einfach außen vorgelassen. Sondern da steht eher im Vordergrund, dass es eine Menge von Pfeilen ist, die bestimmte Eigenschaften haben und dass die dann als Vektor bezeichnet werden. In der Hochschulbuchdefinition wird es sozusagen noch einmal übergeordneter gefasst, in dem man erst im Prinzip auf einen Vektorraum eingeht und dass die Vektoren im Prinzip Bestandteil dieses Vektorraums sind.	IU-CH
12–17	2	Dann werden relativ zügig auch schon Rechengesetze für die Vektoren vorgestellt, was man alles mit denen machen kann, plus genauso wie minus, das ist ja das Gleiche sozusagen. Und genauso wie die skalare Multiplikation, wie die funktioniert. Und hier wird erst einmal aufgeschlüsselt: Was ist denn jetzt überhaupt der Unterschied zwischen Punkten und Vektoren?	TH-AX

Das dritte Segment des Interviews wurde mit der Subkategorie „Gemeinsamkeiten"[GEM] kodiert. Im Abschnitt 8.1.4 wird noch genauer auf den angesprochenen Aspekt eingegangen. In der nächsten Sequenz des Interviews geht die Referendarin dann auf zwei Unterschiede im Umgang mit dem Gegen-vektor/den negativen Vektoren ein. Zum einen stellt sie fest, dass es insofern Unterschiede in der Bezeichnung gibt, als im Schulbuch eine besondere Bezeich-nung „Gegenvektor" eingeführt wird, im Lehrbuch aber nicht. Zum anderen arbeitet sie den Unterschied in der Vorgehensweise heraus, d. h., dass das Schulbuch mit den Überlegungen bei einem konkreten Zahlenbeispiel startet und dieses „sozusagen allgemein ergänzt", während das Lehrbuch „ganz einfach sagt", dass zu jedem Vektor bzgl. der additiven Verknüpfung ein negativer Vektor angegeben werden kann. Diese beiden Unterschiede werden mit den Subkatego-rien „Symbolik und Benennung" bzw. „Genetischer oder axiomatischer Ansatz" erfasst.

27–28	3	Als Gemeinsamkeit kann man hier sehen, dass die auch hier die Existenz eines Gegenvektors erläutern.	GEM
29–34	4;5	Wenn man v als Vektor hat, dann ist einfach -v der Gegenvektor mit dem einzigen Unterschied zu dem Lehrbuch, dass die [im Schulbuch] noch ein konkretes Zahlenbeispiel nennen und das dann sozusagen allgemein ergänzen und dann noch einmal explizit schreiben, dass -a dann als Gegenvektor bezeichnet wird. Und hier [im Lehrbuch] wird einfach gesagt: Zu jedem Vektor v gibt es das Gegenteil sozusagen.	4: SP-SYM 5: TH-GA

Kurz darauf, in der Passage von Zeile 37 bis Zeile 42, beschreibt die Refe-rendarin zunächst den Zusammenhang zwischen den Materialien so, dass die Verschiebung ein konkretes Beispiel für die im Lehrbuch präsentierten Inhalte sei. Sie spricht dann jedoch die beiden Unterschiede an, dass anders als im Lehrbuch im Schulbuch (i) mit „visuellen Veranschaulichungen" (vermutlich meint sie die Abbildungen, in denen Vektoren mit Pfeilen dargestellt werden) gearbeitet wird und (ii) die inhaltlichen Zusammenhänge mit Worten beschrieben werden. Zum ersten dieser beiden Unterschiede passt der Code „Vektoren als Gegenstand der Anschauung" [DV-ANS], da es in der Äußerung der Referendarin darum geht, dass im Schulbuch der Ansatz verfolgt wird, Vektoren anschaulich zu interpretie-ren. Außerdem passt der Code „Darstellungsebenen" [DV-EB], da die „visuellen Veranschaulichungen" im Schulbuch eine ikonische Ebene hinzufügen, die es im Lehrbuch nicht gibt. Um den sprachlichen Aspekt zu erfassen, passt am besten die Subkategorie „Knappheit der sprachlichen Darstellung" [SP-KN].

| 37–42 | 6 | Also wenn man das hier [die im Lehrbuch präsentierten Inhalte] anwendet auf ein konkretes Beispiel, dann erhält man ja sozusagen die Verschiebung, nur, dass sie das im Prinzip nicht mathematisch darstellen, sondern noch einmal visuell veranschaulichen und anstelle der mathematischen Symbolsprache das mit Worten versuchen zu beschreiben, um das noch einmal visuell deutlich zu machen. | DV-ANS, DV-EB, SP-KN |

Nach diesem Segment folgt eine längere Sequenz ohne neue zu kodierende Segmente. In dieser Sequenz wiederholt die Referendarin erst noch einmal den Inhalt aus Segment 6, anschließend geht sie auf zwei inhaltliche Aspekte des Schulbuchs ein, die aus ihrer Sicht dort stärker gewichtet sein müssten. Dabei gibt es aber keine Bezüge zur Perspektive des Lehrbuchs.

Ab Zeile 62 geht die Referendarin auf den Umgang mit dem Nullelement eines Vektorraums bzw. des Vektorraums $\mathbb{R}^3$ bzw. $\mathbb{R}^2$ ein. Die Kodierung von Segment 7 stellte sich vergleichsweise schwierig dar. Dies liegt zum einen daran, dass der erste Satz des Segments Uneindeutigkeiten enthält: Es ist zwar zutreffend, dass im Lehrbuch die Eindeutigkeit des Nullvektors mit einem Beweis gezeigt wird, jedoch passt die Erläuterung „was es heißt, wenn ich einen Nullvektor mit einem Vektor addiere, dass dann wieder genau der ursprüngliche Vektor herauskommt" eher zur Formulierung des Axioms, dass ein Nullelement existiert, als zu dem besagten Beweis. Die Schwierigkeiten liegen zum anderen darin, dass die Referendarin mit Blick auf das Schulbuch stark implizit bleibt. Ganz besonders deutlich wird dies an dem Satz „Aber eigentlich geht es indirekt, könnte man das hier aus dem Text heraus interpretieren.", dessen Bezüge kaum zu rekonstruieren sind. Schließlich wird aufgrund der Aussage „Also es wird nicht vom Nullvektor gesprochen, aber man könnte den Nullvektor einfach nehmen.", mit der die Referendarin den Nullvektor (aus der Sicht des Schulbuchs) als einen Vektor unter vielen ohne besonderen Status beschreibt, der Code „Umgang mit Existenz- und Eindeutigkeitsfragen" vergeben. Da in dem Segment außerdem darauf Bezug genommen wird, dass im Schulbuch grundsätzlich die Zusammenhänge um Vektoren veranschaulicht werden „Das visualisieren die eben nur nicht, [...]" (– obwohl sie sonst visualisieren), wird als zweiter Code „Vektoren sind Gegenstand der Anschauung" vergeben.

In Segment 8 wird mit der Umschreibung, dass die Existenz eines Nullvektors „gar nicht so deutlich" werde und dem Verweis auf die fehlende Thematisierung

der Vektorräume (die wohl im Sinne einer axiomatischen Definition wie im Lehrbuch gemeint sein dürfte), die fehlende axiomatische Grundlegung im Schulbuch
angesprochen. Entsprechend wird das Segment der Subkategorie „Axiomatische
Grundlegung/Vektorraumaxiome" zugewiesen.

| 62–70 | 7 | Genau, die Eindeutigkeit des Nullelements wird hier [im Lehrbuch] im Prinzip einmal gezeigt, was es heißt, wenn ich einen Nullvektor mit einem Vektor addiere, dass dann wieder genau der ursprüngliche Vektor herauskommt. Das könnte man vom Prinzip mit dem Ortsvektor in Verbindung bringen, ach nein, eigentlich nicht, denn der Nullvektor ist ja ein Vektor, der nur die Länge 0 hat. Aber eigentlich geht es indirekt, könnte man das hier aus diesem Text interpretieren. Also es wird nicht vom Nullvektor gesprochen, aber man könnte den Nullvektor einfach nehmen. Das visualisieren die eben nur nicht, eher als Unterschied würde ich das, glaube ich, nehmen. Das wird hier eigentlich gar nicht so gesagt. | TH-EE, DV-ANS |
| 70–72 | 8 | Ich glaube, das macht man auch in der Schule gar nicht so deutlich, also dass es ein Nullelement gibt, weil Vektorräume gar nicht thematisiert werden. | TH-AX |

Den Aspekt aus Segment 8 führt die Referendarin ab Zeile 72 noch weiter aus
und berichtet von eigenen unterrichtlichen Erfahrungen mit der Thematisierung
des Nullvektors im Mathematikunterricht.

Ab Zeile 86 verlagert sich ihr Fokus auf die negativen Vektoren bzw. auf
den Gegenvektor und dabei insbesondere auf die Frage, wie mit der Eindeutigkeit umgegangen wird. Sie stellt heraus, dass im Lehrbuch eine argumentative
Absicherung durch einen Beweis erfolgt, während sich das Schulbuch auf eine
grafische Plausibilisierung stützt, um zu zeigen, „dass dann genau das Gegenteil
herauskommt". Kurz darauf betont sie in den Zeilen 95 und 96 noch einmal, dass
im Schulbuch die visuelle Veranschaulichung *den einzigen* Ansatz darstellt, auf
die Eindeutigkeit einzugehen. Die Subkategorie „Begründung von Zusammenhängen" [TH-ZS] erfasst die angesprochenen Unterschiede, sodass die Segmente 9
und 10 entsprechend kodiert wurden.

| 86–91 | 9 | Hier wird noch einmal extra bewiesen, dass der negative Vektor eindeutig ist. Hier wird es eher noch einmal visuell veranschaulicht, dass, wenn man einfach den Pfeil umdreht, dass dann genau das Gegenteil herauskommt bzw. was hier nicht deutlich wird ist, wenn man die beiden Pfeile jetzt hintereinanderschalten würde, dass da im Prinzip ein Nullvektor herauskommen würde. | TH-ZS |

| 95–96 | 10 | Genau, die Eindeutigkeit wird [im Schulbuch] nur visuell veranschaulicht. | TH-ZS |

Unmittelbar im Anschluss bemerkt die Referendarin in Segment 11, dass sich die Materialien darin unterscheiden, inwieweit bei der Erarbeitung der Inhalte Beispiele gezeigt werden. Die Aussage ist der Subkategorie „Ebene der Verallgemeinerung" [TH-ALL] zuzuordnen. Im nächsten Segment spricht sie als weitere Unterschiede (i) die berücksichtigten Vektorräume (Beschränkung auf das Zweidimensionale im Schulbuch) und (ii) die Berücksichtigung von Anwendungen (Anwendungskontext nur im Schulbuch) an. Entsprechend sind dem Segment 12 zwei Subkategorien zuzuweisen, wegen (i) der Subkategorie „Begriffsumfang" [IU-BU] und wegen (ii) der Subkategorie „Thematisierung der Anwendungen" [NV-AW].

| 97–99 | 11 | Und es wird eben hier eher mit konkreten Beispielen gearbeitet als auf einer abstrakteren Ebene bzw. hier ist noch einmal ein Einstiegsbeispiel, wo man sich das auch noch einmal zweidimensional deutlich machen kann. | TH-ALL |
| 99–101 | 12 | Die bleiben auch erst einmal nur zweidimensional, aber wo man einen Anwendungskontext hat, wo man eben Vektoren theoretisch gebrauchen könnte. | NV-AW, IU-BU |

Die Referendarin geht noch kurz auf das Schach-Beispiel ein und beendet dann ihre Ausführungen im Rahmen der ersten Interviewphase. Ab Zeile 105 beginnt die zweite Interviewphase mit insgesamt drei Leitfragen. Auf die Frage nach der **Motivation des Begriffs** führt die Referendarin aus, dass im Schulbuch alltagsnahe Anwendungen gezeigt werden, während das Lehrbuch grundsätzlich innermathematisch bleibt und der Fokus auf der „Sache", den „coole[n] Vektorräume[n]" und „besondere[n] Eigenschaften" liegt. Wegen der Gegenüberstellung „Aufzeigen von Anwendungsmöglichkeiten für Vektoren" (Schulbuch) versus „keine Beschäftigung mit der Anwendbarkeit des Begriffs"(Lehrbuch) wird das Segment der Subkategorie „Thematisierung der Anwendungen" zugeordnet. Die Gegenüberstellung des Verbleibs im innermathematischen Bereich (Lehrbuch) und der Suche nach Anbindung an die Realwelt (Schulbuch) führte zu der zusätzlichen Kodierung mit der Subkategorie „Berücksichtigung des Realweltlichen" [TH-RW].

| 105–112 | 13 | [Im Lehrbuch] wird das eher so innermathematisch so betrachtet: Wir haben irgendwie coole Vektorräume und da gibt es eben irgendwie besondere Eigenschaften und hier geht es ja konkret auf Alltagsbezüge, wo man das vielleicht anwenden könnte. Na gut, dieses Beispiel eher nicht so, aber hier diese Routenplanung. Das sind ja im Prinzip aneinandergeschaltete Vektoren oder wenn man hier das mit der Strömung und dem Wind sieht, dass man sich das visuell wirklich noch einmal deutlich macht, also dass man versucht, Alltagsbezug zu schaffen. Und hier geht es direkt zur Sache. | NV-AW, TH-RW |

Angesprochen auf die **Definition des Begriffs** geht die Referendarin auf zwei Aspekte ein: Zunächst arbeitet sie ab Zeile 113 heraus, dass im Schulbuch zwar bestimmte Eigenschaften der Pfeile, die für Vektoren stehen, aufgegriffen werden und das Kalkül zur Bestimmung der Koordinaten eines Vektors, der die Verschiebung zwischen zwei Punkten beschreibt, eingeführt wird. Die Frage, *was denn Vektoren sind*, bleibt aus ihrer Sicht aber offen, da es „keine so richtig formale Definition" gibt. Um diesen Aspekt in Segment 14 zu erfassen, ist die Subkategorie „Fehlen einer Definition" geeignet.

In der Sequenz ab Zeile 122 geht die Referendarin darauf ein, dass im Lehrbuch auf Grundlage der Axiome ersichtlich werde, „was man damit [mit den Vektoren] dann machen darf und was nicht". Im Schulbuch werde dies hingegen nicht mit derselben Deutlichkeit festgehalten, zudem bleibe die Charakterisierung beispielhaft. Damit beschreibt die Referendarin in Segment 15 den Unterschied, den die Subkategorie „Axiomatische Grundlegung/Vektorraumaxiome" erfasst.

| 113–118 | 14 | Also ich würde sagen, hier [im Schulbuch] gibt es keine so richtig formale Definition. Also es wird immer gesagt: Vektoren haben die gleiche Länge und sie haben irgendwie die gleiche Richtung und man kann sie verschieben, aber so eine konkrete Definition gibt es hier ja nicht, sondern nur später dann: was ist denn der Vektor AB? Das ist eigentlich auch keine Definition, sondern nur wie man den Vektor zwischen zwei Punkten ausrechnet. | IU-DEF |

| 122–128 | 15 | Sicherlich lässt sich über die Eigenschaften der Vektorbegriff irgendwie konkretisieren, aber so richtig klar wird einem auch nicht so doll was jetzt überhaupt ein Vektor ist. Schon irgendwie, weil man seine Eigenschaften hat. Dann weiß man, was man damit dann machen darf und was nicht. Und hier wird es eben beispielhaft so gemacht, aber nicht deutlich genug, was man alles damit machen darf, also nicht formal genug, würde ich sagen. | TH-AX |

Zuletzt wurde die Referendarin auf die **Bedeutung des Begriffs** in den Lehr-werken angesprochen. Eingebettet in eine längere Antwortpassage, in der die Referendarin einiges zuvor Gesagtes übergeordnet zusammenfasst, wurde von Zeile 152 bis 155 ein Segment kodiert, in dem noch einmal konkret auf das Material Bezug genommen. In Segment 16 wird der Unterschied angesprochen, dass im Schulbuch auf konkrete Zahlenbeispiele zurückgegriffen wird, während das Lehrbuch in dieser Hinsicht abstrakt bleibt. Dies ist genau der Unterschied, den die Subkategorie „Ebene der Verallgemeinerung" erfasst.

| 152–155 | 16 | So habe ich das eben immer in der Linearen Algebra wahrgenommen, dass man auch gar nicht so mit konkreten Zahlen arbeitet, dass es egal ist, sondern eher ab-strakt bleibt und hier eher mit Zahlenbeispielen sich das noch einmal deutlich macht. | TH-ALL |

Zum Schluss des Interviews reflektiert die Referendarin dann noch über Gründe für das anschauliche und beispielbetonte Vorgehen im Schulbuch. Pas-sagen aus dieser Sequenz werden unter der Forschungsfrage 3b im Kapitel 9 noch aufgegriffen.

8.1.3 Wahrgenommene Unterschiede

Nachdem nun an zwei Interviews beispielhaft aufgezeigt wurde, wie die Textstel-len in den Transkripten zu den Subkategorien beschaffen sein können und welche Überlegungen bei der Kodierung stattfanden, wird nun eine quantifizierende Per-spektive eingenommen. Zunächst geschieht dies auf der Personenebene oder auf der Ebene der Hauptkategorien (8.1.3.1), anschließend werden die Subkategorien einzeln angesprochen (8.1.3.2).

8.1.3.1 Deskriptive Betrachtungen im Gesamtbild

Insgesamt wurden über alle dreißig Interviews für diese Analyse 440 Segmente kodiert, davon sind 402 Segmente der Wahrnehmung von Unterschieden zuzurechnen. Im Schnitt wurden also pro Interview zum Vektorbegriff rund 13,4 Segmente erfasst, in denen Unterschiede zwischen den Materialien angesprochen wurden. 40 Segmente sind der Wahrnehmung von Gemeinsamkeiten zuzurechnen.[5]

Mit den Subkategorien des Kategoriensystems (aus 8.1.1.3) wurden 569 Kodierungen vorgenommen, davon entfallen 529 Kodierungen auf Unterschiede und 40 Kodierungen auf die Subkategorie „Gemeinsamkeiten". Die Differenz zwischen der Anzahl der Kodierungen und der Anzahl der Segmente kommt durch Mehrfachkodierungen von Segmenten zustande. Dazu ist festzuhalten, dass es siebenmal vorkam, dass einem Segment drei Subkategorien zugeordnet wurden und einmal, dass es sogar vier Subkategorien waren. Bei 71 Segmenten wurden zwei Codes vergeben.

Ausgehend von 529 Kodierungen von Unterschieden zwischen den Materialien, entspricht dies im Schnitt rund 17,6 Kodierungen in jedem Interview zum Vektorbegriff. Das Maximum liegt bei 33 Kodierungen, das Minimum bei sechs Kodierungen. Reduziert man die Betrachtungen auf die deduktiven Hauptkategorien (d. h. klammert man neben den kodierten Gemeinsamkeiten auch die Kodierungen zu den Subkategorien „Ohne Zuordnung" und „Didaktische und methodische Aspekte" aus), bleiben noch 509 Kodierungen. Die durchschnittliche Anzahl der Kodierungen liegt dann entsprechend niedriger, nämlich bei rund 17 Kodierungen (Maximum: 31; Minimum: 5).

Wie verteilen sich die Kodierungen auf die Subkategorien?
Unter den fünf deduktiven Hauptkategorien umfasst das Kategoriensystem 24 Subkategorien (siehe 8.1.1.3). Von diesen 24 Subkategorien werden in den Interviews zum Vektorbegriff im Durchschnitt rund 10,6 angesprochen. Die minimale Anzahl beträgt vier, die höchste festgestellte Anzahl beträgt siebzehn. Bezieht man die ergänzten Hauptkategorien „Ohne Zuordnung" und „Didaktische und methodische Aspekte" ein, erhält man mit den 26 Subkategorien (da für die

---

[5] In 400 Segmenten wurden *ausschließlich* Unterschiede angesprochen. Zwei Segmente sind mit einer Kategorie zu den Unterschieden und der Kategorie Gemeinsamkeiten [GEM] kodiert.

ergänzten Hauptkategorien keine Subkategorien gebildet wurden) einen Durchschnitt von 11,2 angesprochenen Subkategorien pro Interview. Die Verteilung der Anzahl der Kodierungen und der Anzahl der angesprochenen Subkategorien in den 30 Interviews zum Vektorbegriff wird in den Boxplots in Abbildung 8.1 visualisiert.[6]

Inwieweit gibt es über alle Interviews thematische Schwerpunkte?
Mit der Anzahl der aufgerufenen Subkategorien ist noch keine Aussage darüber getroffen, ob in den Interviews meist die gleichen thematischen Schwerpunkte gesetzt werden oder ob es in dieser Hinsicht eine große Bandbreite in den Interviews gibt. Zur Beantwortung dieser Frage können (i) die Anzahl der in den Interviews besetzten Hauptkategorien, (ii) die Anteile der einzelnen Hauptkategorien an allen Kodierungen, (iii) die Anteile der einzelnen Subkategorien an allen Kodierungen und (iv) die Verteilung der Kodierungen zu den Subkategorien auf die Interviews, in denen diese vorkommen, betrachtet werden.

Zu (i): Zur Anzahl der Hauptkategorien lässt sich festhalten, dass in achtzehn Interviews Subkategorien aus allen fünf deduktiven Hauptkategorien kodiert wurden. In acht Fällen waren es vier Hauptkategorien und in den übrigen vier Interviews waren es jeweils drei Hauptkategorien. Die Hauptkategorien „Gestaltung des Theorieaufbaus" und „Begriffsinhalt und Begriffsumfang" sind in allen Interviews in den Kodierungen vertreten.

Zu (ii): Die Anteile der Hauptkategorien an allen Kodierungen stellen sich wie folgt dar: Den größten Anteil haben die Kodierungen zur Hauptkategorie „Gestaltung des Theorieaufbaus" mit rund 38,1 %, an zweiter Stelle folgt die Hauptkategorie „Begriffsinhalt und Begriffsumfang" mit rund 25,1 % vor „Darstellungen und Veranschaulichungen" mit rund 16,7 %, vor „Sprachliche Gestaltung" mit rund 10,4 % und „Nutzung und Verwendung des Vektorbegriffs" mit rund 9,6 %.

Zu (iii) und (iv) werden im nächsten Abschnitt die Anteile der einzelnen Kategorien und die Verteilung der Kodierungen gesondert ausgewiesen.

---

[6] Für die Erstellung der Boxplots wurden die Daten ausgehend von der kleineren Zahl an Kodierungen (509) und der kleineren Zahl an Kategorien (24) zugrunde gelegt.

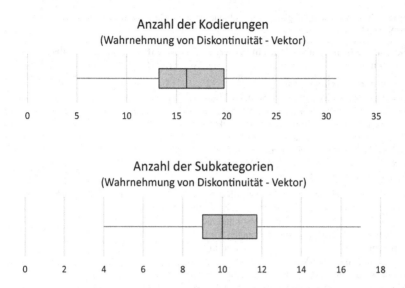

Abbildung 8.1 Boxplots zur Verteilung der Anzahlen der Kodierungen und der Anzahl der Subkategorien zur Wahrnehmung von Diskontinuität (Vektoren)

8.1.3.2 Verteilung der Subkategorien

In Tabelle 8.2 sind in der zweiten Spalte für alle Subkategorien die Anzahl der Kodierungen (absolute Häufigkeit der Subkategorie) und der Anteil der Subkategorie an allen Kodierungen zu Unterschieden zwischen den Materialien, d. h. unter 529 Kodierungen (relative Häufigkeit der Subkategorie) dargestellt. Außerdem wird in der Tabelle dargestellt, in wie vielen der dreißig Interviews die jeweilige Subkategorie kodiert wurde (dritte Spalte). Die vierte Spalte beinhaltet das Verhältnis zwischen der Häufigkeit des Codes und der Anzahl der Interviews, in denen der Code vergeben wurde.[7]

Die Tabelle ist somit folgendermaßen zu lesen (am. Bsp. von Zeile 5 nach der Kopfzeile, kursiv): Die Subkategorie „Axiomatisches Fundament/Vektorraumaxiome" wurde insgesamt 56-mal kodiert. Dies entspricht bezogen auf die Gesamtheit von 529 Kodierungen einer relativen Häufigkeit (rel. H.) von 10,6 %. Die Subkategorie wurde in 24 der 30 Interviews vergeben. Im Schnitt sind es pro Interview, in dem diese Subkategorie vorkommt, 2,3 Kodierungen der Subkategorie.

---

[7] Alle Werte in der Tabelle sind auf eine Nachkommastelle gerundet.

Tabelle 8.2 Wahrnehmung der Unterschiede in den Lehr-Lern-Materialien aus quantitativer Sicht (Vektor)

Subkategorie und Beispiel für ein kodiertes Segment[8]	abs. H. (rel. H.)	Anz. Int.[9]	abs. H./ Anz. Int.
Fokus der Lehreinheit (*): „Vektorräume – also mit dem Oberbegriff hier und hier ist nur der Begriff Vektor zu sehen, also auch schon quasi nur dieser eine Begriff des Vektors im Rahmen des Schulmaterials im Vordergrund, während bei den Materialien der Hochschule direkt der Raum als solcher in den Vordergrund gestellt wird." (P13, Z. 2 ff.)	15 (2,8 %)	8	1,9
Deduktives Vorgehen/Theorieentwicklung: „Erster Unterschied ist, dass hier direkt der große Rahmen mit Vektorraum gegeben wird und nicht nur von dem Begriff Vektor ausgegangen wird. [Im Schulbuch] wird das eher dann so Schritt für Schritt aufgebaut, der Vektor, und dann verallgemeinern wir das, dass wir auch in mehrere Räume kommen und dann kann man irgendwann vielleicht mal zum Begriff Vektorraum übergehen, wenn der überhaupt fällt. Und hier ist es ja generell so, dass man erst einmal vom Gesamtkonstrukt Vektorraum ausgeht und sich dann da hineinarbeitet." (P16, Z. 9 ff.)	16 (3,0 %)	11	1,5
Größerer Theorierahmen (*): „Wenn ich mir das Inhaltsverzeichnis anschaue vom Schulbuch, wird aufbauend auf dem Vektorbegriff mit dem Rechnen mit Vektoren fortgesetzt. Und bei dem Lehrbuch wird sehr ausführlich noch einmal auf diesen Vektorraumbegriff eingegangen, explizit noch elementare Theorien des Vektorraums, der dann direkt auch als Konstrukt mit Hilfe einer Basis bzw. Basisvektoren wahrscheinlich aufgebaut wird." (P29, Z. 18 ff.)	9 (1,7 %)	6	1,5

(Fortsetzung)

---

[8] Zu den mit „*" oder „**" markierten Kategorien sind in den Beispielen in 8.1.2.1 (*) bzw. 8.1.2.2 (**) weitere Beispiel-Segmente zu finden.

[9] Anzahl der Interviews mit der Subkategorie

Tabelle 8.2 (Fortsetzung)

Subkategorie und Beispiel für ein kodiertes Segment	abs. H. (rel. H.)	Anz. Int.	abs. H./ Anz. Int.
Genetischer oder axiomatischer Ansatz (*, **): „Vektoren werden in der Schule so eingeführt, dass Verschiebungen beschrieben werden und dass man ausgehend von einem Punkt und dann einer Richtung dann eine Länge hat und diese Vektoren können eben durch verschiedene Verschiebungen dargestellt werden, wohingegen man in der Hochschule anfängt zu sagen, was alles vorliegt, welche mathematischen Grundannahmen man hat und zunächst werden die Skalare genannt und anschließend wird der Begriff des Vektorraums eingeführt." (P18, Z. 2 ff.)	40 (7,6 %)	21	1,9
Axiomatisches Fundament/Vektorraumaxiome (*, **): *„[Im Lehrbuch] werden auch direkt Eigenschaften eingeführt, die ein Vektor so mit sich bringt und [im Schulbuch] geht es wirklich erst einmal um den Begriff des Vektors: {Das heißt,} es wird erst einmal erklärt, was ein Vektor ist und z. B. auch, wie man ihn überhaupt berechnet. [Im Lehrbuch] geht es ja direkt unter anderem um die Verknüpfung der Vektoren und Skalare und so weiter." (P15, Z. 11 ff.)*	*56 (10,6 %)*	*24*	*2,3*
Umgang mit Existenz- und Eindeutigkeitsfragen (**): „Die Eindeutigkeit des Nullvektors ist eben diese mathematische Stringenz, die auch immer wieder verfolgt wird, dass alles schlüssig sein muss, eindeutig sein muss. Diese Stringenz wird im Schulbuch gar nicht überprüft, sondern es wird nur geschaut, was ich denn mit so einem Vektor irgendwie anfangen kann: wie kann ich überhaupt erst einmal ein richtiges Konzept von so einem Vektor als Pfeilklasse darstellen?" (P01, Z. 79 ff.)	6 (1,1 %)	5	1,2
Berücksichtigung des Realweltlichen (**): „Deswegen ist natürlich ein großer Unterschied, dass es hier komplett innermathematisch ist und hier zunächst von einem Anwendungsbeispiel ausgegangen wird, und es danach innermathematisch wird." (P16, Z. 35 ff.)	15 (2,8 %)	13	1,2

(Fortsetzung)

Tabelle 8.2   (Fortsetzung)

Subkategorie und Beispiel für ein kodiertes Segment	abs. H. (rel. H.)	Anz. Int.	abs. H./ Anz. Int.
Begründung von Zusammenhängen (*, **): „Und das geht schon so ein bisschen in die Beweisrichtung von entsprechenden Sätzen, die hier aufgeführt werden bzw. von den Rechengesetzen. Darauf verzichtet das Mathematikbuch natürlich auch vollends. Also Beweise stehen hier nirgendwo im Vordergrund." (P13, Z. 97 ff.)	12 (2,3 %)	11	1,1
Ebene der Verallgemeinerung (**): „Im Hochschulbuch sind die Formeln auch sofort mit Variablen, also allgemeine Formeln. Im Schulbuch sehe ich jetzt zunächst einmal Zahlenbeispiele und dann kommen nach den Zahlenbeispielen allgemeine Formeln." (P21, Z. 6 ff.)	25 (4,7 %)	15	1,7
Charakterisierung des Vektors (*, **): „Also im Schulbuch werden Vektoren als eine Verschiebung und in der Hochschuldidaktik als Elemente eines Vektorraums definiert, die eben gewissen Gesetzen unterworfen sind." (P08, Z. 44 ff.)	48 (9,1 %)	27	1,8
Fehlen einer Definition (*, **): „Die Definitionen passen kein bisschen zusammen, weil der Vektor im Schulbuch schlicht und ergreifend nicht definiert ist." (P27, Z. 88 f.)	11 (2,1 %)	11	1
Begriffsumfang (*, **): „Dann geht es im Hochschulbuch nicht darum, ob etwas zweidimensional oder dreidimensional ist, es ist also komplett allgemein und in dem Schulbuch ist es erst einmal komplett reduziert auf das Zweidimensionale." (P06, Z. 13 ff.)	30 (5,7 %)	19	1,6
Geometrische Interpretation von Vektoren (*): „Man sieht im Schulbuch, dass hier ein geometrischer Aspekt betrachtet wird und in der Uni die algebraische (/komplett algebraische) Komponente." (P01, Z. 21 f.)	23 (4,3 %)	13	1,8

(Fortsetzung)

Tabelle 8.2 (Fortsetzung)

Subkategorie und Beispiel für ein kodiertes Segment	abs. H. (rel. H.)	Anz. Int.	abs. H./ Anz. Int.
Pfeilklassen und Repräsentanten (*): „Aber auch die Eigenschaft des Vektors als Repräsentant wird noch einmal stark verdeutlicht in einem eigenen Beispiel im Schulbuch, was im Hochschulskript nicht so vorkommt." (P20, Z. 108 ff.)	16 (3,0 %)	11	1,5
Thematisierung der Anwendungen (**): „Ich bleibe einmal bei der Anwendung. Das Schulbuch arbeitet eben von Anfang an mit einem Einstiegsbeispiel und da wird die Anwendung dann ganz konkret dargestellt, wofür man den Vektor benötigen kann. Das ist ein Beispiel. Und im Lehrbuch aus der Uni da hat man nur die Motivation, dass das eben geschichtlich interessant war." (P10, Z. 20 ff.)	16 (3,0 %)	12	1,3
Manipulativ-operatives Arbeiten: „Das würde ich jetzt auch als größten Unterschied beschreiben, dass es offensichtlich in der Schule um die Anwendung geht von Vektoren, also was ich explizit damit berechnen kann: Längen, Abstände und Richtungen, Richtungsänderungen vielleicht und das spielt erst einmal gar keine Rolle in der Einführung hier der Hochschulmathematik." (P12, Z. 22 ff.)	16 (3,0 %)	12	1,3
Geometrisch interpretierte Vektoren in Anwendungen: „Und die Anwendungen [im Lehrbuch] beziehen sich jetzt eher auf Lineare Gleichungssysteme, also algebraisch und gar nicht so geometrisch wie im Schulbuch." (P29, Z. 23 ff.)	11 (2,1 %)	8	1,4
Ortsvektoren (*): „Der Begriff Ortsvektor wird sehr ausführlich gemacht, von diesem Nullpunkt ausgehend. Diesen Begriff lernt man ja in der normalen Linearen Algebra eher nicht mehr, also kommt er da gar nicht vor." (P26, Z. 19 ff.)	6 (1,1 %)	6	1

(Fortsetzung)

Tabelle 8.2 (Fortsetzung)

Subkategorie und Beispiel für ein kodiertes Segment	abs. H. (rel. H.)	Anz. Int.	abs. H./ Anz. Int.
Vektoren als Gegenstand der Anschauung (**): „Hier im Einstieg steht z. B., dass man sich das Ganze einfach nur wie Verschiebungen vorstellen soll, also auch hier wieder so eine geometrische Anschauung, die im Uni-Skript gar nicht vorkommt." (P01, Z. 42 ff.)	52 (9,8 %)	24	2,2
Darstellungsebenen (**): „Also als erstes fällt mir die Darstellung der Informationen auf, weil auf der Seite der Schülerdarstellung für Vektoren sieht man sehr viele Darstellungen von Vektoren und allgemein Bilder, die das illustrieren sollen, während wir im Hochschulskript nur Definitionen und kein einziges Bild haben." (P20, Z. 2 ff.)	33 (6,2 %)	21	1,6
Vokabular und Sprachregister: „Ansonsten, natürlich auch die Art der Sprache ist sehr unterschiedlich. Also, hier ist sie ja relativ formal, auf wenigen knappen Sätzen alles beschränkt, das ist eben mathematisch korrekt. [...] Es ist von der Sprachart nicht so eine formal-wissenschaftliche Sprache oder Bildungssprache, sondern eher so irgendwie zwischen Alltagssprache und Bildungssprache eingeordnet." (P26, Z. 60 ff.)	3 (0,6 %)	3	1
Knappheit der sprachlichen Darstellung (**): „Okay. Ja, genau – wenn wir jetzt hier einmal reingucken, da sind auf dieser einen Doppelseiten einfach schon sehr viel mehr Informationen drin als jetzt hier in der Doppelseite des Lehrbuches." (P26, Z. 38 ff.)	10 (1,9 %)	6	1,7
Benennung und Symbolik (*, **): „Vektoren werden häufig durch kleine Buchstaben mit einem Pfeil bezeichnet. Das wird im Lehrbuch nicht erklärt." (P01, Z. 61 f.)	27 (5,1 %)	20	1,4
Koordinaten (*): „Naja, erst einmal fällt schon mal auf, dass hier überhaupt gar nicht von Koordinaten oder irgendetwas anderem die Rede ist." (P22, Z. 91 f.)	13 (2,5 %)	12	1,1

(Fortsetzung)

Tabelle 8.2 (Fortsetzung)

Subkategorie und Beispiel für ein kodiertes Segment	abs. H. (rel. H.)	Anz. Int.	abs. H./ Anz. Int.
Didaktische und methodische Aspekte (*): „Dann gibt es hier: „Das kennen sie schon", „In diesem Kapitel", da wird noch einmal angeknüpft an Vorwissen und den Schülern verdeutlicht, was jetzt eigentlich das Ziel ist. Da wird eine Metaebene beschritten, die jetzt hier in dem Hochschulbuch in keiner Weise beschritten wird. Da geht es rein um Mathematik." (P21, Z. 18 ff.)	11 (2,1 %)	9	1,2
Ohne Zuordnung (*): „Und es werden direkt die Begrifflichkeiten genannt: Ortsvektor. Hier in den Kästen steht z. B. nur etwas zur Eindeutigkeit des Nullvektors und von negativen Vektoren." (P04, Z. 39 ff.)	9 (1,7 %)	7	nicht sinnvoll

Welche Aspekte waren insgesamt, d. h. über alle Interviews gesehen, besonders präsent?

Der Tabelle ist zu entnehmen, dass am häufigsten die Subkategorien „Axiomatisches Fundament/Vektorraumaxiome" (56-mal), „Vektoren als Gegenstand der Anschauung" (52-mal) und „Charakterisierung des Vektors" (48-mal) angesprochen worden sind. In geänderter Reihenfolge sind diese drei auch diejenigen Kategorien, die von allen Kategorien in der größten Anzahl von Interviews erfasst wurden.

Inwieweit gab es auf individueller Ebene jeweils Schwerpunkte in den Darstellungen?

Je größer der Wert in der vierten Spalte von Tabelle 8.2 ist, der das Verhältnis von Häufigkeiten und Anzahl der Interviews mit der Subkategorie beschreibt, desto eher kann das Gewicht der Subkategorie in den verschiedenen Interviews variieren.[10] Um herauszufinden, ob es solche Interviews gibt, in denen besonders deutliche Schwerpunktsetzungen vorgenommen werden, können auf der Ebene der Interviews die „Top-Subkategorien" betrachtet werden, d. h. diejenigen mit

---

[10] Bei 13 Kodierungen in 12 Interviews kann auf keinen Fall mehr als ein Interview zwei Kodierungen aufweisen. Dagegen könnte es bei 56 Kodierungen einer Kategorie in 24 Interviews theoretisch der Fall sein, dass auf ein Interview 33 Kodierungen entfallen und auf die übrigen nur eines, oder dass vier Interviews neun Kodierungen enthalten und auf die übrigen jeweils nur eine Kodierung.

den meisten Kodierungen. In Tabelle 8.3 werden die Fälle ausgewiesen, in denen Subkategorien häufiger als dreimal angesprochen wurden, außerdem ist darin die Gesamtzahl der Kodierungen (Grundgesamtheit 569 Segmente) in dem jeweiligen Interview vermerkt.

Tabelle 8.3 Auf der Ebene der Einzelinterviews meistkodierte Subkategorien zur Wahrnehmung von Diskontinuität (Vektor)

Person	Top-Subkategorien (Kodierungen)	gesamt	Person	Top-Subkategorien (Kodierungen)	gesamt
P01	DV-ANS (6), TH-AX (4)	34	P25	TH-AX (4)	21
P02	TH-AX, TH-GA, IU-GEO (alle 4)	29	P28	DV-ANS (4)	19
P05	IU-CH (4)	24	P30	DV-ANS (4)	19
P13	DV-ANS (4)	30	P31	GEM (4)	21
P20	TH-AX (4)	24	P32	IU-BU (4)	24
P23	TH-AX (6), DV-EB (4)	27			

Die absoluten Werte in der Tabelle könnten als Indiz dafür gesehen werden, dass die Subkategorien „Vektoren als Gegenstand der Anschauung (DV-ANS)" oder „Axiomatische Grundlegung/Vektorraumaxiome (TH-AX)" als Schwerpunkte in einzelnen Interviews auftreten. Jedoch liegt in allen der aufgeführten Interviews die Gesamtzahl der Kodierungen (teils erheblich) im oder über dem Durchschnitt von rund 19,0 Kodierungen. Eine naheliegende Interpretation ist daher eher die, dass die Darstellungen dieser Personen in der Interviewsituation insgesamt eher ausführlich waren. Auch inhaltliche Gründe könnten eine Rolle spielen: So kann bei der Subkategorie „Axiomatische Grundlegung/Vektorraumaxiome" eine größere Zahl von Kodierungen z. B. auch dadurch zustande kommen, dass auf den Umgang mit den Vektorraumaxiomen anhand mehrerer Axiome eingegangen wird.

Welche Rolle hat das Erkennen didaktischer und methodischer Unterschiede gespielt?
In 8.1.1.2 wurde die Hinzunahme einer Haupt- und Subkategorie „Didaktische und methodische Aspekte" damit begründet, dass so erfasst werden kann, inwieweit möglicherweise fachlich-inhaltliche Aspekte zugunsten didaktischer oder methodischer Aspekte in den Hintergrund treten und der Blick der Befragten

von den Begriffen abgelenkt wird. Tabelle 8.2 zeigt in dieser Hinsicht relativ deutlich, dass die didaktischen und methodischen Aspekte nur in geringem Umfang angesprochen wurden. Nur in weniger als einem Drittel der Interviews und dann auch nur an maximal zwei Stellen im Interview wurde auf didaktische oder methodische Unterschiede im Vorgehen bei der Begriffseinführung Bezug genommen.

Für ein *Gesamtbild* von der Wahrnehmung der Diskontinuität im Zusammenhang mit dem Vektorbegriff wird der Fokus im nächsten Abschnitt auf die Wahrnehmung der Gemeinsamkeiten gelegt.

8.1.4 Wahrgenommene Gemeinsamkeiten

In 23 der 30 Interviews wird mindestens einmal eine inhaltliche Gemeinsamkeit zwischen den Materialien angesprochen. Vor dem Hintergrund, dass der Arbeitsauftrag für die Interviews explizit vorsah, auch Gemeinsamkeiten herauszuarbeiten, ist es zunächst schon durchaus bemerkenswert, dass in sieben Interviews überhaupt keine Gemeinsamkeiten zur Sprache gebracht worden sind.

Bei der genaueren inhaltlichen Betrachtung der kodierten Textstellen können verschiedene „Typen" von Gemeinsamkeiten identifiziert werden:

- Teilweise handelt es sich um Gemeinsamkeiten, die *über das eigentliche Stofflich-Begriffliche hinausgehen*. Beispiele hierfür sind:

  ○ das gleiche Bestreben, eine „fachliche Richtigkeit" herzustellen (vgl. P01, Z. 108 f.)
  ○ das grundsätzliche Anknüpfen an Vorwissen (vgl. P04, Z. 13 ff.) bzw. die Orientierung an einem „Spiralcurriculum [...], was aufeinander aufbaut" (vgl. P22, Z. 127 ff.)
  ○ das Festhalten eines „Ausblicks" auf die kommenden Themen (vgl. P30, Z. 83 f.)

- In anderen Segmenten werden eher *oberflächliche Gemeinsamkeiten* benannt. Beispiele hierfür sind:

  ○ die Wahl von Kleinbuchstaben zur Bezeichnung von Vektoren (vgl. P05, Z. 24 f.)

○ das Bemerken gemeinsamer Themen in Schule und Hochschule, wie die LGS und der Gauß-Algorithmus auf Basis der Inhaltsverzeichnisse (vgl. P11, Z. 154 ff.)

• Es kam im Einzelfall auch vor, dass zunächst auf eine vermeintliche Gemeinsamkeit hingewiesen wird, dann aber eine Einschränkung stattfindet, bei der *doch ein Unterschied* herausgearbeitet wird (siehe 8.1.3.1; Segment 11 des dort analysierten Interviews).

Bei diesen ersten drei Typen von Gemeinsamkeiten entsteht teilweise der Eindruck, dass die entsprechenden Äußerungen auch dem Umstand geschuldet waren, dass Gemeinsamkeiten „gesucht" wurden, um den Arbeitsauftrag in der Interviewsituation zu erfüllen. Ihr Vorkommen kann man so verstehen, dass es für diese Personen wohl keine tiefergehenden und/oder inhaltlichen Gemeinsamkeiten gibt und daher Aspekte wie die oben aufgeführten genannt wurden.

Bei dem vierten „Typ" von festgestellten Gemeinsamkeiten stellt sich die Situation anders dar: Dies sind Gemeinsamkeiten, die *bestimmten Unterschieden, die das Kategoriensystem anspricht, entgegenstehen.* Vier solcher „Gemeinsamkeiten" waren in den Interviews zu finden.

Erste „Gemeinsamkeit": Rechnen mit Vektoren

• *Beispiel-Segment 1:* „In beiden {Materialien} werden direkt die Rechengesetze eingeführt, also wie man jetzt mit den Vektoren rechnet." (P08, Z. 18 f.)
• *Beispiel-Segment 2:* „Naja, was inhaltlich beschrieben wird, ist ja zumindest ähnlich, weil es hier [im Schulbuch] so etwas wie ‚Wie rechnet man damit?' auch gibt. Da kann man subtrahieren und so." (P03, Z. 12 f.)

Eine Gemeinsamkeit zwischen den Materialien wird darin gesehen, dass vermeintlich beide Lehrwerke klären, wie rechnerisch mit Vektoren umgegangen werden kann. Die Beispiel-Segmente deuten jedoch darauf hin, dass Fehlvorstellungen vorliegen oder nur oberflächliche Auseinandersetzungen mit den Materialien stattgefunden haben.

So spricht P08 davon, dass in beiden Materialien direkt Gesetze eingeführt würden, die klären, wie man mit Vektoren rechnet. Auf Seiten des Lehrbuchs trifft dies insofern zu, dass z. B. das Kommutativgesetz für die Verknüpfung zweier Vektoren oder das Assoziativgesetz den rechnerischen Umgang mit Vektoren auf einer abstrakten, allgemeinen Ebene regeln. Wie das Verknüpfen der Vektoren oder der Vektoren und Skalare an sich bezogen auf einen konkreten Vektorraum (mit bestimmten Verknüpfungen) stattfindet, ist hier hingegen nicht dargestellt. Auf Seiten des Schulbuchs wird eigentlich noch gar nicht mit Vektoren gerechnet. Zwar werden zeilenweise Punktkoordinaten subtrahiert, jedoch sind noch gar keine Verknüpfungen von Vektoren eingeführt. Über die Subtraktion der Punktkoordinaten hinaus wäre außerdem fraglich, an welcher Stelle der Proband sonst noch im Schulbuch Rechengesetze zu erkennen vermag. Mit anderen Worten: „Wie man jetzt mit den Vektoren rechnet" kann auf dem Abstraktionsniveau des Lehrbuchs gar nicht allgemein gesagt werden und ist im Schulbuch in dem betrachteten Ausschnitt noch nicht gesagt worden.

Auch P03 scheint die Axiome im Lehrbuch als eine Antwort auf die Frage „Wie rechne ich mit Vektoren?" zu sehen. Aus dieser Perspektive heraus träte der eigentliche Charakter der axiomatischen Definition zugunsten einer Fokussierung auf Anwendungssituationen, die den rechnerischen Umgang mit Vektoren erfordern, in den Hintergrund. Neben diesem Aspekt ist zudem, wie schon bei P08, der Aspekt in der Äußerung problematisch, dass für das Schulbuch schon die Rede davon ist, dass man dort subtrahieren könne, obwohl das eigentliche Rechnen mit Vektoren an dieser Stelle noch nicht eingeführt wurde.

Das Erkennen einer Gemeinsamkeit im Rechnen mit Vektoren steht relativ offensichtlich mit den Subkategorien „Axiomatisches Fundament/Vektorraumaxiome" und „Manipulativ-operatives Arbeiten" in Konflikt, darüber hinaus potenziell mit der Subkategorie „Umgang mit Existenz- und Eindeutigkeitsfragen" (nämlich dadurch, dass die Axiome auf Rechenregeln reduziert werden und die Aussagen zur Existenz negativer Vektoren und eines Nullelements ‚übersehen' werden).

Zweite „Gemeinsamkeit": Gleiche Struktur/Gleicher Aufbau

- *Beispiel-Segment 1:* „Ich sage mal so: Von der Struktur her ist es ja das Gleiche: wir fangen mit etwas Kleinem an, das ist das Grundwissen, Körper, und bauen darauf eben die Vektoren auf und hier auch Grundwissen Koordinatensysteme und daraus kommen eben meine Körper. Das heißt, die Struktur ist schon dieselbe." (P22, Z. 120 ff.)
- *Beispiel-Segment 2:* „[A]uch hier wieder [...] die Gemeinsamkeit, dass im Schulbuch zwar am Anfang ein Beispiel genannt wurde und an diesem Beispiel wird sich so ein bisschen aufgehangen. Aber es wird eigentlich quasi ab dem dritten Absatz auf Seite 116 direkt auf die Mathematik eingegangen, die zwar immer wieder auch mit einem grafischen Beispiel moderiert wird, aber trotzdem erst einmal innermathematisch bleibt und ein erster Anwendungsfall

wird dann im Nachhinein nach dieser ersten Definition auf Seite 117 gebracht, was ja wieder so ein bisschen vergleichbar ist mit dem, wie es im Hochschulbuch ist, nämlich dass auch erst in Abschnitt 3.1 die Definition kommt [...] und im anschließenden Kapitel dann Beispiele genannt werden." (P25, Z. 58 ff.)

Als weitere Gemeinsamkeit wird in einzelnen Interviews eine ähnliche Vorgehensweise in der Erarbeitung des Begriffs angesprochen. P22 sieht die Gemeinsamkeit vor allem im Aufeinanderaufbauen der Begrifflichkeiten. Auf Seiten des Lehrbuchs ist dies unmittelbar ersichtlich, da hier ein klassischer axiomatisch-deduktiver Aufbau verfolgt wird. Für das Schulbuch lässt sich zwar festhalten, dass zwar aus Punkten (die in Koordinatensystemen dargestellt werden) Vektoren gewonnen werden. Jedoch ist das Verhältnis von Koordinatensystemen und Vektorräumen nicht eines von Grundbegriff und darauf aufbauendem Begriff im axiomatisch-deduktiven Sinne. In der Äußerung von P25 wird das Vorhandensein eines innermathematischen Theorieteils vor einem konkretisierenden Anwendungs- und Beispielteil als Gemeinsamkeit gesehen. Das Erkennen einer Gemeinsamkeit „Gleiche Struktur/Gleicher Aufbau" im Sinne von P22 steht vor allem mit der Subkategorie „Axiomatischer oder genetischer Ansatz" in Konflikt. Der Proband P25 geht in seiner Äußerung schnell darüber hinweg, dass „im Schulbuch zwar am Anfang ein Beispiel genannt wurde und [sich] an diesem Beispiel so ein bisschen aufgehangen wird", was einen Ansatzpunkt bieten würde, auf den Unterschied „Genetischer oder axiomatischer Ansatz" einzugehen. Die vermeintliche Ähnlichkeit zwischen dem „Anwendungsfall" und den Beispielen im Lehrbuch steht im Konflikt mit den Subkategorien „Deduktives Vorgehen/Theorieentwicklung" und „Thematisierung von Anwendungen".

Dritte „Gemeinsamkeit": Der Gegenvektor und die negativen Vektoren
Das Thematisieren des Gegenvektors im Schulbuch und der negativen Vektoren im Lehrbuch war in der Studie die am häufigsten angesprochene Gemeinsamkeit.

- *Beispiel-Segment 1:* „Hier ist einmal der Gegenvektor und hier die Existenz eines negativen Vektors. Das ist wahrscheinlich dasselbe." (P15, Z. 43 ff.)
- *Beispiel-Segment 2:* „Als Gemeinsamkeit fällt mir noch auf, dass der im Schulbuch Gegenvektor genannte Vektor zu einem beliebigen anderen Vektor auch im Hochschulbuch noch in diesem Anfangskapitel aufgegriffen wird. Hier wird er [der Gegenvektor] jetzt negativer Vektor genannt und anders definiert. Aber es ist ja das Gleiche damit gemeint, sodass da tatsächlich auch irgendwie vom Vorgehen her gleiche Sachen passieren." (P25, Z. 54 ff.)

Dadurch, dass schnell eine inhaltliche Entsprechung zwischen dem Gegenvektor und dem negativen Vektor gesehen wird, werden, wie bei P15 und P25, der Unterschied zwischen dem axiomatisch geforderten negativen Vektor und dem in einer Pfeildarstellung als entgegengesetzt erkennbaren Gegenvektor ebenso wie die verschiedene Rolle, die die Frage der Eindeutigkeit spielt, übersehen. Besonders im zweiten Beispiel-Segment wird dies deutlich. Zwar ist noch die Rede davon, dass der negative Vektor anders definiert werde, (wohl Bezug nehmend auf die Gleichung $v + (-v) = o$, die im Schulbuch nicht vorkommt), aber die Einschätzung, dass „auch irgendwie vom Vorgehen her gleiche Sachen passieren" deutet daraufhin, dass der wesentliche Unterschied, dass der Gegenvektor nämlich im Lehrbuch nicht aus der Anschauung hervorgeht, wohl kaum wahrgenommen wurde. Das Feststellen großer Ähnlichkeit bei der Einführung des negativen Vektors und des Gegenvektors steht mit mehreren Subkategorien in Konflikt, vor allem natürlich mit „Axiomatisches Fundament/Vektorraumaxiome" und „Umgang mit Existenz- und Eindeutigkeitsfragen".

Vierte Gemeinsamkeit: „Definition"

- *Beispiel-Segment 1:* „Es ist sehr schwierig, einen großen Vergleich zu ziehen, denn wir benutzen im Kern eben die Basisdefinition, die ist ähnlich." (P27, Z. 44 f.)
- *Beispiel-Segment 2:* „Zu den Gemeinsamkeiten – man hat jeweils eine Definition, was ein Vektor ist." (P18, Z. 23 f.)

Als weitere Gemeinsamkeit in den Materialien wird auch das Vorkommen einer Definition wahrgenommen. Im ersten Beispiel-Segment ist dies implizit, da von zwei ähnlichen Basisdefinitionen die Rede ist, im zweiten wird dagegen explizit gesagt, dass man jeweils eine habe. Die Definition als Gemeinsamkeit wahrzunehmen, steht nicht nur in Konflikt mit den Subkategorien „Charakterisierung des Vektors" bzw. „Fehlen einer Definition", sondern widerspricht diesen sogar.

Die Erkenntnisse über die angesprochenen Gemeinsamkeiten geben konkrete Anhaltspunkte dafür, welche Aspekte theoretischer Sensibilität für unterschiedliche Sichtweisen auf einen mathematischen Gegenstand in Schule und Hochschule später im Rahmen der Zielvorstellung für einen Höheren Standpunkt Berücksichtigung finden sollten. Hierfür sind darüber hinaus natürlich auch die entsprechenden Erkenntnisse im Zusammenhang mit dem Skalarprodukt relevant. Bevor die Wahrnehmung von Diskontinuität um den Begriff Skalarprodukt in den Fokus rückt, werden zunächst einige Beobachtungen der ersten Analyse zusammenfassend festgehalten.

8.1.5 Zusammenfassung zentraler Beobachtungen

Die zentralen Beobachtungen der letzten beiden Abschnitte können in Stichpunkten wie folgt zusammengefasst werden:

- Es gibt eine starke Wahrnehmung von Diskontinuität. Das Verhältnis von Kodierungen zu beobachteten Unterschieden und Kodierungen zu wahrgenommenen Gemeinsamkeiten beträgt 10:1. Unter den Gemeinsamkeiten sind auch einige, die sich auf oberflächliche Merkmale beziehen.
- Im Durchschnitt über alle Interviews werden zwischen zehn und elf Aspekten angesprochen. Dabei variiert die Zahl der angesprochenen Subkategorien zwischen den Interviews jedoch erheblich.
- Die Gestaltung des Theorieaufbaus (HK 1) und Begriffsinhalt und Begriffsumfang (HK 2) werden in allen Interviews betrachtet, außerdem immer noch wenigstens eine von den übrigen deduktiven Hauptkategorien (3 bis 5).
- Didaktische und methodische Aspekte wurden kaum angesprochen, der Fokus der Interviewten lag erkennbar auf den fachlich- inhaltlichen Aspekten der Erarbeitung des Begriffs.
- Am häufigsten angesprochen (anteilig an allen Kodierungen und bezogen auf die Anzahl der Interviews) werden die Aspekte „Axiomatisches Fundament/Vektorraumaxiome", „Vektoren als Gegenstand der Anschauung" und „Charakterisierung des Vektors".
- Eine starke Ungleichverteilung der Kodierungen in den Subkategorien (mögliches Zeichen einer starken Schwerpunktbildung) war nicht festzustellen.
- Unter den angesprochenen Gemeinsamkeiten sind auch solche, die sich dem theoriegeleiteten Diskontinuitäts-Begriff (siehe 2.6) widersetzen bzw. diesem entgegenstehen (*Rechnen mit Vektoren als Gemeinsamkeit, gleicher Ansatz beim Theorieaufbau, gleicher Umgang mit dem Aspekt der negativen Vektoren, Verfügbarkeit einer Definition*) und auf verschiedene Aspekte einer zu entwickelnden theoretischen Sensibilität verweisen.

8.2   Wahrgenommene Diskontinuität bei der Einführung des Skalarproduktes

In diesem Unterkapitel wird thematisiert, welche Unterschiede und Gemeinsamkeiten bei der Einführung des Skalarproduktes im Schulbuch und im Lehrbuch in den Interviews benannt wurden. Sein Aufbau ist identisch mit dem des vorherigen

Unterkapitels: In Abschnitt 8.2.1 wird zunächst wieder das finale Kategoriensystem für die Analysen erläutert, bevor in 8.2.2 dessen Anwendung anhand von zwei Interviews aufgezeigt wird. Danach werden die Ergebnisse des vollständigen Kodierdurchlaufs über alle Interviews zunächst im Hinblick auf die Unterschiede (8.2.3) und anschließend im Hinblick auf die Gemeinsamkeiten (8.2.4) dargestellt, bevor in 8.2.5 eine knappe Zusammenfassung erfolgt.

8.2.1 Aufbau des finalen Kategoriensystems

Das finale Kategoriensystem zur Wahrnehmung von Diskontinuität um den Begriff Skalarprodukt entstand ausgehend von den deduktiven Kategorien, die in 7.2.4 als Ergebnis der Materialanalyse festgehalten wurden. In diesem Abschnitt werden – analog zum Vorgehen in 8.1.1 – die induktiven Veränderungen gegenüber dem deduktiven Kategorienentwurf vorgestellt und zusätzliche Hauptkategorien eingefügt, bevor im letzten Schritt das finale Kategoriensystem geschlossen dargestellt wird.

8.2.1.1 Induktive Anpassungen ausgehend von den deduktiven Hauptkategorien

Bei der Kodierung der Interviews zum Skalarprodukt mit den deduktiven Kategorien aus 7.2.4 hat sich – wie schon beim Vektorbegriff – an einzelnen Stellen gezeigt, dass Aspekte inhaltlich anders zu fassen oder zusätzliche Kategorien hinzuzufügen sind, um die Bandbreite der angesprochenen Unterschiede mit Subkategorien beschreiben zu können.

In der Hauptkategorie „Gestaltung des Theorieaufbaus" sind zwei induktive Subkategorien neu hinzugekommen: „Angabe einer Berechnungsvorschrift" und „Reihenfolge Orthogonalität und Skalarprodukt".

Subkategorie „Angabe einer Berechnungsvorschrift"

Definition:	Unter diese Subkategorie fallen Äußerungen dazu, dass im Schulbuch eine Formel zur Berechnung des Skalarproduktes präsentiert wird, während das Lehrbuch keine konkrete Abbildungsvorschrift für zwei Vektoren angibt.
Beschreibung:	Die Subkategorie greift den Aspekt auf, dass in den Interviews mehrfach angesprochen wurde, dass es im Schulbuch „eine Formel für das Skalarprodukt" gebe, während im Lehrbuch keine solche Formel zu finden sei. Das Lehrbuch bleibt an dieser Stelle dabei, nur ein konstruktives Verfahren zur Gewinnung von Gram-Matrizen anzugeben (aus denen natürlich Formeln ähnlich der im Schulbuch gewonnen werden könnten).

Subkategorie „Reihenfolge Orthogonalität und Skalarprodukt"	
Definition:	Unter diese Subkategorie fallen Aussagen, die darauf Bezug nehmen, in welcher Reihenfolge die Themen Orthogonalität und Skalarprodukt in den vorliegenden Auszügen behandelt werden.
Beschreibung:	In einigen Interviews wurde als Unterschied bemerkt, dass im Lehrbuch erst das Skalarprodukt und anschließend der Begriff der Orthogonalität eingeführt werde, während im Schulbuch der Begriff der Orthogonalität schon verwendet werde, bevor das Skalarprodukt bekannt ist.

Darüber hinaus wurde ebenfalls unter der Hauptkategorie „Gestaltung des Theorieaufbaus" die Subkategorie „Verortung der Lehreinheit" umbenannt in „Fokus der Lehreinheit", da sich im Austausch mit dem Zweitkodierer herausgestellt hatte, dass diese Bezeichnung besser zu der Beschreibung der Subkategorie passt. Aus demselben Grund wurde auch die Subkategorie „Umfassender Theorieaufbau" umbenannt in „Größerer Theorierahmen" mit dem Zusatz „(mehr Begriffe)".

Bezüglich der vorgesehenen Hauptkategorie „Anwendung des Skalarproduktes" hat sich gezeigt, dass der Aspekt, den die Subkategorie „Quelle für eine neue Problemstellung" anspricht, in den Interviews keine Bedeutung erfuhr. Daher wurde diese Subkategorie nicht in das finale Kategoriensystem übernommen. Die Hauptkategorie, die nunmehr nur noch eine Subkategorie umfasst, wurde umbenannt in „Thematisierung von Berechnungen mit dem Skalarprodukt" und geht inhaltlich in der (einzigen) Subkategorie „Rechnerischer Umgang mit dem Skalarprodukt" auf.

Die Hauptkategorie „Sprache" wurde umbenannt in „Verwendete Symbolik", da aus den weiteren Äußerungen zur sprachlichen Gestaltung der Lehrtexte über die Symbolik hinaus keine zusätzlichen Subkategorien induktiv zu bilden waren. Die Benennung der Hauptkategorie beschreibt so den Inhalt der einzigen dazugehörigen Subkategorie präziser. Die Einzeläußerungen, in denen sprachliche Unterschiede angesprochen wurden, die nicht die symbolischen Schreibweisen betreffen, wurden der Hauptkategorie „Ohne Zuordnung" (s. u.) zugewiesen.

8.2.1.2 Ergänzung weiterer Hauptkategorien

Zusätzlich zu den fünf Hauptkategorien aus der Materialanalyse wurden zwei weitere Hauptkategorien in das Kategoriensystem zur Wahrnehmung von Diskontinuität aufgenommen. Dabei handelt es sich um die beiden unter 8.1.1.2 motivierten und beschriebenen Hauptkategorien „Ohne Zuordnung" und „Gemeinsamkeiten". Auch die (Haupt-)Kategorie „Didaktische und methodische Aspekte" war zunächst wieder vorgesehen, um mögliche Schwerpunktsetzungen in den Interviews in dieser Richtung sichtbar zu machen. Im mehrstufigen Prozess der Kodierung zeichnete sich jedoch ab, dass solche Aspekte in den Interviews zum Skalarprodukt eine sehr untergeordnete Rolle gespielt haben.

8.2.1.3 Übersicht über das finale Kategoriensystem

Tabelle 8.4 gibt eine Übersicht über das finale Kategoriensystem.

Tabelle 8.4 Übersicht über die Haupt- und Subkategorien zur Wahrnehmung der Diskontinuität bei der Einführung des Skalarproduktes

Hauptkategorien mit Subkategorien	
Gestaltung des Theorie-aufbaus [TH]	• Fokus der Lehreinheit [TH-FL] • Größerer Theorierahmen (mehr Begriffe) [TH-GR] • Axiomatisch-deduktives versus genetisches Vorgehen [TH-GAD] • Angabe einer Berechnungsvorschrift [TH-BV] • Begründung von Zusammenhängen [TH-ZS] • Keine geometrische Sichtweise (insb. Winkel) [TH-GEO] • Norm- und Längenbegriff [TH-NL] • Reihenfolge Orthogonalität und Skalarprodukt [TH-OR]
Begriffsinhalt und Begriffsumfang [IU]	• Charakterisierung: Abbildung oder Term [IU-CH] • Eigenschaften oder Rechenregeln [IU-ER] • Begriffsumfang: verschiedene Skalarprodukte [IU-SP] • Begriffsumfang: Vektorräume mit Skalarprodukt [IU-VR]
Thematisierung von Berechnungen mit dem Skalarprodukt [BER]	• Rechnerischer Umgang mit dem Skalarprodukt [BER]
Ikonische Darstellungen [IKD]	• Ikonische Darstellungen [IKD]
Verwendete Symbolik [SYM]	• Symbolik [SYM]
Ohne Zuordnung [OZ]	• Ohne Zuordnung [OZ]
Gemeinsamkeiten [GEM]	• Gemeinsamkeiten [GEM]

8.2.2 Beispiel für ein segmentiertes und kodiertes Interview

In diesem Abschnitt werden die Segmentierung und die Kodierung eines Transkripts zu einem Interview mit einem Referendar dargestellt und damit ein Einblick in (i) den Umgang mit den Subkategorien im Kodierungsprozess gegeben und der Einblick in (ii) die Art des Datenmaterials vergrößert. Das betrachtete Interview beinhaltet 15 Segmente und ebenso viele Kodierungen in zehn Subkategorien.[11]

Der Referendar beschreibt zum Einstieg unabhängig voneinander die Herangehensweise an die Erarbeitung des Begriffs Skalarproduktes im Lehrbuch und im Schulbuch bis zur Definition. Der Vergleichsaspekt, den er im ersten Segment anlegt, sind die Darstellungsebenen, die in den Lehrwerken einbezogen werden. Die Subkategorie „Ikonische Darstellungen" [IKD] erfasst den Inhalt des Gesagten.

Z.	Seg.	Transkript	Code
1–12		Im Schulbuch gibt es eine kleine Herleitung, wo man dann zu dem Resultat kommt, dass der Vektor a und Vektor b genau dann zueinander orthogonal sind, wenn $a_1b_1 + a_2b_2 = 0$ ist und dann wird eine Definition des Skalarproduktes einfach nur an einem Beispiel von Vektor a und Vektor b als $a_1b_1 + a_2b_2 + a_3b_3$ festgehalten. Aber es wird nur gesagt, dass das Skalarprodukt die Multiplikation von Vektoren ist und die genauso aussieht. Das Uni-Material ist wieder anschaulich wie eh und je (ironisch). Wir haben den hoch symbolischen Charakter. Da wird das Skalarprodukt auch wieder erst im Nachhinein definiert, weil erst einmal etwas zu einer Bilinearform gesagt wird. Es wurde vorher definiert was symmetrisch und was positiv definit ist, nachher steht dort: „Ein Skalarprodukt eines reellen Vektorraums V ist eine symmetrische Bilinearform, die positiv definit ist."	
12–14	1	Auch hier [wie schon beim Vektorbegriff] haben wir den anschaulichen Part mit einer Abbildung gegen etwas ausschließlich Symbolisches.	IKD

Danach geht der Referendar ausführlicher auf die Charakterisierung des Skalarproduktes im Schulbuch ein. Er betont zunächst, dass aus seiner Sicht im Schulbuch eine Klärung des Begriffs, die über die Angabe des Terms für die Berechnung im Dreidimensionalen hinausgeht, zu kurz kommt. Ab Zeile 20 wird dann auch der Bezug zu der Definition des Skalarproduktes über die Bilinearformen im Lehrbuch hergestellt. Der Referendar weist explizit darauf hin, dass im Schulbuch „nicht der Ausdruck zu Bilinearformen" stehe und grenzt das Schulbuch damit in diesem Aspekt vom Lehrbuch ab. Der angesprochene Unterschied

---

[11] Das Vorgehen in diesem Abschnitt und die Darstellung (insbesondere auch die Beschriftungen in den Tabellen) sind wie bei der Besprechung des ersten Interviewbeispiels in 8.1.2 gewählt.

zwischen dem Skalarprodukt – einerseits betrachtet als Term und andererseits betrachtet als Bilinearform – wird mit der Subkategorie „Charakterisierung: Abbildung oder Term" [IU-CH] erfasst.

Ab Zeile 28 wird noch einmal der Theorieaufbau im Lehrbuch in dem vorgelegten Unterkapitel hin zur Definition zusammengefasst. Insbesondere hebt der Referendar die axiomatische Herangehensweise hervor.

15–20		Das Skalarprodukt wird im Schulmaterial eigentlich gar nicht richtig erklärt. Da ist es eher so ein Werkzeug, eine Black-Box, die irgendwie so funktioniert, aber warum genau jetzt das Skalarprodukt von Vektor a mal Vektor b diesem Term entspricht, das weiß man nicht. Das ist einfach so festgelegt. Damit, dass das einfach so funktioniert, meine ich, dass dieses Skalarprodukt einfach aus dem Nichts als solches definiert wird.	
20–27	2	Dieser Term $a_1b_1 + a_2b_2 + a_3b_3$ heißt einfach Skalarprodukt. Die Motivation war, dass wir ein Kriterium für Orthogonalität suchen und genau dieser Term gibt uns dieses Kriterium – wenn der Term gleich 0 ist. Und d. h. dann Skalarprodukt. Aber was genau das Skalarprodukt jetzt ist, außer, dass es dieser Term ist, warum es zwei Vektoren entspricht, das sieht man da nicht. Beim Skalarprodukt ist jetzt natürlich vorher nicht der Ausdruck zu Bilinearformen, der die Grundlage für Skalarprodukte ist, weil das Skalarprodukt ja nur eine konkrete Bilinearform ist.	IU-CH
28–32		Aber auch im Lehrbuch wird erst einmal die Voraussetzung festgehalten, z. B., dass die Bilinearform $\langle v, w \rangle$ der Bilinearform $\langle w, v \rangle$ entspricht, also dass es symmetrisch ist, und dann noch einmal was positiv definit bedeutet. Das führt auch hier wieder über konkrete Axiome zum Skalarprodukt. Bilinearformen, die genau diese Eigenschaften besitzen, werden Skalarprodukt genannt.	

Danach vergleicht der Referendar die Materialien mit seinen Worten unter dem Aspekt „motivationaler Charakter". Er beschreibt das problemgeleitete Vorgehen im Schulbuch, bei dem der Wunsch, das Vorliegen von Orthogonalität zu klären, zum Skalarprodukt führt und stellt diesem das Vorgehen des Lehrbuchs gegenüber, das eine Definition des Skalarproduktes ohne ein solches motivierendes Problem präsentiert. Damit spricht er inhaltlich den Kern einer genetisch-problemorientierten und einer axiomatisch-deduktiven Vorgehensweise beim Theorieaufbau an, weshalb Segment 3 entsprechend mit „Axiomatisch-deduktiver versus genetischer Ansatz" [TH-GAD] kodiert wurde.

| 33–44 | 3 | Wieder ist im Schulmaterial der motivationale Charakter deutlich höher. Wir wissen, dass wir ein Problem haben: ‚Wir suchen Vektoren, die orthogonal sind.' bzw. die Herangehensweise ist hier sogar anders. Da wird gesagt: ‚Da ist irgendetwas komisch.' und dann sieht es aus, als ob es orthogonal wäre. Aber man kann überprüfen, dass diese Vektoren, die da im Zweidimensionalen dargestellt sind, nicht orthogonal sind. Aber grundsätzlich ist das Problem der Orthogonalität von Vektoren das, was den motivationalen Charakter für die Schüler hat. Und auch hier ist es wieder in dem Skript so, dass es da eigentlich gar keine richtige Motivation gibt, sondern eher eine Definition. Wir schauen uns einfach mal an, was es für mögliche Bilinearformen gibt, was für Eigenschaften da gelten können und dann wird das Skalarprodukt als eine dieser Bilinearformen definiert. | TH-GAD |

Als nächsten Aspekt konzentriert sich der Referendar auf die Reihenfolge, in der die Konzepte Skalarprodukt und Orthogonalität in den Materialien aufgegriffen werden. In Segment 4 spricht er gezielt an, dass im Schulbuch die Orthogonalität schon zu Beginn des Kapitels aufgegriffen wird, während das Lehrbuch auf die Orthogonalität erst zu einem späteren Zeitpunkt, nämlich am „Ende", eingeht. Dieses Segment (4) wurde mit der am Material gebildeten Subkategorie „Reihenfolge: Orthogonalität und Skalarprodukt" [TH-OR] kodiert.

44–46		Im Schulbuch wird das Skalarprodukt am Ende des Kapitels über Geraden eingeführt, um auch die Orthogonalität von Geraden später überprüfen zu können.	
46–48	4	Dass das [die Orthogonalität] bei dem einen Skript am Anfang des Kapitels steht und bei dem anderen am Ende, hat nur etwas mit der Gliederung zu tun.	TH-OR
48–49		Man hätte die Orthogonalität wahrscheinlich auch woanders einbringen können.	

Es folgt eine Passage im Interview, in der der Referendar unmittelbar aufeinander folgend mehrere Unterschiede zwischen den Materialien thematisiert. Als erstes geht der Referendar auf den Unterschied zwischen dem Schulbuch und dem Lehrbuch im Hinblick auf die berücksichtigten Vektorräume ein, sodass das Segment 5 dementsprechend mit der Subkategorie „Vektorräume mit Skalarprodukt" [IU-VR] kodiert wurde.

| 50–55 | 5 | Im Schulbuch haben wir auch wieder nur das Skalarprodukt für den $\mathbb{R}^3$ untersucht, das ist auch wieder nur ein konkretes Beispiel, auch diese ganze Definition ist ein konkretes Beispiel, weil wir uns das Ganze ja nur für einen konkreten Vektorraum angucken. Und hier [im Lehrbuch] schauen wir uns das für einen beliebigen K-Vektorraum an, was natürlich viel allgemeiner ist, aber dementsprechend natürlich auch viel abstrakter. | IU-VR |

In Segment 6 wird noch einmal, ähnlich zu Segment 1, der Unterschied angesprochen, der zwischen den Materialien im Hinblick auf die gewählten Darstellungsformen besteht. Das Segment ist der Subkategorie „Ikonische Darstellungen" zuzuordnen.

| 56–57 | 6 | Die Anschaulichkeit dieses abstrakten Skalarproduktes, das wird auch mit Darstellungen auf den Seiten des Schulbuchs wieder dargestellt. | IKD |

Unmittelbar im Anschluss an Segment 6 beginnt ein neues Segment, in dem der Referendar darauf eingeht, dass es einen Unterschied zwischen den Materialien beim Umgang mit der geometrischen Interpretation des Skalarproduktes gibt. Dass es im Lehrbuch keine „geometrische Anschauung" gebe, ist wohl darauf bezogen, dass das Skalarprodukt dort überhaupt nicht mit geometrischen Fragen aus dem Anschauungsraum oder der Anschauungsebene in Verbindung gebracht wird. Es herrscht keine geometrische Sichtweise vor. Das Segment (7) passt inhaltlich unter die Subkategorie „Geometrische Sichtweise (insb. Winkel)" [TH-GEO].

| 57–61 | 7 | Was genau jetzt ein Skalarprodukt im Hochschulsinne ist, wird eigentlich auf den ersten Blick geometrisch nicht deutlich, weil da nur die Definition der Symmetrie und der positiven Definitheit einer Bilinearform ausgewählt sind. Es gibt im Lehrbuch keine geometrische Anschauung wie im Schulbuch. | TH-GEO |

Als nächstes spricht der Referendar die unterschiedliche Gestaltung von Argumentationen in beiden Lehrwerken aus vergleichender Perspektive an. Er geht auf den Unterschied zwischen den Herleitungen im Schulbuch und dem Beweisen vorangestellter Sätze im Lehrbuch ein und hebt für das Schulbuch noch die Unterstützung der Argumentation durch den Ansatz der Veranschaulichung hervor. Segment 8 wurde dementsprechend der Subkategorie „Begründung von Zusammenhängen" [TH-ZS] zugewiesen.

| 62–66 | 8 | Die Beweise im Schulbuch sind eher eine Herleitung, das andere ist eher ein Beweis, dann wirkt auf den ersten Blick ein Beweis auf Hochschulniveau nicht anschaulich, nicht sonderlich nachvollziehbar und in der Schule kleinschrittiger, nachvollziehbarer für Schüler, auch weil daneben noch einmal eine Abbildung ist, die das Ganze veranschaulicht. | TH-ZS |

Im nächsten Segment (9) wird noch einmal ganz explizit das Thema Darstellungsebenen bzw. Darstellungswechsel aufgegriffen. Zu Segment 9 passt daher die Subkategorie „Ikonische Darstellungen".

| 67–69 | 9 | Hinzu kommt, dass wieder ein Darstellungswechsel von ikonisch zu symbolisch stattfindet und im Hochschulskript einfach nur die symbolische Darstellung gewählt wird überall. | IKD |

Unmittelbar danach springt der Referendar in Segment 10 zur Thematik der fachlichen Richtigkeit, und zwar speziell im Hinblick auf die Definitionen. Da er diese sowohl im Schulbuch als auch im Lehrbuch als gegeben ansieht, wird das Segment mit dem Code „Gemeinsamkeiten" [GEM] versehen. Anschließend merkt er zwar im nachfolgenden Segment noch an, dass im Schulbuch nicht erkennbar wird, dass das Skalarprodukt nicht nur im $\mathbb{R}^3$ definiert werden kann. Da er sich aber nicht dahingehend äußert, dass dies aus seiner Sicht eine Einschränkung der fachlichen Richtigkeit darstellt, bleibt es bei der Kodierung von Segment 10. Aus Segment 11 geht dagegen hervor, dass der Referendar den Unterschied im Hinblick auf den Begriffsumfang im Lehrbuch und im Schulbuch erkannt hat, sodass dem Segment die Subkategorie „Vektorräume mit Skalarprodukt" [IU-VR] zugeordnet wird.

Ab Zeile 73 beginnt dann eine Passage ohne weitere Segmente, in der der Referendar argumentiert, weshalb die Beschränkung der Definition auf den $\mathbb{R}^3$ vor dem Hintergrund der in der Schule thematisierten Vektorräume folgerichtig ist bzw. welche Problematik einem einmalig erweiterten Begriffsumfang innewohnen würde.

| 69–71 | 10 | Natürlich wird auch im Schulbuch wieder – im Uni-Skript ist es selbstverständlich – auf die fachliche Richtigkeit von Definitionen geachtet. | GEM |

| 72–73 | 11 | Natürlich steht im Schulbuch nirgendwo, dass der Term $a_1b_1 + a_2b_2 + a_3b_3$ nur im dreidimensionalen Raum dem Skalarprodukt Vektor a mal Vektor b entspricht. | IU-VR |

| 73–85 | Aber das ist etwas, worüber Schüler in dieser Situation gar nicht nachdenken würden. Sie haben es ja gar nicht anders kennengelernt, die kennen ja keine Vektorräume. Sie kennen ja nur ihren $\mathbb{R}^3$ und von daher wird darauf verzichtet. Das würde ich jetzt aber nicht als fachlich falsch bezeichnen wollen, sondern vielleicht als ein bisschen reduzierter, weil es unnötig wäre oder im Wesentlichen ablenken würde, weil die Schüler dann eher noch einmal hinterfragen würden: ,Was gibt es denn irgendwie sonst noch?' und dann wäre man natürlich schnell wieder bei einer allgemeinen Definition von einem Vektorraum, den man da gar nicht möchte. Man möchte sich ja erst einmal nur mit diesem dreidimensionalen Raum beschäftigen und die Schüler sollen gar nicht von jeglichen anderen Vektorräumen abgelenkt werden, die es noch so gibt. Sie kennen diese gar nicht. Dann wäre es sinnlos, wenn man so etwas in so einem Kapitel ansprechen würde. |

Zum Ende seiner Ausführungen zu den Materialien im Rahmen der ersten Interviewphase weist der Referendar noch auf die große Anzahl an Beispielaufgaben im Schulbuch hin, die die Anwendung des Skalarproduktes demonstrieren. Sein Vergleich mit dem Lehrbuch ergibt, dass die dortigen Betrachtungen „auf einem deutlich höheren Abstraktionsniveau" stattfinden und dort insbesondere keine Beispiele im Sinne von Beispiel-Rechnungen zu finden sind (sondern nur im Sinne von Gram-Matrizen, die verschiedene konkrete Skalarprodukte induzieren). Insofern weist der Referendar mit seiner Äußerung in Segment 12 genau auf den Unterschied hin, der mit der kodierten Subkategorie „Rechnerischer Umgang mit dem Skalarprodukt" [BER] erfasst wird. Ab Zeile 92 geht der Referendar noch darauf ein, wie zugänglich er selbst die dargebotenen Beispiele findet und reflektiert über die didaktische Funktion von Beispielen im Allgemeinen (oder im Kontext mathematischer Texte – das lässt sich an dieser Stelle nicht genauer sagen).

| 86–91 | 12 | Wir sehen auch direkt auf der ersten Seite, dass ganz viel mit Beispielen gearbeitet wird, dass mit konkreten Zahlen gerechnet wird, also Beispiele mit Lösungen und ich schaue mal kurz in das Uni-Skript hinein, wie es da so aussieht. Ein Beispiel nach Uni-Skript ist das Angeben von Matrizen, die Skalarprodukte definieren. Das ist zwar ein Beispiel, aber ein Beispiel auf einem deutlich höheren Abstraktionsniveau. | BER |

| 92–98 | Meiner Meinung nach kann man ein Beispiel im Schulbuch mit leichtem Blick nachvollziehen und man muss sich für ein Beispiel in der Hochschule aber daransetzen und erst einmal nachvollziehen, warum das Ganze jetzt ein Beispiel für ein Skalarprodukt ist. Es ist nicht auf den ersten Blick nachvollziehbar, obwohl es ein Beispiel ist. Und ein Beispiel soll ja eigentlich eine erklärende Funktion haben, damit einem vielleicht eine abstrakte Darstellung deutlicher wird. | |

Ab Zeile 99 beginnt die zweite Interviewphase mit Impulsen seitens der Interviewerin zur Auseinandersetzung mit den Materialien bezüglich ihrer Gemeinsamkeiten und Unterschiede. In dieser Phase wurden drei Leitfragen gestellt.

Auf die erste Frage nach dem **Umgang mit dem Begriff** geht der Referendar ein, indem er im Rahmen von Segment 13 die rechnerischen Anwendungen auf Seiten des Schulbuchs (Orthogonalität von Vektoren überprüfen oder Winkel bestimmen) den theoretischen Ausführungen im Lehrbuch gegenüberstellt. Er spricht damit genau den Aspekt an, den die Subkategorie „Thematisierung von Berechnungen mit dem Skalarprodukt" beschreibt.

| 99–103 | 13 | In der Schule wird das Skalarprodukt zum einen als Kriterium für Orthogonalität und zur Bestimmung von Winkeln zwischen Vektoren benutzt. In der Hochschule wird hauptsächlich allgemein über Bilinearformen gesprochen und dann das Skalarprodukt als Beispiel einer solchen Bilinearform gezeigt. Es könnte aber auch sein, dass Bilinearformen zum Vermessen in Räumen sind. | BER |

Daran schloss sich die Frage nach dem **Stellenwert des Begriffs** auf Seiten der Schule und der Hochschule an, auf die der Referendar losgelöst vom Material eingeht, indem er übergeordnet über die Rolle des Skalarproduktes in der Schule reflektiert und dabei dem Skalarprodukt auf Seiten der Schule die Rolle eines Werkzeugs zuschreibt. Insbesondere sein Erfahrungswissen über schultypische Anwendungskontexte (Mauern, Sonnenstrahlen, geradlinige Bewegungen) spielt dabei eine große Rolle.

| 104–118 | In der Schule ist es eben ein Werkzeug, das man braucht, um z. B. orthogonale Geraden zu finden. Häufig sind die in irgendwelchen Anwendungsaufgaben verpackt, dass man irgendetwas, vielleicht irgendeinen Vektor finden soll, der eine Mauer beschreibt oder einen Sonnenstrahl, der irgendwie orthogonal, also senkrecht auf etwas Anderes trifft, also da als Werkzeug hauptsächlich oder einen Winkel bestimmt, der von zwei geradlinigen Bewegungen erzeugt wird. Der [Stellenwert] ist vielleicht sogar noch höher als der des Skalarproduktes in der Uni, weil das ja nur ein Beispiel ist. Während die Bedeutung von einer Bilinearform relativ groß ist, ist das Skalarprodukt eine konkrete Bilinearform. Bezüglich der Hierarchie ist es natürlich so, dass das Skalarprodukt eine Bilinearform untergeordnet ist und dass wir uns in der Schule irgendwie die greifbaren Sachen der Hochschule rauspicken, mit denen die Schüler umgehen können, die sie irgendwie auch aus der Realität vielleicht kennen, zumindest so etwas wie geradlinige Bewegungen oder Sonnenstrahlen. |

Bei der Beantwortung der letzten Frage nach den **Darstellungen** im Lehrbuch und im Schulbuch nimmt der Referendar wieder direkt Bezug auf die Materialien. Er spricht zunächst in Segment 14 die verschiedenen Schreibweisen zur Darstellung des Skalarproduktes an, weshalb das Segment der Subkategorie „Verwendete Symbolik" [SYM] zugeordnet wird. Ausgehend davon, dass die Schreibweise des Skalarproduktes im Lehrbuch von der Schreibweise der Bilinearformen herrührt, greift der Referendar in Segment 15 noch einmal den Aspekt auf, dass das Skalarprodukt im Lehrbuch vorrangig als Beispiel für eine Bilinearform einführt wird und die Bilinearform der entscheidende Begriff in dieser Lehreinheit sei. Seine Aussage, dass man nur mit dem Wissen, „was eine Bilinearform ist", im Lehrbuch etwas mit dem Skalarprodukt anfangen könne, erfasst ein wesentliches Merkmal des axiomatisch-deduktiven Aufbaus im Lehrbuch. Die Abgrenzung gegenüber dem Schulbuch markiert der Referendar zum einen durch Betonung, sie ergibt sich aber vor allem dadurch, dass bereits im Vorhinein angesprochen wurde, dass im Schulbuch gar nicht auf die Bilinearformen Bezug genommen wird.

| 119–123 | 14 | Auf symbolischer Ebene haben wir hier das Skalarprodukt entweder durch den Punkt zwischen Vektoren eben dargestellt oder als das Äquivalente dazu, diesen Term, den ich vorhin schon genannt habe, während das Skalarprodukt in der Hochschule mit diesen Klammern, die man typischerweise von den Bilinearformen kennt, dargestellt wird. | SYM |

302   8 Ergebnisse der Interviewstudie: Wahrnehmung von Diskontinuität

123–128	15	Da [im Lehrbuch] muss man wissen, was eine Bilinearform für Eigenschaften hat, um nachvollziehen zu können, wie man das Skalarprodukt greifen kann, wie man sich so etwas vorstellen kann. Die sagen <u>nur</u>, dass es eine Bilinearform ist. Da haben wir wieder diese Hierarchie „wissen, was eine Bilinearform ist", damit man etwas mit dem Skalarprodukt anfangen kann.	IU-GAD

Zum Abschluss des Interviews ordnet der Referendar das Vorgehen im Schulbuch noch einmal übergeordnet ein. Dabei stellt er erst fest, dass dort die geometrische Interpretation des Skalarproduktes (siehe 4.2.2) nicht wirklich zum Ausdruck kommt. Insgesamt kommt er zu dem Ergebnis, dass das Skalarprodukt im Schulbuch „Werkzeugcharakter" hat.

129–137	So ein Skalarprodukt ist eigentlich eine orthogonale Projektion auf die Gerade, aber die sieht man hier auch nicht so wirklich im Schulbuch, also was das Ganze geometrisch bedeutet. Es wird eine andere Herangehensweise gewählt, indem wir ein Kriterium für Orthogonalität suchen und nicht überlegen, dass wir so etwas haben und was das denn geometrisch bedeutet. Das Vorgehen im Schulbuch unterstreicht vielleicht auch so diesen Werkzeugcharakter, den das Skalarprodukt in der Schule hat. Werkzeugcharakter bezieht sich darauf, dass man etwas benötigt, um zwei orthogonale Vektoren zu finden oder einen zu einem Vektor orthogonalen Vektor zu finden.

8.2.3 Wahrgenommene Unterschiede

Nach der vertieften Betrachtung eines einzelnen Interviews im letzten Abschnitt wird in diesem Abschnitt eine quantifizierende Perspektive auf die Gesamtheit der Interviews eingenommen. Im ersten Schritt wird dabei ein Gesamtüberblick gegeben (8.2.3.1), bevor im zweiten Schritt die Subkategorien einzeln angesprochen werden (8.2.3.2).

8.2.3.1 Deskriptive Betrachtungen im Gesamtbild

Insgesamt wurden über alle 26 Interviews zum Skalarprodukt 267 Segmente kodiert, von denen 244 der Wahrnehmung von Unterschieden zuzurechnen sind.[12] Pro Interview wurden also im Schnitt 9,4 Segmente erfasst, in denen Unterschiede zwischen dem Schulbuch und dem Lehrbuch angesprochen wurden.

---

[12] In 242 Segmenten wurden ausschließlich Unterschiede angesprochen. Zwei Segmente sind mit einer Subkategorie zu den Unterschieden und der Subkategorie Gemeinsamkeiten [GEM] kodiert.

Mit den Subkategorien des Kategoriensystems (aus 8.2.1.3) wurden 308 Kodierungen vorgenommen, davon entfallen 25 Kodierungen auf die Subkategorie „Gemeinsamkeiten". Wie schon beim Vektorbegriff gibt es auch beim Skalarprodukt eine Differenz zwischen der Anzahl der Segmente und der Kodierungen, die durch Mehrfachkodierungen von Segmenten zustande kommt. Zweimal kam es vor, dass einem Segment drei Subkategorien zugeordnet wurden und an 37 Segmenten wurden zwei Codes vergeben.

Ausgehend von 283 Kodierungen von Unterschieden zwischen den Materialien, entspricht dies im Schnitt rund 10,9 Kodierungen in jedem Interview zum Begriff Skalarprodukt. Das Maximum liegt bei 23 Kodierungen, das Minimum bei vier Kodierungen. Durch Reduktion der Betrachtungen auf die deduktiven Hauptkategorien (d. h. durch Ausklammern der Kodierungen zu der Subkategorie „Ohne Zuordnung" neben den kodierten Gemeinsamkeiten) bleiben noch 269 Kodierungen übrig. Die durchschnittliche Anzahl der Kodierungen liegt dann entsprechend niedriger, nämlich bei rund 10,3 Kodierungen (Maximum: 23; Minimum: 4).

Wie verteilen sich die Kodierungen auf die Subkategorien?
Die fünf deduktiven Hauptkategorien umfassen zusammen 15 Subkategorien (siehe 8.2.1.3). Von diesen 15 Subkategorien werden in den Interviews durchschnittlich 6,5 angesprochen. Die minimale Anzahl an Subkategorien beträgt drei, die höchste festgestellte Anzahl beträgt elf. Wird die ergänzte Hauptkategorie „Ohne Zuordnung" mit einbezogen, ergibt sich mit den 16 Subkategorien ein Durchschnitt von rund 6,9 angesprochenen Subkategorien pro Interview. Die folgenden Boxplots in Abbildung 8.2 (siehe unten) visualisieren die Verteilung der Anzahl der Kodierungen und die Verteilung der Anzahl der angesprochenen Subkategorien in den 26 Interviews zum Skalarprodukt.[13]

Wieder stellt sich die Frage, inwieweit über alle Interviews thematische Schwerpunkte festzustellen sind. Zu ihrer Beantwortung werden entsprechend dem Vorgehen in der ersten Analyse in 8.1.3.1 nacheinander (i) die Anzahl der in den Interviews besetzten Hauptkategorien, (ii) die Anteile der einzelnen Hauptkategorien an allen Kodierungen, (iii) die Anteile der einzelnen Subkategorien an allen Kodierungen und (iv) die Verteilung der Kodierungen zu den Subkategorien auf die Interviews, in denen diese vorkommen, betrachtet.

---

[13] Den Boxplots liegen jeweils die kleineren Zahlen an Kodierungen (269) und an Subkategorien (15) zugrunde, die sich ergeben, wenn die generische Subkategorie „Ohne Zuordnung" nicht berücksichtigt wird.

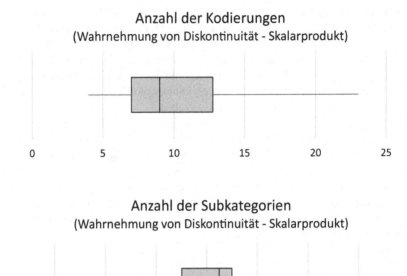

Abbildung 8.2 Boxplots zur Verteilung der Anzahlen der Kodierungen und der Anzahl der Subkategorien zur Wahrnehmung von Diskontinuität (Skalarprodukt)

Zu (i): Zur Anzahl der Hauptkategorien ist festzuhalten, dass in fünf der insgesamt 26 Interviews Subkategorien aus allen fünf deduktiven Hauptkategorien kodiert wurden. Siebenmal waren es vier Hauptkategorien und zehnmal waren es drei Hauptkategorien. Vier der Befragten besetzten nur Aspekte aus zwei Hauptkategorien. Die Hauptkategorie „Gestaltung des Theorieaufbaus" war in allen Interviews vertreten und die Hauptkategorie „Begriffsinhalt und Begriffsumfang" in allen bis auf eine Ausnahme.

Zu (ii): Unter den fünf deduktiven Hauptkategorien teilen sich die Hauptkategorien wie folgt auf: Den größten Anteil haben die Kodierungen zur Hauptkategorie „Gestaltung des Theorieaufbaus" mit rund 56,9 % vor der Hauptkategorie

„Begriffsinhalt und Begriffsumfang" mit einem Anteil von rund 21,9 %. Die Hauptkategorien „Ikonische Darstellungen" und „Symbolik" haben einen Anteil von 9,3 % bzw. 6,3 %. Am seltensten war mit 5,6 % die Hauptkategorie „Thematisierung von Berechnungen mit dem Skalarprodukt" unter den Kodierungen vertreten. Die Anteile der einzelnen Subkategorien und die Verteilung ihrer Kodierungen auf die Interviews (d. h. die Aspekte (iii) und (iv)) werden im nächsten Unterabschnitt dargestellt.

8.2.3.2 Verteilung der Subkategorien

Tabelle 8.5 enthält für alle Subkategorien Angaben zur absoluten Häufigkeit der Subkategorie und zur relativen Häufigkeit bezogen auf die 283 Kodierungen zu Unterschieden zwischen den Materialien (erste und zweite Spalte). Außerdem ist in der Tabelle angegeben, in wie vielen Interviews die jeweilige Subkategorie kodiert wurde (dritte Spalte) und wie das Verhältnis zwischen der Häufigkeit des Codes und der Anzahl der Interviews, in denen der Code vergeben wurde, ausfällt (vierte Spalte).[14]

Aus der Tabelle ist zu entnehmen, dass inhaltliche Aspekte zu den Kategorien „Axiomatisch-deduktives versus genetisches Vorgehen" (66-mal) in den Interviews besonders präsent waren. Mit Ausnahme von zwei Interviews wurde in allen Fällen wenigstens einmal eine Äußerung vorgenommen, die unter diese Kategorie zu fassen ist. Über alle Interviews wurden ansonsten auch die Themen der Kategorien „Charakterisierung: Term oder Abbildung" und „Ikonische Darstellungen" mit je 25 Kodierungen relativ häufig angesprochen. Die drei genannten Kategorien sind auch diejenigen Kategorien, die von allen Kategorien in der größten Anzahl von Interviews erfasst wurden.

Um zu klären, inwieweit es bei der Beschäftigung mit der Einführung des Skalarproduktes in Schule und Hochschule auf individueller Ebene jeweils Schwerpunkte in den Darstellungen gab, werden auf der Ebene der Interviews die „Top-Kategorien" mit den meisten Kodierungen ermittelt. Tabelle 8.6 zeigt, in welchen Interviews Kategorien häufiger als dreimal angesprochen wurden und wie hoch die Gesamtzahl der Kodierungen (Grundgesamtheit 308 Kodierungen) in dem jeweiligen Interview ist.

---

[14] Alle Werte in der Tabelle sind auf eine Nachkommastelle gerundet. Lesebeispiel zur Tabelle in 8.1.3.2.

Tabelle 8.5 Wahrnehmung der Unterschiede in den Lehr-Lern-Materialien aus quantitativer Sicht (Skalarprodukt)

Subkategorie und Beispiel für ein kodiertes Segment[15]	abs. H. (rel. H.)	Anz. Int.	abs. H./ Anz. Int.
Fokus der Lehreinheit: „Erst einmal lässt sich festhalten, dass ‚Skalarprodukte' hier schon einmal der Oberpunkt ist, während es hier Geraden und Ebenen sind und nur ein Unterpunkt hier einmal Skalarprodukt heißt." (P02, Z. 4 ff.)	8 (2,8 %)	7	1,1
Größerer Theorierahmen (mehr Begriffe): „[Im Lehrbuch] hat man auch im Gegensatz zur Schule, wo man nur Orthogonalität zum einen und dann die Winkelbestimmung mit dem Skalarprodukt hat, nach der Definition dann noch, wofür man das Skalarprodukt überhaupt alles verwendet in der Linearen Algebra. Das ist schon ziemlich weit gefasst – die Cauchy-Schwarz-Ungleichung und dann noch, dass man das für die euklidische Norm benutzt, also, dass man hier im Grunde genommen, das Skalarprodukt als Basis für verschiedene andere Definitionen nimmt und dann natürlich mit den ganzen verschiedenen Beweisen dazu." (P17, Z. 16 ff.)	15 (5,3 %)	10	1,5
Axiomatisch-deduktives versus genetisches Vorgehen (*): „Es wird [im Lehrbuch] erst einmal etwas Allgemeines begonnen und dann wird das darauf gecuttet, dass ein Skalarprodukt eben eine bestimmte symmetrische Bilinearform ist. Dann allgemein auf Spezifizierung. Und hier ging es, glaube ich, mit einem konkreten Beispiel los, was man damit machen will." (P04, Z. 3 ff.)	66 (23,3 %)	24	2,8
Angabe einer Berechnungsvorschrift: „In der Schule wird praktisch einfach gesagt: ‚Das Skalarprodukt von a und b ist einfach die Berechnungsformel. Also das Skalarprodukt von a und b ist $a_1b_1 + a_2b_2 + a_3b_3$ und wenn das eben 0 ist, dann sind die Vektoren orthogonal zueinander'. Diese Berechnungsformel hat man in der Hochschule gar nicht." (P24, Z. 126 ff.)	13 (4,6 %)	10	1,3

(Fortsetzung)

---

[15] Zu den mit „*" markierten Kategorien sind im Beispiel in 8.2.2 weitere Beispiel-Segmente zu finden.

Tabelle 8.5 (Fortsetzung)

Subkategorie und Beispiel für ein kodiertes Segment	abs. H. (rel. H.)	Anz. Int.	abs. H./ Anz. Int.
Begründung von Zusammenhängen (*): „Das heißt, im Schulbuch haben wir wieder Einstiegsbeispiele und die Heranführung zu diesen Formeln, damit die nicht so ganz aus der Luft fallen. Das heißt, der Beweis wird so ein bisschen voran geführt und dann wird definiert und im Hochschulbuch ist es eben andersherum. Da sind erst einmal Sätze vorgegeben, die anschließend bewiesen werden." (P06, Z. 3 ff.)	10 (3,5 %)	9	1,1
Keine geometrische Sichtweise (insb. Winkel) (*): „Deswegen hat man in der Schule eben wieder so eine Definition über die geometrische Idee im $\mathbb{R}^3$ oder $\mathbb{R}^2$. Und in der Hochschule hat man eben die Definition rein über formales Schließen aus der Konstruktion von symmetrischen Bilinearformen und hin eben zu Orthogonalbasen, die man haben möchte." (P24, Z. 132 ff.)	21 (7,4 %)	14	1,5
Norm- und Längenbegriff: „Und dann kommt dazu, dass die Norm eines euklidischen Vektorraums, also eine Abbildung definiert wird und die eben durch das Skalarprodukt induziert wird. Was ganz interessant ist, ist, dass es im Gegensatz zu dem Schulbuch steht, weil da offensichtlich die Länge schon vorher kam. Also da wird bei der Länge angesetzt und eigentlich total verkehrt herum die Länge verwendet, um ein Skalarprodukt zu definieren." (P02, Z. 86 ff.)	10 (3,5 %)	7	1,4
Reihenfolge Orthogonalität und Skalarprodukt (*): „Im Lehrbuch ist Orthogonalität das Ziel des Ganzen. Man fängt an, vorher das Skalarprodukt zu definieren und schließt dann nachher irgendwie daraus, was dann orthogonale Vektoren sind. Es ist ein bisschen so eine umgekehrte Reihenfolge." (P05, Z. 50 ff.)	10 (3,5 %)	8	1,3

(Fortsetzung)

Tabelle 8.5 (Fortsetzung)

Subkategorie und Beispiel für ein kodiertes Segment	abs. H. (rel. H.)	Anz. Int.	abs. H./ Anz. Int.
Charakterisierung: Abbildung oder Term (*): „Da wird das Skalarprodukt als symmetrische Bilinearform definiert, die positiv definit ist. In der Schule, verglichen damit, wird der Term $a_1 \cdot b_1 + a_2 \cdot b_2 + a_3 \cdot b_3$ als Skalarprodukt bezeichnet, also definiert, beziehungsweise $a_1 \cdot b_1 + a_2 \cdot b_2$ im $\mathbb{R}^2$. Wir haben eben irgendwie zwei Vektoren im $\mathbb{R}^3$ gegeben und es gibt einen bestimmten Algorithmus, sage ich jetzt einfach mal, der als Skalarprodukt definiert wird." (P11, Z. 53 ff.)	25 (8,8 %)	19	1,3
Eigenschaften oder Rechenregeln: „Dann werden [im Schulbuch] die Rechenregeln thematisiert, die für ein Skalarprodukt gelten, während in der Uni die Rechenregeln, glaube ich, nicht thematisiert werden. Weil die ja in dem Vektorraum klar sind, fehlt das hier in dem Kapitel." (P10, Z. 22 ff.)	9 (3,2 %)	7	1,3
Begriffsumfang: verschiedene Skalarprodukte: „Ja, also hier haben wir erst einmal gar kein eindeutiges Skalarprodukt definiert. Wir haben ja auch noch keine Berechnungsformel irgendwie für das Skalarprodukt." (P24, Z. 65 ff.)	8 (2,8 %)	5	1,6
Begriffsumfang: Vektorräume mit Skalarprodukt (*): „Genauso, wenn man sich das Skalarprodukt hier anschaut, dann wird das für allgemeine Vektorräume definiert und hier ist es sozusagen nur das Skalarprodukt nicht einmal für den $\mathbb{R}^n$, sondern für den $\mathbb{R}^3$." (P14, Z. 22 ff.)	17 (6,0 %)	9	1,9
Rechnerischer Umgang mit dem Skalarprodukt (*): „Ja, in der Schule wird das Skalarprodukt für geometrische Flächen verwendet. Wie gestalte ich z. B. dieses Blumenbeet? Geraden im Raum untersuchen, die Orthogonalität am Beispiel von Geraden und Winkel zwischen zwei Vektoren. Hier ist dieses Beispiel mit dem Brückenkran. Da soll ja irgendetwas verschoben werden in einem bestimmten Winkel. In der Uni soll es eine Anwendung geben? Muss ich überlesen haben. Gibt es wahrscheinlich nicht." (P10, Z. 26 ff.)	15 (5,3 %)	11	1,4

(Fortsetzung)

Tabelle 8.5 (Fortsetzung)

Subkategorie und Beispiel für ein kodiertes Segment	abs. H. (rel. H.)	Anz. Int.	abs. H./ Anz. Int.
Ikonische Darstellungen (*): „In der Hochschule wird auf Visualisierung verzichtet. Die wichtigsten Sachen stehen wieder in den Texten, hier unten in den Boxen." (P08, Z. 27 ff.)	25 (8,8 %)	15	1,7
Symbolik (*): „Das Skalarprodukt wird hier mit einem ganz normalen Punkt als Malzeichen eingeführt. Ansonsten ist hier erst einmal soweit nichts Neues. Den Betrag kennen sie [die Schüler:innen] schon. Und hier im Hochschulbuch haben die für das Skalarprodukt diese Klammerform genommen, und zwar ist das so, dass die Vektoren mit Kommata getrennt in spitzen Klammern stehen. Wieder eben keine Pfeildarstellung." (P06, Z. 60 ff.)	17 (6,0 %)	14	1,2
Ohne Zuordnung (*): „Es wird auch anders definiert als in der Hochschule, weil man in der Hochschule eben erst den ersten Vektor transponieren muss, um das Skalarprodukt bilden zu können. Das wird in der Schule vernachlässigt." (P15, Z. 7 ff.)	14 (4,9 %)	10	nicht sinnvoll

Tabelle 8.6 Auf der Ebene der Einzelinterviews meistkodierte Kategorien zur Wahrnehmung von Diskontinuität (Skalarprodukt)

Person	Top-Subkategorien (Kodierungen)	gesamt	Person	Top-Subkategorien (Kodierungen)	gesamt
P02	TH-GAD (9)	24	P24	TH-GAD (4)	20
P14	TH-GAD (4)	13	P25	GEM (4)	11
P20	TH-GAD (6)	16	P26	TH-GAD (4)	14
P23	TH-GAD (7)	17			

Die Werte in Tabelle 8.6 zeigen, dass die Subkategorie „Axiomatisch-deduktives versus genetisches Vorgehen" (TH-GAD) als Schwerpunkt in einzelnen Interviews auftritt. Während vier Kodierungen (P14, P24, P26) gegenüber dem rechnerisch zu erwartenden Wert von 2,8 Kodierungen pro Interview noch eine eher kleine Abweichung darstellen, fallen die Fälle mit neunmaliger (P02), siebenmaliger (P23) und sechsmaliger (P20) Kodierung schon eher auf – selbst wenn berücksichtigt wird, dass in diesen Fällen auch die Gesamtzahl der Kodierungen jeweils deutlich über dem Durchschnitt von 11,8 Kodierungen pro Interview liegt.

Bei der Untersuchung des inhaltlichen Gehalts der Äußerungen von P02, P20 und P23 in den Segmenten mit dem Code „TH-GAD" stellt sich heraus, dass die höhere Zahl der Kodierungen größtenteils nicht auf Wiederholungen von bereits Gesagtem zurückzuführen ist, sondern die Unterschiede zwischen einem axiomatisch-deduktiven und einem genetischen Vorgehen jeweils anhand mehrerer Aspekte der Materialien nach und nach herausgearbeitet werden. Dieses Herausarbeiten wird exemplarisch für den Fall P02 in Tabelle 8.7 verdeutlicht, die nahe am Wortlaut den Gehalt der mit „TH-GAD" kodierten Segmente getrennt nach Schulbuch und Lehrbuch ausweist.

Tabelle 8.7 Verlauf der Äußerungen eines Masterstudenten zur Gestaltung des Theorieaufbaus (Skalarprodukt)

Zeile	Schulbuch	Lehrbuch
8–12	Dort „steht nichts von Bilinearformen oder von symmetrisch".	„Irgendwie wird auf den Bilinearformen aufgebaut".
31–36	„Von dem Satz des Pythagoras ausgehend wird ein Term gefunden". „Der Term wird dann als Skalarprodukt bezeichnet".	Es „wird erst einmal etwas über eine Bilinearform gesagt". „Die Definition, was eine Bilinearform ist, [wird] vorausgesetzt". „Es wird wahrscheinlich irgendwo anders stehen, wann es symmetrisch ist".
37–39	Dass das Skalarprodukt kommutativ ist, steht dort „erst später"	
39–42	Es „wird von einem Beispiel dann ein Skalarprodukt definiert und dann wird festgestellt, was dafür gilt".	Es „wird nicht gesagt, was dafür gilt, sondern wenn etwas gilt, dann nennen wir es so".
59–63		Es werden „erst einmal ganz viele Begriffe aufgebaut [...], um dann wirklich definieren zu können, was ein Skalarprodukt ist".

(Fortsetzung)

Tabelle 8.7 (Fortsetzung)

Zeile	Schulbuch	Lehrbuch
139–143		„Der Aufbau [...] ist um einiges komplexer". „Es müssen mehr Begriffe definiert werden". „Die Fachsprache muss viel weiter aufgebaut werden".
149–157	„Es wird irgendwie ein Problem aus der realen Welt gesucht, was dann beschrieben werden soll mit Vektoren/wofür man dann eben die Begriffe Winkel usw. mathematisch braucht, um das beschreiben zu können".	„Es fängt halt mit einer Definition an". „Ich weiß nicht, ob man sagen kann, dass es keine Motivation gibt. Es wird eben einfach gemacht".
168–169	Es „wird nichts definiert". „Na doch, es wird eben irgendwie benannt."	„Alles [wird] als Folgerung aus dem bekannten Wissen bezeichnet".
188–192		Orthogonale Vektoren und Orthonormalbasis werden „erst einmal ganz lang aufgebaut"

Nach dieser punktuellen Vertiefung am Material zur Thematisierung der Unterschiede in den Interviews durch die Befragten, wird nun für das *Gesamtbild* von der Wahrnehmung der Diskontinuität im Zusammenhang mit der Einführung des Skalarproduktes der Fokus auf die Wahrnehmung der Gemeinsamkeiten gelegt.

8.2.4 Wahrgenommene Gemeinsamkeiten

In 16 der 26 Interviews wird mindestens einmal eine inhaltliche Gemeinsamkeit zwischen den Materialien angesprochen. Wie schon beim Vektorbegriff gibt es also auch im Falle des Skalarproduktes einen bemerkenswert großen Anteil von Interviews, in denen überhaupt keine Gemeinsamkeiten angesprochen wurden, obwohl der Arbeitsauftrag im Interview dazu aufforderte, auch Gemeinsamkeiten herauszuarbeiten.

Zwei „Typen" von Gemeinsamkeiten, die im Zusammenhang mit der Einführung von Vektoren in den Äußerungen der Befragten unterschieden werden konnten, waren auch in den Interviews zum Skalarprodukt wiederzufinden.

- Dies sind zum einen die Gemeinsamkeiten, die *über das eigentliche Stofflich-Begriffliche hinausgehen.* Beispiele hierfür sind in den Interviews zum Skalarprodukt:

  ○ der Grundsatz der fachlichen Richtigkeit
  ○ das Anbringen von Beispielen
  ○ das Vorkommen mathematischer Argumentationen in Herleitungen oder Beweisen in der gesamten Darstellung

- Als *oberflächliche Gemeinsamkeiten* sind z. B. zu nennen:

  ○ die in beiden Lehrwerken verwendeten Schreibweisen (das Orthogonal-Symbol und Vektorkoordinaten mit Indizes)
  ○ das Ansprechen der gleichen Themen (Betrag bzw. Norm und orthogonale Vektoren bzw. Orthogonalität)
  ○ gleiche Überschriften (jeweils ‚Skalarprodukt' enthalten)

Darüber hinaus gab es einzelne Äußerungen vom Typ Gemeinsamkeiten mit gewissen fachlichen Unstimmigkeiten, die außerdem bestimmten Unterschieden, die das Kategoriensystem anspricht, entgegenstehen. Sie werden nachfolgend erläutert.

Erste „Gemeinsamkeit": Beweis des Skalarproduktes
Segment: „Dann wird sozusagen **in beiden Fällen ein Beweis** irgendwie geführt, warum das gilt, also jetzt hier [im Schulbuch] warum a mal b, mal in Anführungszeichen/Sternchen-Mal, gilt." (P05, Z. 11 ff.)
P05 sieht eine Gemeinsamkeit zwischen den Materialien darin, dass jeweils das Skalarprodukt bewiesen werde. Damit wird das Skalarprodukt implizit als beweisbarer mathematischer Zusammenhang anstatt als mathematischer Begriff klassifiziert. Diese Einschätzung könnte darauf zurückgehen, dass der Definition des Skalarproduktes im Schulbuch eine Herleitung vorangeht (nämlich des Kriteriums, wie die Orthogonalität von Vektoren rechnerisch nachgewiesen werden kann) und im Lehrbuch relativ kurz vor der Definition ein Beweis steht. Das Erkennen dieser (vermeintlichen) Gemeinsamkeit steht mit der Subkategorie „Axiomatisch-deduktiver oder genetischer Ansatz" in Konflikt, denn es wird offenbar nicht erkannt, dass das Skalarprodukt axiomatisch definiert wird bzw. als Bezeichnung für einen hergeleiteten Term eingeführt wird.

Zweite „Gemeinsamkeit": Reduzierte Formel
Segment: „Also, wenn man das miteinander vergleicht, ist das ja durchaus auch hier drin zu finden, eben im Mathebuch in abgespeckter Version, aber man kann auf jeden Fall **Gemeinsamkeiten** finden, sowohl **hinsichtlich der Formel** als auch [...]." (P13, Z. 113 ff.)

In diesem Segment ist von nicht näher bestimmten Gemeinsamkeiten hinsichtlich der Formel die Rede. Die im Lehrbuch gegebene Definition des Skalarproduktes selbst enthält keine Gleichung, die als Formel angesprochen werden könnte. Angesichts der Fülle von Termen und Gleichungen, die in dem vorliegenden Lehrbuchkapitel vorkommen, kann letztendlich nicht geklärt werden, welcher Ausdruck von P03 auf Seiten des Lehrbuchs stattdessen gemeint war.[16] Das Erkennen dieser (vermeintlichen) Gemeinsamkeit steht mit der Subkategorie „Charakterisierung: Term oder Abbildung" insofern in Konflikt, dass nicht erkannt wurde, dass das Skalarprodukt auf Seiten des Lehrbuchs nicht als ein bestimmter Term, sondern als eine bestimmte Sorte von Abbildungen vielfältiger Art charakterisiert wird.

Dritte „Gemeinsamkeit": Umgang mit der Norm
Segmente: „Der Betrag, bzw. im Schulbuch, wenn ich jetzt mathematisch nicht totalen Blödsinn erzähle, wird es als **Norm** bezeichnet, wird **in beiden Situationen quasi eingeführt**, weil man das eben braucht, um die Winkel dazwischen berechnen zu können." (P25, Z. 9 ff.) und „Naja, was ja gleich ist, ist die Norm, die in beiden/bzw. der Betrag, der **in beiden Büchern benutzt** wird." (P25, Z. 29 f.)

P25 sieht die Einführung der Norm und deren Verwendung als Gemeinsamkeit der beiden Materialien. Zutreffend ist, dass die Norm bzw. der Betrag in beiden Materialien eine Rolle spielen, jedoch unterscheidet sich der Umgang mit der Norm bzw. dem Betrag deutlich. Die Situation wird zum einen dahingehend fehlinterpretiert, dass auf Seiten des Schulbuchs der Betrag als Mittel für die Bestimmung der Vektorlängen schon vorausgesetzt wird. Zum anderen wird nicht berücksichtigt, dass auf Seiten des Lehrbuchs die Norm nicht für konkrete Berechnungen herangezogen wird und damit nicht in dem Sinne „benutzt" wird, wie es im Schulbuch bei der Herleitung des Skalarproduktes bzw. bei der Winkelbestimmung der Fall ist. Das Erkennen dieses (vermeintlich) gleichen Umgangs mit der Norm steht sowohl mit dem inhaltlichen Gehalt der

[16] Es könnte z. B. sein, dass die Darstellung eines Vektors v als Linearkombination $v = k_1v_1 + k_2v_2$ wegen oberflächlicher Ähnlichkeit zu $\langle k, v \rangle = k_1v_1 + k_2v_2$,was für geeignete Vektoren dem Skalarprodukt im Sinne des Schulbuchs entspricht, gemeint war.

Subkategorie „Normen und der Längenbegriff" als auch mit der Subkategorie „Rechnerischer Umgang mit dem Skalarprodukt" in Konflikt.

Wenngleich es sich nur um Einzelfälle handelt, gibt die genauere Betrachtung der angesprochenen Gemeinsamkeiten auch im Fall des Skalarproduktes konkrete Anhaltspunkte dafür, welche Aspekte theoretischer Sensibilität für unterschiedliche Sichtweisen auf einen mathematischen Gegenstand in Schule und Hochschule später im Rahmen der Zielvorstellung für einen Höheren Standpunkt Berücksichtigung finden sollten. Abschließend werden auch zu dieser zweiten Analyse wieder einige Beobachtungen zusammenfassend festgehalten.

8.2.5 Zusammenfassung zentraler Beobachtungen

Die zentralen Beobachtungen der letzten beiden Abschnitte lassen sich wie folgt zusammenfassen:

- Beim Vergleich der Materialien wird von den Befragten insgesamt eine starke Diskontinuität wahrgenommen. Einer Kodierung zu einer wahrgenommenen Gemeinsamkeit stehen mehr als elf Kodierungen zu wahrgenommenen Unterschieden gegenüber. Unter den Gemeinsamkeiten sind sogar noch Äußerungen zu eher oberflächlichen Aspekten berücksichtigt und zudem solche, die fachliche Unstimmigkeiten enthalten (z. B. wenn in den Materialien Beweise für das Skalarprodukt gesehen werden) und die daher auch nur eingeschränkt als echte „Gemeinsamkeiten" zu werten sind.
- Im Durchschnitt über alle Interviews werden zwischen sechs und sieben verschiedene Aspekte von Diskontinuität angesprochen, wobei die Zahl der angesprochenen Aspekte zwischen den Interviews jedoch erheblich variiert.
- Die Gestaltung des Theorieaufbaus (HK 1) und der Begriffsumfang (HK 2) werden in den Interviews immer bzw. fast immer betrachtet. In der Frage, wie viele der drei weiteren Hauptkategorien angesprochen werden, ist keine verallgemeinernde Aussage möglich.
- Am häufigsten angesprochen (anteilig an allen Kodierungen und bezogen auf die Anzahl der Interviews) werden die Aspekte „Axiomatisch-deduktives versus genetisches Vorgehen", „Charakterisierung: Abbildung oder Term" und „Ikonische Darstellungen".
- In einzelnen Interviews gibt es einen Schwerpunkt auf dem Herausarbeiten des Unterschieds zwischen der axiomatisch-deduktiven und der problemorientierten genetischen Vorgehensweise bei der Erarbeitung im Lehrbuch bzw. im Schulbuch.

8.3 Vergleichende Betrachtungen zwischen den Interviews zu Vektor und Skalarprodukt

Nachdem für die beiden Begriffe Vektor und Skalarprodukt die Wahrnehmung der Diskontinuität getrennt voneinander besprochen wurde, erfolgt an dieser Stelle ein Vergleich der Resultate der beiden Analysen. Dabei ergibt sich folgendes Bild:

- Die **Anzahl der im Mittel kodierten Segmente pro Interview** ist beim Vektorbegriff deutlich höher als beim Skalarprodukt (14,7 versus 10,3). Zwischen den Materialien zum Vektorbegriff werden somit allgemein gesehen häufiger Bezüge hergestellt.
- Das **Verhältnis der durchschnittlichen Zahl aufgerufener Subkategorien zur Gesamtzahl aller Subkategorien des jeweiligen Kategoriensystems** ist in beiden Analysen nahezu identisch (11,2 von 26 bzw. 6,9 von 16).
- Auch die (relative) **Spannweite bei der Anzahl der thematisierten Subkategorien** (zu sehen als Maß für die Heterogenität) ist vergleichbar: Das Verhältnis der Spannweite bei der Anzahl der Subkategorien zur Anzahl der zu vergebenden Subkategorien ist mit 0,54 bzw. 0, 53 nahezu identisch.
- Die Anzahl der Hauptkategorien (bei beiden Begriffen fünf), aus denen in den Interviews Subkategorien vergeben wurden, ist beim Vektorbegriff im Schnitt größer als beim Skalarprodukt. Das heißt, dass dort im Schnitt ein breiteres inhaltliches Spektrum als beim Skalarprodukt in den Äußerungen erkennbar wurde.
- Die jeweils **am häufigsten aufgerufene Hauptkategorie** ist bei beiden Analysen die Gestaltung des Theorieaufbaus. Darüber hinaus werden vorrangig Unterschiede im Begriffsinhalt und Unterschiede, die den Aspekt der Anschauung betreffen, angesprochen.
- Das Verhältnis von angesprochenen Gemeinsamkeiten und Unterschieden bewegt sich zu beiden Begriffen in etwa auf demselben Niveau. Dies lässt darauf schließen, dass die Diskontinuität in beiden Kontexten als ähnlich gravierend gesehen wird.

8.4 Wahrnehmung von Diskontinuität in verschiedenen berufsbiografischen Abschnitten

Die Teilnehmer:innen an den Interviews befanden sich zum Zeitpunkt der Erhebung in vier verschiedenen berufsbiografischen Abschnitten: Ende der Studieneingangsphase, fortgeschrittenes oder gerade abgeschlossenes Masterstudium, fortgeschrittenes oder gerade abgeschlossenes Referendariat oder mindestens fünfjährige Berufserfahrung (siehe 6.3.2.1). In diesem Unterkapitel geht es um die Rolle des berufsbiografischen Abschnittes für die Wahrnehmung von Diskontinuität. Dazu werden die Personen, die sich in demselben berufsbiografischen Abschnitt befinden, jeweils als eine Gruppe aufgefasst. In 8.4.1 wird zunächst eine quantitative Perspektive eingenommen, anschließend werden in 8.4.2 qualitative Beobachtungen zu dieser Thematik vorgestellt.

8.4.1 Vergleich der Gruppen unter quantitativen Aspekten

Der Vergleich der Gruppen unter quantitativen Aspekten berücksichtigt die Bandbreite der angesprochenen Unterschiede in den Interviews und die inhaltlichen Schwerpunkte in den vier Gruppen.

8.4.1.1 Bandbreite der wahrgenommenen Diskontinuität in den Interviews

Als Kriterium für die Bandbreite kann die Anzahl verschiedener Subkategorien, die in den Interviews angesprochen wurden, ausgewertet werden.[17] Die nachstehenden Punktdiagramme zeigen die Verteilung der Anzahlen in den Interviews zu Vektoren (Abbildung 8.3) bzw. zum Skalarprodukt (Abbildung 8.4) auf. In beiden Diagrammen ist auf der Abszisse die Anzahl der Subkategorien abgetragen. Die einzelnen Gruppen sind zeilenweise dargestellt, jeder Punkt steht für eine Person.[18]

Bei den Interviews zu den Vektoren ergibt sich folgendes Bild: Im Durchschnitt werden in der Gruppe der Referendar:innen (G3) die meisten Subkategorien angesprochen (rund 12,1), während es unter den erfahrenen Lehrkräften (G4) mit neun Subkategorien im Schnitt die wenigsten sind. In diesen beiden Gruppen gab es jeweils einen Ausreißer nach oben (in G3) bzw. unten (in G4). Die größte Spannweite in der Anzahl an angesprochenen Subkategorien war in der Gruppe der Lehrkräfte festzustellen.

Bei den Interviews zum Skalarprodukt liegt der Durchschnitt der Subkategorienzahl in der Gruppe der Master-Studierenden (G2) mit rund 7,4 am höchsten.

---

[17] Es wurden nur die Nennungen von Kategorien unter den deduktiven Hauptkategorien ausgewertet, d. h., die Kategorien „Ohne Zuordnung" und „Gemeinsamkeiten" wurden in dieser Analyse nicht berücksichtigt.

[18] Lesebeispiel zur zweiten Zeile/Reihe im Diagramm in Abbildung 8.3. In der Gruppe der Master-Studierenden wurden einmal sieben, zweimal neun, einmal zehn, je zweimal elf bzw. zwölf und einmal vierzehn Kategorien kodiert. Der Mittelwert M liegt bei rund 10,6.

Bei dieser Gruppe ist auch die Spannweite am größten. Am niedrigsten liegt der Durchschnitt mit 5,6 in der Gruppe der Lehramtsstudierenden am Ende der Studieneingangsphase (G1).

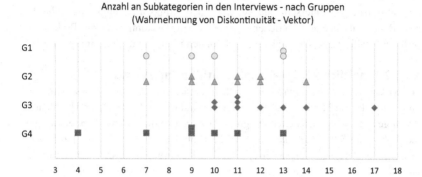

Abbildung 8.3 Anzahl der kodierten Subkategorien zur Wahrnehmung von Diskontinuität nach Gruppen (Vektoren)

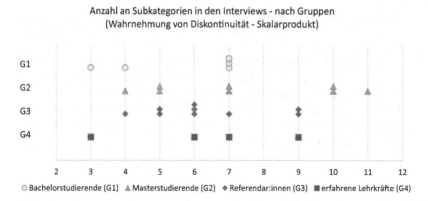

Abbildung 8.4 Anzahl der kodierten Subkategorien zur Wahrnehmung von Diskontinuität nach Gruppen (Skalarprodukt)

Es lässt sich feststellen, dass in der Rangfolge der Mittelwerte bei beiden Begriffen die Masterstudierenden und die Referendar:innen jeweils die beiden ersten Plätze belegen. Allerdings sind die Differenzen zwischen den Gruppen numerisch eher klein und es gibt in allen Gruppen eine erkennbare Streuung der Anzahlen. Insgesamt gesehen kann ausgehend von diesen Daten daher nicht von substanziellen Unterschieden zwischen den Gruppen bezüglich der inhaltlichen Bandbreite der angesprochenen Aspekte von Diskontinuität die Rede sein. Verhältnismäßig passender wäre es, dies vorsichtig als Tendenz zu interpretieren.

8.4.1.2 Inhaltliche Schwerpunkte in den Interviews

Als Kriterium für die inhaltlichen Schwerpunkte in den Interviews wird die Aufteilung der Kodierungen in den Interviews auf die fünf deduktiven Hauptkategorien gewählt. Die nachstehenden gruppierten Säulendiagramme (Abbildung 8.5 und Abbildung 8.6) zeigen getrennt für die Hauptkategorien (Abszisse) auf, welchen Anteil (Ordinate) diese jeweils an den Kodierungen in den vier Gruppen haben.[19]

Für alle Gruppen lässt sich sowohl für die Interviews zu Vektoren als auch zum Skalarprodukt als Gemeinsamkeit feststellen, dass die „Gestaltung des Theorieaufbaus" die quantitativ bedeutsamste Hauptkategorie darstellt, gefolgt von der Hauptkategorie „Begriffsinhalt und Begriffsumfang". Darüber hinaus lassen sich drei begriffsübergreifende Beobachtungen festhalten, die auf Unterschiede in der Wahrnehmung zwischen den Gruppen hindeuten:

- Die Gruppe der Masterstudierenden (G2) hat für beide Begriffe unter allen Gruppen den höchsten Anteil an Kodierungen zu den Fragen der Gestaltung des Theorieaufbaus.
- Die Gruppe der Lehramtsstudierenden am Ende der Studieneingangsphase (G1) hat für beide Begriffe unter allen Gruppen den höchsten Anteil beim Themenkomplex rund um Darstellungen und Anschaulichkeit.
- Die Gruppe der erfahrenen Lehrkräfte (G4) hat für beide Begriffe unter allen Gruppen den höchsten Anteil an Kodierungen bei den Schreibweisen und anderen sprachlichen Aspekten.

---

[19] Lesebeispiel (zu Vektoren): Unter den erfahrenen Lehrkräften (G4) liegt der Anteil der Hauptkategorie 1 („TH") unter allen Kodierungen der fünf gezeigten Hauptkategorien bei rund 29 %. Unter den Master-Studierenden (G2) liegt er bei rund 43 %.

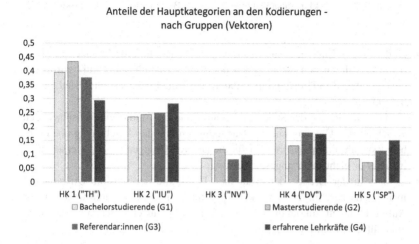

Abbildung 8.5   Aufteilung der Kodierungen zur Wahrnehmung von Diskontinuität auf die Hauptkategorien im Vergleich der Gruppen (Vektoren)

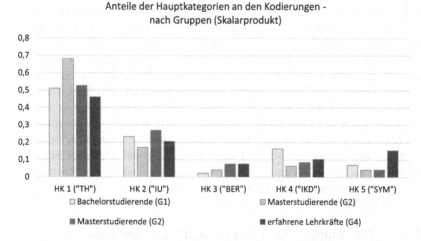

Abbildung 8.6   Aufteilung der Kodierungen zur Wahrnehmung von Diskontinuität auf die Hauptkategorien im Vergleich der Gruppen (Skalarprodukt)

Als mögliche Erklärungsansätze für diese Beobachtungen kommen z. B. infrage, ...

- ..., dass gegen Ende des Masterstudiums die Sensibilität für Aspekte des Theorieaufbaus durch den andauernden oder nur verhältnismäßig kurz zurückliegenden intensiven Umgang mit axiomatisch-deduktiv dargestellter Mathematik besonders hoch ist.
- ..., dass die Gruppe der Studierenden am Ende der Studieneingangsphase den verschiedenen Umgang mit den Darstellungen und der Anschauung noch sehr bewusst wahrnimmt, während er für die anderen Gruppen so selbstverständlich ist, dass er nicht mehr angesprochen wird.
- ..., dass in der Gruppe der erfahrenen Lehrkräfte der sensible Umgang mit mathematischer Sprache besonders präsent ist und den Schreibweisen mehr Aufmerksamkeit zukommt, da diese auch selbst im unterrichtlichen Kontext eingeführt werden müssen.

8.4.2 Qualitative Unterschiede

Neben möglichen Unterschieden auf der quantitativen Ebene wurden die Interviews auch unter dem Gesichtspunkt qualitativer Unterschiede bei der Benennung der Aspekte von Diskontinuität in den ausgewählten Materialien untersucht. Dazu wurden die kodierten Segmente aus drei Subkategorien jeweils unter der Perspektive näher betrachtet, ob es eine Gemeinsamkeit in den Segmenten einer Gruppe gibt, die sie von den anderen Gruppen abhebt. Die drei Subkategorien „Charakterisierung des Vektors", „Genetischer oder axiomatischer Ansatz" (Vektor) und „Axiomatisch-deduktives versus genetisches Vorgehen" (Skalarprodukt) wurden ausgewählt, da sie jeweils hinreichend *viele* Segmente *verschiedener* Proband:innen umfassen (siehe 8.1.3.2 bzw. 8.2.3.2) und gegenüber anderen Subkategorien (wie. z. B. zur Symbolik oder zur Verwendung von Beispielen) vielfältigere Äußerungen zu erwarten waren. Die Ergebnisse werden in Form kurzer Charakterisierungen mit einigen Beispielen präsentiert.

8.4.2.1 Zur Wahrnehmung von Diskontinuität am Ende der Studieneingangsphase

In den Ausführungen der Studierenden am Ende der Studieneingangsphase waren es vor allem zwei Aspekte, die bezüglich der drei oben genannten Subkategorien auffielen: zum einen (i) die fehlenden sprachlichen Mittel zur fachlich adäquaten

Beschreibung der wahrgenommenen Unterschiede und (ii) eine im Vergleich zu den anderen Gruppen in einigen Aspekten geringere theoretische Sensibilität. Das Fehlen der sprachlichen Mittel zeigt sich darin, dass die Befragten (aus G1) ein eher einfaches, nicht-fachsprachliches Vokabular und ungewohnte Formulierungen verwenden, um die verschiedenen Ansätze der Lehrwerke bei der Einführung der Begriffe Vektor und Skalarprodukt zu charakterisieren.

- So spricht **P15** davon, dass der Vektor im Lehrbuch *„direkt mit der Definition von dem Ganzen"* (Z. 9) stehe, womit sie wohl meint, dass der Vektor im Lehrbuch zusammen mit dem Vektorraum, nämlich als Element der Menge Vektorraum eingeführt wird.

- **P17** spricht zum Vektorbegriff davon, dass das Lehrbuch alles *„sehr mathematisch"* (Z. 5) darstelle. Auf Seiten des Schulbuchs spricht sie davon, dass der Vektor *„ein Aufbau"* (Z. 34) sei. Damit dürfte sie wohl auf den axiomatischen Aufbau im Lehrbuch und die Einführung von Vektoren als 2-Tupeln im Schulbuch abzielen. Außerdem paraphrasiert sie den Ansatz des Schulbuchs so, dass man versuche, Vektoren direkt aus dem Alltag schon *„zu geben"* (Z. 2 f.), womit sie wohl meint, dass man den Vektorbegriff aus einer gegebenen alltagsweltlichen Situation heraus entwickelt.

- Eine andere Studentin, **P18**, spricht von *„mathematischen Grundannahmen"* (Z. 6) bei der Einführung der Vektorräume im Lehrbuch, jedoch nicht im Zusammenhang mit den Axiomen des Vektorraums, sondern als Umschreibung für die einleitenden Sätze des Lehrbuchs „Jedem Vektorraum liegt ein Körper K zugrunde. Welcher spezielle Körper das ist, wird meistens keine Rolle spielen; deshalb nennen wir den Körper neutral K". Beim Skalarprodukt stellt P18 der Verwendung von Anwendungen aus dem Alltag zur Einführung im Schulbuch den Ansatz gegenüber, dass man im Lehrbuch *„mathematisch korrekt"* (Z. 27) definiere, wobei die Studentin mit „mathematisch korrekt" wohl einfach das Fehlen eben solcher alltagsbezogenen Anwendungen meinen dürfte.

- **P20** beschreibt die verschiedenen Ansätze bei der Erarbeitung von Vektoren im Schulbuch und im Lehrbuch mit den Worten, es sei *„ein sehr anderer Weg für die Erklärung und die Definition von einem Vektor"* (Z. 64 f.). Im Zusammenhang mit dem Skalarprodukt beschreibt der Student den Ansatz des Lehrbuchs zur Begriffsbildung als *„deutlich konstruierter"* (Z. 107) und dürfte damit wohl den typisch axiomatisch-deduktiven Aufbau bzw. den im Lehrbuch erkennbar längeren begrifflichen Vorlauf (über die Bilinearformen und die symmetrischen Bilinearformen) hin zur Definition des Skalarproduktes meinen. Die Schwierigkeiten, das Vorgehen im Lehrbuch fachsprachlich adäquat zu fassen, zeigt sich auch in seiner Aussage, *„man redet über Grup-pentheorie oder Ähnliches als Aufbau von Skalarprodukten"* (Z. 70 f.), mit der er wohl meint, dass man im Lehrbuch auf der Gruppentheorie aufbaue.

Die möglicherweise geringere theoretische Sensibilität unter den Befragten der Gruppe G1 kommt auf verschiedene Weise zum Ausdruck:

- **Keine der befragten Personen** thematisiert, dass im Schulbuch keine Defini-tion eines Vektors zu finden ist, stattdessen spricht **P15** explizit davon, dass im Schulbuch der *Vektor über die Koordinaten definiert* werde (Z. 36 f.).
- **P20** spricht davon, dass *Verschiebungen mit Vektoren gleichgesetzt* werden (Z. 136), was jedoch nicht stattfindet. Vielmehr werden Vektoren (auf den betrachteten Seiten) ausschließlich zur Beschreibung von Verschiebungen verwendet.
- Bei **P18** zeugt dagegen die Äußerung, man stelle im Lehrbuch *„Regeln [auf], was man mit den Vektoren machen kann"* (Z. 18 f.), von einer problematischen Vorstellung vom axiomatischen Aufbau bzw. vom Wesen von Axiomen.
- Die eher kritisch anmutende Äußerung von **P15**, man werde im Lehrbuch *„einfach so ins Thema hineingeworfen"* (Z. 19 f.) lässt vermuten, dass die Studentin es als Defizit auf Seiten des Lehrbuchs wahrnimmt, dass zur Moti-vation des Begriffs nicht bei alltagsweltlichen Situationen angesetzt wird. Im Rahmen eines axiomatisch-deduktiven Vorgehens spielen die Bezüge zu alltagsweltlichen Anwendungen jedoch eine völlig andere Rolle.

8.4.2.2 Zur Wahrnehmung von Diskontinuität im fortgeschrittenen Masterstudium

In den Äußerungen der Studierenden im fortgeschrittenen Masterstudium waren es vorrangig diese beiden Aspekte, die bzgl. der drei oben genannten Subkate-gorien auffielen: (i) eine Tendenz zu einer starken Verkürzung und Reduktion von Inhalten und auch zur Trivialisierung der Vorgehensweisen und Inhalte beider Lehrwerke sowie (ii) der implizite Abgleich mit den bisher gemachten Erfahrungen mit der hochschulischen Herangehensweise an Begriffe.

Die unter (i) angesprochene Tendenz lässt sich sowohl beim Eingehen auf das Schulbuch als auch bei der Auseinandersetzung mit dem Lehrbuch jeweils zu beiden Begriffen erkennen.

- Der Student **P02** spricht bzgl. der Vektoren von einer *„laschen"* Definition im Schulbuch (Z. 144) und davon, dass man dort Vektoren *„irgendwie über Koor-dinaten"* bestimme (Z. 84). Auch beim Skalarprodukt spricht er davon, dass man auf Seiten des Schulbuchs einen Term „*irgendwie*" benennt (Z. 169), während im Lehrbuch „*irgendwie*" auf den Bilinearformen aufgebaut werde (Z. 9). Die Vorgehensweise im Lehrbuch bei der Einführung des Skalarproduktes kommentiert er außerdem damit, dass dort „*einfach gemacht*" werde (Z. 157).

* **P24** spricht im Hinblick auf die Einführung des Skalarproduktes im Schulbuch zunächst vereinfachend davon, dass man von „einer *geometrischen Idee hinter dem Ganzen*" (Z. 87) ausgehend „*mit ein bisschen Trigonometrie umforme*" (Z. 88). Später fasst er die Lehreinheit als Gesamtes betont pragmatisch zusammen: „*Das ist das Skalarprodukt und das ist auch eindeutig so und das brauchen wir und das ist so, weil die orthogonal zueinander sein sollen*" (Z. 96 ff.). Auch im Hinblick auf die Darstellung im Lehrbuch wählt der Student eine Formulierung, die die Begriffsentwicklung betont vereinfacht darstellt. So sagt er zum weiteren Vorgehen nach der Definition schlicht: „*[D]ann formuliert man das ein bisschen aus*" (Z. 90 f.).

* Ähnlich klingen die Äußerungen von **P26**, der die Essenz aus der Einheit zu Vektorräumen im Lehrbuch aus seiner Sicht mit den Worten: „*Ja, wir haben einen Vektorraum, hier habt ihr die Definition des Vektors und das war es.*" (Z. 17 f.) zusammenfasst und der das Skalarprodukt im Schulbuch als „*ein bisschen über den Pythagoras motiviert*" (Z. 71 f.) bzw. „*ein bisschen hergeleitet*" (Z. 72 f.) sieht.

Beispiele für den zweiten Aspekt stellen z. B. die Äußerungen von **P02** und **P03** dar, die Bezug nehmend auf die axiomatische Definition des Vektorraums feststellen,

* dass es sich um eine „klassische Definition" handelt und der Ansatz eben der sei, „wie man sie aus der Uni kennt" (beide P02, Z. 147 f. bzw. Z. 21) bzw.
* dass es sich um eine „ordentliche Definition, wie man es in der Mathematik so macht" handele (P03, Z. 5).

8.4.2.3 Zur Wahrnehmung von Diskontinuität am Ende der zweiten Phase der Lehramtsausbildung

Auch in den Schilderungen der wahrgenommenen Diskontinuität seitens der Referendar:innen fiel eine (i) Tendenz zu einer starken Verkürzung und Reduktion von Inhalten und auch zur Trivialisierung der Herangehensweisen und Inhalte auf – bei dieser Gruppe jedoch nur bezogen auf die Inhalte des Schulbuchs. Außerdem war festzustellen, dass in einigen Fällen (ii) didaktische und fachliche Gesichtspunkte beim Herausarbeiten der Diskontinuität miteinander verschmelzen. In dieser Gruppe wurde zudem häufig schon beim Beschreiben der Unterschiede zwischen den Materialien (iii) eine strukturorientierte Perspektive erkennbar.

Beispiele für eine auffallende Verkürzung bei der Beschreibung der Herangehensweise im Schulbuch sind z. B. in den Äußerungen von P13, P16 und P23 zu finden, die sich alle auf die Einführung des Skalarproduktes beziehen:

- **P13** kommentiert die Gestaltung der Einführung des Skalarproduktes mit den Worten: *„Schön, wir haben die Formel – und fertig ist es"* (Z. 27 f.).
- **P16** spricht zunächst davon, dass ein Term *„irgendwie hergeleitet"* (Z. 53 f.) werde und fährt fort: *„und das Ding nennen wir jetzt einfach Skalarprodukt"* (Z. 54 f.), was (durch „das Ding Skalarprodukt" und durch das „einfach so Benennen") die Darstellung im Schulbuch gleich zweifach naiv und sehr simpel dargestellt wird.
- Auch **P23** stellt das Vorgehen im Schulbuch als einen naiven Ansatz dar: *„Man weiß quasi noch nicht, wohin man will, sondern man überlegt sich: ‚Was heißt das denn jetzt? Was können wir daraus schließen, wenn zwei Vektoren orthogonal sind?' und formen das einfach einmal ein bisschen um und gucken was herauskommt"* (Z. 78 ff.).

Die Einbeziehung (verschiedener) didaktischer Kategorien bei der Erläuterung der Diskontinuität zwischen den Materialien zeigt sich beispielsweise folgendermaßen:

- **P01** spricht, wenn er das genetische Vorgehen im Schulbuch umschreibt, von einem *„motivationalen Charakter"* (Z. 39) der dortigen Lehreinheit (und lässt damit den Aspekt „Motivation" einfließen). Als Unterschied zum Lehrbuch arbeitet er heraus, dass im Schulbuch von etwas ausgegangen werde, *„was Schüler sich eher vorstellen können"* (womit er außerdem den Aspekt „Schülerorientierung" einfließen lässt) (Z. 71 ff.). In eine ähnliche Richtung geht es, wenn **P13** den *Aspekt der Nachvollziehbarkeit* zur Charakterisierung der schulischen Vorgehensweisen einfließen lässt (Z. 183).
- **P11** und **P31** sprechen das axiomatisch-deduktive Vorgehen im Lehrbuch bei der Einführung des Skalarproduktes aus der Perspektive des benötigten Vorwissens an (und lassen damit die „Lernvoraussetzungen" als Aspekt einfließen). Vor der Definition werde *„allerlei wichtiges Vorwissen irgendwie definiert"* (P11, Z. 44 f.) bzw. man brauche auch viel Vorwissen (P31, Z. 87).

Die strukturorientierte Perspektive beim Vergleich der Materialien wird in Äußerungen wie denen von P01 und P23 erkennbar.

• Im Hinblick auf das Lehrbuch spricht z. B. **P01** davon, dass es dort eine *„Hierarchie"* derart gebe, dass man *„wissen [müsse], was eine Bilinearform ist, damit man etwas mit dem Skalarprodukt anfangen kann"* (Z. 126 ff.). Auch benennt er im Zuge der Einführung des Vektorraums explizit *„die axiomatische Herangehensweise"* (Z. 40 f.).

• Den Aspekt der Abhängigkeiten betont auch **P23**, indem sie darauf hinweist, dass im Lehrbuch erst einmal *„ganz viel erzählt [werde], was wir überhaupt brauchen, damit wir sagen können, dass etwas ein Skalarprodukt ist"* (Z. 6 f.). Bei den Vektoren betrachtet sie das Schulbuch daraufhin, ob Vektoren dort auch als *„Elemente von irgendwas"* (Z. 179 f.) eingeführt werden, und es damit eine identische mathematische Struktur in den Herangehensweisen gibt.

8.4.2.4 Zur Wahrnehmung von Diskontinuität nach mehrjähriger Berufserfahrung

In den Ausführungen der erfahrenen Lehrkräfte zu den Gemeinsamkeiten und Unterschieden der Materialien fiel im Rahmen der oben genannten Subkategorien ein wiederkehrendes *Erklär-Narrativ* als Gemeinsamkeit auf. Das *Erklär-Narrativ* umfasst zwei Aspekte: (i) Zum einen werden die Darstellungen der mathematischen Theorie als Erklärungen wahrgenommen – oder jedenfalls so bezeichnet.

• So spricht **P06** davon, dass im Lehrbuch alles *„einmal komplett erklärt [werde]"*, bevor vom Skalarprodukt zu den orthogonalen Abbildungen übergegangen werde (Z. 31 f.) und **P09** geht mit den Worten *„Hier ist es einmal rein mathematisch erklärt mit ganz vielen Begriffen, mit ganz vielen Zeichen."* (Z. 23 ff.) auf die Definition auf Seiten des Lehrbuchs ein.

Außerdem wird auf (ii) die sprachlich-darstellerische Qualität der Lehreinheiten im Lehrbuch Bezug genommen:

• Im Zusammenhang mit den Vektoren merkt z. B. **P21** an, dass es im Lehrbuch *„keine Bemühungen [gebe], dem Leser das Konzept [Vektor] nahezubringen"* (Z. 9 ff.).

• Auch gegensätzliche Einschätzungen waren dabei zu finden: Beim Skalarprodukt spricht eine Lehrkraft (**P22**) von einer *„verklausulierten"* Darstellung im Lehrbuch (Z. 117 f.), eine andere Lehrkraft (**P27**) sieht die Darstellung als *„exakter geschrieben"* an (Z. 88).

Insgesamt gesehen stellt sich in dieser Gruppe die Wahrnehmung von Diskontinuität im Vergleich als besonders heterogen dar. Weitere personenübergreifende Aspekte, die speziell die Wahrnehmung von Diskontinuität seitens der befragten Lehrkräfte ausmachen, sind daher nicht zu benennen.

8.4.3 Fazit zur Kontrastierung der Gruppen

Zum Abschluss des Unterkapitels 8.4, in dem eine vergleichende Perspektive auf die Wahrnehmung von Diskontinuität während verschiedener Abschnitte der Berufsbiografie eingenommen wurde, werden zentrale Ergebnisse in Tabelle 8.8 festgehalten. Die ersten beiden Zeilen unter der Kopfzeile beziehen sich auf die quantitativen Betrachtungen aus 8.4.1. Die letzte Zeile enthält die Aspekte aus 8.4.2, die beim Herausarbeiten der Unterschiede (und Gemeinsamkeiten) jeweils typisch für diese Gruppen waren.

Tabelle 8.8 Ergebnisse aus dem Gruppenvergleich zur Wahrnehmung von Diskontinuität

	G1: Bachelor-studierende (Ende der Studienein-gangsphase)	G2: fortgeschrittene Masterstudie-rende	G3: Referen-dar:innen	G4: erfahrene Mathematik-lehrkräfte
8.4.1.1		tendenziell werden mehr Aspekte von Diskontinuität angesprochen als in G1 und G4		
8.4.1.2	höchster Anteil unter den Kodierungen zu Darstellungen und Veranschau-lichungen (V & SP)	höchster Anteil unter den Kodierungen zur Gestaltung des Theorieaufbaus (V & SP)	–	höchster Anteil unter den Kodierungen zu Schreibweisen und sprachlichen Aspekten (V & SP)

(Fortsetzung)

Tabelle 8.8 (Fortsetzung)

		G1: Bachelor-studierende (Ende der Studienein-gangsphase)	G2: fortgeschrittene Masterstudie-rende	G3: Referen-dar:innen	G4: erfahrene Mathematik-lehrkräfte
8.4.2 zu G1 in 8.4.2.1 bis G4 in 8.4.2.4		Gruppenspezifische Aspekte			
		(i) fehlende sprachliche Mittel (ii) geringere theoretische Sensibilität	(i) Verkür-zung/Reduktion bzw. Trivialisierung der Herangehens-weisen und Inhalte in beiden Lehrwerken (ii) Aufrufen von Vorstellungen zum typischen hochschulischen Theorieaufbau	(i) Verkür-zung/Reduktion bzw. Trivialisierung der Herangehens-weisen und Inhalte (Schulbuch) (ii) Verschmelzen fachlicher und didaktischer Aspekte (iii) strukturorientierte Perspektive	(i) Auffassen der Theorie als Erklärungen (ii) sprachlich-darstellerische Aspekte in den Lehrtexten

Ergebnisse der Interviewstudie: Auseinandersetzung mit Diskontinuität

In diesem Kapitel wird dargestellt, wie sich die Lehramtsstudierenden, die Referendar:innen und die Mathematiklehrkräfte im Rahmen der Interviewstudie beim Einordnen und Erklären von Unterschieden zwischen den Materialien mit der von ihnen wahrgenommenen Diskontinuität auseinandersetzen. Damit leistet dieses Kapitel einen weiteren wesentlichen Beitrag zur Beantwortung der Forschungsfrage 3:

> „Wie ist bei (angehenden) Mathematiklehrkräften ein Höherer Standpunkt im Umgang mit Diskontinuität im Bereich der Linearen Algebra der gymnasialen Oberstufe ausgeprägt?"

Die Leitfragen, die in diesem Kapitel erkenntnisleitend sind, sind die Teilfragen 3b und darüber hinaus wieder 3c (siehe 5.2).

> „Welche Erklärungen und Gründe für die wahrgenommenen Unterschiede vor dem Hintergrund verschiedener Sichtweisen auf Mathematik und verschiedener Rahmenbedingungen des Lehrens und Lernens in Schule und Hochschule werden von den (angehenden) Lehrkräften zum Ausdruck gebracht?" und

> „Inwieweit zeigen sich in verschiedenen berufsbiografischen Abschnitten Unterschiede in den Ausprägungen eines Höheren Standpunktes im Umgang mit Diskontinuität?"

Ergänzende Information Die elektronische Version dieses Kapitels enthält Zusatzmaterial, auf das über folgenden Link zugegriffen werden kann https://doi.org/10.1007/978-3-658-37110-4_9.

© Der/die Autor(en), exklusiv lizenziert durch Springer Fachmedien Wiesbaden GmbH, ein Teil von Springer Nature 2022
S. Blum-Barkmin, *Diskontinuität in der Linearen Algebra und ein Höherer Standpunkt*, Essener Beiträge zur Mathematikdidaktik, https://doi.org/10.1007/978-3-658-37110-4_9

Das Kapitel beginnt damit, dass in 9.1 zunächst dargestellt wird, welche Ansätze für Erklärungen und Begründungen zur Diskontinuität (in Kap. 2) angenommen werden können. Diese Ansätze übernahmen bei der QIA die Rolle der initialen (deduktiven) Hauptkategorien im ersten Kodierdurchlauf. Der weitere Aufbau des Kapitels stellt sich so dar, dass im Unterkapitel 9.2 die finalen Haupt- und Subkategorien zu den Interviews über Vektoren und in 9.3 die Haupt- und Subkategorien zu den Interviews über das Skalarprodukt einzeln vorgestellt werden. Das Unterkapitel 9.4 beinhaltet vergleichende Betrachtungen zwischen den Interviews zu Vektoren und zum Skalarprodukt. Im Unterkapitel 9.5 werden Beobachtungen aufgearbeitet, die die Bewertung von Diskontinuität betreffen. Zuletzt wird im Unterkapitel 9.6 der Blick auf die Bedeutung des berufsbiografischen Abschnitts für die Auseinandersetzung mit Diskontinuität gerichtet.

9.1 Erwartungen an die Interviews – Darstellung der deduktiven Hauptkategorien

Um die beobachtbaren Unterschiede bei der Einführung von Begriffen aus dem Bereich der Linearen Algebra einzuordnen, sind verschiedene Perspektiven denkbar, die zu sechs deduktiven Hauptkategorien (dHK) für die Analysen geführt haben.

Die Erklärperspektiven 1 und 2 sind vor dem Hintergrund zu erwarten, dass Diskontinuität zwar ein fachlich-inhaltliches Phänomen ist, welches jedoch in einem bestimmten institutionellen Umfeld mit bestimmten Bedingungen für das Lehren und Lernen auftritt.

1. Perspektive: *„Lernumfeld"*
Als Erklärungen und Begründungen könnten Merkmale des schulischen Lernumfelds, in dem die Begriffsbildung stattfindet, herangezogen werden. Dabei könnten allgemeindidaktische oder fachdidaktische Prinzipien zum Tragen kommen. Als allgemeindidaktische Prinzipien könnten z. B. das Prinzip der Aktivierung oder das Prinzip der Differenzierung als Erklärungsansätze angeführt werden, aus mathematikdidaktischer Sicht z. B. das genetische Prinzip oder das Prinzip des Wechselns der Darstellungsebenen. Unter der Annahme, dass sich diese Aspekte in einer veränderten Gestaltung der Begriffseinführung widerspiegeln, kämen als weitere Aspekte des Lernumfelds neben den didaktischen Prinzipien aber z. B. auch die anderen Kommunikationsstrukturen (etwa durch verschiedene Sozialformen), eine andere Organisation des Lehrens und Lernens (Rolle der Lehrenden, langfristiges Lernen im Klassenverbund) und die Adressierung überfachlicher Lernziele (soziales Lernen) infrage.

Eine ausführliche Beschreibung des Lernumfelds im Mathematikstudium gegenüber dem im Mathematikunterricht ist bei Rach (2014, S. 86 ff.) zu finden.

2. Perspektive: „Gruppe der Lernenden"
Die Unterschiede bei der Einführung der Begriffe könnten darauf zurückgeführt werden, dass die Lehrwerke andere Zielgruppen haben. Dabei liegt die Erwartung zugrunde, dass sich die Schüler:innen der gymnasialen Oberstufe in Bezug auf motivationale, emotionale und kognitive Merkmale von den Studierenden in den Fachstudiengängen unterscheiden. Die Einführung der Begriffe im Schulbuch berücksichtigt diese Unterschiede z. B. insofern, als dass sie (in stärkerem Maße als das Lehrbuch) auf die Motivation abzielt, für die Zielgruppe relevante Themen aufgreift, geringere Anforderungen an das Abstraktionsvermögen der Lernenden stellt und darin Vereinfachungen vorgenommen werden, die die Komplexität des Lerngegenstandes reduzieren.

Vor dem Hintergrund, dass bei der Planung und Gestaltung von Unterricht allgemein die Berücksichtigung von Vorwissen und im Fach Mathematik speziell die Berücksichtigung begrifflicher Grundlagen eine zentrale Rolle spielen, kann als weitere Perspektive der Befragten der Erklärungsansatz „Begriffliche Grundlagen" angenommen werden.

3. Perspektive: „Begriffliche Grundlagen"
Die Unterschiede bei der Einführung der Begriffe in den Lehrwerken könnten darauf zurückgeführt werden, dass seitens der Schule im Inhaltsfeld Lineare Algebra/Analytische Geometrie die notwendigen begrifflichen Grundlagen für eine Einführung wie im Lehrbuch nicht gegeben sind. Vor den Vektoren wurden (nur) Punkte im Raum besprochen. Es stehen jedoch bei der Einführung der Vektoren kein Körper-, Gruppen- oder Mengenbegriff zur Verfügung. Der Einführung des Skalarproduktes in der Hochschule geht – nach der Einführung der Vektoren – (nur noch) die vektorielle Darstellung von Geraden voraus und kein verallgemeinerter Abbildungsbegriff, der Funktionen in zwei Argumenten einschließt.

Die vierte Perspektive ergibt sich unmittelbar aus dem Zuschnitt der schulischen Inhaltsfelder in der gymnasialen Oberstufe (vgl. KMK, 2012, S. 18).

4. Perspektive: „*Rolle der Analytischen Geometrie*"
Die Unterschiede bei der Einführung der Begriffe könnten als Folge dessen dargestellt werden, dass im schulischen Mathematikunterricht die Lineare Algebra nicht als eigenständiges Sachgebiet thematisiert wird, sondern gemeinsam mit der Analytischen Geometrie unterrichtet wird. Dabei stehen die geometrischen

Aspekte im Vordergrund und die Lineare Algebra stellt zwar einzelne benötigte Begriffe – z. B. Vektor und Skalarprodukt –, aber vor allem Techniken zur Verfügung (siehe 2.5.1). In dieser Rolle bestimmt nicht der Aufbau der Linearen Algebra als Sachgebiet, sondern die geometrischen Anliegen und Anwendungssituationen den Aufbau der schulischen Lehrgänge und die Entscheidungen bei der Gestaltung des Theorieaufbaus.

Weitere Perspektiven in der Auseinandersetzung mit der Diskontinuität ergeben sich in Verbindung mit den Zielen des Fachs, wie sie in den Bildungsstandards für das Abitur (KMK, 2012, S. 11) ebenso wie in den Lehrplänen festgeschrieben sind.

5. Perspektive: „*Anwendungsorientierung*"

Die unterschiedliche Einführung der Begriffe könnte darauf zurückgeführt werden, dass der normative Anspruch, den Lernenden im Mathematikunterricht zu ermöglichen, dass sie „Mathematik als Anwendung" (MSB NRW, 2014) im Sinne Winters (1995) erfahren, die Gestaltung der Begriffseinführung wesentlich bzw. überdeutlich beeinflusst. Dabei könnte angenommen werden, dass die Orientierung an dem Ziel, dass die Schüler:innen lernen, „technische, natürliche, soziale und kulturelle Erscheinungen und Vorgänge mithilfe der Mathematik wahr[zu]nehmen, [zu] verstehen, [zu] beurteilen und [zu] beeinflussen", andere Perspektiven wie z. B. „Mathematik als Struktur" (MSB NRW, 2014) in den Hintergrund treten lässt.

6. Perspektive: „*Propädeutischer Ansatz/Konzepte von mathematischen Begriffen*"

Als Erklärung oder Begründung der wahrgenommenen Unterschiede könnte die Vorstellung herangezogen werden, dass der schulische Mathematikunterricht an die hochschulische Sicht auf Mathematik heranführt. Die Beschäftigung mit dem strengen, stark formalisierten axiomatisch-deduktiven Theorieaufbau wird vorbereitet, indem die Begriffe vorab im schulischen Mathematikunterricht schon als Konzepte präsent sind. „Konzepte" bezieht sich darauf, dass bei der Begriffsbildung in der Schule weniger strenge Maßstäbe an Definitionen angelegt werden und die dabei vermittelten (vorläufigen) Begriffe eine geringere Reichweite haben als die (endgültige) Fassung, die in der Hochschule ausgebildet wird. Bei der Entwicklung der Konzepte verschwimmen die Grenzen zwischen Theorieaufbau und Interpretation in Beispielen, weil diesen eine tragende Rolle zukommt.

Mit diesen sechs Hauptkategorien wurde zunächst an die Transkripte zu den Interviews über Vektoren für die dritte Analyse herangetreten. Nach einem ersten Durchlauf zeichnete sich am Material ab, dass Hauptkategorien übernommen, ergänzt oder anders geformt werden sollten. Auf Grundlage der überarbeiteten Hauptkategorien folgte die Entwicklung der Subkategorien am Material, wo dies im Sinne der inhaltlichen Differenziertheit geboten erschien.

Im Hinblick auf die Analyse der Erklärungen und Gründe zur Diskontinuität beim Skalarprodukt erschien es naheliegend, das am Material zu den Vektoren entwickelte Kategoriensystem ebenfalls für die Kodierung dieser Interviews einzusetzen. Die Hauptkategorien waren grundsätzlich auch auf den Begriff des Skalarproduktes übertragbar. Das finale Kategoriensystem zum Skalarprodukt enthält jedoch nicht alle Hauptkategorien. Es kann angenommen werden, dass einige der Befragten im Zusammenhang mit dem Skalarprodukt auf bestimmte Themen deshalb nicht mehr eingegangen sind, weil sie das erneute Thematisieren als redundant empfunden hätten. Bei der genaueren Betrachtung der Subkategorien wird erkennbar, dass diese nicht ohne Weiteres auf das Skalarprodukt übertragbar sind, d. h., dass sie begriffsspezifisch sind. Als Grund dafür kann der Unterschied in der Art des mathematischen Objektes angeführt werden.

9.2 Erklärungen und Einordnung von Diskontinuität im Kontext von Vektoren

In diesem Unterkapitel wird dargestellt, wie die wahrgenommenen Unterschiede bei der Einführung von Vektoren (bzw. von Vektorräumen) in den Lehrwerken seitens der Befragten in den Interviews erklärt und eingeordnet wurden. Die Erklärungen und Einordnungen wurden im Rahmen der durchgeführten QIA erst über alle Interviews herausgearbeitet, dann in Haupt- und Subkategorien zusammengefasst und dadurch geordnet. Das Ergebnis wird in 9.2.1 einmal gebündelt dargestellt, bevor im Abschnitt 9.2.2 ein Überblick über die Auseinandersetzung mit Diskontinuität in den Interviews in Form von deskriptiven Betrachtungen zu den Anzahlen von Haupt- und Subkategorien und Kodierungen auf Personenebene gegeben wird. In den nachfolgenden Abschnitten 9.2.3 bis 9.2.10 werden dann einzeln – geordnet nach den Hauptkategorien – die Subkategorien portraitiert. Auf der Ebene der Hauptkategorien werden auch die Häufigkeiten der einzelnen Subkategorien und die Anzahl der Interviews, in denen die Subkategorien jeweils vergeben wurden, dargestellt. In den Unterabschnitten zu den Subkategorien werden jeweils die Definition und eine weitergehende Erläuterung sowie Beispiel-Segmente aus verschiedenen Interviews angegeben. Zentrale Ergebnisse werden im Unterkapitel 9.2.11 zusammenfassend festgehalten.

9.2.1 Überblick über das finale Kategoriensystem

Das finale Kategoriensystem für diese Analyse umfasst acht Hauptkategorien, von denen vier inhaltlich nahe an den angenommenen deduktiven Hauptkategorien aus 9.1 liegen (siehe Vermerke [→] in Tabelle 9.1). Vier Hauptkategorien (darunter die generische Restkategorie „Andere") wurden induktiv ergänzt. Insgesamt wurden 26 Kategorien in den Interviews angewendet. Tabelle 9.1 sind alle Kategorien zu entnehmen.

Tabelle 9.1 Übersicht über die Haupt- und Subkategorien zur Erklärung und Einordnung von Diskontinuität (Vektoren)

Hauptkategorien	Zugehörige Subkategorien
Anderes Lehren und Lernen im MU[1] *und in der Hochschule* → *dHK: „Lernumfeld"*	• Zugänglichmachen und Vereinfachen für die Schüler:innen[2] • Aktivierung der Schüler:innen/Selbsttätigkeit • Orientierung an der Lebenswelt/Lebensrealität der Schüler:innen • „Umfassende" Begriffsbildung im MU • Aufbau auf schulische Vorerfahrungen
Andere Lerngruppen im MU und in der Hochschule → *dHK: „Gruppe der Lernenden"* *und* → *dHK: „Begriffliche Grundlagen"*	• Motivationsniveau der Schüler:innen • Vorbeugung negativer Emotionen bei den Schüler:innen • Anforderungsniveau/Kognitive Überforderung der Schüler:innen • Fehlendes Vorwissen bei Schüler:innen • Erwartungen an Studierende/Anderer didaktischer Vertrag
Andere Bedeutung und Verwendung von Vektoren im MU und in der Hochschule → *dHK: „Anwendungsorientierung"* *und* → *dHK: „Rolle der Analytischen Geometrie"*	• Bedeutung für die Geometrie • Bewältigung von Anwendungen • Rechnen mit Vektoren • Vektoren als grundlegender Strukturbegriff • Vorrang des Vektorraums in der Hochschule • Thematische Verortung: Geometrie oder Lineare Algebra
Anderer Anspruch an den Theorieaufbau und an dessen Strenge im MU und in der Hochschule → *dHK: „Propädeutischer Ansatz/Konzepte von mathematischen Begriffen"*	• Intuitives Umgehen und implizite Grundlagen • Idee/Konzept/unscharfer Begriff im MU • Strenge und Exaktheit • Trennung von Interpretation und Theorieaufbau • Allgemeingültigkeit

(Fortsetzung)

---

[1] Abkürzung für „Mathematikunterricht"

[2] Abkürzung für „Schüler:innen"

Tabelle 9.1 (Fortsetzung)

Hauptkategorien	Zugehörige Subkategorien
Anderer Umgang mit Anschauung im MU und in der Hochschule (induktiv)	• Bindung an das Anschauliche • Loslösung vom Anschaulichen
Andere Sequenzierung der Lehrgänge (induktiv)	• Andere Sequenzierung der Lehrgänge
Bildungsadministrative Vorgaben (induktiv)	• Bildungsadministrative Vorgaben
Andere („induktiv", generische Restkategorie)	• Andere

9.2.2 Deskriptive Betrachtungen im Gesamtbild

Im Rahmen dieser Analyse wurden in den dreißig Interviews zusammen 206 Segmente kodiert, in denen ein bestimmter Aspekt von Diskontinuität über die Materialien hinaus in einen größeren Zusammenhang eingeordnet oder erklärt wird. Dabei wurden 267 Kodierungen an den Segmenten vorgenommen. Dies entspricht pro Interview im Schnitt rund 6,9 relevanten Segmenten sowie 8,9 Kodierungen. Die Differenz zwischen der Anzahl der Kodierungen und der Anzahl der Segmente kommt dadurch zustande, dass Segmente mehrfach kodiert wurden. An 40 Segmente wurden zwei Codes vergeben. Neunmal kam es vor, dass einem Segment drei Subkategorien zugeordnet wurden und einmal, dass es sogar vier Subkategorien waren. Das Maximum an Kodierungen in einem Interview liegt bei 20, das Minimum bei zwei Kodierungen.

Von den sieben Hauptkategorien (die Hauptkategorie „Andere" ist dabei nicht berücksichtigt) wurden im Schnitt rund 3,9 genannt. Das heißt, dass Diskontinuität im Schnitt „in (fast) vier Richtungen" interpretiert wird. Die Tabelle gibt die Verteilung der Interviews bzgl. der Anzahl der darin angesprochenen Hauptkategorien bzw. Erklärungs-/Interpretationsansätze zur Diskontinuität an (Tabelle 9.2).

Tabelle 9.2 Anzahl aufgerufener Hauptkategorien bei der Erklärung und Einordnung von Diskontinuität (Vektoren)

Anzahl an Hauptkategorien	2	3	4	5	6
abs. Häufigkeit	4	9	7	7	3

Von den insgesamt 26 angewendeten Subkategorien des Kategoriensystems (siehe 9.2.1) wurden in den Interviews zum Vektorbegriff im Durchschnitt rund 6,6 – bzw. ohne Berücksichtigung der Restkategorie „Andere" 6,5 – Subkategorien angesprochen. Die minimale Anzahl liegt bei zwei Subkategorien, die maximale Anzahl an Subkategorien liegt bei 13.

In den nachstehenden Boxplots (Abbildung 9.1) wird die Verteilung der Anzahl der Kodierungen und der Anzahl der angesprochenen Subkategorien (jeweils ohne Berücksichtigung der Subkategorie „Andere") für alle Interviews zum Vektorbegriff visualisiert.

Über alle Interviews deutet sich ein schwacher positiver Zusammenhang zwischen der Anzahl der wahrgenommenen Unterschiede zwischen den Materialien (siehe 8.1) und der Anzahl der vorgebrachten Erklärungen und Analysen dieser Unterschiede an. Das heißt, in den Interviews, in denen verhältnismäßig viele Unterschiede angesprochen wurden, auch verhältnismäßig viele Erklärungen und Einordnungen zur Sprache kamen. Die Größenordnung des Rangkorrelationskoeffizienten r liegt bei $r > 0,3$. Durch einen Ausreißer in den Daten ist der Zusammenhang jedoch nur auf dem Level von $\alpha = .1$ signifikant. Der p-Wert beträgt gerundet $p = .086$.

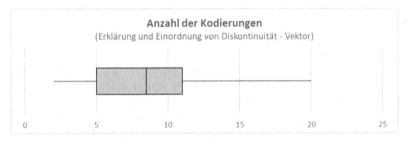

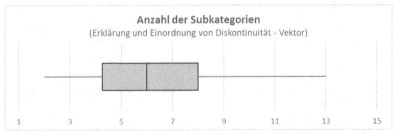

Abbildung 9.1 Boxplots zur Verteilung der Anzahl der Kodierungen und der Anzahl der Subkategorien zur Erklärung und Einordnung von Diskontinuität (Vektor)

Die absoluten Häufigkeiten der Subkategorien und der Hauptkategorien, die relativen Häufigkeiten der Hauptkategorien sowie die Anzahl der Interviews, in denen diese vorkommen, werden jeweils im Rahmen der Präsentation der Subkategorien in den nächsten Abschnitten angegeben.

9.2.3 Erklärungen mit dem Lernumfeld

Die erste hier vorgestellte Hauptkategorie *„Anderes Lehren und Lernen im Mathematikunterricht und in der Hochschule"* liegt inhaltlich nahe an der erwarteten „Perspektive Lernumfeld" (aus 9.1). Die Hauptkategorie umfasst solche Ansätze der Auseinandersetzung mit Diskontinuität, bei denen die Unterschiede mit inhaltsübergreifenden Merkmalen des Lehrens und Lernens in der Schule bzw. speziell im Mathematikunterricht und in der Hochschule bzw. speziell in der Lehre in den Mathematikstudiengängen in Verbindung gebracht werden. Sie hat einen Anteil von rund 18 % unter allen Kodierungen und umfasst fünf Subkategorien. Vier erklären Unterschiede aus der Sicht der Schule, eine aus der Sicht der Hochschule. Tabelle 9.3 enthält die deskriptiven Kennwerte zu der Hauptkategorie und ihren Subkategorien.[3]

Tabelle 9.3 Häufigkeiten und Verteilung der Subkategorien zu den Erklärungen mit dem Lernumfeld (Vektoren)

Hauptkategorie und Subkategorien	Kodierungen	Anz. Int.
Anderes Lehren und Lernen im Mathematikunterricht und in der Hochschule	*48*[4]	*20*[5]

(Fortsetzung)

---

[3] Lesebeispiel zu dieser und den weiteren gleich aufgebauten Tabellen in 9.2.4 bis 9.2.10 bzw. 9.3.3 bis 9.3.7: Insgesamt wurden in 20 Interviews zusammen 48 Kodierungen vorgenommen, die unter diese Hauptkategorie fallen. 23mal wurde die Subkategorie „Zugänglichmachen und Vereinfachen für die Schüler:innen" vergeben, die Diskontinuität aus der Sicht der Schule erklärt. Die Kodierungen sind auf 16 Interviews verteilt.

[4] Summe der Kodierungen mit den Subkategorien (die Anmerkung gilt auch für die entsprechenden Tabellenzellen in den strukturgleichen Tabellen in den Abschnitten bis 9.2.10)

[5] Anzahl der Interviews, in denen *wenigstens eine* der Subkategorien vergeben wurde (Die Anmerkung gilt auch für die entsprechenden Tabellenzellen in den strukturgleichen Tabellen in den Abschnitten bis 9.2.10.)

Tabelle 9.3 (Fortsetzung)

Hauptkategorie und Subkategorien	Kodierungen	Anz. Int.
Zugänglichmachen und Vereinfachen für die Schüler:innen	(S)	23	16
Aktivierung der Schüler:innen/Selbsttätigkeit	(S)	5	2
Orientierung an der Lebenswelt/Lebensrealität	(S)	7	4
Umfassende Begriffsbildung im Mathematikunterricht	(S)	4	2
Aufbau auf schulischen Vorerfahrungen	(HS)	9	7

9.2.3.1 Zugänglichmachen und Vereinfachen für die Schüler:innen

Definition: Die qualitative Anpassung der ausgewählten inhaltlichen Themen durch Zugänglichmachen und Vereinfachen von Lerninhalten auf Seiten der Schule trägt zur Ausprägung von Diskontinuität bei.

Erläuterung: Unter diese Subkategorie fallen Aussagen, in denen Unterschiede damit erklärt oder vor dem Hintergrund eingeordnet werden, dass in der Schule Wert daraufgelegt wird, die Inhalte schülernah, schülergerecht und leicht verständlich zu gestalten. Teilweise werden bestimmte Aspekte des Themas Vektoren bzw. Vektorräume angesprochen, die zugänglich gemacht bzw. vereinfacht werden (P06, P28), teilweise beziehen sich die Aussagen auf die gesamte Lehreinheit (P01, P08, P04).

Bei der Subkategorie handelt es sich um diejenige mit den meisten Kodierungen in den Interviews (23) und außerdem auch um die am weitesten in den Interviews verbreitete Kategorie (kodiert in 16 von 30 Interviews; siehe Tabelle 9.3).

Beispiele für Segmente mit der Kodierung:

- P06 sieht die Schreibweise von Vektoren im Schulbuch als Entlastung für die Lernenden:

„Das heißt, im Hochschulbuch ist es alles sehr abstrakt. Das heißt, **man muss immer im Hinterkopf haben, was die Variablen bedeuten und im Schulbuch weiß ich immer dadurch, dass da ein Pfeil darüber ist, dass es ein Vektor ist**[6]. Es verbildlicht dann noch einmal." (P06, Z. 76 ff.)

- P28 sieht den Ansatz des Schulbuchs, Vektoren als Verschiebungen einzuführen, darin begründet, dass er leicht und einfach zu erinnern sei: „Und ja, vielleicht wird das hier einfach dadurch, dass es so deutlich gezeigt wird, dass es eine Bewegung oder eine Verschiebung von Punkten ist, erreicht, dass es eine möglichst **einfache, einprägsame Darstellungsweise** von so etwas ist." (P28, Z. 82 ff.)

- P08 bringt den Ansatz der didaktischen Reduktion ins Gespräch und hebt die bessere Zugänglichkeit in Bezug auf die Entwicklung einer Anschauung hervor:
  „Das heißt, dass das im Schulbuch **sehr didaktisch reduziert** worden ist, was ein Vektor ist, und eher auf einer Ebene liegt, die man sich **(eher/schneller) vorstellen** kann als die in der Hochschuldidaktik." (P08, Z. 46 ff.)

- P04 begründet den Schwerpunkt des Schulbuchs auf der bildlichen Darstellung von Vektoren damit, dass den Lernenden ein Zugang zu den ihnen bisher unbekannten Vektoren aufgezeigt werden soll:
  „Hier geht es erst einmal nur darum zu verbildlichen, wie ein Vektor aussieht, **weil die Schüler das noch nicht kennen**, obwohl man eigentlich in der Uni davon ausgeht, dass die Studenten das auch alle angeblich zum ersten Mal machen." (P04, Z. 20 ff.)

- P01 findet das Vorgehen im Schulbuch wegen der Darstellungswechsel greifbarer:
  „Aber meiner Meinung nach ist so eine Herangehensweise wie die im Schulbuch hier, wo Darstellungswechsel stattfinden, für Schüler oder auch für mich **greifbarer** als diese Variante, wo wir wirklich nur auf einer symbolischen Darstellungsebene sind." (P01, Z. 75 ff.)

---

[6] Die Hervorhebungen in den Beispiel-Segmenten zeigen an, welche Stellen Indikatoren für die Kodierung waren.

9.2.3.2 Aktivierung der Schüler:innen/Selbsttätigkeit

Definition: Das Streben nach Aktivierung und Selbsttätigkeit der Schüler:innen bei der Einführung und Erarbeitung des Vektorbegriffs trägt zur Ausprägung von Diskontinuität bei.

Erläuterung: Die Subkategorie umfasst Aussagen, die darauf abzielen, dass im Schulbuch nicht nur Inhalte aus einer Produktperspektive dargestellt werden, sondern dass die Schüler:innen dazu angeregt werden, selbst aktiv zu werden. Worin genau das aktivierende Moment im Schulbuch gesehen wird, geht aus den Äußerungen verschieden klar hervor. So betont P01, welche Möglichkeiten der Rückgriff auf die Pfeile zum selbstständigen Erarbeiten des Inhalts bietet. P04 stellt eher allgemein einen theoretischen und einen praktisch-handlungsorientierten Ansatz einander gegenüber.

Beispiele für Segmente mit der Kodierung:

- P01 spricht an, dass es für Schüler:innen von Bedeutung ist, etwas ausprobieren zu können, selbst zu zeichnen und Erkundungen anzustellen:
„Schüler haben noch kein Verständnis von allgemeinen Mengen als abstrakte Größen. Daher sucht man sich hier etwas, was Schüler sich eher vorstellen können, wie z. B. **einen Pfeil, mit dem man dann auch erst einmal ein bisschen was ausprobieren kann, wo man etwas zeichnen kann und dann auch über Erkundungen z. B. zu Gesetzen kommen kann,** die hier einfach festgelegt werden." (P01, Z. 70 ff.)
- P04 betont, dass im Schulbuch das eigenständige Umgehen mit den Vektoren zunächst Vorrang vor einer theoretischen Aufarbeitung/Erklärung habe:
„Es wird eben die Theorie erklärt. Ich weiß nicht genau, wie ich das ausdrücken will. Theorieanteil oder so etwas. Und dass hier [im Schulbuch] eben das Ziel ist, dass sie **am Anfang erst einmal selbst damit agieren.** Anleitung." (P04, Z. 67 ff.)

9.2.3.3 Orientierung an der Lebenswelt/Lebensrealität der Schüler:innen

Definition: Die Orientierung an den (angenommenen) lebensweltlichen Erfahrungen der Schüler:innen bzw. allgemein das Aufgreifen von Situationen des alltäglichen Lebens im Rahmen der Lehreinheit im Schulbuch hat einen Anteil an der Diskontinuität zwischen Schule und Hochschule.

Erläuterung: Unter diese Subkategorie fallen Aussagen in die Richtung, dass auf Seiten der Schule das Bestreben erkennbar wird, an die Lebenswelt der Schüler:innen und ihre Erfahrungen anzuknüpfen. Die Metapher vom „Abholen in der Lebenswelt" tritt dabei wiederholt auf. Die Art und Weise, wie der Anspruch der Lebensweltnähe umgesetzt wird, wird dabei durchaus auch kritisch gesehen – z. B. werden die Verbindungen zwischen Vektoren und den lebensweltlichen Kontexten teilweise als konstruiert oder nicht nachvollziehbar (P30) eingeschätzt.

Beispiele für Segmente mit der Kodierung:

- P30 betont, dass mit den Beispielen, unter anderem zum Schiffsverkehr und zu den optischen Täuschungen, die Erfahrungen aus der Lebenswelt der Schüler:innen aufgegriffen werden:
  „Wo wird wer abgeholt? Also, **es wird versucht, die Schüler in ihrer Lebenswelt abzuholen – Schiffe, Gebäude, die schief stehen, die optischen Täuschungen** sind mir gerade noch ein Rätsel. Aus dem Zweidimensionalen, was sie kennen, hin zu einem Begriff, den sie noch nicht kennen. In der Universität wird davon ausgegangen, dass man den Begriff kennt, dass man eine Vorstellung zumindest davon hat und das jetzt noch einmal die Gesetze einfach … festgehalten werden, was was ist und wie damit umgegangen wird." (P30, Z. 63 ff.)
- P22 sieht eine Intention des Schulbuchs darin, auf die Erfahrungen der Lernenden einzugehen. Er sieht jedoch auch Schwierigkeiten, einen materialbasierten enaktiven Zugang zu schaffen:
  „Das ist immer so ein bisschen so: okay, **das ist auch wichtig, dass man die Schüler so aus der Lebenswelt irgendwie abholt** und dann versucht, Brücken zu schlagen. Aber es ist schon schwierig, das Thema so einzubetten, dass die Schüler auch wirklich etwas haben, was sie anfassen können." (P22, Z. 57 ff.)

9.2.3.4 „Umfassende" Begriffsbildung im Mathematikunterricht

Definition: Das Motiv, eine/die Definition des Vektorbegriffs, wie sie im Lehrbuch gegeben ist, anzureichern und damit eine „umfassendere" Begriffsbildung zu unterstützen, trägt zur Diskontinuität bei.

Erläuterung: Die Subkategorie umfasst Aussagen, in denen darauf eingegangen wird, dass der Prozess der Begriffsbildung im Rahmen des Schulbuchs nach anderen Gesichtspunkten als in der Hochschule erfolgt. In den Aussagen wird angedeutet, dass die Begriffsbildung in der Schule auf eine nicht näher bestimmte Weise weitergehend (und in diesem Sinne „umfassender") stattfindet. Man könnte den Aspekt mit dem Unterschied zwischen einem Fokus auf der concept definition bzw. dem concept image nach Tall und Vinner (1981) in Verbindung bringen.

Beispiele für Segmente mit der Kodierung:

- P01 sieht im Schulbuch die Absicht, bei den Lernenden mehr als einen abstrakten Begriff zu etablieren:
  „Die Schüler sollen **unter dem Vektorbegriff mehr fassen können**, als dass er ein Element von einem Vektorraum ist, was eben sehr abstrakt ist. Das Abstraktionsniveau ist im Skript viel höher als auf den Schulbuchseiten."
- P13 spricht davon, dass die Begriffsbildung unterschiedlich intensiv betrieben wird:
  „Ich finde nicht, dass es da in der Uni klar um diese **Begriffsbildung** geht, wie man sie **im Mathematikunterricht ja doch sehr intensiv betreibt**, damit das Grundverständnis gelegt wird." (P13, Z. 116 ff.)

9.2.3.5 Aufbau auf schulischen Vorerfahrungen

Definition: Diskontinuität rührt daher, dass in der Hochschule bereits auf schulischen Vorerfahrungen bzw. den im Mathematikunterricht in der Schule erworbenen Kompetenzen aufgesetzt werden kann.

Erläuterung: Diese Subkategorie erklärt (als einzige dieser Hauptkategorie) Diskontinuität aus der Sicht der Hochschule. Sie enthält Aussagen dahingehend, dass

die anschauliche Vorstellung von Vektoren aus der Schule oder die dort kennengelernten Beispiele für Vektoren (i) eine Voraussetzung für das Verständnis
der Einführung des Vektorraums im Lehrbuch seien (Bsp. 1, P04) oder dass (ii)
die Darstellung im Lehrbuch quasi die begonnene Erarbeitung des Begriffs fortsetze. Teilweise wird auch so argumentiert, dass (iii) ein bestimmter thematischer
Aspekt im Lehrbuch nicht mehr aufgegriffen werden müsse, da dieser schon im
Mathematikunterricht thematisiert worden wurde (Bsp. 3, P16).

Beispiele für Segmente mit der Kodierung:

- P04 sieht die Beispiele in der Schule als notwendig an, um auf
  elementarem Niveau mit dem Begriff umgehen zu können:
  „Aber wenn man jetzt allein hierauf sagen würde: ‚Gib mir mal einen
  beliebigen Vektor an‘, dann wüsste ich wahrscheinlich nicht, **wenn
  ich nicht vorher so etwas wie in der Schule gesehen hätte**, wie das
  überhaupt aussehen soll." (P04, Z. 27 ff.)
- P05 sieht die Einführung im Lehrbuch so, dass sie fortfährt, wo das
  Schulbuch endet – aus ihrer Sicht „beim Verstehen der Mathematik"
  hinter „dem Anschaulichen":
  „Man möchte jetzt hier quasi weiter auf so einer anschaulichen Ebene
  arbeiten, um eine Vorstellung von Vektoren zu generieren und bei dem
  hochschulmathematischen Buch, da weiß ich jetzt nicht, ob man .... Da
  würde ich sagen, **geht man tendenziell jetzt eher davon aus, dass durch
  die Schule so etwas Anschauliches schon irgendwo vorhanden ist** und
  dass man jetzt hingeht und die Mathematik dahinter verstehen möchte."
  (P05, Z. 79 ff.)
- P16 geht davon aus, dass das Nicht-Vorkommen von Anwendungsbeispielen im Lehrbuch damit zu erklären ist, dass bereits in der Schule
  hinreichend viele Beispiele gezeigt wurden:
  „Dementsprechend sind ja die **Konzepte bekannt** bzw. **es ist bekannt,
  wo Vektoren zum Einsatz kommen.** Auch **weil man die schon voraussetzen kann**, kann man sich in der Hochschule mehr von diesen
  Anwendungsbeispielen lösen". (P16, Z. 32 ff.)

9.2.4 Erklärungen ausgehend von den Lernenden

Die zweite Hauptkategorie „*Andere Lerngruppen im Mathematikunterricht und in der Hochschule*" konkretisiert den erwarteten Erklärungsansatz „Perspektive Gruppe der Lernenden" (aus 9.1). Die Subkategorie "Fehlendes Vorwissen der Schüler:innen" unter dieser Hauptkategorie liegt inhaltlich nahe an dem erwarteten Erklärungsansatz „Begriffliche Grundlagen". Die Hauptkategorie umfasst die Ansätze der Auseinandersetzung mit Diskontinuität, bei denen Unterschiede zwischen den Einführungen im Schulbuch und im Lehrbuch auf verschiedene Merkmalsausprägungen von Schüler:innen bzw. Studierenden in den Bereichen Motivation, Kognition und Fähigkeit zur Selbstregulation (emotional und bezogen auf die Tätigkeiten des Lernens) als Erklärungen vorgebracht werden. Sie umfasst fünf Subkategorien, wieder erklären vier davon Unterschiede aus der Sicht der Schule und eine aus der Sicht der Hochschule. Ihr Anteil an allen Kodierungen liegt bei rund 16,9 % (Tabelle 9.4).

Tabelle 9.4 Häufigkeiten und Verteilung der Subkategorien zu den Erklärungen ausgehend von den Lernenden (Vektoren)

Hauptkategorie und Subkategorien		Kodierungen	Anz. Int.
Andere Lerngruppen im Mathematikunterricht und in der Hochschule		45	21
Motivationsniveau der Schüler:innen	(S)	6	4
Vorbeugung negativer Emotionen bei den Schüler:innen	(S)	5	5
Anforderungsniveau/Kognitive Überforderung der Schüler:innen	(S)	12	11
Fehlendes Vorwissen bei den Schüler:innen	(S)	14	11
Erwartungen an Studierende/Veränderter didaktischer Vertrag	(HS)	8	6

9.2.4.1 Motivationsniveau der Schüler:innen

Definition: Die im Durchschnitt verschieden stark ausgeprägte Lern- und Leistungsmotivation der Schüler:innen bzw. der Studierenden erfordert eine andere Herangehensweise an den Inhalt in den beiden Lehrwerken und ist damit eine Ursache von Diskontinuität.

Erläuterung: Unter diese Subkategorie fallen Aussagen, die Unterschiede in den Materialien aus der Sicht der Schule damit erklären oder vor dem Hintergrund einordnen, dass Schülerinnen und Schüler zur Beschäftigung mit Vektoren motiviert werden sollen oder müssen bzw. dass eine bestimmte Art der Darstellung ihr Interesse wecken soll.

Beispiele für Segmente mit der Kodierung:

- P18 schreibt dem Ausgehen vom Bekannten bei dem genetischen Ansatz im Schulbuch ein stärkeres Potenzial zu, Schüler:innen zu motivieren, als dem axiomatisch-deduktiven Ansatz:
  „Die **Methode der Schule finde ich motivierender**, weil man etwas hat, was man schon kennt und wo man dann vielleicht Vergleiche ziehen kann und dann auch den Begriff Vektor besser versteht, als wenn man bei der Hochschule den Begriff einfach genannt bekommt und das irgendwie ja auch erklärt wird mit Begriffen, die man vielleicht vorher gar nicht so kannte." (P18, Z. 32 ff.)
- P01 begründet das Eingehen auf Anwendungen im Schulbuch mit dem motivationalen Effekt, der davon für die Schüler:innen ausgeht:
  „In der Uni ist das vielleicht auch nicht so wichtig, in der Schule schon. Sonst kann man die Schüler eben nicht so gut motivieren, wenn denen die Anwendung nicht so klar ist und die Vorstellung ist vielleicht dann auch einfacher." (P01, Z. 42 ff.)

9.2.4.2 Vorbeugung negativer Emotionen bei den Schüler:innen

Definition: Das Motiv, negativen Emotionen bei den Schüler:innen vorbeugen zu wollen, erfordert eine Herangehensweise an den Inhalt im Schulbuch, die zur Diskontinuität beiträgt.

Erläuterung: In den Aussagen, die unter diese Subkategorie fallen, werden Befürchtungen oder Ängste von Schüler:innen bis hin zur Panik (i) gegenüber neuen Themen im Allgemeinen (P04) oder (ii) mathematischen Darstellungen, die als (zu) schwer wahrgenommen werden (P28), angesprochen. Negativen Emotionen werde durch den Rückgriff auf vertraute Kontexte und Objekte (Pfeile), den Verzicht auf Darstellungen mit Variablen oder durch eine allgemein „leichtere Darstellung" (vgl. P28) vorgebeugt.

Beispiele für Segmente mit der Kodierung:

- P04 führt das Anknüpfen an Vorwissen oder Vorerfahrungen darauf zurück, dass dadurch Angst bei den Schüler:innen entgegengewirkt werden soll:
  „[Im Schulbuch] **geht es erst einmal darum, die Angst zu nehmen** vor dem neuen Thema, weil es unbekannt ist und es deswegen mit Dingen zu verknüpfen, die schon bekannt sind und erst einmal die Schüler dazu zu bekommen, mit dem neuen Unterrichtsgegenstand praktisch einmal zu arbeiten, auszuprobieren, zu handeln. [Im Lehrbuch] ist man sich eben darüber klar, dass die Leute, die das studieren, sich vermutlich bewusst dazu entschieden haben. Das heißt, hier wird einfach etwas dazu präsentiert." (P04, Z. 82 ff.)
- P28 schreibt der Darstellung im Schulbuch zu, dass sie weniger schwer und damit weniger abschreckend (als – das wird implizit gesagt – insbesondere die Darstellung im Lehrbuch) aussieht:
  „Also, das ist ja auch für Studenten, die müssen. Und hier ist das für Schüler. Die Schüler denken sich vielleicht: Ach, das sieht gar nicht so schwer aus. Das kann ich mir ja mal durchlesen und sind **nicht direkt davon abgeschreckt, dass das so schwer aussieht.**" (P28, Z. 86 ff.)

9.2.4.3 Anforderungsniveau/Kognitive Überforderung der Schüler:innen

Definition: Da die Schüler:innen im Durchschnitt mit dem Niveau des Lehrbuchs überfordert wären, wird im Schulbuch eine vereinfachte Herangehensweise an den Inhalt gewählt, was zur Diskontinuität beiträgt.

Erläuterung: Unter diese Subkategorie fallen Aussagen, die Unterschiede damit erklären oder vor dem Hintergrund einordnen, dass das Anforderungsniveau der Hochschule für Schüler zu hoch oder die mathematischen Tätigkeiten zu anspruchsvoll seien bzw. die Schüler:innen überfordert wären. Die Aussagen können sich (i) auf die Einführung des Begriffs im Gesamten oder (ii) auf einzelne inhaltliche Aspekte beziehen oder auf bestimmte (iii) kognitive Prozesse (Beispiele zu den Ausprägungen siehe unten).

Beispiele für Segmente mit der Kodierung:

- P32 sieht die Loslösung von der Anschauung als große Verständnishürde für Schüler:innen:
  „In der Regel **fällt es Schülern sehr schwer, von dem wegzugehen, was sie sich vorstellen können.** Es ist ja immer eher schwierig und das wird in der Schule dann auch wenig gemacht." (P32, Z. 38 ff.)
- P31 begründet den Verzicht auf die Struktur Vektorraum seitens des Schulbuchs damit, dass die Schüler:innen keine Vorstellung davon entwickeln könnten:
  „Da werden Vektoren als Elemente von einem Vektorraum betrachtet. Das wäre für ein Schulbuch übertrieben, **da Schüler überhaupt keine Vorstellung davon hätten,** was dies sein soll." (P31, Z. 51 f.)

9.2.4.4 Fehlendes Vorwissen bei Schüler:innen

Definition: Das fehlende Vorwissen der Schüler:innen gegenüber den Studierenden macht eine andere Einführung des Vektorbegriffs im Schulbuch erforderlich und hat insofern einen Anteil an der Diskontinuität.

Erläuterung: Das fehlende Vorwissen, auf das in den Aussagen in dieser Subkategorie Bezug genommen wird, sind Grundbegriffe aus dem Bereich der algebraischen Strukturen: der Begriff des Körpers, der mathematische Mengen- und der Elementbegriff sowie der Begriff des Skalars oder auch Beispiele für nicht-kommutative Strukturen.

Beispiele für Segmente mit der Kodierung:

- P09 spricht an, dass der Körperbegriff im Schulbuch nicht vorausgesetzt werden kann:
  „Also hier, daraus werde ich jetzt nicht schlau, wenn man jetzt nicht weiß, was Körper in der Mathematik bedeutet. Ja, also mir als Mathelehrer/in ist klar, was Körper sind, aber **für einen Schüler, der aus der Schule kommt? Der kennt keine Körper."** (P09, Z. 77 ff.)

- P12 sieht als Grund dafür, dass im Schulbuch nicht auf die Eigenschaft der Kommutativität bzgl. der Addition eingegangen wird, dass die Lernenden keine Beispiele nicht-kommutativer Strukturen kennen: „Ja, ich denke, da wird dann eher stehen, dass, wenn ich zwei Vektoren addiere, dass ich dann die einzelnen Komponenten einfach addieren darf und dass ich – wobei, die Kommutativität wahrscheinlich auch schon nicht, weil es zu offensichtlich ist. Ich glaube, Schüler **wissen ja gar nicht, dass es auch nicht-kommutative Dinge gibt**, denke ich." (P12, Z. 108 ff.)

9.2.4.5 Erwartungen an Studierende/Veränderter didaktischer Vertrag

Definition: Zur Diskontinuität trägt bei, dass an Studierende andere Erwartungen im Hinblick auf ihr Lern- und Arbeitsverhalten gestellt werden können und damit zusammenhängend, dass ein anderer didaktischer Vertrag in Schule und Hochschule gilt.

Erläuterung: Unter diese Subkategorie fallen Aussagen, die Unterschiede aus der Sicht der Hochschule damit erklären oder vor dem Hintergrund einordnen, dass von Studierenden bestimmte Verhaltensweisen erwartet werden, die das Lernen betreffen bzw. dass die Lehrenden an der Hochschule eine andere Rolle bekleiden als Mathematiklehrkräfte in der Schule, insbesondere im Hinblick auf die Verantwortlichkeit für den Lernprozess.

Beispiele für Segmente mit der Kodierung:

- P13 sieht Studierende (eher als Schüler:innen) in der Verantwortung, selbstständig eine anschauliche Vorstellung von einem Vektor zu entwickeln: „Aber ist eben auch die Frage: **Muss man das wirklich auch noch dem Studenten liefern** oder kann er versuchen, sich selbst da ein Bild von zu schaffen, indem er sich so ein paar Informationen mehr einholt?" (P13, Z. 346 ff.)

- P22 geht darauf ein, dass in der Hochschule keine explizite Motivation zur Einführung des Vektorbegriffs gegeben wird, sondern sich der Aspekt der Motivation durch die Notwendigkeit erübrigt:
  „Motivation bei Studenten ist eben: Du musst es machen. So habe ich das immer gesehen (lacht)." (P22, Z. 68 f.)

9.2.5 Erklärungen mit der Bedeutung und Verwendung von Vektoren

Die dritte Hauptkategorie „*Andere Bedeutung und Verwendung von Vektoren im Mathematikunterricht und in der Hochschule*" steht den Erklärungsansätzen „Anwendungsorientierung" und „Analytische Geometrie" (aus 9.1) inhaltlich nahe. Sie bündelt die Ansätze der Auseinandersetzung mit Diskontinuität, bei denen Unterschiede der Materialien darauf zurückgeführt werden, dass Vektoren im Sichtfeld des schulischen Mathematikunterrichts und in den Fachstudiengängen in einen anderen Kontext eingebettet werden und eine andere Bedeutung erfahren. Der Anteil dieser Ansätze unter allen Kodierungen liegt bei 21,7 %. Die Hauptkategorie umfasst sechs Subkategorien, von denen drei die Unterschiede aus der Sicht der Schule erklären und zwei aus der Sicht der Hochschule, eine Subkategorie lässt sich nicht eindeutig der Schule oder der Hochschule zuschreiben (Tabelle 9.5).

Tabelle 9.5 Häufigkeit und Verteilung der Subkategorien zu den Erklärungen mit der Bedeutung und Verwendung von Vektoren

Hauptkategorie und Subkategorien		Kodierungen	Anz. Int.
Andere Bedeutung und Verwendung von Vektoren		*58*	*24*
Bedeutung für die Geometrie	(S)	13	12
Bewältigung von Anwendungen	(S)	9	8
Rechnen mit Vektoren	(S)	4	4
Vektoren als grundlegender Strukturbegriff	(HS)	16	12

(Fortsetzung)

Tabelle 9.5   (Fortsetzung)

Hauptkategorie und Subkategorien	Kodierungen	Anz. Int.
Vorrang des Vektorraums vor den Vektoren	(HS)	8	6
Theoretische Verortung: Geometrie oder Lineare Algebra	(S & HS)	8	6

9.2.5.1 Bedeutung für die Geometrie

Definition: Diskontinuität entsteht auch dadurch, dass der Vektor im Mathematikunterricht (vorerst) nur für die Beschäftigung mit geometrischen Fragen eingeführt wird.

Erläuterung: Die Subkategorie umfasst Äußerungen, in denen die Rede davon ist, dass Vektoren aus der Sicht der Schule aktuell nur im Rahmen der Analytischen Geometrie eine Rolle spielen, und zwar zur Beschreibung von einfachen geometrischen Objekten oder der Beziehung solcher Objekte zueinander. Der Bedeutung von Vektoren für die Geometrie wurde häufig die Bedeutung des Vektor(raum)begriffs als grundlegendem Strukturbegriff aus der Sicht der Hochschule gegenübergestellt (siehe 9.2.5.4). An den entsprechenden Segmenten wurden zwei Codes angebracht.

Beispiele für Segmente mit der Kodierung:

- P05 sieht die Motivation zur Einführung des Begriffs auf Seiten des Schulbuchs in der Möglichkeit, Geraden und Ebenen im dreidimensionalen Raum beschreiben zu können.
  „Also generell werden [Vektoren im Schulbuch] eben als Verschiebung von Punkten dargestellt. Also irgendwann möchte man hingehen und auf jeden Fall auch in das Dreidimensionale übergehen, **um dann eben Geraden und Ebenen letztlich darstellen zu können**. Das ist so die Motivation, die hier dahintersteckt." (P05, Z. 106 ff.)
- Auch P23 spricht zunächst allgemein von dem Anwendungsbereich „Raumgeometrie" und konkretisiert dies später als Arbeiten mit Geraden und Ebenen.

„Also in der Schule ist die Motivation auf jeden Fall da, dass man die Vektoren, dass die Vektoren ein Grundwerkzeug darstellen, **um überhaupt in der Raumgeometrie zu arbeiten.** Wenn man jetzt in der Oberstufe **in der Analytischen Geometrie mit Geraden und Ebenen** arbeitet, und das kann ja auch sehr schön auf lebensnahe Kontexte übertragen werden, dass man einfach die Vektoren dafür braucht. Die sind einfach Hilfsmittel, um einfach beispielsweise Geradengleichungen aufzustellen und Bewegungen darzustellen oder auch auszurechnen und das natürlich auch im Zweidimensionalen." (P23, Z. 85 ff.)

9.2.5.2 Bewältigung von Anwendungen

Definition: Die Ausrichtung des schulischen Mathematikunterrichts im Bereich Analytische Geometrie/Lineare Algebra auf die Bewältigung von vorrangig außermathematischen Anwendungsaufgaben mit Vektoren trägt zur Diskontinuität bei.

Erläuterung: Unter diese Subkategorie fallen Aussagen, in denen angesprochen wird, dass Vektoren aus Sicht der Schule stark zweckgebunden eingeführt werden. Typischerweise wird auf außermathematische Anwendungsfälle Bezug genommen (P31). Ebenfalls typisch ist das Sprechen von einem „Werkzeugcharakter", der den Vektoren im Rahmen des schulischen Mathematikunterrichts zuteilwerde. Dem Bewältigen von Anwendungen als Fokus in der Schule wurde häufig die Bedeutung des Vektor(raum)begriffs als grundlegendem Strukturbegriff aus der Sicht der Hochschule gegenübergestellt (siehe 9.2.3.4) – wie im Beispiel P12.

Beispiele für Segmente mit der Kodierung:

- P12 sieht die schulische Perspektive darin, gleich bei der Einführung von Vektoren den Blick darauf zu richten, wozu der neue Begriff nützlich sein wird:
  „**Die Motivation ist eine andere: Anwendung** und innermathematisches Strukturwissen vielleicht?! Als Handwerkszeug vielleicht, also erst einmal, wie man damit umgeht und in der Schule erst einmal, **was es kann, was es machen kann, was ein Vektor für einen tun kann**." (P12, Z. 36 ff.)

- P31 betont, dass der Vektorbegriff sogar von Vornherein mit dem Ziel eingeführt werde, außermathematische Fragestellungen zu lösen:
  „Die Sinnhaftigkeit oder die Motivation hinter dem Vektor in der Schule ist ja, dass wir **das für die Realität brauchen und damit Anwendungen lösen können**. Da das in der Realität ja oder die Probleme, die man in der Schule betrachtet, solche sind, die wir uns ja dann auch vorstellen können, geht man eben auf diese Vorstellungsebene oder Veranschaulichungsebene, beschränkt Vektoren auf Verschiebungen und stellt die als Pfeile im Koordinatensystem dar." (P31, Z. 109 ff.)

9.2.5.3 Rechnen mit Vektoren

Definition: Der Fokus auf dem rechnerischen Umgang mit Vektoren des $\mathbb{R}^2$ und $\mathbb{R}^3$ auf Seiten der Schule trägt zur Diskontinuität bei.

Erläuterung: Insbesondere die Beispiele am Ende der Lehreinheit im Schulbuch werden als Indiz dafür gesehen, dass auf Seiten der Schule das Rechnen mit Vektoren eine große Bedeutung erfährt.

Beispiele für Segmente mit der Kodierung:

- P17 stellt weitere Rechnungen mit Vektoren in Ausblick:
  „Und danach kommt direkt nach der Definition noch einmal ein Beispiel, damit sie verstehen, **wofür sie das später in den Rechnungen brauchen**. Hier wird nur alles ganz verallgemeinert gemacht, um die Grundstrukturen der Algebra oder der Linearen Algebra zu verstehen." (P17, Z. 29 ff.)
- P29 spricht von einer rechnerischen Auseinandersetzung mit Vektoren:
  „Also, man sieht schon, dass die Schüler, direkt auch auf der zweiten Seite, da wird dann mit Beispielen und Beispielaufgaben gearbeitet, d. h., da wird explizit **darauf hingearbeitet, dass man sich rechnerisch damit auseinandersetzt**." (P29, Z. 162 ff.)

9.2.5.4 Vektoren als grundlegender Strukturbegriff

Definition: Diskontinuität rührt daher, dass der Vektorbegriff aus der Sicht der Hochschule als grundlegender Strukturbegriff eingeführt wird.

Erläuterung: Unter diese Subkategorie fallen Aussagen, in denen angesprochen wird, dass auf den Vektorbegriff in der Linearen Algebra im Speziellen und ebenso wiederkehrend in vielen Feldern der Mathematik bei der Beschreibung von Strukturen zurückgegriffen wird. Der Aspekt des „Grundlegenden" bedeutet zweierlei – zum einen, dass es sich um einen elementaren Begriff handelt und zum anderen, dass dieser in einem Repertoire algebraischer Grundbegriffe unverzichtbar ist. Der Aspekt „Struktur" bezieht sich darauf, dass im Lehrbuch bewusst von konkreten Interpretationen abgesehen wird, sondern vielmehr mit dem Vektor(raum)begriff ein Begriff geprägt wird, der so allgemein ist, dass er für verschiedenste mathematische Objekte offen ist. Wie die beiden Aspekte gewichtet werden, erweist sich als unterschiedlich: Das erste Segment in den Beispielen betont eher den Grundlagen-Aspekt. Die beiden folgenden Segmente betonen den Struktur-Aspekt.

Beispiele für Segmente mit der Kodierung:

- P05 sieht den Vektor(raum)begriff als Grundlage an verschiedenen Stellen: für die Lineare Algebra, aber eben auch für die Analysis oder „sonst irgendwas":
  „Hier, ich sage mal so, ist die Motivation für alle die, die Mathematik studieren, dadurch gegeben, dass es hier als **Grundlage für die Beschäftigung mit der Linearen Algebra** gesehen wird und die sicherlich dann dafür irgendwo wichtig ist, um **weitere Themenfelder erschließen zu können** und im Bereich der Linearen Algebra arbeiten zu können, vielleicht nicht nur in der Linearen Algebra, sondern auch generell. Vektorräume sind auch Analysis und sonst irgendetwas." (P05, Z. 120 ff.)
- P12 betont vor allem den Zugewinn an Strukturen durch die Einführung von Vektoren bzw. Vektorräumen im Lehrbuch:
  „In der Schule [hat der Begriff] auf jeden Fall [Bedeutung für die] Berechnung von Objekten und die Lage von Objekten zueinander, würde

ich sagen. Ja, und in der Hochschule einfach als ... **neue innermathematische Struktur** einfach, also dass man einfach **neue Strukturen kennenlernt und damit umzugehen** lernt." (P12, Z. 113 ff.)

- P21 spricht die Rolle der Linearen Algebra als Strukturtheorie (jenseits nur des Vektorbegriffs) („abstrakte Theorie") von erheblicher Bedeutung („Schlüsseltheorie") an:

  „In der Schule ist der Vektor etwas anschaulich Fassbares und er ist ein Werkzeug. Er ist nicht an sich interessant, er ist ein Werkzeug. Das wird hier ja auch ganz klar gesagt. Es geht darum, geometrische Objekte zu beschreiben. Der Vektor ist ein Werkzeug, das benutzt wird, um geometrische Objekte zu beschreiben. In der Hochschule hat der Vektor eben einen **Wert als Teil einer abstrakten Theorie, die eben eine der Schlüsseltheorien der Mathematik ist.**" (P21, Z. 101 ff.)

9.2.5.5 Vorrang des Vektorraums vor den Vektoren

Definition: Ein Grund für die Diskontinuität, die anhand der Materialien zutage tritt, ist das vorrangige Interesse an Vektorräumen statt am einzelnen Vektor auf Seiten der Hochschule.

Erläuterung: In den Äußerungen in dieser Subkategorie geht es darum, dass in der Hochschule keine Auseinandersetzung mit Vektoren stattfindet, sondern mit der übergeordneten Struktur, der Menge Vektorraum. Das „Aussehen von Vektoren" spielt aus dieser Perspektive heraus keine Rolle: „Der Vektor ist ein Element und es ist voll egal, wie es aussieht." (P13, Z. 196). Besonders deutlich wird dieser andere Fokus dadurch, dass im Schulbuch ausführlich auf das Zustandekommen der einzelnen Komponenten des Vektors – ausgehend von Punktkoordinaten – eingegangen wird.

Beispiele für Segmente mit der Kodierung:

- P14 bringt den Vorrang der Menge Vektorraum vor seinen Elementen zum Ausdruck, indem sie den Vektoren die Rolle von Hilfsmitteln zuschreibt:

„In der Hochschule hat es eher so ‚Mittel zum Zweck'-Charakter. **Man beschäftigt sich nicht unbedingt mit den einzelnen Vektoren,** sondern mit der dahinterliegenden Struktur. **Man beschäftigt sich eher mit dem Vektorraum und dessen Eigenschaften,** was ich mit dem Vektorraum eben machen kann. Und dazu benutze ich als Hilfsmittel die Vektoren. Und in der Schule ist es so, dass der Vektor an sich im Vordergrund steht, also: Was kann ich alles mit diesem Vektor machen?" (P14, Z. 138 ff.)

9.2.5.6 Thematische Verortung: Geometrie oder Lineare Algebra

Definition: Eine Ursache der Diskontinuität liegt darin, dass Vektoren auf Seiten der Schule im Inhaltsbereich Lineare Algebra/Analytische Geometrie mit der Geometrie im Vordergrund und auf Seiten der Hochschule in der „reinen" Linearen Algebra eingeführt werden.

Erläuterung: Diese Subkategorie bezieht sich nicht vorrangig auf eine Sichtweise der Schule oder der Hochschule, sondern auf den verschiedenen Bezug zur Geometrie. In der Schule betreibt man vorrangig Geometrie und in diesem Rahmen wird eine geometrische Sichtweise auf Vektoren eingenommen. Auf Seiten der Hochschule („wenn man jetzt allgemein Lineare Algebra macht", P32) werden dagegen bei der Einführung von Vektoren keine geometrischen Bezüge hergestellt. Verdeutlicht wird die andere thematische Verortung auch anhand weiterer Begriffe neben dem Vektorbegriff, wie den Verschiebungen, der Basis oder dem Raum.

Beispiele für Segmente mit der Kodierung:

- P31 merkt an, dass Verschiebungen nicht im Fokus der Linearen Algebra liegen:
  „Und das Wort Verschiebung fällt nie und würde ja jetzt auch gar nicht hereinpassen, weil das eben **eine ganz andere Sichtweise** ist." (P31, Z. 75 f.)

- P02 merkt wiederum an, dass der Basisbegriff vom Standpunkt der Schule aus nicht relevant erscheint:
  „Über eine Basis werden sich [im Schulbuch] keine Gedanken gemacht. Es stellt sich ja dann auch **die Frage wozu.** [...]" (P02, Z. 125 f.)
- P06 spricht über die verschiedene Bedeutung des Raumes und hebt die komplette Einbettung der hochschulischen Einführung in die Algebra bzw. in die Lineare Algebra hervor:
  „Hier, im Schulbuch ist es wirklich sehr, sehr reduziert. Da kommt der Begriff des Körpers ja gar nicht vor und „Raum" wird schon benutzt, aber da geht es um das Dreidimensionale. Der Raum hier wird ja anders verwendet im Hochschulbuch. **Hier wird das komplett eingebettet in die Lineare Algebra oder in die Algebra und deswegen ist die Definition natürlich erst einmal stark darauf bezogen."** (P06, Z. 50 ff.)

9.2.6 Erklärungen mit dem Anspruch an den Theorieaufbau

Die vierte Hauptkategorie *„Anderer Anspruch an den Theorieaufbau und dessen Strenge im Mathematikunterricht und in der Hochschule"* umfasst den erwarteten Erklärungsansatz „Propädeutischer Ansatz/Konzepte von mathematischen Begriffen" (aus 9.1). Sie enthält Ansätze der Auseinandersetzung mit Diskontinuität, bei denen Unterschiede darauf zurückgeführt werden, (i) dass im Mathematikunterricht nicht der strenge Theorieaufbau nachvollzogen oder nacherfunden wird, der in der Hochschule dargestellt wird, oder (ii) dass an den Theorieaufbau im Rahmen der Hochschule Ansprüche gestellt werden, die diesen gegenüber schultypischen Herangehensweisen besonders auszeichnen.

Die Hauptkategorie umfasst fünf Subkategorien, von denen drei auf die Sicht der Hochschule und zwei auf die Sicht der Schule bezogen sind. Sie ist diejenige Hauptkategorie, die in der größten Zahl von Interviews (in 25 von 30) angesprochen wurde und die mit einem Anteil von 24,3 % an den Kodierungen quantitativ am stärksten vertreten ist (Tabelle 9.6).

Tabelle 9.6 Häufigkeit und Verteilung der Subkategorien zu den Erklärungen mit dem Anspruch an den Theorieaufbau und Strenge (Vektoren)

Hauptkategorie und Subkategorien		Kodierungen	Anz. Int.
Anderer Anspruch an den Theorieaufbau und dessen Strenge		*65*	*25*
Intuitives Umgehen und implizite Grundlagen	(S)	11	8
Idee/Konzept/unscharfer Begriff	(S)	14	13
Strenge und Exaktheit	(HS)	18	12
Trennung von Interpretation und Theorieaufbau	(HS)	8	5
Allgemeingültigkeit	(HS)	14	8

9.2.6.1 Intuitives Umgehen und implizite Grundlagen

Definition: Diskontinuität rührt daher, dass auf Seiten der Schule eine größere Akzeptanz gegenüber Vorgehensweisen herrscht, die auf der Intuition aufbauen, und dass Grundlagen häufiger implizit bleiben.

Erläuterung: Unter diese Subkategorie fallen Aussagen, die Unterschiede damit erklären oder vor dem Hintergrund einordnen, dass in der Schule bestimmte Sachverhalte ohne formale Absicherung angenommen werden, insbesondere aufgrund von Intuition oder anschaulicher Evidenz.

Beispiele für Segmente mit der Kodierung:

- P30 sieht in den Vorgehensweisen in der Hochschule eine Absicherung der Vorgehensweisen, wie sie im Rahmen der Schule erfolgen: „Also das, **was wir hier intuitiv machen und gar nicht benennen**, schreibt die Mathematik in der Uni einfach noch einmal konkreter auf und zurrt das fest und berechtigt diese Rechnung natürlich erst einmal. **Wir wenden es an, und sagen: ‚Ist so!'"** (P30, Z. 136 ff.)
- P06 geht darauf ein, dass im Schulbuch zwar Beispiele für Vektoren ebenso wie die abgeleiteten Begriffe Gegenvektor und Ortsvektor bildlich dargestellt werden, dass jedoch mit den zugrundeliegenden Verknüpfungen und Axiomen wesentliche Aspekte des Vektorraumbegriffs nicht explizit berücksichtigt sind:

„Dem Schüler soll damit klarwerden, erst einmal bildlich, was überhaupt ein Vektor ist, um dann die nächsten Begriffe ‚Gegenvektor‘, ‚Ortsvektor‘ auch hier mit konkreten Beispielen zu verbildlichen, zu erläutern, **ohne hier auf die Rechenregeln, die Axiome, die Verknüpfungen einzugehen.**" (P06, Z. 7 ff.)

9.2.6.2 Idee/Konzept/unscharfer Begriff

Definition: Zur Diskontinuität trägt bei, dass der Vektorbegriff auf Seiten der Schule ein unscharfer Begriff bleibt, der eher als Idee oder Konzept denn als klar fassbarer Begriff entsprechend den Ansprüchen der Hochschule erscheint.

Erläuterung: Während die Subkategorie aus dem vorigen Unterabschnitt insbesondere den Umgang mit Vektoren, dessen Einbettung und damit den Rahmen um den Vektorbegriff herum betrifft, bezieht sich diese Subkategorie auf die Konturen, die der Begriff selbst erhält. Sie bündelt Aussagen, in denen Unterschiede damit erklärt oder vor dem Hintergrund eingeordnet werden, dass in der Schule kein klar definierter Begriff des Vektors vorliegt, sondern mit einem dem Wesen nach vagen Konzept, einer Idee oder Vorstellung von einem Vektor, nicht jedoch mit einem wohldefinierten mathematischen Objekt operiert wird.

Beispiele für Segmente mit der Kodierung:

- P22 sieht die Zielsetzung für den Mathematikunterricht bei Vektoren darin, vor allem die Entwicklung einer Vorstellung davon zu entwickeln, (i) wie Vektoren in Sachzusammenhängen und (ii) dass Vektoren zur Beschreibung einfacher geometrischer Objekte eingesetzt werden können:
  „Das soll die Schüler natürlich, wenn sie irgendwie an die Uni kommen, schon darauf vorbereiten, dass sie **ein Verständnis von einem Vektor haben. Das muss noch nicht das sein, was in der Uni da ist,** aber die sollten schon **auf ihrer Ebene im Sachzusammenhang wissen,** als was ich so einen Vektor benutzen kann. Und vielleicht auch, was da so noch für ein Rattenschwanz hinten dranhängt, dass ich da eben noch etwas mit den Geraden und den Ebenen machen kann." (P22, Z. 169 ff.)

- P14 geht darauf ein, dass ein Vektorbegriff, der auf einer visuellen Ebene und mit sprachlichen Erklärungen erarbeitet wird, aus der Sicht der Schule hinreichend ist:

  „Für die Schüler reicht das auf jeden Fall so, weil das ja im Prinzip etwas ganz Neues ist. Die haben noch gar keine Assoziation dazu und wenn man das **erst einmal nur auf einer visuellen Ebene macht mit sprachlichen Erklärungen, reicht das ja völlig aus für die, um zu verstehen, was ein Vektor ist. Diese Eigenschaften, die hier schon konkret benannt werden, die werden ja hier auch behandelt. Es ist ja nicht so, als ob die wegfallen würde.**" (P14, Z. 129 ff.)

9.2.6.3 Strenge und Exaktheit

Definition: Ein verschiedener Grad der Strenge und Unterschiede in Bezug auf die Exaktheit im Theorieaufbau tragen zur Diskontinuität bei.

Erläuterung: Unter diese Subkategorie fallen Aussagen, die Unterschiede damit erklären oder vor dem Hintergrund einordnen, dass Mathematik in der Hochschule streng (bzw. relativ gesehen strenger) und exakt(er) betrieben wird als in der Schule. So ist z. B. die Überprüfung der Eindeutigkeit des Nullvektors ein Beispiel für die Einhaltung des Anspruchs an Strenge (P01).

Beispiele für Segmente mit der Kodierung:

- P01 geht ausgehend vom verschiedenen Umgang mit der Eindeutigkeit des Nullvektors auf die Stringenz und damit auf die Strenge im Theorieaufbau ein:

  „Die Eindeutigkeit des Nullvektors ist eben **diese mathematische Stringenz,** die auch immer wieder verfolgt wird, **dass alles schlüssig sein muss, eindeutig sein muss.** Diese Stringenz wird im Schulbuch gar nicht überprüft, sondern es wird nur geschaut, was ich denn mit so einem Vektor irgendwie anfangen kann: wie kann ich überhaupt erst einmal ein richtiges Konzept von so einem Vektor als Pfeilklasse darstellen?" (P01, Z. 79 ff.)

• P28 sieht das Vorgehen im Lehrbuch bei der Einführung des Vektorraums als kleinschrittiger und genauer an als das Vorgehen im Schulbuch:
„Das Lehrbuch geht auf jeden Fall **sehr viel kleinschrittiger** vor, fällt schon einmal direkt auf. Hier wird erst einmal **genauer eingeführt** mit diesen ganzen Sachen, das es zum Körper macht, dass es ein Nullelement gibt, dass Assoziativität gilt und diese ganzen Grundrechenregeln, dass die erst einmal gelten, die werden eingeführt, dass es einen Nullvektor gibt, dass der eindeutig ist, dass es eine multiplikative Inverse gibt mit dem negativen Vektor." (P28, Z. 29 ff.)

9.2.6.4 Trennung von Interpretation und Theorieaufbau

Definition: Diskontinuität rührt daher, dass auf Seiten der Hochschule der Theorieaufbau an sich und die möglichen Interpretationen der entwickelten Theorie (das Deuten in bestimmten Anwendungsfeldern) grundsätzlich voneinander getrennt erfolgen.

Erläuterung: Unter diese Subkategorie fallen Aussagen, die Unterschiede damit erklären oder vor dem Hintergrund einordnen, dass in der Hochschule die Theorie entwickelt wird und auf dieser Basis Interpretationen stattfinden können bzw. dass der Theorieaufbau und die Betrachtung von Interpretationen sich nicht vermischen. Auf Seiten der Schule ist diese Trennung nicht selbstverständlich: Wenn Vektoren wie in dem betrachteten Schulbuch ohne eindeutige Definition bleiben, sondern nur als Verschiebungen zwischen zwei Punkten auftreten, verschwimmen die Grenzen.

Beispiele für Segmente mit der Kodierung:

• P02 verdeutlicht den Aspekt anhand des Umgangs mit dem Gegenvektor, der nämlich nicht durch „Vor- und Zurückgehen", sondern durch eine allgemeingültige algebraische Gleichung charakterisiert wird:
„Und hier, im Lehrbuch, **steht jetzt nicht, dass das eine Strecke ist, die man geht und die man zurückgeht. Da steht, dass der Nullvektor herauskommt.** Es ist ja auch zu erwarten, dass in dem Lehrbuch für die Hochschule mehr drinsteht, aber **die Interpretation dann später in den**

Aufgaben kommt. Das ist ja typisch, dass dann **Definition-Satz-Beweis und dann vielleicht ein Beispiel** kommt." (P02, Z. 54 ff.)

- P03 spricht den Aspekt über die Frage der Darstellungen an, nämlich, ob Vektoren mit einer üblichen Form der Darstellung, den Pfeilen, eingeführt werden oder ohne Rückgriff auf die Pfeil-Darstellung: „Es besteht ein Unterschied, weil sich hier relativ schnell beschränkt wird auf eine übliche Form der Darstellung. Die Passage im Lehrbuch ist doch sehr allgemein. Und **ob man das hier darstellt als Pfeil, der Punkte verschiebt, oder als irgendetwas anderes, das bleibt hier ja völlig offen.**" (P03, Z. 55 ff.)

9.2.6.5 Allgemeingültigkeit

Definition: Diskontinuität rührt her von dem Anspruch aus wissenschaftlicher Sicht, eine allgemeingültige mathematische Theorie zu entwickeln, die über ausgewählte Anwendungsbereiche hinaus tragfähig ist.

Erläuterung: Die Subkategorie beinhaltet Äußerungen aus den Interviews, in denen Unterschiede damit erklärt oder vor dem Hintergrund einordnet werden, dass in der Hochschule ein möglichst großer Geltungsbereich der entwickelten mathematischen Zusammenhänge angestrebt wird und die Darstellung allgemein bleiben soll, d. h., dass sie nicht durch ausschließliches Zeigen von Beispielen (unnötig) eingeschränkt werden soll.

Beispiele für Segmente mit der Kodierung:

- P11 argumentiert über die angestrebte Allgemeingültigkeit, weshalb kein Einstieg in das Thema über Alltagsbeispiele stattfinden kann: „Hier [in der Hochschule] könnte man nicht mit einem Alltagsbeispiel anfangen, das ist ja Blödsinn. Wenn man ein Alltagsbeispiel benutzt, dann ist man ja schon relativ schnell beim Speziellen und **man will ja hier erst einmal das Allgemeine beibringen.**" (P11, Z. 56 ff.)
- P22 geht darauf ein, dass der Ansatz über Vektorräume (wahrscheinlich irrtümlich spricht er von Körpern) mehr Möglichkeiten bietet als die Einführung von Vektoren nur mit Bezug zum zwei- oder dreidimensionalen Koordinatensystem:

„Und ich finde, **in der Uni ist der Startpunkt anders gewählt, weil es,** ich denke mal, das ist jetzt eine Vermutung, **einen allgemeingültigeren Ansatz hat.** Mit dem Körper kann ich ja noch viel mehr machen als nur Vektoren. Ich kann ja hier, haben wir doch gerade kurz gesehen, die schönen Polynomringe – Und dann kann ich ja eben auch die Funktionen als Körper definieren und kann damit ja eigentlich viel mehr anfangen, wenn ich den Körper habe und viel weiterdenken, als wenn ich den Vektor über einem Koordinatensystem definiere." (P22, Z. 129 ff.)

9.2.7   Erklärungen mit der Bedeutung von Anschauung

Die fünfte Hauptkategorie *„Anderer Umgang mit Anschauung im Mathematikunterricht und in der Hochschule"* ist induktiv gewonnen. Äußerungen, die dieser Hauptkategorie zugeteilt wurden, beziehen sich darauf, dass Anschauung im Mathematikunterricht und in der Hochschule eine verschiedene Bedeutung erfährt. Die Entscheidung, das Thema Anschauung nicht in die vierte Hauptkategorie zu integrieren, spiegelt ein Verständnis von Anschauung wider, wonach diese mehr als nur ein Aspekt der Gestaltung des Theorieaufbaus ist, sondern eine große Bandbreite von Funktionen übernehmen kann (Wilzek, 2021).

Zu der Hauptkategorie mit einem Anteil von 14,2 % unter allen Kodierungen gehören zwei Subkategorien, von denen sich jeweils eine auf die Erklärung und Einordnung von Diskontinuität aus der Sicht der Schule bzw. der Hochschule bezieht (Tabelle 9.7).

Tabelle 9.7 Häufigkeit und Verteilung der Subkategorien zu den Erklärungen mit der Bedeutung von Anschauung (Vektoren)

Hauptkategorie und Subkategorien		Kodierungen	Anz. Int.
Anderer Umgang mit der Anschauung im MU und in der Hochschule		*38*	*17*
Bindung an das Anschauliche	(S)	20	13
Lösung vom Anschaulichen	(HS)	18	12

9.2.7.1 Bindung an das Anschauliche

Definition: Diskontinuität rührt daher, dass auf Seiten der Schule die Begriffsentwicklung in einer engen Beziehung zur Anschauung erfolgt.

Erläuterung: Unter diese Subkategorie fallen Erklärungsansätze und Analysen, in denen angesprochen wird, dass in der Schule eine bildliche Vorstellung von Vektoren angestrebt wird und dass die Möglichkeiten der Anschauung die Art und Weise prägen, wie sich die Begriffseinführung gestaltet. Häufig wurden Segmenten mit dieser Kodierung gleichzeitig auch die Subkategorie „Loslösung vom Anschaulichen" zugewiesen, weil im jeweiligen Kontext auch die Abgrenzung zur Herangehensweise in der Hochschule angesprochen wurde (P05).

Beispiele für Segmente mit der Kodierung:

- P01 wertet die Vielzahl der ikonischen Darstellungen im Schulbuch als Beleg für die Bedeutung des Anschaulichen:
  „Auf einem DIN A4-Blatt des Schulbuchs sehe ich fünf Darstellungen, die nicht rein symbolischen Charakter haben. **Daran sieht man, dass hier der Schwerpunkt sehr auf diese geometrische Anschaulichkeit des Vektors oder des Vektorbegriffs gelegt wird.** Und im Skript findet man keine Darstellungen außer die symbolische in Form von den Axiomen." (P01, Z. 128 ff.)
- P05 sieht ein Anliegen des Schulbuchs darin, eine anschauliche Vorstellung von Vektoren zu generieren und grenzt den Ansatz der Hochschule dagegen ab:
  „Man möchte jetzt hier quasi **weiter auf so einer anschaulichen Ebene arbeiten, um eine Vorstellung von Vektoren zu generieren** und bei dem hochschulmathematischen Buch, da weiß ich jetzt nicht, ob man, da würde ich sagen tendenziell geht man jetzt eher davon aus, dass durch die Schule so etwas Anschauliches schon irgendwo vorhanden ist und dass man jetzt hingeht und die Mathematik dahinter verstehen möchte." (P05, Z. 79 ff.)

9.2.7.2 Loslösung vom Anschaulichen

Definition: Diskontinuität geht darauf zurück, dass auf Seiten der Hochschule nicht auf eine Anschauung zu den betrachteten Inhalten Bezug genommen wird.

Erläuterung: Von der Anschauung im Koordinatensystem oder der Veranschaulichung von Vektoren mittels Pfeilen wird im Lehrbuch Abstand genommen. Die Subkategorie umfasst Äußerungen dahingehend, dass in der Hochschule keine anschauliche Vorstellung von Vektoren unterstützt wird (P16) bzw. anschauliche Ansätze bewusst gemieden werden (P30).

Beispiele für Segmente mit der Kodierung:

- P16 geht darauf ein, dass der Begriff des Raumes auf Seiten der Hochschule von der Bedeutung als naivem Anschauungsraum losgelöst wird: *
„Hier läuft es ja darauf hinaus, dass man es irgendwie eben darstellen kann und sich vorstellen kann und hier läuft es ja gar nicht darauf hinaus, dass ich diesen bestimmten Raum untersuche. **Ich kann mir nachher den Raum nicht vorstellen.** Ich weiß dann nachher: Gut, das ist ein Vektorraum, **aber für meine Anschauung bin ich da jetzt nicht schlauer geworden.** Also es sind ganz andere Ziele, die damit irgendwie angesprochen werden mit den beiden Herangehensweisen." (P16, Z. 53 ff.)
- P30 spricht von einer Unterbindung der Anschauung und sieht diese darin begründet, keine (implizite) Einschränkungen bzgl. der Dimension vornehmen zu wollen:
„Also, hier ist es einfach erst einmal nur ein Rechenobjekt. Also, der ist jetzt erst einmal kein, also natürlich einem Raum, einem Vektorraum zugeordnet, aber **eine Anschauung wird da auch direkt, kann ja n-dimensional sein, unterbunden.**" (P30, Z. 74 ff.)

9.2.8 Erklärungen mit der Sequenzierung des Lehrgangs

Die Hauptkategorie „Sequenzierung des Lehrgangs" und ihre namensgleiche Subkategorie entstanden induktiv im Prozess der Auswertung. Quantitativ fällt die Hauptkategorie mit einem Anteil von rund 3 % durch acht Kodierungen kaum ins Gewicht (Tabelle 9.8).

Hauptkategorie und Subkategorie		Kodierungen	Anz. Int.
Sequenzierung des Lehrgangs		*8*	*7*
Sequenzierung des Lehrgangs	(S & HS)	8	7

Tabelle 9.8 Häufigkeit und Verteilung der Subkategorie zu den Erklärungen mit der Sequenzierung des Lehrgangs (Vektoren)

Definition: Unterschiede im Hinblick auf die Reihung der inhaltlichen Aspekte beim Aufbau der Lehrgänge in den beiden verglichenen Lehrwerken tragen zur Diskontinuität bei.

Erläuterung: Die Subkategorie umfasst die Äußerungen, in denen Unterschiede zwischen den Lehrwerken damit begründet werden, dass ein bestimmtes inhaltliches Element (z. B. die Rechengesetze für Vektoren bzw. die Vektorraumaxiome) im Schulbuch bzw. im Lehrbuch an einer anderen Stelle des Lehrgangs zu finden seien.

Beispiele für Segmente mit der Kodierung:

- P01 geht davon aus, dass Überlegungen zur Anschauung von Vektorräumen im Lehrbuch noch an späterer Stelle vorkommen werden:
„Aber **wie man sich so einen Vektorraum vorstellen muss**, das steht eben hier nicht konkret, sondern **das wird vielleicht im Laufe der Vorlesung, wenn ich mir das Inhaltsverzeichnis angucke, so ein bisschen herausgearbeitet**, weil dann Beispiele zu Vektorräumen kommen, wo man dann so langsam vielleicht ein Bild davon erstellt." (P01, Z. 93 ff.)
- P02 vermutet, dass im Schulbuch die Addition von Vektoren an späterer Stelle thematisiert wird:
„In dem Hochschulbuch da haben wir schon **die Addition von Vektoren, das wird dann vielleicht später in dem Schulbuch irgendwann kommen**." (P02, Z. 35 ff.)

9.2.9 Erklärungen mit bildungsadministrativen Vorgaben

Wie die vorherige Hauptkategorie entstand auch die Hauptkategorie „Bildungsadministrative Vorgaben" mit der namensgleichen Subkategorie induktiv im Prozess der Auswertung. Auch sie fällt mit einem Anteil von 1,1 % bzw. nur drei Kodierungen kaum ins Gewicht (Tabelle 9.9).

Tabelle 9.9 Häufigkeit und Verteilung der Subkategorie zu den Erklärungen mit bildungsadministrativen Vorgaben (Vektoren)

Hauptkategorie und Subkategorie		Kodierungen	Anz. Int.
Bildungsadministrative Vorgaben		3	2
Bildungsadministrative Vorgaben	(S)	3	2

Definition: Bestimmte bildungsadministrative Entscheidungen zu den Lehrplänen für das Fach Mathematik für die gymnasiale Oberstufe oder zur Abiturprüfung tragen von Seiten der Schule zur Diskontinuität bei.

Erläuterung: Die Subkategorie umfasst Äußerungen, in denen darauf verwiesen wird, dass bestimmte wahrgenommene Unterschiede auf die Ausgestaltung des Lehrplans (mathematische Prozessbereiche, Inhalte, Schwerpunkte) oder der Abiturprüfung zurückzuführen seien.

Beispiele für Segmente mit der Kodierung:

- P11 sieht die Begründung für die Einführung von Vektoren auf Seiten der Schule in erster Linie in der Festlegung durch den Lehrplan: „Also **was hier den Anlass bietet, ist sicherlich, dass das im Lehrplan steht** und hier, also klar, dass das natürlich irgendwie ein wichtiger Baustein in der Mathematik ist. Welche von diesen Bausteinen jetzt im Lehrplan letztendlich stehen, das bestimmen ja andere Menschen, aber die Schulbuchautoren (nehmen) ja dann die Bausteine, die da [im Lehrplan] drinstehen." (P11, Z. 94 ff.)
- P27 sieht Diskontinuität dadurch verstärkt, dass der Inhaltsbereich Analytische Geometrie und Lineare Algebra in der schriftlichen Abiturprüfung nicht zwingend zu berücksichtigen sei:

> „Es wird für die Schüler, die im Grundkurs Mathe ins Abitur nehmen, **verstärkt dadurch, dass,** wenn sie Glück haben, **die Lineare Algebra gar nicht im Abitur vorkommt.**" (P27, Z. 67 ff.)

9.2.10 Andere Erklärungsansätze

In den Interviews zum Vektorbegriff konnten nahezu alle Erklärungen und Einordnungen für die wahrgenommene Diskontinuität mit dem bis hierhin aufgebauten Kategoriensystem beschrieben werden. Ausnahmen wurden in der generischen Restkategorie „Andere" zusammengefasst (Tabelle 9.10).

Tabelle 9.10 Häufigkeit und Verteilung zur generischen Restkategorie (Vektoren)

Hauptkategorie und Subkategorie		Kodierungen	Anz. Int.
Andere (Generische Restkategorie)		2	*1*
Andere	(S & HS)	2	1

Bei den entsprechend kodierten Segmenten handelt es sich um zwei Äußerungen von P02:

- „Von einem Nullvektor ist in dem Hochschulbuch die Rede. In dem anderen Buch kommt der Nullvektor gar nicht vor, zumindest in den Beispielen hier steht jetzt nicht, dass ein Punkt mit sich selbst verbunden werden soll. Gut, das macht vielleicht in der Schule auch erst einmal keinen Sinn dann vor der Anwendung." (P02, Z. 38 ff.)
- „Es gibt vielleicht so diese Einstellung, dass die Mathematik nicht in der Schuld steht, sich ihre Anwendungsfälle zu suchen. Das ist eine philosophische Frage." (P02, Z. 141 ff.)

9.2.11 Zusammenfassung zentraler Beobachtungen

Die zentralen Beobachtungen der vorangegangenen Abschnitte dieses Unterkapitels lassen sich wie folgt zusammenfassen:

- In den Interviews wurde eine große Bandbreite von Erklärungsansätzen für wahrgenommene Unterschiede bei der Erarbeitung des Vektorbegriffs in den beiden untersuchten Lehrwerken erkennbar. Die im Vorfeld der Analyse erwarteten Perspektiven wurden allesamt in den Interviews erkennbar. Das ausdifferenzierte Kategoriensystem enthält insgesamt 25 Erklärungsansätze, die entlang von sieben inhaltlichen Hauptkategorien thematisch geordnet wurden: *1. Anderes Lehren und Lernen im MU und in der Hochschule, 2. Andere Lerngruppen im MU und in der Hochschule, 3. Andere Bedeutung und Verwendung von Vektoren im MU und in der Hochschule, 4. Anderer Anspruch an den Theorieaufbau und an dessen Strenge im MU und in der Hochschule, 5. Anderer Umgang mit Anschauung im MU und in der Hochschule, 6. Andere Sequenzierung der Lehrgänge und 7. Bildungsadministrative Vorgaben.*

- Im Durchschnitt wurden in jedem der n = 30 Interviews rund 3,9 dieser sieben Hauptkategorien und 6,5 Subkategorien kodiert.

- Es ist eine Tendenz dahingehend erkennbar, dass eine höhere Anzahl an wahrgenommenen Unterschieden zwischen den Zugängen zum Vektorbegriff in Schule und Hochschule mit einer höheren Anzahl an vorgebrachten Ansätzen zur Auseinandersetzung mit Diskontinuität in Erklärungen und Deutungen einhergeht.

- Auf der Ebene der Hauptkategorien betrachtet wurden am häufigsten Kodierungen zum Anspruch an den Theorieaufbau und die Strenge (HK 4) vorgenommen (rund 24,3 %). In 25 von 30 Interviews wurde mindestens eine der Subkategorien zur 4. HK kodiert. Auf dem zweiten Platz bei den Kodierungen und der Anzahl der Interviews liegt die Hauptkategorie zur *Bedeutung und Verwendung von Vektoren im MU und in der Hochschule* (HK 3).

- Die Einzelkategorie mit der größten Zahl an Kodierungen (und der größten Reichweite von 16 Interviews) war die Subkategorie „Zugänglichmachen und Vereinfachen für die Schüler:innen" aus HK 1 zu schul- und hochschultypischen Aspekten des Lehrens und Lernens.

- Insgesamt ist auch festzuhalten, dass eine größere Bandbreite von Ansätzen zu verzeichnen ist, mit denen Diskontinuität aus der Sicht der Schule erklärt oder eingeordnet wird und dass die Ansätze, die am häufigsten in den Interviews vertreten wurden, wahrgenommene Unterschiede aus der Sicht der Schule erklären oder einordnen.

Ergänzend können diese Ergebnisse auch am nachstehenden Diagramm (Abbildung 9.2) nachvollzogen werden, das für jede der 25 inhaltlichen Subkategorien die Anzahl der Interviews ausweist, in denen sie kodiert wurde. Die Namenszusätze „S" und „HS" an den Kategorienbezeichnungen stehen für die verschiedenen Perspektiven in der Auseinandersetzung mit Diskontinuität – aus Sicht der Schule oder aus der Hochschule.

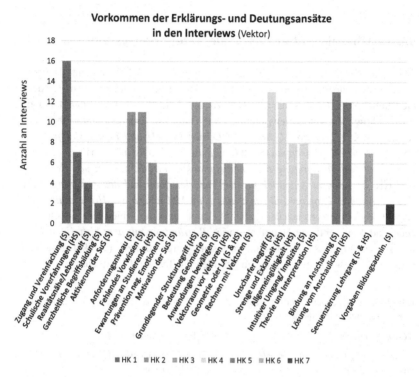

Abbildung 9.2 Vorkommen der Erklärungs- und Deutungsansätze in den Interviews zur Diskontinuität bei Vektoren

9.3 Erklärungen und Einordnung von Diskontinuität im Kontext des Skalarproduktes

In diesem Unterkapitel wird betrachtet, welche Auseinandersetzung mit Diskontinuität im Zusammenhang mit der Einführung des Skalarproduktes stattfindet. Der Aufbau des Unterkapitels findet analog zu dem des vorherigen Unterkapitels statt: Im Abschnitt 9.3.1 wird zunächst wieder das finale Kategoriensystem für die Analyse gezeigt, bevor in 9.3.2 deskriptive statistische Befunde dargestellt werden. In den Unterkapiteln 9.3.3 bis 9.3.9 werden die Subkategorien einzeln vorgestellt und ihre Häufigkeit berichtet. Schließlich werden in 9.3.10 zentrale Beobachtungen aus den vorigen Abschnitten gebündelt präsentiert.

9.3.1 Überblick über das finale Kategoriensystem

Das finale Kategoriensystem der Analyse umfasst fünf inhaltstragende Hauptkategorien und die Restkategorie „Andere". Wie in 9.1 dargelegt wurde, bildeten die Hauptkategorien aus der Analyse zu den Vektoren den Startpunkt bei der Entwicklung des Kategoriensystems. Fünf Hauptkategorien konnten übertragen werden: HK 1 *„Anderes Lehren und Lernen im MU und in der Hochschule"*, HK 2 *„Andere Lerngruppen im MU und in der Hochschule"*, HK 3 *„Andere Bedeutung und Verwendung des Skalarproduktes im MU und in der Hochschule"*, HK 4 *„Anderer Anspruch an den Theorieaufbau und dessen Strenge"* und HK 5 *„Anderer Umgang mit Anschauung im MU und in der Hochschule"*. Der Aspekt des Vorwissens aus der („alten") Hauptkategorie 2 spielt nun jedoch in die neue, induktiv gebildete Hauptkategorie *„Begründung mit dem bisherigen Theorieaufbau/Vorerfahrungen"* hinein. Insgesamt wurden dreizehn Subkategorien mit Erklärungs- bzw. Deutungsansätzen gebildet, die Tabelle 9.11 zu entnehmen sind.

Tabelle 9.11 Übersicht über die Haupt- und Subkategorien zur Erklärung und Einordnung von Diskontinuität (Skalarprodukt)

Hauptkategorien	Zugehörige Subkategorien
Anderes Lehren und Lernen im MU und in der Hochschule	• Zugänglichmachen und Vereinfachen für die Schüler:innen • Didaktische Prinzipien/Grundsätze im MU
Andere Lerngruppen im MU und in der Hochschule	• Andere Rollen im Lehren und Lernen
Andere Bedeutung und Verwendung des Skalarproduktes im MU und in der Hochschule	• Werkzeug für die Analytische Geometrie • Skalarprodukt als Grundlage • Konkretisierung von bzw. Beispiel für Bilinearformen

(Fortsetzung)

Tabelle 9.11 (Fortsetzung)

Hauptkategorien	Zugehörige Subkategorien
Anderer Anspruch an den Theorieaufbau und dessen Strenge im MU und in der Hochschule	• (Didaktische) Reduktion auf einen Spezialfall/Zuschnitt auf Anwendungen • Strenge und Exaktheit • Allgemeiner Begriff des Skalarproduktes
Anderer Umgang mit Anschauung im MU und in der Hochschule	• Bindung an das Anschauliche • Loslösung vom Anschaulichen
Begründung mit dem bisherigen Theorieaufbau/Vorerfahrungen (induktiv)	• Begründung mit dem bisherigen Theorieaufbau/Vorerfahrungen
Andere („induktiv", generische Restkategorie)	• Andere

9.3.2 Deskriptive statistische Betrachtungen im Gesamtbild

Im Rahmen der durchgeführten QIA an den Interviews zum Skalarprodukt wurden in 26 Interviews insgesamt 169 Segmente kodiert, in denen jeweils ein bestimmter Aspekt von Diskontinuität über die Materialien hinaus in einen größeren Zusammenhang eingeordnet oder erklärt wird. Dabei wurden 198 Kodierungen vorgenommen, da an 29 Segmente zwei Codes vergeben wurden. Pro Interview ergeben sich damit im Schnitt rund 7,6 Kodierungen, die sich auf 6,5 Segmente verteilen. Die höchste Anzahl an Kodierungen (einschließlich der Subkategorie „Andere") unter den 26 Interviews lag bei 16, die niedrigste bei 4. Zu den Hauptkategorien ist festzuhalten, dass von den sechs Hauptkategorien (d. h. ausgenommen der Restkategorie „Andere") im Schnitt rund 3,2 genannt werden und Diskontinuität damit im Schnitt „in drei Richtungen" interpretiert wird. Die absoluten Häufigkeiten bzgl. der Anzahl der angesprochenen Hauptkategorien bzw. Erklärungs-/Interpretationsansätze zur Diskontinuität sind in Tabelle 9.12 vermerkt.

Tabelle 9.12 Anzahl aufgerufener Hauptkategorien bei der Erklärung und Einordnung von Diskontinuität (Skalarprodukt)

Anzahl an Hauptkategorien	1	2	3	4	5	6
abs. Häufigkeit	1	6	9	8	1	1

Im Durchschnitt über alle Befragten wurden in den Interviews zum Skalarprodukt rund 4,8 – bzw. ohne Berücksichtigung der Restkategorie „Andere" – rund

4,6 Subkategorien angesprochen. Maximal waren es zehn Subkategorien. Die minimale Anzahl (einschließlich der Subkategorie „Andere") lag bei zwei Subkategorien.

Die Verteilung der Anzahl der Kodierungen und der Anzahl der damit angesprochenen Subkategorien (jeweils ohne Berücksichtigung der Subkategorie „Andere") in den 26 Interviews kann mit folgenden Boxplots visualisiert werden (Abbildung 9.3).

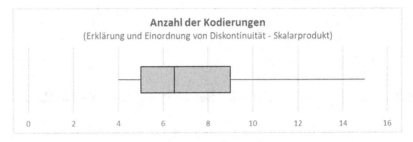

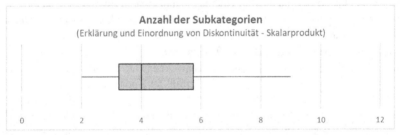

Abbildung 9.3 Boxplots zur Verteilung der Anzahl der Kodierungen und der Anzahl der Subkategorien zur Erklärung und Einordnung von Diskontinuität (Skalarprodukt)

Hinsichtlich der Anzahl der wahrgenommenen Unterschiede zwischen den Materialien (siehe 8.2) und der Anzahl der vorgebrachten Erklärungen und Analysen dieser Unterschiede gibt es auf Basis der Daten zu den 26 Interviews keinen belastbaren Zusammenhang.[7]

Die Häufigkeiten der einzelnen Haupt- und Subkategorien, ebenso wie die Anzahl der Interviews, in denen diese vorkommen, werden jeweils im Rahmen der Präsentation der Subkategorien dargestellt.

---

[7] Der Rangkorrelationskoeffizient beträgt gerundet .16 und der Zusammenhang ist statistisch nicht signifikant.

9.3.3 Erklärungen mit dem Lernumfeld

Die Hauptkategorie *„Anderes Lehren und Lernen im Mathematikunterricht und in der Hochschule"* umfasst auch in dieser Analyse solche Ansätze der Auseinandersetzung mit Diskontinuität, bei denen die Unterschiede mit inhaltsübergreifenden Merkmalen des Lehren und Lernens im Mathematikunterricht und in den Mathematikstudiengängen in Verbindung gebracht werden. Sie hat einen Anteil von rund 12,1 % unter allen Kodierungen und wird spezifiziert durch zwei Subkategorien, die Unterschiede aus der Sicht der Schule erklären. Tabelle 9.13 enthält die deskriptiven Kennwerte zu der Hauptkategorie und ihren Subkategorien.[8]

Tabelle 9.13 Häufigkeiten und Verteilung der Subkategorien zu den Erklärungen mit dem Lernumfeld (Skalarprodukt)

Hauptkategorie und Subkategorien		Kodierungen	Anz. Int.
Anderes Lehren und Lernen im Mathematikunterricht und in der Hochschule		*24*	*12*
Zugänglichmachen und Vereinfachen für die Schüler:innen	(S)	15	10
Didaktische Prinzipien/Grundsätze im MU	(S)	9	5

9.3.3.1 Zugänglichmachen und Vereinfachen für die Schüler:innen

Diese Subkategorie wurde bereits im Abschnitt 9.2.3 bei der Vorstellung der Analysekategorien zum Vektorbegriff definiert und weitergehend erläutert. Sie ist eine von vier Subkategorien, die bei beiden Interviews zur Anwendung kamen. Für den Aufbau einer Vorstellung von diesen Subkategorien im Zusammenhang mit dem Skalarprodukt werden Beispiele für Segmente mit der Kodierung aus den Interviews zum Skalarprodukt gezeigt.

---

[8] Für ein Lesebeispiel zu dieser und den weiteren gleich aufgebauten Tabellen bis zum Abschnitt 9.3.9 siehe 9.2.3.

Beispiele für Segmente mit der Kodierung:

- P01 sieht den Unterschied zwischen den Beweisen im Lehrbuch und den Herleitungen im Schulbuch mit der aus seiner Sicht besseren Nachvollziehbarkeit der Herleitungen begründet:
  „Die Beweise im Schulbuch sind eher eine Herleitung, das andere ist eher ein Beweis. Dann wirkt auf den ersten Blick **ein Beweis auf Hochschulniveau nicht anschaulich, nicht sonderlich nachvollziehbar** und **in der Schule kleinschrittiger, nachvollziehbarer für Schüler**, auch weil daneben noch einmal eine Abbildung ist, die das Ganze veranschaulicht." (P01, Z. 62 ff.)
- P13 sieht die Beispielrechnungen im Schulbuch als Ansatz, die Anwendung des erarbeiteten Terms für das Skalarprodukt zu unterstützen bzw. aus Sicht der Schüler:innen zu erleichtern:
  „Wir arbeiten das erst einmal allgemein durch, **aber dann hat man auch noch einmal die Möglichkeit, das noch einmal mit Zahlen nachzuvollziehen. Darauf wird natürlich im Hochschulbuch im Regelfall verzichtet**, außer jetzt an der einen Stelle. Aber es rechnet ja keiner das Ganze noch einmal mit Zahlen durch, warum auch." (P13, Z. 130 ff.)

9.3.3.2 Didaktische Prinzipien/Grundsätze im MU

Definition: Die Gestaltung des Mathematikunterrichts nach bestimmten (fach-) didaktischen Prinzipien und Grundsätzen trägt zur Diskontinuität bei.

Erläuterung: Beispiele für solche (fach-)didaktischen Prinzipien und Grundsätze, die von den Befragten als verantwortlich für die wahrgenommene Diskontinuität gesehen werden, sind die Orientierung an der Erfahrungswelt und Lebenssituation der Schüler:innen (P22 und P28), eine aktivierende Gestaltung der Lehr-Lern-Prozesse und das Verfolgen des Spiralprinzips (P23).

Beispiele für Segmente mit der Kodierung:

- P22 versucht eine Einordnung der Vorgehensweisen unter der Perspektive „didaktische Konzepte". Auf Seiten der Schule arbeitet er die

Orientierung an der Erfahrungswelt der Schüler bzw. das genetische Vorgehen heraus. Für die Hochschule sieht er den axiomatischen Aufbau als didaktisches Konzept:

„Ja, **didaktische Konzepte**, man sieht natürlich schon, woher das kommt. Hier **lebe ich wieder in der Erfahrungswelt der Schüler**, gucke, dass das da natürlich auch aufeinander aufbaut und habe die Motivation: Wenn ich Vektoren genauer angucke, dann komme ich eben darauf. [In der Hochschule] fällt das für mich so ein bisschen, auch in der Motivationslage, hinten rüber. **Das didaktische Konzept wäre hier, dass es axiomatisch aufeinander aufbaut.**" (P22, Z. 91 ff.)

- P23 ordnet das Vorgehen im Schulbuch vor dem Hintergrund des Konzepts „Spiralcurriculum" ein:

  „Man greift, **wie das in einem Spiralcurriculum auch stattfinden soll,** auf altes oder möglichst vorhandenes Wissen zurück. Man nutzt das aus, damit die Schüler nachvollziehen können, woher überhaupt diese Regel kommt und es so nachvollziehen können, dass es auch anschaulich ist." (P23, Z. 41 ff.)

- P28 sieht das Vorgehen im Schulbuch von dem Ziel geprägt, schüler- bzw. lebensweltnah zu sein:

  „Und hier wird das Ganze schon **sehr anwendungsnah eingeführt**, sehr **schülernah** direkt mit dem Beispiel vom Praktikanten. So: ‚Das könntet ihr später einmal brauchen'." (P28, Z. 85 ff.)

9.3.4 Erklärungen mit den Lerngruppen im Mathematikunterricht und in der Hochschule

Die Hauptkategorie *„Andere Lerngruppen im Mathematikunterricht und in der Hochschule"* umfasst beim Skalarprodukt nur eine Subkategorie und wird überhaupt nur in vier Interviews angesprochen. Sie hat einen Anteil von rund 2 % unter allen Kodierungen. Tabelle 9.14 enthält die deskriptiven Kennwerte zur Hauptkategorie bzw. der (einzigen) Subkategorie.

Tabelle 9.14 Häufigkeiten und Verteilung der Subkategorie zu den Erklärungen mit den Lerngruppen (Skalarprodukt)

Hauptkategorie und Subkategorien		Kodierungen	Anz. Int.
Andere Lerngruppen im Mathematikunterricht und in der Hochschule		*4*	*3*
Andere Rollen im Lehren und Lernen	(S & HS)	4	3

Definition: Diskontinuität wird darauf zurückgeführt, dass sich die Rollenerwartungen an Lehrende und an Lernende in den Institutionen Schule und Hochschule voneinander unterscheiden.

Erläuterung: Auf Seiten der Schule sollen die Lernenden maximale Unterstützung erfahren, insbesondere da weniger Ehrgeiz von ihnen erwartet wird. Die Lehrenden werden als verantwortlich für den Lernprozess der Schüler:innen gesehen. Auf Seiten der Hochschule wird von Studierenden das selbstständige ehrgeizige Erarbeiten neuer Inhalte erwartet. Ein gezieltes Motivieren der Lernenden wird als nicht (mehr) notwendig angesehen.

Beispiele für Segmente mit der Kodierung:

- P08 betont die Eigenverantwortlichkeit der Studierenden gegenüber der Abgabe der Verantwortung an die Lehrkräfte aus der Perspektive der Schüler:innen:
  „Und da sind natürlich auch unterschiedliche Aspekte des Lernens. Ein Student sollte sich **eigenständig Begriffe erschließen können**. Als Schüler werden die Begriffe **neu eingeführt vom Lehrer**, also da ist die Herangehensweise des Lernens natürlich auch anders." (P08, Z. 66 ff.)
- P01 führt die Unterschiede bei den Beispielen in den Lehrwerken darauf zurück, dass von Lernenden in der Hochschule erwartet werden könne, dass sie sich an die Arbeit „daransetzen und erst einmal nachvollziehen":
  „Meiner Meinung nach kann man ein Beispiel im Schulbuch mit leichtem Blick nachvollziehen und man **muss sich für ein Beispiel in der Hochschule aber daransetzen und erst einmal nachvollziehen**, warum das Ganze jetzt ein Beispiel für ein Skalarprodukt ist. Es ist nicht auf den ersten Blick nachvollziehbar, obwohl es ein Beispiel ist. Und ein

> Beispiel soll ja eigentlich eine erklärende Funktion haben, damit einem vielleicht eine abstrakte Darstellung deutlicher wird." (P01, Z. 92 ff.)

9.3.5   Erklärungen mit der Bedeutung und Verwendung des Skalarproduktes

Die Hauptkategorie *„Andere Bedeutung und Verwendung des Skalarproduktes im Mathematikunterricht und in der Hochschule"* bündelt die Ansätze der Auseinandersetzung mit Diskontinuität, bei denen Unterschiede zwischen den Materialien darauf zurückgeführt werden, dass das Skalarprodukt im Rahmen des schulischen Mathematikunterrichts und in den Fachstudiengängen in einen anderen Kontext eingebettet wird und eine andere Bedeutung erfährt. Sie ist eine der geteilten Hauptkategorien der Analysen zu Vektoren. Mit einem Anteil von 39,4 % an allen Kodierungen im Rahmen dieser Analyse ist sie die am häufigsten angesprochene Hauptkategorie. Außerdem ist sie unter den Hauptkategorien die mit der größten Reichweite – sie wurde in 25 der 26 Interviews mit jeweils mindestens einer Subkategorie kodiert. Sie umfasst drei Subkategorien, von denen eine Unterschiede aus der Sicht der Schule erklärt und zwei bei der Sicht der Hochschule auf den Begriff ansetzen (Tabelle 9.15).

Tabelle 9.15 Häufigkeit und Verteilung der Subkategorien zu den Erklärungen mit der Bedeutung und Verwendung des Skalarproduktes

Hauptkategorie und Subkategorien		Kodierungen	Anz. Int.
Anderes Lehren und Lernen im Mathematikunterricht und in der Hochschule		*78*	*25*
Werkzeug für die Analytische Geometrie	(S)	43	21
Skalarprodukt als Grundlage	(HS)	30	19
Konkretisierung/Beispiel für Bilinearformen	(HS)	5	5

9.3.5.1 Werkzeug für die Analytische Geometrie

Definition: Diskontinuität rührt daher, dass das Skalarprodukt in der Schule, anders als in der Hochschule, aus der Perspektive heraus eingeführt wird, ein Werkzeug für die Zwecke der Analytischen Geometrie dazuzugewinnen.

Erläuterung: Die Kategorie umfasst solche Aussagen, die Unterschiede damit erklären oder vor dem Hintergrund einordnen, dass Vektoren in der Schule als Werkzeug für die Analytische Geometrie bedeutsam sind. Die Aussagen bleiben dabei teils abstrakt, indem sie rein auf den funktionellen, nützlichen Charakter des Skalarproduktes in der Schule Bezug nehmen (P10). Weitaus häufiger wird jedoch der Werkzeugaspekt noch mit der Benennung konkreter Problemstellungen, zu deren Lösung das Skalarprodukt verwendet wird, konkretisiert (P13 und P01).

   „Werkzeug für die Analytische Geometrie" ist über alle Interviews die am häufigsten kodierte Kategorie und außerdem diejenige mit der größten Reichweite, denn keine andere Kategorie wurde in mehr Interviews angesprochen.

Beispiele für Segmente mit der Kodierung:

- P10 gelangt schließlich zu der Einschätzung, dass das Skalarprodukt als technisches Werkzeug an die Hand gegeben wird:
  „Und dann kriege ich jetzt das **Skalarprodukt als neues Hilfsmittel, technisches Hilfsmittel oder technisches Werkzeug** und **das kann ich dann anwenden, um dieses Problem direkt zu lösen**, während in der Uni eben das Skalarprodukt nur als Hilfsmittel benannt wird, was man irgendwann vielleicht einmal bei Vektorraumberechnungen nutzen kann." (P10, Z. 43 ff.)
- P13 betont ausdrücklich, dass das Skalarprodukt im Mathematikunterricht nur zur Bestimmung von Winkeln oder der Klärung des Vorliegens von Orthogonalität eine Rolle spielt:
  „Wir **benutzen das im Schulbuch rein zur Bestimmung:** Sind Vektoren **orthogonal zueinander oder nicht?** Wenn sie nicht orthogonal sind, **welcher Winkel** liegt denn zwischen den zwei Vektoren vor? Und **für irgendetwas anderes nutzt man es ja auch in dem Sinne nicht.**" (P13, Z. 135 ff.)
- P01 nennt zwei schulische Verwendungskontexte des Skalarproduktes: das Bestimmen einer orthogonalen Geraden und das Bestimmen eines

Winkels zwischen Geraden. Im ersten Anwendungsfall ist das Skalarprodukt dabei aus seiner Sicht definitiv in der Rolle eines Werkzeugs: „In der Schule ist es eben ein **Werkzeug, das man braucht, um z. B. orthogonale Geraden zu finden.** Häufig sind die **in irgendwelchen Anwendungsaufgaben verpackt**, dass man irgendetwas, vielleicht irgendeinen Vektor finden soll, der eine Mauer beschreibt oder einen Sonnenstrahl, der irgendwie orthogonal, also senkrecht auf etwas Anderes trifft – also da **als Werkzeug hauptsächlich** – oder, dass man einen Winkel bestimmt, der von zwei geradlinigen Bewegungen erzeugt wird." (P01, Z. 104 ff.)

9.3.5.2 Skalarprodukt als Grundlage

Definition: Zur Diskontinuität trägt bei, dass das Skalarprodukt auf Seiten der Hochschule als grundlegender Begriff für weitere Begriffsbildungen und Theorieaufbau im Rahmen der Linearen Algebra erscheint.

Erläuterung: Das Gemeinsame in den Äußerungen unter dieser Kategorie ist die Annahme, dass das Skalarprodukt aus der Perspektive der Hochschule für *weitergehende theoretische* Überlegungen (im Gegensatz zu den Anwendungssituationen im Zusammenhang mit Geraden auf Seiten der Schule) von Bedeutung ist. Teilweise wird konkret benannt, wofür das Skalarprodukt als Grundlage fungiert (P05), teilweise bleibt es aber auch bei Andeutungen oder sehr allgemeinen Aussagen (P18).

Beispiele für Segmente mit der Kodierung:

- P05 betont den Aspekt, dass Skalarprodukte Vektorräume um eine zusätzliche Struktur ergänzen und die aus dem Standardskalarprodukt abgeleitete Norm, die euklidische Norm, ein bedeutender Begriff sei. Den Wirkungsradius des Begriffs sieht sie als wahrscheinlich nicht nur auf die Lineare Algebra beschränkt:
  „Im Hochschulbereich ist es eben so, dass da **ein ganz neuer Vektorraum mit dem Skalarprodukt definiert wird**, der dann wieder **Grundlage dafür bildet, verschiedene Sätze zu beweisen und Aussagen**

treffen zu können, im Bereich der Linearen Algebra und wahrscheinlich auch noch weitreichender. Vor allem **die euklidische Norm** ist
schon ein Begriff, der sehr relevant ist." (P05, Z. 113 ff.)

- P18 spricht eher vage davon, dass auf Seiten der Hochschule das Skalarprodukt in späteren Sätzen verwendet werde, nennt jedoch keine
genaueren Umstände (sodass die Aussage im Prinzip für quasi jeden
anderen im Rahmen der Linearen Algebra eingeführten Begriff auch so
getroffen werden könnte):
„In der Hochschule ist **die Motivation, weitere Sätze zu beweisen**,
also, um **von dem Skalarprodukt aus dann weitere Schlussfolgerungen**
machen zu können." (P18, Z. 46 ff.)

9.3.5.3 Spezifizierung oder Beispiel einer Bilinearform

Definition: Aus der Sicht der Hochschule wird das Skalarprodukt nur als eine
Spezifizierung von Bilinearformen bzw. als Beispiel für mögliche Bilinearformen
eingeführt.

Beispiel für ein Segment mit der Kodierung:

- P01 sieht in den Skalarprodukten aus der Sicht der Hochschule vor allem
ihre Beispielrolle:
„In der Schule wird das Skalarprodukt zum einen als Kriterium für
Orthogonalität und zur Bestimmung von Winkeln zwischen Vektoren
benutzt. In der Hochschule wird **hauptsächlich allgemein über Bilinearformen** gesprochen und **dann das Skalarprodukt als Beispiel einer
solchen Bilinearform gezeigt**." (P01, Z. 99 ff.)

9.3.6   Erklärungen mit dem Anspruch an den Theorieaufbau

Der Hauptkategorie *„Anderer Anspruch an den Theorieaufbau und dessen Strenge
im Mathematikunterricht und in der Hochschule"* enthält Auseinandersetzungen
mit Diskontinuität die dahin gehen, dass im Mathematikunterricht nicht der
strenge Theorieaufbau rekonstruiert wird, der in der Hochschule dargestellt wird,

oder die herausstellen, dass an den Theorieaufbau im Rahmen der Hochschule besondere Ansprüche gestellt werden. Ihr Anteil an allen Kodierungen beträgt rund 29,8 %. Auch diese Hauptkategorie wurde bereits bei der Analyse der Interviews zu den Vektoren angewendet. Für das Skalarprodukt umfasst sie drei Subkategorien: eine aus der Sicht der Schule und zwei bezogen auf Aspekte der hochschulischen Seite (Tabelle 9.16).

Tabelle 9.16 Häufigkeit und Verteilung der Subkategorien zu den Erklärungen mit dem Anspruch an den Theorieaufbau und Strenge (Skalarprodukt)

Hauptkategorie und Subkategorien		Kodierungen	Anz. Int.
Anderer Anspruch an den Theorieaufbau und dessen Strenge		*59*	*21*
(Didaktische) Reduktion auf einen Spezialfall/Zuschnitt auf die Anwendungen	(S)	22	13
Strenge und Exaktheit	(HS)	11	6
Allgemeiner Begriff des Skalarproduktes	(HS)	26	14

9.3.6.1 (Didaktische) Reduktion auf einen Spezialfall/Zuschnitt auf Anwendungen

Definition: Diskontinuität rührt daher, dass auf Seiten der Schule vor dem Hintergrund der Anwendungen im zwei- und dreidimensionalen Anschauungsraum das Skalarprodukt bei seiner Einführung nur auf den Spezialfall eines bestimmten Skalarproduktes reduziert wird.

Erläuterung: Unter diese Kategorie fallen Aussagen, die Unterschiede damit erklären oder vor dem Hintergrund einordnen, dass in der Schule bewusst nur *ein bestimmter Zuschnitt des Begriffs* „Skalarprodukt" thematisiert werden soll und dass dieser Zuschnitt vor dem Hintergrund der Inhalte der Anwendungsaufgaben und der Rahmung durch das kommende Abitur und damit *zweckgebunden* stattfindet.

Beispiele für Segmente mit der Kodierung:

- P13 spricht von einer abgespeckten Version des Skalarproduktes im Schulbuch und meint damit, dass Zusammenhänge wie der zur Norm ausgeblendet werden:

  „[Im Schulbuch ist es **insoweit abgespeckt,**] dass man **nicht von der Norm reden muss** und das auch nicht $n-$ dimensional hält, sondern wirklich sagt: ‚Okay, wir gucken uns das im Zweidimensionalen bzw. Dreidimensionalen an, **wir verzichten auf den Aspekt der Norm,** wir verzichten vielleicht auch auf entsprechend Weiteres wie die Dreiecksungleichung oder so‘.“ (P13, Z. 118 ff.)

- P25 führt die Abwesenheit des „mathematischen Grundlagenteils“ darauf zurück, dass dieser für den Anwendungsfall der Schule weniger „interessant“ sei:

  „Genau, und da wird ja dieser **ganze mathematische Grundlagenteil, der ja im Hochschulbuch genannt ist, überhaupt nicht thematisiert,** weil er ja für Schule oder **für diesen Anwendungsfall,** der im Schulbuch betrachtet wird, auch erst einmal **nicht superinteressant** ist.“ (P25, Z. 60 ff.)

9.3.6.2 Strenge und Exaktheit

Diese Kategorie wurde bereits im Abschnitt 9.2.6 im Rahmen der Einzelvorstellung der Analysekategorien zum Vektorbegriff definiert und weitergehend erläutert. Woran werden jedoch beim Skalarprodukt Strenge und Exaktheit auf Seiten des Lehrbuchs für die Hochschule festgemacht? Aspekte, die in den Äußerungen angesprochen werden, sind z. B. die Strukturierung der Darstellung nach Sätzen und Definitionen, die Notwendigkeit zum Beweis von Sätzen, die Offenlegung der zugrundeliegenden Axiome und eine generelle Vollständigkeit in der Darstellung (P25).

Beispiel für ein Segment mit der Kodierung:

- P25 betont, dass auf Seiten der Hochschule die Darstellungen zum einen explizit und deutlich und zum anderen argumentativ mit Begründungen bzw. Beweisen abgesichert sein müssen:

> „Es werden auch viel mehr Sachen drumherum erklärt, also, das was ich vorhin versucht habe zu sagen, was eben im Buch irgendwie didaktisch weggelassen wird, **das wird eben im Hochschulbuch logischerweise alles ausformuliert und aufgeschrieben und bewiesen und begründet,** weil eben **nicht irgendetwas vom Himmel fallen kann.**" (P25, Z. 91 ff.)

9.3.6.3 Weiterer Begriff des Skalarproduktes

Definition: Diskontinuität geht darauf zurück, dass der Begriff des Skalarproduktes in der Hochschule weiter gefasst ist als der Begriff auf Seiten der Schule.

Erläuterung: Die Kategorie umfasst Aussagen dahingehend, dass die Begriffsbildung im Lehrbuch daran orientiert ist, einen möglichst weitreichenden Begriff zu bilden, der so allgemein ist, dass er in verschiedene Anwendungskontexte eingebracht werden kann (P02). Die im Lehrbuch angelegten deduktiven Strukturen ermöglichen es, die in der Schule ausschließlich betrachteten Spezialfälle für Skalarprodukte im Zwei- bzw. Dreidimensionalen aus der allgemeinen Definition abzuleiten (P16 und P13).

Beispiele für Segmente mit der Kodierung:

- P02 stellt sich die Frage, ob in einem der beiden Lehrwerke „mehr" gemacht werde. Dabei kommt er zu der Einschätzung, dass auf Seiten der Hochschule mehr Inhalte gemacht werden und dass der Begriff bzw. die Definitionen mächtiger sind, was mit dem Begriffsumfang in Verbindung gebracht werden kann:
  „**Das Skalarprodukt, der Begriff, ist viel mächtiger in dem Hochschulbuch.** Also könnte man vielleicht doch sagen, dass in dem Hochschulbuch eigentlich viel mehr gemacht wird. Die Frage ist, was mehr heißen soll. Im Schulbuch sind vielleicht mehr Themen drin, **in dem Hochschulbuch aber vielleicht insgesamt mehr Inhalte.** Da ja die **Definitionen mächtiger** sind, kann man das vielleicht gar nicht so klassifizieren." (P02, Z. 143 ff.)

- P16 sieht die Darstellung im Lehrbuch als grundlegend für die Einführung des Skalarproduktes im Anschauungsraum bzw. in der Anschauungsebene und schreibt ihr eine Legitimationsfunktion zu:
„[Im Lehrbuch] ist die Motivation, **eine Basis zu schaffen für solche Rechnungen im Anschauungsbereich**. Das ist, um da Allgemeingültigkeit zu zeigen." (P16, Z. 45 ff.)
- P13 spricht beide Aspekte aus der Erläuterung direkt an: Sie sieht die Einführung des Skalarproduktes nach der Art des Lehrbuchs vor dem Hintergrund, dass der Begriff möglichst einen großen Nutzen erfüllen solle und sieht die Darstellung im Mathematikbuch als Folge einer Interpretation/einer Verengung auf eine ganz spezielle Abbildung:
„Ja, also alles in allem **läuft es auf das hinaus, was im Mathematikbuch** ist, nur ist es eben viel, viel mathematischer, viel verknüpfter mit entsprechenden Begriffen, auch wieder mit Bezug auf die Norm, **um das nicht nur für diesen einen Fall, sondern für sämtliche Fälle nutzen zu können**." (P13, Z. 91 ff.)

9.3.7 Erklärungen mit der Bedeutung von Anschauung

Die Hauptkategorie „*Anderer Umgang mit Anschauung im Mathematikunterricht und in der Hochschule*" bezieht sich darauf, dass Anschauung im Mathematikunterricht und in der Hochschule von verschiedener Bedeutung ist. Sie wurde von der Analyse zu den Vektoren übernommen. Dies gilt auch für die beiden Subkategorien, die sich auf zwei Arten des Umgangs mit Anschauung beziehen – die Bindung an das Anschauliche und komplementär dazu die Loslösung vom Anschaulichen – und die daher hier nicht mehr definiert werden müssen. Ihr Anteil an allen Kodierungen beträgt rund 5,1 % (Tabelle 9.17).

Tabelle 9.17 Häufigkeit und Verteilung der Subkategorien zu den Erklärungen mit der Bedeutung von Anschauung (Skalarprodukt)

Hauptkategorie und Subkategorien		Kodierungen	Anz. Int.
Anderer Umgang mit der Anschauung im MU und in der Hochschule		*10*	*7*
Bindung an das Anschauliche	(S)	3	3
Lösung vom Anschaulichen	(HS)	7	5

9.3.7.1 Bindung an das Anschauliche

Die Bindung an das Anschauliche auf Seiten der Schule wird zum einen darin gesehen, dass eine geometrische Perspektive eingenommen wird (P31), aber auch in den Möglichkeiten, Realweltliches zur Unterstützung einbeziehen zu können (P24).

Beispiele für Segmente mit der Kodierung:

- P31 zufolge impliziert die geometrische Herangehensweise an das Skalarprodukt einen Rückgriff auf Veranschaulichendes:
  „Also das ist auf jeden Fall ein Unterschied, neben natürlich wieder dieser Sichtweise, **dass wir uns im Schulbuch alles geometrisch angucken und dementsprechend auch veranschaulichen** und in dem Lehrbuch befinden wir uns wieder ganz woanders." (P31, Z. 47 ff.)
- P24 spricht für die Schule davon, dass ein Rahmen gegeben ist, der das Angucken von Objekten und/oder ihren Beziehungen zueinander (wie ihre Orthogonalität) ermöglicht:
  „**Man bleibt eben auch in anschaulichen Vektorräumen.** Weil man nur $\mathbb{R}^2$ bzw. dann $\mathbb{R}^3$ hat, bleibt **alles in einem Rahmen, dass man sich eben auch anschaulich angucken kann,** dass zwei Stifte senkrecht aufeinander stehen und dass, wenn man das dann dreht und so weiter und so fort." (P24, Z. 173 ff.)

9.3.7.2 Loslösung vom Anschaulichen

Die Loslösung vom Anschaulichen wird in den Interviews zum Skalarprodukt darüber angesprochen, dass z. B. gesagt wird, dass schon die auf Seiten der Hochschule beteiligten Vektoren nicht anschaulich seien bzw. dass das n-Dimensionale die Anschauung unterbinde (P28), dass bekannte Begriffe aus der Geometrie des Anschauungsraums nicht mehr unbedingt anschaulich seien (P29) oder dass es keine Beispiele gibt, die Anschaulichkeit bieten könnten (P16).

Beispiele für Segmente mit der Kodierung:

- P28 sieht einen höheren Grad an Abstraktheit und die Betrachtung von Skalarprodukten über Vektorräumen der Dimension *n* verantwortlich für eine erschwerte Anschauung:
  „Ja, und **dadurch, dass es auch viel abstrakter ist und ins *n*-Dimensionale geht,** kann man es sich auch **nicht mehr wirklich vorstellen** oder irgendwie so logisch herleiten, wenn man da **nicht so eine genaue Vorstellung von hat.**" (P28, Z. 72 ff.)
- P29 geht darauf ein, dass zu vermeintlich geometrischen Begriffen wie dem orthogonalen Komplement keine geometrische Anschauung geformt werden:
  „Im Lehrbuch nimmt man eher diese Gleichungssysteme und den Vektorraum und den Zusammenhang mit der Matrix und die geometrische Deutung, die sehe ich jetzt hier eher nur, wenn es um diesen Untervektorraum geht mit dem orthogonalen Komplement. **Auch da versteckt sich dann das Geometrische auch eher in dem Begriff als in der Anschauung.**" (P29, Z. 172 ff.)
- P16 weist darauf hin, dass die Betrachtungen im Lehrbuch keinen Ausgangpunkt im Anschaulichen haben und auch keine Beispiele zugunsten von Anschauung mehr folgen:
  „Wir befinden uns wieder **in einem nicht-anschaubaren Vektorraum, ganz abstrakt.** Es wird schon gesagt, wie man das macht, aber es gibt eben **irgendwie keinerlei wirkliche Beispiele** und vom Aspekt her die Anschauung, das Verständnis, ist eben sehr unterschiedlich." (P16, Z. 15 ff.)

9.3.8 Erklärungen mit dem bisherigen Theorieaufbau und Vorerfahrungen

Die Hauptkategorie „Bisheriger Theorieaufbau und Vorerfahrungen" wurde induktiv ergänzt und umfasst nur die generische und namensgleiche Subkategorie. Sie ist aus der schulischen Perspektive formuliert. Der Anteil der Hauptkategorie an den Kodierungen liegt bei rund 9,1 % (Tabelle 9.18).

Tabelle 9.18 Häufigkeit und Verteilung der Subkategorien zum bisherigen Theorieaufbau und den Vorerfahrungen (Skalarprodukt)

Hauptkategorie und Subkategorie		Kodierungen	Anz. Int.
Bisheriger Theorieaufbau und Vorerfahrungen		*18*	*15*
Bisheriger Theorieaufbau und Vorerfahrungen	(S)	18	15

Definition: Diskontinuität bei der Einführung des Skalarproduktes geht darauf zurück, dass sich das theoretische Fundament unterscheidet, auf das jeweils bei der Einführung des Begriffs als Vorwissen zurückgegriffen werden kann, und darauf, dass unterschiedliche Vorerfahrungen bezogen auf einen axiomatisch-deduktiven Theorieaufbau bestehen.

Erläuterung: Unter diese Subkategorie fallen Aussagen, die Unterschiede damit erklären, dass in der Schule bestimmte begriffliche Grundlagen nicht gelegt wurden und andere Vorerfahrungen bestehen, z. B. im Hinblick auf die Tätigkeit des Argumentierens, und daher kein Theorieaufbau im hochschulischen Sinne, d. h. axiomatisch-deduktiv, erfolgen kann.

Beispiele für Segmente mit der Kodierung:

- P08 spricht an, dass in der Schule bei der Erarbeitung des Skalarproduktes anders als in der Hochschule nicht auf den Begriff der Bilinearform zurückgegriffen werden kann:
  „Also **der Student**, der sich jetzt mit dem Skalarprodukt beschäftigt, um seine Prüfung zu bestehen, der **hat sich natürlich schon mit den Kapiteln davor beschäftigt** und **weiß vielleicht, was eine Bilinearform ist** und kann dementsprechend mit den Begriffen, die jetzt hier in den Raum geworfen werden, wesentlich mehr anfangen als der Schüler der Q1 [vorletzter Jahrgang der gymnasialen Oberstufe]." (P08, Z. 62 ff.)
- P11 arbeitet heraus, dass die Einführung des Skalarproduktes als Abbildung vor dem Hintergrund des bis dahin auf Seiten der Schule entwickelten Abbildungsbegriffs nicht stimmig wäre:
  „Also, das Skalarprodukt als Abbildung zu interpretieren, das wäre auf jeden Fall irgendwo ein **kognitiver Bruch, den Schüler jetzt so ohne**

Weiteres nicht akzeptieren würden, auf dem Abbildungsbegriff, den die irgendwie haben." (P11, Z. 72 ff.)

- P22 begründet den Zugang zum Skalarprodukt im Schulbuch über die Frage von Orthogonalität damit, dass auch bisher auf Seiten der Schule der Fokus auf den (einzelnen) Vektoren lag und nicht aus der Perspektive von Abbildungen (auf Vektorräumen) an das Thema herangetreten wird: „Die Schule fängt an, indem sie von der Orthogonalität spricht, **weil man eigentlich von den Vektoren und nicht von den Abbildungen kommt.**" (P22, Z. 12 ff.)

9.3.9   Andere Erklärungsansätze

Nahezu alle Erklärungen und Einordnungen für die wahrgenommene Diskontinuität im Zusammenhang mit dem Skalarprodukt konnten mit den vorgestellten Subkategorien beschrieben werden. Die Ausnahmen wurden in der generischen Restkategorie „Andere" zusammengefasst (Tabelle 9.19).

Tabelle 9.19 Häufigkeit und Verteilung zur generischen Restkategorie (Skalarprodukt)

Hauptkategorie und Subkategorie		Kodierungen	Anz. Int.
Andere (Generische Restkategorie)		5	5
Andere	(S & HS)	5	5

Bei den Segmenten in dieser Subkategorie handelt es sich um die folgenden Äußerungen aus den Interviews mit P01, P12, P15, P29 und P31.

- „Dass das [die Orthogonalität] bei dem einen Skript am Anfang des Kapitels steht und bei dem anderen am Ende, hat nur etwas mit der Gliederung zu tun. Man hätte die Orthogonalität wahrscheinlich auch woanders einbringen können." (P01, Z. 46 ff.)
- „Hier gibt es anscheinend im [Lehr-]Buch auch ein Beispiel. Ich weiß natürlich nicht, wie das Buch aufgebaut ist, was da jetzt Beispiel bedeutet, aber vielleicht steckt da noch eine Motivation drin." (P12, Z. 53 ff.)
- „Man hat ja in der Schule zu allem mehr Zeit als in der Hochschule. [...] Und in der Hochschule wird es wahrscheinlich in zwanzig Minuten in der Vorlesung einmal eingeführt – wenn überhaupt, je nachdem, wie ausführlich der Prof. das eben macht und was der dem auch für einen Charakter beimisst. In der Hochschule wird da eben einfach so ein bisschen durchgerast [...]." (P15, Z. 52 ff.)

- „Dass das [der Betrag eines Vektors] auch zusammenhängt mit dem Skalarprodukt, das wird jetzt zumindest in dem Ausschnitt jetzt hier [im Schulbuch] nicht klar oder angesprochen. Das liegt wahrscheinlich auch daran, dass es ein eigenes, oder dass das Skalarprodukt jetzt unter Geraden eher gefasst wird als unter Vektoren oder Eigenschaften von Vektoren." (P29, Z. 32 ff.)
- „Und in dem Schulbuch geht es ja in dem zweiten Kapitel, das Skalarprodukte behandelt, noch um den Winkel zwischen Vektoren. Und wenn ich mich jetzt nicht irre, kommt das hier nicht vor in dem Lehrbuch, weil das mit Orthogonalität und Orthonormalität endet." (P31, Z. 43 ff.)

9.3.10 Zusammenfassung zentraler Beobachtungen

Die zentralen Beobachtungen der vorangegangenen Abschnitte dieses Unterkapitels werden nun in Stichworten zusammengefasst. Ergänzend können diese Ergebnisse auch im nachstehenden Diagramm (Abbildung 9.4) nachvollzogen werden, das kategorienweise für jede der zwölf inhaltlichen Subkategorien die Anzahl der Interviews ausweist, in denen sie kodiert wurde, sowie die Perspektive der Erklärung oder Einordnung („S" für Schule und „HS" für Hochschule).

- Die Untersuchung der Auseinandersetzung mit Diskontinuität beim Skalarprodukt konnte bei dem Analyserahmen ansetzen, der durch die QIA zu den Vektoren schon gegeben war, insofern als fünf Hauptkategorien übernommen werden konnten. Die dazugehörigen Subkategorien waren größtenteils jedoch neu zu bestimmen und ebenso war es erforderlich, eine neue Hauptkategorie einzurichten. Das finale Kategoriensystem enthält, um Diskontinuität einzuordnen oder zu erklären, insgesamt zwölf Ansätze, die entlang von sechs inhaltlichen Hauptkategorien thematisch geordnet wurden und die da sind: *1. Anderes Lehren und Lernen im MU und in der Hochschule, 2. Andere Lerngruppen im MU und in der Hochschule, 3. Andere Bedeutung und Verwendung von Vektoren im MU und in der Hochschule, 4. Anderer Anspruch an den Theorieaufbau und an dessen Strenge im MU und in der Hochschule, 5. Anderer Umgang mit Anschauung im MU und in der Hochschule und 6. Begründung mit dem bisherigen Theorieaufbau/Vorerfahrungen.*
- Im Durchschnitt wurden in den n = 26 Interviews rund 3,2 Hauptkategorien und 4,6 Subkategorien kodiert.

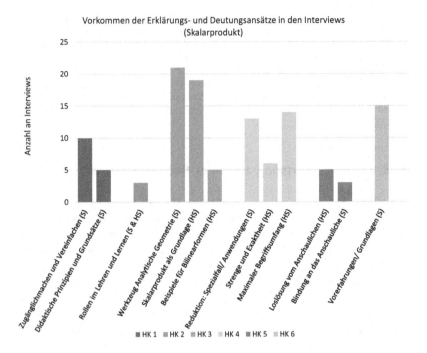

Abbildung 9.4 Vorkommen der Erklärungs- und Deutungsansätze in den Interviews zur Diskontinuität beim Skalarprodukt

- Anhand der Daten gibt es keinen Anhaltspunkt dafür, dass eine höhere Anzahl von wahrgenommenen Unterschieden bei den Zugängen zum Vektorbegriff in Schule und Hochschule mit einer höheren Anzahl an vorgebrachten Ansätzen zur Auseinandersetzung mit Diskontinuität in Erklärungen und Deutungen einhergeht.

- Auf der Ebene der Hauptkategorien betrachtet wurden am häufigsten Kodierungen zur Bedeutung und Verwendung des Skalarproduktes vorgenommen (rund 39,4 %). In 25 von 26 Interviews wurde mindestens eine der Subkategorien dieser Hauptkategorie kodiert. Die Subkategorie mit der größten Zahl an Kodierungen (und der größten Reichweite von 21 Interviews) war die Subkategorie „Werkzeug für die Analytische Geometrie" aus HK 3 zur Bedeutung und Verwendung des Begriffs.

- Die quantitative Bedeutung der schulischen und hochschulischen Sichtweisen bei der Erklärung und Einordnung der wahrgenommenen Unterschiede – im Diagramm „S" bzw. „HS" – bewegt sich auf einem ähnlichen Niveau.

9.4 Vergleichende Betrachtungen zwischen den Interviews zu Vektor und Skalarprodukt

Nachdem in 9.2 und 9.3 zunächst getrennt für die beiden Begriffe Vektor und Skalarprodukt betrachtet wurde, wie die vorgefundenen Unterschiede erklärt und eingeordnet werden, erfolgt in diesem Unterkapitel ein Vergleich der Resultate aus den beiden Analysen.

Vergleichsaspekte, auf die dabei eingegangen wird, sind (i) die Gestalt der Kategoriensysteme, (ii) die Bandbreite der Auseinandersetzung, (iii) die Häufigkeit der Auseinandersetzung mit Diskontinuität, (iv) inhaltliche Schwerpunkte bei der Erklärung und Einordnung, (v) die vorrangige Perspektive (Schule oder Hochschule) bei der Auseinandersetzung zur Einordnung und Erklärung von Diskontinuität und (vi) die Resultate bzgl. eines Zusammenhangs mit der Wahrnehmung von Diskontinuität.

(i) Die **Gestalt der Kategoriensysteme** hat einen Einfluss auf die Interpretationsmöglichkeiten unter den weiteren Vergleichsaspekten und steht daher an erster Stelle. In diesem Zusammenhang fällt bzgl. der im Wesentlichen am Material entwickelten Kategoriensysteme vor allem auf, dass unter nominal gleichen Hauptkategorien weniger (und andere) Subkategorien gebildet wurden. Dieser Unterschied ist so zu verstehen, dass die Aussagen im Zusammenhang mit dem Skalarprodukt weniger Ansatzpunkt geboten haben für eine inhaltliche Ausdifferenzierung, die formal zu mehr Subkategorien geführt hätte. So umfasst z. B. die HK *„Andere Bedeutung und Verwendung von Vektoren im MU und in der Hochschule"* in der ersten Analyse sechs, in der zweiten Analyse jedoch nur drei Subkategorien (Tabelle 9.20):[9]

---

[9] Ganz konkret wurde z. B. im Zusammenhang mit dem Skalarprodukt häufig sinngemäß nur gesagt, dass das Skalarprodukt ein Werkzeug sei oder als Werkzeug eingeführt werde, und das Thema Bedeutung und Verwendung wurde möglicherweise im zweiten Interview damit schon als „abgehakt" betrachtet.

Tabelle 9.20 Gegenüberstellung von Subkategorien zur Bedeutung und Verwendung von Vektoren und des Skalarproduktes

Subkategorien (Interviews zu Vektoren)	Subkategorien (Interviews zum Skalarprodukt)
– Bedeutung für die Geometrie – Bewältigung von Anwendungen – Rechnen mit Vektoren – Vektoren als grundlegender Strukturbegriff – Vorrang des Vektorraums vor den Vektoren – Thematische Verortung: Geometrie oder Lineare Algebra	– Werkzeug für die Analytische Geometrie – Skalarprodukt als Grundlage – Konkretisierung von bzw. Beispiel für Bilinearformen

Bei manchen Hauptkategorien dürfte ein Grund für die geringere Ausdifferenzierung in den Erklärungsansätzen auch darin liegen, dass die Befragten Redundanz in ihren Äußerungen vermeiden wollten und daher z. B. begriffsunabhängige Erklärungen nicht noch ein zweites Mal beim Skalarprodukt vorgetragen haben. Gerade bei HK 1 zum Lehren und Lernen bzw. bei HK 2 zu den Lerngruppen wäre dies plausibel.

(ii) Die **Bandbreite der angesprochenen Ansätze zur Erklärung und Einordnung der wahrgenommenen Diskontinuität** kann vor dem Hintergrund der verschiedenen Struktur der Kategoriensysteme nur bedingt interpretiert werden:

- So liegt die **Anzahl der im Durchschnitt angesprochenen Subkategorien** beim Vektorbegriff insgesamt mit 6,5 Subkategorien gegenüber 4,6 beim Skalarprodukt höher. Es kann aber nicht eindeutig gesagt werden, inwieweit die stärkere Ausdifferenzierung des Kategoriensystems zu den Interviews über Vektoren hierbei eine Rolle spielt.
- Insoweit aussagekräftiger könnte zwar die Betrachtung der **Anzahl der im Durchschnitt angesprochenen *Haupt*kategorien** sein, wenn man diese als „Interpretationsrichtungen" auffasst: Hier zeigt sich eine Differenz zwischen den Werten (Vektoren: 3,9 und Skalarprodukt: 3,2), die sich dahingehend interpretieren lässt, dass Unterschiede im Zusammenhang mit dem Skalarprodukt „in weniger Richtungen" interpretiert werden. Letztlich könnte die Differenz aber auch darauf zurückgehen, dass das wiederholte Ansprechen von Aspekten, die für beide Begriffe relevant sind, im zweiten Interview bewusst unterlassen wurde, um Redundanz zu vermeiden (siehe (i)).

(iii) Die **Anzahl der pro Interview kodierten Segmente** liegt beim Vektorbegriff mit durchschnittlich rund 6,9 gegenüber dem Skalarprodukt mit im Mittel 6,5 Segmenten etwas höher. D. h., dass in den Interviews zu Vektoren Unterschiede zwischen den Materialien etwas häufiger analysiert oder in größere Zusammenhänge eingeordnet wurden.

(iv) Im Hinblick auf die **inhaltlichen Schwerpunkte** ist festzuhalten, dass sich diese in den Interviews unterscheiden. In den Interviews zum Skalarprodukt ist die HK mit Aspekten der Bedeutung und Verwendung des Skalarproduktes in Schule und Hochschule am gewichtigsten und auf der Ebene der Subkategorien diejenige Subkategorie, die den „Werkzeugcharakter" des Skalarproduktes auf Seiten der Schule betrifft. Beim Vektorbegriff wird dagegen am stärksten auf den Anspruch an den Theorieaufbau und dessen Strenge als Erklärungsansatz zurückgegriffen und der eher allgemeindidaktische Aspekt *Zugänglichmachen und Vereinfachen für die Schüler:innen* ist der häufigste Ansatz, Diskontinuität einzuordnen.

(v) In der Frage, **aus welcher Perspektive heraus – Schule oder Hochschule** – die Auseinandersetzung mit Diskontinuität stattfindet, ergab sich kein einheitliches Bild. Während beim Vektorbegriff die Erklärungen und Einordnungen aus der Sicht der Schule facettenreicher (mit mehr Subkategorien) und breiter (mit höherer Reichweite) in den Interviews verankert sind, spielen beim Begriff des Skalarproduktes die schulische und die hochschulische Sicht eine etwa gleich große Rolle.

(vi) Für beide Begriffe wurde jeweils quantitativ untersucht, ob es einen belastbaren **Zusammenhang zwischen der Anzahl wahrgenommener Unterschiede zwischen den Lehrwerken und der Anzahl vorgebrachter Ansätze zur Erklärung und Einordnung von Diskontinuität** gab. In beiden Fällen gab es zumindest keine statistisch signifikanten Zusammenhänge, was sich inhaltlich so deuten lässt, dass sich der Umgang mit Diskontinuität real ganz verschieden gestaltet. So gibt es z. B. Fälle, in denen wenige Beobachtungen mit wenigen Ansätzen zur Erklärung und Einordnung einhergehen. Gleichzeitig gibt es z. B. Fälle, in denen wenige Beobachtungen auf vielfältige Weise analysiert, erklärt und eingeordnet werden bzw. in denen eine Auseinandersetzung mit Diskontinuität gestützt auf wenige Beobachtungen stattfindet.

9.5   Bewertung von Diskontinuität

Im Abschnitt 6.2.1 wurde darauf eingegangen, was es theoretisch bedeutet, dass
dieser Arbeit ein qualitativer Forschungsansatz zugrunde liegt. Bei der intensiven Beschäftigung mit den Transkripten wurde noch einmal besonders deutlich
praktisch erkennbar, inwiefern das Merkmal der Offenheit qualitativer Forschung
(Lamnek, 2016, siehe 6.2.1) bei der Auswertung der Interviews bedeutsam sein
kann. So fiel beim Durchgehen der Transkripte zur Segmentierung auf, dass
in den Interviews immer wieder auch wertende Äußerungen zu bestimmten
Unterschieden zwischen den Materialien im Zusammenhang mit Diskontinuität gefallen sind – ohne, dass diese von den Befragten eingefordert worden
wären. In den entsprechenden Äußerungen wurden jeweils bestimmte Aspekte
der Herangehensweisen an die Begriffe Vektor und Skalarprodukt von Seiten der
Schule bzw. der Hochschule (bzw. in den ausgewählten Lehrwerken) als sinnvoll oder wünschenswert (bzw. allgemein als positiv) oder als störend oder nicht
nachvollziehbar (bzw. als allgemein negativ) gewertet.

In diesem Unterkapitel werden die in dieser Richtung gemachten Beobachtungen dem kategorienbasierten Vorgehen folgend systematisch aufgearbeitet. Die
Bewertungen gegenüber schulischen und hochschulischen Sichtweisen können in
fünf Kategorien gruppiert werden. Dies sind auf Seiten der Schule die *positiven
Bewertungen schulischer Sichtweisen* (9.5.1) und komplementär dazu *die negativen Bewertungen schulischer Sichtweisen* (9.5.2). Entsprechend gibt es auf Seiten
der Hochschule die Kategorien für *positive* (9.5.3) bzw. *negative Bewertungen*
(9.5.4) gegenüber den dort eingenommenen Sichtweisen. Außerdem gibt es als
fünfte Kategorie die *reflektierten Bewertungen* (9.5.5). Häufig wurden innerhalb
eines Statements mehrere Bewertungen geäußert oder ein Statement war zugleich
als positive Bewertung gegenüber der schulischen Sichtweise und als negative Bewertung gegenüber der hochschulischen Sichtweise (oder andersherum)
einzuordnen.

9.5.1   Positive Bewertungen schulischer Sichtweisen

Die positiven Bewertungen der schulischen Sichtweisen sind insbesondere
im Zusammenhang mit Vektoren vielfältiger Natur. In den Interviews zum
Vektorbegriff konnten fünf verschiedene Aspekte festgestellt werden, die positiv
hervorgehoben wurden.

Ein Aspekt ist der **motivierende Charakter der genetischen, kontextorientierten Vorgehensweise**, den z. B. P18 anspricht:

„Die Methode der Schule finde ich motivierender, weil man etwas hat, was man schon kennt und wo man dann vielleicht Vergleiche ziehen kann und dann auch den Begriff Vektor besser versteht, als wenn man bei der Hochschule den Begriff einfach genannt bekommt und das irgendwie ja auch mit Begriffen erklärt wird, die man vielleicht vorher gar nicht so kannte." (P18, Z. 32 ff.)

Auch die **Anregung und Unterstützung von (anschaulichen) Vorstellungen** zu Vektoren, insbesondere durch den Rückgriff auf Verschiebungen oder durch Darstellungswechsel wird positiv gesehen:

„Da finde ich ja schon viel hilfreicher sich da klarzumachen, was d. h.: Verschiebung in die eine, Verschiebung in die andere Richtung in dem Sinne bzw. Vektor, Gegenvektor – wo lande ich dann da? Was mache ich, wenn ich zwei Vektoren aneinanderhänge? Was mache ich, wenn ich Vielfache davon habe?" (P13, Z. 200 ff.)

„Aber meiner Meinung nach ist so eine Herangehensweise wie die im Schulbuch hier, wo Darstellungswechsel stattfinden, für Schüler oder auch für mich greifbarer als diese Variante, wo wir wirklich nur auf einer symbolischen Darstellungsebene sind." (P01, Z. 75 ff.)

Ebenfalls positiv bewertet wird die **Zugänglichkeit oder Adressatenbezogenheit** seitens der Schule, i. d. S., dass die Herangehensweise „viel eingängiger und direkt auf das Wesentliche fokussiert" (P13) sei und dass eine andere Zusammensetzung der Zielgruppe in Schule und Hochschule berücksichtigt werde (P14).

Mehrfach kommt zum Ausdruck, dass der **Verzicht auf die Vektorraumdefinition mit algebraischen Grundbegriffen, der geringere Begriffsumfang oder der geringere Grad der Formalisierung** für Schüler:innen im Mathematikunterricht als angemessen empfunden werden. Beispiele dafür sind die folgenden Äußerungen von P14 und P32.

„Für die Schüler reicht das auf jeden Fall so, weil das ja im Prinzip etwas ganz Neues ist. Die haben noch gar keine Assoziation dazu und wenn man das erst einmal nur auf einer visuellen Ebene macht mit sprachlichen Erklärungen, reicht das ja völlig aus für die, um zu verstehen, was ein Vektor ist." (P14, Z. 129 ff.)

„Aber meines Erachtens kann man [Vektoren] eben so allgemein nicht definieren, wenn ein Schüler keine Ahnung hat was ein Körper ist und was kein Körper ist, denn das ist ja immer das, was in der Schule fehlt: Es gibt es auch, dass das mal nicht gilt oder das ganz andere Dinge gelten, sodass ich denke, das würde den Stoff auch einfach sprengen. Dafür kann man dann ja dann auch einfach Mathe studieren, wenn einen das interessiert." (P32, Z. 69 ff.)

Ein weiterer positiv angeführter Aspekt ist die **Demonstration von Anwendungen/der Nützlichkeit des Vektorbegriffs**, insbesondere für Zwecke der Analytischen Geometrie. P22 befürwortet, dass auf Seiten der Schule erkennbar werde, „was da [an den Vektoren] so noch für ein Rattenschwanz hinten dranhängt, dass ich da eben noch was mit den Geraden und Ebenen machen kann" (P22, Z. 173 ff.).

Beim Skalarprodukt sind es zwei Aspekte, die auf Seiten der Schule gelobt werden: Der erste Aspekt ist die Entwicklung des Skalarproduktes aus einer Fragestellung heraus, also **das genetische Vorgehen**. P22 sieht darin im Vergleich die „schönere Motivation" und P23 ein didaktisch sinnvolles Vorgehen. Daneben wird von P29 als zweiter positiver Bewertungsaspekt ggü. der schulischen Sichtweise die **übersichtlichere und im positiven Sinne auf das Wesentliche reduzierte Vorgehensweise** hervorgehoben.

9.5.2 Problematisierende Bewertungen schulischer Sichtweisen

Neben Fürsprache für bestimmte Aspekte der schulischen Sichtweise wurden auch bestimmte Aspekte kritisiert. In den Interviews zum Vektorbegriff waren fünf solcher Aspekte zu identifizieren.

Ein Aspekt sind die **konstruierten Kontexte**, auf die bei der Einführung von Vektoren in dem ausgewählten Schulbuch zurückgegriffen wird. P27 formuliert seine Kritik auf einem eher allgemeinen Niveau, P05 greift konkret das Beispiel des Schachspiels aus dem Schulbuch auf:

> „Wir kriegen jetzt nur noch irgendwelchen Kontext, für den man irgendwie eine Verbindung von Vektorrechnung und Realität findet, weil man alles problembezogen modellieren soll. Dann passt das mathematische Kalkül des Vektors eigentlich nicht mehr zu dem, was man macht. Da ist uns die Hochschule massiv voraus." (P27, Z. 51 ff.)

> „Was damit [mit der Verschiebung im Koordinatensystem] letztlich beabsichtigt wird, wird hier nicht klar. Es wäre mir als Schüler nicht klar. Nur um jetzt zu gucken, wie ein Pferd auf dem Schachbrett herumgeschoben wird?" (P05, Z. 116 ff.)

Ein anderer problematisierter Aspekt ist die **(zu) starke Konzentration auf rechnerische Aspekte** seitens der Schule. Damit verbunden wird die Gefahr gesehen, dass „die Strahlkraft" (P27) des Begriffs nicht erkennbar werden kann. Konkret vermisst P13 zumindest den Ausblick auf weiterführende Begriffe. So sei es aus ihrer Sicht „für das Mathematikbuch schade", dass der Basisbegriff nicht zumindest erwähnt werde.

Auch hinsichtlich des **Begriffsumfangs** wird die Konzentration ausschließlich auf den Fall der Verschiebungen als problematisch angesehen. P27 geht so weit zu sagen, dass der Vergleich der schulischen und der hochschulischen Sichtweise kaum möglich sei, denn man „vergleiche Nichts mit Allem". P06 bemerkt, dass aus Sicht der Schüler:innen Vektoren quasi untrennbar mit drei Koordinaten verbunden seien.

Ein weiterer kritisierter Aspekt ist die aus Sicht einiger Interviewter **zu geringe Reglementierung und Formalisierung des Umgangs mit Vektoren** auf Seiten der Schule. Dazu äußern sich P14 und P16:

„Und hier [im Schulbuch] wird es eben beispielhaft so gemacht, aber nicht deutlich genug, was man alles damit [mit den Vektoren] machen darf, also nicht formal genug, würde ich sagen." (P14, Z. 126 ff.)

„[Die Existenz des Gegenvektors] macht man z. B. an mehreren Beispielen, aber ob es dann allen Schülern wirklich klar ist, dass das jetzt eine allgemeingültige Sache ist, dass es für jeden so ist, das weiß man eben nicht." (P16, Z. 72 ff.)

Den vorangegangenen Aspekten kann außerdem die Kritik am **Umgang mit Fachsprache** hinzugefügt werden, die P13 äußert. Aus ihrer Sicht würden (zumindest in dem betrachteten Schulbuch) die Möglichkeiten nicht ausgeschöpft:

„Von Gesetzen ist da im Regelfall nicht die Rede, also auch weniger mathematisch gehalten, als man es erwarten würde. Da könnte durchaus auch ,Rechengesetze in Bezug auf Vektoren' stehen." (P13, Z. 16 ff.)

Im Zusammenhang mit dem Skalarprodukt beziehen sich kritische Äußerungen auf zwei Aspekte: der erste sind die **unscharfen Konturen des Begriffs**. P06 problematisiert die enge Beziehung zum Begriff der Orthogonalität mit folgender Schilderung:

„Ich erinnere mich jetzt nicht konkret an Aufgabenstellungen, aber oft, wenn man nachfragt, was denn nun ein Skalarprodukt ist, dann hatten die Schüler oft Schwierigkeiten da wirklich eine Antwort zu geben. Dann stand direkt der Begriff Orthogonalität im Raum. Das Skalarprodukt ist dann immer mit orthogonalen Vektoren verknüpft. Das fand ich immer problematisch." (P06, Z. 39 ff.)

P14 empfindet es als problematisch, dass das Skalarprodukt ausschließlich eine dienende Funktion habe, der Begriff selbst aber in den Hintergrund trete und man im Mathematikunterricht nicht erfahre, „welche Kraft das hat". Neben diesem Aspekt sieht P24 es außerdem kritisch, wenn auf Seiten der Schule mit **angeblicher augenscheinlicher Evidenz** argumentiert wird. Bezogen auf die Klärung, wann zwei Vektoren zueinander orthogonal stellt er fest:

„Also, das ist so eine Formulierung, die so halb impliziert, dass man das Zeichnen kann und dann sieht man es. Und das finde ich eben immer problematisch."(P24, Z. 13 ff.)

9.5.3 Positive Bewertungen hochschulischer Sichtweisen

Unterstützung für die hochschulischen Herangehens- und Sichtweisen bei der Einführung der Begriffe Vektor bzw. Vektorraum und Skalarprodukt wurde im Rahmen der Interviewstudie eher selten vorgetragen. In Bezug auf den Vektorbegriff stammen die einzigen Äußerungen dieser Art von P11 und P13. P11 bringt Unterstützung für das gegenüber der Schule **allgemeinere Vorgehen** auf Seiten der Hochschule zum Ausdruck:

„Hier [in der Hochschule] könnte man nicht mit einem Alltagsbeispiel anfangen, das ist ja Blödsinn. Wenn man ein Alltagsbeispiel benutzt, dann ist man ja schon relativ schnell beim Speziellen und man will ja hier erst einmal das Allgemeine beibringen." (P11, Z. 56 ff.)

P13 äußert explizit Verständnis für die **umfangreichere Einführung des Begriffs** in einem größeren Zusammenhang – vor dem Hintergrund mehr zur Verfügung stehender Erarbeitungszeit. Im Zusammenhang mit dem Skalarprodukt wird als einziger Aspekt die im Lehrbuch gewählte **Klammer-Schreibweise** des Skalarproduktes von P13 und P17 unterstützt.

9.5.4 Problematisierende Bewertungen hochschulischer Sichtweisen

Zu beiden Begriffen wurde in den Interviews jeweils eine Reihe von Aspekten bzgl. der hochschulischen Sichtweisen kritisiert, vier beim Vektor bzw. drei beim Skalarprodukt.

Ein Aspekt beim Vektorbegriff ist der **Verzicht auf ikonische Darstellungen** bzw. **insbesondere Koordinatensysteme**. Sowohl P13 als auch P15 betonen, dass diese auch auf Seiten der Hochschule (als Unterstützung) gebraucht würden.

„Genauso wäre durchaus eine visuelle Unterstützung in Form eines Koordinatensystems eben auch definitiv zweckmäßig, nicht nur für Schüler, auch für Studenten, um das auch hinterher noch einmal so klarzumachen." (P13, Z. 163 ff.)

„Und hier [im Lehrbuch] geht es ja gar nicht um das Zeichnerische, das fällt ja hier komplett weg. Das wäre vielleicht für Studenten manchmal ganz hilfreich." (P15, Z. 52 ff.)

Ebenso wird kritisch gesehen, dass im Rahmen der gezeigten Einführung im Lehrbuch **keine Beispiele für Vektoren** präsentiert werden. Aus der Sicht von P04 und P05 sei es auf Grundlage des Lehrbuchs (und ohne Kenntnis des Schulbuchs) nicht möglich, einen beliebigen Vektor anzugeben (P04) bzw. zu sagen, wie ein Vektor aussehe (P05).

Darüber hinaus wird auch an die **mangelnde Klarheit bei der Darstellung des Begriffsinhalts** auf Seiten des Lehrbuchs als Kritik geäußert. P14 findet die Darstellung trotz der Konkretisierung über die Eigenschaften (die Vektorraumaxiome) nicht klar genug und aus der Sicht von P13 werden wesentliche Aspekte des Begriffsinhalts im Lehrbuch nicht erkennbar:

„Man braucht zwei Punkte und die guckt man sich an und wie sieht die Verschiebung zwischen diesen beiden Punkten eigentlich aus? Das, was dazwischen steckt, ist eigentlich ein Vektor. Das wäre sinnvoll, wenn das [im Lehrbuch] irgendwo auftauchen würde." (P13, Z. 135 ff.)

Als weiterer Aspekt wird von P16 am Vorgehen der Hochschule kritisiert, dass bei den Schreibweisen zu **wenige Bemühungen um Anschluss an die schulischen Schreibweisen** stattfänden.

Die hochschulische Sichtweise auf das Skalarprodukt wird unter drei Gesichtspunkten kritisch betrachtet. Ein Aspekt betrifft die gegebene Definition eines Skalarproduktes als einer positiv definiten, symmetrischen Bilinearform. Kritik wird dahingehend geübt, dass es sich um eine **zu umständliche, wenig griffige Definition** handle. P13 beschreibt sie als „versteckt" und sieht sie für Schüler:innen als ungeeignet an. P29 äußert selbst eine klare Präferenz.

„Das mag vielleicht mit dem Anspruch zusammenpassen, aber wenn ich mir aussuchen würde, welche Definition ich nachschlagen würde, würde ich die aus dem Schulbuch nehmen." (P29, Z. 150 ff.)

Außerdem wird **zu wenig Klarheit in Bezug auf den Umgang mit der Definition und die Nutzung des Begriffs** gesehen, wie in der Äußerung von P16 zum Ausdruck kommt:

„Wenn ich das vorher nicht gehabt hätte in der Schule, wäre mir nicht klar, was ein Skalarprodukt ist oder wie ich mir das in einem Anwendungsbeispiel bei Vektoren überlege." (P16, Z. 33 ff.)

Darüber hinaus problematisiert P28, dass die **Einarbeitung in das Thema außerordentlich zeitintensiv** und dadurch herausfordernd sei.

9.5.5 Reflektierte Bewertungen

Einige Bewertungen liegen außerhalb der Kategorien von Unterstützung oder Problematisierung schulischer oder hochschulischer Sichtweisen. Verschiedene Aspekte werden darin gegeneinander abgewogen oder ggf. Bewertungsmaßstäbe relativiert. Zusammen genommen können sie als reflektierte Bewertungen aufgefasst werden. Im Fall des Vektorbegriffs gab es mehrere solcher Bewertungen in den Interviews. Beim Skalarprodukt setzt sich die in den letzten Abschnitten angedeutete Tendenz fort, dass verglichen mit dem Vektorbegriff weniger Position bezogen wird. Da der Gehalt der reflektierten Bewertungen individuell sehr verschieden und ihre Anzahl überschaubar ist, wird auf eine weitere Zusammenfassung verzichtet und stattdessen der Gehalt der Bewertungen paraphrasierend dargestellt.

- *Ausgeglichene Bewertung*: P03 beschäftigt sich mit der Frage, ob die starke Fokussierung auf Vektoren als Verschiebungen im Schulbuch gegenüber der hochschultypischen Sicht eine Beschränkung bedeute. Er gelangt insofern zu einer ausgeglichenen Bewertung, als er die Darstellung im Schulbuch zwar als eingeschränkt einordnet, zugleich jedoch die Möglichkeiten des Weiterarbeitens gegenüber der hochschulischen Sicht besser beurteilt. Die hochschulische Sicht lade eher nicht dazu ein, mit Vektoren weiterzuarbeiten, weil man keine Vorstellung davon habe, wo einen diese Arbeit hinführen könnte.
- *Reflexion (vor) eventueller Kritik gegenüber der schulischen Sichtweise:* P12 setzt sich damit auseinander, inwieweit es im Rahmen des Mathematikunterrichts überhaupt möglich sein könnte, die Einführung von Vektoren näher an die Sichtweise der Hochschule heranzurücken. Sie gibt zu bedenken, dass dies aus ihrer Sicht eben nicht ohne Weiteres möglich sei. Beim „mathematischeren Gestalten" wäre der Begriff des Vektorraums nicht zu umgehen.
- *Reflexion der eigenen Bewertungsperspektive:* P27 reflektiert, dass seine Bewertung der Sichtweisen davon abhängt, ob er als Mathematiker oder als Lehrer auf die Unterschiede in den Sichtweisen blickt. Als Mathematiker freue er sich über Präzision und einen maximalen Begriffsumfang des Vektorbegriffs. Als Lehrer habe er vor allem die Anforderungen an seine Schüler:innen im Blick.

- *Abstand vom Bewerten:* P16 sieht bewusst von Kritik gegenüber der schulischen oder der hochschulischen Sichtweise auf den Vektorbegriff ab mit
  der Begründung, dass beide Sichtweisen legitim seien. Auch P12 betont,
  dass sie die stärkere Anwendungsorientierung auf Seiten der Schule im
  Zusammenhang mit Vektoren nicht positiv oder negativ bewerten möchte.

9.6 Auseinandersetzung mit Diskontinuität in verschiedenen berufsbiografischen Abschnitten

In diesem Unterkapitel geht es um die Rolle der verschiedenen berufsbiografischen Abschnitte (Ende der Studieneingangsphase, fortgeschrittenes oder gerade
abgeschlossenes Masterstudium, fortgeschrittenes oder gerade abgeschlossenes
Referendariat oder mindestens fünfjährige Berufserfahrung) für die Auseinandersetzung mit Diskontinuität. Personen, die sich in demselben berufsbiografischen
Abschnitt befinden, werden dabei als eine Gruppe aufgefasst. In 9.6.1 wird auf
Unterschiede bzgl. der Erklärung und Einordnung von Diskontinuität eingegangen. Anschließend geht es in 9.6.2 um Unterschiede bei der Bewertung von
Diskontinuität.

9.6.1 Erklärungen und Einordnungen in verschiedenen berufsbiografischen Abschnitten

Der Vergleich zwischen den Gruppen erfolgt in diesem Abschnitt unter den
Gesichtspunkten der Bandbreite der vorgebrachten Ansätze zur Erklärung und
Einordnung von Diskontinuität und der Richtungen und Perspektiven dieser
Erklärungen und Einordnungen.

Die Bandbreite an Ansätzen, die zur Erklärung und Einordnung von Diskontinuität in den Interviews zum Tragen kommt, kann mit der Anzahl der
vergebenen Subkategorien bemessen werden. Als einzige Tendenz über beide
Begriffe ist dabei festzuhalten, dass die Befragten aus der ersten Gruppe (G1) tendenziell weniger Ansätze zur Erklärung oder Einordnung der wahrgenommenen
Diskontinuität unternehmen als die Befragten der anderen Gruppen.

Die Aufteilung der Kodierungen in den Interviews auf die Hauptkategorien kann als Indikator für die Richtung der Interpretation von Diskontinuität aufgefasst werden. Dabei lassen sich folgende Tendenzen feststellen:

- Unter den Befragten aus der ersten Gruppe (G1) sind die Erklärungen und Einordnungen aus der Hauptkategorie „Bedeutung und Verwendung des Begriffs im MU und in der Hochschule" am häufigsten und deutlich häufiger als in den anderen Gruppen.
- Das Thema „Anspruch an den Theorieaufbau und dessen Theorie" gewinnt über die betrachteten Abschnitte an Bedeutung – beim Skalarprodukt wächst der Anteil über alle Gruppen, beginnend bei unter 10 % der Kodierungen in G1 bis zu mehr als 50 % in G4.
- Ab dem Referendariat (G3 und G4) spielen Ansätze, die das Lehren und Lernen in Schule bzw. Hochschule und Merkmale der Lerngruppen betreffen, eine größere Rolle als in den früheren Phasen der Berufsbiografie (G1 und G2).

Teilt man außerdem die Subkategorien auf in Erklärungen und Einordnungen aus der Sicht der Schule bzw. der Hochschule (wie in 9.4.), kann dann in einem zweiten Schritt der Frage nachgegangen werden, ob sich die Gruppen in ihrer Perspektive auf das Phänomen unterscheiden. Das nachstehende gruppierte Säulendiagramm (Abbildung 9.5) zeigt für beide Begriffe wie sich die Kodierungen anteilsmäßig auf die Perspektive der Schule bzw. der Hochschule verteilen.

Für beide Begriffe lässt sich festhalten, dass im Querschnitt über die vier in dieser Arbeit unterschiedenen Abschnitte der Berufsbiografie erkennbar wird, dass sich die Perspektive zunehmend in Richtung einer schulischen Sichtweise verschiebt. Diese Beobachtung ist plausibel vor dem Hintergrund, dass der erste der hier einbezogenen Abschnitte (G1) vermutlich von einer intensiven Beschäftigung mit der Linearen Algebra (und/oder Analysis) geprägt sein dürfte und die Intensität der fachmathematischen Beschäftigung ab dem zweiten Abschnitt tendenziell abnimmt, während gleichzeitig von G2 nach G4 fachdidaktische, allgemeindidaktische und unterrichtspraktische Überlegungen verstärkt an Bedeutung gewinnen.

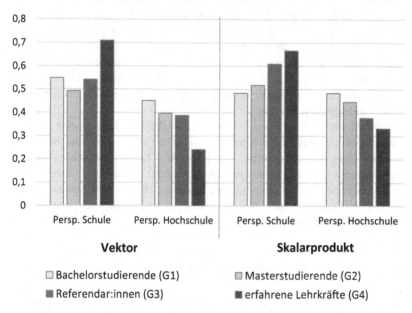

Abbildung 9.5 Perspektiven bei der Auseinandersetzung mit Diskontinuität (Vektor und Skalarprodukt)[10]

9.6.2   Bewertungen von Diskontinuität in verschiedenen berufsbiografischen Abschnitten

Beim Zusammentragen und Ordnen der bewertenden Aussagen (siehe 9.5), stellte sich heraus, dass es in dieser Hinsicht Unterschiede zwischen den berücksichtigten Gruppen in der Studie gibt, die sich wie folgt darstellen.

_____

[10] Die Differenzen zu 100 % kommen durch die Kodierungen von Subkategorien zustande, die nicht ausschließlich der schulischen bzw. der hochschulischen Perspektive zuzuordnen sind.

In der Gruppe der Lehramtsstudierenden nach der Studieneingangsphase wurde verhältnismäßig wenig bewertet. Auch die Befragten aus der Gruppe der Lehramtsstudierenden im fortgeschrittenen Masterstudium war zurückhaltend mit Wertungen.

Dagegen war in der Gruppe der Referendar:innen eine besonders hohe Dichte an Bewertungen der schulischen und hochschulischen Herangehensweisen festzustellen. In nahezu allen Interviews mit Referendar:innen wurde das Bedürfnis erkennbar, Stellung zur wahrgenommenen Diskontinuität zu beziehen. Gegenüber den Lehramtsstudierenden (G1 und G2) fällt zudem auf, dass in diesem Abschnitt nun auch bestimmte Aspekte der Herangehensweisen im Schulbuch kritisch gesehen und bestimmte Aspekte der hochschulischen Sichtweise als wünschenswert für die Schule gesehen werden.

In der Gruppe der erfahrenen Lehrkräfte stellte sich heraus, dass nahezu ausschließlich die Begriffseinführungen auf Seiten des Schulbuchs bzw. die schulische Sicht bewertet wurden. Unter den fünf Lehrkräften, die an beiden Interviewrunden (zu Vektoren und zum Skalarprodukt) teilgenommen haben, lässt sich jeweils recht deutlich eine Tendenz erkennen, ob eher eine unterstützende oder eine problematisierende Haltung bezüglich der spezifischen schulischen Sichtweisen eingenommen wird.

9.6.3 Fazit zur Kontrastierung der Gruppen

Zum Abschluss des Unterkapitels 9.6, in dem eine vergleichende Perspektive auf die Auseinandersetzung mit Diskontinuität während verschiedener Abschnitte der Berufsbiografie eingenommen wurde, werden zentrale Ergebnisse in Tabelle 9.21 festgehalten. Die ersten drei Zeilen unter der Kopfzeile beziehen sich auf die quantitativen Betrachtungen aus 9.6.1. Die beiden Zeilen danach fassen die Beobachtungen zum Thema Bewertungen in den Gruppen G1 bis G4 zusammen.

Tabelle 9.21 Ergebnisse aus dem Gruppenvergleich zur Auseinandersetzung mit Diskontinuität

	G1: Ende der Studieneingangsphase	G2: fortgeschrittenes Masterstudium	G3: Referendar:innen	G4: erfahrene Mathematiklehrkräfte
9.6.1	weniger Ansätze ggü. G2 bis G4			

(Fortsetzung)

Tabelle 9.21 (Fortsetzung)

	G1: Ende der Studieneingangsphase	G2: fortgeschrittenes Masterstudium	G3: Referendar:innen	G4: erfahrene Mathematiklehrkräfte
	Wichtigstes Thema Bedeutung und Verwendung von Vektoren/SP	Aspekte des Theorieaufbaus und dessen Strenge werden ggü. G1 zunehmend berücksichtigt		
			ggü. G1 und G2 stärkere Bedeutung didaktisch gefärbter Subkategorien	
9.6.2	wenige Bewertungen der Sichtweisen in Schule und Hochschule	intensive bewertende Auseinandersetzung mit den Sichtweisen in Schule und Hochschule		
	(fast) keine Problematisierung schulischer Sichtweisen	ausgewogen bzgl. Unterstützung oder Problematisierung		ausgewogen, aber nur Beschäftigung mit der Schulsicht

Konkretisierung der Zielvorstellung *Höherer Standpunkt* 10

In diesem Kapitel findet ein Wechsel von der empirisch-deskriptiven Perspektive bei der Darstellung der Ergebnisse der Interviewstudie zu einer interpretativen, integrierenden Perspektive statt, aus der heraus die Ergebnisse der Theoriearbeit mit der Empirie zusammengeführt werden. Ausgangspunkt ist die Forschungsfrage 3: *„Wie ist bei (angehenden) Mathematiklehrkräften ein Höherer Standpunkt im Umgang mit Diskontinuität im Bereich der Linearen Algebra der gymnasialen Oberstufe ausgeprägt?"*. Das Ziel besteht nun darin, mit den Ergebnissen zu dieser Frage aus dem empirischen Teil die geisteswissenschaftliche Idee eines Höheren Standpunktes als Lösungsansatz für die Problematik der doppelten Diskontinuität weiterzuentwickeln. Dies soll durch eine Konkretisierung für die Lehramtsausbildung erfolgen. Am Ende von Kapitel 3 wurde ein Höherer Standpunkt als „individuelle Ressource" beschrieben, um die verschiedenen Perspektiven in einem vorläufigen Arbeitsbegriff zusammenzubringen:

Die Zielvorstellung „Höherer Standpunkt" beschreibt eine individuelle Ressource von Lehramtsstudierenden, um mathematische Betrachtungen der Schule in den wissenschaftlichen Theorieaufbau, der in der Hochschule dargestellt wird, einordnen zu können und mit der eine tiefergehende Klärung von mathematischen Fragen, die im Rahmen der Schule betrachtet werden, stattfinden kann. Sie beruht auf einer begrifflichen Durchdringung der schulcurricularen Inhalte.

Nachfolgend soll der Versuch unternommen werden, die Zielvorstellung im Sinne einer Kompetenz weiterzuentwickeln. Für die Wahl eines Kompetenzbegriffs sprechen folgende Gründe: Zum einen ist es die *Entwicklungsperspektive*, die der Kompetenzbegriff beinhaltet. In den bisherigen Interpretationen sowie in der Empirie hat sich ein Höherer Standpunkt dargestellt als eine im Rahmen der Lehramtsausbildung entwickelte bzw. zu entwickelnde Ressource. Aus empirischer Sicht sind es die festgestellten Unterschiede im Interviewverhalten

S. Blum-Barkmin, *Diskontinuität in der Linearen Algebra und ein Höherer Standpunkt*, Essener Beiträge zur Mathematikdidaktik, https://doi.org/10.1007/978-3-658-37110-4_10

abhängig vom berufsbiografischen Abschnitt der Befragten, die auf einen Effekt von Lehramtsausbildung und Berufserfahrung bei der Entwicklung eines Höheren Standpunktes hindeuten.

Auf Seiten der theoretischen Überlegungen zur Idee des Höheren Standpunktes werden sowohl eine bestimmte *Wissensgrundlage* als auch die *Nutzung* eines Höheren Standpunktes angesprochen (wodurch dieser auch eine Prozess-Komponente erhält). Auch in der Empirie konnten insbesondere bei der Erklärung und Einordung von Unterschieden und der Einschätzung von Gemeinsamkeiten der schulischen und hochschulischen Zugänge Belege für die Bedeutung der Wissensgrundlagen für die Diskontinuitätsthematik gefunden werden. Schließlich legen die Forschungsarbeiten über *Beliefs* zur Diskontinuität und empirische Aspekte wie die unterschiedliche Neigung zu Bewertungen unter den Befragten in den Interviews nahe, neben kognitiven auch affektiv-motivationale Aspekte im zu entwerfenden Konstrukt zu berücksichtigen. Der Kompetenzbegriff bildet eben diese Kombination von Wissen, kognitiven Prozessen und Überzeugungen zusammen mit dem Entwicklungsaspekt ab.

Die zur Unterbreitung des konstruktiven Vorschlags zugehörige Forschungsfrage 4 wurde im Unterkapitel 5.2 zunächst wie folgt formuliert: *„Wie kann unter Einbezug der Perspektive der (angehenden) Lehrkräfte die Zielvorstellung eines Höheren Standpunktes für den Bereich der Linearen Algebra konkretisiert werden?"*. Mit den Entscheidungen über das weitere Vorgehen wird sie modifiziert zu:

> **„Wie kann auf Grundlage des Umgangs der (angehenden) Lehrkräfte mit Diskontinuität die Zielvorstellung eines Höheren Standpunktes für den Bereich der Linearen Algebra als Kompetenz für die hochschulische Lehrerbildung konkretisiert werden?"**

Das Kapitel ist so aufgebaut, dass im ersten Schritt in 10.1 die Anforderungen an Lehrkräfte durch Diskontinuität zwischen Schule und Hochschule rekapituliert werden. In 10.2 werden mit der Auswahl des zugrunde gelegten Begriffsverständnisses von Kompetenz und der Herleitung einer passenden Binnenstruktur der Kompetenz erste Schritte auf dem Weg zur Konkretisierung des Konstruktes vollzogen. In den nachfolgenden Unterkapiteln wird ein Höhere Standpunkt als Kompetenz aufgefasst und für den Bereich der Linearen Algebra inhaltlich näher bestimmt. Zunächst liegt der Fokus auf den Wissensgrundlagen (10.3), bevor drei Tätigkeitsbereiche im Umgang mit Diskontinuität thematisiert werden, die die Kompetenz konstituieren (10.4), und auf die affektiv-motivationale Komponente der Kompetenz eingegangen wird (10.5). In 10.6 folgt ein weiterer letzter Schritt zur Konkretisierung des Konstruktes mit der Frage, welche Ausprägungen die Kompetenz annehmen kann. Den Abschluss des Kapitels bilden in 10.7 eine Rückschau und die Zusammenfassung der Ergebnisse in einer Kurzfassung des Kompetenzkonstrukts.

10.1 Anforderungen an Lehrkräfte durch Diskontinuität zwischen Schule und Hochschule

Der Unterricht in allen Fächern der gymnasialen Oberstufe verfolgt das Ziel, eine „vertiefte Allgemeinbildung, allgemeine Studierfähigkeit sowie wissenschaftspropädeutische Bildung" zu vermitteln (KMK, 2012, S. 5). Dabei kann Wissenschaftspropädeutik so verstanden werden, dass es im Fachunterricht der gymnasialen Oberstufe (auch) darum geht, „durch eine Kontaktaufnahme der Schülerinnen und Schüler mit Wissenschaft diese auf ein Fachstudium vorzubereiten" (Krause, 2014, S. 22). Für das Fach Mathematik bewirkt das Phänomen der Diskontinuität, dass die Gestaltung eines wissenschaftspropädeutisch ausgerichteten Mathematikunterrichts besonders herausfordernd ist. Gleichzeitig weist Biehler (2019) darauf hin, dass über die Benennung des Ziels von Wissenschaftspropädeutik hinaus keine tiefergehende Ausarbeitung zur Umsetzung dieser (gesellschaftlichen) Erwartungen an Mathematikunterricht stattfindet. Die Lehrkräfte müssen für sich klären, wie Wissenschaftspropädeutik im obigen Sinne angesichts von Unterschieden in der Berücksichtigung des Realweltlichen, im Umgang mit Anschauung, im Grad der Abstraktion, in der Art der Systematisierung und Ordnung der Konzepte und Phänomene sowie in der axiomatischen Grundlage mathematischer Betrachtungen (siehe 2.6) und unter den gegebenen curricularen Rahmenbedingungen (z. B. der Strukturierung der Inhalte in die Inhaltsbereiche Analysis, Lineare Algebra/Analytische Geometrie und Stochastik in den Bildungsstandards) aussehen kann. Folgende Fragen stehen im Raum: Bis zu welchem Grad und auf welchen Wegen kann der schulische Mathematikunterricht (bzw. der eigene erteilte Unterricht) Zugänge zu den Perspektiven der Wissenschaft Mathematik, wie sie in der Hochschule aufgefasst wird, aufzeigen?

Im Interesse der Studienanfänger:innen in den Fach- und Lehramtsstudiengängen Mathematik geht es insbesondere darum, Anschlussfähigkeit herzustellen. In einem gemeinsamen Maßnahmenkatalog für einen konstruktiven Übergang von der Schule zur Hochschule seitens der Gesellschaft für Didaktik der Mathematik (GDM), der Deutschen Mathematiker-Vereinigung (DMV) und des Verbands zur Förderung des MINT-Unterrichts e. V. (MNU) wurde erst vor kurzem festgehalten, dass die Verantwortung dafür neben den Akteuren aus der Bundes- und

Landespolitik und aus Hochschule und Wissenschaft auch den Schulen obliegt (DMV, GDM & MNU, 2019, S. 1).

Konkrete Anforderungssituationen zu den übergeordneten Anforderungen, Wissenschaftspropädeutik und Anschlussfähigkeit im Kontext von Diskontinuität zu realisieren, ergeben sich im Zuge der Planung und Gestaltung von Unterricht zu den Themen der Oberstufe. Durch Diskontinuität stehen Lehrkräfte z. B. vor Entscheidungen,

- ob an bestimmten Stellen im Unterrichtsgang auf außermathematische Fragen verzichtet wird, um rein innermathematisch zu arbeiten,
- welche Funktion Anschauung bei der Argumentation für mathematische Zusammenhänge zugeschrieben wird bzw. ob eine Loslösung von der Anschauung unternommen wird,
- ob es Unterschiede in der Eignung von Definitionen im Hinblick auf die Kompatibilität von Begriffsinhalt und Begriffsumfang zur Hochschule gibt,
- inwieweit zwischen Beispielen und allgemeinen Darstellungen bzw. Interpretation und Theorieaufbau getrennt wird bzw. wie Beispiele allgemein in einen Lehrgang integriert werden,
- in welchem Umfang zwischen Inhaltsbereichen Verbindungen hergestellt werden, um die Tragweite mathematischer Begriffe zum Ausdruck zu bringen.

Über die Aspekte der Wissenschaftspropädeutik und Anschlussfähigkeit hinaus ergeben sich durch Diskontinuität Anforderungen an Lehrkräfte in Form eines Transfer-Problems bzgl. des eigenen im Studium erworbenen Fachwissens auf das berufliche Alltagshandeln. In den fächerübergreifenden Standards der KMK heißt es in diesem Zusammenhang zwar, die Studienabsolvent:innen hätten „ein solides und strukturiertes Fachwissen (Verfügungswissen) zu den grundlegenden Gebieten ihrer Fächer bzw. Fachrichtungen erworben; sie können darauf zurückgreifen" (KMK, 2019, S. 3). Durch Diskontinuität und nicht-triviale Zusammenhänge zwischen schulischen und hochschulischen Sichtweisen ist jedoch aus der Sicht der Lehrkräfte zumindest kritisch zu prüfen, inwieweit eigene Wissensgrundlagen aus den Fachstudienanteilen eingebracht werden können, die im Zusammenhang mit einer in vielen Punkten anderen Sichtweise auf Mathematik erworben wurden.

Für den Bereich der Linearen Algebra verschärfen sich die Anforderungen insoweit, als durch die Kombination mit der Analytischen Geometrie in der Schule (und deren inhaltlichem Vorrang, siehe 2.5.1) die begriffliche Schnittmenge deutlich geringer ist als etwa in der Analysis (siehe 2.5.2). Während im Bereich der Analysis in der Schule eingeführte Begriffe als propädeutische Begriffe aufgefasst werden können, sind die wenigen Begriffe der Linearen

Algebra in der Schnittmenge eng an Rechenschemata geknüpft und auf eine spezielle Interpretation hin zurechtgelegt. Dieser Aspekt wird im Rahmen des Schlusskapitels und dort insbesondere im Ausblick (siehe 11.3) noch vertieft werden.

An dieser Stelle ist zudem festzuhalten, dass die Anforderungen, die für Mathematiklehrkräfte mit Diskontinuität einhergehen, sich in *variablen* Anforderungssituationen widerspiegeln. Das bedeutet, dass es nicht *die* Anforderungssituationen im Zusammenhang mit Diskontinuität im Bereich der Linearen Algebra der gymnasialen Oberstufe gibt, sondern sich je nach aktuellem Lehrplan, den Voraussetzungen der Lerngruppe und anderen Faktoren (wie z. B. zeitlichen Restriktionen oder dem verwendeten Schulbuch) auch die konkreten Anforderungssituationen unterscheiden. Der Kompetenzbegriff, auf den bei der Konkretisierung zurückgegriffen wird, berücksichtigt eben diese Variabilität der Anforderungssituationen.

10.2 Der Kompetenzbegriff und die Binnenstruktur des Konstruktes

In diesem Unterkapitel wird zunächst der zentrale Begriff des Kapitels, der Kompetenzbegriff, geklärt. Dies geschieht durch die vergleichende Betrachtung verschiedener Definitionsansätze (10.2.1), wobei insbesondere auf das Verhältnis von Kompetenz und Performanz (10.2.2) eingegangen wird. In 10.2.3 wird schließlich die Binnenstruktur des (Kompetenz-)Konstruktes *Höherer Standpunkt* beschrieben, womit der Rahmen gemeint ist, der ab 10.3 inhaltlich gefüllt wird.

10.2.1 Der Kompetenzbegriff

Die empirische Bildungsforschung nutzt den Begriff der Kompetenz, um individuelle Voraussetzungen von Lernenden und die im Rahmen von insbesondere institutionalisierten Lern- und Bildungsprozessen anvisierten oder erzielten Lernergebnisse zu beschreiben (König, 2020, S. 163). Vor allem über den Zeitraum der letzten zwanzig Jahre gewann der Begriff im Kontext von Unterricht und Lehrerbildung an Bedeutung. Auf bildungsadministrativer Seite wurde der Kompetenzbegriff, so Biehler (2019), als Königsweg angesehen, um im Nachgang enttäuschender Ergebnisse in der PISA-Studie eine stärkere Fokussierung auf den so genannten Output des Schulsystems zu erzielen. An die Stelle einer vorherigen

starken Bindung von Lehrzielen an schulische oder schulähnliche Leistungssitua-
tionen trat der Fokus auf die Bewährung von Individuen in Problemsituationen
(Büchter, 2011, S. 30).

Auch im Rahmen der Lehrerbildung setzte sich der Kompetenzbegriff mit der
Orientierung am *Expertenparadigma* durch.[1] Grundlage dieses Paradigmas ist
der kognitionspsychologische Expertise-Ansatz, wonach diejenigen Individuen,
die in einer bestimmten Domäne hinsichtlich der domänenspezifischen Anforderungen herausragende Leistungen erbringen, als Expert:innen gelten. Gegenüber
dem Prozess-Produkt-Paradigma, das in den 1970er- bis 1980er-Jahren aufkam,
grenzt sich die Expert:innen-Sichtweise dadurch ab, dass es weniger um Merkmale erfolgreichen Lehrerverhaltens geht, sondern die Lehrperson „als Ganzes"
in den Blick genommen wird. Der Unterschied zum Persönlichkeitsparadigma,
das sich in die 1950er- bis 1960er Jahre zurückverfolgen lässt, besteht darin,
dass nicht globale Persönlichkeitseigenschaften, sondern das professionelle Wissen und Können der Lehrkraft im Vordergrund steht, welches für die Bewältigung
zentraler beruflicher Anforderungen notwendig ist (König, 2010, S. 51).

In den Fachdidaktiken und in der (empirischen) Bildungsforschung kann der
Kompetenzbegriff des Psychologen F. E. Weinert aus dem Kontext der Schulleistungsforschung als das bedeutsamste, am weitesten rezipierte und damit
prägendste Begriffsverständnis angenommen werden (Büchter, 2011, S. 30;
König, 2020, S. 163). Weinert (2001) definiert Kompetenzen als …

> … *die bei Individuen verfügbaren oder durch sie erlernbaren kognitiven Fähigkei-*
> *ten und Fertigkeiten, um bestimmte Probleme zu lösen, sowie die damit verbundenen*
> *motivationalen, volitionalen und sozialen Bereitschaften und Fähigkeiten, um die Pro-*
> *blemlösungen in variablen Situationen erfolgreich und verantwortungsvoll nutzen zu*
> *können. (S. 27 f.)*

Demnach haben Kompetenzen eine kognitive Komponente, die mit Fähigkeiten
und Fertigkeiten angesprochen wird, sowie eine affektiv-motivationale Komponente, die mit der kognitiven verbunden ist. Weinert selbst geht an dieser Stelle
nicht näher darauf ein, welchen Begriff von Fähigkeiten und Fertigkeiten er

---

[1] Unter einem Paradigma ist in diesem Zusammenhang eine Modellvorstellung der Forschung auf dem Gebiet der Lehrer(bildungs)- und Unterrichtsforschung zur Auseinandersetzung mit der Frage, was allgemein eine gute Lehrkraft ausmacht, zu verstehen.

zugrunde legt.[2] Da es sich bei dem Kompetenzbegriff von Weinert um einen allgemeinen Kompetenzbegriff ohne besonderen Bezug zum Lehren und Lernen von Mathematik und dazu mit großem Interpretationsspielraum handelt (Wie werden Fähigkeiten und Fertigkeiten aufgefasst? Was bedeutet verantwortungsvolles Nutzen?), lohnt die zusätzliche Betrachtung eines bereits konkreteren, insbesondere fachnäheren Kompetenzbegriffs. Einen solchen formuliert Niss, der zwischen einer generalisierten domänenspezifischen Kompetenz (*competence*) und Teilkompetenzen unterscheidet (*competencies*) und die Definition jeweils für die Domäne der Mathematik interpretiert.

Zu Kompetenz als Ganzem schreiben Niss und Højgaard (2019) domänenübergreifend bzw. spezifisch für die Mathematik: "Competence is someone's insightful readiness to act appropriately in response to the challenges of given situations" (S. 12) bzw. "*Mathematical* competence is someone's insightful readiness to act appropriately in response to all kinds of *mathematical* challenges pertaining to given situations" (a. a. O.). Zu den mathematischen (Teil-) Kompetenzen schreibt Niss (2003) zunächst: „*A mathematical competency* is a clearly recognisable and distinct, major constituent of mathematical competence" (S. 7) und fügt später hinzu: "Possessing a mathematical competency (to some degree) consists in being prepared and able to act mathematically on the basis of knowledge and insight" (S. 10). Paraphrasierend lässt sich also festhalten: Eine mathematische Kompetenz umfasst die *Bereitschaft und die Möglichkeiten, um in mathematischen Anforderungssituationen auf Grundlage von Wissen und Verständnis zu handeln.*

Niss und Højgaard (2019) weisen explizit darauf hin, dass der Begriff der „readiness" in Niss' Definition von Kompetenz bzw. von mathematischer Kompetenz auf zwei Arten verstanden werden kann: kognitiv (im Sinne von fachlich vorbereitet sein) oder affektiv-volitional (im Sinne des Bereitschaft-Zeigens für etwas) (S. 12). Die erste Lesart würde implizieren, auf affektiv-volitionale Komponenten in der Definition zu verzichten. Diesen Ansatz vertreten z. B. auch Klieme und Leutner (2006) in ihrer Definition von Kompetenzen im Kontext von Schulleistungsforschung als „kontextspezifische kognitive Leistungsdispositionen, die sich funktional auf Situationen und Anforderungen in bestimmten Domänen beziehen" (S. 879).

---

[2] Zieht man ein psychologisches Lexikon hinzu, sind Fähigkeiten „in der Lebensgeschichte entstandene, *komplexe Eigenschaften, die als verfestigte Systeme den Tätigkeitsvollzug steuern*" und Fertigkeiten (als Gegensatz zu Fähigkeiten) sind „*Leistungen* bei bestimmten Aufgaben, die sich *auf dem Hintergrund aufgabenübergreifender, personenspezifischer Fähigkeiten* durch Übung herausbilden" (Online-Lexikon der Psychologie des Dorsch-Verlags, eigene Hervorhebungen).

Für die Konkretisierung des Konstruktes ist dagegen die zweite Lesart des Begriffs passend, die nicht-kognitive Aspekte miteinschließt. Zum einen werden damit existierende Theorie- und Forschungsbeiträge (z. B. Beliefs zur doppelten Diskontinuität) integrierbar. Zum anderen deuten auch bestimmte Beobachtungen aus der durchgeführten Interviewstudie auf einen Einfluss affektiv-motivationaler Aspekte auf den Umgang mit Diskontinuität hin (siehe 10.5).

Damit können nun die ersten beiden **Schritte zur Konkretisierung** eines als Kompetenz gedeuteten Höheren Standpunktes gegangen werden:

Schritt 1: *Begründung für das Definieren als eigenständige Kompetenz.*
Um den Höheren Standpunkt als Kompetenz zu betrachten, muss er nach Niss (2003, S. 7) eine klar erkennbare, eigenständige und bedeutsame Komponente der professionellen Kompetenz von Mathematiklehrkräften darstellen. Klar erkennbar ist er insofern, als in den Interviews tatsächlich eine fachliche Auseinandersetzung explizit mit deren Unterschiedlichkeit anhand der gegebenen Materialien stattgefunden hat. Das Kriterium der Eigenständigkeit ist insofern gewährleistet, als ein Höherer Standpunkt sich auf eine Thematik (die Diskontinuität zwischen Schule und Hochschule) bezieht, die nicht unter die klassischen Gegenstandsbereiche rein innermathematischer, fachdidaktischer oder pädagogischer Betrachtungen fällt. Die Bedeutsamkeit eines Höheren Standpunktes ergibt sich – wie in 10.1 argumentiert wurde – aus dem Anspruch von Wissenschaftspropädeutik in der Schule bzw. aus der Zielsetzung, im schulischen Mathematikunterricht die Erfahrung von Mathematik als Struktur zu ermöglichen und aus der ersten Diskontinuität, die zahlreiche Studienanfänger:innen erleben.

Schritt 2: *Einpassung in den Kompetenzbegriff von Weinert (2001) sowie in den von Niss (2003).*
Unter Zugrundelegung des Kompetenzbegriffs von Weinert lässt sich die Zielvorstellung (wenn auch zunächst noch inhaltlich abstrakt) wie folgt formulieren:

Der Höhere Standpunkt sind die bei (angehenden) Mathematiklehrkräften verfügbaren bzw. durch sie erlernbaren kognitiven Fähigkeiten und Fertigkeiten, um mit den bereichsspezifischen Anforderungen durch Diskontinuität zwischen Schule und Hochschule umzugehen sowie die

> *damit verbundenen motivationalen, volitionalen und sozialen Bereit-*
> *schaften und Fähigkeiten, um diesen Umgang mit Diskontinuität*
> *im Rahmen des jeweiligen Inhaltsbereichs in variablen Situationen*
> *verantwortungsvoll zu vollziehen.*
>
> Mit der Definition von Niss (2003) bzw. Niss und Højgaard (2019), die
> *readiness* auch im affektiv-motivationalen Sinne versteht, ergibt sich:
>
> *Der Höhere Standpunkt sind das auf Wissen und Verständnis beru-*
> *hende kognitiv-inhaltsbezogene Potenzial sowie die motivationale und*
> *volitionale Bereitschaft, um auf die Herausforderungen der gegebe-*
> *nen Situationen, d. h. der jeweils bereichsspezifischen Diskontinuität*
> *zwischen Schule und Hochschule, zu reagieren.*
>
> Die zweite Definition ist aus Sicht der Autorin etwas klarer und griffiger,
> beide Definitionen sind aber gut miteinander verträglich.

10.2.2 Das Verhältnis von Kompetenz und Performanz

Ein Unterschied zwischen verschiedenen Kompetenzbegriffen besteht zuweilen darin, wie in den Definitionen das Verhältnis von der Kompetenz von Individuen zur Performanz in relevanten Anforderungssituationen bestimmt wird (Blömeke, Gustafsson & Shavelson, 2015). Vor diesem Hintergrund soll im Rahmen der angestrebten Konkretisierung des Höheren Standpunktes die Position in dieser Frage geklärt werden.

In den Kompetenzbegriffen von Weinert bzw. von Niss, die der Reformulierung des Höheren Standpunktes im letzten Abschnitt (2. Schritt) zugrunde liegen, werden Kompetenzen als Dispositionen für situationsadäquates Handeln (nicht aber als das situationsadäquate Handeln selbst) aufgefasst. D. h., dass eine (mathematische) Kompetenz grundsätzlich vorhanden oder verfügbar ist, die dann in Situationen aktiviert werden kann, die den Einsatz dieser (mathematischen) Kompetenz tatsächlich oder potenziell erfordern (Niss, 2003, S. 11).[3]

---

[3] Der Gegenentwurf zum Verständnis von Kompetenzen als Dispositionen besteht darin, die Performanz selbst in den spezifischen Anforderungssituationen als Kompetenz anzusehen. Diese Perspektive entstammt der Wirtschafts- und Organisationspsychologie und ist im Kontext von Situationen einer Bewerberauswahl zu verorten (Blömeke et al., 2015, S. 5),

Mit der Perspektive von Kompetenzen als Dispositionen geht insbesondere einher, dass Kompetenzen „modulo conditions and circumstances" gesehen werden (ebd., S. 6). Das heißt, es wird von den konkreten Bedingungen und Umständen der Situationen, auf die sich eine Kompetenz bezieht, abstrahiert. Diesem Verständnis von Kompetenzen als Dispositionen folgend lässt sich für den Höheren Standpunkt folgendes festhalten:

> **Schritt 3:** *Der Höhere Standpunkt und Performanz im Umgang mit Diskontinuität*
> Ein Höherer Standpunkt ist als *Disposition für den Umgang mit Diskontinuität* zu verstehen, ist aber nicht gleichbedeutend mit dem Umgang mit Diskontinuität in Performanz-Situationen. Andersherum zeigt sich jedoch im Umgang mit Diskontinuität (d. h. in der Performanz) die Kompetenz.

Die Betrachtung eines Höheren Standpunktes als Disposition für entsprechende Anforderungssituationen im Zusammenhang mit Diskontinuität – nicht aber als den Umgang mit Diskontinuität selbst – impliziert eine Lücke zwischen Kompetenz und Performanz. Diese Lücke gewinnt sodann an Bedeutung, wenn Personen mit gleich ausgeprägter Kompetenz in Anforderungssituationen unterschiedlich „performen". In diesem Fall liegt es nahe, Mediatoren zwischen Kompetenz und Performanz in den Blick zu nehmen. Blömeke et al. (2015) sehen situationsspezifische Fähigkeiten des Wahrnehmens, Interpretierens und Entscheidens in dieser Rolle.

> **Ergänzung zu Schritt 3:** *Implikationen der Interpretation eines Höheren Standpunktes als Disposition*
> Es kann situationsspezifische Fähigkeiten oder andere Aspekte im Gesamtzusammenhang von Unterricht und Schule geben, die zwischen der Kompetenz und dem tatsächlichen Umgang mit Diskontinuität mediieren. Aspekte aus ganz verschiedenen Bereichen sind denkbar: Welche Interaktionseffekte gibt es mit *anderen Facetten professioneller*

---

in denen – anders als in der Schul- und Unterrichtsforschung – der Fokus nicht auf der Entwicklung von Kompetenzen liegen dürfte.

Handlungskompetenz? Wie wird *Wissenschaftspropädeutik als Unterrichtsziel* gewichtet? Inwieweit wird ein *bestimmtes Thema* als geeignet angesehen, um Brückenschläge zu hochschulischen Betrachtungsweisen umzusetzen? Eine Aufklärung solcher Faktoren ist im Rahmen der durchgeführten Studie jedoch nicht realisierbar.

10.2.3 Binnenstruktur des Konstruktes

Hartig und Klieme (2006) charakterisieren den Kompetenzbegriff, indem sie ihn vom Begriff der Intelligenz abgrenzen und dabei drei Merkmale herausarbeiten, die das Wesen von Kompetenzen ausmachen. Neben (i) der Kontextualisierung von Kompetenzen, d. h, dass Kompetenzen bereichsspezifisch und auf bestimmte Aufgaben und Situationen bezogen sind, sowie der bereits in der Einleitung angesprochenen (ii) Lernbarkeit, ist (iii) die Definition von Binnenstrukturen ein weiteres Merkmal von Kompetenzkonstrukten.

Niss (2003) betont, dass es grundsätzlich verschiedene Möglichkeiten gebe, um die Komponenten von Kompetenz festzulegen. Das von ihm gewählte Gütekriterium ist pragmatisch: "to be able to capture the essential aspects of mathematical mastery reasonably well" (S. 10). Bzgl. der übergeordneten mathematischen Kompetenz wird teilweise in prozess- und inhaltbezogene Kompetenzen (aktuelle Kernlehrpläne für den Mathematikunterricht in NRW) unterschieden, aber z. B. auch auf Leitideen zur Strukturierung zurückgegriffen (Abiturstandards der KMK). Ein Beispiel dafür, wie solche Strukturen bezogen auf ein deutlich begrenzteres Feld aussehen können, liefert z. B. das Kompetenzstrukturmodell zum Mathematischen Experimentieren von Philipp (2013). Auf Grundlage empirisch gefundener Vorgehensweisen in Experimentiersituationen bildet sie Teilkompetenzen „Beispiele generieren", „Strukturierung", „Hypothesen aufstellen" und „Überprüfen" (S. 66).

Schritt 4: *Anlage der Binnenstruktur eines als Kompetenz aufgefassten „Höheren Standpunktes"*
Die Binnenstruktur, die für den Höheren Standpunkt zugrunde gelegt wird, sind:

Drei qualitativ verschiedene Tätigkeitsbereiche bezogen auf den Umgang mit Diskontinuität:

- das Wahrnehmen von Diskontinuität (10.4.1)
- das Erklären und Einordnen von Diskontinuität (10.4.2)
- das konstruktive Beurteilen von Diskontinuität (10.4.3)

und eine affektiv-motivationale Komponente für den Umgang mit Diskontinuität (10.5).

Zu dieser Struktur kam es durch die Auseinandersetzung mit den verschiedenen Facetten und Hintergründen des *Phänomens Diskontinuität zwischen Schule und Hochschule* und im Rahmen der vergleichenden Analyse der Lehr-Lern-Materialien. Dort formte sich das Bild, dass der Umgang mit Diskontinuität auf zwei Ebenen zu verorten ist – auf einer Ebene der Wahrnehmung und auf einer Ebene der Interpretation. Bei der Gegenüberstellung der Materialien kann eine Vielzahl von Unterschieden festgestellt werden. D. h., Diskontinuität kann zunächst einmal wahrgenommen werden. Darüber hinausgehend kann sie außerdem in dem Sinne tiefer verarbeitet werden, dass Unterschiede aus dem Einzelfallkontext herausgelöst und in einen größeren Zusammenhang eingeordnet und insofern interpretiert werden. Diese Dualität von Wahrnehmung und Interpretation wurde vor diesem Hintergrund auch auf die Forschungsfragen übertragen (siehe 5.2) und führte zu zwei verschiedenen Auswertungen mit disjunkten Kategoriensystemen. Bei der Untersuchung auf Zusammenhänge zwischen der Anzahl gefundener Subkategorien zu den Wahrnehmungen und den Erklärungen bzw. Einordnungen in der durchgeführten Interviewstudie stellt sich heraus, dass sowohl beim Vektor als auch beim Skalarprodukt ein schwach positiver Zusammenhang ($r=.32$ bzw. $r=.16$) vorliegt, der aber mit einem p-Wert von $0,086$ bzw. $0,405$ als nicht signifikant einzustufen ist. Dies deutet darauf hin, dass es sich bei Wahrnehmung und Interpretation im Zusammenhang mit Diskontinuität um zwei unterschiedliche Bereiche handelt, in denen ein Höherer Standpunkt (qualitativ) verschieden ausgeprägt sein kann.

Der dritte Tätigkeitsbereich, der Aspekt des konstruktiven Beurteilens, geht dagegen direkt auf die Interviews zurück. Er wurde ergänzt, da sich herausstellte, dass die Mehrzahl der interviewten Lehrkräfte offenbar das Bedürfnis empfand, sich bewertend zur wahrgenommenen (und ggf. für sich erklärten oder eingeordneten) Diskontinuität zu äußern – auch wenn die Gesprächsimpulse im Interview (siehe 6.3.2.3 bzw. Anhang im elektronischen Zusatzmaterial) nicht direkt in diese Richtung gingen. Der Zusatz „konstruktiv" drückt in diesem Zusammenhang aus, dass die Beurteilungen gestalterische Möglichkeiten von Lehrkräften an Übergängen berücksichtigen und andersherum nicht als pauschale Werturteile angelegt sind, mit denen eine der Institutionen als „besser" bzw. „schlechter" dargestellt wird.

Zusammengenommen repräsentieren die drei Tätigkeitsbereiche eine deskriptive, eine interpretativ-explanative und eine interpretativ-normative Perspektive auf das Phänomen Diskontinuität zwischen Schule und Hochschule.

Angesichts an diversen Stellen (in Form von Anekdoten oder anhand von Befragungsergebnissen) berichteter negativer Grundhaltungen gegenüber der fachmathematischen Ausbildung bei den angehenden Mathematiklehrkräften (z. B. von Hefendehl-Hebeker, 2013; Pieper-Seier, 2002 oder Beutelspacher et al., 2011) liegt es bei der Konzeption eines Kompetenzkonstrukts zur Diskontinuitätsthematik nahe, eine affektiv-motivationale Komponente zu berücksichtigen. Entsprechende Ansätze in dieser Richtung, die bei den Beliefs ansetzen, bestehen bereits (siehe die Beschreibung des Forschungsumfelds in 5.1), können also aufgegriffen werden.

10.3 Zugrundeliegende Wissensarten

Wissensgrundlagen spielen für Kompetenzen insofern eine tragende Rolle, als Wissen für Kompetenz, wenn auch nicht hinreichend, so aber auf jeden Fall notwendig ist (Niss, 2003, S. 7). In diesem Abschnitt wird auf die Wissensgrundlagen für die identifizierten Tätigkeitsbereiche der Kompetenz (*Wahrnehmen, Erklären und Einordnen* sowie *Konstruktives Beurteilen*) eingegangen. Die Wissensgrundlagen für einen im Sinne einer Kompetenz aufgefassten „Höheren Standpunkt" können als *fünf Wissensbereiche* beschrieben werden:

Schritt 5: Verortung der *Wissensgrundlagen in fünf Wissensbereichen*
Die Wissensgrundlagen, die für die drei Tätigkeitsbereiche (Schritt 4) von Bedeutung sind, können in fünf Wissensbereiche eingeteilt werden:

- ein bestimmtes mathematisches Fachwissen
- ein bestimmtes metamathematisches Wissen
- ein bestimmtes curriculares Wissen und Wissen über Vernetzungen

- ein bestimmtes institutionenbezogenes Rahmungswissen
- situatives Wissen zu Anforderungssituationen im Zusammenhang mit Diskontinuität

Die genauere Bestimmung der Wissensbereiche findet in den Abschnitten 10.3.1 bis 10.3.5 statt. Dabei wird der Wissensbestand in seinem Umfang erläutert und insbesondere die Bedeutung dieser Facette (i) aus den bestehenden Vorstellungen vom Höheren Standpunkt (siehe Kap. 3) und den theoretischen Grundlagen sowie (ii) aus Beobachtungen und Ergebnissen der durchgeführten Interviewstudie rekonstruiert.

10.3.1 Fachwissen

Die Bedeutsamkeit von Fachwissen für einen Höheren Standpunkt rührt daher, dass *fachliche Souveränität* eine Grundvoraussetzung für das In-Beziehung-Setzen der Sichtweisen von Schule und Hochschule auf Mathematik, einen mathematischen Bereich (wie die Lineare Algebra) oder auf einen bestimmten mathematischen Begriff (wie Vektor oder Skalarprodukt) darstellt. Diese ist z. B. erforderlich, wenn zwei Definitionen oder die Argumentationsgrundlage von zwei Beweisen auf schulischer und hochschulischer Seite verglichen werden, ebenso aber auch schon dann, wenn es darum geht, die schulische und die hochschulische Sichtweise jeweils für sich nachvollziehen zu können.

Reflexion der Theorie:
Seit der ersten Thematisierung der Diskontinuitätsproblematik für die Lehrerbildung durch Klein ist ein Höherer Standpunkt untrennbar mit Fachwissen verbunden. In den verschiedenen Vorstellungen von einem Höheren Standpunkt werden dabei aber durchaus verschiedene Qualitäten von Fachwissen angesprochen. Unterschiede liegen z. B. darin, wie weit das Fachwissen aufgebaut werden soll (siehe 3.2.5). Sowohl prozedurale als auch konzeptuelle Anteile des Fachwissens sind in den verschiedenen Charakterisierungen eines Höheren Standpunktes präsent. Das Komplexitätsniveau des Wissens ist insgesamt hoch: der Umgang mit verschiedenen Argumentationsgrundlagen (Beutelspacher et al.), das Erzeugen von ad-hoc-Beispielen (Toeplitz) und die begriffliche Durchdringung (Beutelspacher et al.) stellen hohe (auf den oberen Stufen einer Wissenstaxonomie anzusiedelnde) kognitive Anforderungen.

Es dürfte unbestritten sei, dass *mehr* Fachwissen von (angehenden) Lehrkräften grundsätzlich positiv zu sehen ist. Angesichts eines beschränkten Studienumfangs ist jedoch ein Zuschnitt auf „den Kern" dessen, was für das eigene Zurechtfinden im Umfeld von Diskontinuität und die Auseinandersetzung mit der konkret erkennbaren Unterschiedlichkeit im Rahmen von Unterrichtsplanung erforderlich ist, realistischerweise unumgänglich. Dazu wird auf die Interviewstudie zurückgegriffen:

Bedeutung von Fachwissen in den Interviews: Fünf Beispiele mit Einordnung:

1. „Ja, in dem Hochschulbuch wird der Vektorraum als eine Teilmenge eines Körpers genommen und erklärt, aber um den Begriff des Körpers quasi noch zu verdeutlichen, zu spezialisieren?" (P06, Z. 40 ff.)

Zu 1: Fehlendes konzeptuelles Fachwissen zu den Konzepten *Vektorraum* und *Körper* führt hier zu Schwierigkeiten dabei, den Inhalt des gegebenen Lehrbuchausschnitts zu erfassen. Das Herstellen von Beziehungen zwischen Konzepten bedarf eines flexiblen konzeptuellen Wissens zu beiden Begriffen.

2. „Dass ein Vektor eine Richtung hat, eine Länge, das wird man in der Hochschuldidaktik wahrscheinlich eher nicht abhandeln oder schneller, weil das ja zu trivial ist. Man hat das Abitur durchlaufen, wenn man Mathematik studiert. Dann kennt man die grundlegenden Sachen." (P08, Z. 77 ff.)

Zu 2: Die Vorstellung, für jeden Vektor seien immer auch seine Richtung und Länge bestimmt, deutet auf eine Übergeneralisierung des Pfeilklassenmodells hin. Es liegt nahe, anzunehmen, dass P08 keine anderen Beispiele für Vektoren bekannt sind, die nicht aus dem Anschauungsraum sind. Die Deutung dieses vermeintlichen Fehlens von Längen- und Richtungsfragen in der Hochschulausbildung (mit der Trivialität) steht zudem dem Grundverständnis des axiomatisch-deduktiven Theorieaufbaus entgegen, alles von Grund auf aufzubauen (siehe 10.3.2). Solchen Fehlvorstellungen entgegenzusetzen wäre konzeptuelles Wissen zu Vektorräumen mit besonderem Fokus auf dem Begriffsumfang und die Kenntnis vielfältiger Beispiele.

3. „Und die Unterscheidung zwischen Ortsvektor und Punktvektor, dem Vektor zwischen zwei Punkten, wird im Hochschulbuch erst einmal nicht getroffen" (P25, Z. 39 ff.).

Zu 3. Fehlendes Wissen über die Bindung der Begriffe Ortsvektor und Verbindungsvektor an den Kontext der Analytischen Geometrie im zwei- und dreidimensionalen Anschauungsraum führt hier dazu, dass die Begriffe auch im

Lehrbuch gesucht (aber nicht gefunden) werden. Um solchen Interpretationen entgegenzuwirken, ist das <u>Erkennen des geometrischen Kontextes als ein Beispiel</u> erforderlich.

4. „Die Brücke [zwischen den Sichtweisen von Schule und Hochschule] ist, dass hier einmal steht: ‚In der Geometrie kann ein Vektor zeichnerisch […] [durch] Pfeile beschrieben werden‘. [Im Lehrbuch] geht es auch um eine Menge *V* von Elementen, die dann diesen Vektorraum bilden. Die Brücke ist, dass dann eben ein Pfeil der Repräsentant von der ganzen Menge ist."

Zu 4. Der hergestellte Zusammenhang zwischen der Vektorraum-Definition und dem Pfeilklassen-Modell deutet daraufhin, dass konzeptuelles Wissen zum Pfeilklassen-Modell bzw. insbesondere die Idee der Äquivalenzklassenbildung in diesem Zusammenhang nicht sicher oder zumindest nicht flexibel verfügbar ist. An Stellen wie diesen wird erkennbar, dass ein Höherer Standpunkt auch <u>schulcurriculares Fach- bzw. Sekundarstufenwissen</u> benötigt.

5. „Was schon einmal der erste riesige Unterschied ist, ist, dass wir das Skalarprodukt in der Schule nur für Vektoren mit einer Spalte eben haben und dass es hier direkt auf Matrizen angewandt wird und nicht nur auf den speziellen Fall des Vektors." (P16, Z. 6 ff.)

Zu 5. Die Äußerung zeigt auch im Hinblick auf das Skalarprodukt, inwieweit <u>flexibles konzeptuelles Wissen</u> dringend erforderlich ist. Sie deutet darauf hin, dass P16 die Passage des Lehrbuchs zur Konstruktion von Skalarprodukten so versteht, dass dort (bereits definierte) Skalarprodukte auf Matrizen angewendet werden. Die eigentliche Bedeutung der Matrizen erfährt in diesem Rahmen dann keine Aufmerksamkeit mehr und der Blick auf den Unterschied zwischen einem vermeintlich eindeutigen Skalarprodukt und einer Fülle an Skalarprodukten wird sogar eher verstellt.[4]

<u>Zusammenführung von Theorie und Empirie:</u>
Der Umgang mit Diskontinuität benötigt eine solide Grundlage aus *konzeptuellem Fachwissen*, d. h. Wissen über Konzepte (Definitionen) und Zusammenhänge (Sätze). Für einen Höheren Standpunkt im Bereich der Linearen Algebra muss

---

[4] Für weitere Argumente zur Bedeutung von fachlicher Souveränität siehe auch die Abschnitte 8.1.4 bzw. 8.2.4, in denen angesprochen wurde, dass in den Interviews teilweise (vermeintliche) Gemeinsamkeiten bei der Einführung der Begriffe in der Schule bzw. Hochschule gesehen wurde, deren Gemeinsamkeit allerdings auf fachliche Unstimmigkeiten und Fehleinschätzungen zurückzuführen war.

dieses auch Ausschnitte der Analytischen Geometrie und grundlegende Strukturbegriffe umfassen. Beispiele hierfür sind der Begriff der Äquivalenzklasse (**Bsp. 4**) oder der Begriff des Körpers (**Bsp. 1**). In Anbetracht der **Bsp.** 2 und 3 ist zu unterstreichen, dass für einen Höheren Standpunkt im Bereich der Linearen Algebra bei den Begriffen der *Aspekt des Begriffsumfangs* besonders zu unterstreichen ist. In dieser Hinsicht ist essenziell, dass (angehende) Lehrkräfte über mehr Beispiele für Vektorräume verfügen als nur die Anschauungsebene und den Anschauungsraum und sich darüber bewusst sind, dass die geometrische Deutung im schulischen Mathematikunterricht einen Spezialfall darstellt. In diesem Zusammenhang ist auch wichtig, dass zwischen *Wissen über die Merkmale eines Begriffs und Eigenschaften der Spezialfälle unterschieden* werden kann. **Bsp. 5** führt noch einmal die Notwendigkeit der Beschäftigung mit der Frage nach dem Wissensniveau vor Augen. Mit den Wissensebenen von Dieser et al. (siehe 3.2.4.3) stehen auch bereits Begrifflichkeiten aus dem Diskurs zur Diskontinuitätsthematik zur Verfügung, die geeignet erscheinen, um die Wissensbedarfe im Rahmen eines Höheren Standpunktes zu beschreiben. Für einen fachlich tragfähigen Umgang mit Diskontinuität stellt *Wissen auf der Mesoebene* einen geeigneten Ausgangspunkt dar, da es gegenüber dem Wissen auf der Mikroebene von gewissen Details absieht. So würde das konzeptuelle Wissen über Skalarprodukte z. B. kein Detailwissen aus dem Beweis zur Konstruktion von Skalarprodukten beinhalten, jedoch den Zusammenhang an sich. Auch müssten nicht alle Hilfssätze technisch sauber mit allen Details ausformuliert präsent sein, jedoch sollten z. B. wesentliche Argumente auf dem Gang vom Skalarprodukt zur Norm wiedergeben werden können.

Schließlich ist für das Fachwissen im Zusammenhang mit einem Höheren Standpunkt von Bedeutung, dass es *flexibel* ist. Dazu gehört z. B. zu wissen, dass Matrizen im Rahmen der Linearen Algebra als Elemente eines Vektorraums ebenso wie als (bi-)lineare Abbildungen zwischen Vektorräumen vorkommen können (vgl. Bsp. 5). Die Flexibilität ist z. B. auch dann von Bedeutung, wenn zwischen verschiedenen Darstellungen und Herangehensweisen Unterschiede bei der Wahl der Schreibweisen und Bezeichnungen, aber auch z. B. im Hinblick auf die betrachteten Zahlbereiche bestehen. So hatten einige Interviewte davon berichtet, dass in den von ihnen besuchten Vorlesungen das Skalarprodukt *ganz anders* eingeführt worden sei oder über $\mathbb{C}$ statt über $\mathbb{R}$.

10.3.2 Metamathematisches Wissen

Unter Metawissen ist zunächst allgemein Wissen über Wissen zu verstehen. Als metamathematisches Wissen wird an dieser Stelle Wissen über Vorgehens-

und Arbeitsweisen in der wissenschaftlichen Mathematik sowie Wissen über Prinzipien und Normen des wissenschaftlichen Theorieaufbaus der Mathematik aufgefasst. Die beiden Facetten beziehen sich jeweils vorrangig auf Metawissen über Mathematik als Prozess bzw. auf Metawissen über Mathematik als Produkt.

Reflexion der Theorie:
Das Wissen über Mathematik spielt in fast allen Vorstellungen von einem Höheren Standpunkt eine Rolle und kann bis zum Ausgangspunkt des Diskurses bei Klein zurückverfolgt werden. Metawissen über Mathematik aus der Prozess-Perspektive wird z. B. berücksichtigt als Wissen über disziplin-typische Verhaltensweisen, welches implizit mit einem Repertoire an diesen Verhaltensweisen einhergeht (T. Bauer). Metawissen über Mathematik aus der Produkt-Perspektive wird z. B. berücksichtigt als Wissen über die Grundlagen der Disziplin in Bezug auf übergreifende Ziele und Zusammenhänge oder mathematische Strukturen (Buchholtz & Schwarz).

Bedeutung metamathematischen Wissens in der Interviewstudie:
Die Bedeutung von metamathematischen Wissensgrundlagen für einen Höheren Standpunkt kam im Rahmen der Interviewstudie an mehreren Stellen zum Ausdruck.

- Eine breite und differenzierte Wahrnehmung von Diskontinuität erfordert theoretische Sensibilität. Mit metamathematischem Wissen ergibt sich eine Vielzahl theoretisch fundierter Gesichtspunkte für einen Vergleich (Vergleich des Theorieaufbaus, Vergleich der Definitionen, Vergleich des Umgangs mit Anschauung, …).
- In der Auseinandersetzung mit Diskontinuität steht die Erklärung und Einordnung von Diskontinuität vor dem Hintergrund des Anspruchs an den Theorieaufbau (siehe 9.2.6 bzw. 9.3.5) auf der Grundlage metamathematischen Wissens.
- Vor dem Hintergrund fehlenden Metawissens können gegenüber den Vorgehensweisen der Hochschule bei der Einführung der Begriffe kritische Bewertungen zustande kommen. Beispiele sind:

1. Eine Referendarin kritisiert an der Vektorraum-Definition, dass „man sich die Informationen doch eher aus diesem Textblock herausfischen [müsse], was man irgendwie nutzen [könne]." (P13, Z. 73 ff.)
2. Die Definition des Skalarprodukts im Lehrbuch wird von einem Studenten nicht als „vollwertige" Definition wahrgenommen:

„Das ist alles keine kompakte Zusammenfassung für die Definition eines Skalarproduktes, sondern [es sind] mehr die Eigenschaften und ‚was mache ich damit?'" (P20, Z. 96ff.)

- Eine geringe theoretische Sensibilität durch unzureichend ausgeprägtes meta-mathematisches Wissen kann zur Feststellung von Gemeinsamkeiten führen, die allerdings nur auf oberflächlicher Ebene Bestand haben. Ein Beispiel ist das Übergehen des verschiedenen Umgangs mit der Existenz und Eindeutigkeit von Gegenvektoren bzw. negativen Vektoren. Ein anderes Beispiel ist das vermeintlich gemeinsame „Rechnen mit Vektoren", bei dem die Funktion des Axiomensystems übersehen wird:

3. „Naja, was inhaltlich beschrieben wird, ist ja zumindest ähnlich, weil es hier [im Schulbuch] so etwas wie ‚Wie rechnet man damit?' auch gibt. Da kann man subtrahieren und so." (P03, Z. 12 f.)

   In eine ähnliche Richtung geht auch eine Aussage von P08:

   „In beiden [Materialien] werden direkt die Rechengesetze eingeführt, also wie man jetzt mit den Vektoren rechnet. Der Unterschied ist nur, dass das auf einer Seite mit Zahlen passiert, auf einer Seite mit Buchstaben."

Zusammenführung von Theorie und Empirie:

Im Umgang mit Diskontinuität ist sowohl ein Bedarf an Metawissen über Mathematiktreiben im wissenschaftlichen Kontext als auch über grundlegende Strukturen der Disziplin in Bezug auf den Theorieaufbau erkennbar geworden. In den o. a. Beispielen werden beide Wissensdimensionen angesprochen. Metawissen über Mathematik (aus Prozess-Perspektive) sollte z. B. das Wissen über Anforderungen bei der Begriffsbildung umfassen (siehe 2.4.1.1). Dieses kann genutzt werden, um z. B. geschachtelte Definitionen mit zahlreichen Referenzen auf andere Begriffe wie die des Skalarproduktes im Lehrbuch einzuordnen (**Bsp. 2**). Metawissen über Mathematik (aus Produkt-Perspektive) sollte z. B. konzeptuelles Wissen über Axiomensysteme und deren Bedeutung beinhalten (siehe 2.3.1.2). Dieses schafft dann die Grundlage, um z. B. im Bereich der Linearen Algebra Unterschiede zwischen Rechenregeln für Vektoren und Axiomen wahrzunehmen (**Bsp. 3**) und die vermeintlich unhandliche Definition von Vektoren über Vektorräume als Ausdruck einer axiomatisch-deduktiven Vorgehensweise zu verstehen (**Bsp. 1**).

10.3.3 Wissen über curriculare Strukturen und Vernetzungen

Eine weitere relevante Professionswissensfacette im Zusammenhang mit einem Höheren Standpunkt ist das Wissen über die Vernetzung und das Ineinandergreifen von Inhalten innerhalb der Schule und der Hochschule. Damit ist auf Seiten der Schule Wissen über curriculare Strukturen gemeint. Auf Seiten der Hochschule meint dies Wissen über den Zusammenhang der verschiedenen inhaltlichen Domänen untereinander.

Reflexion der Theorie:
Die Kenntnis curricularer Strukturen und Zusammenhänge sowie der Möglichkeiten zur Vernetzung im Rahmen des schulischen Mathematikunterrichts werden in einigen Vorstellungen vom Höheren Standpunkt berücksichtigt. Bereits in der ersten Prägung der Vorstellung durch Klein konnte dieser Aspekt rekonstruiert werden. In den Vorstellungen aus der jüngeren Vergangenheit tritt der Aspekt sowohl im Kontext der Professionsstudien (bei MT21 und den jüngeren Studien vom IPN zum Konstrukt des Schulbezogenen Fachwissens) als auch darüber hinaus bei Beutelspacher et al. und bei Isaev und Eichler auf. Bei Beutelspacher et al. wird diese Art von Wissen damit angesprochen, dass (angehende) Lehrkräfte einen Überblick über das Ineinandergreifen der mathematischen Betrachtungen im schulischen Rahmen und insbesondere über curriculare Leitideen haben sollen. Bei Isaev und Eichler ist es der Aspekt des Verständnisses von den fachlichen Beziehungen im Rahmen des Schulfachs Mathematik, der zu dieser Wissensfacette passt. Im Kontext von MT21 lässt sich die Wissensfacette mit der für Lehrkräfte vorgesehenen Beschäftigung mit der Bedeutung und Verwendung der schulrelevanten Begriffe in Verbindung bringen und bei dem Konstrukt Schulbezogenes Fachwissen gibt es das so genannte curriculare Wissen als eigene Teilfacette. Dieses umfasst unter anderem das Wissen darüber, aus welchen fachlichen Gründen ein bestimmtes Thema im schulischen Mathematikunterricht aufgegriffen wird und welche Abfolge der Ideen und Konzepte in den Curricula vorgesehen ist. Dieser breiten Thematisierung von curricularen und Vernetzungsaspekten auf Seiten des M steht keine Entsprechung auf hochschulischer Seite entgegen. Die Hintergründe, entsprechende Aspekte auch auf Seiten der Hochschule als Wissensgrundlage zu betrachten, liegen in der Domäne der Linearen Algebra und werden unten dargelegt.

Bedeutung des Wissens über curriculare Strukturen und Vernetzungen in der Interviewstudie:
Wissen über curriculare Strukturen und Vernetzungen spielt bei der Analyse und Bewertung von Diskontinuität eine wichtige Rolle. Die Befragten greifen darauf zurück im Zusammenhang mit der Frage, (i) *welche Bedeutung* den Begriffen Vektor bzw. Skalarprodukt in der Schule bzw. in der Hochschule jeweils zukommt und beim Eingehen auf (ii) die unterschiedlichen *fachlichen Voraussetzungen* von Schüler:innen und Studierenden, die zum Zeitpunkt der Einführung der Begriffe anzunehmen sind.

Zu (i): Zur *Bedeutung von Vektoren in der Schule* wird häufig angesprochen, wie der weitere Lehrgang zur Analytischen Geometrie/Linearen Algebra typischerweise gestaltet wird und dass Vektoren gebraucht werden, um Geraden und Ebenen zu beschreiben. Über die Bedeutung von *Vektoren im Verständnis der Hochschule* ist bekannt, dass sie als einzelne Elemente wenig Beachtung finden, dazu z. B. P15:

1. „Der Vektor [spielt] hier, finde ich, auch eine ziemlich kleine Rolle [...], also so vom Gefühl her, weil es eben eigentlich nur die Menge ist, die eben in diesem Vektorraum drin ist und dass die im Endeffekt überhaupt nicht mehr so wichtig ist für das, was man nachher macht [...]." (P15, Z. 103 ff.).

Im Zusammenhang mit Vektoren wurde ebenfalls das Verhältnis der Linearen Algebra zu anderen Domänen angesprochen und dabei auf entsprechendes Wissen über die Vernetzung von Domänen zurückgegriffen, z. B. in den Äußerungen von P21 zur Linearen Algebra als Schlüsseltheorie und von P24 zur Linearen Algebra und Geometrie:

2. „In der Hochschule hat der Vektor eben einen Wert als Teil einer abstrakten Theorie, die eben eine der Schlüsseltheorien der Mathematik ist" (P21, Z. 105 ff.)

3. „Das passt nicht wirklich zusammen, weil in der Hochschule der Geometriebegriff, der da [im Schulbuch] dahintersteht – der wird eben überhaupt nicht genannt. Das ist eben auch Lineare Algebra, das ist keine Geometrie. Und Lineare Algebra, da wird ja keine Geometrie gemacht, das ist ja keine Geometrie-Vorlesung. Man braucht aber trotzdem eben diese Vektorräume, um Geometrie zu betreiben." (P24, Z. 60 ff.)

Kaum eingegangen wurde indes auf Beispiele für Vektorräume jenseits der Linearen Algebra als eigenständiger Theorie. Zur *Bedeutung des Skalarproduktes* auf Seiten der Schule ist das Wissen über typische Anwendungszusammenhänge in den Interviews, wie bei P05 in Bsp. 4, gut verfügbar gewesen:

4. „Also für die Schule hat das Skalarprodukt insofern eine Bedeutung, dass wir in der Analytischen Geometrie Winkel berechnen können, [...], das kann dann eben nachfolgend auch bedeuten von Schnittwinkeln, Geraden, Ebenen, etc. Viel mehr passiert dann da jetzt nicht." (P05, Z. 108 ff.)

Das Wissen über die *Bedeutung des Skalarproduktes im Verständnis der Hochschule* scheint indes weniger konkret ausgeprägt zu sein. Äußerungen, wie die von P24, der beschreibt, dass es in der Linearen Algebra darum gehe, „welche Eigenschaften man sich auf seinen Vektorräumen bauen kann, um eben darauf Mathematik zu begreifen, also dass man da eben Normen draufhat, Orthogonalbasen, Orthonormalbasen hat – eben die Idee des Normierens" oder Äußerungen, dass die euklidische Norm (P05) oder euklidische bzw. unitäre Räume (P15) wichtige Anwendungen seien, sind Ausnahmen. In einer Vielzahl von Interviews wird eher vage vom Erzielen tiefergehender mathematischer Erkenntnisse (P08), von einer innermathematischen Erweiterung (P12) oder von einer Hilfe für viele Bereiche (P23) oder Tätigkeiten (P27) gesprochen. Teilweise sind auch wenig tragfähige Vorstellungen zu erkennen, wie die, dass das Skalarprodukt für Vektorraumberechnungen genutzt werde (P10) oder ähnlich dazu, dass das Skalarprodukt ein Werkzeug für einen Werkzeugkoffer darstelle (P11).

Zu (ii): Die Subkategorien „Fehlendes Vorwissen" (Vektor) bzw. „Begründung mit dem bisherigen Theorieaufbau/Vorerfahrungen" (Skalarprodukt), waren in 11 von 30 bzw. in 15 von 26 Interviews präsent. Das curriculare Wissen, dass darin aufgerufen wurde, bezieht sich jeweils auf die Seite des Mathematikunterrichts. *Bei den Vektoren* beinhaltet es Wissen darüber, dass im schulischen Mathematikunterricht vor der Beschäftigung mit Vektoren im Allgemeinen keine mit der Hochschule vergleichbare Beschäftigung mit algebraischen Grundstrukturen stattgefunden hat. Vor allem auf den fehlenden Körperbegriff wird hier Bezug genommen (z. B. von P02, P09, P22), aber auch auf die Existenz nichtkommutativer Strukturen (P32) und auf mengentheoretische Grundlagen (P32). Beim Skalarprodukt beinhaltet das curriculare Wissen, dass die Schüler:innen im Allgemeinen nicht über einen expliziten Vektorraumbegriff oder Basisbegriff verfügen. Außerdem gehört dazu das Wissen, dass ein anderer Abbildungsbegriff bei den Schüler:innen vorhanden ist (P11) und insbesondere, dass Matrizen nicht als Abbildung eingeführt werden:

5. „[D]ieser Abbildungsbegriff, der kommt ja in der Schule gar nicht vor. Da rede ich immer von Funktionen und dann gibt es noch eine Matrix, okay. Aber die beiden haben eigentlich kein verbindendes Element, weil die ja auch im Abitur in unterschiedlichen Aufgaben vorkommen." (P22, Z. 125 ff.)

Zusammenführung von Theorie und Empirie:
Wissen über curriculare Strukturen und Vernetzungen schafft Möglichkeiten zur
Erklärung und Einordnung und für konstruktive Bewertungen von Diskontinuität, die den Aspekt der Bedeutung und Verwendung von Begriffen sowie die
fachlichen Voraussetzungen der Schüler:innen berücksichtigen. Im Rahmen der
theoretischen Grundlagen (in 2.5) wurde herausgearbeitet, dass Diskontinuität im
Bereich der Linearen Algebra durch den Kontrast zwischen der Unterordnung
der Linearen Algebra unter die Analytische Geometrie in der Schule und die
Rolle der Linearen Algebra als Grundlagen- bzw. Strukturtheorie für andere Disziplinen aus Sicht der Hochschule besonders verstärkt wird. Für einen Höheren
Standpunkt im Bereich der Linearen Algebra sollte das Wissen über curriculare
Strukturen daher folgende Aspekte umfassen, die im Rahmen der Interviewstudie
zum Tragen kamen:

- Wissen über die Bedeutung und Verwendung zentraler Begriffe (z. B. Vektor
  und Skalarprodukt) im schulischen Mathematikunterricht (**Bsp. 4**),
- B) Wissen über die Bedeutung und Verwendung zentraler Begriffe (z. B.
  Vektor und Skalarprodukt) aus der Sicht der ‚fertigen' Wissenschaft (**Bsp. 1**),
- C) Wissen über die Beziehungen der Disziplin Lineare Algebra zu anderen
  Bereichen der Mathematik (**Bsp. 2** und **Bsp. 3**) und das
- D) Wissen über den Umfang und die Sequenzierung der schulischen Curricula
  (**Bsp. 5**).

Damit werden die curriculumsbezogenen (schulbezogenen) Aspekte der Theorie
im Wesentlichen aufgenommen und es findet mit B) und C) eine Erweiterung in
Richtung der Hochschule statt.

Die Eindrücke aus der Interviewstudie deuten darauf hin, dass A) und D)
unter (angehenden) Mathematiklehrkräften möglicherweise implizit durch den
Umgang mit Schulbüchern und Praxiserfahrungen gelernt werden. Beide Wissensaspekte werden oft thematisiert. Bezüglich B) scheint es dagegen so zu sein, dass
zumindest bei dem fortgeschritteneren Begriff des Skalarproduktes diese Wissensaspekte nur von wenigen der Befragten inhaltsbezogen ausgebildet wurden. Im
Hinblick auf die konstruktive Bewertung von Diskontinuität ist aber davon auszugehen, dass generische Annahmen, wie z. B. die, dass ein Begriff für den weiteren
(aber inhaltlich unbestimmten) Theorieaufbau notwendig oder hilfreich sei, keine
gute Bewertungsgrundlage darstellen können.

10.3.4 Institutionenbezogenes Rahmungswissen

Unter institutionenbezogenem Rahmungswissen werden im Rahmen dieser Arbeit Wissensaspekte verstanden, die den größeren institutionellen Kontext betreffen, in dem das Lehren und Lernen von Linearer Algebra in den Institutionen Schule und Hochschule stattfindet.

Reflexion der Theorie:
In den theoretischen Grundlagen zu Kapitel 2 wurde herausgearbeitet, dass das Phänomen der Diskontinuität auf verschiedene Sichtweisen auf Mathematik zurückgeführt werden kann. Aspekte, die zur Ausprägung der schulischen Sichtweise führen, sind bildungstheoretische wie auch entwicklungspsychologische Aspekte und (damit zusammenhängend) auch die Berücksichtigung fach- und allgemeindidaktischer Prinzipien (siehe 2.3). Die Kenntnis dieser Rahmenbedingungen, vor deren Hintergrund die schulische Sichtweise steht, fällt aus theoretischer Sicht unter die Wissensfacette des institutionenbezogenen Rahmungswissens für einen Höheren Standpunkt.

In den Vorstellungen vom Höheren Standpunkt spielt institutionenbezogenes Rahmungswissen jedoch insgesamt kaum eine Rolle. Nur vereinzelt und wenn, dann in hohem Maße implizit wird auf den institutionellen Rahmen Bezug genommen, in dem schulischer Mathematikunterricht stattfindet – so etwa bei Beutelspacher et al., die unter ihrer Version eines Höheren Standpunktes eine *Bewusstheit für die schulische Sicht auf Mathematik* einschließen (siehe 3.2.2). Dies lässt eine Deutung auch in Richtung der Kenntnis von Bildungszielen zu, legt sie aber nicht unbedingt nahe. Am ehesten geht noch der Aspekt der „überfachlichen Gründe, [...] weshalb ein bestimmtes Thema im schulischen Mathematikunterricht angesprochen wird", der im Konstrukt Schulbezogenes Fachwissen inbegriffen ist (siehe 3.3.1), in Richtung eines institutionenspezifischen Rahmungswissens. Die institutionelle Rahmung in der Hochschule ist in den rekonstruierten Vorstellungen kein Thema. Ebenso wird im Zusammenhang mit dem Höheren Standpunkt typischerweise nicht auf pädagogisch-didaktische Aspekte der Unterrichtsgestaltung eingegangen. Dies dürfte zum einen darauf zurückzuführen sein, dass der höhere Standpunkt bislang auf einer *eher abstrakt-konzeptionellen Ebene* gedacht wird, auf der Fragen der Umsetzung oder Implementation (noch) ausgeklammert werden. Zum anderen ist zu berücksichtigen, dass der höhere Standpunkt eine *Denkfigur der Diskussion vor allem um das Fachwissen von Lehrkräften* ist und entsprechend auch vor allem auf dieses abhebt. Die organisationale Trennung zwischen den Bereichen Bildungswissenschaften, Fachdidaktik und Fachwissenschaften im gymnasialen Lehramtsstudiengang dürfte

diesen Effekt insoweit verstärken, als bestimmte Aspekte eines institutionenbezogenen Rahmungswissens in der Verantwortung der bildungswissenschaftlichen
Ausbildung gesehen werden können.

Bedeutung und Ausprägung von institutionenbezogenem Rahmungswissen in der
Interviewstudie:

Institutionenbezogenes Rahmungswissen, auf welches die Befragten im Rahmen
der Interviews bei der Erklärung, Einordnung und Bewertung von Diskontinuität
zurückgreifen, ist vor allem Wissen über didaktische Grundsätze oder Prinzipien und deren Bedeutsamkeit im schulischen Mathematikunterricht, welches in
Anbetracht der Gestaltung der Materialien aktiviert wird (Bsp. 1 bis 3).

Ein Grundsatz, der angesprochen wird, ist die Berücksichtigung der Lernaus-
gangslage, wie bei P09:

> 1. „Das ist eine vollkommen andere Einführung der Vektoren. Das ist natürlich klar,
> der Stoff ist ja reduziert, das muss auch anders sein und es muss auch an das
> Bekannte dann anknüpfen." (P09, Z. 30 ff.)

Andere angesprochene Grundsätze bzw. Prinzipien sind das genetische Entwickeln der Inhalte, die Orientierung an der Idee eines Spiralcurriculums oder die
Orientierung an der Lebensrealität und Erfahrungen, wie bei P22:

> 2. „Das Lernen in der Hochschule ist natürlich irgendwie das genaue Gegenteil von
> dem, was man eigentlich in der Schule tut. Man versucht [dort], das irgendwie
> möglichst lebensnah zu gestalten und das fällt natürlich auch sofort in den Schul-
> büchern auf" (P22, Z. 33 ff.).

Auf einer vergleichsweise abstrakteren Ebene äußert sich P13, die vom Prozess
der Begriffsbildung und dessen Bedeutung im schulischen Mathematikunterricht
spricht:

> 3. „Ich finde nicht, dass es da in der Uni klar um diese Begriffsbildung geht, wie man
> sie im Mathematikunterricht ja doch sehr intensiv betreibt, damit das Grundver-
> ständnis gelegt wird." (P12, Z. 349 ff.).

Dabei bleibt mit der Formulierung vom Grundverständnis aber offen, ob damit
z. B. Grundvorstellungen zu Vektoren oder aber ein propädeutischer Vektorbegriff
gemeint ist. Darüber hinaus wird Rahmungswissen zur Institution Schule erkennbar in Äußerungen, in denen die *Bedeutsamkeit motivationaler und emotionaler
Aspekte als zu berücksichtigende Faktoren in der Unterrichtsgestaltung* thematisiert
wird (siehe die Subkategorien in 9.2.4.1 bzw. 9.2.4.2 zum Vektorbegriff).

Auf die spezifische Rahmung des *Mathematiklernens in der Institution Hochschule* wurde in den Interviews Bezug genommen mit Aspekten wie der Freiwilligkeit des Lernens in der Hochschule, dem Umfang an Lernzeit, einem veränderten didaktischen Vertrag und der Unabhängigkeit von „Stundenzielen" im klassischen Vorlesungs- und Übungssetting. Insgesamt geschah dies aber deutlich seltener als für die schulische Seite.

Zusammenführung von Theorie und Empirie:
Während institutionenspezifisches Rahmungswissen in den Vorstellungen vom Höheren Standpunkt kaum eine Rolle spielt, ist es in der Empirie durchaus präsent und Teil multiperspektivischer Erklärungsansätze zum Gesamtphänomen Diskontinuität. Inhaltlich lässt sich feststellen, dass vor allem Wissen über didaktische Grundsätze und Prinzipien häufig genutzt wurde. Als weiterer Aspekt von institutionenspezifischer Rahmung fand in den Interviews die Organisation der Lehr-Lern-Prozesse auf Seiten der Hochschule Berücksichtigung. Auf die unterschiedlichen Bildungsziele der Institutionen Schule und Hochschule wird dagegen in den Interviews nicht wirklich eingegangen. Zwar ist durchaus von verschiedenen Zielen die Rede, dabei geht es jedoch eher darum, welche Ziele lokal verfolgt werden, z. B. der Aufbau eines reichen concept images zum Begriff (P01) oder die Bewältigung des Akts der Mathematisierung (P22). Auf das Ziel von Wissenschaftspropädeutik oder auf den Anspruch einer vertieften Allgemeinbildung in der Schule gegenüber einer wissenschaftlich orientierten Spezialbildung wird nicht Bezug genommen. Eine Begründung dafür könnte sein, dass bildungstheoretisches Wissen zu diesem Aspekt fehlt oder dieses zwar vorhanden ist, aber durch die Betrachtung konkreter Beispiele in den Interviews nicht aktiviert wurde. Da dieser Aspekt für ein grundlegendes Verständnis des Gesamtphänomens und als Bewertungsmaßstab für konstruktives Bewerten von Diskontinuität zentral ist, steht das Wissen über Bildungsziele jedoch als Wissensgrundlage für den Umgang mit Diskontinuität fest. Aus der Empirie wird mitgenommen, dass dieses Wissen zusätzlich um die Aspekte „Wissen über didaktische Prinzipien und Grundsätze" bzw. „Wissen über die Organisation von Lehr-Lern-Prozessen im Kontext Hochschule" zu ergänzen ist. Auch bei dieser Wissensfacette handelt es sich um konzeptuelles Wissen, welches prinzipiell gezielt gelernt werden kann und welches sich dadurch insbesondere vom situativen Wissen unterscheidet.

10.3.5 Situatives Wissen

Bisher wurden im Rahmen dieses Kapitels konzeptuelle Wissensgrundlagen betrachtet. Konzeptuelles Wissen wird nach de Jong und Ferguson-Hessler (1996) bei der Lösung von Problemen als zusätzliche Information herangetragen und zur Lösung des Problems verwendet (S. 107). Im Kontext des Problems Diskontinuität greifen (angehende) Lehrkräfte auf Wissenselemente ihres Fachwissens, ihres metamathematischen Wissens, ihres Wissens über curriculare Strukturen und Vernetzungen und ihres institutionenspezifischen Rahmungswissens zurück, um mit Diskontinuität umzugehen und die daraus resultierenden Anforderungen zu bewältigen. Im Rahmen der Interviewstudie hat sich gezeigt, dass bei der Erklärung und Einordnung von Diskontinuität und der Bewertung von Diskontinuität neben dem konzeptuellen Wissen auch auf eigene Erfahrungen und damit *situatives Wissen* zurückgegriffen wird. Situatives Wissen stellt nach de Jong und Ferguson-Hessler eine eigene Wissensart dar und wird von ihnen definiert als *Wissen über Situationen, die typischerweise in einer bestimmten Domäne auftreten* (ebd., S. 106).

Reflexion der Theorie:
In den Vorstellungen vom Höheren Standpunkt, die in Kap. 3 dargelegt wurden, wird situatives Wissen bzw. werden Erfahrungen nicht explizit berücksichtigt. Dies dürfte zum einen zurückzuführen sein auf die – bereits unter 10.3.4 angesprochene – Verortung der bisherigen Vorstellungen auf einer *eher abstrakt-konzeptionellen Ebene*, die wenig Berührungspunkte mit der Unterrichtspraxis aufweist, aus der das situative Wissen rührt. Zum anderen dürfte eine Rolle spielen, dass der Erwerb situativen Wissens schwer als Lernziel für die institutionalisierte Ausbildung formuliert werden kann.

Bedeutung von situativem Wissen im Umgang mit Diskontinuität in der Interviewstudie:
Bezogen auf Aufgabenbearbeitungen sehen de Jong und Ferguson-Hessler situatives Wissen als hilfreich an für den Aufbau einer funktionalen mentalen Repräsentation, die Ansatzpunkte für die Nutzung des ansonsten vorhandenen Wissens liefert (a. a. O.). Als Beispiel führen Sie eine Aufgabe aus der Physik an, bei der situatives Wissen dabei hilft, zu erkennen, dass es sich um eine Situation handelt, in der typischerweise Reibungskraft eine Rolle spielt. Anders als bei der

Problemlöseaufgabe aus der Physik ist im Umgang mit den Anforderungen durch Diskontinuität (dem Problem im Kontext der Interviewstudie) keine Lösung vorgegeben, bzgl. derer der Beitrag situativen Wissens beschrieben werden könnte. Inwieweit situatives Wissen erkennbar verschieden wirken kann, zeigen die nachfolgenden Beispiele. Dabei ist es sinnvoll, zwischen situativem Wissen, das sich auf *Schwierigkeiten und Unterstützungsbedarfe von Schüler:innen* (Bsp. 1 bis 3) bezieht und *episodischem Wissen im Zusammenhang mit Diskontinuität im Bereich der Linearen Algebra* (Bsp. 4 bis 6) zu unterscheiden.

Situatives Wissen über Schwierigkeiten und Unterstützungsbedarfe von Schüler:innen entfaltet seine Bedeutung **bei der Erklärung und Einordnung von Diskontinuität** (Bsp. 1 bis 3) und kann auch einen **Einfluss auf eine bestimmte Bewertung von Diskontinuität** haben (Bsp. 2 und 3). So greift P32 auf ihr Wissen über die Schwierigkeiten von Schüler:innen im Umgang mit Nicht-Vorstellbarem zurück, um die Verwendung des Pfeilklassenmodells zur Einführung von Vektoren seitens des Schulbuchs zu erklären. P14 findet mit ihrem situativen Wissen zwei Gründe für die beispielgestützte Einführung von Vektoren im Schulbuch und formuliert auf dieser Basis auch ein Urteil in Richtung der Unterstützung von Diskontinuität in diesem Aspekt. P13 greift auf situatives Wissen über den Umgang von Schüler:innen mit neu eingeführten mathematischen Objekten zurück und argumentiert vor diesem Hintergrund, nicht „mit irgendwelchen Gesetzen" (axiomatisch) anzufangen, sondern einen anderen Ansatz zu wählen.

1. „In der Regel fällt es Schülern sehr schwer, von dem wegzugehen, was sie sich vorstellen können. Es ist ja immer eher schwierig und das wird in der Schule dann auch wenig gemacht." (P32 (G4), Z. 38 ff.)
2. „[Es macht] wesentlich mehr Sinn mit konkreten Zahlen auch zu arbeiten. Erstens, weil die schlechten Schüler, wenn die schon Buchstaben sehen, Panikattacken schieben und zweitens ist in der Schule eben dieses Visuelle ganz wichtig." (P14 (G3), Z. 164 ff.)
3. „[D]ann geht man immer mit der Einstellung heran: Es ist keinem Schüler klar, was er jetzt damit zu tun und zu lassen hat. Es bringt gar nichts mit irgendwelchen Gesetzen anzufangen, solange nicht der Begriff des Vektors irgendwie klar verortet ist und Schüler eine Grundvorstellung entwickelt haben." (P13 (G3), Z. 149 ff.)

Situatives Wissen in Form von unterrichtlichen Situationen, in denen Diskontinuität besonders deutlich wird, rückt jeweils die **Wahrnehmung bestimmter Aspekte von Diskontinuität** in den Vordergrund. Im Beispiel 4 ist es der Umgang

mit der Definition des Skalarproduktes bzw. die Verkürzung auf eine „Formel für
‚das' Skalarprodukt", die P06 bei den Schüler:innen feststellt. Im Beispiel 5 ist
es der verschiedene Umgang mit Axiomatisierung in Schule und Hochschule
und in Beispiel 6 ist es die Rolle des Vektor(raum)begriffs für das weitere
Mathematiktreiben in Schule und Hochschule.

4. „Wir haben oft den Fall, dass Vektoren auch orthogonal zueinander sind. Das ist
   so die Motivation, damit geht es im Schulbuch los. [...]. Und deswegen verbinden
   auch viele Schüler ‚Skalarprodukt' immer mit dieser Formel. Das ist manchmal
   auch schwierig, dass die dann immer nur noch diese Formel im Kopf haben,
   statt das Skalarprodukt selbst dann irgendwie definieren zu können." (P06 (G4),
   Z. 29 ff.)
5. „Die [Schüler:innen] haben gar nicht das Hintergrundwissen, was für eine Kraft
   das hat, wenn man ein Nullelement hat, weil die einfach kein Beispiel kennen, wo
   es nicht zutrifft. [Ich] habe das mit denen im Kurs eben einmal bewiesen, dieses
   Nullelement, und die haben dann immer so gesagt: ‚Ja, das ist doch klar, dass der
   Vektor herauskommt.' Und dann haben die immer diese Zwischenschritte nicht
   hingeschrieben, wodurch dann der Beweis falsch wurde oder einfach nicht richtig. Die fragen dann immer: ‚Warum machen wir das denn?'. Und dann: ‚Ja, weil
   das etwas Besonderes ist.', aber die kennen dieses Gegenbeispiel einfach nicht."
   (P14 (G3), Z. 76 ff.)
6. „Es gibt eben Schüler, die, wenn wir eine Arbeit schreiben, fragen: ‚Kommen auch
   Vektoren?' [...] Wenn wir jetzt die Lineare Algebra [aus Sicht der Hochschule]
   nehmen, dann ist das sicherlich irgendwo auch, ich will jetzt nicht sagen ‚die Lehre
   von Vektorräumen', aber bestimmt könnte man das sogar fast schon so nennen.
   Aber da haben die natürlich einen viel höheren Stellenwert." (P11 (G3), Z. 162 ff.)

Zusammenführung von Theorie und Empirie:
Eine vollständige Beschreibung des Umfangs, in dem situatives Wissen in der
Interviewstudie erkennbar wurde, ist an dieser Stelle nicht zu leisten. Anhand
der gegebenen Beispiele ist jedoch nachzuvollziehen, dass situatives Wissen eine
Wirkung auf die Wahrnehmung, Interpretation und Bewertung von Diskontinui-
tät haben kann. Da das situative Wissen in den bisherigen Vorstellungen vom
Höheren Standpunkt nicht angesprochen wurde, bedeutet die Zusammenführung
von Theorie und Empirie im Falle des situativen Wissens daher vor allem, dessen
Bedeutung für den Umgang mit Diskontinuität anzuerkennen.

10.4   Teilkompetenzen in drei Tätigkeitsbereichen

In diesem Unterkapitel werden die drei Tätigkeitsbereiche beschrieben, in denen die Fähigkeiten und Fertigkeiten (Weinert, 2001) bzw. das kognitiv-inhaltsbezogene Potenzial (Niss, 2003) zu verorten sind, die für den Umgang mit Diskontinuität im Bereich der Linearen Algebra erforderlich sind.

10.4.1 Wahrnehmen von Diskontinuität

Die Wahrnehmung von Diskontinuität stellt einen eigenen Tätigkeitsbereich dar, da es sich bei Diskontinuität um ein komplexes und mehrschichtiges Phänomen handelt, das insbesondere gemeinsam und verwoben mit anderen Unterschieden zwischen Schule und Hochschule auftritt. Diese müssen nicht unbedingt fachspezifischer Natur sein. Sie könnten jedoch das Erkennen von Diskontinuität erschweren. Um den Anforderungen durch Diskontinuität begegnen zu können, ist nur die Wahrnehmung von *Andersartigkeit* der schulischen und hochschulischen Sichtweisen nicht hinreichend. Der Tätigkeitsbereich „Wahrnehmung von Diskontinuität" umfasst das Einnehmen verschiedener Perspektiven, wodurch ein differenziertes Gesamtbild von Diskontinuität im schulrelevanten Teil der Linearen Algebra angestrebt wird.

Die Grundlage der Kompetenzaspekte bildet die tatsächliche Wahrnehmung von Diskontinuität durch die (angehenden) Mathematiklehrkräfte, die mit zwei deduktiv-induktiven Kategoriensystemen strukturiert erfasst werden konnte (siehe Kap. 8). Die einzelnen Kompetenzaspekte gehen jeweils hervor aus der Zusammenführung von Subkategorien der beiden Kategoriensysteme mit gemeinsamem inhaltlichen Kern und der notwendigen Abstraktion. Der Ansatz der Zusammenführung der Subkategorien wird exemplarisch für zwei Kompetenzaspekte aufgezeigt:

| Subkategorien (Vektor): „Begriffsumfang"; „Geometrische Interpretation von Vektoren"

 Subkategorien (Skalarprodukt): „Begriffsumfang: verschiedene Skalarprodukte"; „Begriffsumfang: Vektorräume mit Skalarprodukt" | → | Gemeinsamer inhaltlicher Kern: Betrachtung des Begriffsumfangs und erkannter Zuschnitt auf die Geometrie (Schule) | Kompetenzaspekt nach Abstraktion: Unterschiede im Begriffsumfang feststellen können und insb. erkennen können, wenn mit einem (geometrischen) Modell gearbeitet wird |

Subkategorien (Vektor): „Axiomatisches Fundament/Vektorraumaxiome" Subkategorien (Skalarprodukt): „Eigenschaften oder Rechenregeln"	→	Gemeinsamer inhaltlicher Kern: Forderung (Hochschule) bzw. Feststellung (Schule) eines bestimmten Verhaltens der Vektoren im Vektorraum bzw. von Eigenschaften des Skalarproduktes	Kompetenzaspekt nach Abstraktion: feststellen können, ob Eigenschaften eines Begriffs gefordert oder festgestellt werden

Auf diese Weise wurde sukzessiv verfahren, bis alle Subkategorien beider Kategoriensysteme abgedeckt waren. Einige Kompetenzaspekte haben ihren Ursprung in mehreren Subkategorien. In den Kompetenzerwartungen, die unter Schritt 6 formuliert werden, sind die Bezüge zu den Subkategorien der Kategoriensysteme jeweils angegeben. Auch die letzte Kompetenzerwartung geht insoweit auf Ergebnisse der Interviewstudie zurück, als sie die beobachteten Unterschiede in den sprachlichen Darstellungen der Befragten aufgreift (siehe 8.4.2).

Schritt 6: *Kompetenzerwartungen zum Tätigkeitsbereich „Wahrnehmen von Diskontinuität"*

im Bereich der Linearen Algebra:
Studienabsolvent:innen können Diskontinuität im Bereich der Lineare Algebra als vielschichtiges mathematik- und domänenspezifisches Phänomen wahrnehmen. Insbesondere können sie strukturiert, selbstständig und nachvollziehbar klären, wie sich Diskontinuität im Bereich der Linearen Algebra äußert. Dazu tragen Teilkompetenzen bei, die sich auf die Erfassung der Gestaltung des Theorieaufbaus und die Erfassung qualitativer Unterschiede auf der Ebene der Begriffe beziehen. Weitere Kompetenzerwartungen beziehen sich auf die Situiertheit von Diskontinuität und auf die sprachlich-kommunikative Dimension:

Studienabsolvent:innen nehmen Unterschiede in der Gestaltung des Theorieaufbaus im schulischen Mathematikunterricht gegenüber der hochschulischen Sicht auf Mathematik wahr. Dazu zählen folgende Aspekte:

- Sie können Unterschiede im Hinblick auf den **fachlichen Kontext,** in dem ein bestimmter Gegenstand der Linearen Algebra in der Schule bzw. in der Hochschule erarbeitet wird, mit verschiedenen Sichtweisen auf Lineare Algebra erfassen. (Beispiele für solche unterschiedlichen Kontexte sind „Skalarprodukte und Orthogonalität von Geraden" auf Seiten der Schule bzw. „Skalarprodukte als spezielle Bilinearformen und zusätzliche Struktur eines Vektorraums" auf Seiten der Hochschule). Insbesondere sind sie in der Lage, die **Reichweite und Besetzung des Begriffsnetzes um den fachlichen Gegenstand** zu erfassen und zu vergleichen. [TH-FL, TH-GR, TH-GEO[5]]

- Sie können Unterschiede zwischen einem **induktiven Vorgehen und einem deduktiven Vorgehen** bei der Erarbeitung von Begriffen und insbesondere eine **beispielgebundene Vorgehensweise** ohne Verallgemeinerungsschritt erkennen. [TH-DED (V), TH-ALL (V), TH-BV (SP)]

- Es ist ihnen möglich zu erkennen, ob eine **axiomatische Grundlage** vorliegt, und sie sehen Aspekte nicht-axiomatischer Vorgehensweisen (z. B. den Rückgriff auf Pfeile bei Vektoren und den intuitiven Längenbegriff beim Skalarprodukt auf Seiten der Schule). [TH-AX (V), TH-GA (V), TH-GAD (SP), TH-NL (SP), DV-ANS (V)] Dazu zählt auch, dass sie Unterschiede im Zusammenhang mit den (für einen axiomatisch-deduktiven Theorieaufbau) typischen Fragen nach der **Existenz und Eindeutigkeit mathematischer Objekte** bemerken [TH-EE (V)].

- Für einen konkreten mathematischen Gegenstand können sie erfassen, inwieweit jeweils bei der Erarbeitung eine **Bezugnahme auf Realweltliches** stattfindet. [TH-RW (V)]

---

[5] Die Kategorienbezeichnungen stammen aus Tabelle 8.1 bzw. aus Tabelle 8.4. Die Zusätze „V" bzw. „SP" geben an, ob die Kategorien aus dem Kategoriensystem zu Vektoren oder dem zum Skalarprodukt stammt. Ist kein Zusatz angegeben, ist eine Kategorie Element beider Kategoriensysteme.

- Sie sind in der Lage, **Begründungen mathematischer Zusammenhänge** bezüglich im Rahmen von Diskontinuität relevanter Aspekte (wie der Bezugnahme auf anschauliche Überlegungen, der eingebrachten Zusammenhänge, der Struktur als Beweis oder Herleitung) miteinander zu vergleichen. [TH-ZS, DV-ANS (V)]
- Sie können den **Rückgriff auf verschiedene Darstellungsebenen** wahrnehmen und ikonische Darstellungen unter dem Aspekt ihrer jeweiligen **Funktion der Darstellung** (zur Illustration, zur Verdeutlichung oder zur anschaulichen Argumentation für Zusammenhänge) betrachten. [DV-EB (V), DV-ANS (V), IKD (SP)]
- Sie können Unterschiede in der **verwendeten mathematischen Sprache** in Bezug auf das Vokabular, die Sprachregister, die Ökonomie und Präzision der Darstellung und die Symbolik differenziert erfassen. [SP-VOK (V), SP-KN (V), SP-KO (V), SP-SYM (V), SYM (SP)]

Im Zusammenhang mit konkreten Begriffen sind folgende Kompetenzerwartungen zu ergänzen:

- Studienabsolvent:innen können zunächst erkennen, inwieweit auf Seiten der Schule und der Hochschule mit **vergleichbaren Definitionen** gearbeitet wird bzw. ob auf Seiten der Schule anstelle einer expliziten Definition ein implizites Vorverständnis den Begriff charakterisiert. [IU-DEF (V)] Sie stellen fest, inwieweit der **Begriffsinhalt** auf Seiten der Schule bzw. der Hochschule unterschiedlich gefasst wird, d. h. welche Merkmale und Eigenschaften einem Begriff zugeschrieben werden. Dabei erkennen sie insbesondere Aspekte, die auf einen **geometrischen Deutungszusammenhang** angewiesen sind (z. B. Eigenschaften der Pfeilklassen). [IU-CH, IU-PR (V)]
- Sie können feststellen, ob **Eigenschaften eines Begriffs gefordert oder festgestellt** werden (z. B. die Möglichkeit, Vektoren additiv zu knüpfen oder negative Vektoren angeben zu können oder die Symmetrie-Eigenschaft des Skalarproduktes). [TH-AX (V); IU-ER (SP)]
- Sie sind in der Lage, Unterschiede im **Begriffsumfang** festzustellen und insbesondere zu erkennen, wenn mit einem **(geometrischen) Modell** gearbeitet wird. [IU-BU (V), IU-GEO (V), IU-SP (SP), IU-SP (VR)]

- Außerdem können sie die Verwendung bestimmter mathematischer Begriffe auf Seiten der Schule bzw. der Hochschule erfassen (insbesondere **für welche (weiteren) Domänen** ein Begriff relevant ist und welche Rolle **das rechnerische Umgehen** mit einem Begriff spielt) [NV-AW (V), NV-MO (V), NV-GEO (V), NV-ORT (V), BER (SP)].

Sofern konkrete Lehr-Lern-Materialien zur Bewältigung der Anforderungen durch Diskontinuität hinzugezogen werden, z. B. im Rahmen einer direkten Gegenüberstellung,

- können die Studienabsolvent:innen bei einer gegebenen mathematischen Darstellung von Aspekten abstrahieren, die zu einem **Gesamtbild von Unterschiedlichkeit** zwischen Schule und Hochschule beitragen, die jedoch nicht mit Diskontinuität in Verbindung zu sehen sind. (Dies können z. B. bestimmten sprachliche oder gestalterische Elemente, die nicht für den Theorieaufbau relevant sind, oder das Eingehen auf die Historie eines Begriffs oder einer Domäne sein). Insbesondere abstrahieren sie auch von didaktisch-methodischen Aspekten (z. B. von der Transparenz der Lernziele in Lehrwerken oder von der Einteilung in Lehreinheiten). [DM (V)]

Sofern die Absicht besteht, die wahrgenommene Diskontinuität zu kommunizieren,

- können die Studienabsolvent:innen auf einem **fachsprachlich angemessenen Niveau** über wahrgenommene Unterschiede sprechen.

Mit der Praxiserfahrung wird dann zusätzlich eine Sensibilität dafür entwickelt, in unterrichtsnahen Situationen bestimmte Beobachtungen, die mit der eigenen Fachlichkeit in Konflikt stehen, mit Diskontinuität in Verbindung zu bringen (siehe Bsp. 4 bis 6 in 10.3.5).

Die zentralen Wissensarten aus 10.3, die in diesem Tätigkeitsbereich zum Tragen kommen, sind das Fachwissen und das metamathematische Wissen – und mit der Praxiserfahrung das situative Wissen.

10.4.2 Erklären und Einordnen von Diskontinuität.

Der Tätigkeitsbereich „Erklären und Einordnen von Diskontinuität" bezieht sich auf das zunächst bewertungsfreie Interpretieren wahrgenommener Unterschiede zwischen Schule und Hochschule. Dabei werden diese in größere Zusammenhänge eingeordnet. Diskontinuität erklären und einordnen zu können, schafft eine Grundlage für konstruktives Bewerten.

Die Kompetenzaspekte greifen grundsätzlich die Hauptkategorien und deren Ausschärfungen in den Subkategorien aus den induktiven Kategoriensystemen der Interviewstudie auf. Das Fehlen von Haupt- bzw. Subkategorien ist dadurch begründet, dass sich nicht alle Ansätze zur Erklärung als fachlich und/oder über den Spezialfall hinausgehend tragfähig erweisen. Die einzelnen Entscheidungen in dieser Hinsicht werden nach dem konstruktiven Teil begründet. Zu den Kompetenzaspekten sind jeweils die zugehörigen Hauptkategorien angegeben, auf die sie zurückgehen.

Schritt 7: *Kompetenzerwartungen zum Tätigkeitsbereich „Erklären und Einordnen von Diskontinuität" im Bereich der Linearen Algebra:*
Studienabsolvent:innen können wahrgenommene Unterschiede zwischen Schule und Hochschule im Bereich der Linearen Algebra aus verschiedenen Blickwinkeln einordnen und erklären. Dabei wird eine Bandbreite von Wissensarten einbezogen.

Studienabsolvent:innen können Unterschiede als Ausdruck von verschiedenen Sichtweisen auf Mathematik und insbesondere auf die Lineare Algebra in Schule und Hochschule interpretieren.

• Studienabsolvent:innen können Unterschiede vor dem Hintergrund der verschiedenen **Bedeutung und Verwendung bestimmter Begriffe** im schulischen Inhaltsfeld Lineare Algebra/Analytische Geometrie bzw. in der Linearen Algebra als wissenschaftlicher Domäne einordnen. Sie sind in der Lage, den Werkzeugcharakter von Begriffen wie Vektor oder Skalarprodukt für Berechnungen in geometrischen Situationen auf Seiten der Schule zu erfassen. Ebenso können sie die Rolle bestimmter Begriffe für den weiteren axiomatisch-deduktiven Theorieaufbau im Feld der Linearen Algebra und in anderen Bereichen der Mathematik einschätzen. Dazu können sie insbesondere auf domänen- und begriffsspezifisches Wissen über curriculare Strukturen und Vernetzungen zurückgreifen [HK: Bedeutung und Verwendung von Begriffen*].

• Auch können Studienabsolvent:innen Unterschiede vor dem Hintergrund eines anderen **Umgangs mit Anschauung in Schule und**

Hochschule einordnen. Sie sind in der Lage, bestimmte wahrgenommene Unterschiede vor dem Hintergrund von Bindung an das Anschauliche in der Schule versus Loslösung vom Anschaulichen in der Hochschule aufzufassen [HK: Umgang mit Anschauung*].

- Sie können Unterschiede vor dem Hintergrund eines (domänenübergreifend) anderen **Anspruchs an den Theorieaufbau in Schule und Hochschule** einordnen. Dabei berücksichtigen sie insbesondere Aspekte wie die Strenge und Exaktheit, das Streben nach allgemeinen Begriffen bzw. Allgemeingültigkeit und die Wahrung der Trennung von Interpretation und Theorieaufbau. Entsprechende Wissensgrundlagen sind vor allem aus dem Bereich des metamathematischen Wissens [HK: Anderer Anspruch an den Theorieaufbau und dessen Strenge*].
- Außerdem ordnen sie Unterschiede ein mit dem Wissen darüber, dass der schulische Mathematikunterricht **bestimmten fachdidaktisch fundierten Prinzipien und Grundsätzen** folgt und **an den Lernenden orientiert** ist. Sie verfügen über die Fähigkeit, diese Aspekte in bestimmten fachlichen Ansätzen und Vorgehensweisen zu erkennen [HK: Anderes Lehren und Lernen*].

Studienabsolvent:innen sind in der Lage, Diskontinuität im Bereich der Linearen Algebra vor verschiedenen Hintergründen zu erklären.

- Sie können Diskontinuität vor dem Hintergrund von unterschiedlichen **Zielen schulischen Mathematikunterrichts** und **Zielen der gymnasialen Oberstufe** erklären. Dies gilt zum einen bezogen auf institutionelle Vorgaben (wie die Orientierung an Grunderfahrungen oder den KMK-Vorgaben zur gymnasialen Oberstufe). Dies gilt auch bezogen auf allgemein erkannte wesentliche Grundsätze des Mathematikunterrichts, wie z. B. eine angestrebte umfassende Begriffsbildung im Sinne eines reichen concept images [HK: Anderes Lehren und Lernen*].
- Außerdem können sie **fachliche Lernvoraussetzungen,** von denen auf Basis der Lehrpläne angenommen werden kann, dass Schüler:innen der gymnasialen Oberstufe über sie verfügen, in die Erklärung einbeziehen. Für den Bereich der Linearen Algebra gehört z. B. Wissen über den anzunehmenden Abbildungsbegriff oder die bekannten algebraischen Grundstrukturen dazu. Sie können dazu

auf entsprechendes curriculares Wissen zurückgreifen [HK: Andere Lerngruppen*, HK: Begründung mit dem bisherigen Theorieaufbau/Vorerfahrungen].

- Sie erklären Diskontinuität auch vor dem Hintergrund der **überfachlichen Lernvoraussetzungen** der Schüler:innen, die in mathematischen Lehr-Lern-Kontexten zu berücksichtigen sind. Insbesondere die Lernmotivation, lernbezogene Emotionen, allgemeine kognitive Fähigkeiten wie die Fähigkeit zur Abstraktion und die Fähigkeit, Lehrtexte eigenständig zu interpretieren, sich intensiv mit diesen auseinanderzusetzen und sie anwenden, sind hierbei relevante Aspekte. Als Grundlage dient institutionenspezifisches Rahmungswissen [HK: Andere Lerngruppen*].

Studienabsolvent:innen können die verschiedenen Ansätze zur Erklärung und Einordnung von wahrgenommenen Unterschieden zu einem stimmigen Gesamtverständnis des Phänomens Diskontinuität integrieren, insoweit als sie …

1. …. die **Reichweite verschiedener Ansätze** einschätzen können. Das heißt, dass sie z. B. eine wahrgenommene unterschiedliche Bedeutung und Verwendung von Begriffen auf verschiedene Ziele zurückführen können. (Auf den Fall des Skalarproduktes bezogen: Das Skalarprodukt wird nur für den $\mathbb{R}^2$ bzw. $\mathbb{R}^3$ und als Rechenvorschrift eingeführt, da es auch nur so gebraucht wird. Die Verwendung des Skalarproduktes vorrangig zur Berechnung von Winkeln in Anwendungskontexten kann wiederum mit dem Ziel des Mathematikunterrichts in Verbindung gebracht werden, Mathematik zur Beschreibung von „Erscheinungen der Welt um uns" kennen zu lernen.). Insbesondere werden nicht allein überfachliche Lernvoraussetzungen der Schüler:innen als ursächlich für Diskontinuität betrachtet.
2. …. **Zusammenhänge zwischen verschiedenen Ansätzen** herstellen können. So können sie z. B. den Umgang mit Anschauung mit einem bestimmten Anspruch an den Theorieaufbau in Verbindung bringen.

Durch situatives Wissen aus Praxiserfahrungen werden die Fähigkeiten und Fertigkeiten zur Erklärung und Einordnung von Diskontinuität erweitert und vertieft. Das Wissen über die (theoretisch vorhandenen)

Lernvoraussetzungen der Schüler:innen wird erweitert um Erfahrungswissen über tatsächliche Lernvoraussetzungen und inhaltsspezifische
Hürden, die im eigenen Unterricht erkannt wurden (siehe Bsp. 1 bis 3
in 10.3.5). Zur Bedeutung und Verwendung bestimmter Begriffe kann
auch auf situatives Wissen über die Auslegung der Curricula oder
bestimmte Aufgabentraditionen zurückgegriffen werden. Durch Praxiserfahrung prägt sich die Gewichtung der einzelnen Ansätze zur
Erklärung und Einordnung in der eigenen Vorstellung von den Ursachen
und Hintergründen der Diskontinuität aus.

----

* im Mathematikunterricht und in der Hochschule

Erklärungsansätze aus den Interviews, die nicht berücksichtigt wurden, sind die
Subkategorien *Bildungsadministrative Vorgaben,* die *Sequenzierung des Lehr-
gangs,* der *Aufbau auf schulischen Vorerfahrungen* und die *Anderen Rollen im
Lehren und Lernen* bzw. *Erwartungen an Studierende/Didaktischer Vertrag –* mit
je unterschiedlicher Begründung: Durch „Bildungsadministrative Vorgaben" im
Sinne der Subkategorie (d. h. durch Lehrpläne und Abiturvorgaben) ist für sich
genommen noch keine inhaltliche Begründung von Diskontinuität gegeben. Die
Subkategorie „Sequenzierung der Lehrgänge" wurde nicht berücksichtigt, da die
Interpretation von Diskontinuität als Frage der Anordnung von mathematischen
Gegenständen in Lehrgängen zu kurz greift, um Unterschiede zwischen Schule
und Hochschule zu erklären. Sie birgt im Gegenzug noch die Gefahr, bestimmte
Aspekte zu übersehen bzw. das Problem, Diskontinuität trivial erscheinen zu
lassen. Die Subkategorie „Aufbau auf schulischen Vorerfahrungen" ist dagegen
nicht tragfähig, da ihr die Fehlvorstellung zugrunde liegt, dass die Lehre in der
Hochschule an den schulischen Mathematikunterricht anschließe. Zwar nehmen
die Studienanfänger:innen ihr Studium mit gewissen schulischen Vorerfahrungen auf, jedoch werden im Rahmen der Anfängervorlesungen Grundlagen gelegt
und keine mathematischen Begriffe aus dem schulischen Mathematikunterricht
vorausgesetzt.

10.4.3 Konstruktive Beurteilung von Diskontinuität

Im Rahmen der Interviewstudie hat sich gezeigt, dass ein großer Teil der
(angehenden) Lehrkräfte bei der Auseinandersetzung mit Diskontinuität auch

bewertend zu den von ihnen wahrgenommenen Unterschieden Stellung genommen hat, indem sie diese unterstützen oder ablehnen (siehe 9.5). Sowohl auf Seiten der Schule als auch auf Seiten der Hochschule wurden bestimmte Aspekte in den Vorgehensweisen und Sichtweisen auf Vektoren und das Skalarprodukt kritisiert. Die Anforderungen, die sich daraus ergeben, liegen darin, konstruktiv wissensbasiert darüber *reflektieren zu können, inwieweit der Problematik der Diskontinuität eine inhaltliche Lösung zugeführt werden kann.*

Solche Lösungen wurden in der Interviewstudie aus zwei Perspektiven gesucht – einmal orientiert an der Hochschule und einmal orientiert an der Schule.

Die Proband:innen P13, P22, P28 äußern im Rahmen der Interviews ihre Vorstellungen davon, inwieweit die inhaltliche Lösung des Problems auf Seiten der Hochschule zu suchen ist.

„Dennoch finde ich es absolut wichtig, dass man eigentlich auch mal ein Koordinatensystem hat. Klar, es ist jetzt ein bisschen witzlos in der Ebene, aber ich finde, dass sich so etwas auch durchaus trotzdem in einem Lehrbuch für die Hochschule anbietet. Es muss nicht die Ebene sein, das ist vielleicht ein bisschen zu einfach. Aber wenn man schon bei der Raumgeometrie ist, zu sagen: Ich mache ein dreidimensionales Koordinatensystem, da eben das noch einmal so visuell darzustellen, hätte ich prinzipiell schon ganz nett gefunden." (P13, Z. 276 ff.)

In der Aussage von P13 wird als inhaltliche Lösung vorgeschlagen, dass auch auf Seiten der Hochschule bei der Einführung von Vektoren mit einem dreidimensionalen Koordinatensystem gearbeitet werden sollte, da laut P13 die Hochschule im Bereich der Linearen Algebra ohnehin schon bei der Raumgeometrie sei. Der Lösungsvorschlag ist insoweit jedoch nicht tragfähig, als in der Hochschule die Lineare Algebra im Allgemeinen unabhängig von der Geometrie zu sehen ist.

„In der Schule finde ich tatsächlich die Motivation schöner, weil ich gerade mit den Vektoren arbeite und dann gucke ich mir eben an, wie die liegen. Da frage ich mich so ein bisschen, warum das in der Uni nicht passiert." (P22, Z. 87 ff.)

Ähnlich verhält es sich mit der Aussage von P22, da auch hier vermutlich von einem Spezialfall ausgegangen wird, der nicht geeignet ist, um die Theorie der Linearen Algebra auf Seiten der Hochschule zu motivieren, denn wie schon in Kapitel 2 dargestellt wurde, ist der Theorieaufbau auf Seiten der Hochschule durch den Grundgedanken eines axiomatischen Aufbaus bestimmt.

„Ja, wenn man sich jetzt mal vorstellt, wie viel Zeit man bräuchte, um sich irgendwo reinzudenken, dann wären das in der Schule vielleicht maximal zehn Minuten. Und in der Uni sähe das dann schon ganz anders aus. Vor allem wenn man es noch nie vorher gesehen hat – es sind ja wieder beides Einführungsartikel oder Einführungskapitel, dann ist das ganz schön heftig mit der Uni, finde ich." (P28, Z. 56 ff.)

Aus der Aussage von P28 könnte geschlossen werden, dass auch hier wie bei P22 der Spezialfall des Skalarproduktes im $\mathbb{R}^2$ und $\mathbb{R}^3$ zur Bestimmung der Lage von Vektoren als geeigneter empfunden wird, um in das Thema Skalarprodukt einzuführen. Jedoch scheint auch hier mit dem Abstellen auf das "Zeit-Argument" verkannt zu werden, dass die Einführung in der Hochschule das Ziel hat, möglichst allgemeingültig zu sein. In der Schule hingegen genügt die Anwendbarkeit im $\mathbb{R}^3$.

An diesen beiden Beispielen wird deutlich, inwieweit fachlich nicht tragfähige Bewertungen dazu führen können, dass die inhaltliche Lösung der Problematik der Diskontinuität auf Seiten der Hochschule gesehen wird. Dies könnte verhindern, dass die Gestaltung der Schnittstelle zwischen Hochschule und Schule als eigene Aufgabe wahrgenommen wird.

Die Beispiele P32 und P13 zeigen, wie darüber reflektiert wird, inwieweit die Problematik der Diskontinuität auf Seiten der Schule bearbeitet werden kann.

„Aber meines Erachtens kann man sie [die Vektoren] eben so allgemein nicht definieren, wenn ein Schüler keine Ahnung hat, was ein Körper ist und was kein Körper ist, weil das ist ja immer das was in der Schule fehlt: Es gibt das auch, dass das mal nicht gilt oder das ganz andere Dinge gelten, sodass ich denke, das würde den Stoff auch einfach sprengen. Dafür kann man ja dann auch einfach Mathe studieren, wenn einen das interessiert." (P32, Z. 69 ff.)

Probandin P32 sieht im Hinblick auf den Grad der Abstraktion beim Vektorbegriff keine Möglichkeiten für eine Annäherung der schulischen Sichtweise an die Hochschule. Sie argumentiert auf Basis ihres Wissens über curriculare Strukturen, dass der (gegenüber dem Pfeilkassenmodell) abstraktere Vektorraumbegriff in der Schule nicht eingeführt werden sollte.

„Von Gesetzen ist da im Regelfall nicht die Rede, [das Schulbuch ist] also auch weniger mathematisch gehalten, als man es erwarten würde. Da könnte durchaus auch ,Rechengesetze in Bezug auf Vektoren' stehen." (P13, Z. 16 ff.)

Die Probandin P13 sieht auf Seiten der Schule Handlungsspielraum zur Unterstützung der Ordnung und Systematisierung der Konzepte, wie sie sie auch in der Hochschule sieht.

Aus theoretischer Sicht sind bei der Reflexion über die Möglichkeiten der Schule weitere Aspekte zu berücksichtigen, die den speziellen Charakter der Diskontinuität im Bereich der Linearen Algebra ausmachen. Dies betrifft zum einen das Ausmaß, in dem die Lineare Algebra als eigenständige Disziplin erkennbar werden kann. Zum anderen betrifft es die Möglichkeiten, die Mächtigkeit der

Begriffe der Linearen Algebra deutlich werden zu lassen angesichts der starken Fokussierung auf die Anwendung in der Analytischen Geometrie auf Seiten der Schule.

Die folgenden Äußerungen von P14 und P24 deuten darauf hin, dass das Potenzial zu diesen konstruktiven Bewertungen bei (angehenden) Lehrkräften durchaus vorhanden ist.

> „Das Skalarprodukt wirkt hier eher so wie ein Mittel zum Zweck und man weiß gar nicht, welche Kraft das hat. Das wird [im Lehrbuch] wesentlich deutlicher, weil das im Prinzip als Besonderheit hervorgehoben wird. Und hier ist es später sozusagen/Man benutzt das Skalarprodukt nur, um letztendlich einen Winkel nachzuweisen und vielleicht einen Normalenvektor zu bestimmen, im höchsten Fall. Dass es eine Besonderheit ist, geht [im Schulbuch] so ein bisschen unter." (P14, Z. 53 ff.)

P14 geht ausdrücklich auf den Aspekt der Mächtigkeit der Begriffe am Beispiel des Skalarproduktes ein. Dabei klingt an, dass sie die große Diskrepanz in der Anwendbarkeit, die das Skalarprodukt hat, als problematisch empfindet.

> „Das passt nicht wirklich zusammen, weil eben in der Hochschule überhaupt noch der Geometriebegriff, der dahintersteht, wird eben überhaupt nicht genannt. Das ist eben auch Lineare Algebra, das ist keine Geometrie. Und Lineare Algebra, da wird ja keine Geometrie gemacht, das ist ja keine Geometrie-Vorlesung. Man braucht aber trotzdem eben diese Vektorräume, um Geometrie zu betreiben. Und in der Schule ist es eben so, dass, wenn Lineare Algebra gemacht wird, das heißt dann ja auch Analytische Geometrie. Das ist in dem Sinne erst einmal keine Lineare Algebra, sondern Lineare Algebra ist da eher immer so ein Mittel zum Zweck. Die Werkzeuge kommen eben aus der Linearen Algebra, das wird aber in den Schulbüchern gar nicht angesprochen." (P24, Z. 60 ff.)

P24 arbeitet sehr ausführlich heraus, dass die Differenzierung zwischen Linearer Algebra auf der einen Seite und (Analytischer) Geometrie auf der anderen Seite im Kontext des schulischen MUs kaum erkennbar wird und äußert seinerseits aber eine klare Vorstellung vom Verhältnis der Domänen zueinander. In eine konstruktive Richtung deutet er an, dass er es begrüßen würde, wenn auf Seiten der Schule die Funktion der Linearen Algebra expliziter gemacht würde.

Insgesamt lassen sich vor diesem Hintergrund die folgenden Kompetenzerwartungen festhalten:

Schritt 8: *Kompetenzerwartungen zum Tätigkeitsbereich „Konstruktives Beurteilen von Diskontinuität" im Bereich der Linearen Algebra:*

Studienabsolvent:innen können sich mit Diskontinuität auf einer Ebene des Sachurteils auseinandersetzen, indem sie konstruktiv wissensbasiert darüber reflektieren, inwieweit die Problematik der Diskontinuität inhaltlich gelöst werden kann.

- Sie können **fachlich tragfähig beurteilen,** inwieweit es im Rahmen der Linearen Algebra in der Hochschule möglich sein kann, zur Verringerung von Diskontinuität beizutragen und leiten daraus **Schlussfolgerungen für ihre eigenen Gestaltungsaufgaben** an der Schnittstelle Schule-Hochschule ab.
- Sie können beurteilen, inwieweit es im Unterricht zum Inhaltsfeld Lineare Algebra/Analytische Geometrie möglich ist, in den einzelnen Dimensionen des Phänomens Diskontinuität durch eine **bewusste Gestaltung des Umgangs mit Begriffen, Begründungen und Sprache** eine Annäherung an die Perspektive der Hochschule zu erreichen. Die Dimensionen, die sie in der Lage sind zu berücksichtigen, sind der Umgang mit Anschauung, die axiomatische Grundlegung, die Ordnung und Systematisierung der Phänomene und Konzepte, die realweltlichen Bezüge und der Grad der Abstraktion.*
- Sie können beurteilen, inwieweit die breite **Anwendbarkeit zentraler Begriffe der Linearen Algebra,** die auch in der Schule auftreten (insbesondere der Begriffe Vektor und Skalarprodukt), dort herausgearbeitet werden kann.
- Sie können darüber hinaus beurteilen, *inwieweit* es in dem Rahmen, der in der Schule durch den curricularen Zuschnitt der Inhaltsfelder gegeben ist, möglich ist, die Lineare Algebra als **Teildisziplin der Mathematik mit eigenem Charakter** von der Analytischen Geometrie abzugrenzen.

Für die Kompetenzaspekte können Studienabsolvent:innen auf Fachwissen, metamathematisches Wissen und Wissen über curriculare Strukturen zurückgreifen.

Mit der Praxiserfahrung fließt situatives Wissen in die Beurteilung von Diskontinuität ein, das sich darauf bezieht, anhand welcher fachlichen Kontexte sich die Kraft der Begriffe der Linearen Algebra besonders überzeugend darstellen lässt, wie es gelingt, die Lineare Algebra aus dem Schatten der Analytischen Geometrie hervortreten zu lassen

und welche Stellen im Unterrichtsgang geeignet sind, um mit angemes-
senem Aufwand wissenschaftspropädeutisch für die Lineare Algebra zu
sein.

-----

* Aspekte und Dimensionen von Diskontinuität nach 2.6

10.5   Affektiv-motivationale Komponente des Höheren Standpunktes

In diesem Unterkapitel wird die affektiv-motivationale Komponente des Kompetenzbegriffs für das Konstrukt *Höherer Standpunkt* mit Beispielen aus der
Interviewstudie konkretisiert. Neben bestimmten Überzeugungen, die im For-
schungsumfeld als Beliefs zur doppelten Diskontinuität (Isaev & Eichler, 2017,
2021) im Blickfeld liegen, haben sich in der Studie weitere Aspekte herauskris-
tallisiert.

Überzeugungen (Beliefs).
Die angesprochenen Überzeugungen zeigen sich vor allem in Bezug auf die Nütz-
lichkeit der universitären Mathematik. Exemplarisch sei auf drei entsprechende
Äußerungen verwiesen:

„Ich denke, dass [die Lineare Algebra] ein weiteres Themengebiet ist, das man als
Mathematiklehrer oder als Mathematiker auch verstanden haben muss, gewissermaßen, um dann in der Schule die Verbindung dazu zu haben, auch wenn es in der Schule
dann sehr reduziert ist." (P06, Z. 108)

„Das ist durchaus sinnstiftend, dass ein Mathematiklehrer mal mehr davon gehört hat
als den Begriff der Vektoren und wie man damit rechnet, sondern dass er das auch
irgendwie übergeordnet einsortieren kann." (P13, Z. 40 ff.)

Während in diesen beiden Interviews positive Überzeugungen von der Nützlichkeit der Linearen Algebra (aus Sicht der Hochschule) für die eigene Lehrtätigkeit
erkennbar werden (P06 und P13), wird in anderen Interviews von einer sehr
zweckorientierten Einstellung berichtet. So sieht P22 die Inhalte vor allem als
formale Zugangsvoraussetzung zum (Mathematik-)Lehrerberuf und sagt damit
implizit aus, dass der inhaltliche Nutzen zurücksteht:

„Okay, ich studiere jetzt Mathe, weil ich Lehrer werden will." Das war das Ziel. Und dann war die Motivation: ‚Okay, das ist jetzt hier Lineare Algebra. Und dann muss man das eben draufhaben.'." (P22, Z. 75 ff.)

Die Überzeugungen zur Nützlichkeit des Erwerbs einer hochschulischen Sicht dürften insbesondere eine Rolle spielen für die Beschäftigung mit den Inhalten der entsprechenden Lehrveranstaltungen und damit für den Aufbau der Wissensgrundlagen für den Höheren Standpunkt.

Beliefs in Bezug auf die fachliche Kohärenz zwischen Schule und Hochschule könnten z. B. eine Rolle dabei spielen, inwieweit Diskontinuität überhaupt als relevantes Phänomen wahrgenommen wird oder dafür, inwieweit überhaupt eine Ausprägung der Kompetenz im Tätigkeitsbereich des konstruktiven Beurteilens vorliegt. Im Rahmen der Interviewsituation sind wegen des Designs entsprechende Beliefs jedoch kaum zu identifizieren. Dadurch, dass die Proband:innen direkt zu Beginn den Auftrag erhielten, Gemeinsamkeiten und Unterschiede der Sichtweisen materialbezogen herauszuarbeiten, sah das Design direkt eine *Analyse* zur Kohärenz vor. Damit entfiel gewissermaßen der Raum für entsprechende Belief-Äußerungen und sie blieben unausgesprochen.

Bereitschaft und Interesse für die fachliche Vertiefung.
Als weiterer Aspekt einer affektiv-motivationalen Komponente eines Höheren Standpunkts sind im Rahmen der Interviewstudie die Bereitschaft und das Interesse der Befragten, sich fachlich in die Materie zu vertiefen, erkennbar geworden. Um dies zu erläutern, wird auf drei diesbezügliche Schlüsselsituationen bzw. Äußerungen in den Interviews eingegangen:

- P13 schildert, wie sie die Inhalte der Hochschule im Hinblick auf ihren Nutzen für den Mathematikunterricht auswertet. Dabei entscheidet sie dichotom zwischen „brauchen" und „nicht-brauchen". Charakteristisch für Diskontinuität ist allerdings, dass die Beziehungen zwischen den Sichtweisen komplexer sind, und die beiden Optionen (brauchen oder nicht-brauchen) im Allgemeinen für einen fachlich tragfähigen Umgang mit Diskontinuität nicht ausreichen dürften.

  „Wenn man das aber dann doch irgendwie für die Schulmathematik betrachtet, dann geht man immer mit der Einstellung heran: [...] Das brauche ich nicht, <u>das</u> brauche ich nicht, <u>das</u> brauche ich nicht, [...] und überlegt sich: was ist eigentlich die Quintessenz aus den Materialien jetzt an der Stelle, die man verwenden kann für den Mathematikunterricht?" (Z. 148ff.)

- P22 findet es zunächst schwierig, Gemeinsamkeiten zwischen den Sichtweisen von Schule und Hochschule auf Vektoren zu finden, sieht jedoch schließlich eine Gemeinsamkeit in den negativen Vektoren:

> "Die reden jetzt hier im [Schul-]Buch von einem Gegenvektor. Der taucht hier [im Lehrbuch] als negativer Vektor so ein bisschen auf insofern, dass der positive Vektor und minus dem Vektor, dass das wieder das neutrale Element ergibt." (Z. 19 ff.)

Um zu erkennen, dass mit dem inversen Element bzgl. der Addition von Vektoren grundlegend anders umgegangen wird, wäre eine vertiefte Auseinandersetzung mit diesem thematischen Aspekt erforderlich, die das angesprochene „ein bisschen" Auftauchen spezifiziert.

- Auch die folgende Situation aus dem Interview mit P27 unterstreicht den Aspekt insofern, als sich auch hier die Konsequenzen einer fachlichen Fehleinschätzung durch Flüchtigkeit (hier ist es das flüchtige Betrachten von Materialien) andeuten:

> „In der Uni mache ich da ja schon ein bisschen mehr mit [mit dem Skalarprodukt]. Ich zeige ja mit dem Skalarprodukt die positive Definitheit – was habe ich da noch gesehen? (blättert). Klar, benutze ich auch da hauptsächlich die Definition auf Orthogonalität, weise aber eben auch viel mehr nach. Ich benutze es ganz anders." (Z. 119f.)

Darüber hinaus dürften Bereitschaft und Interesse an fachlicher Vertiefung auch für den Aufbau des curricularen Wissens auf Seiten der Hochschule (siehe Aspekte B und C aus 10.3.3) wichtig sein, und zwar insbesondere dann, wenn der engere Rahmen der Lehrveranstaltung Lineare Algebra verlassen wird.[6]

Rollenverständnis und Selbstwirksamkeitserwartungen.
Ein weiterer bedeutsamer Aspekt für die affektiv-motivationale Komponente sind ein bestimmtes Rollenverständnis und positive Selbstwirksamkeitserwartungen in Bezug auf die Gestaltung der Schnittstelle Schule-Hochschule. Mit dem Rollenverständnis ist gemeint, dass es die (angehenden) Lehrkräfte als ihre Aufgabe wahrnehmen, in den drei Tätigkeitsbereichen aktiv zu sein und sich auf diese Weise mit der Diskontinuitäts-Thematik zu beschäftigen. Dabei dürfte es auch eine Rolle spielen, inwieweit sich eine (angehende) Lehrkraft der Mathematik

---

[6] B) Wissen über die Bedeutung und Verwendung zentraler Begriffe (z. B. Vektor und Skalarprodukt) aus der Sicht der „fertigen" Wissenschaft; C) Wissen über die Beziehungen der Disziplin Lineare Algebra zu anderen Bereichen der Mathematik.

verpflichtet bzw. als Botschafter:in des Fachs (im Rahmen von Mathematikunterricht) sieht. Mögliche innere Zielkonflikte in dieser Richtung deutet z. B. P27 beim Thema Darstellungen im Zusammenhang mit Vektoren an:

> „Das heißt, der Mathematiker in mir, der freut sich natürlich, wenn ich das so allgemein wie möglich und so konkret wie möglich darstelle. Der Lehrer in mir, der sagt natürlich: So einfach wie möglich für die Schüler." (P27, Z. 133 ff.)

Positive Selbstwirksamkeitserwartungen sind in diesem Zusammenhang, die Erwartungen, die mit dem oben beschriebenen Rollenverständnis einhergehenden Herausforderungen erfüllen und die Kompetenzen für die Gestaltung von Mathematikunterricht in der gymnasialen Oberstufe nutzen zu können.

Schritt 9: *Affektiv-motivationale Aspekte eines Höheren Standpunktes.*
Neben den Teilkompetenzen in den drei Tätigkeitsbereichen sind bestimmte affektiv-motivationale Aspekte konstitutiv für einen Höheren Standpunkt. Neben

- **Beliefs bzgl. der Nützlichkeit der hochschulischen Sichtweisen** für die eigene Lehrtätigkeit (die insbesondere über ihren Effekt für die Entwicklung von Wissensgrundlagen relevant sein dürften) und
- **Beliefs zur fachlichen Kohärenz** zwischen Schule und Hochschule mit potenziellen Auswirkungen auf das Maß an Aktivität in den Tätigkeitsbereichen des Wahrnehmens und Konstruktiven Beurteilens

sind ausgehend von der Interviewstudie potenziell folgende weitere Aspekte für die Kompetenz relevant:

- **Bereitschaft und Interesse** für eine vertiefte fachliche Auseinandersetzung,
- **Selbstwirksamkeitserwartungen** im Umgang mit Diskontinuität und damit zusammenhängend ein **Rollenverständnis,** das den Aspekt der Gestaltung der Schnittstelle Schule-Hochschule umfasst und Wissenschaftspropädeutik als zentrale Aufgabe auffasst.

10.6 Ausprägungen einer Kompetenz *Höherer Standpunkt*

Als letzter Schritt bei der Konkretisierung geht das folgende Unterkapitel darauf
ein, wie verschiedene Ausprägungen eines Höheren Standpunktes im Rahmen
des Kompetenzbegriffs beschrieben werden können. Niss (2003) unterscheidet
drei Dimensionen, um die individuelle Verfügbarkeit einer Kompetenz bei einer
Person zu beschreiben:

> The **degree of coverage** is the extent to which the person masters the characteristic
> aspects of the competence at issue [...]. The **radius of action** indicates the spectrum
> of contexts and situations in which the person can activate that competence. The
> **technical level** indicates how conceptually and technically advanced the entities and
> tools are with which the person can activate the competence. (S. 10f., Hervorhebung
> im Orig.)

Jede der drei Dimensionen sei dabei zu betrachten als „non-quantitative, par-
tial ordering" (ebd., S. 11), also als Halbordnung ohne eine zugrundeliegende
metrische Struktur. Die Ausprägung der Dimensionen ist demnach zwar keine
intervallskalierte Variable, dennoch könne man sich die individuelle Kompetenz
insgesamt metaphorisch als dreidimensionale Box vorstellen. Deren Volumen
ergibt sich als Produkt der Ausprägungen beim degree of coverage (Grad der
Überdeckung), beim radius of action (Aktionsradius) und beim technical level
(technischen Niveau) (a. a. O).

Unter dem *Grad der Überdeckung* kann im Zusammenhang mit einem Höheren
Standpunkt verstanden werden, in welchem Umfang die Tätigkeitsbereiche wahrgenommen oder die Kompetenzerwartungen in den Tätigkeitsbereichen erfüllt
werden. Konkreter bedeutet das, dass in den Grad der Überdeckung eingeht,

(i) inwieweit nur bestimmte Facetten des Phänomens Diskontinuität wahrge-
    nommen werden (z. B. nur die veränderte Art des Begründens oder nur ein
    anderer Umgang mit Anschauung),
(ii) inwieweit sich die Erklärungen ausschließlich auf einen Aspekt konzentrie-
    ren (z. B. nur auf fehlendes gruppen- und mengentheoretisches Wissen von
    Schüler:innen),
(iii) inwieweit nur auf einen kleinen Teilbereich des Gesamtphänomens Dis-
    kontinuität konstruktiv Bezug genommen wird (z. B. nur darauf, wie der
    tatsächliche Umfang eines Begriffs stärker herausgearbeitet werden kann)
    oder

(iv) ob Diskontinuität nur wahrgenommen oder nur wahrgenommen und erklärt bzw. eingeordnet wird, insbesondere der Tätigkeitsbereich des konstruktiven Beurteilens aber ausgeklammert bleibt.

In Punkt (iv) ist berücksichtigt, dass nicht alle Konfigurationen der Tätigkeitsbereiche sinnvoll sind: Konstruktives Beurteilen baut auf der Wahrnehmung und der Erklärung und Einordnung von Diskontinuität auf, die Erklärung und Einordnung von Diskontinuität auf deren Wahrnehmung.

Der *Aktionsradius* eines Höheren Standpunktes bezieht sich auf die fachlichen Gegenstände, über die sich ein Höherer Standpunkt erstreckt. Er drückt also aus, inwieweit eine (angehende) Lehrkraft die Kompetenzerwartungen in den Tätigkeitsbereichen eingeschränkt auf Teilbereiche einer Domäne und für die Bandbreite z. B. der Linearen Algebra mit Schulbezug entwickelt hat. Dies gilt insbesondere für den Tätigkeitsbereich des Wahrnehmens von Diskontinuität. Konkret bedeutet das: Wird Diskontinuität nur im Zusammenhang mit Vektoren wahrgenommen, z. B. weil sie dort wegen des Unterschieds Vektorraum versus Vektoren besonders auffällig ist oder auch in Bezug auf das Skalarprodukt und andere Begriffe wie die linearen Abbildungen? Die Definition des Aktionsradius über die Domäne (der Linearen Algebra) hinaus zu erweitern, ist indes problematisch, da grundsätzlich eine Klärung dazu aussteht, wie es um die Übertragbarkeit des Konstruktes *Höherer Standpunkt* steht (siehe Kap. 11).

Das *technische Niveau* wird im Kontext eines Höheren Standpunktes mit der Qualität der individuellen Wissensgrundlagen und der Qualität der kognitiven Prozesse im Rahmen der Tätigkeitsbereiche in Verbindung gebracht. So ist das technische Niveau eines Höheren Standpunktes z. B. dann als geringer zu bewerten, wenn es Lücken im Bereich des Fachwissens oder des metamathematischen Wissens gibt. Andersherum fällt das technische Niveau höher aus, wenn z. B. bei einer konstruktiven Beurteilung für die Einschätzung auf eine Fülle von Situationen (also ein reichhaltiges situatives Wissen) zurückgegriffen werden kann.

So lässt sich an dieser Stelle zwar einerseits festhalten, dass sich die Dimensionen von Niss (2003) auch für den hier als Kompetenz formulierten Höheren Standpunkt interpretieren lassen. Gleichwohl bleiben bei der Beschreibung der individuellen Kompetenz einer (angehenden) Lehrkraft entlang nur dieser drei Dimensionen Leerstellen, die das qualitative Profil ihres Höheren Standpunktes betreffen.

Die spezifische Ausprägung eines Höheren Standpunktes, die mit den Dimensionen von Niss (2013) nach 10.2.1 nicht erfasst wird, besteht zum einen in der *Konfiguration der Haupt- oder Subkategorien,* die hinter einem bestimmten

Grad der Überdeckung stehen. Darüber hinaus ist es insgesamt so, dass die Dimensionen von Niss (2003) vor allem geeignet scheinen, um das kognitiv-inhaltsbezogene Potenzial beschreiben zu können. Die affektiv-motivationale Komponente wird dagegen mit dem Grad der Überdeckung, dem Aktionsradius oder dem technischen Niveau nicht angesprochen. Sie trägt jedoch z. B. durch ihr individuelles Gewicht (stark oder schwach ausgeprägte(s) Beliefs, Interessen, Selbstwirksamkeitserwartungen und Bereitschaften) ebenfalls zur spezifischen Ausprägung eines Höheren Standpunktes bei. Vor diesem Hintergrund lässt sich mit den drei Dimensionen von Niss und der Erweiterung um zusätzliche Aspekte ein weiterer Schritt der Konkretisierung gehen:

Schritt 10: *Ausprägungen eines Höheren Standpunktes.*
Die individuelle Ausprägung eines Höheren Standpunktes lässt sich beschreiben mit …

- der Breite und Konfiguration der wahrgenommenen Aspekte von Diskontinuität, dem Umfang der Erklärungen und der Reichweite der konstruktiven Urteile (Grad und Form der Überdeckung),
- den abgedeckten fachlichen Gegenständen, z. B. Begriffen (Aktionsradius),
- der Qualität der Wissensgrundlagen (technisches Niveau),
- dem Gewicht der affektiv-motivationalen Komponente: Stärke bzw. Ausmaß von Beliefs, Interesse, Bereitschaft und Selbstwirksamkeitserwartungen.

10.7 Rückschau auf die Konkretisierung und Kurzfassung des Konstruktes

Im Folgenden findet eine zusammenfassende, ergebnisorientierte Rückschau auf die Unterkapitel 10.1 bis 10.6 und die zur Konkretisierung gegangenen Schritte S. 1 bis S. 10 statt.

S1   Der Höhere Standpunkt für den Bereich der Linearen Algebra kann *als eigene Kompetenz* aufgefasst werden, da die Merkmale einer klar erkennbaren, eigenständigen und bedeutsamen Komponente von professioneller Kompetenz einer Mathematiklehrkraft erfüllt werden.

S2   Mit dem *Kompetenzbegriff von Niss (2003)* kann ein Höherer Standpunkt definiert werden als das auf Wissen und Verständnis beruhende kognitiv-inhaltsbezogene Potenzial und die motivationale und volitionale Bereitschaft, um auf die Herausforderungen der jeweils bereichsspezifischen Diskontinuität zwischen Schule und Hochschule zu reagieren.

S3   Der Höhere Standpunkt für den Bereich der Linearen Algebra ist als *Disposition für den Umgang mit Diskontinuität* im Bereich der Linearen Algebra zu verstehen, d. h., dass situationsspezifische Fähigkeiten oder andere Aspekte im Gesamtzusammenhang von Unterricht und Schule zwischen Kompetenz und dem tatsächlichen Umgang mit Diskontinuität mediieren.

S4   Die *Binnenstruktur* des Höheren Standpunktes für die Lineare Algebra sieht drei Tätigkeitsbereiche mit Kompetenzerwartungen und eine affektiv-motivationale Komponente vor.

S5   Die *Wissensgrundlagen*, auf die in den Tätigkeitsbereichen aufgebaut wird, sind Wissen aus der Linearen Algebra, metamathematisches Wissen, Wissen über curriculare Strukturen und Vernetzungen im und um den Bereich der Linearen Algebra, institutionenbezogenes Rahmungswissen und situatives Wissen, insbesondere aus dem Mathematikunterricht zum Inhaltsfeld Lineare Algebra/Analytische Geometrie.

S6   Der erste (und grundlegende) Tätigkeitsbereich ist das *Wahrnehmen von Diskontinuität*, d. h. insbesondere von Unterschieden in der Berücksichtigung des Realweltlichen, im Umgang mit Anschauung, im Grad der Abstraktion, der Art der Systematisierung und Ordnung der Konzepte und Phänomene und in der axiomatischen Grundlage mathematischer Betrachtungen, die sich auf bestimmte Weise in den Begriffen, Begründungen und der Sprache niederschlagen.

S7   Den zweiten Tätigkeitsbereich bildet das *Erklären und Einordnen von Diskontinuität* unter Berücksichtigung der Bedeutung und Verwendung von Begriffen der Linearen Algebra, des Umgang mit Anschauung im Bereich der Linearen Algebra und des Anspruchs an den Theorieaufbau – vor dem Hintergrund institutionenspezifischer Ziele und verschiedener fachlicher sowie überfachlicher Lernvoraussetzungen.

S8   Der dritte Tätigkeitsbereich umfasst das *Konstruktive Beurteilen von Diskontinuität*. Darunter fällt das konstruktive, wissensbasierte Reflektieren darüber, inwieweit der Problematik der Diskontinuität eine inhaltliche Lösung von Seiten der Hochschule oder der Schule entgegengebracht werden kann. Die Beurteilung steht orientiert sich insbesondere daran, wie es gelingen kann, die Reichweite von Begriffen der Linearen Algebra und die Lineare Algebra als eigene Teildisziplin erkennbar werden zu lassen.

S9 Die affektiv-motivationale Komponente eines Höheren Standpunktes umfasst neben bestimmten *Beliefs, das Interesse* an der vertieften fachlichen Auseinandersetzung und die *Bereitschaft sowie Selbstwirksamkeitserwartungen* für die konstruktive Beurteilung von Diskontinuität und Implikationen für die Gestaltung der Schnittstelle.

S10 Die Dimensionen der Ausprägung von Kompetenzen nach Niss können für den Höheren Standpunkt interpretiert werden, zudem ergibt sich ein qualitatives Profil durch die Berücksichtigung individueller Schwerpunkte und des Gewichts der affektiv-motivationalen Komponente.

Das Konstrukt lässt sich wie in Abbildung 10.1 visualisieren:

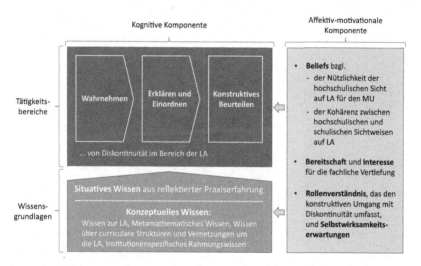

Abbildung 10.1 Das Gesamtkonstrukt Höherer Standpunkt als Kompetenz (bezogen auf den Bereich der Lineare Algebra)

Teil IV
Fazit

Zusammenfassung, Diskussion und Ausblick

11

Der Ausgangspunkt dieser Arbeit lag in der beobachtbaren und für (angehende) Mathematiklehrkräfte potenziell problematischen Diskontinuität zwischen Schule und Hochschule im Bereich der Linearen Algebra und in der metaphorischen Zielvorstellung eines Höheren Standpunktes der Mathematiklehrkraft, auf die in der fachlichen gymnasialen Lehramtsausbildung Bezug genommen wird. Das Forschungsinteresse, dem in dieser Arbeit nachgegangen wurde, galt zunächst der Frage, wie (angehende) Mathematiklehrkräfte selbst diese Diskontinuität wahrnehmen und wie sie wahrgenommene Diskontinuität interpretieren. Daran anknüpfend erstreckte es sich auf die Frage, wie die Zielvorstellung für den Umgang mit Diskontinuität empirisch und domänenspezifisch konkretisiert werden kann.

Im Fazit dieser Arbeit werden in 11.1 zunächst die Antworten auf diese Fragen und hinführende Teilergebnisse zusammenfassend dargestellt. Anschließend wird die methodischer Perspektive der Arbeit reflektiert (11.2), bevor eine Diskussion der Ergebnisse mitsamt Ausblick auf weitere, sich anschließende Fragen stattfindet (11.3).

11.1 Zusammenfassung der Ergebnisse

Die zentralen Ergebnisse können stark verdichtet unter sieben thematischen Aspekten zusammengefasst werden.

I. Spezifische Ausprägung von Diskontinuität in der Linearen Algebra.
Im Rahmen einer vergleichenden Analyse von Schul- und Lehrbuchausschnitten zur Einführung der Begriffe „Vektor" bzw. „Skalarprodukt" (Kap. 7) konnte

aufgezeigt werden, wie sich das theoretisch beschriebene Phänomen der Diskontinuität praktisch bezogen auf konkrete fachliche Gegenstände darstellen kann.

Beim Vektorbegriff zeigte sich Diskontinuität in vielfältigen Unterschieden zwischen einer *lebensweltlich motivierten, genetischen Vorgehensweise ohne einen Ansatz zur Verallgemeinerung auf den Vektorraum* im Schulbuch und einer axiomatisch-deduktiven Vorgehensweise *über die Definition des Vektorraums* im Lehrbuch (7.1.3). Beim Skalarprodukt äußerte sich die axiomatische-deduktive Vorgehensweise auf Seiten der Hochschule darin, dass Skalarprodukte als *spezielle Bilinearformen und zusätzliche Struktur eines Vektorraums* betrachtet werden. Demgegenüber wird im Schulbuch das Skalarprodukt gar nicht erst als Abbildung, sondern *als Term aufgefasst und von Beginn an nur als spezielles Skalarprodukt in ausgewählten Vektorräumen* behandelt. Auf die spezifischen Ausprägungen bzgl. der einzelnen Aspekte von Diskontinuität (nach 2.2.3 bzw. 2.5) geht Tabelle 11.1 ein.

Tabelle 11.1 Spezifische Ausprägung von Diskontinuität in der Linearen Algebra auf Grundlage der Materialanalyse

	Schule	Hochschule
Unterschiede in der Berücksichtigung des Realweltlichen (2.2.3)		
Vektor	Vektoren zur Beschreibung von Verschiebungen in der Anschauungsebene oder im Anschauungsraum	keine Berücksichtigung des Realweltlichen im axiomatisch-deduktiven Aufbau
Skalarprodukt	Skalarprodukte für Lagebeziehungen in Sachsituationen	
Umgang mit Anschauung (2.2.3)		
Vektor	Bindung an die Anschauung durch das Modell der Pfeilklassen und ihre Repräsentanten	kein Rückgriff auf Anschauung (insb. keine anschauliche Deutungen, keine Motivation aus der Anschauung oder Anschauung in begründender Funktion)
Skalarprodukt	Skalarprodukt nur definiert für die Anschauungsebene und den Anschauungsraum, verbunden mit dem anschaulichen „Senkrechtstehen"	

(Fortsetzung)

Tabelle 11.1 (Fortsetzung)

	Schule	Hochschule
	Grad der Abstraktion (2.2.3)	
Vektor	Vektoren nur zur Beschreibung von Verschiebungen in zwei Vektorräumen (ohne expliziten Vektorraumbegriff), „Beispiel als Theorie"	Aufbau der Theorie für beliebige Vektorräume, Trennung von Theorie und Beispiel, Verzicht auf Vektormodelle
Skalarprodukt	Skalarprodukte nur als Standardskalarprodukte mit explizit gegebenem Term	Skalarprodukte als zusätzliche Struktur; Konstruktionsvorschrift zur Gewinnung eines konkreten Skalarproduktes
	Art der Systematisierung und Ordnung der Konzepte und Phänomene (2.2.3)	
Vektor	keine Definition von Vektoren und keine Sätze über Zusammenhänge, keine Systematisierung mit den Axiomen	Vektorräume als größere Struktur vordergründig vor Vektoren, klar definierter Begriff
Skalarprodukt	Herleitung des Terms „Skalarprodukt"	Skalarprodukte als spezielle Bilinearformen
	Axiomatische Grundlage mathematischer Betrachtungen (2.2.3)	
Vektor	Rechenregeln für Vektoren statt Axiome des Vektorraums, anderer Umgang mit Existenz und Eindeutigkeitsfragen bzgl. des negativen Vektors	zentrale Rolle der Vektorraumaxiome; Klärungsbedarfe für Existenz und Eindeutigkeitsfragen
Skalarprodukt	Begründung der Eigenschaften (Symmetrie, positive Definitheit, Bilinearität) des Skalarproduktes durch rechnerisches Nachweisen	Skalarprodukte besitzen bestimmte geforderte Eigenschaften: Symmetrie, positive Definitheit, Bilinearität
	Spezifisch für die Lineare Algebra: Wirkungsbereich/Bedeutung von Begriffen (2.5)	
Vektor	Beschreibung von Verschiebungen von Punkten im Raum, Beschreibung von geometrischen Figuren und Körpern	keine Kopplung an geometrische Kontexte, d. h., Vektoren bzw. Vektorräume auch zur Erfassung von Strukturen in anderen Domänen
Skalarprodukt	Beschreibung der Lage von geometrischen Objekten zueinander: Orthogonalität, Winkel	keine Kopplung an geometrische Kontexte – Skalarprodukte können beliebige Vektorräume mit einer zusätzlichen Struktur versehen

II. Entwicklung eines Erhebungsverfahrens für den Höheren Standpunkt.
Im Rahmen dieser Arbeit wurde ein interviewbasiertes Verfahren für die Erhebung eines Höheren Standpunktes im Bereich der Linearen Algebra entwickelt. Ausgehend vom Interesse am Umgang (angehender) Lehrkräfte mit Diskontinuität und dem rekonstruierten gemeinsamen „Minimalbegriff" eines Höheren Standpunktes (3.2.5) wurde ein Verfahren gesucht, um gleichsam die Ausprägungen eines Höheren Standpunktes zu erfassen *und* zu einer Ausschärfung des Höheren Standpunktes zu gelangen. Vor dem Hintergrund des explorativen Interesses war ein qualitatives Vorgehen geboten. Weitere Anforderungen an das gesuchte Verfahren ergaben sich daraus, dass dieses (i) einen fachinhaltlichen Schwerpunkt haben sollte, außerdem (ii) einen niederschwelligen Zugang angesichts des komplexen Phänomens bieten sollte und (iii) auf verschiedenen Stufen der beruflichen Entwicklung anwendbar sein sollte.

Im Ergebnis wurde ein zweiphasiges Interviewverfahren entwickelt, gerahmt von Assoziations- und Concept Mapping-Aufträgen zur thematischen Einstimmung und Aktivierung. Das Interviewverfahren hat in seiner ersten Phase den Charakter eines fokussierten Interviews mit authentischen und repräsentativen Lehr-Lern-Materialien aus Schule und Hochschule als Stimulus. Die Auseinandersetzung mit diesen wird angeregt durch Frage-Impulse, ansonsten wird nur eine minimale Steuerung des Gesprächsverlaufs vorgenommen. In der zweiten Phase werden leitfadengestützt halboffene Fragen gestellt. Während des gesamten Verfahrens wird die Methode des Lauten Denkens eingesetzt. Das skizzierte zweiphasige Verfahren ist zweimal zu durchlaufen, wobei jeweils ein anderer Begriff im Fokus liegt, auf den sich die Materialien beziehen.[1]

Das entwickelte Verfahren wurde im Rahmen dieser Arbeit in einer Interviewstudie mit 30 Lehramtsstudierenden, Referendar:innen und (erfahrenen) Lehrkräften und mit den Begriffen *Vektor* und *Skalarprodukt* angewendet. Zumindest bezogen auf die Lineare Algebra lässt sich feststellen, dass das methodische Vorgehen geeignet war, um im Rahmen einer Studie mit $n = 30$ (angehenden) Lehrkräften eine Bandbreite von Ausprägungen eines Höheren Standpunktes zu erfassen. Potenziell ist das entwickelte Verfahren aber auch auf andere Domänen an der Schnittstelle zwischen Schule und Hochschule übertragbar.

Mit dem Ansatz der inhaltlich-strukturierenden QIA nach Kuckartz (2016) können die Interviews systematisch und regelgeleitet im Hinblick auf die Wahrnehmung von Diskontinuität im Bereich der Linearen Algebra durch die

---

[1] Auf methodische Details der Konzeption der Interviewsituation und der Durchführung der Erhebungen sei auf die Unterkapitel 6.2 bzw. 6.3 verwiesen.

(angehenden) Lehrkräfte und ihre Einordnung und Erklärung von Diskontinuität ausgewertet werden. Konkrete Ergebnisse der durchgeführten Studie werden unter III bis VII berichtet.

III. Wahrgenommene Aspekte von Diskontinuität.
Die Kategoriensysteme zur Wahrnehmung von Diskontinuität im Zusammenhang mit Vektoren bzw. dem Skalarprodukt hatten ihren Ausgangspunkt jeweils in den Materialanalysen (I). Der daraus abgeleitete Satz an Subkategorien wurde sodann auf Basis der Empirie weiterentwickelt. Schließlich umfasste das System für den Vektorbegriff 27 Subkategorien, von denen 24 spezifische Unterschiede im Rahmen von Diskontinuität beschrieben, für das Skalarprodukt waren es insgesamt 17 bzw. 15 spezifische Unterschiede. Insgesamt wurde das Phänomen Diskontinuität deutlich wahrgenommen, was daran erkennbar wurde, dass das Verhältnis von wahrgenommenen Unterschieden und Gemeinsamkeiten zwischen schulischen und hochschulischen Sichtweisen auf Vektor (V) und Skalarprodukt (SP) 10:1 bzw. 11:1 betrug. Im Durchschnitt wurden zehn bis elf (V) bzw. sechs bis sieben (SP) Aspekte genannt, wobei es bei beiden Begriffen eine große Spannweite bzgl. der Anzahl gab (siehe 8.1.3 bzw. 8.2.3). Aspekte betreffend die Gestaltung des Theorieaufbaus oder betreffend den Begriffsinhalt und den Begriffsumfang sind durchweg in den Interviews präsent gewesen, beim Vektorbegriff außerdem immer auch Aspekte betreffend die Nutzung und Verwendung des Begriffs, die Darstellungen und Veranschaulichungen oder die sprachliche Gestaltung. Am häufigsten angesprochen – sowohl anteilig bzgl. aller Kodierungen als auch bzgl. der Anzahl der Interviews – wurden beim Vektorbegriff der unterschiedliche Umgang mit den Vektorraumaxiomen, die unterschiedliche Bezugnahme auf die Anschauung sowie die unterschiedliche Charakterisierung mit dem Vektorraumbegriff bzw. dem Modell der Pfeilklassen. Beim Skalarprodukt wird am häufigsten auf den Unterschied zwischen dem axiomatisch-deduktiven Vorgehen der Hochschule und dem genetischen kontextorientierten Ansatz der Schule eingegangen und besonders häufig auf die unterschiedliche Charakterisierung des Skalarproduktes als Abbildung bzw. Term sowie den unterschiedlichen Rückgriff auf ikonische Darstellungen.

IV. Ansätze zur Erklärung und Einordnung von Diskontinuität.
Die Kategoriensysteme zur Erklärung und Einordnung wurden im Wesentlichen induktiv gewonnen, passten aber gut zu den vorangegangenen Erwartungen. Im Zusammenhang mit dem Vektorbegriff konnten 25 und im Zusammenhang mit dem Skalarprodukt 12 verschiedene Erklärungsansätze rekonstruiert werden. Die Ansätze ließen sich thematisch in sieben (V) bzw. sechs (SP) Cluster einteilen:

Erklärungen mit dem Lernumfeld, Erklärungen ausgehend von den Lernenden, Erklärungen mit der Bedeutung und Verwendung des Begriffs, Erklärungen mit dem Anspruch an den Theorieaufbau, Erklärungen mit der Bedeutung von Anschauung, Erklärungen mit der Sequenzierung des Lehrgangs (nur V), Erklärungen mit bildungsadministrativen Vorgaben (nur V) oder Erklärungen mit dem bisherigen Theorieaufbau und Vorerfahrungen (nur SP). Im Schnitt wurden pro Interview beim Vektorbegriff zwischen sechs und sieben und beim Skalarprodukt zwischen vier und fünf Ansätze zur Erklärung oder Einordnung vorgefundener Diskontinuität unternommen. Der am häufigsten vorgebrachte Ansatz war beim Vektor die Notwendigkeit des Zugänglichmachens und Vereinfachens für die Schüler:innen im Mathematikunterricht, das stärkste thematische Cluster waren die Erklärungen mit dem Anspruch an den Theorieaufbau. Beim Skalarprodukt wurden wahrgenommene Unterschiede vor allem mit der Bedeutung und Verwendung des Begriffs erklärt, insbesondere mit der Werkzeugrolle des Skalarproduktes im Kontext Analytischer Geometrie in der Schule. Im Hinblick auf einen möglichen Zusammenhang zwischen der Anzahl wahrgenommener Unterschiede und der Anzahl an Interpretationsansätzen gab es über beide Begriffe hinweg keine einheitliche Tendenz.

V. Das Bedürfnis zur Bewertung von Diskontinuität und Bewertungstendenzen.
Im Zuge der Interviewstudie stellte sich heraus, dass sich die (angehenden) Lehrkräfte bei der Beschäftigung mit den Lehr-Lern-Materialien auch auf einer Ebene der Bewertung mit Diskontinuität auseinandersetzten, ohne dass dies explizit mit einem Frage-Impuls angeregt worden war. Dabei waren alle Bewertungstendenzen vertreten, d. h. Diskontinuität bzw. bestimmte Teilaspekte wurden sowohl aus Sicht der Schule als auch der Hochschule teilweise positiv und teilweise negativ beurteilt. Positive Bewertungen sind so zu verstehen, dass Diskontinuität als unvermeidbar oder sinnvoll angesehen wird. Negative Bewertungen sind dagegen Ausdruck des Wunsches nach Veränderung auf Seiten einer der Institutionen, wobei konstruktive Vorschläge insbesondere in Bezug auf die Hochschule unterschiedlich tragfähig waren. Im Zusammenhang mit Vektoren wurden insgesamt deutlich mehr Bewertungen vorgenommen als zur Einführung des Skalarproduktes.

VI. Umgang mit Diskontinuität in verschiedenen berufsbiografischen Phasen.
Im Laufe der Berufsbiografie von (Mathematik-)Lehrkräften können bzgl. des Kontaktes mit den schulischen bzw. hochschulischen Sichtweisen auf Lineare Algebra verschiedene Abschnitte unterschieden werden. Daher wurde im Rahmen der Arbeit gezielt untersucht, ob es bei der Wahrnehmung und Interpretation von

Diskontinuität Unterschiede zwischen solchen Abschnitten gibt. Die da waren: (i) Ende der Studieneingangsphase mit potenziell jungen Diskontinuitätserfahrungen, (ii) fortgeschrittenes Masterstudium mit Praxiskontakt, fachdidaktischen und fachlichen Studienanteilen, (iii) Referendariat mit potenziell zweiter Diskontinuitätserfahrung und eigenem Unterricht sowie (iv) mehrjährige Unterrichtspraxis.

Zur Wahrnehmung von Diskontinuität zeigte sich, dass in den Abschnitten (ii) und (iii) tendenziell mehr Aspekte von Diskontinuität angesprochen werden. Die interviewten Lehramtsstudierenden nach der Studieneingangsphase haben unter den Kodierungen zu Darstellungen und Veranschaulichungen den höchsten Anteil, die Masterstudierenden haben beim Theorieaufbau den höchsten Anteil. Bei den Kodierungen zu den Schreibweisen sowie sprachlichen Aspekten gehen verhältnismäßig viele Äußerungen auf die Praxiserfahrenen zurück (siehe 8.4.1). Bei den Äußerungen waren außerdem qualitative gruppenspezifische Aspekte zu erkennen (siehe 8.4.2), die z. B. das technische Niveau der Äußerungen betrafen, oder Tendenzen für Verkürzung/Reduktion bzw. Trivialisierung von Herangehensweisen und Inhalten, insbesondere im Schulbuch.

Im Hinblick auf die Erklärungen und Einordnungen von Diskontinuität war festzustellen, dass unter den Bachelorstudierenden weniger Ansätze erkennbar wurden als in den späteren berufsbiografischen Abschnitten. Außerdem verschob sich der Schwerpunkt von der Bedeutung und Verwendung der Begriffe in Abschnitt (i) zum Theorieaufbau und dessen Strenge in den späteren Abschnitten. In den Abschnitten (iii) und (iv) erfuhren auch didaktisch orientierte Ansätze eine größere Bedeutung als in den früheren Abschnitten (siehe 9.5.1).

Bei den Bewertungen wurden deutliche Unterschiede zwischen den Gruppen erkennbar (siehe 9.6.2). In der Gruppe der Studierenden nach der Studieneingangsphase wurde wenig bewertend auf wahrgenommene Diskontinuität eingegangen. Dies trifft auch auf die Masterstudierenden zu, die insbesondere die schulische Sicht kaum problematisierten. Besonders intensiv setzten sich dagegen die Referendar:innen mit der Diskontinuität auseinander und nahmen dabei ausgewogen positive wie negative Bewertungen bzgl. schulischer und hochschulischer Sichtweisen vor. Auch in der Gruppe der erfahrenen Lehrkräfte wurden unterstützende sowie problematisierende Bewertungen geäußert, es wurde jedoch nur zur schulischen Sicht auf die Begriffe Stellung bezogen.

VII. Vorschlag für die Konkretisierung eines Höheren Standpunktes als Kompetenzkonstrukt.
Zuletzt wurde im Rahmen dieser Arbeit der konstruktive Anlauf unternommen, die Zielvorstellung eines Höheren Standpunktes für den Bereich der Linearen

Algebra im Sinne einer professionsspezifischen Kompetenz von Mathematiklehr-kräften auszuarbeiten und dadurch zu konkretisieren. Dazu wurde in insgesamt zehn Schritten vorgegangen (siehe Kap. 10). Der Kompetenzbegriff erwies sich als geeigneter Rahmen für die Modellierung des Konstruktes und ermöglichte es, die einzelnen Befunde aus der Interviewstudie und den vorläufigen Arbeitsbegriff nach Kapitel 3 zusammenzuführen.

Nach der Auffassung als Kompetenz besitzt ein Höherer Standpunkt eine kognitive und eine affektiv-motivationale Komponente. Die kognitive Kompo-nente umfasst Wissensgrundlagen und drei Tätigkeitsbereiche, in denen auf diese zurückgegriffen wird. Bei den Wissensgrundlagen handelt es sich um konzeptuelles Wissen in vier Teilfacetten (Wissen aus der Linearen Algebra, metamathematisches Wissen, Wissen über curriculare Strukturen und Vernetzun-gen im und um den Bereich der Linearen Algebra sowie institutionenbezogenes Rahmungswissen) und um situatives Wissen aus reflektierter Praxiserfahrung, insbesondere aus dem Unterricht zum Inhaltsfeld Lineare Algebra/Analytische Geometrie. Die Tätigkeitsbereiche sind *Wahrnehmen von Diskontinuität, Erklären und Einordnen von Diskontinuität* und *Konstruktives Beurteilen von Diskontinui-tät* – jeweils im Bereich der Linearen Algebra. Für jeden der Tätigkeitsbereiche konnten – eng verzahnt mit der Empirie – Kompetenzerwartungen abgeleitet werden. Die affektiv-motivationale Komponente konnte weiter spezifiziert wer-den mit relevanten Beliefs sowie mit Interesse und Bereitschaft für die vertiefte fachliche Auseinandersetzung und einem bestimmten Rollenverständnis für die Gestaltung der Schnittstelle mit entsprechenden Selbstwirksamkeitserwartungen. Die Dimensionen der Ausprägung von Kompetenzen nach Niss können für den Höheren Standpunkt interpretiert werden, darüber hinaus ergibt sich ein qua-litatives Profil durch die Berücksichtigung individueller Schwerpunkte und das Gewicht der affektiv-motivationalen Komponente.

11.2 Reflexion zum methodischen Vorgehen

Die kritische Reflexion des methodischen Vorgehens in den empirischen Unter-suchungen ist eine weitere Grundlage für die spätere Diskussion mit Aus-blick. Nachdem im sechsten Kapitel schon Limitationen der zuvor entwickelten Methode zur Erhebung eines Höheren Standpunktes diskutiert wurden (siehe 6.2.3), konzentriert sich dieses Unterkapitel auf eine Reflexion zur Erhebungs-situation und zur QIA als Auswertungsmethode für die Interviews.

Kritische Reflexion zur Erhebungssituation

Im Rahmen der Interviewstudie wurde der Umgang der Teilnehmer:innen mit Diskontinuität in einer Laborsituation untersucht, die sich in vielen Punkten deutlich von dem unterscheiden dürfte, wie Anforderungssituationen in der Berufspraxis aussehen. Die Befragten wurden unter anderem (i) mit Impulsen und Leitfragen angeleitet, sich mit Diskontinuität auseinanderzusetzen, (ii) es wurden passende und zugängliche Materialien bereitgestellt und (iii) es fand eine inhaltliche Einstimmung statt. Insbesondere wurde von diversen Variablen des Mathematikunterrichts, in dem die Herausforderungen durch Diskontinuität mit vielen weiteren Herausforderungen einhergehen, abstrahiert. Diese Abweichungen sind insoweit gerechtfertigt, als der Zugang zu den *Potenzialen* (angehender) Mathematiklehrkräfte für den Umgang mit Diskontinuität in der Linearen Algebra unter diesen idealisierten Rahmenbedingungen rückblickend sehr positiv zu bewerten ist.

Das entwickelte Verfahren hat sich in der Interaktion mit den Befragten als produktiv und anregend herausgestellt. Alle Befragten konnten sich inhaltlich gut in die Thematik einfinden und die Beschäftigung mit den konkreten Materialien leistete im Allgemeinen die intendierte Fokussierung auf das mathematisch Inhaltliche und speziell auf die Lineare Algebra. Nur in einzelnen Interviews (z. B. mit P27 oder mit P09) verschob sich der Fokus phasenweise. Gelegentlich zeigte sich außerdem, dass die Lehr-Lern-Materialien auch unabhängig von Diskontinuität für sich diskutiert und bewertet wurden. Eine wirkliche Ablenkung ergab sich daraus jedoch nicht. Die Produktivität des Erhebungsverfahrens spiegelt sich auch in der Anzahl der kodierten Segmente und der Breite der Kategoriensysteme passend zu den Interviews wider. Das Einbringen der eigenen Bewertungen und konstruktiver Beurteilungen durch die Teilnehmer:innen unterstreicht zugleich den anregenden Charakter des Erhebungsverfahrens und die Angemessenheit eines sehr offenen qualitativen Vorgehens.

Im Hinblick auf die zweiphasige Struktur der Erhebungssituation hat sich gezeigt, dass sie die gewünschten Effekte bringt. Der Raum zur Gestaltung des Interviews in der ersten Phase wurde sehr unterschiedlich genutzt. Teilweise war die zweite Phase des Interviews noch einmal deutlich länger als die erste und enthielt einige zusätzliche inhaltliche Aspekte. Es stellte sich jedoch heraus, dass die Anwendung der Leitfragen in der zweiten Phase in großem Umfang ad hoc-Interpretationen erfordert, um zu entscheiden, welche Aspekte noch angesprochen werden sollten. Auch wurden die Fragen teilweise sehr unterschiedlich aufgefasst. Im Kontext einer Kompetenzmessung ergeben sich daraus Schwierigkeiten im Hinblick auf die Reliabilität. Da das Interesse der Studie aber ausdrücklich nicht in der Leistungsüberprüfung einzelner Proband:innen lag, ergeben sich kaum

Nachteile durch die herausfordernde ad hoc-Interpretation und verschiedene Auslegungen der Fragen. Hier konnte pragmatisch so vorgegangen werden, dass in
Zweifelsfällen eher mehr als weniger Fragen gestellt wurden, wenn z. B. spontan nur schwer eingeschätzt werden konnte, ob ein bestimmter Leitfragen-Aspekt
schon angesprochen worden war.

Kritische Reflexion zur Auswertung der Interviews mit der QIA
Die QIA hat sich unter verschiedenen Gesichtspunkten als geeignete Auswertungsmethode herausgestellt. Durch die Reduktion der Komplexität der Interviews
unterstützte sie die systematische Entwicklung des Kompetenzkonstruktes mit
seinen Tätigkeitsbereichen. Bei der Formulierung der Kompetenzerwartungen der
Tätigkeitsbereiche des *Wahrnehmens von Diskontinuität* und des *Erklärens und
Einordnens von Diskontinuität* dienten die Sub- bzw. Hauptkategorien der Kategoriensysteme zu den F3a und F3b als leitender Rahmen. Auch für die zusätzlichen
Betrachtungen der geäußerten Bewertungen konnte der Ansatz der QIA weiterhin genutzt werden, sodass auch in diesem Aspekt verhältnismäßig leicht eine
Systematisierung erreicht werden konnte. Dass die QIA insbesondere Möglichkeiten zur Quantifizierung bietet, konnte mehrfach im Rahmen der Auswertung
genutzt werden. So konnten z. B. klar die Schwerpunkte in der Wahrnehmung
von Diskontinuität herausgearbeitet werden oder auch Zusammenhänge überprüft
werden.

Jedoch sind auch Grenzen der QIA bei der Erfassung eines Höheren Standpunktes erkennbar geworden. Qualitative Unterschiede in den Äußerungen der
Befragten (wie die aus 8.4.2) sind mit den aufgebauten inhaltlich-strukturierenden
Kategoriensystemen nicht zu erfassen gewesen. Davon sind z. B. Aspekte wie
die Souveränität im fachsprachlichen Ausdruck betroffen. So können mitunter
sehr verschieden elaborierte Äußerungen unter eine Kategorie fallen. Insbesondere zeigen sich bei der Verwendung der QIA Schwierigkeiten, komplexere oder
stark verdichtete Analysen mit den Kategoriensystemen zu erfassen. Hier werden mitunter Mehrfachkodierungen erforderlich und der Informationsverlust ist
verhältnismäßig groß. Eine vertieftere Auseinandersetzung mit den Sichtweisen,
Analysen und Einschätzungen einzelner (angehender) Lehrkräfte wäre z. B. mit
einer Fallstudie und einem stärker interpretativen Vorgehen möglich gewesen. Die
damit einhergehende deutlich kleinere Fallzahl wäre jedoch für das Anliegen, den
Umfang und (typische) Ausprägungen eines Höheren Standpunktes zu bestimmen
und ein Konstrukt auf dieser Basis weiterzuentwickeln, mitunter kontraproduktiv
gewesen. Aus Sicht der Autorin zeichnete sich erst nach etwa zwanzig Interviews
tatsächlich eine erwünschte „Sättigung" ab.

11.3 Diskussion und Ausblick

In diesem Unterkapitel werden die zuvor zusammengefassten Ergebnisse und insbesondere das zentrale Ergebnis des konkretisierten Konstruktes *Höherer Standpunkt* unter der Perspektive ihrer Verwendung betrachtet und diskutiert.

Grundlage für die Gestaltung des Curriculums des Lehramtsstudiengangs Mathematik

Im Rahmen dieser Arbeit wurde zunächst herausgearbeitet, wie sich Diskontinuität im Bereich der Linearen Algebra zeigt. Ausgehend vom tatsächlichen Umgang (angehender) Lehrkräfte mit Diskontinuität, d. h. in Anbetracht ihrer Wahrnehmung und Interpretation der Diskontinuität konnte die theoretisch-ideelle Zielvorstellung *Höherer Standpunkt* als Kompetenzkonstrukt konkretisiert werden. Diese Interpretation eines Höheren Standpunktes ist anschlussfähig bezüglich des aktuell gängigen Paradigmas der Kompetenzorientierung in der Lehramtsausbildung. Sie kann für die Evaluation und Gestaltung des Curriculums des Lehramtsstudiengangs genutzt werden.

Das herausgearbeitete Konstrukt umfasst verschiedene Wissensarten als Grundlage für die Entfaltung der Kompetenz in den Tätigkeitsbereichen. Im Hinblick auf diese Wissensbereiche kann überprüft und diskutiert werden, inwieweit diese in einem gegebenen Curriculum eines Lehramtsstudiengangs adressiert werden bzw. inwieweit sie (in Teilen) stärker zu berücksichtigen sind. Daran schließt sich unmittelbar die Frage an, welche Wissensaspekte Teil der fachlichen bzw. der fachdidaktischen Ausbildungsanteile sein sollten. Speziell im Hinblick auf das situative Wissen ergibt sich außerdem die Frage, an welcher Stelle und in welchem Umfang schon im Lehramtsstudium angeregt werden kann, dass Lehramtsstudierende dieses Wissen aufbauen.

Weitergehend kann betrachtet werden, in welchem Umfang die Tätigkeitsbereiche im Rahmen des Lehramtsstudiums bzw. eines konkreten Lehramtsstudiengangs angesprochen werden. Sind tatsächlich explizit Räume im Curriculum vorgesehen, in denen Kompetenzen im Bereich (i) der Wahrnehmung, (ii) der Erklärung und Einordnung und (iii) der konstruktiven Beurteilung von Diskontinuität (im Feld der Linearen Algebra) ausgebildet werden können?

Bezugspunkt für die Entwicklungsforschung um die Schnittstellenthematik

Die Ergebnisse der Arbeit können auch als Bezugspunkt für die Entwicklungsforschung zum Umgang mit der Problematik der ersten und zweiten Diskontinuität in der Berufsbiografie von Lehrkräften betrachtet werden. So liegt nunmehr ein Analyserahmen vor, auf dessen Basis Unterstützungsmaßnahmen für den

Umgang mit Anforderungen durch Diskontinuität eingeordnet werden können: Inwieweit werden welche Wissensgrundlagen aufgebaut? Inwieweit wird die affektiv-motivationale Komponente eines Höheren Standpunktes adressiert, z. B., indem das eigene Rollenverständnis der angehenden Lehrkräfte thematisiert wird oder eigene fachliche Interessenschwerpunkte gesetzt werden können?

In Anbetracht einer vermutlich wachsenden Zahl von Lehr-Lern-Arrangements zur Diskontinuitätsthematik, die curricular verschieden verortet und organisatorisch verschieden umgesetzt sind, kann der erarbeitete Kompetenzbegriff als Option für einen Vergleich der *inhaltlichen* Orientierungen und Schwerpunkte der Formate aufgefasst werden.

Vor dem Hintergrund des qualitativen Forschungsansatzes in dieser Arbeit ist es an dieser Stelle nicht möglich, verallgemeinernde Aussagen über Stärken und Herausforderungen im Umgang mit Diskontinuität im Bereich der Linearen Algebra seitens von Lehramtsstudierenden, Referendar:innen oder erfahrenen Lehrkräften zu treffen. Dennoch geben die qualitativen Beobachtungen aus den insgesamt dreißig Interviews Hinweise auf Aspekte, die in der Entwicklungsforschung relevant sein könnten. Beispiele für solche Aspekte können der Aufbau eines mathematischen Fachvokabulars zur Beschreibung von Diskontinuität, die mit den berufsbiografischen Abschnitten wechselnden Perspektiven bei der Erklärung und Einordung von Diskontinuität oder auch die verschiedene Neigung zur Bewertung von Diskontinuität sein, die jeweils andere Implikationen haben.

Forschungsperspektiven durch die Wahl des Kompetenzbegriffs
Mit der Wahl des Kompetenzbegriffs zur Konkretisierung des Konstruktes *Höherer Standpunkt* ergeben sich unmittelbar weitere Fragen, insbesondere für die empirische mathematikdidaktische Forschung. Im Rahmen dieser Arbeit wurden Komponenten herausgearbeitet (spezifische Wissensgrundlagen mit konzeptuellem und situativem Wissen, drei Tätigkeitsbereiche, die affektiv-motivationale Komponente), die in einem Höheren Standpunkt zusammenkommen.

Nach der Beschreibung der *Kompetenzstruktur* stellen sich Fragen nach Kompetenz*stufen* und der Kompetenz*entwicklung*. Im Hinblick auf die Kompetenzstufen können die Überlegungen zur Ausprägung der Kompetenz in 10.6 als Einstieg gesehen werden. Die festgestellten Unterschiede zwischen den betrachteten Gruppen lassen in der Frage der Kompetenzentwicklung indes vermuten, dass es überindividuell bestimmte Phasen und Entwicklungsrichtungen bei der Herausbildung und Weiterentwicklung eines Höheren Standpunktes gibt. Die Ergebnisse der Interviewstudie können zur Hypothesenbildung genutzt werden. Eine Hypothese in Bezug auf den Tätigkeitsbereich des konstruktiven Bewertens könnte

z. B. sein, dass dieser Tätigkeitsbereich zu Beginn der Berufsbiografie verhältnismäßig weniger bedeutsam ist. Eine weitere Hypothese könnte sein, dass um die
zweite Phase der Lehramtsausbildung herum eine besonders starke Aktivität in
diesem Tätigkeitsbereich typisch ist und sowohl problematisierend als auch unter-
stützend auf die Sichtweisen von Schule und Hochschule eingegangen wird. Eine
dritte Hypothese könnte sein, dass unter erfahrenen Lehrkräften die Sichtweise
der Hochschule nicht (mehr) Gegenstand von Bewertung ist und es in Bezug
auf schulische Sichtweisen zwei Positionen gibt – die Unterstützung von Diskontinuität aus der Schule heraus und die Problematisierung bzw. Ablehnung der
schulischen Sichtweisen, die zur Diskontinuität führen.

Für die weitere Beforschung des Kompetenzkonstruktes muss geklärt sein,
wie dieses zugänglich gemacht werden kann. Dieser Schritt ist im Rahmen der
vorliegenden Arbeit mit der Entwicklung einer stark von Offenheit geprägten
Methode zur Erfassung des Umgangs mit Diskontinuität bereits erfolgt.

*Zugang zum Höheren Standpunkt im Umgang mit Diskontinuität seitens (angehen-
der) Lehrkräfte*
Das entwickelte und angewendete Verfahren zur Erfassung eines Höheren Standpunktes hat sich im Rahmen der Konstruktentwicklung bzw. zur Erfassung der
Breite der Ausprägungen eines Höheren Standpunktes bewährt (siehe Reflexion
unter 11.2). Die Erhebung eines Höheren Standpunktes mit der entwickelten
Methodik sieht den Umgang mit Diskontinuität vor und berücksichtigt die Vielschichtigkeit des Phänomens, die im theoretischen Grundlagenteil dieser Arbeit
herausgearbeitet werden konnte. Die zweiphasige Interviewmethode lässt den
Befragten grundsätzlich zunächst Raum, um Diskontinuität aus eigener Sicht
wahrzunehmen und zu interpretieren und dabei eigenes Wissen einzubringen. Sie
erlaubt im zweiten Schritt die Nachsteuerung zur Fokussierung auf bestimmte
(Kompetenz-)Aspekte. Die Ausführungen im Abschnitt 6.2 können als methodische Anleitung für die Implementation der Methode auch in einem anderen
Bereich als der Linearen Algebra aufgefasst werden.

Die Frage der Übertragbarkeit des gewonnenen Konstruktes
Diskontinuität ist kein Phänomen, welches exklusiv den Bereich der Linearen
Algebra betrifft. Vielmehr ist es so, dass Diskontinuität im Bereich der Linea-
ren Algebra bestimmte Konturen besitzt. Im Hinblick auf die anderen „großen"
Bereiche an der Schnittstelle zwischen Schule und Hochschule – Analysis und
Stochastik – ist davon auszugehen, dass es dort jeweils eigene davon abweichende
Profile von Diskontinuität gibt. Im Bereich der Linearen Algebra hat das Gesamt-
bild von Diskontinuität seinen Ursprung deutlich in der Diskrepanz zwischen der

Entwicklung einer strukturbetonten, axiomatisch-deduktiven Vektorraumtheorie und der vordergründigen Betonung von Rechenschemata für den Umgang mit Fragen der analytischen Geometrie an einfachen, geradlinigen Objekten. Dahinter steht auf Seiten der Hochschule ein klar begrenztes, „eindeutiges" Begriffsnetz, während die begriffliche Durchdringung in Bezug auf zentrale Knoten dieses Begriffsnetzes (z. B. in Bezug auf den Vektorraum-Begriff, den Basis-Begriff oder den Begriff der Linearität) auf Seiten der Schule in den Hintergrund tritt.

Für die Analysis stellen Ableitinger und Steinbauer (2021) fest, dass manche Konzepte wie der Grenzwert von Folgen und die Ableitung von Funktionen zumindest in ihren Ideen, wenn auch nicht notwendigerweise in ihrem Grad der Formalisierung nahezu unverändert aus der Schule übernommen werden (S. 4). Gleichwohl träten traditionellerweise etwa bei der Einführung der Winkelfunktionen (anschauliche Definition am Einheitskreis vs. Zugang über komplexe Reihen) und der Integralrechnung (Archimedischer Zugang vs. Riemannsummen oder Riemann-Darboux-Integral) „große konzeptionelle Differenzen" zu Tage (a. a. O.). Götz (2013) erkennt insgesamt drei Spannungsfelder, die das Verhältnis von Schule und Hochschule im Bereich der Analysis bestimmen: (i) Anschauung vs. Formalismus, (ii) Normative Stoffbilder vs. individuelle Sinnkonstruktionen und (iii) Systematik vs. Heuristik (S. 365). Damit ist unter (i) gemeint, dass viele Vorstellungen des Alltagsdenkens keine bruchlose Fortsetzung in der Axiomatik der Analysis finden. So sei z. B. die Vollständigkeit der reellen Zahlen ein Eckstein des gesamten Gebäudes der Analysis, der jedoch in seiner ganzen Tiefe im Alltagsdenken nicht erfassbar sei: Zum zweiten Aspekt verweist Götz z. B. auf den Umstand, dass die Unstetigkeit einer reellen Funktion oft anhand von Sprungstellen gedacht werde, aber eine befriedigende Fassung des Begriffs erst über die ε-δ-Definition oder die Folgenstetigkeit gelingt. Mit dem dritten Aspekt verbindet Götz insbesondere, dass konzentriertes, kalküllastiges Arbeiten im Mathematikunterricht einhergehen kann mit einer verschwindenden Bedeutung von Heuristik und dem Verlust von Sinnstiftung (a. a. O.). Damit gehen Ableitinger und Steinbauer bzw. Götz im Kern darauf ein, was unter anderem im Rahmen dieser Arbeit für den Bereich der Linearen Algebra herausgearbeitet wurde, nämlich was Diskontinuität in einem bestimmten Inhaltsbereich (der Analysis) bedeutet.

Im Anschluss an diese Arbeit erscheint die Untersuchung der Frage gewinnbringend, was nunmehr ein Höherer Standpunkt vor dem Hintergrund von Diskontinuität in anderen Inhaltsbereichen der Mathematik – in der Analysis oder in der Stochastik – bedeutet. Wie lässt sich die Auffassung eines Höheren Standpunktes als Kompetenz für diese Inhaltsbereiche auf der Ebene von Kompetenzerwartungen konkretisieren? Inwieweit unterscheiden sich das Wahrnehmen, das Erklären und Einordnen und das konstruktive Beurteilen von Diskontinuität zwischen der Linearen Algebra und z. B. der Analysis und welche Überschneidungen oder inhaltlichen Verschiebungen gibt es bei den Wissensgrundlagen? (Abbildung 11.1).

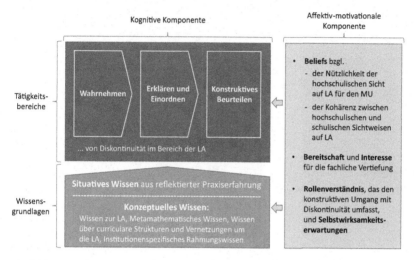

Abbildung 11.1   Das Gesamtkonstrukt Höherer Standpunkt als Kompetenz

Literatur

Ableitinger, C. (2015). Übungsaufgaben zur Überwindung der zweiten Diskontinuität in der gymnasialen Lehrerbildung. In F. Caluori, H. Linneweber-Lammerskitten & C. Streit (Hrsg.), *Beiträge zum Mathematikunterricht* (S. 80–83). Münster: WTM-Verlag.

Ableitinger, C., Kittinger, H. & Steinbauer, R. (2020). Adressatenspezifische Gestaltung von Fachvorlesungen im Lehramt: eine Fallstudie als Anstoß für vertiefte Reflexionen. *mathematica didactica, 43*(2), 1–18.

Ableitinger, C., Kramer, J. & Prediger, S. (Hrsg.). (2013). *Zur doppelten Diskontinuität in der Gymnasiallehrerbildung: Ansätze zu Verknüpfungen der fachinhaltlichen Ausbildung mit schulischen Vorerfahrungen und Erfordernissen.* Wiesbaden: Springer Spektrum.

Ableitinger, C. & Steinbauer, R. (2021, im Druck). Beiträge der fachlichen Ausbildung zur Bewältigung von Anforderungen der Unterrichtspraxis. In S. Halverscheid, I. Kersten & B. Schmidt-Thieme (Hrsg.), *Bedarfsgerechte fachmathematische Lehramtsausbildung – Zielsetzungen und Konzepte unter heterogenen Voraussetzungen. Tagungsband zur 5. Fachtagung der Gemeinsamen Kommission Lehrerbildung.* Wiesbaden: Springer Spektrum.

Aebli, H. (2019). *Zwölf Grundformen des Lehrens. Eine allgemeine Didaktik auf psychologischer Grundlage* (15. Aufl.). Stuttgart: Klett-Cotta.

Allmendinger, H. (2011). Elementarmathematik vom höheren Standpunkt – eine Begriffsanalyse in Abgrenzung zu Felix Klein. In R. Haug & L. Holzäpfel (Hrsg.), *Beiträge zum Mathematikunterricht* (S. 51–54). Münster: WTM-Verlag.

Allmendinger, H. (2014). *Felix Kleins „Elementarmathematik vom höheren Standpunkte aus". Eine Analyse aus historischer und mathematikdidaktischer Sicht.* Dissertation. Universität Siegen.

Allmendinger, H. (2016). Die Didaktik in Felix Kleins „Elementarmathematik vom höheren Standpunkte aus". *Journal für Mathematik-Didaktik, 37*(1), 209–237.

Bauer, S. & Büchter, A. (2018). „Mathematik ist eine beweisende Disziplin" – auch im nordrhein-westfälischen Zentralabitur? In Fachgruppe der Didaktik der Mathematik der Universität Paderborn (Hrsg.), *Beiträge zum Mathematikunterricht* (S. 197–200), Münster: WTM-Verlag.

Bauer, S., Büchter, A. & Gerstner, E. (2019). „Der Computer zwingt uns zum Nachdenken" – Beispiele aus der Analysis. In A. Büchter, M. Glade, R. Herold-Blasius, M. Klinger, F. Schacht & P. Scherer (Hrsg.), *Vielfältige Zugänge zum Mathematikunterricht* (S. 131–145). Wiesbaden: Springer Spektrum.

Bauer, T. (2013). Schnittstellen bearbeiten in Schnittstellenaufgaben. In C. Ableitinger, J. Kramer & S. Prediger (Hrsg.), *Zur doppelten Diskontinuität in der Gymnasiallehrerbildung: Ansätze zu Verknüpfungen der fachinhaltlichen Ausbildung mit schulischen Vorerfahrungen und Erfordernissen* (S. 39–56). Wiesbaden: Springer Spektrum.

Bauer, T. (2017). Schulmathematik und Hochschulmathematik – was leistet der höhere Standpunkt? *Der Mathematikunterricht, 63,* 36–45.

Bauer, T., Gromes, W. & Partheil, U. (2016). Mathematik verstehen von verschiedenen Standpunkten aus – Zugänge zum Krümmungsbegriff. In A. Hoppenbrock, R. Biehler, R. Hochmuth & H.-G. Rück (Hrsg.), *Lehren und Lernen von Mathematik in der Studieneingangsphase. Herausforderungen und Lösungsansätze* (1. Aufl., S. 483–500). Wiesbaden: Springer Spektrum.

Bauer, T. & Hefendehl-Hebeker, L. (2019). *Mathematikstudium für das Lehramt an Gymnasien. Anforderungen, Ziele und Ansätze zur Gestaltung.* Wiesbaden: Springer Spektrum.

Bauer, T., Müller-Hill, E. & Weber, R. (2020). Diskontinuitäten zwischen Schulmathematik und Hochschulmathematik: Eine Ursache für Verstehensschwierigkeiten. In N. Meister, U. Hericks, R. Kreyer & R. Laging (Hrsg.), *Zur Sache. Die Rolle des Faches in der universitären Lehrerbildung* (S. 127–145). Wiesbaden: Springer VS.

Bauer, T. & Partheil, U. (2009). Schnittstellenmodule in der Lehramtsausbildung im Fach Mathematik. *Mathematische Semesterberichte, 56,* 85–103.

Baum, M., Lind, D., Schermuly, H., Weidig, I., Zimmermann, P., Selinka, M., Stark, J. (2001). *Lambacher Schweizer Lineare Algebra mit analytischer Geometrie. Mathematisches Unterrichtswerk für das Gymnasium (1. Aufl.). Leistungskurs.* Stuttgart [u. a.]: Klett.

Baum, M. et al. (Hrsg.). (2014). *Lambacher Schweizer. Mathematik (1., Aufl.). Einführungsphase Nordrhein-Westfalen.* Stuttgart [u. a.]: Klett.

Baum, M. et al. (Hrsg.). (2015). *Lambacher Schweizer. Mathematik (1. Aufl.). Qualifikationsphase Leistungskurs/ Grundkurs.* Stuttgart [u. a.]: Klett.

Baumert, J. & Kunter, M. (2011). Das Kompetenzmodell von COACTIV. In M. Kunter, J. Baumert, W. Blum, U. Klusmann, S. Krauss & M. Neubrand (Hrsg.), *Professionelle Kompetenz von Lehrkräften. Ergebnisse des Forschungsprogramms COACTIV* (S. 29–54). Münster: Waxmann.

Becher, S. (2018). Wie kann man Einstellungen von Studierenden zur fachmathematischen Ausbildung erfassen? – Entwicklung eines Interviewleitfadens und erste Ergebnisse. In Fachgruppe der Didaktik der Mathematik der Universität Paderborn (Hrsg.), *Beiträge zum Mathematikunterricht* (S. 217–220). Münster: WTM-Verlag.

Becher, S. & Biehler, R. (2017). Beliefs on benefits from learning higher mathematics at university for future secondary school teacher. In R. Göller, R. Biehler & H.-G. Rück (Eds.), *Didactics of Mathematics in Higher Education as a Scientific Discipline. khdm-Report 17–05,* (S. 255–259). Kassel: Universität Kassel.

Bescherer, C. (2003). *Selbsteinschätzung mathematischer Studierfähigkeit von Studienanfängerinnen und -anfängern. Empirische Untersuchung und praktische Konsequenz.* Dissertation. Pädagogische Hochschule Ludwigsburg.

Beutelspacher, A. (2014). *Lineare Algebra*. Wiesbaden: Springer Spektrum.

Beutelspacher, A., Danckwerts, R. & Nickel, G. (2010). *Mathematik Neu Denken. Empfehlungen zur Neuorientierung der universitären Lehrerbildung im Fach Mathematik für das gymnasiale Lehramt*. Bonn: Deutsche Telekom Stiftung.

Beutelspacher, A., Danckwerts, R., Nickel, G., Spies, S. & Wickel, G. (2011). *Mathematik Neu Denken. Impulse für die Gymnasiallehrerbildung an Gymnasien*. Wiesbaden: Vieweg+Teubner Verlag.

Biehler, R. (2019). Allgemeinbildung, Mathematical Literacy, and Competence Orientation. In H. N. Jahnke & L. Hefendehl-Hebeker (Eds.), *Traditions in German-Speaking Mathematics Education Research. ICME-13 Monographs*. (S. 141–170). Cham: Springer.

Biermann, H. R. & Jahnke, H. N. (2014). How Eighteenth-Century Mathematics Was Transformed into Nineteenth-Century School Curricula. In S. Rezat, M. Hattermann & A. Peter-Koop (Eds.), *Transformation – a fundamental idea of mathematics education* (pp. 5–27). New York: Springer.

Bigalke, A. & Köhler, N. (Hrsg.). (2014). *Mathematik (Gymnasiale Oberstufe Nordrhein-Westfalen, Einführungsphase, 1. Aufl.)*. Berlin: Cornelsen.

Bigalke, A. & Köhler, N. (Hrsg.). (2015). *Mathematik. (Gymnasiale Oberstufe Nordrhein-Westfalen, Qualifikationsphase, 1. Aufl.). Leistungskurs*. Berlin: Cornelsen.

Bikner-Ahsbahs, A. & Schäfer, I. (2013). Ein Aufgabenkonzept für die Anfängervorlesung im Lehramt Mathematik. In C. Ableitinger, J. Kramer & S. Prediger (Hrsg.), *Zur doppelten Diskontinuität in der Gymnasiallehrerbildung. Ansätze zu Verknüpfungen der fachinhaltlichen Ausbildung mit schulischen Vorerfahrungen und Erfordernissen. Konzepte und Studien zur Hochschuldidaktik und Lehrerbildung Mathematik*. (S. 57–76). Wiesbaden: Springer Spektrum.

Blömeke, S., Gustafsson, J.-E. & Shavelson, R. J. (2015). Beyond Dichotomies. Competence Viewed as a Continuum. *Zeitschrift für Psychologie, 223*(1), 3–13.

Blömeke, S., Lehmann, R., Seeber, S., Schwarz, B., Kaiser, G., Felbrich, A. et al. (2008). Niveau- und institutionenbezogene Modellierungen des fachbezogenen Wissens. In S. Blömeke, G. Kaiser & R. Lehmann (Hrsg.), *Professionelle Kompetenz angehender Lehrerinnen und Lehrer. Wissen, Überzeugungen und Lerngelegenheiten deutscher Mathematikstudierender und -referendare; erste Ergebnisse zur Wirksamkeit der Lehrerausbildung* (S. 105–134). Münster: Waxmann.

Borneleit, P., Danckwerts, R., Henn, H.-W. & Weigand, H.-G. (2001). Expertise zum Mathematikunterricht in der gymnasialen Oberstufe. *Journal für Mathematik-Didaktik, 22*(1), 73–90.

Bosch, S. (2014). *Lineare Algebra*. Berlin, Heidelberg: Springer Spektrum.

Brennan, R. L. & Prediger, D. J. (1981). Coefficient Kappa: Some Uses, Misuses, and Alternatives. *Educational and Psychological Measurement, 41*(3), 687–699.

Bromme, R. (1994). Beyond subject matter: A psychological topology of teachers' professional knowledge. In R. Biehler, R. W. Scholz, R. Sträßer & B. Winkelmann (Hrsg.), *Didactics of mathematics as a scientific discipline. Mathematics education library*. (pp. 73–88). Dordrecht: Springer Netherlands.

Brunner, M., Kunter, M., Krauss, S., Klusmann, U., Baumert, J., Blum, W. et al. (2006). Die professionelle Kompetenz von Mathematiklehrkräften: Konzeptualisierung, Erfassung und Bedeutung für den Unterricht. Eine Zwischenbilanz des COACTIV-Projekts. In M. Prenzel & L. Allolio-Näcke (Hrsg.), *Untersuchungen zur Bildungsqualität von Schule. Abschlussbericht des DFG-Schwerpunktprogramms* (S. 54–82). Münster: Waxmann.

Buchholtz, N. & Schwarz, B. (2012). Professionelles Wissen im Bereich der Elementarmathematik vom höheren Standpunkt von Mathematik-Lehramtsstudierenden. In W. Blum, R. Borromeo Ferri & K. Maaß (Hrsg.), *Mathematikunterricht im Kontext von Realität, Kultur und Lehrerprofessionalität: Festschrift für Gabriele Kaiser* (S. 238–249). Wiesbaden: Vieweg+Teubner Verlag.

Büchter, A. (2011). *Zur Erforschung von Mathematikleistung. Theoretische Studie und empirische Untersuchung des Einflussfaktors Raumvorstellung.* Dissertation. Technische Universität Dortmund.

Büchter, A. (2014). Analysisunterricht zwischen Begriffsentwicklung und Kalkülaneignung – Befunde und konzeptionelle Überlegungen zum Tangentenbegriff. *Der Mathematikunterricht,* 60(2), 41–49.

Büchter, A. & Henn, H.-W. (2015). Schulmathematik und Realität – Verstehen durch Anwenden. In R. Bruder, L. Hefendehl-Hebeker, B. Schmidt-Thieme & H.-G. Weigand (Hrsg.), *Handbuch der Mathematikdidaktik* (S. 19–50). Berlin: Springer Spektrum.

Bund-Länder-Kommission für Bildungsplanung und Forschungsförderung. (1997). *Gutachten zur Vorbereitung des Programms „Steigerung der Effizienz des mathematisch-naturwissenschaftlichen Unterrichts"* (Materialien zur Bildungsplanung und zur Forschungsförderung, Bd. 60). Bonn: BLK Geschäftsstelle.

Busam, R., Vogel, D. & Epp, T. (2019). *Prüfungstrainer Lineare Algebra. 500+ Fragen und Antworten mit interaktivem Online-Trainer* (2. Aufl.). Springer Spektrum.

Cramer, C., Horn, K.-P. & Schweitzer, F. (2009). Zur Bedeutsamkeit von Ausbildungskomponenten des Lehramtsstudiums im Urteil von Erstsemestern. Erste Ergebnisse der Studie „Entwicklung Lehramtsstudierender im Kontext institutioneller Rahmenbedingungen" (ELKiR). *Zeitschrift für Pädagogik,* 55(5), 761–780.

Danckwerts, R. (2013). Angehende Gymnasiallehrer(innen) brauchen eine „Schulmathematik vom höheren Standpunkt"! In C. Ableitinger, J. Kramer & S. Prediger (Hrsg.), *Zur doppelten Diskontinuität in der Gymnasiallehrerbildung: Ansätze zu Verknüpfungen der fachinhaltlichen Ausbildung mit schulischen Vorerfahrungen und Erfordernissen* (S. 77–94). Wiesbaden: Springer Spektrum.

Danckwerts, R., Prediger, S. & Vásárhelyi, É. V. (2004). Perspektiven der universitären Lehrerausbildung im Fach Mathematik für die Sekundarstufen. *Mitteilungen der Deutschen Mathematiker-Vereinigung,* 12(2), 76–77.

Deiser, O., Heinze, A. & Reiss, K. (2012). Elementarmathematik vom höheren Standpunkt: Warum ist $\overline{0,9} = 1$? In W. Blum, R. Borromeo Ferri & K. Maaß (Hrsg.), *Mathematikunterricht im Kontext von Realität, Kultur und Lehrerprofessionalität: Festschrift für Gabriele Kaiser* (S. 249–264). Wiesbaden: Vieweg+Teubner Verlag.

Deiser, O. & Reiss, K. (2014). Knowledge Transformation Between Secondary School and University Mathematics. In S. Rezat, M. Hattermann & A. Peter-Koop (Eds.), *Transformation – a fundamental idea of mathematics education* (pp. 51–63). New York: Springer.

de Jong, T. & Ferguson-Hessler, M. G. M. (1996). Types and Qualities of Knowledge. *Educational Psychologist,* 31(2), 105–113.

Dieter, M. (2012). *Studienabbruch und Studienfachwechsel in der Mathematik: Quantitative Bezifferung und empirische Untersuchung von Bedingungsfaktoren.* Dissertation. Universität Duisburg-Essen.

DMV, GDM & MNU. (2019). *Mathematik: 19 Maßnahmen für einen konstruktiven Übergang Schule – Hochschule. Stellungnahme der Mathematik-Kommission Übergang Schule-Hochschule.* Verfügbar unter: http://www.mathematik-schule-hochschule.de/images/Masnahmenkatalog_DMV_GDM_MNU.pdf

Döring, N. & Bortz, J. (2016). *Forschungsmethoden und Evaluation in den Sozial- und Humanwissenschaften* (5. Aufl.). Berlin, Heidelberg: Springer.

Dorier, J.-L. (2000). Epistemological Analysis of the Genesis of the Theory of Vector Spaces. In J.-L. Dorier (Ed.), *On the teaching of linear algebra* (pp. 1–81). Dordrecht: Kluwer Academic Publishers.

Dorier, J.-L., Robert, A., Robinet, J. & Rogalski, M. (2000). The Obstacle of Formalism in Linear Algebra. A Variety of Studies from 1987 Until 1995. In J.-L. Dorier (Ed.), *On the teaching of linear algebra* (pp. 85–124). Dordrecht: Kluwer Academic Publishers.

Dreher, A., Lindmeier, A. & Heinze, A. (2016). Conceptualizing professional content knowledge of secondary teachers taking into account the gap between academic and school mathematics. In C. Csíkos, A. Rausch & J. Szitányi (Hrsg.), *Proceedings of the 40th Conference of the International Group for the Psychology of Mathematics Education* (pp. 219–226).

Dreher, A., Lindmeier, A. & Heinze, A. (2017). Fachwissen über Zusammenhänge zwischen schulischer und akademischer Mathematik als berufsbezogenes Fachwissenskonstrukt. In U. Kortenkamp & A. Kuzle (Hrsg.). *Beiträge zum Mathematikunterricht* (S. 1111–1114). Münster: WTM-Verlag.

Dreher, A., Lindmeier, A., Heinze, A. & Niemand, C. (2018). What Kind of Content Knowledge do Secondary Mathematics Teachers Need? A Conceptualization Taking into Account Academic and School Mathematics. *Journal für Mathematik-Didaktik,* 39(2), 319–341.

Dudenredaktion (o. J.): „Diskontinuität" auf Duden online. Verfügbar unter: https://www.duden.de/node/33370/revision/33399.

Ebner, B., Folkers, M. & Haase, D. (2016). Vorbereitende und begleitende Angebote in der Grundlehre Mathematik für die Fachrichtung Wirtschaftswissenschaften. In A. Hoppenbrock, R. Biehler, R. Hochmuth & H.-G. Rück (Hrsg.), *Lehren und Lernen von Mathematik in der Studieneingangsphase. Herausforderungen und Lösungsansätze* (S. 149–164). Wiesbaden: Springer Fachmedien.

Filler, A. (2011). *Elementare Lineare Algebra. Linearisieren und Koordinatisieren (Mathematik Primar- und Sekundarstufe).* Heidelberg: Spektrum Akademischer Verlag.

Fischer, A. (2006). *Vorstellungen zur linearen Algebra: Konstruktionsprozesse und -ergebnisse von Studierenden.* Dissertation. Universität Dortmund.

Fischer, A., Heinze, A. & Wagner, D. (2009). Mathematiklernen in der Schule – Mathematiklernen an der Hochschule: die Schwierigkeiten von Lernenden beim Übergang ins Studium. In A. Heinze & M. Grüßing (Hrsg.), *Mathematiklernen vom Kindergarten bis zum Studium: Kontinuität und Kohärenz als Herausforderung für den Mathematikunterricht* (S. 245–264). Münster: Waxmann.

Fischer, G. (2014). *Lineare Algebra. Eine Einführung für Studienanfänger* (18. Aufl.). Wiesbaden: Springer Spektrum.

Fischer, G. (2019). *Lernbuch lineare Algebra und analytische Geometrie. Das Wichtigste ausführlich für das Lehramts- und Bachelorstudium* (4. Aufl.). Wiesbaden: Springer Spektrum.

Freudenthal, H. (1963). Was ist Axiomatik und welchen Bildungswert kann sie haben? *Der Mathematikunterricht*, 9(4), 5–29.

Freudenthal, H. (1973). *Mathematik als pädagogische Aufgabe*. Stuttgart: Klett.

Geisler, S. (2020). *Bleiben oder Gehen? Eine empirische Untersuchung von Bedingungsfaktoren und Motiven für frühen Studienabbruch und Fachwechsel in Mathematik*. Dissertation. Ruhr-Universität Bochum.

Girnat, B. (2016). *Individuelle Curricula über den Geometrieunterricht. Eine Analyse von Lehrervorstellungen in den beiden Sekundarstufen*. Wiesbaden: Springer Spektrum.

Götz, S. (2013). Ein Versuch zur Analysis-Ausbildung von Lehramtsstudierenden an der Universität Wien. In G. Greefrath, F. Käpnick & M. Stein, *Beiträge zum Mathematikunterricht*, 364–367. Münster: WTM-Verlag.

Griesel, H., Gundlach, A., Postel, H. & Suhr, F. (Hrsg.). (2014). *Elemente der Mathematik EdM. Nordrhein-Westfalen Einführungsphase*. Braunschweig: Schroedel.

Griesel, H., Gundlach, A., Postel, H. & Suhr, F. (Hrsg.). (2015). *Elemente der Mathematik EdM. Nordrhein-Westfalen Qualifikationsphase Leistungskurs*. Braunschweig: Schroedel.

Gueudet, G. (2008). Investigating the secondary–tertiary transition. *Educational Studies in Mathematics*, 67(3), 237–254.

Gueudet, G., Bosch, M., diSessa, A. A., Kwon, O. N. & Verschaffel, L. (2016). *Transitions in Mathematics Education. ICME-13 Topical Surveys*. Cham: Springer.

Guzmán, M. de, Hodgson, B. R., Robert, A. & Villani, V. (1998). Difficulties in the Passage from Secondary to Tertiary Education, *Proceedings of the international Congress of Mathematicians*, (pp. 747–762). Berlin.

Halverscheid, S. (2015). Aufgaben zum elementarmathematischen Schreiben in der Lehrerbildung. In J. Roth, T. Bauer, H. Koch & S. Prediger (Hrsg.), *Übergänge konstruktiv gestalten* (S. 165–178). Wiesbaden: Springer Spektrum.

Harel, G. (1997). The linear algebra curriculum study group recommendations: moving beyond concept definition. In D. H. Carlson, C. R. Johnson, D. C. Lay, A. D. Porter, A. E. Watkins & W. Watkins (Eds.), *Resources for teaching linear algebra* (S. 107–126). Washington, DC: Mathematical Association of America.

Hartig, J. & Klieme, E. (2006). Kompetenz und Kompetenzdiagnostik. In K. Schweizer (Hrsg.), *Leistung und Leistungsdiagnostik* (S. 133–149). Heidelberg: Springer Medizin.

Hasse, H. (2008). Mathematik als Geisteswissenschaft und Denkmittel der exakten Naturwissenschaften. *Studium Generale, (6)*, 392–398. neu herausgegeben von Gabriele Dörflinger. Universitätsbibliothek Heidelberg.

Hefendehl-Hebeker, L. (2013). Doppelte Diskontinuität oder die Chance der Brückenschläge. In C. Ableitinger, J. Kramer & S. Prediger (Hrsg.), *Zur doppelten Diskontinuität in der Gymnasiallehrerbildung: Ansätze zu Verknüpfungen der fachinhaltlichen Ausbildung mit schulischen Vorerfahrungen und Erfordernissen* (S. 1–15). Wiesbaden: Springer Spektrum.

Hefendehl-Hebeker, L. (2014). Learning mathematics at school and at university: Common features and fundamental differences. *Oberwolfach Reports*, 56, 3128–3129.

Hefendehl-Hebeker, L. (2016). Mathematische Wissensbildung in Schule und Hochschule. In A. Hoppenbrock, R. Biehler, R. Hochmuth & H.-G. Rück (Hrsg.), *Lehren und Lernen von Mathematik in der Studieneingangsphase: Herausforderungen und Lösungsansätze* (S. 15–30). Wiesbaden: Springer Spektrum.

Heinze, A., Dreher, A., Lindmeier, A. & Niemand, C. (2016). Akademisches versus schulbezogenes Fachwissen – ein differenzierteres Modell des fachspezifischen Professionswissens von angehenden Mathematiklehrkräften der Sekundarstufe. *Zeitschrift für Erziehungswissenschaft, 19(2),* 329–349.

Heinze, A., Lindmeier, A. & Dreher, A. (2017). Teachers' mathematical content knowledge in the field of tension between academic and school mathematics. In R. Göller, R. Biehler, R. Hochmuth & H.-G. Rück (Hrsg.), *Didactics of Mathematics in Higher Education as a Scientific Discipline. khdm-Report 17–05,* (S. 21–26). Kassel: Universität Kassel.

Helfferich, C. (2019). Leitfaden- und Experteninterviews. In N. Baur & J. Blasius (Hrsg.), *Handbuch Methoden der empirischen Sozialforschung* (S. 669–686). Wiesbaden: Springer VS.

Henn, H.-W. & Filler, A. (2015). *Didaktik der Analytischen Geometrie und Linearen Algebra.* Berlin, Heidelberg: Springer Spektrum.

Herfter, C., Maruhn, F. & Wachler, K. (2014). *Der Abbruch des Lehramtsstudiums. Zahlen und Hintergründe. Ergebnisse einer Fragebogenstudie an der Universität Leipzig. Projektbericht.* Verfügbar unter https://nbn-resolving.org/urn:nbn:de:bsz:15-qucosa-151492

Hericks, U. & Meister, N. (2020). Das Fach im Lehramtsstudium: theoretische und konzeptionelle Perspektiven. Einführung in den Band. In N. Meister, U. Hericks & R. Kreyer (Hrsg.), *Zur Sache. Die Rolle des Faches in der universitären Lehrerbildung. Das Fach im Diskurs zwischen Fachwissenschaft, Fachdidaktik und Bildungswissenschaft* (S. 3–17). Wiesbaden: VS Verlag für Sozialwissenschaften.

Hilgert, J. (2016). Schwierigkeiten beim Übergang von Schule zu Hochschule im zeitlichen Vergleich – Ein Blick auf Defizite beim Erwerb von Schlüsselkompetenzen. In A. Hoppenbrock, R. Biehler, R. Hochmuth & H.-G. Rück (Hrsg.), *Lehren und Lernen von Mathematik in der Studieneingangsphase. Herausforderungen und Lösungsansätze* (S. 695–710). Wiesbaden: Springer Spektrum.

Hock, T. (2018). *Axiomatisches Denken und Arbeiten im Mathematikunterricht.* Dissertation. RWTH, Aachen.

Hoffkamp, A., Paravicini, W. & Schnieder, J. (2016). Denk- und Arbeitsstrategien für das Lernen von Mathematik am Übergang Schule–Hochschule. In A. Hoppenbrock, R. Biehler, R. Hochmuth & H.-G. Rück (Hrsg.), *Lehren und Lernen von Mathematik in der Studieneingangsphase. Herausforderungen und Lösungsansätze* (S. 295–310). Wiesbaden: Springer Spektrum.

Hoth, J., Jeschke, C., Dreher, A., Lindmeier, A. & Heinze, A. (2019). Ist akademisches Fachwissen hinreichend für den Erwerb eines berufsspezifischen Fachwissens im Lehramtsstudium? Eine Untersuchung der Trickle-down-Annahme. *Journal für Mathematik-Didaktik, 41(2),* 329–356.

Huber, L. (2009). Wissenschaftspropädeutik ist mehr! TriOS. Forum für schulnahe Forschung, Schulentwicklung und Evaluation., 4(2), 39–60.

Huberman, M. (1991). Der berufliche Lebenszyklus von Lehrern: Ergebnisse einer empirischen Untersuchung. In E. Terhart (Hrsg.), *Unterrichten als Beruf. Neuere amerikanische und englische Arbeiten zur Berufskultur und Berufsbiographie von Lehrern und Lehrerinnen. Studien und Dokumentationen zur vergleichenden Bildungsforschung, 50* (S. 249–267). Köln: Böhlau.

Iannone, P. & Nardi, E. (2008). *The interplay between syntactic and semantic knowledge in proof production: Mathematicians' perspectives.* Paper presented at Proceedings of the 5th Conference on European Research in Mathematics Education, Larnaca, Cyprus (pp. 2300–2309).

IGeMa. (2019). MINT in Niedersachsen. *Mathematik für einen erfolgreichen Studienstart. Basispapier Mathematik. Ergebnis des institutionalisierten Gesprächskreises Mathematik Schule-Hochschule IGeMa des Niedersächsischen Kultusministeriums und des Niedersächsischen Ministeriums für Wissenschaft und Kultur.* Verfügbar unter https://www.mwk.niedersachsen.de/download/144830/MINT_in_N iedersachsen_-_Mathematik_fuer_einen_erfolgreichen_Studienstart.pdf

Isaev, V. & Eichler, A. (2017). Measuring beliefs concerning the double discontinuity in secondary teacher education. In T. Dooley & G. Gueudet (Hrsg.), Proceedings of the Tenth Congress of the European Society for Research in Mathematics Education (S. 2916–2923).

Isaev, V. & Eichler, A. (2021, im Druck). Der Fragebogen zur doppelten Diskontinuität. In S. Halverscheid, I. Kersten & B. Schmidt-Thieme (Hrsg.), *Bedarfsgerechte fachmathematische Lehramtsausbildung – Zielsetzungen und Konzepte unter heterogenen Voraussetzungen. Tagungsband zur 5. Fachtagung der Gemeinsamen Kommission Lehrerbildung.* Wiesbaden: Springer Spektrum.

Jänich, K. (2008). *Lineare Algebra.* Berlin, Heidelberg: Springer Verlag.

Jahnke, H. N. (1978). *Zum Verhältnis von Wissensentwicklung und Begründung in der Mathematik: Beweisen als didaktisches Problem.* Dissertation. Universität Bielefeld.

Jahnke, H. N. & Ufer, S. (2015). Argumentieren und Beweisen. In R. Bruder, L. Hefendehl-Hebeker, B. Schmidt-Thieme & H.-G. Weigand (Hrsg.), *Handbuch der Mathematikdidaktik* (S. 331–355). Berlin: Springer Spektrum.

Jahnke, H. N. (2018). Die Algebraische Analysis in Felix Kleins „Elementarmathematik vom höheren Standpunkte aus". *Mathematische Semesterberichte, 65,* 211–251.

Käpnick, F. & Benölken, R. (2020). *Mathematiklernen in der Grundschule (Mathematik Primarstufe und Sekundarstufe I + II, 2. Aufl.).* Berlin: Springer Spektrum.

Kahle, R. (2007). Die Gödelschen Unvollständigkeitssätze. *Mathematische Semesterberichte, 54*(1), 1–12.

Kempen, L. (2019). *Begründen und Beweisen im Übergang von der Schule zur Hochschule.* Wiesbaden: Springer Spektrum.

Kirsch, A. (1977). Aspekte des Vereinfachens im Mathematikunterricht. *Didaktik der Mathematik, 2,* 87–101.

Klieme, E. & Leutner, D. (2006). Kompetenzmodelle zur Erfassung individueller Lernergebnisse und zur Bilanzierung von Bildungsprozessen. Beschreibung eines neu eingerichteten Schwerpunktprogramms der DFG. *Zeitschrift für Pädagogik, 52*(6), 876–903.

Knoblich, G. & Öllinger, M. (2006). Die Methode des lauten Denkens. In J. Funke (Hrsg.), *Handbuch der Allgemeinen Psychologie – Kognition* (S. 691–696). Göttingen: Hogrefe.

König, J. (2010). Lehrerprofessionalität. Konzepte und Ergebnisse der internationalen und deutschen Forschung am Beispiel fachübergreifender, pädagogischer Kompetenzen. In J. König & B. Hofmann (Hrsg.), *Professionalität von Lehrkräften. Was sollen Lehrkräfte im Lese- und Schreibunterricht wissen und können?* (S. 40–105). Berlin: DGLS.

König, J. (2020). Kompetenzorientierter Ansatz in der Lehrerinnen- und Lehrerbildung. In C. Cramer, J. Koenig, M. Rothland & S. Blömeke (Hrsg.), *Handbuch Lehrerinnen- und Lehrerbildung* (S. 163–171). Bad Heilbrunn: Verlag Julius Klinkhardt.

Körner, H., Lergenmüller, A., Schmidt, G. & Zacharias, M. (Hrsg.). (2014). *Mathematik – Neue Wege. Arbeitsbuch. Einführungsphase Nordrhein-Westfalen.* Braunschweig: Schroedel.

Körner, H., Lergenmüller, A., Schmidt, G. & Zacharias, M. (Hrsg.). (2015). *Mathematik – Neue Wege. Arbeitsbuch. Qualifikationsphase Nordrhein-Westfalen Leistungskurs.* Braunschweig: Schroedel.

Konrad, K. (2010). Lautes Denken. In G. Mey & K. Mruck (Hrsg.), Handbuch Qualitative Forschung in der Psychologie (S. 476–490). Wiesbaden: VS Verlag für Sozialwissenschaften.

Korntreff, S. (2018). *Didaktische Herausforderungen der Trigonometrie (2018).* Wiesbaden: Springer Spektrum.

Krause, N. M. (2014). *Wissenschaftspropädeutik im Kontext vom Mathematikunterricht der gymnasialen Oberstufe. Facharbeiten als mathematikdidaktischer Ansatz für eine Öffnung des Mathematikunterrichts zur Verbesserung der Studierfähigkeit und zur Veränderung des Mathematikbilds.* Dissertation. Martin-Luther-Universität Halle-Wittenberg.

Krauss, S., Blum, W., Brunner, M., Neubrand, M., Baumert, J., Kunter, M. et al. (2011). Konzeptualisierung und Testkonstruktion zum fachbezogenen Professionswissen von Mathematiklehrkräften. In M. Kunter, J. Baumert, W. Blum, U. Klusmann, S. Krauss & M. Neubrand (Hrsg.), *Professionelle Kompetenz von Lehrkräften. Ergebnisse des Forschungsprogramms COACTIV* (S. 135–161). Münster: Waxmann.

Kreis, A. & Staub, F. C. (2010). Lernen zukünftiger Lehrpersonen im Kontext von Unterrichtsbesprechungen im Praktikum – multiple Indikatoren für ein schwer zu fassendes Phänomen. In M. Gläser-Zikuda, T. Seidel, C. Rohlfs & A. Gröschner (Hrsg.), *Mixed Methods in der empirischen Bildungsforschung* (S. 209–226). Münster: Waxmann.

Krüger, D. & Riemeier, T. (2014). Die qualitative Inhaltsanalyse – eine Methode zur Auswertung von Interviews. In D. Krüger, I. Parchmann & H. Schecker (Hrsg.), *Methoden in der naturwissenschaftsdidaktischen Forschung* (S. 133–145). Springer Spektrum.

Kuckartz, U. (2010). *Einführung in die computergestützte Analyse qualitativer Daten* (3. Aufl.). Wiesbaden: VS Verlag für Sozialwissenschaften.

Kuckartz, U. (2016). *Qualitative Inhaltsanalyse. Methoden, Praxis, Computerunterstützung* (3. Aufl.). Weinheim, Basel: Beltz Juventa.

Kuckartz, U., Dresing, T., Rädiker, S. & Stefer, C. (2007). *Qualitative Evaluation. Der Einstieg in die Praxis.* Wiesbaden: VS Verlag für Sozialwissenschaften.

Kultusministerkonferenz. (2012). *Bildungsstandards im Fach Mathematik für die Allgemeine Hochschulreife. Beschluss der Kultusministerkonferenz vom 18.10.2012.* Verfügbar unter https://www.kmk.org/fileadmin/Dateien/veroeffentlichungen_beschluesse/2012/2012_10_18-Bildungsstandards-Mathe-Abi.pdf.

Kultusministerkonferenz. (2019). *Ländergemeinsame inhaltliche Anforderungen für die Fachwissenschaften und Fachdidaktiken in der Lehrerbildung. Beschluss der Kultusministerkonferenz vom 16.10.2008 i. d. F. vom 16.05.2019.* Verfügbar unter https://www.kmk.org/fileadmin/Dateien/veroeffentlichungen_beschluesse/2008/2008_10_16-Fachprofile-Lehrerbildung.pdf.

Kuypers, W. & Lauter, J. (Hrsg.). (1990). *Mathematik Sekundarstufe II. Analytische Geometrie und lineare Algebra*. Düsseldorf: Schwann; Cornelsen.

Labede, J. (2019). *Bildungsbiografische Diskontinuitäten*. Springer Fachmedien Wiesbaden.

Lambert, A. (2003). *Begriffsbildung im Mathematikunterricht* (Preprint No. 77). Universität Saarbrücken.

Lamnek, S. & Krell, C. (2016). *Qualitative Sozialforschung. Mit Online-Materialien* (6.Aufl.). Weinheim, Basel: Beltz.

Lazarevic, C. (2017). *Professionelle Wahrnehmung und Analyse von Unterricht durch Mathematiklehrkräfte*. Wiesbaden: Springer Spektrum.

Lengnink, K. & Prediger, S. (2000). Mathematisches Denken in der Linearen Algebra. *Zentralblatt für Didaktik der Mathematik, 32(4)*, 111–122.

Leuders, T., Prediger, S., Hußmann, S. & Barzel, B. (2012). *Genetische Lernarrangements entwickeln – Vom Möglichen im Unmöglichen bei der Entwicklung der Mathewerkstatt*. Kurzfassung erschienen in den Beiträgen zum Mathematikunterricht 2012.

Liebendörfer, M. (2018). *Motivationsentwicklung im Mathematikstudium*. Wiesbaden: Springer Spektrum.

Lindmeier, A., Krauss, S. & Weber, B.-J. (2020). Bericht zur Arbeitstagung „Verbindung von akademischem und schulischem Fachwissen für das Lehramt Mathematik" vom 19./20. 9. 2019 in der Reinhardswaldschule in Fuldatal. *Mitteilungen der Gesellschaft für Didaktik der Mathematik, 108*, 92–95.

Lung, J. (2021). Schulcurriculares Fachwissen von Mathematiklehramtsstudierenden. Struktur, Entwicklung und Einfluss auf den Studienerfolg. Wiesbaden: Springer Spektrum.

Maier, H. & Schweiger, F. (1999). Mathematik und Sprache: Zum Verstehen und Verwenden von Fachsprache im Mathematikunterricht. *Mathematik für Schule und Praxis, 4*.Wien: öbv&hpt.

Malle, G. (2001). Genetisch in die Trigonometrie. *mathematik lehren, 109*, 40–44.

Mayring, P. (2010). Qualitative Inhaltsanalyse. In G. Mey & K. Mruck (Hrsg.), *Handbuch Qualitative Forschung in der Psychologie* (S. 601–613). Wiesbaden: Springer Spektrum.

Mayring, P. (2015). Qualitative Inhaltsanalyse. Grundlagen und Techniken (12. Aufl.). Weinheim: Beltz.

Meister, N., Hericks, U. & Kreyer, R. (Hrsg.). (2020). Zur Sache. Die Rolle des Faches in der universitären Lehrerbildung. Wiesbaden: VS Verlag für Sozialwissenschaften.

Meister, N. (2020). Einführung: Fachliche Verstehensschwierigkeiten von Studierenden als Professionalisierungschance. In N. Meister, U. Hericks & R. Kreyer (Hrsg*.), Zur Sache. Die Rolle des Faches in der universitären Lehrerbildung.* (S. 119–126). Wiesbaden: VS Verlag für Sozialwissenschaften.

Meyer, M. & Prediger, S. (2009). Warum? Argumentieren, Begründen, Beweisen. Praxis der Mathematik*, 51(30)*, 1–17.

Ministerium für Schule und Bildung des Landes Nordrhein-Westfalen. (2014). *Kernlehrplan für die Sekundarstufe II Gymnasien/Gesamtschulen in Nordrhein-Westfalen. Mathematik*. Verfügbar unter https://www.schulentwicklung.nrw.de/lehrplaene/lehrplan/47/KLP_GOSt_Mathematik.pdf

Montes, M. Á., Ribeiro, M., Carrillo, J. & Kilpatrick, J. (2016). Understanding mathematics from a higher standpoint as a teacher: an unpacked example. In C. Csíkos, A. Rausch & J. Szitányi (Hrsg.), *Proceedings of the 40th Conference of the International Group for the Psychology of Mathematics Education* (S. 315–322).

Nagel, K. (2017). *Modellierung begrifflichen Wissens als Grundlage mathematischer Argumentation am Übergang vom sekundären in den tertiären Bildungsbereich.* Dissertation. TUM, München.

Naumann, I. (2010). *Übergangsphase Schulbeginn. FAUSTLOS® und die Kooperation von Kindergärten und Grundschulen im Kasseler.* Kassel: Kassel University Press.

Neubrand, M. (2015). Schulmathematik und Universitätsmathematik: Gegensatz oder Fortsetzung? Woran kann man sich orientieren? In J. Roth, T. Bauer, H. Koch & S. Prediger (Hrsg.), *Übergänge konstruktiv gestalten* (S. 137–147). Wiesbaden: Springer Spektrum.

Niss, M. A. (2003). Mathematical competencies and the learning of mathematics: the Danish KOM project. In A. Gagatsis & S. Papastavridis (Hrsg.), *3rd Mediterranean Conference on Mathematical Education – Athens, Hellas 3-4-5 January 2003* (S. 116–124). Athen: Hellenic Mathematical Society.

Niss, M. & Højgaard, T. (2019). Mathematical competencies revisited. *Educational Studies in Mathematics, 102(1),* 9–28.

Pauer, F. & Stampfer, F. (2016). Was ist ein Skalarprodukt und wozu wird es verwendet? *Schriftenreihe zur Didaktik der Mathematik der Österreichischen Mathematischen Gesellschaft (ÖMG), 49,* 100–109.

Philipp, K. (2013). *Experimentelles Denken. Theoretische und empirische Konkretisierung einer mathematischen Kompetenz.* Wiesbaden: Springer Spektrum.

Pieper-Seier, I. (2002). Lehramtsstudierende und ihr Verhältnis zur Mathematik. In W. Peschek (Hrsg.), *Beiträge zum Mathematikunterricht* (S. 395–398). Hildesheim: Franzbecker.

Prediger, S. (2002). Kommunikationsbarrieren beim Mathematiklernen – Analysen aus kulturalistischer Sicht. In S. Prediger, K. Lengnink & F. Siebel (Hrsg.), *Mathematik und Kommunikation* (S. 91–106). Mühltal: Verlag Allgemeine Wissenschaft.

Prediger, S. (2013). Unterrichtsmomente als explizite Lernanlässe in fachinhaltlichen Veranstaltungen. In C. Ableitinger, J. Kramer & S. Prediger (Hrsg.), *Zur doppelten Diskontinuität in der Gymnasiallehrerbildung. Ansätze zu Verknüpfungen der fachinhaltlichen Ausbildung mit schulischen Vorerfahrungen und Erfordernissen* (S. 151–168). Wiesbaden: Springer Spektrum.

Profke, L. (1978). Zur Behandlung der linearen Algebra in der Sekundarstufe II. In B. Winkelmann (Hrsg.), *Materialien zur linearen Algebra und analytischen Geometrie in der Sekundarstufe II, Bd. 13* (S. 10–42).

Przyborski, A. & Wohlrab-Sahr, M. (2014). *Qualitative Sozialforschung. Ein Arbeitsbuch* (4. Aufl.). München: Oldenbourg.

Rach, S. (2014). *Charakteristika von Lehr-Lern-Prozessen im Mathematikstudium: Bedingungsfaktoren für den Studienerfolg im ersten Semester* (1. Aufl.). Münster: Waxmann.

Rach, S. & Heinze, A. (2013). Welche Studierenden sind im ersten Semester erfolgreich? *Journal für Mathematik-Didaktik, 34(1),* 121–147.

Rach, S., Heinze, A. & Ufer, S. (2014). Welche mathematischen Anforderungen erwarten Studierende im ersten Semester des Mathematikstudiums? *Journal für Mathematik-Didaktik, 35(2),* 205–228.

Radisch, F., Driesner, I., Arndt, M., Güldener, T., Czapowski, J., Petry, M. et al. (2018). *Abschlussbericht: Studienerfolg und -misserfolg im Lehramtsstudium.* Verfügbar unter https://www.regierung-mv.de/serviceassistent/_php/

Rädiker, S. & Kuckartz, U. (2019). *Analyse qualitativer Daten mit MAXQDA. Text, Audio und Video.* Wiesbaden: Springer Spektrum.

Reinders, H. (2011). Interview. In H. Reinders, H. Ditton, C. Gräsel & B. Gniewosz (Hrsg.), *Empirische Bildungsforschung. Strukturen und Methoden* (1. Aufl., S. 85–97). Wiesbaden: VS Verlag für Sozialwissenschaften.

Rezat, S. (2009). *Das Mathematikbuch als Instrument des Schülers. Eine Studie zur Schulbuchnutzung in den Sekundarstufen.* Wiesbaden: Vieweg+Teubner.

Rosenthal, G. (2014). *Interpretative Sozialforschung. Eine Einführung (4. Aufl.).* Weinheim: Beltz Juventa.

Roth, J., Bauer, T., Koch, H. & Prediger, S. (Hrsg.). (2015). *Übergänge konstruktiv gestalten.* Wiesbaden: Springer Spektrum.

Sandmann, A. (2014). Lautes Denken – die Analyse von Denk-, Lern- und Problemlöseprozessen. In D. Krüger, I. Parchmann & H. Schecker (Hrsg.), *Methoden in der naturwissenschaftsdidaktischen Forschung* (S. 179–188). Wiesbaden: Springer Spektrum.

Schadl, C., Rachel, A. & Ufer, S. (2019). Stärkung des Berufsfeldbezugs im Lehramtsstudium Mathematik. Maßnahmen im Rahmen der Qualitätsoffensive Lehrerbildung der LMU München. *Mitteilungen der Gesellschaft für Didaktik der Mathematik, (107),* 47–51.

Scherer, P. & Weigand, H.-G. (2017). Mathematikdidaktische Prinzipien. In M. Abshagen, B. Barzel, J. Kramer, T. Riecke-Baulecke, B. Rösken-Winter & C. Selter (Hrsg.), *Basiswissen Lehrerbildung: Mathematik unterrichten* (S. 28–42). Seelze: Klett Kallmeyer.

Schlotterer, A. (2020). Schulrelevantes Fachwissen der Sekundarstufe I in studentischen Wissens-Maps. In H.-S. Siller, W. Weigel & J. F. Wörler (Hrsg.), *Beiträge zum Mathematikunterricht* (S. 821–824). Münster: WTM-Verlag.

Schmitt, O. (2017). *Reflexionswissen zur linearen Algebra in der Sekundarstufe II.* Wiesbaden: Springer Spektrum.

Schreiber, C., Schütte, M. & Krummheuer, G. (2015). Qualitative mathematikdidaktische Forschung: Das Wechselspiel zwischen Theorieentwicklung und Adaption von Untersuchungsmethoden. In R. Bruder, L. Hefendehl-Hebeker, B. Schmidt-Thieme & H.-G. Weigand (Hrsg.), *Handbuch der Mathematikdidaktik* (S. 591–612). Berlin: Springer Spektrum.

Schreier, M. (2010). Fallauswahl. In G. Mey & K. Mruck (Hrsg.), *Handbuch Qualitative Forschung in der Psychologie* (S. 238–251). Wiesbaden: VS Verlag für Sozialwissenschaften.

Schreier, M. (2014). Varianten qualitativer Inhaltsanalyse: Ein Wegweiser im Dickicht der Begrifflichkeiten. *Forum Qualitative Sozialforschung, 15(1).*

Schubring, G. (2019). Klein's Conception of 'Elementary Mathematics from a Higher Standpoint'. In H.-G. Weigand, W. McCallum & M. Menghini (Hrsg.), *The Legacy of Felix Klein. ICME-13 Monographs.* (S. 169–180).

Schwarz, B. & Herrmann, P. (2015). Bezüge zwischen Schulmathematik und Linearer Algebra in der hochschulischen Ausbildung angehender Mathematiklehrkräfte – Ergebnisse einer Dokumentenanalyse. *Math Semesterber, 62,* 195–217.

Seaman, C. E. & Szydlik, J. E. (2007). Mathematical sophistication among preservice elementary teachers. *Journal of Mathematics Teacher Education, 10*(3), 167–182.

Skutella, K. & Weygandt, B. (2019). Blick nach vorne, Blick zurück – Ein studienphasenübergreifendes Lehrkonzept zur Überbrückung beider Diskontinuitäten in der Analysis. In M. Klinger, A. Schüler-Meyer & L. Wessel (Hrsg.), *Hanse-Kolloquium zur Hochschuldidaktik der Mathematik. Beiträge zum gleichnamigen Symposium am 9. & 10. November 2018 an der Universität Duisburg-Essen* (S. 175–183). Münster: WTM-Verlag.

Strauss, A. L. & Corbin, J. M. (1996). *Grounded theory: Grundlagen qualitativer Sozialforschung*. Weinheim: Beltz, PsychologieVerlagsUnion.

Tall, D. (2002). Continuities and Discontinuities in Long-Term Learning Schemas. In D. O. Tall (Ed.), *Intelligence, learning and understanding in mathematics. A tribute to Richard Skemp* (pp. 151–177). Flaxton: Post Pressed.

Tall, D. (2008). The Transition to Formal Thinking in Mathematics. *Mathematics Education Research Journal, 20*(2), 5–24.

Tall, D. & Vinner, S. (1981). Concept image and concept definition in mathematics with particular reference to limits and continuity. *Educational Studies in Mathematics, 12*(2), 151–169.

Tapp, C. (2013). *An den Grenzen des Endlichen. Das Hilbertprogramm im Kontext von Formalismus und Finitismus (Mathematik im Kontext)*. Berlin: Springer Spektrum.

Tietze, U.-P. (1981). Analytische Geometrie und Lineare Algebra im MU. Unterschiedliche Ansätze und deren didaktische Rechtfertigung. *mathematica didactica, Sonderheft*, 57–99.

Tietze, U.-P., Klika, M. & Wolpers, H. (Hrsg.). (2000). *Mathematikunterricht in der Sekundarstufe II. Band 1* (2. Aufl.). Wiesbaden: Vieweg+Teubner Verlag.

Tietze, U.-P., Klika, M. & Wolpers, H. (Hrsg.). (2000). *Mathematikunterricht in der Sekundarstufe II, Band 2*. Braunschweig/Wiesbaden: Vieweg+Teubner Verlag.

Toeplitz, O. (1928). Die Spannungen zwischen den Aufgaben und Zielen der Mathematik an der Hochschule und an der höheren Schule. *Schriften des deutschen Ausschusses für den mathematischen und naturwissenschaftlichen Unterricht, 11(10)*, 1–16.

Toeplitz, O. (1932). Das Problem der „Elementarmathematik vom höheren Standpunkte aus". *Semesterberichte zur Pflege des Zusammenhangs von Universität und Schule aus den mathematischen Seminaren, 1*, 1–15.

Ufer, S., Heinze, A., Kuntze, S. & Rudolph-Albert, F. (2009). Beweisen und Begründen im Mathematikunterricht. *Die Rolle von Methodenwissen für das Beweisen in der Geometrie. Journal für Mathematik-Didaktik, 30(1)*, 30–54.

Vollrath, H. (1984). *Methodik des Begriffslehrens im Mathematikunterricht* (1. Aufl.). Stuttgart: Klett.

Vollrath, H. (1987). Begriffsbildung als schöpferisches Tun im Mathematikunterricht. *Zentralblatt für Didaktik der Mathematik, 19(3)*, 123–127.

Vollrath, H. & Roth, J. (2012). *Grundlagen des Mathematikunterrichts in der Sekundarstufe*. Heidelberg: Springer Spektrum.

Vollstedt, M., Heinze, A., Gojdka, K. & Rach, S. (2014). Framework for Examining the Transformation of Mathematics and Mathematics Learning in the Transition from School to University. In S. Rezat, M. Hattermann & A. Peter-Koop (Eds.), *Transformation – a fundamental idea of mathematics education* (pp. 29–50). New York: Springer.

Wagenschein, M. (1999). *Verstehen lehren. Genetisch-Sokratisch-Exemplarisch*. Weinheim: Beltz.

Walz, G. (Hrsg.). (2017). *Lexikon der Mathematik: Band 5. Sed bis Zyl* (2. Aufl.). Berlin: Springer Spektrum.

Weber, B.-J. & Lindmeier, A. (2020). Viel Beweisen, kaum Rechnen? Gestaltungsmerkmale mathematischer Übungsaufgaben im Studium. *Math Semester, 39(2)*, 263–284.

Weigand, H.-G., Filler, A., Hölzl, R., Kuntze, S., Ludwig, M., Roth, J. et al. (2014). *Didaktik der Geometrie für die Sekundarstufe I* (2. Aufl.). Berlin, Heidelberg: Springer Spektrum.

Weigand, H.-G. (2015). Begriffsbildung. In R. Bruder, L. Hefendehl-Hebeker, B. Schmidt-Thieme & H.-G. Weigand (Hrsg.), *Handbuch der Mathematikdidaktik* (S. 255–278). Berlin: Springer Spektrum.

Weinert, F. E. (2001). Vergleichende Leistungsmessung in Schulen – eine umstrittene Selbstverständlichkeit. In F. E. Weinert (Hrsg.), *Leistungsmessung in Schulen* (S. 17–32). Weinheim: Beltz.

Wenninger, G. (Hrsg.). (2000). Stichwortartikel „Diskontinuität". *Lexikon der Psychologie*. Onlineversion. Heidelberg: Spektrum Akademischer Verlag. Verfügbar unter: https://www.spektrum.de/lexikon/psychologie/diskontinuitaet/3498

Wille, R. (2005). Mathematik präsentieren, reflektieren, beurteilen. In K. Lengnink & F. Siebel (Hrsg.), *Mathematik präsentieren, reflektieren, beurteilen* (S. 3–20). Mühltal: Verlag Allgemeine Wissenschaft.

Wilzek, W. (2021). *Zum Potenzial von Anschauung in der mathematischen Hochschullehre. Eine Untersuchung am Beispiel interaktiver dynamischer Visualisierungen in der Analysis.* In: Essener Beiträge zur Mathematikdidaktik. Wiesbaden: Springer Spektrum.

Winkelmann, B. (Hrsg.). (1978). *Materialien zur linearen Algebra und analytischen Geometrie in der Sekundarstufe II.* Materialien und Studien, 13. Institut für Didaktik der Mathematik der Universität Bielefeld.

Winter, H. (1995). Mathematikunterricht und Allgemeinbildung. *Mitteilungen der Gesellschaft für Didaktik der Mathematik, (61)*, 37–46.

Wittmann, E. C. (1981). *Grundfragen des Mathematikunterrichts* (6. Aufl.). Braunschweig: Vieweg+Teubner.

Wittmann, G. (2003). *Schülerkonzepte zur Analytischen Geometrie. Mathematikhistorische, epistemologische und empirische Untersuchungen.* Hildesheim: Franzbecker.

Wittmann, E. C. & Müller, G. (1988). Wann ist ein Beweis ein Beweis? In P. Bender (Hrsg.), *Mathematikdidaktik: Theorie und Praxis. Festschrift für Heinrich Winter* (S. 237–257). Berlin: Cornelsen.

Witzke, I. (2012). Mathematik – eine (naive) Naturwissenschaft im Schulunterricht? In M. Ludwig & M. Kleine (Hrsg.), *Beiträge zum Mathematikunterricht*, 949–952. Münster: WTM-Verlag.

Witzke, I. (2013). Zur Übergangsproblematik im Fach Mathematik. In G. Greefrath, F. Käpnick & M. Stein, *Beiträge zum Mathematikunterricht*, 1098–1101. Münster: WTM-Verlag.

Zendler, A. & The Instructional Method Group (2018). Beispiele für den Informatikunterricht. In A. Zendler (Hrsg.), *Unterrichtsmethoden für den Informatikunterricht. Mit praktischen Beispielen für prozess- und ergebnisorientiertes Lehren* (S. 29–130). Wiesbaden: Springer Vieweg.

Zessin, M. (2020). *Konzeption berufsfeldbezogener Aufgaben für das gymnasiale Lehramt in der Linearen Algebra.* Vortrag bei der Onlinetagung der GDM 2020.

Printed in the United States
by Baker & Taylor Publisher Services